Terapia cognitiva da depressão

CB046587

FBTC
Federação Brasileira de Terapias Cognitivas

artmed

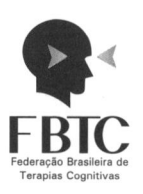

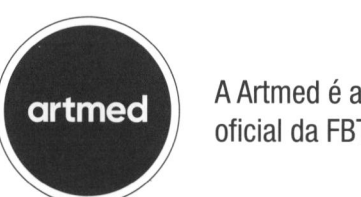

A Artmed é a editora oficial da FBTC

| T315 | Terapia cognitiva da depressão / Aaron T. Beck... [et al.] ; tradução : Daniel Bueno ; revisão técnica : Elisabeth Meyer. – 2. ed. – Porto Alegre : Artmed, 2025.
xviii, 397 p. ; 25 cm.

ISBN 978-65-5882-296-7

1. Terapia cognitivo-comportamental – Depressão. I. Beck, Aaron T.

CDU 616.89-008.454 |

Catalogação na publicação: Karin Lorien Menoncin – CRB 10/2147

Aaron T. **Beck**
A. John **Rush**
Brian F. **Shaw**
Gary **Emery**
Robert J. **DeRubeis**
Steven D. **Hollon**

Terapia cognitiva da depressão
2ª edição

Tradução
Daniel Bueno

Revisão técnica
Elisabeth Meyer
Terapeuta cognitivo-comportamental com treinamento no Beck Institute, Filadélfia, Pensilvânia, Estados Unidos. Doutora em Psiquiatria pela Faculdade de Medicina da Universidade Federal do Rio Grande do Sul.

Porto Alegre
2025

Obra originalmente publicada sob o título *Cognitive Therapy of Depression*, 2nd Edition
ISBN 9781572305823

Copyright © 2024 The Guilford Press
A Division of Guilford Publications, Inc.

Gerente editorial
Alberto Schwanke

Coordenadora editorial
Cláudia Bittencourt

Assistente editorial
Francelle Machado Viegas

Capa
Paola Manica | Brand&Book

Preparação de original
Cecília Beatriz Alves Teixeira

Leitura final
Caroline Castilhos Melo

Editoração
AGE – Assessoria Gráfica Editorial Ltda.

Reservados todos os direitos de publicação, em língua portuguesa, ao
GA EDUCAÇÃO LTDA.
(Artmed é um selo editorial do GA EDUCAÇÃO LTDA.)
Rua Ernesto Alves, 150 – Bairro Floresta
90220-190 – Porto Alegre – RS
Fone: (51) 3027-7000

SAC 0800 703 3444 – www.grupoa.com.br

É proibida a duplicação ou reprodução deste volume, no todo ou em parte, sob quaisquer formas ou por quaisquer meios (eletrônico, mecânico, gravação, fotocópia, distribuição na Web e outros), sem permissão expressa da Editora.

IMPRESSO NO BRASIL
PRINTED IN BRAZIL

Autores

Aaron T. Beck, MD, até sua morte, em 2021, foi professor emérito de Psiquiatria da University of Pennsylvania e presidente emérito do Beck Institute for Cognitive Behavior Therapy. Reconhecido internacionalmente como o fundador da terapia cognitiva, o Dr. Beck moldou a psiquiatria norte-americana, tendo sido citado pela *American Psychologist* como "um dos cinco psicoterapeutas mais influentes de todos os tempos". Recebeu diversos prêmios, incluindo o Lasker-DeBakey Clinical Medical Research Award, o Lifetime Achievement Award da American Psychological Association (APA), o Distinguished Service Award da American Psychiatric Association, o James McKeen Cattell Fellow Award em Psicologia Aplicada da Association for Psychological Science, bem como o Sarnat International Prize in Mental Health e o Gustav O. Lienhard Award do Institute of Medicine. Escreveu e organizou inúmeros livros para profissionais e para o público em geral.

A. John Rush, MD, ABPN, é professor emérito da Duke-National University of Singapore e professor adjunto de Psiquiatria e Ciências Comportamentais da Duke University. Ex-editor associado do *American Journal of Psychiatry* e do *Biological Psychiatry*, recebeu prêmios de pesquisa vitalícia da American Psychiatric Association, do American College of Psychiatrists, da Society of Biological Psychiatry, da American Society of Clinical Psychopharmacology e da National Alliance on Mental Illness. A pesquisa do Dr. Rush tem como foco o diagnóstico, o tratamento e o manejo clínico de transtornos depressivos e bipolares. Ele ajudou a desenvolver a terapia cognitiva para transtorno bipolar e depressão na adolescência. Seu trabalho levou ao desenvolvimento, à avaliação e à implementação de cuidados baseados em medidas, diretrizes de prática clínica e reconhecimento e manejo de depressões difíceis de tratar.

Brian F. Shaw, PhD, é CEO da Continicare Corporation, uma empresa de terapia digital que fornece avaliações de saúde mental e intervenções de terapia cognitivo-comportamental. Depois de se aposentar da University of Toronto como professor de Psiquiatria e Saúde Pública, ele seguiu sua paixão pela psicologia esportiva, inclusive trabalhando com o time de basquete Toronto Raptors, vencedor de campeonatos. Esteve envolvido na prestação de assistência à saúde mental de jogadores da National Hockey League, da Major League

Soccer, da National Women's Soccer League e de jogadores profissionais. Recebeu o Keith McCreary 7th Man Award da National Hockey League Alumni. Membro da Canadian Psychological Association, o Dr. Shaw conduziu pesquisas sobre fatores cognitivos como risco para transtornos depressivos e de ansiedade e sobre a competência do terapeuta e os resultados do tratamento em terapia cognitiva.

Gary Emery, PhD, é psicólogo clínico com mais de 50 anos de prática profissional. Um dos autores originais da 1ª edição deste livro, ele também colaborou com Aaron T. Beck no primeiro grande manual de tratamento de terapia cognitiva para transtornos de ansiedade. Depois de passar uma década no Center for Cognitive Therapy, na Filadélfia, o Dr. Emery mudou-se para Los Angeles, onde abriu novos caminhos no tratamento da depressão em idosos e foi um dos pioneiros da saúde mental a distância.

Robert J. DeRubeis, PhD, é professor de Psicologia da University of Pennsylvania, onde atuou como diretor de Treinamento Clínico, presidente do Departamento e reitor associado. O Dr. DeRubeis recebeu o James McKeen Cattell Fellow Award em Psicologia Aplicada da Association for Psychological Science e o Senior Distinguished Research Career Award da Society for Psychotherapy Research. Sua pesquisa se concentra nos processos que causam e mantêm os transtornos do humor, bem como nos processos de tratamento que reduzem e evitam o retorno dos sintomas. Seus estudos comparando a terapia cognitiva com medicamentos para depressão grave foram publicados no *American Journal of Psychiatry*, no *Archives of General Psychiatry* e no *JAMA Psychiatry*.

Steven D. Hollon, PhD, é professor de Psicologia do Gertrude Conaway Vanderbilt da Vanderbilt University. Ex-editor da revista *Cognitive Therapy and Research* e ex-presidente da Association for Behavioral and Cognitive Therapies e da Society for a Science of Clinical Psychology, recebeu o Distinguished Scientific Award for the Applications of Psychology da APA e o Klerman Senior Investigator Award da Depression and Bipolar Support Alliance. O trabalho do Dr. Hollon tem se concentrado no tratamento e na prevenção da depressão e demonstrou que a terapia cognitiva é tão eficaz quanto os medicamentos antidepressivos no tratamento agudo da depressão grave, com efeitos mais duradouros.

Agradecimentos

Gostaríamos de agradecer à nossa amiga e colega Julia Jacobs por todo o seu trabalho na revisão das primeiras versões do texto original deste livro. Também agradecemos à equipe da The Guilford Press, especialmente ao editor sênior Jim Nageotte, à editora associada Jane Keislar, à revisora de textos Jacquelyn Coggin, à editora de produção sênior Anna Nelson e ao diretor de arte Paul Gordon.

Apresentação à 2ª edição

A 1ª edição de *Terapia cognitiva da depressão* mudou o curso da pesquisa e da prática da psicoterapia. Na primeira metade do século XX, o campo era dominado pelas abordagens psicodinâmicas e, mais tarde, pelas abordagens rogerianas para o alívio do sofrimento humano. Ambas enfatizavam fortemente os processos mentais internos e o relacionamento terapêutico. Nas décadas de 1960 e 1970, os behavioristas deixaram de enfatizá-las e, em seu lugar, concentraram-se na aplicação dos princípios da teoria da aprendizagem animal para a compreensão e o tratamento de problemas de saúde mental. Ensaios clínicos randomizados foram enfatizados, e sucessos notáveis foram registrados, especialmente no uso de técnicas de extinção (terapia de exposição e exposição e prevenção de resposta) no tratamento de fobias e transtorno obsessivo-compulsivo. Entretanto, à medida que a década de 1970 avançava e os behavioristas procuravam expandir seu trabalho para o tratamento da depressão, ficou claro que uma abordagem puramente comportamental era de benefício limitado. O cenário estava pronto para um novo paradigma.

Aaron T. Beck, originalmente treinado na tradição psicodinâmica, estava desenvolvendo uma nova abordagem com colegas na Filadélfia. Sua pesquisa inicial explorou os sonhos e as associações livres de pacientes deprimidos em busca de apoio para a teoria psicodinâmica de que a depressão é uma consequência da raiva voltada para dentro em um nível inconsciente. Para sua surpresa, ele descobriu que os sonhos e as associações livres de indivíduos deprimidos não eram dominados por hostilidade, mas por perdas e derrotas nas suas verbalizações quando acordados. Isso o levou a propor que os sintomas da depressão se devem a uma tríade cognitiva (visões excessivamente negativas de si mesmo, do mundo e do futuro) de pensamentos conscientemente acessíveis e dos significados pessoais a respeito deles. Então, ele desenvolveu uma abordagem terapêutica coerente, na qual o paciente e o terapeuta trabalham juntos para identificar os principais pensamentos e significados idiossincráticos que impulsionam o afeto negativo e os comportamentos que impedem a mudança dos significados. Uma vez identificados, uma ampla gama de técnicas (incluindo questionamento socrático, manipulação de imagens, ensaio cognitivo, exploração dos antecedentes de uma crença e mudanças planejadas no comportamento) é implantada de forma sistemática para obter mudanças nas crenças problemáticas que sustentam o afeto e o comportamento negativos.

A terapia cognitiva de Beck (assim chamada por seu foco inabalável na cognição) irrompeu no cenário mundial em 1977 com a publicação de um estudo controlado e randomizado (Rush et al., 1977) em pacientes psiquiátricos ambulatoriais deprimidos que concluiu que a terapia cognitiva era superior à medicação (imipramina). Esta foi uma descoberta notável, pois foi a primeira vez que uma terapia psicológica se mostrou comparável, e até superior, à medicação antidepressiva. A notícia se espalhou rapidamente. Eu estava em meio a um treinamento em psicologia clínica em Londres, do outro lado do Atlântico. Com meus colegas, escrevi para o Center for Cognitive Therapy, de Beck, na Filadélfia, solicitando cópias do manual do terapeuta. Algumas semanas depois, chegou um grande pacote com várias cópias de um texto mimeografado com capa azul (o primeiro rascunho da muito ampliada obra *Terapia cognitiva da depressão*, que a Guilford Press publicou posteriormente em 1979). Eu e meus colegas lemos rapidamente o texto mimeografado e começamos a aplicar o tratamento em nossos clientes deprimidos, com resultados animadores. Profissionais de muitos outros centros e países também estavam fazendo isso. Foram realizados vários outros estudos controlados e randomizados, cujos resultados estão resumidos no Capítulo 16 desta edição. Em conjunto, os estudos indicam que a terapia cognitiva para depressão é tão eficaz (mas não necessariamente mais eficaz) quanto a terapia antidepressiva bem administrada em curto prazo *e* tem efeitos mais duradouros, com um número significativamente menor de pacientes com recaída nos anos após a interrupção da terapia. Além disso, os efeitos mais duradouros da terapia cognitiva parecem se dever à sua capacidade superior de mudar os padrões negativos de pensamento.

Cada uma das descobertas das pesquisas citadas teve um enorme efeito no campo psicoterapêutico. Pesquisas (McHugh et al., 2013) mostram que o público tem uma forte preferência (3:1) pela psicoterapia em comparação com a medicação. A equivalência de curto prazo nos resultados significava que era, em princípio, razoável oferecer às pessoas sua preferência. O maior benefício em longo prazo das terapias psicológicas significava que também era provável que fosse econômico fazer isso. Essas descobertas (e descobertas subsequentes semelhantes para abordagens gerais de terapia cognitivo-comportamental e para algumas outras terapias em uma ampla gama de condições de saúde mental) levaram vários países a investir na melhoria do acesso público a psicoterapias baseadas em evidências. Essas iniciativas públicas de larga escala incluem o programa Improving Access to Psychological Therapies,[1] da Inglaterra (consulte Clark, 2018); o Prompt Mental Health Care, da Noruega (Knapstad et al., 2020); o Therapies to the Frontline, da Finlândia; o programa Structured Psychotherapy, do Canadá (Ontario Health, 2023); e o New Access, da Austrália (Cromarty et al., 2016). Juntos, eles estão garantindo que milhões de pessoas possam se beneficiar todos os anos da psicoterapia baseada em evidências.

É claro que o modelo cognitivo geral de Beck (1976) dos transtornos emocionais teve um impacto muito além da depressão. Sua própria equipe aplicou extensões do

---

[1] Recentemente renomeado como NHS Talking Therapies for Anxiety and Depression (Terapias de Conversação do NHS para Ansiedade e Depressão).

modelo ao tratamento de uma ampla gama de outras condições, incluindo ansiedade, transtornos da personalidade e adições. Outros pesquisadores adotaram o modelo cognitivo geral e o refinaram para explicar a persistência de condições como transtorno de pânico, transtorno de ansiedade social, transtorno obsessivo-compulsivo, transtorno de estresse pós-traumático, transtornos alimentares, transtorno bipolar e psicose. Beck apoiava e incentivava todos esses desenvolvimentos.

Em todas as terapias do amplo campo da terapia cognitivo-comportamental, é possível discernir elementos cujo desenvolvimento foi fortemente influenciado pela abordagem de Beck. Entretanto, a forma como essa influência se manifestou foi diferente. Isso talvez seja mais bem ilustrado pelos desenvolvimentos no tratamento de transtornos de ansiedade. A abordagem comportamental direta de usar a exposição repetida para promover a habituação aos estímulos temidos raramente é empregada hoje em dia. A norma é alguma forma de terapia cognitivo-comportamental na qual os terapeutas também prestam atenção aos pensamentos de medo dos pacientes. Na América do Norte, isso geralmente significa que um dos procedimentos (reestruturação cognitiva verbal) usados na terapia cognitiva foi adicionado à terapia de exposição, e a execução da última permanece praticamente inalterada. A reestruturação cognitiva e a terapia de exposição são vistas como procedimentos separados que potencialmente operam por vias diferentes. No Reino Unido, a abordagem é geralmente mais próxima do que acontece na terapia cognitiva para depressão. Ou seja, os procedimentos comportamentais e verbais são muito mais integrados, e ambos se concentram explicitamente nas crenças distorcidas dos pacientes sobre a periculosidade dos estímulos temidos e nas estratégias comportamentais e de atenção que impedem que essas crenças mudem à luz da experiência. Compreensivelmente, a última abordagem é a recomendada neste livro para apresentações comórbidas de depressão e transtornos de ansiedade.

Por que publicar uma 2ª edição? Em vista do sucesso e do amplo impacto da 1ª edição de *Terapia cognitiva da depress*ão, pode-se perguntar se uma nova edição é realmente necessária. Minha resposta é um sonoro SIM. A 2ª edição, escrita pelos autores originais (Beck, Rush, Shaw e Emery) com dois outros profissionais e pesquisadores de destaque (DeRubeis e Hollon), desfaz alguns mal-entendidos sobre a terapia cognitiva e se baseia nas lições de 45 anos de pesquisas, treinamento de terapeutas e experiência clínica subsequentes. Em vez de apenas adicionar atualizações, os autores reescreveram substancialmente a maioria dos capítulos para produzir um texto coerente e envolvente que faz jus à sofisticação da terapia cognitiva na terceira década do século XXI.

Alguns mal-entendidos. Embora a 1ª edição tenha agradado a terapeutas de muitas orientações diferentes, provavelmente é justo dizer que ela foi lida com mais entusiasmo por clínicos com formação comportamental. Compreensivelmente, eles às vezes consideravam os pensamentos automáticos negativos como comportamentos encobertos que poderiam ser modificados de forma simplista, substituindo um pensamento negativo específico por outro mais positivo. A 2ª edição explica claramente por que isso não é o ideal. Os pensamentos automáticos negativos são problemáticos por causa de seus significados pessoais e do afeto ligado a eles. Portanto, é essencial que os terapeutas se abstenham de abordar os pensamentos até que entendam completamente o que eles significam para o paciente e estabeleçam o quanto eles estão direcionando seu afeto e comportamento. Esse ponto é muito bem ilustrado pelo relato de Beck sobre a reação dos terapeutas *trainees* a uma demonstração de terapia ao vivo que ele realizou no Programa de Pesquisa Colaborativa no Tratamento da Depressão do National Institute of Mental Health (Elkin et al., 1989). O paciente gravemente deprimido vivia em circunstâncias sociais muito desafiadoras e estava bastante desesperançado. No final da sessão, Beck havia gerado uma esperança considerável, e uma terapia eficaz estava a caminho. Satisfeito com a sessão, ele estava ansioso para ouvir a reação dos terapeutas *trainees*. Para sua surpresa, eles disseram que o que viam não era terapia cognitiva, mas um bate-papo geral! À medida que ele sondava, ficou claro que os *trainees* estavam intrigados com o fato de que vários pensamentos negativos sobre diferentes áreas da vida do paciente foram provocados sem nenhuma tentativa de intervenção até o final da sessão. O que eles não haviam percebido era o foco de Beck no afeto. Ele só iniciou a intervenção quando o paciente começou a chorar enquanto articulava um determinado pensamento. Como ele explicou posteriormente aos *trainees* (e a mim), "A emoção é a estrada real para a cognição". As discussões sobre "pensamento quente" na 2ª edição enfatizam esse ponto.

Com o crescimento da gama de terapias cognitivo-comportamentais eficazes, os terapeutas *trainees* muitas vezes se veem obrigados a dominar vários manuais de terapia. Essa tarefa complicada fez os tratamentos serem vistos, às vezes, como pouco mais do que conjuntos de procedimentos, em vez de intervenções baseadas em teorias. A 2ª edição explica claramente por que ela é essencial se quisermos obter os melhores resultados com a terapia cognitiva.

Novos desenvolvimentos na área. A nova contribuição mais substancial foi o desenvolvimento de abordagens cognitivas para a compreensão e o tratamento dos transtornos da personalidade. Essas abordagens enfocam especialmente os esquemas cognitivos e as estratégias compensatórias que os pacientes adotam. Esta 2ª edição mostra como esse trabalho expande as opções de que os terapeutas cognitivos dispõem para ajudar as pessoas que sofrem de depressão no contexto de um transtorno da personalidade ou que são cronicamente deprimidas. Para casos mais simples, o foco da terapia é predominantemente no presente. Contudo, para intervenções mais complexas, também há um foco útil nas experiências passadas que sustentam as crenças negativas dos pacientes sobre si mesmos e seu mundo, e um foco na maneira como essas crenças e esquemas podem se manifestar no relacionamento terapêutico. Os autores descrevem esse foco triplo como o "banquinho de três pernas" e o consideram o maior acréscimo à sua teoria cognitiva no último meio século. Além dos pontos mencionados, esta 2ª edição inclui várias percepções clínicas e dicas úteis baseadas nos 45 anos de pesquisa e experiência clínica dos autores no tratamento da depressão. Quarenta e cinco anos é um longo tempo de espera, mas acredito que os leitores mais velhos concordarão que ela valeu a pena, e os terapeutas mais jovens apreciarão o quadro mais completo da terapia cognitiva para depressão.

David M. Clark, DPhil
Departamento de Psicologia Experimental
University of Oxford

Prefácio

Aaron Temkin (Tim) Beck morreu em 1º de novembro de 2021, aos 100 anos de idade. Formado em princípios psicodinâmicos (a teoria dominante à época), ele passou a questionar a premissa de que os transtornos em adultos tinham origens em conflitos inconscientes estabelecidos durante a infância. Em vez disso, com base em seus próprios esforços para testar a teoria, ele passou a se concentrar em crenças disfuncionais e no processamento desadaptativo de informações que os pacientes poderiam abordar, usando seus próprios comportamentos para avaliar a precisão e a funcionalidade de suas crenças. A terapia cognitiva, a abordagem por ele desenvolvida, foi uma maravilha em sua época, se mostrando tão eficaz quanto e com efeitos mais duradouros do que o uso de medicamentos no tratamento da depressão e de outros transtornos não psicóticos, além de como um complemento útil no tratamento de doenças mentais graves, como esquizofrenia e transtorno bipolar I. Seu obituário publicado no *The New York Times* referiu-se à terapia cognitiva como "uma resposta à análise freudiana: uma abordagem pragmática de monitoramento do pensamento para tratar ansiedade, depressão e outros transtornos mentais…[que]… mudou a psiquiatria" (Carey, 2021).

Os Drs. Beck, Rush, Shaw e Emery publicaram a 1ª edição deste manual de tratamento em 1979. Ele forneceu uma descrição clara da natureza da depressão e das várias técnicas comportamentais e cognitivas que constituem a abordagem. A terapia cognitiva sempre foi mais do que uma coleção de técnicas diferentes. Ela compreende um conjunto integrado de princípios baseados na teoria cognitiva, que postula que a depressão é uma resposta coordenada "de corpo inteiro" aos desafios da vida. Um de seus principais focos é a maneira como as pessoas interpretam esses desafios, pois são essas interpretações que determinam o afeto que elas experimentam e seus esforços comportamentais para lidar com ele. Inerente à teoria estava a ideia de que os pensamentos automáticos negativos que são relativamente acessíveis em uma determinada situação estão ligados a crenças e esquemas nucleares que podem ser descobertos e examinados de maneira direta.

O principal avanço na terapia cognitiva desde a 1ª edição deste livro é a adição de métodos que podem ser usados para ajudar os pacientes com transtornos da personalidade a reconhecer e abordar os comportamentos problemáticos que contribuem para as dificuldades em seus relacionamentos com os outros. Esses comportamentos são entendidos como estratégias utilizadas para compensar as deficiências percebidas embutidas nas crenças que estão no cerne dos esquemas problemáticos dos pacientes e nos pressupostos condicionais que eles adotam para ajudá-los a se orientar na vida. As estratégias compensatórias são semelhantes aos comportamentos de busca de segurança observados nos pacientes com esquiva desadaptativa baseada na ansiedade. Assim como os comportamentos de busca de segurança, as estratégias compensatórias tendem a ser contraproducentes (afastam os outros) e autorrealizáveis (impedem que os pacientes aprendam que suas crenças nucleares problemáticas e pressupostos condicionais não são verdadeiros). Esta nova edição integra os princípios originais da terapia cognitiva que dominaram o campo nas décadas de 1970 e 1980 às abordagens mais recentes baseadas em esquemas que facilitam o tratamento de pacientes com quadros mais desafiadores.

Tim Beck foi um dos mais importantes teóricos da psicoterapia do século passado. Ganhador do Lasker-DeBakey Award de pesquisa médica (o maior prêmio da medicina), foi nomeado pela American Psychological Association (APA) como um dos cinco psicólogos mais influentes de todos os tempos, deixando de lado o fato de ele ser psiquiatra. Tim esteve profundamente envolvido na revisão desta edição até o final. John Rush não foi apenas o autor principal do primeiro estudo controlado e randomizado que constatou que qualquer psicoterapia poderia se equiparar ao uso de medicamentos, mas também o principal pesquisador de Alternativas de Tratamento Sequenciado para Aliviar a Depressão (STAR*D, do inglês *Sequenced Treatment Alternatives to Relieve Depression*), o maior estudo randomizado no tratamento da depressão. Brian Shaw conduziu um dos primeiros estudos controlados a mostrar que a terapia cognitiva era eficaz e supervisionou o treinamento e a implementação da terapia cognitiva no Programa de Pesquisa Colaborativa para o Tratamento da Depressão (TDCRP, do inglês *Treatment of Depression Collaborative Research Program*) do National Institute of Mental Health. Gary Emery juntou-se a Tim e aos demais autores como desenvolvedor da terapia cognitiva original para ansiedade. Em seu consultório particular em Los Angeles, inaugurado na década de 1970, ele foi um dos primeiros a adotar a terapia por telefone para evitar que seus pacientes tivessem que dirigir até a cidade. Rob DeRubeis, hoje aposentado do Departamento de Psicologia da University of Pennsylvania, foi o autor principal do primeiro estudo controlado por placebo a mostrar que a terapia cognitiva era tão eficaz quanto e que seus efeitos eram mais duradouros do que a medicação antidepressiva no tratamento da depressão mais grave. Rob também trabalhou em estreita colaboração com Tim desde que ele (Rob) chegou à Penn em 1983, e eles frequentemente discutiam a melhor forma de incorporar os novos desenvolvimentos da terapia cognitiva a esta nova edição. Steven Hollon, da Vanderbilt University, é (como seu mentor Tim Beck) um vencedor do prêmio de distinção de carreira da APA. Ele concluiu seu estágio em psicologia clínica sob a direção de Tim na University of Pennsylvania antes de se transferir para a University of Minnesota, onde ele e Rob DeRubeis iniciaram uma colaboração de meio século que incluiu três estudos randomizados envolvendo mais de 600 pacientes.

Revisar este livro foi um verdadeiro "trabalho de amor" para os autores. Rob DeRubeis e a filha de Tim, Judy Beck (uma importante teórica e terapeuta por mérito próprio), organizaram uma festa de aniversário "virtual" para Tim em seu centésimo aniversário. Cada um dos mais de 12 participantes (inclusive vários dos autores) contou basicamente a mesma história: Tim percebeu algo neles quando ainda estavam em treinamento e, a partir de então, estimulou suas carreiras. Tim não era apenas um gigante na área, mas também um mentor caloroso e carinhoso que era tão amado por seus protegidos quanto por seus pacientes. Dedicamos esta revisão à sua memória e agradecemos pelo tanto que ele deu a nós (os autores) e por seu papel na promoção da saúde mental em todo o mundo.

Uma observação sobre a linguagem: as passagens do livro que descrevem pacientes específicos usam pronomes específicos para o gênero do paciente, enquanto as referências a pacientes em geral alternam entre "ele" e "ela".

Sumário

Apresentação à 2ª edição ... ix
David M. Clark

Prefácio ... xiii

1 Visão geral ... 1

2 O papel da emoção e a natureza da relação terapêutica ... 25

3 Estrutura da entrevista terapêutica ... 42

4 A sessão inicial: fornecendo uma fundamentação cognitiva ... 59

5 Aplicação de técnicas comportamentais ... 76

6 Integração de técnicas cognitivas ... 99

7 Esquemas: crenças nucleares e pressupostos subjacentes ... 125

8 Abordagem de transtornos comórbidos ... 159

9 Tratando o paciente suicida ... 182

10 Integração do exercício de casa à terapia ... 203

11 Encerramento e prevenção de recaídas ... 217

12 Modificações para diferentes ambientes e populações ... 231

13 Problemas comuns encontrados na terapia cognitiva ... 244

14 Exemplo de caso ampliado ... 272

15	Terapia cognitiva e medicamentos antidepressivos	307
16	Terapia cognitiva: eficaz e duradoura	340
	Referências	368
	Índice	386

1
Visão geral

Os homens são perturbados não pelas coisas, mas pela visão que têm delas.
— **Epicteto**

Nos 50 anos desde que foi introduzida pela primeira vez, a terapia cognitiva se tornou o tratamento psicossocial mais amplamente praticado para depressão (Norcross et al., 2005). O que antes era considerado radical — a proposição de que o processamento desadaptativo de informações e as crenças errôneas podem dar origem à depressão, e que ajudar os clientes a aprender a pensar com mais precisão pode proporcionar alívio dos sintomas e proteger contra seu retorno —, agora é amplamente aceito (Hollon & Beck, 2013). Pesquisas volumosas demonstraram que a terapia cognitiva não é apenas eficaz e duradoura, mas também rápida e segura (American Psychological Association [APA], 2019; National Institute for Health and Care Excellence [NICE], 2022).

Apesar do sucesso da terapia cognitiva (bem como de outras terapias apoiadas empiricamente) nas últimas três décadas, a proporção de pacientes deprimidos tratados com psicoterapia de qualquer tipo caiu pela metade, enquanto a proporção de pacientes tratados com medicamentos quase dobrou (Marcus & Olfson, 2010). Isso é, em grande parte, consequência da introdução, no início da década de 1990, dos inibidores seletivos da recaptação de serotonina (ISRSs), considerados seguros e agora prescritos por uma variedade de profissionais diferentes, não apenas psiquiatras. Entretanto, os medicamentos só funcionam enquanto são tomados, ao passo que a terapia cognitiva parece ter um efeito duradouro que vai além do fim do tratamento (Cuijpers et al., 2013). Os medicamentos são, na melhor das hipóteses, paliativos; eles suprimem os sintomas, mas não fazem nada para resolver o transtorno subjacente. A terapia cognitiva é, no mínimo, compensatória, no sentido de fornecer estratégias que compensam os processos patológicos subjacentes (Barber & DeRubeis, 1989), e possivelmente curativa, corrigindo as causas subjacentes do transtorno e reduzindo o risco futuro (Seligman, 1993).[1]

O problema da depressão

A depressão é um dos transtornos psiquiátricos mais comuns e debilitantes. De acordo com pesquisas epidemiológicas retrospectivas, cerca de 1 em cada 5 pessoas atenderá aos critérios de diagnóstico de depressão em algum momento da vida, e as taxas de comorbidade com outros transtornos mentais são altas (Kessler et al., 2003). Até um terço de todos os pacientes que se apresentam para tratamento têm episódios que duram 2 anos ou mais, e mais de três quartos de todos os pacientes tratados que se recuperam de um episódio acabam tendo outro (Keller, 2001). Dito isso, os estudos de coorte que acompanham as pessoas prospectivamente desde o nascimento fornecem estimativas de prevalência consideravelmente mais altas. Esses estudos indicam que as taxas de depressão são de três a cinco vezes mais altas do que se acredita atualmente, e que ao menos metade de todas as pessoas que já tiveram um episódio depressivo não terá outro (Monroe et al., 2019). A maioria desses indivíduos "extras" não buscará tratamento para depressão, em grande parte porque seus sintomas e a gravidade das circunstâncias ambientais que os desencadearam provavelmente diminuirão por conta própria antes que eles percebam que estão deprimidos (consulte Wakefield et al., 2017). Indivíduos com depressão crônica ou histórico de recorrência têm muito mais probabilidade de procurar tratamento, pois sabem por experiência própria que o episódio não desaparecerá por si só (se for crônico) ou provavelmente voltará (se for recorrente), e é provável que a maior parte do que sabemos sobre depressão seja baseada neste último grupo (Monroe & Harkness, 2011). A depressão afeta negativamente o funcionamento da pessoa na família e no local de trabalho, sendo uma das principais causas de suicídio (Michaels et al., 2017). Devido à sua prevalência, à sua natureza frequentemente crônica ou recorrente (entre amostras clínicas) e à sua capacidade de prejudicar a função adaptativa, a depressão é a quarta principal causa de incapacidade na Europa Ocidental e a quinta principal causa de incapacidade entre pessoas de alta renda na América do Norte (Murray et al., 2013).

A depressão ocorre no contexto da depressão unipolar, que envolve apenas episódios de depressão, ou do transtorno bipolar, que é definido pela ocorrência de um ou mais episódios de mania ou hipomania (American Psychiatric Association, 2022). A depressão unipolar é dez vezes mais prevalente do que o transtorno bipolar, mas tem apenas a metade da hereditariedade (as estimativas para a primeira variam de 0,30 a 0,40, o que a torna menos hereditária do que a orientação política, enquanto as estimativas para o transtorno bipolar variam de 0,60 a 0,80, o que o torna um dos transtornos psiquiátricos mais hereditários). A probabilidade de mulheres serem diagnosticadas com depressão unipolar é duas vezes maior do que a de homens, enquanto homens e mulheres estão igualmente representados no transtorno bipolar. Sugeriu-se que alguns pacientes diagnosticados com depressão unipolar estão, na verdade, no espectro bipolar, pois buscam tratamento para seus episódios depressivos, mas são pouco incomodados por seus episódios hipomaníacos mais leves (Angst et al., 2010). Se for esse o caso, isso pode afetar a prevalência relativa dos dois. As estratégias descritas neste livro são claramente relevantes para o tratamento da depressão unipolar (vários estudos controlados foram realizados); sua possível utilidade no tratamento da depressão bipolar permanece uma questão em aberto (consulte os Capítulos 8 e 16).

Uma perspectiva histórica

Como a maioria dos terapeutas de sua geração, Aaron T. Beck, MD, o principal autor deste livro, originalmente aderiu a uma perspectiva psicodinâmica (Beck, 2006). De acordo com a teoria psicodinâmica, a depressão é uma consequência da raiva voltada para dentro, em um nível inconsciente, uma hostilidade invertida dirigida a outras pessoas importantes na vida de uma pessoa que não lhe proporcionaram amor e afeto adequados na infância (Freud, 1917-1957). Beck começou sua carreira buscando evidências dessa hostilidade "introjetada" nos sonhos e nas associações livres de seus pacientes, onde era mais provável encontrar evidências de motivações inconscientes. Em vez disso, o que ele observou foi que seus pacientes deprimidos expressavam *menos* conteúdo hostil do que seus pacientes não deprimidos. Além disso, ele observou que seus sonhos e associações livres continham os mesmos tipos de temas de perda e derrota que suas verbalizações em vigília (Beck & Ward, 1961). Contrariando a ideia de que os pacientes deprimidos têm uma *necessidade inconsciente de fracassar*, ele descobriu que eles se esforçavam mais quando eram bem-sucedidos e reagiam positivamente ao êxito (Loeb et al., 1964). Isso o levou a propor uma nova teoria da depressão, na qual atribuía os sintomas às crenças negativas dos pacientes sobre seu próprio valor (Beck, 1963). Ele começou a trabalhar com seus pacientes para testar suas crenças diretamente e descobriu que isso produzia uma profunda redução em sua angústia (Beck, 1964). Os elementos fundamentais eram reconhecer que seus pacientes acreditavam no que diziam acreditar e ajudá-los a testar a precisão dessas crenças em suas vidas cotidianas, em vez de proceder como se a angústia fosse causada por algum tipo de hostilidade inconsciente que, pelo que ele podia perceber, não existia de fato.

A teoria de Beck também diferia conceitualmente das perspectivas comportamentais dominantes na época, baseadas nos princípios do condicionamento clássico (Pavlov, 1927) e operante (Skinner, 1953), que haviam sido desenvolvidos principalmente em pesquisas com animais infra-humanos. Originalmente, a teoria do comportamento evitava qualquer consideração sobre eventos "privados", como pensamentos ou sentimentos, e, em vez disso, concentrava-se na conexão entre eventos externos (estímulos) e comportamentos observáveis (respostas). Essa "primeira onda" do behaviorismo considerava o organismo como uma caixa-preta que não desempenhava nenhum papel na formação de seu próprio comportamento em um universo determinista. Em essência, pensamentos e sentimentos eram ignorados ou tratados como epifenômenos que tinham pouca importância causal.

Isso começou a mudar durante a segunda metade do século XX, quando os behavioristas descobriram que os princípios desenvolvidos em um laboratório científico nem sempre se generalizavam bem para ambientes do mundo real nos quais adultos podiam controlar seu próprio acesso a reforçadores. Isso exigia que os terapeutas conversassem com seus pacientes para descobrir o que eles estavam pensando e sentindo antes de responderem comportamentalmente e o que esperavam que acontecesse como consequência de suas ações. As expectativas eram soberanas. A incorporação de elementos cognitivos tornou-se tão essencial à teoria comportamental básica que alguns a chamaram de "segunda onda" do behaviorismo (Mahoney, 1977). A terapia cognitiva é um exemplo clássico de uma abordagem comportamental de "segunda onda", embora incorpore mais atenção a uma exploração fenomenológica do sistema idiossincrático de significados do cliente (como condiz com a adesão anterior de Beck a uma abordagem dinâmica) do que outros tipos de terapias cognitivo-comportamentais desenvolvidas por aqueles inicialmente treinados como behavioristas (Hollon, 2021).

Posteriormente, a psicologia comportamental passou pelo que alguns chamam de "terceira onda", na qual uma abordagem funcional contextual é combinada com elementos da filosofia oriental, como a meditação (Linehan, 1993), e com o incentivo à aceitação radical de situações difíceis de mudar (Hayes et al., 1999). Nessas abordagens, a cognição é tratada como um comportamento de esquiva que distrai o paciente do envolvimento com o ambiente, e pouca ou nenhuma atenção é dada à correção de erros de pensamento. Nessas abordagens, os pacientes são incentivados a redirecionar sua atenção para outro lugar (o que está acontecendo ao seu redor ou sua própria respiração) e para longe de suas ruminações introspectivas (Martell et al., 2001). Embora a meditação consciente e a aceitação às vezes sejam usadas para promover os objetivos da terapia cognitiva, ela é, em sua essência, uma abordagem de "segunda onda", com seu foco na identificação e na correção de crenças disfuncionais e no processamento desadaptativo de informações.

O paradoxo da depressão

A depressão representa uma espécie de paradoxo (Beck, 1976), pois é caracterizada por uma reversão ou distorção de muitos dos princípios geralmente aceitos da natureza humana: o "instinto de sobrevivência", os impulsos sexuais, o "princípio do prazer" e até mesmo o instinto maternal. Esses paradoxos tornam-se compreensíveis quando entendidos dentro da estrutura do que o paciente acredita. Por exemplo, uma pessoa que acredita ser incompetente pode não se candidatar a um emprego, embora queira um. Ela acredita que, seja como for, não conseguirá o que quer, então por que se preocupar em se candidatar? Então, ela se sente triste por estar desempregada e considera esse *status* como prova de que é incompetente e não como resultado de sua inação, ou seja, com base em uma profecia autorrealizável. Suas crenças podem refletir seu histórico de aprendizagem inicial ou podem representar extrapolações injustificadas de eventos passados, mas se essas crenças não refletirem com precisão as probabilidades reais da situação atual, elas gerarão angústia desnecessária e desadaptativa, bem como uma menor eficácia na resolução de problemas (Beck, 1970).

De fato, a **teoria cognitiva**[2] sugere que as pessoas não respondem tanto aos eventos que encontram quanto à maneira como os interpretam. Se essas interpretações forem imprecisas, sua resposta provavelmente parecerá **paradoxal** para um observador externo. Conforme ilustrado na Figura 1.1, a premissa básica do modelo cognitivo é que não é apenas o que acontece com uma pessoa em uma determinada situação antecedente (A), mas como ela interpreta essa situação (B) que

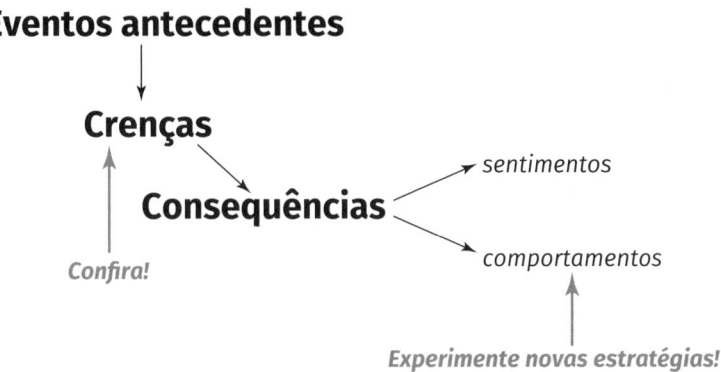

FIGURA 1.1 O modelo cognitivo original.

determina como ela se sente em resposta e o que ela faz em relação a isso em termos de comportamento (C). Assim, as **crenças disfuncionais** e o **processamento desadaptativo de informações** são vistos como o cerne da angústia afetiva e dos problemas de enfrentamento. O foco nos sistemas de significados idiossincráticos de uma pessoa deprimida coloca o organismo diretamente no centro da experiência de aprendizado (um paradigma de estímulo-organismo-resposta [EOR]). As pessoas que acreditam que elevadores são perigosos percebem um perigo que os outros não veem. Essa expectativa guia seu afeto (medo) e comportamento (esquiva) em relação aos elevadores, mesmo quando há pouco ou nenhum perigo objetivo. Esse é o modelo ABC básico que está no centro da **terapia cognitiva** e de todas as outras abordagens cognitivo-comportamentais. A forma como interpretamos um evento influencia, em grande medida, como nos sentimos em relação a ele e como reagimos a ele de maneira comportamental.

Isso não quer dizer que algumas situações não sejam piores do que outras (muitas vezes há um núcleo de "verdade" por trás da cognição problemática) ou que estar em um estado de espírito negativo não tende a tornar alguém mais pessimista e propenso a interpretar as situações de forma negativa (tendemos a pensar na cognição, no afeto e no comportamento como influências mútuas). A teoria evolucionária considera os diferentes afetos negativos, como medo, tristeza ou raiva, como adaptações que evoluíram para organizar diferentes tipos de "respostas de corpo inteiro" diante de diferentes tipos de desafios (Syme & Hagen, 2020). Entretanto, essas propensões primitivas às vezes vão longe demais, e o *Homo sapiens* moderno pode aprender a usar seus córtices (sua capacidade de raciocínio e julgamento) para anular essas tendências inatas quando elas produzem uma resposta inferior à ideal.

As visões que o paciente tem de si mesmo, do mundo e do futuro (consulte "A tríade cognitiva negativa", a seguir) ficam distorcidas quando ele está deprimido, mesmo que pareçam corretas para ele no momento. Outras pessoas podem considerar seus pontos de vista imprecisos ou inúteis, como ele provavelmente fazia antes de ficar deprimido e provavelmente fará novamente quando não estiver mais deprimido. Sua estrutura conceitual molda suas percepções e orienta suas interpretações dos eventos. Quando ele está deprimido, suas crenças são desproporcionalmente influenciadas pelo processamento de informações negativamente tendencioso, o que leva a uma variedade de sintomas. Na terapia cognitiva, o paciente e o terapeuta trabalham juntos para examinar o sistema de crenças do paciente e ajudá-lo a conceber e testar crenças alternativas, um processo conhecido como **empirismo colaborativo** (descrito a seguir). Quando esse esforço é bem-sucedido, a depressão desaparece e as mudanças duradouras na forma como ele encara suas crenças reduzem o risco de episódios subsequentes.

Na época em que foi proposta, a ênfase de Beck na exploração do sistema idiossincrático de significados do paciente representou uma espécie de revolução científica, um choque de paradigmas (Kuhn, 1962). Como psicanalista, Beck se sentia confortável com uma tradição fenomenológica que valorizava muito os relatos da experiência interna do paciente. Mas ele rompeu com a teoria dinâmica com sua proposta de que o que o paciente relata, na medida em que reflete suas crenças, não é uma representação distorcida de seus impulsos e motivações inconscientes, mas sim o cerne do problema. As tradições da terapia comportamental influenciaram a forma como Beck estruturou os procedimentos em sua abordagem: a expectativa de que o terapeuta seja ativo no tratamento, a ênfase na operacionalização de procedimentos específicos e na definição de metas antes de cada sessão, bem como a atribuição de exercícios de casa, tudo isso pode ser encontrado na terapia cognitiva. Mas o que Beck criou foi além de qualquer um dos dois principais paradigmas de sua época. O enfoque da teoria cognitiva nos processos intrapsíquicos era mais parecido com o enfoque da teoria psicanalítica na fenomenologia (sem postular a existência de um inconsciente dinâmico que o impedia de reconhecer suas verdadeiras motivações), mas seus procedimentos terapêuticos tinham mais em comum com a moderna terapia comportamental (Beck, 2005).

Teoria cognitiva da depressão

A teoria cognitiva da depressão, que evoluiu a partir de observações e experimentos clínicos sistemáticos (Beck, 1967), forma a base das técnicas e estratégias no núcleo da terapia cognitiva (Beck, 1976). A terapia cognitiva é mais do que apenas uma coleção de estratégias e técnicas: é o que emerge de um conjunto de princípios básicos. O modelo cognitivo postula três conceitos específicos para explicar o substrato psicológico da depressão: (1) a tríade cognitiva negativa, (2) esquemas e (3) erros cognitivos.

A tríade cognitiva negativa

A **tríade cognitiva negativa** fornece um arcabouço para considerar as cognições idiossincráticas que resultam no humor e no distúrbio comportamental de cada paciente. O primeiro componente da tríade diz respeito à **visão negativa** que o paciente tem **de si mesmo**. O paciente se vê como incompetente ou indigno de amor (a maioria das crenças nucleares se transforma em um ou outro, e a maioria dos pacientes deprimidos é vítima de um ou de ambos) e tende a atribuir experiências desagradáveis às suas deficiências.

Em sua maneira de ver, é *por causa* desses supostos defeitos que ele é inútil ou indesejável. No modelo cognitivo, as visões negativas de si próprio são vistas como diáteses predisponentes latentes, mas relativamente estáveis (herdadas ou adquiridas) que, uma vez desenvolvidas, colocam o indivíduo em risco elevado de depressão sempre que ocorre um estressor relevante.[3]

O segundo componente da tríade cognitiva compreende a **visão negativa** que a pessoa deprimida tem **do mundo**, ou uma tendência a interpretar suas experiências contínuas de forma negativa. O mundo é visto como um lugar inóspito ou injusto. Além disso, o paciente vê o mundo (e as outras pessoas que o habitam) como se ele estivesse fazendo exigências exorbitantes ou apresentando obstáculos esmagadores para atingir suas metas de vida. O mundo externo é visto como indiferente, na melhor das hipóteses, e hostil, na pior.

O terceiro componente da tríade cognitiva compreende uma **visão negativa do futuro**. A pessoa deprimida prevê que as dificuldades e o sofrimento atuais continuarão indefinidamente. Ela espera dificuldades, frustrações e privações incessantes. Quando o paciente pensa em assumir uma tarefa específica em um futuro imediato, ele espera fracassar. Essa visão negativa do futuro, com sua expectativa essencial de não gratificação, está no cerne da depressão. A depressão difere de outros transtornos psiquiátricos pela ausência de afeto positivo; se alguém não prevê gratificação futura, então a resposta afetiva esperada seria a tristeza, e não a ansiedade, a raiva ou o desgosto (Clark & Watson, 1991). Ter uma visão negativa de si mesmo como incapaz de garantir a gratificação, ou do mundo como improvável de proporcioná-la, pode contribuir para a inferência, mas é a expectativa de falta de gratificação *no futuro* que é fundamental para a tristeza persistente.

Organização estrutural do pensamento depressivo (esquemas)

Piaget (1923) introduziu o conceito de esquema na psicologia e Bartlett (1932) expandiu a noção, embora suas raízes na filosofia remontem a Kant 150 anos antes (Eysenck et al., 2010). De acordo com a psicologia cognitiva, os **esquemas** (*schemata* é uma forma plural igualmente aceitável [em inglês]) são grupos relativamente estáveis de conteúdos e processos cognitivos que facilitam interpretações previsíveis de eventos no mundo (Miller et al., 1960). Esses padrões levam uma pessoa a atentar seletivamente para determinados estímulos, a conectar observações atuais com lembranças de experiências passadas e a inclinar a forma como interpreta um determinado evento (Neisser, 1967).

Embora pessoas diferentes possam conceituar a mesma situação de maneiras diferentes, uma pessoa em particular tende a ser consistente em suas respostas a tipos semelhantes de eventos. Alguém que seja "liberal" tenderá a ver o mundo de forma diferente de alguém que seja "conservador", e os membros de cada grupo tendem a interpretar os eventos de forma diferente e consistente ao longo do tempo. Os esquemas não apenas organizam as informações existentes, mas também determinam como as novas informações são processadas. No contexto da terapia cognitiva, os esquemas explicam por que uma pessoa deprimida mantém suas atitudes contraproducentes e indutoras de angústia, apesar de evidências objetivas de fatores positivos em sua vida.

Em depressões mais brandas, o paciente geralmente é capaz de considerar suas visões negativas sobre si mesmo, o mundo e o futuro com alguma objetividade. Entretanto, à medida que a depressão piora ou se prolonga, seu pensamento se torna cada vez mais dominado por ideias negativas. É menos provável que ele interprete os eventos como os outros o fariam e mais provável que os interprete de forma idiossincrática, de modo a manter a depressão — ou seja, ela começa a desenvolver esquemas negativos. Isso nos leva de volta à noção de causalidade recíproca com relação à cognição e ao afeto, na medida em que cada um influencia o outro em qualquer situação, da mesma forma que a personalidade, as propensões comportamentais e os componentes ambientais determinam as escolhas que um indivíduo faz (Bandura, 2018). É provável que existam esquemas prévios nos indivíduos que entram na adolescência com uma propensão a ficar deprimidos diante de desafios relativamente pequenos — aqueles a quem Monroe e colaboradores (2019) se referem como "propensos à recorrência". Contudo, não é necessário que esse esquema exista entre aqueles que só ficam deprimidos em resposta a grandes desafios — aqueles a quem Monroe e colaboradores se referem como os "possíveis depressivos". A questão é que os esquemas podem ser preexistentes e ficar adormecidos até serem acionados, ou podem se desenvolver ao longo do tempo em resposta à angústia entre aqueles que têm probabilidade de recorrência.

À medida que o paciente presta cada vez mais atenção a essas interpretações negativas, suas visões se tornam cada vez mais distorcidas, levando a erros sistemáticos em seu pensamento (veja a seguir). Consequentemente, ele é menos capaz de considerar a possibilidade de que suas interpretações negativas sejam imprecisas ou inúteis. Em depressões mais graves, o esquema idiossincrático pode dominar o pensamento do paciente: ele está preocupado com pensamentos negativos perseverantes e repetitivos. Ele pode ter dificuldade de se concentrar em estímulos externos (p. ex., ler ou conversar) ou de se envolver em atividades mentais voluntárias (p. ex., resolver problemas ou recordar). Nesses casos, inferimos que a organização cognitiva idiossincrática se tornou autônoma, ou seja, tornou-se tão prepotente que se sobrepõe a qualquer estímulo externo do ambiente. Nos casos mais graves, o esquema depressivo pode se tornar tão independente da estimulação externa que o indivíduo não responde às mudanças em seu ambiente imediato.

As pessoas categorizam e avaliam suas experiências por meio de uma matriz de esquemas. Os conteúdos desses esquemas determinam como um indivíduo estrutura uma experiência e, portanto, como ele responderá a ela. Um esquema pode ser latente e ficar adormecido por longos períodos de tempo, mas pode ser ativado por estímulos ambientais específicos, como situações estressantes (Scher et al., 2005). Por exemplo, mesmo depois que uma pessoa tem um filho e aprende a pensar como pai, ela não pensa como um o tempo todo (seu esquema "pai" nem sempre é ativado), mas seu esquema parental pode ser ativado sempre que surgirem situações relevantes. Entretanto, em estados patológicos como a depressão, as conceitualizações individuais de situações salutares são distorcidas para se adequarem ao esquema disfuncional. A correspondência ordenada de um esquema normativo e funcional a um determinado estímulo é perturbada pela intrusão desses esquemas idiossincráticos e disfuncionais excessivamente ativos. À medida que estes se tornam mais ativos, uma gama maior de estímulos pode evocá-los. O paciente perde grande parte do controle voluntário sobre seus processos de pensamento e não consegue ativar outras formas mais apropriadas de pensar sobre o mundo.

Falha no processamento de informações (erros cognitivos)

As visões negativas de si mesmo, do mundo e do futuro se solidificam em esquemas depressivos por meio de erros no processamento de informações que servem para manter a crença do indivíduo na validade de suas cognições negativas, apesar das evidências em contrário (ver Beck, 1967). Essas distorções sistemáticas (rebatizadas de "armadilhas do pensamento" com nomes mais prosaicos e fáceis de lembrar entre parênteses do clássico manual de autoajuda *Feeling Good*, de David Burns [1980]) são os componentes funcionais do pensamento esquemático e são semelhantes em natureza à heurística normativa que opera em pessoas que não estão deprimidas (Kahneman et al., 1982):

- **Abstração seletiva (filtro mental).** Concentrar-se em um detalhe ou fragmento de uma experiência fora do contexto, ignorando outras características mais importantes e conceituando toda a experiência com base nesse fragmento: "Meu chefe recusou meu pedido de aumento, isso significa que ele acha que eu não valho nada", embora ninguém mais tenha recebido aumento e sua avaliação de desempenho tenha sido positiva.
- **Inferência arbitrária (tirar conclusões precipitadas).** Tirar uma conclusão na ausência de evidências ou diante de evidências contrárias (inclui tanto **leitura mental**, em que se presume que se sabe o que outra pessoa está pensando, quanto **adivinhação**, em que se pensa que se pode prever o futuro): "Todos no trem acharam que eu era um idiota quando tropecei".
- **Supergeneralização.** Estabelecer uma regra ou conclusão geral com base em um ou alguns incidentes isolados e aplicar o conceito de forma ampla: "As coisas nunca saem do jeito que eu quero".
- **Rotulação (rotulagem–rotulagem incorreta).** Uma generalização excessiva na qual uma característica estável é atribuída com base em uma amostra limitada de comportamento: "Não consegui o emprego; sou um perdedor".
- **Maximização (catastrofização) e minimização.** Erros na avaliação da magnitude ou do significado dos eventos que distorcem sua importância: "Com essa nota ruim no questionário, certamente serei reprovado na disciplina" ou "E daí se eu fui bem no questionário, ainda há a prova final".
- **Personalização.** Interpretar eventos externos de forma autorreferencial quando há pouca base para fazer essa interpretação: "As pessoas não estavam se divertindo porque eu estava lá".
- **Pensamento absolutista/dicotômico (pensamento de "tudo ou nada").** Organização de experiências em uma de duas categorias opostas, em vez de ordená-las em uma dimensão contínua (p. ex., perfeito vs. defeituoso, santo

vs. pecador). Os pacientes geralmente selecionam categorizações negativas extremas para descrever a si mesmos: "Sou completamente indigno de ser amado".
- **Desqualificação do positivo.** Desconsiderar experiências positivas que sejam inconsistentes com as crenças negativas existentes: "Se eu consegui fazer isso, então não deve ser muito difícil de fazer".
- **Raciocínio emocional.** Usar a experiência de um forte sentimento negativo como evidência clara da veracidade da crença associada: "Sinto-me tão envergonhado que eu devo ser um idiota".
- **Imperativos morais ("Deveres").** Imposição de julgamentos moralistas para controlar o próprio comportamento ou o de outra pessoa (em vez de utilizar as contingências naturais que operam na situação). Os "deveres" são particularmente importantes, pois são menos eficazes do que outras estratégias que poderiam ser usadas e tendem a gerar afeto negativo e minar a autoestima. (Foi Karen Horney, a analista e primeira feminista que rompeu com Freud por causa de seu conceito de "inveja do pênis", que cunhou o termo "a tirania dos deveres" na década de 1950.) Os pais não têm que dizer aos filhos que eles "devem" comer biscoitos (já que os biscoitos têm sabor doce e a evolução nos deu um "gosto por doces"), mas, às vezes, dizem a eles que "devem" comer vegetais (já que eles não são naturalmente doces e, portanto, não são inerentemente reforçadores). São os pais sábios que condicionam o acesso aos biscoitos à ingestão de vegetais, em vez de insinuar "maldade" por parte da criança que não está fazendo o que "deveria" por causa de uma preferência evoluída por alimentos de sabor doce em vez de alimentos de sabor amargo. Os "deveres" são frequentemente estabelecidos na infância pelos pais (muitas vezes com a melhor das intenções), mas são invariavelmente atalhos destinados a controlar o comportamento, quando o caminho mais sensato é mobilizar as contingências naturais que existem no mundo. As afirmações do tipo "deveria" geralmente resultam em sentimentos de culpa (em si mesmo) ou raiva (em relação a si mesmo ou aos outros) quando o indivíduo não cumpre esse absoluto moral: "Eu deveria ter sido mais gentil; sinto-me tão culpado"; "Ele não deveria ter me deixado esperando; sinto-me tão irritada".

Em seus primeiros escritos, Beck descreveu a depressão como sendo um transtorno do pensamento (Beck, 1967). Há um elemento de verdade nessa perspectiva, mas, na verdade, a maioria dos pacientes não psicóticos (incluindo a maioria das pessoas com depressão) *pode* avaliar a realidade com precisão (eles podem separar o que é provavelmente verdadeiro do que não é, se pensarem cuidadosamente sobre as coisas da forma que descrevemos mais detalhadamente no Capítulo 6); só que eles tendem a não fazer isso sob fortes estados de emoção. Um objetivo da terapia cognitiva é ajudar o paciente a desacelerar o processo e ficar atento ao seu pensamento à medida que ele ocorre, para que possa examinar a precisão de suas crenças e procurar distorções em seu processamento de informações. Ao aprender a examinar a precisão de suas próprias crenças, o paciente pode, com frequência, aliviar sua angústia e passar a se comportar de maneira mais adaptativa.

Componentes e processos da terapia cognitiva

As técnicas da terapia cognitiva são aplicadas de forma mais eficaz quando o terapeuta as fundamenta em um conhecimento profundo do modelo cognitivo (Beck, 1976). É mais provável que os pacientes obtenham benefícios duradouros com o modelo quando eles captam sua essência e passam a entender que não é apenas o que lhes acontece que determina como se sentem e agem, mas também como interpretam esse evento (Tang et al., 2007). As técnicas terapêuticas são projetadas para identificar e mudar (por meio do processo de teste de realidade, no qual os fatos são coletados, muitas vezes por meio de experimentos comportamentais, e a lógica é aplicada de forma sistêmica) os pensamentos negativos automáticos que ocorrem em situações específicas, bem como as crenças nucleares e as atitudes disfuncionais das quais surgem esses pensamentos. Os pacientes aprendem a dominar problemas que antes consideravam esmagadores, identificando e examinando a precisão dos pensamentos relevantes e das crenças subjacentes. O terapeuta cognitivo ajuda o paciente a aprender a pensar de forma mais realista sobre seus problemas e a se comportar de forma mais adaptativa para reduzir seus sintomas.

Técnicas específicas de intervenção, descritas mais adiante neste livro, foram criadas para ensinar o paciente a (1) identificar e monitorar os pensamentos negativos automáticos (cognições) que surgem em situações específicas; (2) reconhecer as conexões entre esses pensamentos e os sentimentos e comportamentos que eles geram; (3) explorar o sistema de significado mais amplo no qual esses pensamentos estão inseridos; (4) considerar explicações alternativas rivais para os eventos que deram origem a essas crenças; (5) examinar as evidências a favor e contra essas crenças; (6) identificar as implicações reais dessas crenças se elas se revelarem verdadeiras; e (7) substituir cognições tendenciosas ou errôneas por reavaliações mais precisas, quando indicado. Estratégias comportamentais também são amplamente empregadas; a terapia cognitiva se baseia em um modelo cognitivo, mas as técnicas comportamentais são parte integrante da terapia, descritas em mais detalhes a seguir e no Capítulo 5.

Na primeira sessão, descrita no Capítulo 4, apresentamos uma visão geral do modelo cognitivo da depressão e como ele leva à fundamentação da terapia cognitiva. A melhor maneira de fazer isso é convidar o paciente a descrever uma situação recente em que ele tenha sentido angústia e determinar como seus pensamentos se relacionaram com seus sentimentos e comportamentos nesse caso. Também é útil obter a explicação do paciente sobre o motivo pelo qual ele está deprimido — que geralmente se concentra em algum defeito estável presumido em seu caráter (traço) — e contrastar essa "teoria" com a ideia de que ele pode estar escolhendo inadvertidamente estratégias comportamentais que não o estão ajudando. A maioria das pessoas deprimidas trata a vida como um **teste de caráter** ("sou indigno de ser amado/sou incompetente") quando, na verdade, é um **teste de estratégia** ("algumas coisas funcionam melhor do que outras"). Essas atribuições errôneas de autorreferência geralmente estão no centro dos esquemas dos pacientes. Acreditamos que ajudar os pacientes a reconhecer e corrigir essa interpretação errônea do tipo traço é uma das principais fontes do efeito duradouro da terapia cognitiva.

É comportamental?

Desde as primeiras sessões, incentivamos os pacientes a monitorar sua própria experiência, começando por acompanhar o que fazem durante o dia e como seus comportamentos e seu humor mudam juntos. *Estratégias comportamentais* são usadas durante todo o período do tratamento, mas é mais provável que sejam enfatizadas nas primeiras sessões. Essas estratégias são essenciais para o processo de teste de realidade; muitas vezes, a evidência mais convincente contra uma crença errônea é o *feedback* que o paciente obtém depois de lidar com um problema de uma maneira nova e diferente. O paciente começa a se comportar de forma menos desadaptativa e, no processo, descobre os pensamentos e as crenças subjacentes a esses comportamentos, para que possa testar sua precisão. Os pacientes geralmente precisam de técnicas mais ativas no início do tratamento, quando a motivação está enfraquecida e as crenças incorretas parecem mais convincentes. Por esse motivo, apresentamos as estratégias comportamentais (Capítulo 5) antes das técnicas cognitivas (Capítulo 6). Uma amostra dessas estratégias comportamentais inclui a programação de atividades, em que o paciente estabelece um plano concreto do que fazer em um determinado intervalo; a definição de oportunidades de domínio e prazer, em que o paciente programa tarefas que seriam desejáveis de realizar ou gratificantes de experimentar; e a criação de tarefas graduais, em que o paciente divide uma tarefa maior em uma série de etapas menores. Essas estratégias visam permitir que o paciente colete informações sobre as ligações entre pensamentos, sentimentos e comportamentos e supere o comportamento de esquiva (Martell et al., 2001), bem como a inércia que interfere na iniciação do comportamento adaptativo (Miller, 1975). Mais importante ainda, elas ajudam o paciente a testar seus pensamentos negativos automáticos específicos e suas crenças nucleares subjacentes mais gerais (e abstratas) (Beck, 1970).

É cognitivo?

Usamos *estratégias cognitivas* durante todo o ciclo da terapia, mas normalmente deixamos para ensiná-las detalhadamente ao cliente depois que as estratégias comportamentais foram apresentadas. Ensinamos os pacientes a reconhecer seus pensamentos negativos automáticos e crenças subjacentes, anotando-os no **Registro de pensamentos** (consulte o Capítulo 6). Essas cognições são examinadas para determinar seu impacto nos sentimentos e nos comportamentos do paciente, e quaisquer problemas no processamento de informações (erros cognitivos) são identificados e discutidos. Treinamos os pacientes para procurar explicações alternativas às suas próprias descrições caracterológicas para eventos negativos e para avaliar as evidências a favor e contra essas explicações concorrentes, bem como para considerar as implicações reais de suas crenças, caso fossem verdadeiras. Trabalhamos com os pacientes para projetar experimentos nos quais eles são incentivados a variar seus comportamentos para testar a precisão de suas crenças — incluindo as ***crenças nucleares*** (consulte o Capítulo 7), bem como as crenças subjacentes às **estratégias**

compensatórias que servem para perpetuar os padrões evidenciados por aqueles que têm transtornos da personalidade (consulte o Capítulo 8). Por exemplo, pode-se pedir a uma paciente que acredita ser incompetente que especifique os passos que uma pessoa competente daria para realizar algo e, em seguida, incentivá-la a implementar esses passos antes da próxima sessão, apenas para ver o que ela consegue fazer. Também costumamos nos concentrar em sintomas-alvo específicos, como procrastinação ou impulsos suicidas (consulte o Capítulo 9). Ajudamos o paciente a identificar as cognições que sustentam esses sintomas (p. ex., "Minha vida não tem valor e não posso mudar isso") e depois as submetemos a um exame lógico e, principalmente, a testes empíricos (consulte o Capítulo 10).

O paciente assume o controle

O objetivo das intervenções usadas na terapia cognitiva é *tornar o terapeuta obsoleto*, facilitando o desenvolvimento das habilidades e do senso de eficácia nos pacientes, o que permite que eles façam por si mesmos tudo o que inicialmente foi feito pelo terapeuta ou com ele. A transferência de conhecimento e responsabilidade do terapeuta para o paciente não só aumenta o benefício de curto prazo da terapia cognitiva, mas também provavelmente maximiza seu efeito duradouro (consulte o Capítulo 11). À medida que o tratamento avança, os pacientes começam a implementar muitas das técnicas que inicialmente introduzimos por conta própria. Os pacientes geralmente tomam a iniciativa de questionar suas conclusões, mas não deixamos isso ao acaso e rotineiramente lhes perguntamos como chegaram a reavaliar suas crenças anteriores, quais evidências lhes foram convincentes. É mais provável que a terapia cognitiva seja bem-sucedida quando nós, enquanto terapeutas, ensinamos nossos pacientes a fazer a terapia por si mesmos, em vez de aceitarem-na passivamente. As evidências mostram que os pacientes que são mais capazes de empregar as habilidades relevantes por conta própria ao final da terapia têm o menor risco de recaída subsequente (Strunk et al., 2007). Além de modelarmos estratégias para identificar e testar pensamentos e crenças, também ensinamos explicitamente os princípios que estão por trás da abordagem, da mesma forma que faríamos se estivéssemos treinando terapeutas cognitivos iniciantes, e orientamos os pacientes a praticarem isso por conta própria.

Personalizado e adaptável

A terapia cognitiva funciona melhor quando é aplicada de forma flexível e baseada em princípios, e não como um conjunto de tarefas ou metas prescritivas, sessão por sessão, que deve ser implementado de forma rígida para todos os pacientes. A terapia cognitiva é, em sua essência, uma abordagem fenomenológica. Não podemos ajudar um cliente a mudar suas crenças, a menos que nós e o cliente saibamos quais são essas crenças e quais evidências em contrário ele consideraria convincentes. Os sistemas de significados tendem a ser idiossincráticos e baseados em experiências que variam de paciente para paciente; embora a terapia tenda a se desenvolver de forma sequencial entre os pacientes (consulte o Capítulo 4), o conteúdo preciso do que se desenvolve, e quando e com que rapidez as imprecisões nesse conteúdo podem ser resolvidas tendem a variar em função do que o paciente acredita e de como ele veio a desenvolver essa crença. Embora sejam poucas as comparações diretas, a terapia cognitiva tende a superar seus "primos" cognitivo-comportamentais mais estruturados quando múltiplas variações são testadas (Hollon, 2021).

Como terapeutas, portanto, enfrentamos vários pontos de escolha com relação à seleção e ao momento de aplicação das estratégias. Conforme observado nos Capítulos 5 e 6, as técnicas comportamentais e cognitivas têm seus próprios conjuntos de vantagens e aplicações. Um paciente com retardo psicomotor e os problemas de concentração que o acompanham provavelmente terá problemas para se envolver na introspecção que as técnicas cognitivas exigem. Na verdade, as preocupações e as ruminações podem ser exacerbadas por essas tentativas. Nesses casos, os métodos comportamentais são preferidos devido ao seu poder de neutralizar a inércia e promover a atividade construtiva. Além disso, atingir uma meta comportamental pode ajudar a refutar crenças como "não sou capaz de fazer nada". No caso de pacientes que têm estado muito inativos, não só é provável que programemos atividades para eles fazerem a cada hora de vigília nos próximos dias, como também solicitamos suas previsões sobre como eles acham que essas atividades serão realizadas. Fazer essas previsões nos permite examinar a precisão dessas crenças e as implicações da conclusão bem-sucedida das tarefas programadas em sessões posteriores. Mesmo que estejamos sendo amplamente comportamentais, fazemos isso de uma forma integrada que testa as crenças existentes.

Para pacientes com deficiências menos graves, as técnicas cognitivas geralmente podem ser empregadas de forma útil para moldar as tarefas comportamentais. Considere a paciente que concluiu que seus amigos não gostavam mais dela, pois nenhum deles havia lhe telefonado nos últimos dias. Ela pode ser incentivada a examinar as evidências a favor e contra essa conclusão e a considerar explicações alternativas para a falta de telefonemas de seus amigos, mesmo antes de tomar qualquer outra atitude. Uma tarefa comportamental, como ligar para um amigo e pedir para se encontrarem, poderia então ser usada para testar a precisão da crença. Frequentemente usamos técnicas cognitivas para aumentar a probabilidade de os pacientes participarem de um experimento comportamental e para evitar reinterpretações indevidamente negativas após a realização da tarefa. O emprego de técnicas cognitivas e comportamentais de forma integrada geralmente resulta em uma maior probabilidade de êxito em cada uma delas. Nossa regra geral é fazer o que for necessário para ajudar o cliente a se envolver na tarefa. Se ele estiver fazendo pouco, incentivá-lo a suspender a descrença e ver o que ele pode fazer geralmente o ajuda a se movimentar de forma comportamental; na verdade, nós o incentivamos a fazer um experimento apenas para "ver o que ele pode fazer". Se o cliente estiver ao menos um pouco envolvido com o mundo, obter suas previsões com antecedência e verificar suas interpretações após a conclusão da atividade pode destacar cognições problemáticas e deixá-lo com uma sensação maior de domínio sobre sua experiência interna.

Foco em crenças nucleares

A maior parte da redução nos escores das medidas de sintomas de depressão ocorre durante as primeiras semanas de tratamento. Isso levou alguns a sugerir que processos inespecíficos ou as estratégias puramente comportamentais devem ser responsáveis pela maior parte da mudança que ocorre na terapia cognitiva, com base no pressuposto de que a reestruturação cognitiva não é introduzida durante esse período inicial (Ilardi & Craighead, 1994). Entretanto, como acabamos de descrever, fazemos uso extensivo de técnicas cognitivas nas fases iniciais do tratamento para ensinar os clientes a usar as estratégias comportamentais (Tang & DeRubeis, 1999a). Mais tempo é dedicado em sessões posteriores para ensiná-los a avaliar a precisão de suas crenças, mas as estratégias cognitivas são introduzidas desde a primeira sessão com todos os pacientes, exceto os mais gravemente deprimidos.

Dependendo do paciente, o tratamento pode durar desde algumas semanas para aqueles com bom funcionamento pré-mórbido, até vários anos para os com depressão crônica ou depressões sobrepostas a transtornos da personalidade subjacentes. Para estes últimos, enfatizamos os procedimentos desenvolvidos para abordar crenças nucleares e pressupostos subjacentes de longa data. Visamos especialmente as estratégias compensatórias (padrões de comportamento recorrentes) que têm a intenção (pelo paciente) de atenuar as consequências dessas crenças e, assim, reduzir o estresse no curto prazo, mas que paradoxalmente servem para manter essas crenças ao longo do tempo (consulte os Capítulos 7 e 8).

Especificamente, enfatizamos as abordagens focadas em esquemas projetadas para identificar e tratar as crenças nucleares. Também adotamos uma estratégia conhecida como "**banquinho de três pernas**", que atende não apenas às preocupações da vida atual (presente), mas também aos antecedentes da infância que levaram ao desenvolvimento das crenças desadaptativas do paciente (passado) e às reações do paciente a nós como terapeutas (incluídas no contexto maior e inespecífico da relação terapêutica) (Beck et al., 2003). Via de regra, ao tratar um paciente com depressão crônica sobreposta a um transtorno da personalidade, tocamos em cada uma dessas "três pernas do banquinho" ao lidar com qualquer item da agenda antes de passar para o próximo. Como discutiremos mais detalhadamente no Capítulo 7, essa abordagem não altera a essência da terapia cognitiva, mas a amplia, uma vez que padrões comportamentais crônicos e contraproducentes podem exigir atenção sustentada por um período mais longo para que haja uma resolução satisfatória e duradoura.

Características distintivas da terapia cognitiva

A terapia cognitiva difere de outras psicoterapias em vários aspectos importantes relativos à estrutura de suas sessões e aos tipos de problemas nos quais se concentra, conforme descrito a seguir.

Atividade do terapeuta

Em contrapartida às terapias psicodinâmicas mais tradicionais e algumas terapias humanísticas, tendemos a ser continuamente ativos durante as sessões.

Estruturamos a terapia com o objetivo de envolver a participação e a colaboração do paciente. Muitos pacientes deprimidos ficam preocupados ou distraídos nas primeiras sessões, por isso tentamos ajudá-los a organizar seu pensamento e comportamento para lidar melhor com as exigências da vida cotidiana. Embora a capacidade do paciente de colaborar possa ser seriamente impedida pelos sintomas no início do tratamento, usamos nossa engenhosidade e recursos para estimulá-lo a se envolver ativamente nas intervenções. Em contrapartida, a passividade do terapeuta inerente às abordagens mais tradicionais permite que os pacientes deprimidos se afundem ainda mais no pântano das preocupações negativas. Com efeito, emprestamos nossas "funções executivas" ao paciente para manter a sessão estruturada e focada, até o momento em que o paciente possa assumir esse processo por conta própria.

Empirismo colaborativo

Estamos comprometidos com um processo no qual todas as crenças (inclusive as nossas) estão abertas ao escrutínio empírico, em vez de confiarmos em nossa autoridade como terapeutas ou em nosso poder de persuasão. Trabalhamos *em conjunto* com o paciente para descobrir cognições problemáticas e então submetê-las ao escrutínio lógico e à refutação empírica. Nada funciona de forma tão poderosa para mudar uma crença como testá-la fora da terapia e descobrir que ela não é verdadeira. Durante o processo, ensinamos o cliente a fazer por si mesmo tudo o que podemos fazer por ele no início do tratamento. Nosso objetivo é ajudar nossos clientes a aprender a testar a precisão de suas próprias crenças de forma aberta e inquisitiva.

Foco no aqui e agora

Em contrapartida aos tipos mais tradicionais de psicoterapia, o foco da terapia cognitiva geralmente está nos problemas do aqui e agora, especialmente nos estágios iniciais do tratamento. O principal impulso é a investigação dos pensamentos, sentimentos e comportamentos do paciente dentro e entre as sessões, especialmente com relação a eventos perturbadores. Atentamos às lembranças da infância principalmente para esclarecer o significado das experiências contemporâneas e, muitas vezes, só mais tarde na terapia. Colaboramos com o paciente para explorar suas experiências atuais, estabelecendo cronogramas de atividades e desenvolvendo exercícios de casa voltados para o futuro. Para o paciente com problemas mais complexos, como depressão crônica ou depressão sobreposta a um transtorno da personalidade subjacente, o foco se expande para um exame mais extenso das experiências anteriores da infância e para seu relacionamento com o terapeuta (o "banquinho de três pernas" mencionado anteriormente e demonstrado no Capítulo 7).

Crenças imprecisas, não motivações inconscientes

Talvez a principal diferença entre a terapia cognitiva e as terapias psicodinâmicas tradicionais seja o fato de nunca presumirmos que motivos inconscientes sejam responsáveis pelos problemas do paciente. O foco está nas crenças, e não nas motivações, e particularmente nas crenças acessíveis, e não nas inconscientes. Quando os clientes se comportam de forma desadaptativa, seja por não se engajarem em comportamentos que poderiam lhes dar o que desejam ou por se engajarem em comportamentos que os prejudicam, começamos presumindo que foram crenças imprecisas que atrapalharam, e não que alguma "necessidade de fracassar" masoquista impediu o paciente de agir em seu próprio interesse. Da mesma forma, não gostamos de presumir que os pacientes têm uma motivação inconsciente para manter suas crenças, mesmo que elas pareçam imunes a mudanças. Em vez disso, reconhecemos que todas as pessoas estão programadas para pensar de modo a dificultar a modificação de uma crença, mesmo diante do que pode parecer para os outros uma evidência esmagadora do contrário (Nisbett & Ross, 1980).

Essencialmente, presumimos que os clientes experimentam angústia e agem de forma desadaptativa porque acreditam no que acreditam, mesmo que essas crenças os prejudiquem, e não porque tenham alguma motivação inconsciente para se punir ou frustrar o terapeuta. A teoria cognitiva reconhece que as cognições "profundas" (crenças nucleares e suposições subjacentes) podem não estar imediatamente acessíveis à introspecção consciente, mas sustenta que essas crenças podem ser prontamente descobertas e examinadas ao se explorar o que a situação significa para o cliente. Isso contrasta com a teoria dinâmica, que postula que crenças e motivações são mantidas fora da consciência por mecanismos de defesa ativos. A partir de uma perspectiva cognitiva, uma crença específica pode não passar pelo fluxo de consciência do paciente, mas pode ser trazida à consciência com um mínimo de estímulo. Uma das virtudes da abordagem cognitiva é que é relativamente fácil para o paciente tornar-se seu próprio terapeuta, uma vez que a introspecção é o meio de exploração e o empirismo é o principal método de mudança. Na terapia cognitiva, não é necessária nenhuma assistência para contornar os mecanismos de defesa inconscientes que mantêm os "verdadeiros" motivos da pessoa fora da consciência.

Crenças adicionadas a comportamentos

A terapia cognitiva compartilha com a terapia comportamental a ênfase na atenção aos sinais e consequências no ambiente externo, mas dá maior ênfase às experiências mentais internas do paciente, como pensamentos (incluindo desejos, devaneios e atitudes) e sentimentos. A estratégia geral da terapia cognitiva pode ser diferenciada de intervenções mais puramente comportamentais por sua ênfase em ensinar os pacientes a conduzir investigações empíricas de seus próprios pensamentos automáticos e crenças subjacentes (Beck, 1993). Quase toda experiência pode ser usada como observação em um experimento relevante para as crenças negativas do paciente. Por exemplo, se uma paciente acredita que as pessoas que encontra se afastam dela com repulsa, podemos ajudá-la a construir um sistema para julgar as reações dos outros e incentivá-la a fazer avaliações objetivas de suas expressões faciais e de seus movimentos. Se o paciente acredita que é incapaz de realizar tarefas simples de higiene, podemos trabalhar com ele para criar um gráfico que ele possa usar para monitorar o grau de sucesso que tem na realização dessas atividades. Entendemos em nível teórico que, embora os processos cognitivos sejam os principais mecanismos de mudança, os experimentos comportamentais podem ser a maneira mais poderosa de testar esses mecanismos cognitivos (Bandura, 1977). Conforme descrito anteriormente, não deixamos esse processo ao acaso, mas pedimos aos pacientes que expliquem, tanto para si mesmos quanto para nós, exatamente o que aprenderam no processo e as implicações que tiraram desses experimentos comportamentais.

Examinar as crenças, não as debater

Ao contrário de algumas das abordagens cognitivas anteriores mais estridentes, como a terapia emotiva racional (Ellis, 1962), não debatemos com nossos clientes nem tentamos persuadi-los.[4] Em vez disso, nos envolvemos em um processo "lúdico" no qual os pacientes são incentivados a considerar e testar a precisão de suas próprias crenças, com alguma contribuição do terapeuta. Tentamos não nos apresentar como especialistas que compreendem a natureza da realidade melhor do que o paciente, em parte porque também somos propensos a erros de pensamento (e em parte porque essa abordagem autoritária raramente é bem recebida). O objetivo da terapia não é ver quem está correto, mas sim ajudar os pacientes a aprender a examinar a precisão das crenças que não os estão ajudando. Se parecer que estamos *desafiando* o paciente, em vez de ajudá-lo a examinar suas crenças, isso pode ser visto como um ataque pessoal. Como advertem os teóricos da entrevista motivacional, isso geralmente faz o paciente solidificar suas crenças (Miller & Rollnick, 2023). Uma abordagem colaborativa para examinar as crenças funciona bem quando os pensamentos são escritos em um quadro branco ou papel e trabalhamos em conjunto com o paciente, como uma equipe, para examinar sua precisão. A curiosidade, e não a certeza, é fundamental.

Crença em uma realidade objetiva

A terapia cognitiva opera com base no pressuposto de que há uma realidade objetiva que existe fora da experiência subjetiva e que os clientes são mais bem atendidos se alinharem suas crenças a essas realidades. Na verdade, o cliente é incentivado a agir como um cientista intuitivo, examinando a precisão de suas próprias crenças (Ross, 1977). Esse pressuposto difere das *terapias narrativas* que presumem que não existe uma realidade objetiva e sugerem que os pacientes são livres para adotar qualquer "história" pessoal que sirva a seus propósitos. O mito e a metáfora são ótimos para fins de ilustração, mas a crença de que podemos voar não nos tirará do chão. Os experimentos comportamentais funcionam porque há consequências objetivas para os comportamentos. Um paciente pode acreditar que não é digno de amor, mas se ele expressar interesse por outra pessoa e descobrir que esse interesse é correspondido, então a crença claramente não é verdadeira. Por outro lado, simplesmente acreditar que somos dignos de amor não substitui o fato de expressar interesse por outra pessoa e retribuir se ela responder.

Realismo em vez de otimismo

A terapia cognitiva não é a instanciação psicoterapêutica do "poder do pensamento positivo". Em vez disso, ela adere ao princípio de que as pessoas são mais bem atendidas quando são realistas em seus julgamentos e precisas em suas interpretações das realidades externas. O simples fato de desejar alguma coisa não é suficiente para que ela aconteça. Embora possa ser útil "estimular a si mesmo" como ferramenta motivacional, alguns clientes acabam profundamente decepcionados quando as estratégias que adotam não são adequadas às contingências reais de uma situação. Ajudar pacientes deprimidos a se tornarem mais precisos em suas crenças quase sempre resulta em menos pessimismo, mas o otimismo indevido raramente é uma resposta adaptativa a tempos difíceis (DeRubeis et al., 1990).

Todo problema é um jogo justo

O ditado que diz que "o amor e o trabalho são as pedras angulares de nossa humanidade" é amplamente atribuído a Freud (embora a citação real seja difícil de encontrar), mas quer ele tenha dito isso ou não, estamos inclinados a concordar.[5] Como a maioria dos outros tratamentos eficazes para depressão, a terapia cognitiva é usada para abordar problemas nos domínios de realização e de afiliação. Além disso, a terapia cognitiva se preocupa *tanto* com comportamentos desadaptativos *quanto* com emoções perturbadoras ou dolorosas. Ao contrário do que às vezes se infere de seu nome, ela é tudo menos restrita nos processos e nas questões que aborda, mas o faz com um foco claro no papel da cognição e suas conexões com emoções e comportamentos problemáticos nos domínios interpessoal e de realização.

Conceitos errôneos sobre depressão e o modelo cognitivo

Realismo depressivo

Existe uma crença popular, articulada primeiramente por Sigmund Freud (1917-1957), de que as pessoas deprimidas são mais precisas em seus julgamentos do que as não deprimidas. Essa noção ganhou legitimidade científica em uma série de estudos conduzidos por Alloy e Abramson (1979). Quando os participantes foram solicitados a estimar o grau de controle que poderiam exercer sobre os resultados em situações contingentes e não contingentes, os participantes deprimidos tenderam a ser mais precisos do que seus correspondentes não deprimidos em suas percepções de controle. Os autores sugeriram que as pessoas deprimidas podem ser *"mais tristes, porém mais sábias"* do que suas contrapartes não deprimidas. Essa descoberta foi replicada várias vezes e ganhou grande atenção na imprensa popular, mas a maioria dos estudos relevantes foi realizada em amostras não clínicas, com a depressão definida simplesmente com base em um autorrelato elevado (Ackermann & DeRubeis, 1991). Na verdade, o que estava sendo estudado era disforia leve, e não depressão clínica. Quando um estudo foi finalmente realizado em uma amostra totalmente clínica, descobriu-se que os pacientes deprimidos não tinham maior probabilidade de aplicar a heurística lógica apropriada para gerar seus julgamentos do que seus correspondentes não deprimidos, mas subestimavam consistentemente seu desempenho em suas percepções de sucesso (Carson et al., 2010). Ambos os grupos usaram heurísticas lógicas "primitivas" para gerar seus julgamentos, mas o fato de os pacientes deprimidos subestimarem seu sucesso fez eles parecerem menos "imprecisos" quando não tinham controle real. Com efeito, dois "erros" resultavam em um aparente "acerto". Pacientes deprimidos não são mais sábios do que pessoas que não estão deprimidas, eles simplesmente são consistentemente mais negativos.

O pensamento negativo é apenas um sintoma de depressão

Alguns sugeriram que a cognição negativa é apenas um subproduto da depressão. Embora os pensamentos automáticos negativos tendam a estar tão altamente correlacionados com a depressão que pareçam ser apenas mais uma consequência dependente do estado (Hollon et al., 1986), há boas razões para considerar que a cognição desempenha um papel causal na etiologia e na manutenção da depressão. Por exemplo, pedir a alguém que rumine sobre seus pensamentos negativos é uma maneira confiável de induzir afeto negativo (Nolen-Hoeksema, 2000). Os filhos de mães deprimidas correm um risco maior de ficar deprimidos e mostram evidências de processamento de informações distorcido antes da adolescência, antes mesmo de sofrerem um episódio depressivo (Joorman et al., 2007). Estudantes universitários sem histórico prévio de depressão que interpretam eventos negativos da vida como reflexo de falhas caracterológicas em si mesmos correm maior risco de ficar deprimidos em resposta a estressores subsequentes do que os colegas que fazem interpretações mais benignas (Alloy et al., 2006). Por fim, a depressão pode ser evitada nos filhos em risco de pais deprimidos, ajudando-os a aprender a lidar com seus pensamentos negativos em resposta a eventos negativos da vida (Garber et al., 2009), e os efeitos dessa intervenção podem durar por toda a adolescência (Brent et al., 2015). Essas descobertas sugerem que não só o pensamento negativo leva ao afeto negativo, mas também que uma propensão ao pensamento negativo predispõe a pessoa a ficar deprimida quando exposta a eventos negativos da vida. Dito isso, a relação entre cognição e afeto é mais bem entendida como recíproca. Os estados de espírito persistem ao longo do tempo e podem influenciar as interpretações em situações subsequentes. A razão pela qual a terapia cognitiva enfatiza o vínculo entre cognição e afeto é que as crenças podem ser testadas quanto à precisão, enquanto os afetos não.

O afeto precede a cognição

Muitos pacientes relatam que estão cientes do que sentem antes de estar cientes do que pensam. Isso parece condizer com a afirmação de Zajonc (1980) de que "as preferências não precisam de inferências", o que implica que o afeto não apenas precede a cognição temporalmente, mas também que a cognição não desempenha nenhum papel causal. Zajonc observou que uma pessoa caminhando na floresta que percebe uma figura grande vindo em sua direção sentiria medo antes de identificar a forma como um urso.

Lazarus (1982) respondeu observando que, embora nem toda cognição seja consciente, o processamento de informações de algum tipo é um pré-requisito para qualquer experiência de emoção. Atualmente, ficou claro que há duas rotas para a amígdala, uma estrutura neural fundamental para a detecção de riscos e a geração do afeto subsequente. A primeira via atua como um sistema de "alarme rápido" e não requer processamento cortical superior, enquanto a segunda via, através do córtex, recruta processos cognitivos controlados (LeDoux, 2000). O fato de os pacientes poderem ter reações afetivas antes de estarem cientes das avaliações que as motivam não significa que os processos relevantes não possam ser alterados pela razão e pela experiência. Assim como as pessoas podem aprender a superar a tendência natural de virar na direção oposta quando o carro começa a derrapar no gelo (para manter a tração e não perder o controle), ou mergulhadores podem ser treinados para superar a tendência natural dos mamíferos de prender a respiração quando não têm oxigênio debaixo d'água e de expirar quando sobem (caso contrário, o ar comprimido já inalado se expandirá e explodirá os pulmões do mergulhador), os pacientes podem aprender (com prática e repetição) a alterar suas propensões afetivas evolutivamente preparadas para lidar melhor com situações estressantes.

A depressão é genética (ou biológica), portanto, o que você pensa não importa

A depressão provavelmente tem determinantes genéticos, mas isso não exclui de forma alguma uma função causal da cognição na depressão (Beck, 2008).

Os genes são responsáveis por apenas uma pequena parte da variação da depressão unipolar, e as vulnerabilidades genéticas geralmente funcionam como diáteses preexistentes que são desencadeadas por eventos subsequentes da vida (Caspi et al., 2003). Todo processamento de informações tem uma neurobiologia subjacente, e uma maneira pela qual os genes podem se manifestar é por meio de seu impacto na maneira como as pessoas fazem julgamentos e formulam crenças (Beevers et al., 2007). Da mesma forma, mesmo que as pessoas apresentem uma função pré-frontal reduzida quando deprimidas (Siegel et al., 2007), ou um volume hipocampal reduzido (Sapolsky, 2000), ambos importantes na regulação negativa da resposta da amígdala a estímulos aversivos (Johnstone et al., 2007), elas ainda podem aprender a melhorar sua capacidade de reavaliação cognitiva, mesmo sob fortes estados de afeto (Gross, 2002).

Estudos em espécies não humanas sugerem que as regiões corticais que podem detectar quando o organismo tem controle sobre eventos estressantes têm uma via descendente que se projeta para o tronco encefálico, onde faz sinapse em um neurônio ácido gama-aminobutírico (GABA, do inglês *gamma-aminobutyric acid*) que, por sua vez, quando ativado, inibe o disparo do núcleo da rafe, que contém os corpos celulares de todos os neurônios no cérebro que usam serotonina como neurotransmissor e, assim, provoca um curto-circuito na resposta ao estresse (Maier et al., 2006). É como se o córtex estivesse dizendo ao tronco encefálico: "Não se preocupe, tenho isso sob controle". Na verdade, a seleção natural levou à evolução de centros corticais superiores que podem se sobrepor ao tronco encefálico mais primitivo e aos centros límbicos que geram a resposta ao estresse. Isso levou os mesmos teóricos que propuseram pela primeira vez a noção de "desamparo aprendido" a sugerir que eles entenderam errado; não é que os organismos aprendem que estão desamparados em situações que não podem controlar (essa é a opção-padrão quando nenhum comportamento disponível proporciona alívio), mas sim que os organismos expostos ao estresse controlável aprendem que suas ações fazem diferença e que podem exercer controle (Maier & Seligman, 2016). Muito do que fazemos na terapia cognitiva é ajudar os pacientes a reconhecer que podem exercer controle sobre muitos dos estressores da vida se escolherem as estratégias corretas, bem como sobre suas reações afetivas, mesmo aos estressores que não podem controlar totalmente.

Na verdade, evidências sugerem que a terapia cognitiva produz mais mudanças nas regiões corticais envolvidas na regulação afetiva do que os medicamentos, que parecem funcionar por meio do amortecimento das regiões subcorticais envolvidas na geração de afeto (Kennedy et al., 2007). Além disso, há indicações de estudos de neuroimagem de que os medicamentos não agem tanto para melhorar o humor quanto para mudar a forma como as pessoas processam as informações (Harmer et al., 2009). Com efeito, a terapia cognitiva e os medicamentos podem funcionar alterando a forma como as informações são processadas, com a terapia cognitiva influenciando o córtex ("de cima para baixo") de uma forma relativamente mais duradoura e os medicamentos afetando o tronco encefálico e as regiões límbicas ("de baixo para cima"), mas somente enquanto os medicamentos continuarem sendo tomados (DeRubeis et al., 2008).

Resumo e conclusões

A terapia cognitiva é uma abordagem inerentemente integrativa, baseada em um modelo que postula que a maneira como os indivíduos interpretam os eventos que encontram determina (em grande parte) como eles se sentem em relação a esses eventos e o que tentam fazer para lidar com eles de forma comportamental. De acordo com esse modelo, a depressão é, em grande medida, uma consequência de crenças imprecisas e do processamento desadaptativo de informações em resposta a vários eventos da vida. O terapeuta usa uma combinação de experimentos comportamentais e investigação racional para corrigir essas crenças imprecisas e, assim, reduzir o sofrimento. A abordagem representou uma verdadeira "mudança de paradigma" em relação ao modelo psicodinâmico dominante de um tempo atrás, que via a depressão como uma consequência da "raiva voltada para dentro". Como terapeutas cognitivos, queremos entender como os pacientes pensam sobre si mesmos, seus mundos e seus futuros (a tríade cognitiva negativa) e ajudá-los a corrigir quaisquer crenças errôneas e o processamento desadaptativo de informações. Ao contrário da noção de realismo depressivo, as pessoas deprimidas não são mais "realistas" do que as não deprimidas, apenas mais consistentemente negativas em suas crenças.

A depressão parece ser "típica da espécie", pois qualquer pessoa pode ficar deprimida se algo ruim acontecer, mas um subgrupo de pessoas parece entrar na adolescência com risco elevado de depressão crônica ou recorrente (os "propensos à recorrência"). Acreditamos que isso se deve basicamente ao fato de elas terem esquemas latentes que compreendem pressupostos subjacentes e crenças nucleares que as levam a se culpar de forma inadequada quando as coisas dão errado. A abordagem dos esquemas depressogênicos subjacentes que colocam esses indivíduos em risco elevado provavelmente é responsável pelo evidente efeito duradouro da terapia cognitiva, um efeito duradouro que os medicamentos não têm, por mais eficazes que sejam.

Notas

1. À medida que prosseguirmos, você notará que neste livro usamos os termos "paciente" e "cliente" de forma intercambiável, pois cada um é preferível em diferentes contextos. Embora seja possível fazer distinções entre os termos "sentimentos", "emoções" e "humores" (geralmente em termos da duração dos fenômenos aos quais se referem), nós os utilizamos indistintamente para nos referirmos aos afetos, para facilitar a compreensão do leitor. Alternamos os pronomes "ele" e "ela" (a menos que estejamos nos referindo a uma pessoa específica), pois é complicado referir-se a "ele ou ela". Também usamos os termos "sistema de significados" e "sistema de crenças" de forma intercambiável. O que temos em mente é o conjunto complexo de proposições que uma pessoa mantém e que define como ela interpreta a realidade naquele momento. Observe que um pensamento não é o mesmo que uma crença. Podemos "pensar" alguma coisa em um determinado momento sem necessariamente acreditar que aquilo é verdade, e podemos acreditar que alguma coisa é verdade sem necessariamente pensar nela em um determinado momento. É esta última (o que alguém acredita ser verdade) que mais queremos entender e (se isso corresponder mal às realidades da situação) ajudar o paciente a reconhecer e corrigir. Conforme descrevemos no Capítulo 6 e, especialmente, no Capítulo 7, é o sistema de significados mais amplo, seja ele considerado no momento ou não, que orienta o afeto e o comportamento.

2. Aqui e em todo o restante deste livro, alguns termos e pontos-chave pertinentes à terapia cognitiva aparecem em **negrito**. Ao final de cada capítulo, você encontrará uma lista dos pontos-chave daquele capítulo como um pequeno resumo.

3. O campo evoluiu desde que a terapia cognitiva começou a se desenvolver nas décadas de 1960 e 1970, e sabemos muito mais sobre o papel potencialmente causal de questões genéticas, epigenéticas (que nem sabíamos que existiam à época), ambientais, temperamentais e orgânicas (doenças, lesões, deficiências hormonais) e similares. Há muita coisa que não abordamos e que pode um dia ajudar a explicar como o risco é derivado, mas o conceito básico da terapia cognitiva ainda se mantém: é a forma como interpretamos uma determinada situação (muitas vezes influenciada pelos fatores que acabamos de mencionar) que determina, em grande parte, como nos sentimos em relação a ela e o que tentamos fazer para lidar com ela.

4. Ellis (1962) antecipou a adoção do modelo cognitivo por Beck em sua terapia racional emotiva (TRE), que durante algum tempo foi uma das formas mais amplamente praticadas de psicoterapia. Ele foi um verdadeiro pioneiro, e sua abordagem teve muito sucesso e muitos adeptos, mas se baseava mais na razão e na persuasão para mudar crenças do que na refutação empírica. Suspeitamos que a adesão a um modelo científico (em vez de um modelo puramente filosófico) é um dos motivos do impacto duradouro da terapia cognitiva na área.

5. De acordo com Peter Fonagy, professor de psicoterapia psicodinâmica, diretor executivo do Anna Freud Centre e investigador principal da Tavistock Foundation em Londres, o que Freud realmente disse e que foi condensado no texto foi que "A vida comunitária dos seres humanos teve, portanto, um fundamento duplo: a compulsão para o trabalho, criada pela necessidade externa, e o poder do amor, que fez o homem relutar em privar-se de seu objeto sexual — a mulher — e a mulher, em privar-se daquela parte de si própria que dela fora separada — seu filho" (Freud, 1930, p. 101).

PONTOS-CHAVE

1. A **cognição** desempenha um papel causal na geração de afeto de maneira reciprocamente causal, embora as pessoas geralmente estejam cientes do que sentem antes de estarem cientes do que pensam.

2. As **predisposições genéticas** desempenham um papel na depressão (modesta na unipolar e maior na bipolar), mas a propensão a interpretar mal as informações pode ser uma das formas de expressão dos genes.

3. De acordo com a **teoria cognitiva**, a interpretação (avaliação) de uma situação influencia (tem um efeito causal) no afeto e no comportamento subsequentes. A correção de **crenças imprecisas** e do **processamento de informações desadaptativo** pode reduzir o estresse e facilitar o funcionamento adaptativo.

4. A **terapia cognitiva** é baseada na teoria cognitiva e usa estratégias comportamentais e cognitivas de forma integrada para produzir mudanças.

5. A terapia cognitiva é uma abordagem **baseada em habilidades** em que os pacientes são ensinados a fazer a terapia por si mesmos. Os pacientes que dominam essas habilidades reduzem seu risco de episódios subsequentes.

6. A terapia cognitiva é tão eficaz quanto e mais duradoura do que o **tratamento medicamentoso**. Ela produz benefícios amplos e duradouros sem produzir efeitos colaterais problemáticos.

2

O papel da emoção e a natureza da relação terapêutica

Do meu ponto de vista, se você quer o arco-íris, precisa suportar a chuva.
— **Dolly Parton**

As emoções conferem riqueza à experiência humana. A maioria das pessoas concordaria que os sentimentos e as emoções dão sabor à vida. Sem o livre jogo das emoções, não haveria a emoção da descoberta, a apreciação do humor, a empolgação de ver uma pessoa querida. As emoções também têm funções adaptativas, moldadas pela evolução, que promovem respostas eficazes às oportunidades e aos desafios da vida (Nesse, 2019). As emoções positivas facilitam a busca do sustento (necessário para o indivíduo) e a procriação (importante para a espécie). As emoções negativas nos levam a nos afastar ou evitar situações que possam nos causar danos. Não sabemos quando os organismos começaram a sentir afeto de uma forma que nos seria familiar hoje em dia, mas sabemos que os "mecanismos de sobrevivência" subjacentes a essas diferentes experiências afetivas evoluíram provavelmente para coordenar a prontidão fisiológica e as propensões comportamentais em resposta a diferentes tipos de exigências do ambiente no nosso passado ancestral e muito antes da expansão explosiva do neocórtex na nossa espécie (LeDoux, 2019). Experimentamos afeto quando esses mecanismos de sobrevivência entram em ação, e esses afetos não só dão cor às nossas vidas (para o bem ou para o mal), como também orientam o nosso comportamento, tal como fizeram os nossos antepassados, de formas que nos levaram a estar vivos hoje. O objetivo da terapia cognitiva não é suprimir ou eliminar o afeto, mas antes assegurar a capacidade de experimentar toda a gama de sentimentos, tanto positivos como negativos, de uma forma adequada ao contexto e à situação. Uma das maiores mudanças conceituais ocorridas no quase meio século que decorreu desde a publicação da 1ª edição deste livro é o reconhecimento de que a depressão pode ter desempenhado um papel adaptativo em nosso passado ancestral e pode ainda estar fazendo isso até hoje. Se assim for, qual é o papel que ela desempenha e como o tratamento pode facilitar essa função?

A depressão como uma adaptação evolutiva

Não há dúvida de que a depressão é uma experiência muito triste. Ela expulsa as emoções positivas e rouba da vida sua cor e vibração. Pessoas deprimidas podem entender o sentido de uma piada, mas não se divertem. Podem descrever as características admiráveis ou aprazíveis de suas famílias sem sentirem prazer ou orgulho. Podem reconhecer a atração de uma comida ou música favorita, mas são incapazes de saboreá-las. Embora sua capacidade de experimentar sentimentos positivos esteja embotada, elas experimentam os extremos das emoções desagradáveis. É como se sua capacidade de experimentar sentimentos positivos fosse canalizada através das comportas da tristeza, da apatia e da infelicidade, enquanto sua capacidade de experimentar outros afetos negativos, como ansiedade, raiva, vergonha e culpa, se mantivesse intacta ou até amplificada. Isso é consistente com o trabalho empírico que sugere que a "depressão" é mais bem definida como uma incapacidade de experimentar afeto positivo sem restrições semelhantes na experiência de afeto negativo (Clark & Watson, 1991). As terapias com suporte empírico (incluindo medicamentos) normalizam o afeto negativo, mas ficam aquém da normalização do afeto positivo (Dunn et al., 2020). A incapacidade de antever o afeto positivo é a marca da depressão. Como isso pode ser adaptativo para o indivíduo?

A resposta mais ampla a essa pergunta é que a evolução se concentra na sobrevivência da "linha genética mais apta" e não na sobrevivência do "indivíduo mais apto". Voltaremos a esse ponto em nossa discussão sobre o aparente "paradoxo" do suicídio (ver Capítulo 9). Por enquanto, é suficiente assinalar que, na perspectiva da biologia evolutiva, os "transtornos" de alta prevalência e baixa herdabilidade que giram em torno de afetos negativos, como dor ou ansiedade, são especialmente suscetíveis de serem adaptações que evoluíram para cumprir uma função (Syme & Hagen, 2020). Eles são desagradáveis de sentir, mas esse mesmo desagrado facilitou a sobrevivência do indivíduo em nosso passado ancestral. A dor machuca, mas evita danos adicionais aos tecidos; a ansiedade gera angústia, mas ajuda a evitar riscos; o medo é alarmante, mas ajuda a fugir do perigo. Isso não significa que seja inapropriado tratar cada um deles (seja como for, angústia é angústia). Mas fazê-lo de uma forma que facilite a função para a qual evoluíram faz mais sentido do que simplesmente atenuar a angústia, especialmente se esta alertar para potenciais perdas e danos. Esse é um ponto que abordamos com mais pormenores no Capítulo 16.

Se a depressão é uma adaptação que facilitou a propagação da linha genética (tal como a ansiedade ou a dor), ela evoluiu para cumprir que função? Do ponto de vista da biologia evolutiva, os afetos são adaptações que evoluíram no nosso passado ancestral e que serviram para gerar a "**resposta de corpo inteiro**" específica que mais provavelmente facilitaria a sobrevivência face aos diferentes desafios que a nossa espécie poderia enfrentar. A ansiedade nos mantém a salvo de ameaças e a raiva é frequentemente uma resposta a desafios interespécies. A culpa nos impede de transgredir os códigos morais e a vergonha nos protege da censura e da zombaria públicas. Contudo, como já foi referido, esses diferentes afetos geram diferentes "respostas de corpo inteiro" que são evolutivamente antigas e surgiram antes de os nossos processos corticais superiores terem se desenvolvido completamente, tanto enquanto espécie como enquanto indivíduo (o pensamento de uma criança é mais "primitivo" do que o de um adulto). Consequentemente, a nossa primeira reação a um determinado desafio pode nem sempre ser a mais adaptativa (Hollon, 2020b). A natureza do desafio que percebemos (e se é mesmo um desafio) depende da forma como interpretamos a situação, mas qualquer que seja a "resposta de corpo inteiro" que ele suscite, ela estará evolutivamente preparada. É aí que entra a terapia cognitiva, como um controle de nossa resposta instintiva e dos "pensamentos automáticos negativos" e crenças nucleares (interpretações idiossincráticas) que a impulsionam.

Existem várias teorias diferentes sobre a função para a qual a depressão evoluiu, mas uma das principais (e que tendemos a preferir por motivos que descreveremos mais adiante) é que ela facilita o pensamento cuidadoso sobre problemas sociais complexos (Andrews & Thomson, 2009). Essa teoria, conhecida como **ruminação analítica**, postula que a previsão de perda interpessoal ou ostracismo social leva à experiência de tristeza, a qual, por sua vez, motiva o indivíduo a procurar as causas de sua angústia (análise causal), o que, por sua vez, leva à geração de uma solução (resolução de problemas) que, por fim, leva à resolução do problema que gerou a angústia. Em termos de engenharia, trata-se de um "sistema fechado", no qual o reconhecimento de um problema desencadeia um processo que leva à sua solução. A maioria dos episódios de depressão regride espontaneamente, mesmo na ausência de tratamento, e este certamente deve ter sido o caso em nosso passado ancestral. Ou a passagem do tempo por si só é suficiente, ou deve ocorrer algum processo ativo que leve à resolução do episódio. A questão que se coloca, então, é saber o que é que acontecia no curso natural dos episódios de depressão em nosso passado ancestral que fazia a maioria dos episódios regredirem.

Quando os biólogos evolutivos tentam discernir a função para a qual uma adaptação evoluiu, eles se envolvem em um processo denominado engenharia reversa, no qual desconstroem o processo de interesse para ver se conseguem "juntar as peças" novamente para determinar sua função. Essencialmente, eles "seguem a energia" (algo análogo a "seguir o dinheiro" em uma investigação criminal) (Andrews et al., 2002). Curiosamente, quando alguém fica deprimido, a energia é direcionada para o cérebro de uma forma que facilita a ruminação (Andrews et al., 2015). A amígdala é estimulada (mantendo-nos focados na fonte da nossa angústia atual), o hipocampo é ativado (aumentando o acesso à memória de trabalho energeticamente dispendiosa) e o córtex pré-frontal é ativado (tornando-nos resistentes à distração). Ao mesmo tempo, o núcleo *accumbens* é inibido (fazendo-nos perder o interesse por atividades hedônicas) e o hipotálamo é desativado (abrandando o crescimento e fazendo-nos perder o interesse pela reprodução e pela atividade física). Essencialmente, a depressão facilita a ruminação e nos torna anedônicos. É difícil imaginar por que o cérebro teria evoluído dessa forma se a ruminação não tivesse alguma função adaptativa em nosso passado ancestral.

Mas qual foi o objetivo do aumento da ruminação e da diminuição do interesse por atividades hedônicas? Como observamos no Capítulo 1, a depressão unipolar é cerca de 10 vezes mais frequente do que a bipolar e duas vezes mais comum nas mulheres do que nos homens (não existe essa disparidade de gênero na depressão bipolar). Além disso, a incidência da depressão unipolar explode no início da adolescência (juntamente com a disparidade de dois para um entre os gêneros, que se mantém ao longo da vida), quando os membros da nossa espécie se tornam capazes de ter filhos. A capacidade reprodutiva impõe mais exigências às adolescentes do que aos rapazes e, no nosso passado ancestral, o ostracismo do grupo teria sido equivalente a uma sentença de morte, uma vez que o indivíduo banido provavelmente teria morrido de fome ou teria sido apanhado por um predador. Esses riscos seriam ainda maiores para uma jovem mãe que cuida de um bebê, uma vez que uma mulher grávida ou amamentando não consegue reunir calorias suficientes para alimentar a si própria e ao seu bebê. Qualquer ameaça a uma prole aumenta o risco para a propagação da linha genética que serve como motor da seleção natural. Não é descabido supor que qualquer problema que arriscasse o ostracismo do grupo teria implicações para a sobrevivência se não fosse resolvido e que essas pressões seletivas teriam recaído mais sobre as mulheres do que sobre os homens. Em um ambiente ancestral como esse, qualquer adaptação que facilitasse a resolução de problemas complexos (de natureza afiliativa ou de realização) e, por conseguinte, evitasse o ostracismo do grupo, teria sido favorecida pela seleção natural.

Como afirmamos anteriormente, é um princípio básico da medicina evolutiva que qualquer intervenção que facilite a função para a qual uma adaptação evoluiu deve ter preferência sobre outra que apenas anestesie o sofrimento (Nesse & Dawkins, 2019). Como os autores assinalam, a depressão e a ansiedade (os transtornos mentais comuns) não são tanto estados patológicos como respostas potencialmente úteis aos problemas da vida oriundas do nosso passado ancestral — embora sejam respostas que às vezes vão longe demais. Se a depressão evoluiu para ajudar os nossos antepassados a refletirem sobre os problemas sociais complexos que precisavam resolver, é bem possível que o que fazemos na terapia cognitiva seja estruturar essa ruminação para que os pacientes cheguem a uma solução mais rapidamente do que conseguiriam por si próprios (Hollon, Andrews, Singla, et al., 2021).

Isso provavelmente se deve ao fato de algumas pessoas ficarem presas em seu processo ruminativo, especialmente se adotarem uma teoria de traço estável (algum defeito no *self*) para explicar sua angústia (Hollon, Andrews, & Thomson, 2021). Pode ser aí que a terapia cognitiva desempenhe um papel especialmente útil para que elas se desprendam, estruturando sua ruminação (Hollon, DeRubeis, et al., 2021). Nos capítulos seguintes, descrevemos pacientes que realmente parecem ter ficado presos em suas teorias de traços estáveis, um escultor que passou 3 anos deprimido com a crença nuclear de que era "incompetente" (ver Capítulo 6) e uma arquiteta que passou 15 anos deprimida com a crença nuclear de que era "indigna de amor" (ver Capítulo 7). Não obstante, pensamos que os princípios que orientam a terapia podem funcionar para todos aqueles que ficam deprimidos, independentemente de ficarem presos ou não. A depressão é uma experiência terrível que pode durar meses, mesmo que acabe desaparecendo espontaneamente. Se a depressão é uma adaptação que evoluiu para nos ajudar a resolver problemas complexos (que, de outra forma, poderiam levar ao ostracismo do grupo social mais amplo) pensando cuidadosamente sobre eles até chegarmos a uma solução viável, então uma intervenção como a terapia cognitiva, que ensina princípios básicos de lógica e se baseia em experiências comportamentais para testar o resultado obtido, pode ter uma vantagem sobre outras intervenções, como medicamentos que apenas anestesiam a angústia.

Foco na cognição para influenciar o afeto e o comportamento

O *objetivo* da terapia cognitiva é aliviar o sofrimento emocional dos clientes e melhorar sua situação de vida. Os *meios* envolvem focar nas crenças disfuncionais e nos comportamentos contraproducentes do paciente, ou seja, ajudá-lo a focar sua tendência a ruminar de uma forma que seja mais produtiva.[1] Normalmente, os pacientes preocupam-se mais com a forma como se sentem e com os problemas que enfrentam, ao passo que o nosso objetivo, enquanto terapeutas cognitivos, é ajudá-los a ampliar o foco para incluir o que pensam e fazem, de modo a reduzir sua angústia e ajudá-los a resolver seus problemas de vida. Dito isso, é importante sermos sensíveis ao sofrimento emocional de nossos pacientes; facilita o processo de tratamento se pudermos ter empatia com as experiências emocionais dolorosas de nossos pacientes. Essa compreensão empática ajuda a construir a relação terapêutica e a identificar as crenças que geram os afetos dos pacientes.

Da mesma forma, queremos estar atentos a quaisquer lampejos de diversão e satisfação em um paciente a fim de realçar essas emoções agradáveis. Sempre que possível, tentamos atiçar a chama do afeto dos pacientes por suas pessoas queridas e seu interesse pelo trabalho e pelo lazer, que já foram fontes de prazer. Os relatos dos pacientes sobre essas emoções positivas durante a terapia fornecem uma indicação de seu progresso e indicam onde podemos encorajá-los a olhar para aumentar ainda mais esses sentimentos. É frequente os pacientes afastarem-se dos amigos e da família durante uma depressão, e nós incentivamos os pacientes a fazer tudo o que faziam antes de ficarem deprimidos para manter essas relações, quer sintam prazer em fazer essas coisas ou não. (Nosso princípio geral de trabalho é que se uma atividade ou uma relação não era uma fonte de angústia antes de o paciente ficar deprimido, então é melhor resolver a depressão antes de trabalhar para mudar esse aspecto da vida do paciente.) Mais uma vez, qualquer abordagem que facilite a função para a qual a depressão evoluiu (resolver questões sociais complexas) deve ter preferência sobre uma intervenção que apenas anestesie a dor.

Identificação e expressão das emoções

Cognições quentes são pensamentos que geram afeto. Nem todas as cognições são *quentes* (algumas são simplesmente afirmações de fatos presumidos que não geram nenhum afeto), mas aquelas que são *quentes* constituem o nosso foco principal na terapia. Começamos desde a primeira sessão a ajudar os clientes a aprender a distinguir entre cognições quentes e as emoções que elas geram. As crenças podem ser examinadas quanto à precisão, ao passo que as experiências emocionais não. As pessoas sentem o que sentem, e não queremos invalidar sua experiência emocional. Muitas pessoas têm um histórico de terem sido informadas de que o que sentem não é válido ou apropriado. Na verdade, alguns teóricos acreditam que essa invalidação desempenha um papel causal no desenvolvimento do transtorno da personalidade *borderline* (Linehan, 1993). Entretanto, queremos incentivar os pacientes a avaliar a precisão das crenças que deram origem a esses sentimentos. Em essência, nós nos unimos aos nossos clientes para examinar a precisão das crenças que estão por trás de seus sentimentos, mas não questionamos a validade das experiências afetivas em si.

Muitos pacientes nunca aprenderam a distinguir entre pensamentos e sentimentos, por isso fazemos questão de introduzir a distinção desde o início e explicar como ela auxilia o processo de terapia. Os sentimentos podem ser descritos como experiências fenomenológicas subjetivas, como "feliz, zangado, triste ou assustado", ao passo que os pensamentos são descritos como crenças que podem e devem ser testadas. Qualquer coisa que possa ser examinada quanto à sua exatidão é uma crença, e não um sentimento. Dizer "Sinto-me triste" exprime um estado afetivo interno e não pode ser provado nem refutado; ao passo que dizer "sinto-me inadequado", apesar da utilização do verbo "sentir", exprime uma *crença* sobre si próprio que pode ou não ser verdadeira.

Acreditar que é inadequado pode gerar o afeto — pode ser uma cognição "quente" —, mas a crença não é a mesma coisa que o sentimento. Mais uma vez, as crenças que levam a emoções dolorosas podem ser testadas quanto à sua precisão e depois alteradas ou eliminadas se não forem totalmente verdadeiras, assim aliviando a angústia.

As pessoas costumam usar a palavra "sentir" para expressar uma crença vaga e, de fato, essa é uma das duas definições do termo encontradas na maioria dos dicionários. No entanto, facilita o processo de aprendizagem pedir ao cliente que restrinja o uso do termo "sentir" a experiências afetivas subjetivas e solicitar que ele faça uma distinção clara entre seus pensamentos e sentimentos. A razão é que são as cognições "quentes" que muitas vezes são expressas pelo cliente com o verbo "sentir". Se o paciente diz: "Sinto-me um fracasso", dizemos ao cliente que o que ele está expressando é, na verdade, uma crença ("Eu acho que sou um fracasso") e que uma crença (ao contrário de um sentimento) pode ser testada. O cliente está tendo uma reação emocional à sua crença ("Quando penso que sou um fracasso, sinto-me triste"), e é útil distinguir entre as duas para efeitos de terapia, porque a crença (mas não o sentimento) pode ser testada quanto à sua **validade** (é verdadeira?) e sua **funcionalidade** (é útil pensar nisso agora?). Quando um paciente diz: "Sinto que não valho nada", o que normalmente fazemos é reformular a frase — "Quando você *pensa* que não vale nada, como você *se sente*?" — para reforçar a distinção. Os clientes não estão cometendo um erro quando usam o termo "sentir" para expressar uma crença vaga (tanto o dicionário Webster como o Oxford concordam), mas para os objetivos da terapia cognitiva, é útil esclarecer e reforçar essa distinção. Não queremos ser pedantes, mas é muito mais fácil pensar claramente sobre o porquê de sentirmos o que sentimos quando distinguimos pensamentos de sentimentos quando falamos.

Alguns pacientes não estão habituados a identificar suas próprias emoções. Encorajamos esses pacientes a prestar atenção às mudanças nas sensações corporais que por vezes acompanham as experiências afetivas (ver Figura 4.1 no Capítulo 4 de Greenberger & Padesky, 1995). Algumas pessoas são mais capazes de reconhecer mudanças nas suas sensações corporais do que reconhecer afetos. Incentivar esses pacientes a prestar atenção aos seus estados fisiológicos ajuda-os muitas vezes a identificar mudanças importantes que eles têm dificuldade de expressar em palavras. A razão pela qual isso funciona é que (como indicamos anteriormente) os afetos evoluíram para organizar uma "resposta de corpo inteiro" coordenada aos diferentes desafios que os nossos antepassados enfrentaram; sempre haverá coerência entre afeto, fisiologia, cognição e impulso comportamental. Se identificarmos qualquer um dos componentes, podemos fazer uma inferência razoável em relação aos restantes. Em geral, a ansiedade e a raiva tendem a estar associadas ao tipo de excitação do sistema nervoso simpático que acompanha a percepção de uma ameaça ou desafio. O coração bate mais depressa, a respiração aumenta e os músculos ficam tensos (a resposta de "luta ou fuga [ou paralisia]"). A tristeza está mais frequentemente associada a um déficit de excitação mediado pelo sistema nervoso parassimpático. O estômago fica pesado e os músculos ficam fatigados.

Essa coerência só se manteria se as emoções fossem adaptações evolutivas que preparam o corpo para tomar as medidas necessárias. Prestar atenção a esses sinais corporais pode muitas vezes ajudar o paciente a identificar sua resposta afetiva. Também utilizamos outros meios para ajudar os pacientes a aprender a identificar as diferentes experiências emocionais. Uma ferramenta comum é um quadro que mostra rostos com diferentes expressões, rotulados com a emoção que cada um expressa, para ajudar os clientes a comunicarem seus sentimentos em termos descritivos (ver Figura 2.1).

Quando emoções fortes são expressas na terapia cognitiva, tentamos responder de uma forma calorosa e empática ("Parece que você está mesmo chateado"), e depois ajudamos o cliente a identificar as cognições quentes que levaram a essa angústia. O objetivo é utilizar as experiências afetivas do cliente para ajudar a identificar as crenças que estão por detrás delas. Não procuramos provocar uma "catarse emocional" por si só; a experiência de fortes estados de afeto negativo raramente é terapêutica por si só, mas acolhemos a experiência da emoção na sessão porque isso nos auxilia a ajudar os clientes a explorar e compreender suas crenças idiossincráticas e a identificar cognições quentes relevantes para análise. Ao experimentar a emoção na sessão, os pacientes podem praticar a identificação e a testagem das crenças que são mais afetivamente excitantes nos momentos em que eles estão mais afetivamente excitados. Temos um ditado na terapia cognitiva (parafraseando Freud) que diz que o "afeto é a estrada real para a cognição".

Na terapia cognitiva, qualquer sentimento é apropriado para ser expresso, ou

Feliz	Triste
Ansioso	Zangado
Culpado	Envergonhado

FIGURA 2.1 Expressões faciais e emoções.

seja, todos os sentimentos são legítimos. Os pacientes deprimidos sentem frequentemente ansiedade e vergonha em relação a uma vasta gama de emoções, incluindo a diminuição da capacidade de expressar amor ou mesmo de senti-lo, bem como irritabilidade, especialmente em relação a outras pessoas importantes, inclusive nós, terapeutas. Tentamos proporcionar um ambiente de aceitação e sem julgamentos, no qual os pacientes possam expressar o que estão sentindo da maneira que melhor lhes convier. Alguns pacientes precisam de ajuda para aprender a expressar e aceitar emoções difíceis, e outros precisam de ajuda para limitar a expressão de emoções quando elas interferem no trabalho com os problemas na sessão. Uma expressão afetiva demasiadamente pequena ou demasiadamente grande pode ser um problema (afeto em demasia pode interferir no exame da precisão das crenças que o motivam), mas é bom dispor do suficiente para trabalhar e facilitar a busca de cognições quentes. A catarse emocional não é o objetivo da terapia cognitiva, e tampouco procuramos eliminar o afeto. Em vez disso, nosso objetivo é compreender de onde vem esse afeto e nos certificarmos de que ele se encaixa na situação real.

A relação terapêutica

Processos inespecíficos são importantes em qualquer relação terapêutica, e a relação em ação na terapia cognitiva não é exceção. Uma decomposição meta-analítica das várias centenas de estudos controlados randomizados que comparam diferentes tipos de psicoterapias (incluindo a terapia cognitiva) entre si e com vários controles mínimos e inespecíficos indicou que fatores inespecíficos são responsáveis por cerca de metade da variação do resultado no que diz respeito à resposta aguda, com fatores específicos responsáveis por apenas cerca de um sexto (o terço restante pode ser atribuído à remissão espontânea) (Cuijpers et al., 2012). Dito isso, tendemos a gerar relações de uma forma um pouco diferente dos terapeutas dinâmicos e humanistas mais convencionais; não somos apenas mais ativos, como também mais empenhados em ensinar os nossos pacientes a fazerem a terapia por sua própria conta. Essa diferença provavelmente contribui para o sucesso bem-documentado da terapia cognitiva na redução do risco de recaída em mais de metade após o término do tratamento (Cuijpers et al., 2013). Nas seções a seguir, descrevemos as semelhanças e diferenças na forma como geramos nossas relações de trabalho com nossos clientes.

Características desejáveis do terapeuta

Os atributos do terapeuta e das interações terapêuticas que facilitam a terapia cognitiva incluem muitos dos que foram descritos pela primeira vez por Rogers (1957) há mais de meio século. Pensamos que a capacidade de formar uma boa relação de trabalho com o cliente facilita o sucesso terapêutico, mas vemos essa capacidade como não sendo necessária nem suficiente para produzir resultados positivos para o cliente. É uma boa prática tratar nossos clientes com cortesia e respeito, mas mantemos o foco na exploração da precisão de suas crenças e da utilidade de seus comportamentos. Estudos sobre o processo de mudança na terapia cognitiva indicam que os terapeutas que são tecnicamente competentes em sua adesão às estratégias descritas neste texto nas primeiras sessões de tratamento produzem mudanças mais rápidas nos sintomas do que aqueles que esperam até a relação se desenvolver, e que essa mudança precoce nos sintomas funciona, por sua vez, para fortalecer a qualidade subsequente da aliança terapêutica (DeRubeis & Feeley, 1990; Feeley et al., 1999). Na terapia cognitiva, a relação terapêutica se desenvolve enquanto o trabalho da terapia está ocorrendo. Embora a qualidade da relação terapêutica possa ser central para outros tipos de intervenções, na terapia cognitiva ela parece ser mais uma *consequência* da mudança precoce dos sintomas provocada pela aplicação de estratégias e técnicas úteis. O que esses estudos sugerem é que a melhor maneira de formar uma boa aliança de trabalho na terapia cognitiva é iniciar imediatamente o processo de utilização de estratégias específicas para produzir o alívio dos sintomas o mais rápido possível.

Rogers concentrou-se em uma tríade de receptividade, empatia e genuinidade como atributos particularmente úteis nos terapeutas. A **receptividade**, como uma preocupação e interesse pelo paciente, pode ajudar a contrariar a predileção de alguns pacientes para perceberem o terapeuta como indiferente ou distante, ou para verem a si próprios como um fardo indesejável para o terapeuta. Ingressar na terapia pode ser uma proposta assustadora, e muitas vezes pedimos aos clientes que se arrisquem em experiências comportamentais que eles relutam em fazer. A receptividade em nossas interações com nossos clientes pode respaldar sua confiança no processo que estamos propondo que eles realizem. Dito isso, consideramos a receptividade um meio para atingir um fim e não um fim em si mesmo. O que pensamos ser mais importante ainda é fornecer um arcabouço para compreender a forma como os pensamentos geram sentimentos e comportamentos, e um conjunto de estratégias para examinar a precisão dessas crenças. Tendemos a pensar em nós mesmos como "companheiros de armas", com nossos clientes "indo à batalha" contra as crenças incorretas e os comportamentos problemáticos que estão causando seu sofrimento. Embora certamente queiramos nos comportar de uma forma profissional com nossos clientes, não vemos razão para sermos frios ou distantes; nossa experiência tem demonstrado que a terapia funciona melhor quando interagimos com nossos clientes da mesma forma que faríamos com nossos amigos quando eles estão passando por momentos difíceis. Transmitir um sentimento de curiosidade no contexto do cuidado parece ser a abordagem que funciona melhor.

A **empatia** na terapia cognitiva refere-se à forma como conseguimos entrar no mundo dos nossos pacientes e compreender a maneira como eles encaram a sua vida. Nosso objetivo é compreender, em relação a quaisquer experiências carregadas de afeto discutidas em uma sessão, como os clientes entenderam e interpretaram a sequência relevante de acontecimentos e como se sentiram com essa compreensão e interpretação. Demonstramos empatia com afirmações como: "Faz sentido para mim que você se sinta como se sente, considerando o que você acredita. Agora vamos ver se o que você acredita é tão verdadeiro quanto parece para você neste momento." *Como regra geral, se não pudermos parar e imaginar que sentimos o que nossos clientes sentem se acreditássemos no que eles acreditam, então estamos perdendo uma parte importante de seu sistema de crenças idiossincrático.*

Quando entendemos a visão de mundo do paciente, é menos provável que o julguemos. Por exemplo, os clientes que podem ser descritos como "resistentes" ou "negativistas" passam a ser vistos como pessoas que se consideram tão incompetentes e sem esperança que não acreditam que possam responder a perguntas ou seguir os exercícios de casa e concluem que nem vale a pena tentar. O terapeuta empático também compreenderá que o paciente "cético" provavelmente é alguém que já se decepcionou no passado e passou a desconfiar de novas decepções. É mais provável que os clientes revelem suas experiências íntimas quando têm a sensação de que estão sendo compreendidos.

Reconhecemos, como terapeutas cognitivos, que o pensamento e os desejos dos pacientes são o que faz sentido para eles. Não rejeitamos nem tentamos "dissuadi-los", mas sim ajudá-los a examinar a precisão de suas crenças: "Agora eu acho que entendo por que você se sente tão mal. Qualquer pessoa ficaria angustiada na situação que você descreve se acreditasse no que você acredita. Vamos analisar cuidadosamente essas crenças e ver se elas são realmente tão precisas quanto parecem".

Um terceiro componente da tríade de Rogers, e outro ingrediente importante na terapia cognitiva, é a **genuinidade**. Terapeutas genuínos são honestos consigo próprios, bem como com seus pacientes. Honestidade não significa ser direto; tendo em conta a tendência dos pacientes deprimidos de atentar seletivamente para o negativo e de extrair evidências de suas próprias deficiências, tentamos ao máximo temperar a honestidade com diplomacia e fazer isso da maneira mais gentil possível. Os pacientes podem interpretar erroneamente a franqueza como crítica ou rejeição.

Entretanto, consideramos que é nosso dever fornecer um *feedback* honesto quando necessário. Isso pode ser especialmente importante no tratamento de pacientes cujas crenças os levam a agir de maneiras que outras pessoas consideram desagradáveis. Muitas vezes, é terapêutico (embora um pouco desconcertante para o terapeuta) informar aos pacientes o impacto que as declarações ou os comportamentos deles têm sobre você. Isso também faz parte de ser genuíno. Deixar de ser direto (de uma forma diplomática que deixe claro que o problema pode ser nosso) sobre as reações que esses comportamentos provocam em nós representa uma oportunidade perdida de educar os clientes sobre o impacto que eles podem ter sobre os outros.

Na tentativa de criar confiança no relacionamento, tentamos equilibrar a importância da autonomia (deixar que o paciente fale e planeje) com a necessidade de estrutura (manter a sessão em movimento e focada em fins produtivos). Tendemos a fornecer mais estrutura no início do tratamento e a nos envolver mais na resolução dos problemas dos pacientes. À medida que o tratamento progride, incentivamos os clientes a tomarem mais iniciativa em termos de planejamento da agenda ou de sugestão de ideias para tarefas de casa. Certa vez, um dos autores trabalhou com uma cliente que havia obtido grandes benefícios com os Alcoólicos Anônimos (AA) em termos de controle do abuso de substâncias. Ela esperava que a terapia fosse um processo não estruturado de revelação pessoal seguido de apoio não diretivo. Ela não se sentia à vontade com a estrutura inerente à terapia cognitiva, e o terapeuta não se sentia à vontade para permitir que as sessões prosseguissem sem estrutura. O terapeuta e a cliente chegaram a um acordo em que a primeira parte de cada sessão era dedicada à revelação e ao apoio, muito parecida com sua experiência no AA, e a segunda parte era mais estruturada, como uma típica sessão de terapia cognitiva. Nenhuma das partes ficou totalmente satisfeita com esse esquema, mas as coisas progrediram melhor do que antes do acordo. Temos um ditado na terapia cognitiva, ao qual todos os autores aderem, que diz que "qualquer coisa que valha a pena fazer, vale a pena fazer pela metade" ou, nesse caso, "metade de um pão é melhor do que nenhum".

O termo **rapport** refere-se a um acordo harmonioso entre pessoas. Na terapia cognitiva, procuramos promover o *rapport* com nossos clientes, sintonizando-nos com as crenças e atitudes que estão por trás de seus sentimentos, sem julgamentos. Queremos que nossos clientes nos vejam como pessoas com as quais podem se comunicar livremente, sem ter de se justificar. Quando o *rapport* é ideal, os pacientes se sentem seguros e à vontade para se comunicar conosco, sem ficar na defensiva ou inibidos. Todas as coisas são potencialmente "grãos para o moinho" se os clientes se sentirem livres para explorar suas crenças.

Se houver um bom *rapport* no relacionamento, os pacientes estarão relaxados, abertos e falantes. Acenarão com a cabeça ou concordarão verbalmente e parecerão interessados e curiosos sobre o que temos para dizer. Tentamos nos lembrar de perguntar, de vez em quando, se os pacientes se sentem confortáveis com a relação de trabalho e se há mais alguma coisa que possamos fazer para melhorar a forma como estamos trabalhando juntos. Procurar obter *feedback* sobre a relação e levar a sério o *feedback* negativo (sem levá-lo para o lado pessoal), caso ele surja, só melhora a relação. Como recordamos frequentemente aos nossos clientes, nós trabalhamos para eles, eles não trabalham para nós.

A colaboração terapêutica

Tentamos nos envolver com nossos clientes em um relacionamento de trabalho colaborativo, unidos no objetivo comum de identificar a coerência entre os pensamentos e sentimentos dos pacientes e avaliar a precisão de suas crenças e a funcionalidade de seu comportamento. Nosso objetivo é trabalhar em conjunto com nossos clientes para determinar como seus pensamentos influenciam seus afetos, até que ponto essas crenças correspondem às realidades da situação e seus comportamentos atendem a seus interesses. Consideramos esse processo como um **empirismo colaborativo**. Os pacientes fornecem os *dados brutos* — ou seja, seus pensamentos e sentimentos — e assumem todos os riscos ao realizar os experimentos. Isso é algo que nunca queremos esquecer e que destacamos para nossos clientes (em nossa experiência, isso os ajuda a estarem mais dispostos a correr riscos). Orientamos os pacientes a considerar quais dados devem ser coletados e como procurar coerência entre os componentes separados (pensamentos, sentimentos, fisiologia e comportamentos), além de como tirar conclusões apropriadas dos dados. *Basicamente, o cliente traz o conteúdo (seja ele qual for), e nós trazemos o processo.*

Cada etapa do tratamento desenvolve e aprofunda a colaboração. Inicialmente, com nossa orientação e incentivo, os pacientes aprendem a monitorar sua experiência afetiva de forma sistemática e a relacioná-la aos eventos em andamento em suas vidas. A seguir, eles aprendem a reconhecer e registrar as interpretações negativas automáticas de suas experiências e, em colaboração conosco, começam a analisar esses dados e a procurar padrões específicos de pensamento automático. Que tipos de eventos ambientais estimulam seus pensamentos negativos automáticos? Até que ponto nossos pacientes têm certeza de que esses pensamentos descrevem com precisão os eventos reais? Será que padrões negativos consistentes estão influenciando a forma como eles veem a si mesmos, seu mundo ou seu futuro? Nesse caso, qual é a natureza desses padrões? Eles estão generalizando demais os eventos negativos e, ao mesmo tempo, deixando de considerar os positivos? Eles estão envolvidos em um pensamento de "tudo ou nada"? Há temas recorrentes no conteúdo dessas cognições (p. ex., eles estão continuamente avaliando se são competentes ou aprovados pelos outros)? A forma como os pensamentos e as crenças de cada paciente são obtidos e examinados é fundamental para promover um *rapport* harmonioso e colaboração.

O afeto na relação terapêutica

A relação terapêutica gera uma resposta afetiva tanto em nossos pacientes quanto em nós mesmos. Afinal de contas, somos apenas humanos, e eras de evolução nos deixaram com uma sensibilidade extraordinária para os altos e baixos dos relacionamentos interpessoais. Quando a relação de trabalho está indo bem, os clientes experimentam uma sensação de segurança durante as sessões e aguardam as sessões seguintes com otimismo e a expectativa de serem ajudados. Nós também podemos ter uma ampla gama de reações emocionais a diferentes pacientes — sentimos preocupação e desejo de ajudar, além de satisfação por poder fazer isso quando podemos. É claro que, como em todos os relacionamentos, há momentos em que os pacientes têm sentimentos negativos em relação a nós, terapeutas, ou vice-versa, e até mesmo os melhores terapeutas têm seus clientes favoritos. Explicamos desde o início da terapia que isso pode ocorrer e incentivamos explicitamente os pacientes a expressar qualquer preocupação ou *feedback*, positivo ou negativo. Muitas vezes, incentivamos os clientes a expressar uma preocupação "hipotética" na primeira sessão, apenas para praticar, na eventualidade de que algum descontentamento real possa surgir posteriormente.

A maioria das pessoas não gosta de ser criticada, e nós, como terapeutas, somos apenas humanos. Como clínicos, tentamos nos lembrar de que qualquer expressão negativa dos nossos clientes faz parte do leque normal de emoções e comunicação humana. Também compreendemos que a tendência para ser crítico pode ser acentuada naqueles que estão em sofrimento ou que têm perturbações da personalidade de longa data. Fazemos o máximo possível para aceitar as críticas de bom grado e explorar sua base de uma forma não defensiva, compreendendo que tais instâncias proporcionam uma oportunidade para modelar a forma como se pode lidar com *feedback* desagradável. Também recorremos às mesmas ferramentas que ensinamos ao cliente e procuramos identificar de que forma nossas próprias "cognições quentes" podem estar contribuindo para o nosso sofrimento (ver especialmente os Capítulos 6 e 7) ou se nossas estratégias compensatórias de autoproteção estão afastando os nossos clientes (ver Capítulo 8).

A pesquisa sobre rupturas, ou rompimentos na relação terapêutica, nos diz que é melhor primeiro reparar o rompimento antes de se voltar para a compreensão das crenças (precisas ou não) que desencadearam o descontentamento com o terapeuta (Hayes et al., 1996). Ou seja, primeiro reconhecemos que algo deu errado e nos desculpamos, se for o caso, por qualquer papel que possamos ter desempenhado, antes de continuarmos explorando os respectivos pensamentos e sentimentos que estão por trás de nossos próprios comportamentos e dos comportamentos de nossos clientes. Queremos sempre validar os sentimentos deles, mas de uma forma que não necessariamente valide as crenças (p. ex., "Se você pensou que eu estava insinuando que achava que você não estava se esforçando, posso ver por que você ficou chateado; agora vamos ver se havia alguma outra mensagem que eu estava tentando transmitir, e eu lhe direi o que realmente eu quis dizer"). No contexto de uma relação terapêutica sólida, um exame das crenças subjacentes que contribuíram para o rompimento pode esclarecer questões que os pacientes enfrentam em aspectos de suas vidas fora da terapia. Às vezes, a culpa é exclusivamente nossa. Quando isso acontece, é importante que reconheçamos esse fato. Agindo assim, apenas fortalecemos a relação terapêutica.

Da mesma forma, embora a experiência do cliente de sentimentos afetuosos em relação ao terapeuta possa facilitar o processo terapêutico, às vezes esses sentimentos vão além da mera simpatia e receptividade. Não procuramos fomentar fortes sentimentos de afeto (não há nada na terapia cognitiva que corresponda à "neurose de transferência" que está no centro da psicoterapia psicanalítica), mas eles podem ocorrer, como em qualquer relação de trabalho. Se um cliente expressa sentimentos desse tipo, nós os levamos a sério e tentamos contextualizá-los. Embora não concedamos aos impulsos sexuais o mesmo *status* que lhes é dado nos modelos dinâmicos, é verdade que a situação da terapia é tão unilateral (com o terapeuta observando os pensamentos e sentimentos dos pacientes de forma calorosa e empática) que pode provocar sentimentos românticos do paciente em relação ao terapeuta. Quando isso acontece, deixamos claro que nos sentimos lisonjeados, mas que nada vai além disso. Salientamos que as proibições e fronteiras (i.e., os limites da relação entre um terapeuta e um cliente) visam proteger os clientes dos terapeutas e não os terapeutas dos clientes. Podemos continuar falando sobre o que o cliente considera gratificante na relação, que geralmente é o fato de poder falar sobre seus desejos e vontades sem medo de ser julgado. Nossa experiência tem demonstrado que o tópico, tratado de forma colaborativa e sensível, pode servir como uma boa oportunidade para os clientes identificarem o que desejam nos relacionamentos no mundo real fora da terapia e o que podem fazer para que isso aconteça.

Também tentamos confrontar as reações terapêuticas negativas de frente. Nunca é nossa intenção, mas às vezes, inadvertidamente, dizemos ou fazemos algo que os clientes consideram depreciativo ou ofensivo. Quando isso acontece, fazemos o possível para confrontar a situação de forma imediata e direta. Como indicado anteriormente, primeiro procuramos sanar qualquer violação antes de examinarmos as cognições relevantes. Como fazemos com outros pensamentos e sentimentos, primeiro reconhecemos os sentimentos e depois tentamos ajudar o paciente a examinar a precisão do pensamento que contribui para sua angústia, bem como os pensamentos e sentimentos subjacentes a qualquer comportamento problemático (intencional ou não) que possamos ter tido. A colaboração é fundamental para envolver os pacientes na análise dessas crenças. Para reduzir a possibilidade de reações negativas, certamente tentamos evitar menosprezar ou culpar, e sempre fazemos o possível para assumir a responsabilidade por qualquer erro que possamos ter cometido.

Entre as muitas outras dificuldades que podem enfraquecer a natureza colaborativa do relacionamento, duas são particularmente comuns no trabalho com pacientes deprimidos. Em primeiro lugar, como terapeutas, temos de nos proteger para não começarmos a acreditar nas visões negativas persistentes que os pacientes têm de si mesmos e de suas situações de vida. Ao sair do papel de observador científico, podemos começar a presumir que as cognições negativas de nossos pacientes são declarações precisas de acontecimentos, em vez de *hipóteses* que exigem testes empíricos. Muitos pacientes deprimidos de fato enfrentam circunstâncias de vida difíceis, como desemprego, doença, pobreza, histórico de abuso ou problemas de relacionamento. Não existe uma circunstância de vida que invariavelmente leve alguém a ficar deprimido, embora a morte de um filho seja quase universal. Apesar de termos empatia com as circunstâncias de vida difíceis dos pacientes, tentamos ajudá-los a sair da inércia da depressão e a entrar em um estado de espírito em que possam começar a enfrentar ou a aceitar melhor as realidades que enfrentam.

Outro desafio à colaboração terapêutica ocorre quando os pacientes melhoram e depois têm uma recaída durante o tratamento. Isso pode levá-los a decidir que a terapia foi ineficaz ou que eles são incuráveis. No início do tratamento, alertamos que essas oscilações são comuns. Essas exacerbações são uma oportunidade valiosa para os pacientes reaplicarem as técnicas e habilidades que já aprenderam. Além disso, elas ajudam a preparar os clientes para lidar com os problemas que podem surgir após o término do tratamento. Por mais dolorosas que essas recaídas possam ser, os pacientes frequentemente aprendem muito sobre seus próprios padrões cognitivos durante essas quedas de humor. Adicionalmente, eles aprendem que raramente voltam "à estaca zero", como podem temer, e que, quando usam as estratégias que os ajudaram a melhorar, podem encurtar a duração e limitar a gravidade da "onda" depressiva que estão experimentando.

Um dos autores teve um paciente (discutido em mais detalhes nos Capítulos 5 e 6) que ilustra esse processo. O paciente, um escultor por formação que lecionava arte em nível universitário, indicou na primeira sessão que havia iniciado a terapia várias vezes desde que perdera o cargo de professor há vários anos, sempre se sentindo melhor no início e desistindo após várias semanas, quando os sintomas voltavam. Como era de se esperar, ele melhorou nas primeiras sessões. Quando começou a regredir várias semanas depois e verbalizou sua intenção de abandonar o tratamento, o terapeuta o ajudou a fazer um gráfico de suas pontuações de depressão ao longo das sessões (como é de praxe, vínhamos monitorando as pontuações do Inventário de Depressão de Beck [BDI, do inglês *Beck Depression Inventory*] no início de cada sessão) e avaliar o esforço que ele havia feito em seus exercícios de casa durante esse período. Com base em suas próprias avaliações, ficou evidente que ele melhorou no início, quando se esforçou mais nos exercícios de casa, mas que seu humor e funcionamento começaram a declinar depois que ele começou a se sentir melhor e a deixar de lado os exercícios de casa. O paciente ficou bastante impressionado com o fato de esses padrões serem tão evidentes em suas próprias avaliações. Ele mudou sua formulação de "a terapia não funciona" para "a terapia só funciona na medida em que eu me dedico a ela", algo que ele lembrou a si mesmo durante o restante de seu bem-sucedido ciclo de 3 meses de terapia.

Resumo e conclusões

O objetivo da terapia cognitiva não é eliminar o afeto negativo, mas sim garantir que ele seja adequado à situação. Estados afetivos negativos, como ansiedade ou depressão, são desagradáveis de experimentar e, às vezes, podem ir longe demais, mas cada um deles evoluiu para cumprir uma função, e qualquer tratamento que facilite a função para a qual cada um deles evoluiu deve ter preferência sobre um tratamento que apenas anestesie a angústia. Pode-se argumentar que a depressão evoluiu para facilitar a resolução de problemas sociais complexos em nosso passado ancestral e que a terapia cognitiva, com sua ênfase na correção de crenças imprecisas e no processamento de informações desadaptativas para resolver problemas complexos da vida, parece facilitar as funções para as quais a depressão evoluiu. É provável que isso seja especialmente importante para os "propensos à recorrência", que parecem entrar na adolescência com pressupostos subjacentes e crenças nucleares que os tornam inclinados a atribuir eventos negativos da vida a alguma falha caracterológica em si mesmos.

Com relação ao relacionamento terapêutico, enfatizamos um processo de empirismo colaborativo, incentivando os clientes a coletar informações adicionais e a usar seus próprios comportamentos para testar a precisão de suas crenças. Não há nenhuma característica pessoal especial necessária para fazer isso, a não ser um senso de curiosidade e o desejo de "se aprofundar" nas crenças dos pacientes sobre si mesmos, seu mundo e seu futuro e incentivá-los a usar seus próprios comportamentos e a aplicação sistemática da lógica e da razão para testar a precisão de suas próprias crenças.

Nota

1. Existe uma tendência na área de tratar os termos "desadaptativo", "disfuncional" e "impreciso" de forma intercambiável, mas cada um deles tem uma conotação um pouco diferente. A rigor, "desadaptativo" refere-se a não fazer um ajuste adequado à situação. Preferimos não usar o termo para nos referirmos ao que um paciente pensa ou faz, pois queremos manter o impacto sobre o indivíduo distinto do impacto mais amplo sobre a espécie por meio do processo de evolução. O termo "disfuncional" mantém o foco no que o paciente individual pensa ou faz e implica um resultado inferior ao desejável durante a vida do paciente. Muitas crenças disfuncionais são "imprecisas" no sentido de estarem erradas (e, portanto, sujeitas à refutação empírica), mas nem todas estão erradas. Não seria impreciso pensar que alguém poderia ser reprovado em uma prova se não conseguisse se lembrar das respostas às perguntas, mas não é tão funcional pensar nessa possibilidade durante o exame. Incentivamos nossos pacientes a testar a precisão de suas crenças, já que existe uma realidade externa com a qual a maioria pode ser comparada, mas observamos que há momentos em que a precisão de uma crença importa menos do que a funcionalidade de pensar nela naquele momento. O que tentamos não fazer a todo custo é simplesmente dizer aos nossos pacientes que suas crenças estão erradas e que eles "deveriam" pensar de outra forma (como se soubéssemos a verdade em cada situação). O que queremos fazer é incentivar nossos pacientes a reconhecer que seus pensamentos e crenças simplesmente representam seu esforço para representar a realidade (não a realidade em si) e então usar seus próprios comportamentos e habilidades de coleta de informações para testar a precisão de suas crenças em relação às realidades objetivas. Em essência, incentivamos nossos pacientes (e nós mesmos) a não acreditarem em tudo o que pensam (ou que nós pensamos), mas a verificarem de forma lógica e empírica.

PONTOS-CHAVE

1. O objetivo da terapia cognitiva é *aliviar o sofrimento emocional indevido, não eliminar totalmente o afeto*. O objetivo é restaurar a capacidade do paciente de experimentar uma gama completa de sentimentos de maneira apropriada ao contexto e à situação em questão.

2. Embora o objetivo da terapia cognitiva seja aliviar o sofrimento emocional, o principal *meio* de fazer isso é focar nas crenças disfuncionais e nos comportamentos contraproducentes do paciente.
3. A experiência de fortes estados de afeto negativo durante a terapia geralmente não é terapêutica por si só, mas pode ser usada para ajudar a identificar as "cognições quentes" que geraram o afeto.
4. A implementação da tríade clássica de Rogers de **receptividade**, **empatia** e **genuinidade** contribui para o processo terapêutico, mas não é necessária nem suficiente para garantir o sucesso final.
5. Como terapeutas cognitivos, tentamos transmitir empatia de forma a reconhecer a **validade** *das experiências afetivas dos pacientes sem endossar a precisão das crenças subjacentes.*
6. Não esperamos formar uma aliança com o paciente antes de trabalhar para produzir mudanças, mas formamos a aliança no processo de **empirismo colaborativo** enquanto instigamos a mudança.

3

Estrutura da entrevista terapêutica

Se você estiver atravessando o inferno, não pare.
— *Winston Churchill*

Como terapeutas cognitivos, tendemos a seguir estágios que se sobrepõem ao longo da terapia, independentemente da natureza do paciente, do problema apresentado ou da duração do tratamento. O tempo que permanecemos em certo estágio depende das necessidades de um determinado cliente e do progresso que fazemos, bem como de quaisquer restrições impostas pelo ambiente e pelo contexto, mas esses estágios tendem a se manter até mesmo para os pacientes mais refratários. E, embora nos reportemos a esses componentes da terapia como "estágios", não pretendemos sugerir que eles ocorram em etapas distintas, com o término de um estágio e o início do próximo. Em vez disso, eles se sobrepõem, e podemos revisitar um estágio anterior com o cliente, mesmo bem tarde no tratamento. Como sempre, o progresso do paciente determina o foco da sessão.

Ao longo da terapia

Conforme mostra a Figura 3.1, nosso foco é **fornecer uma fundamentação cognitiva** para os clientes na primeira sessão, começando com uma pergunta sobre como eles acham que ficaram deprimidos, e apresentamos o modelo cognitivo como uma possível explicação alternativa (consulte o Capítulo 4). Ao final da primeira sessão, geralmente fornecemos **treinamento em automonitoramento sistemático**, para que os clientes possam acompanhar as variações em seu humor e em atividades, procurando conexões entre elas. Se a entrevista deixar claro que o cliente está quase totalmente inativo, substituímos o monitoramento pelo agendamento de atividades. Além disso, ao final da primeira sessão e continuando nas sessões seguintes, começamos a **ensinar estratégias de ativação comportamental** destinadas a ajudar o paciente a se movimentar. Isso inicia o processo de fazer os clientes usarem seus próprios comportamentos para testar suas crenças (consulte o Capítulo 5). Na terceira ou quarta sessão (embora tenhamos introduzido essa noção brevemente na primeira sessão, quando apresentamos o modelo cognitivo), teremos

- Fornecimento de uma fundamentação cognitiva
- Treinamento em automonitoramento sistemático
- Ensino de estratégias de ativação comportamental
- Identificação de tendências e pensamentos negativos
- Exame da precisão das crenças
- Crenças nucleares e pressupostos subjacentes
- Prevenção de recaídas e término

FIGURA 3.1 Estágios do tratamento.

começado a trabalhar com os clientes para ensiná-los a **identificar tendências e pensamentos negativos** em situações específicas, bem como relacionar esses pensamentos a emoções e comportamentos. Ao longo do caminho, e certamente na quarta ou quinta sessão, teremos começado a ensinar os clientes a **examinar a precisão das crenças** (consulte o Capítulo 6). Geralmente, começamos a nos concentrar **nas crenças nucleares e nos pressupostos subjacentes** dos clientes por volta da décima sessão, mas isso pode começar mais cedo. (Crenças nucleares são as teorias de traços estáveis que estão no centro do sistema de significados de uma pessoa, p. ex., "Eu não sou digno de ser amado" ou "Eu sou incompetente", e que orientam os pressupostos subjacentes que o cliente adota para reduzir suas perdas enquanto tenta enfrentar a vida, p. ex., "Se eu não deixar ninguém se aproximar, não serei rejeitado" ou "Se eu não tentar, não posso fracassar".) Quanto mais refratários forem os sintomas e quanto mais arraigado for o sistema de significados, mais importante será enfocar as crenças nucleares e os pressupostos subjacentes (regras para a vida), bem como as estratégias compensatórias por meio das quais elas às vezes são mantidas (consulte o Capítulo 7). Por fim, embora comecemos a nos preparar para o fim do tratamento desde a primeira sessão, reservamos um tempo nas últimas sessões para focar **na prevenção de recaídas e no término do tratamento** (consulte o Capítulo 11).

Os estágios descritos anteriormente e resumidos na Figura 3.1 referem-se à sequência que estamos seguindo no que estamos ensinando *o cliente* a fazer no decorrer do tratamento, mais do que precisamente o que estamos fazendo em uma determinada sessão. Na verdade, os estágios constituem um plano de aulas para as habilidades que queremos ensinar. Para transmitir esses ensinamentos, podemos usar qualquer uma das estratégias descritas nos capítulos anteriores em qualquer ponto do tratamento. Por exemplo, podemos fazer perguntas para explorar a precisão de uma crença logo na primeira sessão, e amiúde incentivamos os clientes a realizar testes comportamentais de suas crenças em sessões posteriores. Mas, normalmente, nos concentramos em ensinar ao cliente esses conjuntos específicos de habilidades na ordem em que os apresentamos na Figura 3.1. Tentamos trabalhar em dois caminhos relacionados durante o tratamento, lidando com o conteúdo específico que o cliente traz para uma determinada sessão, enquanto usamos esse conteúdo como veículo para ensinar as habilidades que queremos que o cliente aprenda.

Preferimos marcar duas sessões por semana nas primeiras semanas de tratamento. Já é bastante difícil fazer um paciente deprimido se movimentar ao longo de uma determinada sessão e é mais difícil ainda manter esse ritmo se as sessões iniciais forem espaçadas demais. Os primeiros estudos de resultados da terapia cognitiva normalmente mantinham sessões duas vezes por semana durante as primeiras oito semanas de tratamento (Rush et al., 1977), ao passo que estudos mais recentes permitiram que os terapeutas mudassem para sessões semanais a partir da quarta semana, se o paciente estivesse progredindo o suficiente (DeRubeis et al., 2005). No entanto, a maioria dos principais estudos de pesquisa dobrou o número de sessões durante as primeiras semanas, com base na noção de que isso ajuda a superar a inércia e o pessimismo que são tão centrais para a depressão, e um estudo controlado recente descobriu que oferecer sessões duas vezes por semana durante a fase inicial do tratamento produziu um alívio mais rápido dos sintomas do que o mesmo número de sessões semanais (Bruijniks et al., 2020).[1]

Estrutura dentro da sessão individual

A Figura 3.2 apresenta um esboço de uma sessão típica de terapia cognitiva. Geralmente, iniciamos a sessão com uma **breve atualização e verificação do humor** para determinar como o paciente está se sentindo desde a sessão anterior. Em seguida, pedimos ao cliente que faça uma breve **ponte da sessão anterior** (como as coisas aconteceram desde o último contato) antes de **definir a agenda** da sessão atual. Na maioria dos casos, o primeiro item da agenda é a **revisão da tarefa de casa** designada na sessão anterior. Depois disso, prosseguimos com a **discussão dos assuntos na agenda**, com tarefas de casa atribuídas de maneira específica, se isso parecer útil, e com **resumos parciais** fornecidos pelo cliente antes de passar para o próximo item. Em nossa experiência, pedir aos pacientes que gerem esses resumos parciais os ajuda a reter os aspectos mais importantes da discussão e nos dá a oportunidade de corrigir as concepções errôneas que possam ter. Próximo ao final da sessão, pedimos ao paciente que gere **um resumo final e um *feedback***, com nossa contribuição, conforme indicado. Pedimos aos pacientes que forneçam qualquer *feedback* relevante, tanto positivo quanto negativo, porque queremos ouvir o que eles têm a dizer e porque poderemos fazer uma avaliação final do humor no final da sessão. Essa estrutura pode ser modificada conforme necessário, mas serve como um guia útil desde as primeiras sessões.

Conforme descrito anteriormente, vemos cada sessão como uma oportunidade não apenas de ajudar os clientes a entender e resolver seus problemas, mas também de **ensiná-los** os princípios subjacentes à terapia cognitiva, bem como os procedimentos para colocar esses princípios em ação em suas vidas. Definimos uma agenda no início de cada sessão, não apenas para garantir que o conteúdo importante para o cliente seja discutido, mas também para manter alguma consistência de sessão para sessão. O motivo pelo qual trabalhamos com os clientes para desenvolver exercícios de casa para um ou mais dos tópicos discutidos é que eles possam continuar o

Breve atualização e verificação do humor
- Conhecer a "configuração do terreno" antes de mergulhar de cabeça.
- Antecipar comentários de última hora ao sair.
- Falta de esperança ou suicídio podem exigir atenção.

Ponte com a sessão anterior
- Uma folha de transição entre sessões pode ser útil.
- Incentivar o cliente a estabelecer temas.

Definição da agenda
- Ser colaborativo na definição da agenda.
- Incentivar o cliente a participar.
- Ser flexível no cumprimento da agenda.

Revisão do exercício de casa
- Sempre revisar o exercício de casa atribuído.
- Solucionar problemas, se forem encontrados.
- Fazer na sessão se não tiver sido feito (se o cliente concordar).

Discussão das questões da agenda
- Discutir questões de interesse na agenda.
- Elaborar exercícios de casa relevantes para cada questão.
- Resumo parcial da questão após cada uma delas.

Resumo final e *feedback*
- Revisar o exercício de casa atribuído.
- Convidar o cliente a resumir os pontos principais.
- Pedir *feedback* sobre a sessão (mesmo que seja negativo).
- Fazer uma verificação final do humor.

FIGURA 3.2 Estrutura de uma sessão individual.

processo de terapia fora da sessão. Incentivamos os clientes a resumir os principais pontos discutidos em cada item da agenda para garantir que estejam pensando nos princípios subjacentes ao que acabamos de fazer, a fim de maximizar a retenção (Dong et al., 2022). Por fim, fazemos verificações de humor no início e no final de cada sessão para avaliar os efeitos imediatos da sessão. A seguir, discutiremos cada um desses aspectos da sessão em mais detalhes.

Estabelecer uma agenda no início da sessão

Como terapeutas, atuamos como guias especializados, fornecendo um plano geral para a terapia e introduzindo estratégias específicas em vários pontos, mas fazemos isso de forma colaborativa, envolvendo o cliente em cada etapa do processo. No início de cada sessão, trabalhamos com o cliente para definir uma agenda para os tópicos a serem abordados na sessão seguinte. Conforme descrito no Capítulo 4, normalmente tomamos a iniciativa de definir a agenda nas primeiras sessões, pois o processo é novo para os clientes, mas os incentivamos a assumirem um papel maior na definição da agenda ao longo do tempo.

Nos minutos iniciais da sessão, chegamos a um consenso com o paciente sobre como usaremos o tempo alocado. No geral, a agenda inclui um breve resumo das experiências do paciente desde a última sessão, especialmente uma discussão sobre o exercício de casa feita entre as sessões. Atribuímos exercícios de casa na terapia cognitiva para garantir que o cliente esteja trabalhando para produzir mudanças fora da sessão e para facilitar a aquisição de habilidades (consulte o Capítulo 10). A maneira mais segura de fazer os clientes pararem de fazer o exercício de casa é esquecer de perguntar sobre ele na sessão seguinte. O terapeuta pode dizer: "Vamos começar revisando os pensamentos que você coletou para ver se eles são tão precisos quanto pareciam. Existe mais alguma coisa que você queira colocar na agenda?".

Em geral, a agenda considera os problemas mais preocupantes para o paciente no momento. Tentamos incorporar a esse conteúdo o ensino de habilidades específicas de terapia cognitiva. As habilidades específicas que são ensinadas em cada sessão dependem da natureza dos problemas discutidos e do progresso do paciente, mas normalmente iniciamos cada sessão com uma noção do tipo de habilidades que queremos enfatizar e procuramos oportunidades de usar o conteúdo que o cliente traz para a sessão para ensinar essas habilidades específicas (consulte a Figura 3.1).

Os itens que sobraram da sessão anterior podem ser prontamente transferidos para a próxima. Esses itens não precisam ser abordados se não forem mais oportunos, mas é importante, para fins de continuidade, pelo menos perguntar. Além disso, o paciente pode ter tido uma reação tardia ao encontro anterior. Por esse motivo, perguntamos a ele se surgiram sentimentos ou preocupações adicionais com relação ao processo ou ao conteúdo da sessão anterior. Em caso afirmativo, esse material é incluído na agenda atual.

Por fim, tentamos estar atentos a quaisquer tópicos sensíveis que o paciente possa relutar em abordar quando estivermos definindo a agenda. Isso pode incluir pensamentos suicidas ou críticas que o cliente acha que talvez não queiramos ouvir. É comum que os clientes falem sobre esses tópicos perto do final da sessão, quando não há tempo suficiente para trabalhá-los. É por isso que perguntamos no início da sessão se há alguma preocupação que os clientes possam ter e que estejam relutantes em compartilhar, e os incentivamos a imaginar a sessão chegando ao fim: "Existe algum tópico que você se arrependeria de não ter abordado se não chegássemos a ele hoje? Nesse caso, podemos colocá-lo na agenda?".

Alguns pacientes relutam em indicar que estão tendo pensamentos suicidas. Se tivermos algum motivo para pensar que a ideação suicida é um problema, indagamos sobre isso no início da sessão. O suicídio é um tópico que supera todos os outros e se torna o principal item da agenda na primeira ou segunda vez que o paciente o menciona. Contudo, para os pacientes suicidas crônicos, é importante não deixar que essas preocupações excluam todos os outros tópicos (consulte o Capítulo 9). Não vemos nosso papel como o de manter nossos pacientes vivos, mas como o de trabalhar para garantir que eles tenham uma vida que valha a pena ser vivida. Se a terapia focar exclusivamente em lidar com pensamentos suicidas, sobrará pouco tempo para trabalhar em maneiras de melhorar a qualidade de vida do paciente. Reforçar sua razão de viver é a maneira mais segura de reduzir o risco de suicídio. Normalmente, pedimos a ele que dê uma "medida" de depressão antes de cada sessão e damos ao menos uma olhada nos itens de suicídio e desesperança para procurar qualquer aumento nas pontuações.

É de fundamental importância que nós, como terapeutas, não fiquemos tão presos a uma sequência predeterminada de definição e ataque de problemas ou de estabelecimento de metas a ponto de ignorar eventos importantes da vida atual. Uma crise aguda terá precedência sobre outros tópicos da agenda. Além disso, a definição dos itens da agenda não deve ser vista como algo que não se pode alterar. Se, durante a sessão, surgir um tópico que pareça ser mais importante do que um item da agenda, ele poderá ser incluído em seu lugar. Entretanto, é melhor tomar essas decisões em colaboração com o cliente: "Parece que pode ser importante discutir essa conversa com sua irmã. Devemos fazer isso em vez de planejar como você abordará o seu chefe?". O objetivo de definir uma agenda é garantir que a sessão não fique sem rumo, de modo a assegurar que o valioso tempo da terapia seja usado de forma eficiente para abordar tópicos de preocupação imediata, bem como para ensinar estratégias úteis para uso em longo prazo.

Fornecer e incentivar resumos parciais

Pedir ao cliente que faça resumos parciais frequentes durante cada sessão pode ser extremamente útil. Isso leva pouco tempo e ajuda a garantir que nós e o paciente estejamos em sintonia. Também usamos os resumos parciais para determinar se os pacientes compreendem bem os pontos-chave que estamos tentando ensinar. Por exemplo, podemos perguntar: "Para ter certeza de que entendemos um ao outro, você poderia me dizer o que acha do que acabou de ouvir?". É útil que o paciente assuma mais a responsabilidade de resumir as discussões à medida que a terapia progride, pois isso solidifica o aprendizado e permite uma oportunidade de corrigir eventuais percepções errôneas.

Pedimos ao cliente que faça resumos parciais após cada ponto abordado na agenda. No final da sessão, perguntamos ao cliente: "O que você está levando da sessão de hoje?". Isso nos permite ver como o cliente interpretou a discussão anterior e nos dá a oportunidade de corrigir percepções errôneas ou mal-entendidos que possam ter surgido.

Obter *feedback* do paciente

Durante toda a terapia, tentamos nos manter sintonizados com as reações dos pacientes por meio de seu comportamento não verbal, bem como com o que eles possam dizer. Também buscamos *feedback* incentivando os pacientes a expressarem suas percepções e sentimentos sobre a terapia, o exercício de casa e nós, como terapeutas. É útil pedir *feedback* sobre o último exercício de casa e a sessão anterior no início de cada sessão subsequente.

Por exemplo, perguntar "O que você achou do último exercício de casa?" ou "Você teve alguma reação à nossa sessão anterior?" pode extrair informações úteis e revelar problemas no processo que podem melhorar se forem abordados diretamente (Hayes et al., 1996).

Começamos a obter esse *feedback* durante a primeira sessão. Os pacientes deprimidos geralmente relutam em ser diretos com o terapeuta, por medo de serem rejeitados ou criticados por cometerem um erro, ou por quererem agradar. Fazemos um esforço especial durante toda a sessão para pedir *feedback*: "O que você acha disso?" ou "Você seria capaz de me dizer se discordasse?".

A obtenção de *feedback* é especialmente importante quando o paciente interpretou mal o que dissemos. Por exemplo, depois que o autor principal (ATB) apresentou o modelo cognitivo a uma cliente em uma fita de treinamento e depois perguntou se fazia sentido, a cliente estava quase chorando quando respondeu: "Eu vim me sentindo deprimida e agora você está me dizendo que *meu pensamento também é ruim!*". Esse *feedback* pode nos ajudar a verificar se estamos na mesma sintonia com o cliente e, se não estivermos, como podemos corrigir percepções errôneas. Quando percebemos que demos uma explicação não muito engenhosa que gerou uma reação negativa, admitimos o fato e trabalhamos para sanar qualquer falha.

Muitas pessoas deprimidas relutam em expressar percepções negativas de seu terapeuta. Abordamos essa questão na primeira sessão, dizendo, por exemplo: "Agora que discutimos seu sofrimento emocional e seus pensamentos negativos, é importante estar ciente de que o mesmo tipo de reação negativa pode ocorrer na própria terapia. Nunca farei isso intencionalmente, mas posso dizer coisas que o incomodem ou que o façam se sentir magoado ou insultado. Como não posso ler sua mente e não tenho como saber se isso aconteceu, precisarei contar com você para me dizer. Você pode fazer isso?". Aguardamos a resposta. "Se puder, isso nos ajudará a resolver os mal-entendidos que possam surgir." Perto do final de cada sessão, perguntamos ao cliente se "alguma coisa o perturbou, confundiu ou irritou". Muitas vezes, pedimos aos clientes que encenem esse tipo de situação, fingindo que se ofenderam com algo que dissemos, como forma de prática. Deixamos claro que o cliente tem nossa permissão (e nosso incentivo) para nos informar caso tenha ocorrido uma violação. Isso aumenta a probabilidade de que ele o faça se a situação surgir e cria o tipo de confiança que contribui para a qualidade da aliança terapêutica.

Embora a maioria dos pacientes relute um pouco em expressar seu descontentamento em relação ao nosso comportamento (ou ao de qualquer terapeuta), outros são diretos de uma forma que pode nos surpreender. Um paciente comentou: "Vocês falam demais e não me dão a chance de dizer o que penso". Quando isso acontece, reconhecemos nossa falibilidade: "Outros disseram a mesma coisa. Se achar que estou falando demais, por favor, interrompa-me ou use um sinal, como acenar com a mão". Esse tipo de acordo não só facilita a relação de trabalho, mas também estimula os pacientes a se afirmarem — um antídoto para a sensação de impotência que, às vezes, pode estar por trás da depressão.

Diretrizes específicas para o terapeuta

Reconhecer o "paradigma pessoal" do paciente

Os pacientes tendem a acreditar, como todos nós, no que lhes passa pela cabeça. Essa foi a epifania inicial que levou Beck (2006) a mudar de uma formulação dinâmica para um modelo cognitivo. As visões de mundo pessoais dos pacientes deprimidos, suas ideias e crenças negativas parecem razoáveis e plausíveis para eles. Eles sempre acreditam que têm algum tipo de defeito, que não têm valor, que são incompetentes ou indignos de amor. Seu esquema depressivo pode nem sempre estar ativado (como mencionamos no Capítulo 1, tendemos a pensar nos esquemas como diáteses latentes que podem ser acionadas por eventos negativos da vida para todos os pacientes, exceto os mais crônicos), mas enquanto estão deprimidos, os pacientes tendem a aceitar suas crenças negativas e autodescrições pouco lisonjeiras como sendo precisas. Essa constância pode ser mantida diante de evidências repetidas e notáveis que contradizem essas crenças. Nos Capítulos 5 e 6 discutimos sobre um escultor que se saiu muito bem enquanto lecionava em uma faculdade de artes liberais, mas que voltou a se ver como incompetente, como na adolescência, assim que perdeu o emprego como professor, embora não fosse culpado pela demissão. Nem mesmo o *feedback* claro de seus novos empregadores (ele estava trabalhando como faz-tudo em um condomínio) e a qualidade artística de seu trabalho o dissuadiram de suas reativadas crenças negativas sobre si mesmo. Essa estrutura conceitual ou paradigma pessoal molda as observações e interpretações da realidade do paciente. E, no entanto, como no caso de mudanças nas crenças dos cientistas, quando a pessoa é incentivada a considerar uma anomalia que o paradigma existente não pode acomodar, ou quando as evidências claramente o refutam, o paradigma do paciente pode ser minado ou ao menos modificado e pode ocorrer uma mudança nas perspectivas (Kuhn, 1962).

As pessoas deprimidas geralmente não prestam atenção ou não assimilam o significado dos eventos que, de outra forma, poderiam refutar suas visões negativas de si mesmas. Isso não é exclusivo da depressão, mas parece ser um princípio geral da maneira como todos nós processamos informações (Nisbett & Ross, 1980). As crenças existentes influenciam a maneira como interpretamos novas informações e até mesmo como procuramos os fatos (Snyder & Swann, 1978). Essa tendência, chamada de "viés de confirmação", não é exclusiva da depressão (os liberais pensam como liberais e os conservadores pensam como conservadores), mas se o conteúdo das crenças estiver gerando afeto negativo e interferindo nos comportamentos eficazes de enfrentamento, esse viés é um problema que manterá a angústia dos pacientes. O objetivo da terapia cognitiva é ajudar os clientes a reconhecer que os afetos e (em menor grau) os comportamentos tendem a advir dessas crenças, sejam elas precisas ou não. Certa vez, um dos autores teve um cliente (o arquiteto descrito em mais detalhes no Capítulo 7) que lhe disse, exasperado: "Mas se eu acredito nisso, então é verdade!". Uma vez que reconhecemos que o que os pacientes acreditam parece verdadeiro para eles, podemos começar a trabalhar com o paciente para testar a validade dessas crenças.

É provável que o paciente revele suas ideias negativas no início do tratamento, e ele deve ser incentivado a fazê-lo, caso não faça isso por conta própria. É mais fácil mudar uma crença existente se a sua base de evidências for esclarecida do que se não for (Ross, 1977). Quando começamos a extrair a base dos pacientes para essas ideias, geralmente percebemos duas fontes de dados. Primeiro, os pacientes apresentam suas lembranças de eventos *passados* específicos que, segundo eles, fundamentam suas ideias negativas. Em segundo lugar, eles interpretam erroneamente um ou mais eventos *atuais* como evidências que respaldam ainda mais essas crenças. O foco principal da terapia cognitiva consiste nos eventos da vida atual, porque os pacientes podem coletar dados novos e registrar prontamente as interpretações que fazem. As interpretações errôneas de eventos recentes são corrigidas mais prontamente, pois é mais fácil recuperar observações e lembranças confiáveis desses eventos do que de eventos de um passado mais distante. Nada desafia uma crença com mais força do que um experimento da vida real em que as previsões do paciente não se confirmam.

Um dos autores certa vez trabalhou com uma cliente que estava adiando a defesa de sua proposta de dissertação porque achava que não era inteligente o suficiente para ser aprovada. Quando questionada sobre suas provas, ela disse que nunca havia se saído bem na escola, embora achasse que era muito boa em trabalhar com pessoas. Quando o terapeuta perguntou como ela havia conseguido se formar na faculdade se não era tão inteligente, ela respondeu que era inteligente o suficiente para isso, mas tinha dúvidas de que fosse inteligente o suficiente para defender com sucesso seu mestrado. Quando lhe perguntaram o que era mais importante para o trabalho que fazia, "habilidades com pessoas" ou "inteligência escolar", ela respondeu que era "habilidades com pessoas" — mas que precisava defender sua dissertação para progredir em sua profissão. Quando o terapeuta perguntou se ela já havia duvidado de que era inteligente o suficiente ao entrar em uma situação de teste, ela respondeu que quase sempre duvidava. E quando o terapeuta perguntou em quantos exames ela havia sido reprovada no passado, descobriu-se que ela nunca havia sido reprovada. A principal diferença entre os exames anteriores e a situação atual era que ela podia controlar quando defenderia sua dissertação (algo que sempre adiava), enquanto as datas e horários dos exames anteriores eram definidos por outra pessoa. Agora, ela estava permitindo que suas dúvidas sobre sua inteligência (seu paradigma pessoal) se tornassem uma "profecia autorrealizável" que a levava a adiar o agendamento da defesa, reforçando assim sua crença em sua falta de inteligência. Depois de uma discussão mais aprofundada sobre o pior que poderia acontecer (ser reprovada na defesa) e como ela poderia lidar com isso (obter *feedback* do orientador e tentar novamente), ela marcou a defesa e se saiu muito bem.

Ajustar o nível de atividade e estruturação de acordo com as necessidades do paciente

A maioria das pessoas tem dificuldade de se concentrar e focar sua atenção quando está deprimida. Em consequência, os pacientes deprimidos geralmente não conseguem definir e resolver seus problemas, inclusive aqueles que poderiam resolver de imediato se não estivessem deprimidos.[2] Como resultado, eles frequentemente relatam que "se sentem" desamparados e sobrecarregados (ambas são *cognições quentes* que podem ser testadas e não os afetos que eles experimentam como consequência da manutenção dessas crenças). Como terapeutas cognitivos, direcionamos o fluxo da conversa e a atenção do paciente para alvos específicos. *Mais uma vez, o paciente fornece o conteúdo, mas nós, como terapeutas, conduzimos o processo.* Isso é especialmente verdadeiro nas primeiras sessões. Ajustamos a intensidade de nossa atividade de acordo com a necessidade visível de estrutura do paciente. Pessoas gravemente deprimidas no geral respondem a perguntas com apenas uma ou duas palavras ou uma única frase. Somos *muito* ativos com esses pacientes — um bom modelo é o conselheiro de intervenção em crises — para energizá-los e tirá-los de seu estado de desânimo. Perguntas curtas, simples e concretas que exigem apenas uma resposta breve são as mais eficazes. Alguns pacientes estão tão deprimidos que ficam quase mudos. Com estes, normalmente mantemos os dois lados da conversa, verbalizando os tipos de pensamentos negativos automáticos frequentemente presentes na depressão e pedindo que usem sinais simples com as mãos (levantar ou abaixar um dedo) para indicar se estamos no caminho certo. Isso geralmente faz o paciente falar. Quando isso ocorre, começamos a programar cada hora de seu tempo antes de nossa próxima sessão (consulte o Capítulo 5).

À medida que a depressão passa, nos tornamos menos ativos. Incentivamos os pacientes a assumirem a liderança em seu próprio tratamento, estimulando-os e lembrando-os de fazer isso quando necessário. Por exemplo, os pacientes podem ser solicitados a identificar um tema nas cognições que relataram ou a identificar os pressupostos não declarados que operam em uma situação específica. Isso é coerente com o objetivo de ensinar os pacientes a fazer a terapia por si mesmos. Embora enfatizemos o envolvimento dos pacientes para que eles acabem assumindo a liderança, em comparação com os terapeutas de muitos outros estilos de terapia, permanecemos bastante ativos durante a maior parte do tratamento. Quando as coisas estão indo bem, há um vai e vem na conversa; fazemos uma pergunta e o paciente responde ou vice-versa, com resumos ocasionais feitos por nós ou por ele para destacar um princípio básico em funcionamento.

Mesmo quando estamos mais ativos, permitimos intervalos razoáveis depois de fazer perguntas ou comentários para dar aos pacientes a oportunidade de organizar seus pensamentos de modo a formular uma resposta. Nós, como terapeutas, devemos julgar, com base na experiência com cada paciente, se um intervalo é muito longo, pois os pacientes deprimidos podem precisar de mais orientação se o intervalo for muito longo. Por outro lado, alguns pacientes (especialmente aqueles com retardo psicomotor e sua consequente lentidão cognitiva) precisam de tempo para organizar e articular uma resposta. É aconselhável dar a eles tempo suficiente para responder à pergunta, se puderem fazê-lo, mas também é aconselhável evitar que os silêncios se prolonguem por mais de meio minuto.

O grau de atividade e estruturação que realizamos exige uma sensibilidade extraordinária às necessidades e às reações dos pacientes. Ser ativo e diretivo pode ser exagerado ou insuficiente. Os pacientes deprimidos geralmente se sentem tranquilos com um certo grau de estrutura e atividade. Por exemplo, a pessoa deprimida pode pensar: "O terapeuta sabe o que está fazendo e sabe como me ajudar". Além disso, os intercâmbios terapêuticos estruturados e focados tendem a ajudar a melhorar as dificuldades de concentração e atenção enfrentadas por pacientes com depressão mais grave. Por outro lado, se o terapeuta for muito ativo e diretivo, o paciente pode pensar que o terapeuta é manipulador e não está interessado no que ele quer, pensa ou sente.

Também tentamos monitorar a quantidade de informações que fornecemos em um determinado momento. Uma regra simples é que, se proferirmos mais de quatro frases sem ouvir o paciente, já falamos demais (J. S. Beck, comunicação pessoal, 15 de agosto de 1998). Idealmente, queremos fazer uma pergunta e obter uma resposta. Se tivermos informações para transmitir, é melhor transmiti-las em uma ou duas frases de cada vez, parando para perguntar aos pacientes o que eles entenderam do que falamos. É difícil para qualquer pessoa processar um grande volume de informações densas e complexas, e essa tarefa é ainda mais assustadora para alguém que está deprimido. Entretanto, por mais importante que seja permitir que os pacientes opinem, especialmente no início da terapia, pode ser necessário que nós, como terapeutas, conduzamos a maior parte da conversa quando eles estão mais gravemente deprimidos.

Empregar o questionamento como um importante dispositivo terapêutico

A maioria das verbalizações que fazemos como terapeutas cognitivos assume a forma de uma pergunta. As perguntas, muito mais do que as afirmações, são essenciais para uma terapia cognitiva eficaz. Usamos perguntas para chamar a atenção dos pacientes para áreas específicas de interesse e para avaliar sua resposta a esse novo assunto de investigação. Isso nos permite obter informações sobre um determinado problema e gerar métodos para resolver problemas que os pacientes inicialmente consideram insolúveis. É importante ressaltar que as perguntas levantam dúvidas na mente dos pacientes em relação a crenças arraigadas que se baseiam em distorções.

Uma série de perguntas bem planejadas e cuidadosamente formuladas pode ajudar os pacientes a isolar e considerar uma questão, decisão ou crença específica. Essa técnica é conhecida como **questionamento socrático**. Não precisamos necessariamente saber aonde uma pergunta levará quando ela for feita; é importante apenas que a façamos. O simples ato de fazer perguntas sobre o que os pacientes acreditam nos ajuda a entender a perspectiva deles e inicia o processo de exploração da base dessas crenças. Uma série de perguntas pode abrir o pensamento dos pacientes sobre uma questão específica e, assim, permitir que eles considerem outras informações e experiências — recentes ou passadas. O que tentamos fazer é usar perguntas para despertar a curiosidade dos pacientes. Suas opiniões aparentemente rígidas geralmente se transformam lentamente em hipóteses provisórias. Em essência, usamos perguntas socráticas para "descolar" o pensamento constrito. Não encontramos nenhum outro método que seja superior.[3]

É essencial tentar captar o que os pacientes estão pensando em vez de dizer-lhes o que achamos que estão pensando. Muitas vezes, a resposta do paciente será bem diferente do que esperávamos. Cada paciente tem um conjunto idiossincrático de experiências e crenças; portanto, é importante não confundir o sistema de significados do paciente com o que imaginamos que ele possa ser.

Tentamos usar uma série de questionamentos socráticos (consulte o Capítulo 6) para incentivar os pacientes a examinar os *dois* lados de uma questão, até mesmo questionando os motivos para se envolverem no que achamos que provavelmente será uma atividade construtiva. O objetivo da terapia cognitiva não é persuadir o paciente a ver as coisas da nossa maneira, mas sim ajudá-lo a considerar todos os fatos relevantes. O processo da terapia cognitiva não é persuadir o cliente a acreditar no que acreditamos, mas sim explorar a precisão das suas crenças à luz de sua própria experiência.

Com o tempo e a prática, os pacientes começam a se fazer esses mesmos tipos de perguntas, às vezes "ouvindo" nossas vozes "dentro de suas cabeças". É útil quando eles escrevem esse tipo de diálogo ou gravam suas sessões de terapia para reproduzi-las mais tarde (novamente, consulte o Capítulo 6). O objetivo é fazer esse tipo de diálogo interno se tornar uma segunda natureza, uma forma habitual de pensar, de modo que, mesmo durante futuras depressões, essas estratégias estejam disponíveis (Barber & DeRubeis, 1989).

O questionamento socrático pode ser mal utilizado ou aplicado inadequadamente. Os pacientes podem se sentir como se estivessem sendo interrogados ou atacados se as perguntas forem usadas para "pegá-los" e fazê-los entrar em contradição. Além disso, o questionamento aberto às vezes deixa o paciente na posição defensiva de tentar adivinhar o que nós, como terapeutas, esperamos como resposta. As perguntas devem ser cuidadosamente programadas e formuladas para ajudá-los a reconhecer e considerar seus pensamentos com objetividade. A meta não é desafiá-los interpessoalmente, mas sim unir-nos a eles na exploração da precisão de suas crenças (e das nossas também, como terapeutas). Na série de televisão *Columbo*, dos anos 1970, o ator Peter Falk interpretou o detetive titular cujo estilo de interrogatório modela o processo extremamente bem. Columbo costumava fazer uma série de perguntas com um ar de genial perplexidade apenas para ter certeza de que realmente entendia exatamente o que estava acontecendo. Nosso objetivo não é constranger os pacientes, mas sim atraí-los para o processo de questionamento de suas crenças de uma forma quase lúdica. Como dito anteriormente, não é que nossos clientes não consigam pensar com clareza: eles apenas se esquecem de fazê-lo sob a influência de fortes afetos.

Formular e testar hipóteses concretas

Desde o primeiro encontro, com base nas respostas dos pacientes às nossas perguntas, estamos trabalhando para construir um modelo, ou um projeto, que explique os padrões de crenças, emoções e comportamentos que eles descrevem. Fazemos perguntas destinadas a obter dados que os ajudarão a (1) testar suas hipóteses atuais, (2) modificar hipóteses que parecem ser insuficientes em seus detalhes, (3) descartar hipóteses que parecem não funcionar, ou (4) derivar novas hipóteses que podem ser testadas posteriormente. Quando temos confiança suficiente em nossa hipótese, pedimos aos pacientes para "experimentá-la", para obter sua opinião sobre o modelo que construímos com a ajuda deles. Trabalhamos junto com os pacientes para entender melhor sua visão de mundo. Então, os pacientes testam as hipóteses fora da sessão de terapia, de maneira muito semelhante a um cientista conduzindo um experimento. Esse processo de mapeamento do sistema de crenças é chamado de conceitualização cognitiva (Persons, 2012) e foi formalizado anos atrás em um diagrama de conceitualização cognitiva (J. S. Beck, 1995; veja um exemplo na Figura 7.1). Temos diferenças quanto à medida em que passamos por esse processo formal (alguns de nós sempre o fazem, enquanto outros só o fazem com clientes mais complicados), mas todos nós passamos por esse processo com cada paciente, pelo menos informalmente.

Uma paciente relatou inúmeros pensamentos automáticos sobre se as outras pessoas gostavam ou não gostavam dela. Seu terapeuta apresentou a seguinte hipótese: "Parece que você passa muito tempo adivinhando o que cada pessoa que encontra sente por você. Você interpreta cada evento — por exemplo, a maneira como o caixa age no supermercado — como relevante para saber se gostam ou não de você. Isso parece correto?". Ao formularmos essas hipóteses, ajudamos os pacientes a considerar seus próprios pensamentos como representações pessoais da realidade e não necessariamente precisos em si mesmos.

É essencial ter em mente que as hipóteses do cliente são simplesmente conjecturas formalizadas e não necessariamente *fatos*. Os dados são as observações e os relatos introspectivos do paciente, além dos resultados dos testes "experimentais" realizados no mundo externo.

Quando concordamos com o paciente em relação a uma hipótese, trabalhamos juntos para encontrar maneiras de testá-la. Alguns exemplos incluem:

- *Hipótese* 1: "Minha resposta automática a qualquer encontro com outra pessoa é: 'Ele gosta de mim ou não?'" *Teste:* observar com que frequência eu me pergunto sobre as reações das outras pessoas a mim.
- *Hipótese* 2: "Estou deprimido, e minhas expectativas e interpretações são, em sua maioria, negativas". *Teste:* registrar quantas expectativas e interpretações negativas eu tenho nesta semana.
- *Hipótese* 3: "Eu tendo a atribuir avaliações (especialmente críticas) às reações de outras pessoas quando não há nenhuma informação para fazer esse julgamento, ou quando não há nenhuma razão para que elas tenham qualquer reação a mim". *Teste:* após cada encontro, perguntar a mim mesmo: "Eu me senti magoado ou achei que fui rejeitado? Há alguma evidência de que a outra pessoa tenha me notado? Se ela me notou, há alguma evidência de que sua reação foi algo além de neutra?" (consulte o Capítulo 6).

Se essas hipóteses forem confirmadas, a base é estabelecida para a formulação dos pressupostos subjacentes do paciente, que serão discutidos em estágios posteriores da terapia. Alguns dos pressupostos subjacentes nesse caso podem ser: (1) "É crucial para minha felicidade ser querido por todos"; (2) "Minha autoestima como pessoa depende de como as outras pessoas me consideram"; (3) "As pessoas estão me julgando o tempo todo". Esses pressupostos nada mais são do que crenças que também podem ser testadas (consulte o Capítulo 7 sobre crenças nucleares e pressupostos subjacentes).

Terapeutas iniciantes muitas vezes relutam em fazer perguntas "arriscadas" ao paciente, pois acham que podem ofendê-los, ou acreditam que deveriam saber a resposta para essas perguntas com antecedência. Uma boa regra geral é que, se você estiver curioso sobre algo, é melhor perguntar e colocar a questão em discussão. As melhores perguntas geralmente são aquelas para as quais a resposta é uma surpresa, tanto para o terapeuta quanto para o paciente. *Uma das maravilhas da terapia cognitiva é que ela não requer nenhum conhecimento a priori ou habilidades especiais além da disposição de explorar o sistema de significados e a precisão das crenças do cliente.* Mapear as crenças específicas que determinam o que o paciente sente e como ele se comporta, e o sistema de significados mais amplo no qual elas estão inseridas, requer pouco mais do que curiosidade e disposição para testar as crenças em relação às realidades externas. É um erro o terapeuta novato ser cuidadoso demais e hesitar em perguntar, deixando engavetada uma pergunta que poderia promover maior compreensão. Não há nenhuma gafe interpessoal que não possa ser superada e nenhuma área temática que deva estar fora dos limites, mas o fato de não saber o que está acontecendo na mente do cliente porque se hesita em perguntar deixa o terapeuta às escuras.

Uma pergunta deve ser formulada para obter informações concretas, a fim de maximizar a chance de levar a um esclarecimento do problema do paciente ou a uma próxima etapa bem-definida para sua solução. Perguntas gerais, abstratas e vagas geralmente produzem respostas igualmente vagas, distantes dos dados "concretos" das cognições. O que geralmente queremos saber é o que os pacientes acabaram de pensar (o que passou por seu sensório) e o que acham que isso significa (o sistema de crenças no qual a cognição específica está inserida). Além disso, perguntas compostas por frases vagas tendem a confundir o paciente e são mais facilmente interpretadas de forma negativa. Por exemplo, se quisermos saber sobre a ideação do paciente, perguntamos: "O que está passando pela sua cabeça agora?" ou "O que você estava pensando?". Para obter cognições específicas sobre um evento passado, podemos perguntar ao paciente: "Tente se lembrar do que estava passando pela sua cabeça no exato momento daquele evento".

Envolver outras pessoas importantes

Às vezes, é útil convidar um membro da família ou um amigo para uma ou duas sessões para obter uma visão mais completa das circunstâncias do paciente. Essa entrevista nos permite, como terapeutas, obter informações adicionais sobre os sintomas dele, seu nível de funcionamento e possível risco de suicídio. Ela também oferece uma oportunidade de explicar a lógica por trás dos procedimentos terapêuticos e dos exercícios de casa, para que a outra pessoa importante possa reforçar o regime terapêutico. Além disso, ao garantir uma aliança, reduzimos a probabilidade de que o parente ou amigo se envolva em comportamentos antiterapêuticos entre as sessões, como excesso de solicitude, sugestões contraproducentes, reforço da esquiva ou repreensão. Por fim, a entrevista com a outra pessoa significativa fornece dados sobre como o estresse entre essa pessoa e o paciente pode ter contribuído para o início ou a continuação da depressão. Essas informações podem sugerir o valor da terapia de casal ou familiar. Um dos autores fez uma consulta com a esposa do escultor descrito em mais detalhes no Capítulo 5, durante a qual se descobriu que ela estava mais preocupada com a perda de interesse do marido nas atividades cotidianas do que com a perda de interesse na intimidade física (a percepção dele das preocupações dela).

Normalmente, não nos apressamos em trazer outras pessoas importantes para as sessões. Uma das coisas que queremos fazer é ajudar os clientes a desenvolver habilidades para negociar com outras pessoas em suas vidas e, portanto, é mais provável que usemos *role-playing* e um treinamento de assertividade cognitivamente informado para ajudar nossos clientes a aprender a resolver as questões com as pessoas que lhes são importantes (consulte o Capítulo 5 para obter uma descrição dessas técnicas). Nosso objetivo é ensinar habilidades que o cliente possa usar em qualquer relacionamento relevante, não apenas para resolver problemas que tenham surgido em um relacionamento específico.

Utilizar técnicas auxiliares

Com frequência, utilizamos uma variedade de recursos para reforçar e ampliar o impacto da entrevista terapêutica. Muitas vezes é útil para o paciente ouvir um áudio ou assistir a um vídeo da sessão depois que ela termina. Muitos pacientes acham que ouvir ou assistir a gravações de suas sessões é útil para corrigir algumas de suas percepções distorcidas de si mesmos e também para dramatizar alguns de seus comportamentos desadaptativos. Há muita coisa acontecendo em uma sessão típica, e pode ser difícil assimilar tudo. Outros pacientes fazem anotações que depois são revisadas. Um paciente fez uma série de desenhos animados esclarecendo o que havia aprendido; outro manteve um caderno de esboços dos tópicos abordados, pois aprendia melhor por meio de imagens. Costumávamos fazer cópias das figuras que desenhávamos ou dos diagramas que completávamos durante a sessão de tratamento; agora os clientes podem simplesmente tirar uma foto com o *smartphone* para manter um registro dos produtos escritos da sessão.

Além disso, descobrimos que pode ser extremamente útil revisar a gravação da última sessão antes de iniciar a próxima. Assim como pode ser difícil para o paciente captar tudo o que acontece em uma sessão, nós também nos beneficiamos ao estudar o que acontece em cada sessão sem ter a responsabilidade de conduzi-la ao mesmo tempo. Embora possa ser impraticável revisar as sessões regularmente, essa é uma excelente maneira de os terapeutas iniciantes aprenderem a abordagem e é uma estratégia útil para nós quando estamos "travados" com um cliente. Também descobrimos que ouvir ou assistir a uma parte particularmente estressante ou impactante de uma sessão com um cliente é uma excelente maneira de chegar a um entendimento compartilhado do que estava acontecendo, especialmente quando houve uma ruptura no relacionamento terapêutico.

Usar o humor de forma criteriosa

Como em outros tipos de terapias, como a terapia de aceitação e compromisso (ACT, do inglês *acceptance and commitment therapy*; Hayes et al., 2012) ou a terapia comportamental dialética (DBT, do inglês *dialectic behavior therapy*; Linehan, 1993), o humor e a hipérbole podem ser ferramentas úteis na terapia cognitiva. O humor é particularmente útil se for espontâneo, se permitir que os pacientes observem suas noções de certa "distância", e se os pacientes não acharem que estão sendo menosprezados ou ridicularizados. Em geral, preferimos nos tornar o alvo da piada e, às vezes, isso os ajuda a serem capazes de rir construtivamente dos aspectos incongruentes de suas crenças quando elas são aplicadas às pessoas em geral ou ao terapeuta. O humor também nos permite abalar os sistemas de crenças do paciente se isso puder ser feito de uma maneira que não ataque diretamente a uma crença específica ou que, de alguma forma, o insulte ou menospreze.

Resumo e conclusões

A terapia cognitiva é uma intervenção inerentemente flexível, porém estruturada. O princípio operativo é: "O cliente traz o conteúdo e nós, como terapeutas, trazemos a estrutura". O tratamento tende a seguir a mesma progressão de estratégias ao longo da terapia (geralmente passando da ativação comportamental para crenças específicas e para o esquema subjacente), sendo a velocidade determinada pela rapidez com que o cliente progride. Essa progressão tem mais a ver com o que queremos ensinar ao cliente em um determinado momento, e podemos usar todo e qualquer procedimento e estratégia em qualquer ponto do tratamento. Qualquer sessão segue uma progressão geral, definindo uma agenda no início e solicitando resumos parciais do cliente após a discussão de cada tópico.

Fazemos uso extensivo do questionamento socrático para ajudar os clientes a entender como eles pensam sobre si mesmos, seus mundos e seus futuros. Não é necessário saber qual é a resposta provável para uma pergunta; é necessário apenas fazer a pergunta. Isso significa que a terapia cognitiva não exige habilidades ou atributos especiais além da curiosidade. Considerando que qualquer crença pode ser testada em relação às realidades externas e que a maioria dos problemas pode ser resolvida ou contornada, quase sempre é possível ajudar os clientes a reduzir seu nível de angústia e a lidar melhor com a situação.

Notas

1. Considerando o quanto essa prática tem sido comum nos estudos que estabeleceram a eficácia da terapia cognitiva, bem como as evidências experimentais recentes, é surpreendente (e desconcertante) ver como isso raramente é feito na prática clínica real.

2. Essa dificuldade em resolver problemas não é necessariamente incompatível com a perspectiva evolutiva que sugere que a depressão evoluiu para facilitar a

resolução de problemas sociais complexos (Andrews & Thomson, 2009). Apenas um subconjunto de todas as pessoas que ficam deprimidas é propenso a se tornar crônico ou recorrente (Monroe et al., 2019) e aquelas que se tornam crônicas ou recorrentes tendem a ficar presas culpando a si mesmas por sua angústia em vez do problema social complexo que precisam resolver (Hollon et al., 2020).

3. Christine Padesky desenvolveu um modelo de quatro etapas do diálogo socrático que é uma abordagem mais abrangente e compreensível do processo na literatura (Padesky & Kennerley, 2023). Suas quatro etapas abrangem (a) perguntas informativas; (b) escuta empática; (c) resumos; e (d) perguntas analíticas/sintetizadoras. Há vídeos de treinamento disponíveis em seu *site* que demonstram o processo por meio de demonstrações clínicas anotadas, com um manual e uma escala de codificação (*www.padesky.com/clinical-corner*). Qualquer pessoa interessada em aprender a fazer terapia cognitiva de forma eficaz e clinicamente sofisticada deve visitar esse *site*.

PONTOS-CHAVE

1. A terapia cognitiva progride por meio de uma série de **estágios** de forma sobreposta e sequencial: **fornecimento de uma fundamentação cognitiva, treinamento em automonitoramento sistemático, ensino de estratégias de ativação comportamental, identificação de tendências e pensamentos negativos, exame da precisão das crenças, crenças nucleares e pressupostos subjacentes, prevenção de recaídas e término**. Esses estágios do tratamento representam as estratégias e habilidades que queremos **ensinar ao paciente**; podemos usar qualquer uma e todas essas estratégias em qualquer ponto do tratamento.

2. A estrutura de cada sessão individual geralmente tem o seguinte formato: **breve atualização e verificação do humor, ponte da sessão anterior, definição da agenda, revisão do exercício de casa, discussão de questões da agenda, resumo final e *feedback***.

3. Ao discutir tópicos específicos da agenda, pode ser bastante útil usar o **questionamento socrático** para ajudar os clientes a entender e desenvolver novas perspectivas sobre as questões.

4. É útil pedir ao paciente um **resumo parcial** depois de falar sobre cada item da agenda e resumir os pontos principais da sessão novamente no final.

5. É útil pedir ao cliente um ***feedback*** sobre o conteúdo abordado e a forma como o abordamos no final de cada sessão. Nenhuma ruptura deve ser deixada sem ser explorada.

4

A sessão inicial:
fornecendo uma fundamentação cognitiva

Tudo vai ficar bem no final e, se não ficar, não é o fim.
— **John Lennon** *(citando um antigo provérbio indiano)*

Durante a primeira sessão de tratamento, perguntamos sobre os problemas que levaram o cliente à terapia e, a seguir, apresentamos a ele uma introdução à terapia cognitiva e descrevemos como ela pode ajudar. A melhor maneira de fazer isso é por meio de uma breve demonstração do modelo cognitivo (veja a Figura 1.1), trabalhando com um caso recente em que o cliente teve um forte afeto negativo ou não ficou satisfeito com seu desempenho. Preferimos usar um **modelo de cinco partes**, que acrescenta a fisiologia aos outros componentes, por motivos que descreveremos mais adiante neste capítulo (consulte Padesky & Mooney, 1990).

A seguir, trabalhamos com os clientes para estabelecer metas específicas e bem-definidas para o tratamento. Pedimos a eles apenas uma versão abreviada de suas histórias de vida, reconhecendo que mais detalhes surgirão à medida que o tratamento avança. Queremos "começar a todo vapor", no que diz respeito ao trabalho, para o rápido alívio dos sintomas desde a primeira sessão, e permitir que o relacionamento terapêutico se desenvolva ao longo do tempo dentro dessa estrutura. A formação da relação de trabalho, a coleta de informações importantes e a aplicação de técnicas cognitivas específicas podem ser incorporadas suavemente à estrutura da sessão inicial. O pessimismo é tão predominante na depressão que queremos começar a obter um alívio dos sintomas o mais rápido possível. Estudos demonstram que a adesão antecipada aos princípios cognitivos e comportamentais específicos da terapia cognitiva gera mudanças precoces nos sintomas e que esse alívio, por sua vez, melhora a qualidade do relacionamento terapêutico (DeRubeis & Feeley, 1990; Feeley et al., 1999).

Em muitos ambientes clínicos e de pesquisa, outras pessoas além do terapeuta realizam a avaliação inicial. Não abordamos o processo de avaliação genérica em detalhes, pois temos pouca preocupação com diagnósticos formais (a não ser para verificar a probabilidade de os pacientes descompensarem sob estresse e qualquer uso atual de substâncias — consulte o Capítulo 8). O que queremos obter é uma noção da queixa principal do cliente, o histórico do problema apresentado e quaisquer questões precipitantes, bem como se o paciente é atualmente suicida ou homicida, histórico de tratamento anterior (incluindo medicamentos), histórico familiar e social pertinente (resumidamente) e qualquer histórico de abuso. Não somos avessos a saber mais sobre o histórico do paciente; apenas preferimos ir direto ao assunto da redução dos sintomas, e o tempo gasto para obter um histórico detalhado atrapalha.

Introduzindo a abordagem básica

Avaliando e monitorando os sintomas

Há boas evidências de que a assistência baseada em medidas melhora os resultados, seja para tipos mais genéricos de psicoterapia (Lambert et al., 2001) ou tratamento medicamentoso (Rush & Thase, 2018). A terapia cognitiva estava bem à frente dessa tendência. *Sempre monitoramos os sintomas sessão por sessão*, conforme descrito na 1ª edição deste livro (Beck et al., 1979) e em nossos primeiros ensaios de tratamento (Rush et al., 1977; Shaw, 1977). Desde os primórdios da terapia cognitiva, pedimos aos pacientes que preencham uma breve medida de autorrelato da depressão antes de cada sessão para obter uma avaliação rápida da gravidade dos sintomas e identificar aqueles mais problemáticos para o paciente (p. ex., desejos suicidas) e que exigem atenção específica. Nos primeiros anos da terapia cognitiva, usávamos o Inventário de Depressão de Beck (BDI, do inglês *Beck Depression Inventory*) original e posteriormente mudamos para o BDI-II revisado, quando ele ficou disponível (Beck et al., 1996).

Vários itens do BDI-II fornecem informações importantes sobre o pensamento negativo dos pacientes. Eles fornecem uma pista natural sobre algumas das crenças dos pacientes, como a expectativa de que tudo dará errado, a visão de si mesmo como um fracasso, pensamentos de que não são capazes de fazer nada sem ajuda, ou ideação suicida. Pedimos ao paciente que preencha o BDI-II antes de cada sessão como forma de monitorar as mudanças ao longo do tempo. Embora em outros tempos tenhamos nos baseado nas sucessivas versões do BDI, qualquer bom instrumento de autorrelato será suficiente. A mensagem importante é monitorar os sintomas do paciente regularmente durante o curso do tratamento. No programa inglês Increasing Access to Psychological Therapies (IAPT), o Questionário de Histórico Psiquiátrico de 9 itens (PHQ-9, do inglês *nine-item Psychiatric History Questionnaire*) é administrado em todas as sessões, e esse monitoramento de rotina demonstrou melhorar não apenas a resposta do paciente, mas também as taxas de recuperação em todo o sistema (Clark, 2018). O PHQ-9 também tem a vantagem de ser mais breve e mais fácil de compreender quando precisa ser lido para entrevistados analfabetos, como às vezes acontece em países de baixa e média renda na saúde mental global (Weobong et al., 2018).

Ouvindo os temas cognitivos

Se o paciente estiver deprimido, estaremos atentos desde o início aos padrões de pensamentos e comportamentos comuns ao transtorno. Muitos pacientes deprimidos têm crenças sobre si mesmos que são variações de temas como "Eu não sou digno de amor" ou "Eu sou incompetente" (a maioria dos temas sobre o "eu" gira em torno de preocupações sobre amor ou trabalho; Hollon, Andrews, & Thomson, 2021) ou visões negativas sobre o futuro: "A vida nunca dá certo para mim" ou "Eu sempre serei infeliz" (a incapacidade de prever gratificação futura que parece estar no cerne da depressão; Hollon, 2020b). Esses representam dois dos aspectos centrais da tríade cognitiva negativa (eu, mundo e futuro) (Beck, 1963). Ficamos particularmente atentos às palavras dos pacientes para ver se alguma dessas crenças parece ser característica deles. Além disso, os pacientes deprimidos tendem a se afastar do contato social; a perder o interesse ou o prazer no trabalho, em *hobbies* e nos relacionamentos; a ter alterações no sono e no apetite; e a deixar de fazer as atividades que antes contribuíam para sua qualidade de vida. Estamos atentos a qualquer detalhe que sugira que podemos fazer uso de testes comportamentais dessas crenças.

Definindo a agenda

Após as apresentações iniciais, definimos uma agenda para o encontro, sugerindo que seria bom fazer isso no início de cada sessão para garantir que os pacientes tenham chance de trabalhar nos assuntos que mais lhes interessam. Tomamos a iniciativa na definição da agenda na primeira sessão, mas incentivamos os pacientes a participar e deixamos claro que queremos que eles se sintam à vontade para nos informar sobre o que desejam trabalhar em cada sessão. Nossa agenda inicial inclui obter um breve histórico, apresentar a terapia cognitiva ao paciente, estabelecer metas e escolher os primeiros passos a serem dados em direção a essas metas. Em seguida, pedimos um *feedback*: "O que você acha disso?", "Há mais alguma coisa que você gostaria de garantir que vamos conversar hoje?". (Todas as frases deste texto são ilustrações, não frases roteirizadas que o terapeuta é obrigado a dizer. Na terapia cognitiva, aderimos a princípios, não a protocolos.)

Avaliando o humor inicial

A seguir, pedimos aos pacientes que avaliem seu humor: "Em uma escala de 0 a 100, sendo 0 o pior que você já se sentiu e 100 o melhor que você já se sentiu, como você classificaria seu humor agora?". Se o paciente tiver dificuldade com essa tarefa, explicamos que essa é simplesmente uma maneira de comunicar o que está acontecendo com ele em termos de humor de uma forma direta, como usar um termômetro para medir a temperatura "afetiva". Deixamos claro que essa não é a única maneira de monitorar o humor e que estamos abertos às sugestões dos pacientes. Alguns pacientes criativos preferem usar cores para se comunicar, e as crianças pequenas geralmente se saem melhor com rostos "sorridentes" ou "carrancudos". Somos flexíveis, e qualquer sistema que comunique "melhor" e "pior" em algum grau funciona nesse sentido.

Avaliando as queixas atuais

Se uma avaliação já tiver sido feita antes desse encontro, informamos aos pacientes que a lemos e agradecemos por dedicarem seu tempo para responder a todas as perguntas. Em seguida, resumimos brevemente o que entendemos serem os principais pontos da avaliação e perguntamos ao paciente: "Eu entendi bem a essência do que foi dito? O que mais você gostaria que eu soubesse sobre o que está acontecendo?". Como alternativa, podemos perguntar algo como: "Eu li a avaliação, mas você pode me explicar o que o traz para a terapia?".

Se nenhuma avaliação foi feita antes dessa primeira sessão, pedimos aos clientes que descrevam suas principais preocupações, as quais depois resumimos para ter certeza de que as entendemos corretamente: "Então, deixe-me ver se entendi. Você está desempregado há 2 anos e seu filho mais velho está usando drogas. Você se sente tão deprimido que nem sai da cama na maior parte do tempo. Também sei que sua mãe faleceu no ano passado. Parece que você está passando por um período muito difícil. Tenho certeza de que há mais algo a dizer, mas será que tenho o básico?". Esse resumo parcial permite que os pacientes saibam que estamos ouvindo com atenção. Ele também dá início à próxima parte da agenda — fornecer uma fundamentação cognitiva e explicar o modelo cognitivo. "Estou feliz por ter entendido a essência. Descobriremos mais ao longo do caminho, mas, por enquanto, deixe-me explicar como é esse tipo de terapia e você me diz o que lhe parece." O objetivo é ouvir o suficiente sobre o paciente para determinar quais são os principais problemas e ter uma noção preliminar das crenças e dos comportamentos que serão visados, mas não obter todos os detalhes na primeira sessão.

Fornecendo uma fundamentação cognitiva

Nosso principal objetivo na primeira sessão de tratamento é fornecer uma fundamentação para a terapia cognitiva. Apresentamos uma breve visão geral do modelo cognitivo, fornecendo exemplos de como pensamentos negativos automáticos podem levar a afetos desagradáveis e a esforços ineficazes para lidar com o comportamento. Em nossa experiência, isso funciona melhor quando tiramos exemplos do material que os clientes já forneceram ao descrever os problemas que os trouxeram à terapia ou, melhor ainda, quando podemos usar uma experiência recente da vida do cliente (veja a seguir). Usamos esses exemplos para esboçar as relações entre os pensamentos, os sentimentos, a fisiologia e os comportamentos dos pacientes para mostrar como eles estão conectados.[1] Depois, perguntamos aos pacientes como eles se sentiriam se tivessem interpretado a mesma situação de uma maneira diferente ou se soubessem que seus pensamentos negativos automáticos não eram tão verdadeiros quanto pareciam no momento. Essa é a essência da terapia cognitiva.

Cada terapeuta pode criar sua própria maneira de explicar a lógica da terapia cognitiva, mas o objetivo é transmitir os princípios básicos do modelo: *é a nossa interpretação dos eventos, e não simplesmente os eventos em si, que levam às nossas emoções.* As pessoas com depressão geralmente têm padrões de longa data de interpretação de eventos que levam a pensamentos e comportamentos que mantêm a depressão. Mesmo que a situação em si não mude, mudar esses pensamentos e comportamentos pode levar a um alívio emocional. Para uma pessoa deprimida, as atribuições mais negativas podem parecer as mais realistas. Quanto mais os pacientes acreditam em seus pensamentos, mais deprimidos se sentem, mesmo que esses pensamentos sejam distorções da realidade. Detectar e corrigir essas distorções pode melhorar o humor.

O modelo de cinco partes (o modelo cognitivo ABC expandido)

Uma maneira pela qual gostamos especialmente de esclarecer o modelo cognitivo é com uma representação gráfica envolvida em uma breve demonstração. A Figura 4.1, adaptada do modelo de cinco partes apresentado pela primeira vez por Padesky e Mooney (1990) e amplamente divulgado em Greenberger e Padesky (2016), mostra uma versão ampliada do modelo cognitivo ABC (eventos antecedentes, crenças e consequências, tanto afetivas quanto comportamentais) apresentado anteriormente no Capítulo 1 (veja a Figura 1.1). O que Padesky e Mooney (1990) fizeram foi expandir o conceito de ambiente para além do único evento antecedente desencadeador, incluindo toda a gama de influências contextuais que afetam o indivíduo, de acordo com a noção de um sistema ecológico maior (Bronfenbrenner, 1974). Qualquer evento ocorre em uma matriz de experiências anteriores e influências culturais que contribuem para moldar a maneira como o indivíduo reage. Embora normalmente seja preferível começar com um evento recente específico que desencadeou o afeto desagradável ou o comportamento problemático simplesmente para fins de exposição, observamos que qualquer evento desse tipo ocorre dentro de um padrão de experiências individuais e influências culturais que contribuem para a maneira como o indivíduo interpretou esse evento,

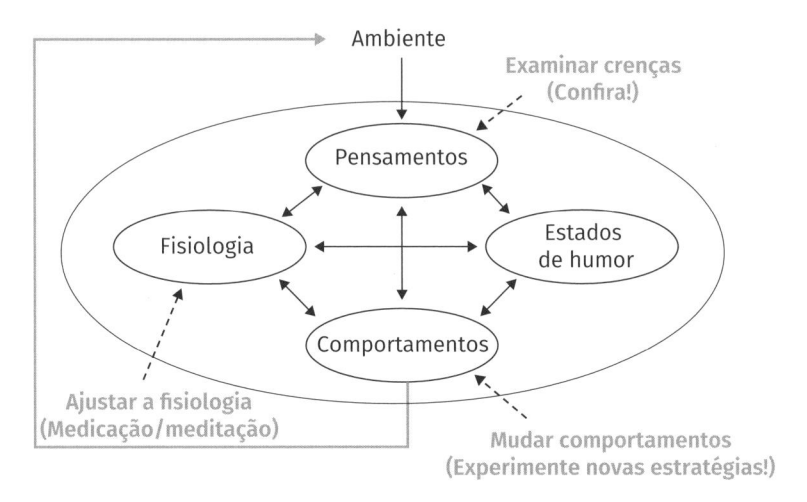

FIGURA 4.1 Modelo de cinco partes (ABC) de Padesky e Mooney (expandido). Adaptado de Greenberger, D., & Padesky, C. A. (2016). *Mind over mood: Change how you feel by changing the way you think* (2nd ed.). Nova York: Guilford Press; e Padesky, C. A., & Mooney, K. A. (1990). Presenting the cognitive model to clients. *International Cognitive Therapy Newsletter, 6,* 13-14. Disponível em *www.padesky.com/clinical-corner*.

que pode ser considerada com mais profundidade no decorrer da terapia.[2]

A outra grande modificação conceitual que Padesky e Mooney (1990) fizeram foi acrescentar a biologia (que Greenberger & Padesky [2016] descrevem como reações físicas e que abreviamos como fisiologia) de uma forma que antecipou o conceito dos biólogos evolucionistas de conjuntos de respostas diferentes, mas integradas, de corpo inteiro a diferentes desafios do ambiente. O que o modelo de cinco partes deixa claro é que cada componente do modelo pode impulsionar qualquer outro componente.[3] Daí as setas bidirecionais que conectam cada uma das partes. Embora os pensamentos de fato conduzam às emoções, estas, por sua vez, podem influenciar o pensamento. Qualquer pessoa que tenha chegado em casa do trabalho de mau humor provavelmente responderá com irritação a um comentário de uma pessoa querida que, de outra forma, seria afável, e o simples ato de fazer uma caminhada pode mudar tanto o afeto quanto a fisiologia. As reações fisiológicas também podem ser tanto a causa como a consequência de mudanças nos outros elementos do modelo, conforme descrito no Capítulo 8 sobre comorbidade, em que uma sensação física inofensiva pode ser catastroficamente mal interpretada como um ataque cardíaco incipiente no transtorno de pânico. Nos primórdios da terapia cognitiva, muitas vezes falávamos sobre essas questões quando usávamos os modelos ABC para ilustrar a teoria cognitiva, mas a representação de Padesky e Mooney (1990) é melhor para representar visualmente a natureza interativa dos vários componentes do modelo.

O ponto com o qual todos concordamos é que, embora os outros componentes possam influenciar o comportamento de uma pessoa, é necessário agir para mudar o ambiente. Tentamos enfatizar aos nossos clientes que a única maneira de mudar o mundo em que vivem é por meio de seus comportamentos. Muito do que fazemos é estimular nossos clientes a agir, tanto para testar suas próprias crenças quanto para mudar seus ambientes.

Preferimos ilustrar o modelo com um evento recente da vida do paciente. Um deles observou que estava deprimido com "tudo" e que havia procurado terapia porque não tinha "nada pelo que esperar". O terapeuta pediu a ele que compartilhasse um caso recente que ele considerasse particularmente angustiante, para que pudessem analisar se o modelo cognitivo se encaixava para ele. Qualquer experiência recente serve para demonstrar o modelo, desde que haja algo nela que o paciente tenha achado angustiante ou não tenha ficado satisfeito com sua resposta. O objetivo é verificar se o modelo cognitivo se ajusta ao paciente, com a clara implicação de que o terapeuta tentará outra coisa se isso não acontecer, em vez de verificar se o paciente se ajusta bem ao modelo. É melhor se concentrar em um incidente específico do passado recente e não em uma sensação geral de mal-estar; identificar os pensamentos, sentimentos, reações físicas e comportamentos específicos é mais fácil se houver um exemplo concreto para discutir. Não importa qual incidente seja escolhido, apenas que seja selecionado um exemplo recente.

Nesse caso, o paciente relatou uma briga feia com sua irmã no dia anterior no quarto de hospital de sua mãe, que recentemente teve uma recidiva do câncer, e trabalhamos juntos para começar a descrever os componentes da situação, registrando cada um deles no modelo de cinco partes à medida que avançávamos. *Ambiente:* o paciente estava em um quarto de hospital com sua mãe moribunda quando sua irmã afastada o repreendeu por não estar presente para a família. A seguir, perguntaríamos como o paciente se sentiu quando isso aconteceu (que afeto ele sentiu nessa situação). *Sentimentos:* tristeza, raiva e desesperança. A seguir, perguntaríamos se o cliente teve alguma sensação física. *Reações fisiológicas:* tensão na cabeça e no pescoço. Depois, perguntaríamos qual foi seu impulso comportamental. *Comportamentos:* seu impulso foi falar duramente com a irmã (embora ele não tenha agido assim) e uma forte vontade de voltar a beber (algo a que ele resistiu).

Nesse ponto, perguntaríamos ao cliente o que estava passando pela cabeça dele (o que ele estava pensando) quando a irmã o repreendeu. (Geralmente, esperamos até o final para perguntar sobre a cognição, pois os pensamentos costumam ser o elo mais difícil de ser identificado pelos clientes e o que mais queremos examinar.) *Cognição:* "Sou um completo desastrado que nunca consegue fazer nada direito, mas ela não tem o direito de implicar comigo. Nada dá certo para mim".

A seguir, pediríamos ao cliente que desenhasse linhas para conectar cada afeto específico a um ou mais dos pensamentos específicos. ("Sou um completo desastrado" pode ser associado à tristeza; "ela não tem o direito de implicar comigo" pode ser associado à raiva; e "Nada dá certo para mim" pode ser associado à desesperança, embora esta seja tanto uma crença quanto um sentimento e provavelmente intensifique a "tristeza"). Depois, convidaríamos o cliente a considerar a coerência entre seus pensamentos e sentimentos ("Como alguém poderia não se sentir triste se acreditasse que é um completo desastrado?"), sua fisiologia ("Como você poderia não sentir uma sensação de tensão se achasse que está sendo criticado?") e seus comportamentos ("Você teria falado com sua irmã de forma dura se não achasse que ela estava sendo injusta?"). Depois, passaríamos a ilustrar o tipo de trabalho que o cliente faria em sessões futuras ("Se você fosse um completo desastrado, você estaria lá para sua mãe ontem? O que isso diz sobre você?"), mas também poderíamos optar por discutir outras maneiras pelas quais o cliente poderia ter respondido à irmã ("Eu sei que nem sempre estive presente para você e para a mãe, mas estou aqui com vocês agora"). O objetivo é explorar como os pensamentos que o cliente teve naquela situação conduziram seus sentimentos, sua fisiologia e seus comportamentos subsequentes (ou, pelo menos, seus impulsos). Isso transmite a essência do modelo e permite que o cliente tenha uma noção de como a terapia proporcionará o alívio da depressão.

Rotular os componentes específicos do modelo e classificá-los nas categorias apropriadas — ambiente/situação, pensamentos, sentimentos, fisiologia e comportamento (incluindo impulsos, sejam eles realizados ou não) — ajuda os pacientes a compreender as características essenciais do modelo cognitivo e prepara o terreno para o trabalho terapêutico posterior. Trabalhar com um exemplo ajuda os clientes a ver como os pensamentos podem levar a sentimentos e reações físicas, bem como a comportamentos (ou, pelo menos, impulsos comportamentais) dos quais eles podem se arrepender posteriormente. Isso nos permite destacar pontos específicos nos quais os clientes podem intervir no processo (fisiologia por meio de exercícios ou meditação, comportamentos por meio da experimentação de diferentes ações e crenças por meio da reestruturação cognitiva). A apresentação do modelo em um quadro branco ou em uma folha de papel ajuda os clientes a se distanciarem de suas reações. Os clientes podem tirar uma foto do diagrama completo com seus telefones para salvar.

Caráter imperfeito *versus* estratégias imperfeitas: Teoria A *versus* Teoria B?

Uma das primeiras coisas que fazemos com novos clientes é pedir que entendam como e por que ficaram deprimidos. Eles geralmente começam descrevendo as decepções que enfrentaram, mas depois de uma ou duas perguntas, começam a atribuir essas decepções a falhas pessoais em si mesmos. Os déficits percebidos mais comuns são "Eu não sou digno de amor" (se o cliente estiver preocupado com relacionamentos interpessoais) ou "Eu sou incompetente" (se as decepções do cliente se enquadrarem mais no domínio da realização). Em essência, a maioria dos clientes chega à terapia com a crença de que há alguma falha estável em seu caráter que é responsável por sua decepção na vida e, por extensão, por sua depressão. Uma das primeiras coisas que fazemos é iniciar uma discussão sobre se há uma maneira de entender as decepções que coloque o foco nas estratégias que eles escolheram (i.e., os comportamentos com os quais se envolveram), em vez de uma falha inerente a eles mesmos. Depois, incentivamos nossos clientes a usarem as próximas semanas de tratamento para determinar se suas decepções e fracassos percebidos são mais uma consequência de terem um caráter defeituoso ou de terem escolhido estratégias ineficazes para perseguir seus objetivos na vida.

Muitas vezes, vamos além e apresentamos teorias concorrentes sobre como as coisas deram tão errado em uma única folha de papel, para que possam ser testadas umas contra as outras no decorrer da terapia (veja a Figura 4.2). Salkovskis (1996) se refere a esse processo como "Teoria A *versus* Teoria B", algo totalmente análogo ao que os cientistas fazem quando testam teorias concorrentes. No exemplo apresentado na Figura 4.2, o paciente, o escultor discutido anteriormente que perdeu o cargo de professor em uma pequena faculdade de artes liberais, atribuiu sua falta de confiança em si mesmo ao fato de ser forçado a competir com o irmão mais novo pela atenção do pai e perder repetidamente essa competição. No final das contas, o problema na vida adulta tinha mais a ver com sua falta de confiança em si mesmo (ele era tão propenso a esperar o pior que muitas vezes nem buscava as coisas que queria) do que com qualquer falha de caráter relacionada à incompetência. Seu problema era estratégico (ele ficava tão sobrecarregado que nem tentava perseguir uma meta desejada) e não caracterológico (ele não era irremediavelmente incompetente). Conforme descrito mais detalhadamente no Capítulo 5, a simples estratégia comportamental de dividir uma grande tarefa em suas partes constituintes e então dar um passo de cada vez, lembrando-se sempre de não se concentrar no resultado final, ajudou-o a superar suas tendências autodestrutivas e forneceu um teste convincente que favoreceu a Teoria B (estratégia) em relação à Teoria A (caráter). O princípio fundamental aqui é que as estratégias comportamentais são mais

Teoria A	Teoria B
Caráter defeituoso (Pessoa ruim)	**Crenças/comportamentos falhos (Estratégias ruins)**
Meu pai me fez competir com meu irmão por atenção e ele venceu.	Meu pai me fez competir com meu irmão por atenção e ele venceu.
Não sou bom o suficiente, não sou competente.	Eu me esforcei demais e tropecei em minhas próprias pernas.
Perdi meu emprego, não por minha culpa.	Perdi meu emprego, não por minha culpa.
Três anos depois, ainda não tenho emprego como professor.	Toda vez que tento me candidatar, fico assustado com a magnitude da tarefa, então nem sequer começo.
Devo ser incompetente.	
Tenho de mudar meu caráter básico se quiser ter alguma chance de conseguir o que quero da vida.	Preciso mudar minhas estratégias comportamentais... dividir a tarefa em etapas e testar minhas crenças... dar um passo de cada vez e ver se isso funciona melhor... se eu conseguir, isso significa que não sou incompetente.

FIGURA 4.2 Exemplo de lógica alternativa.

fáceis de mudar do que um suposto (e provavelmente inexistente) traço estável.

Desempenho sob estresse: a lei de Yerkes-Dodson

Quando os clientes descrevem várias experiências que consideram evidências de suas falhas e defeitos, achamos útil explorar um ou dois dos exemplos para ver se eles foram vítimas de um de dois equívocos comuns. O primeiro deles é confundir seu desempenho sob estresse com a capacidade que atingem quando estão em sua melhor forma. Perguntamos aos clientes se eles estavam nervosos ou excitados no momento do evento original. Em caso afirmativo, explicamos o princípio de Yerkes-Dodson, como no exemplo a seguir:

Terapeuta (T): Suponha que seu carro esteja estacionado em uma rua ensolarada às 3 horas da tarde, com muitas pessoas ao redor. Quanto tempo você leva para destrancar o carro?

Paciente (P): Geralmente, apenas alguns segundos.

T: Agora suponha que seu carro esteja estacionado na mesma vaga, mas são 3 horas da manhã, sob uma chuva fria e forte, e não há mais ninguém na rua, exceto uma figura grande que vem em sua direção. Quanto tempo você leva para destrancar o carro?

P: Geralmente muito mais tempo.

T: A razão para isso é que existe um princípio básico de motivação chamado lei de Yerkes-Dodson. (*Neste ponto, desenhamos o modelo descrito na Figura 4.3.*)

Se você registrar a importância/excitação no eixo horizontal e o desempenho

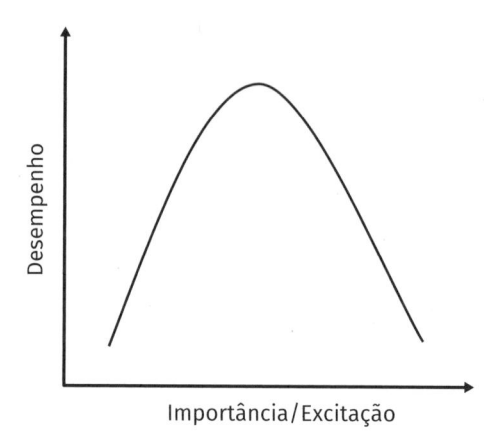

FIGURA 4.3 Desempenho sob estresse (lei de Yerkes-Dodson).

no eixo vertical, da forma como a maioria de nós está configurada, nosso desempenho melhora à medida que as coisas se tornam mais importantes para nós (e ficamos excitados), mas somente até certo ponto. Se você não quisesse entrar no carro, nem se daria ao trabalho de destrancar a porta. Com baixa importância, você não faria nada. À medida que a importância/excitação aumenta, seu desempenho também aumenta. Em um dia ensolarado e com outras pessoas por perto, você não teve problemas para destrancar o carro em questão de segundos.

P: Isso faz sentido.

T: Mas veja o que aconteceu com seu desempenho quando realmente se tornou importante entrar no carro. Em uma noite fria e chuvosa, com uma figura sombria vindo em sua direção, você demorou muito mais para entrar no carro.

P: Sim, seria assim. Eu provavelmente deixaria cair minhas chaves na pressa ou algo do gênero.

T: Esse é o princípio de Yerkes-Dodson. O desempenho melhora com a importância (excitação), mas somente até certo ponto. Praticamente todas as pessoas (e a maioria dos animais também) tornam-se menos competentes do ponto de vista comportamental quando são pressionadas demais.

P: Sim, acho que sim. Eu sei que sim.

T: Agora vamos ver se isso se aplica à dificuldade que você encontrou na entrevista de emprego. Você ficou tenso e preocupado com o resultado?

P: Sim, realmente fiquei.

T: O seu desempenho estava no auge?

P: Não. Eu desmoronei porque não consigo lidar com o estresse.

T: É isso mesmo? Isso pode significar apenas que você não tinha as ferramentas à sua disposição para colocar a importância da entrevista em perspectiva e recuar para a esquerda na dimensão horizontal de excitação. Se você tivesse essas ferramentas à sua disposição e soubesse como usá-las, o que acha que teria acontecido na entrevista?

P: Eu provavelmente poderia ter lidado melhor com a entrevista e poderia ter conseguido o emprego.

T: Esses são os tipos de ferramentas que trabalharemos para ajudá-lo a desenvolver nas próximas semanas. O ponto principal, por enquanto, é que qualquer evidência que você tenha de que não é competente para fazer as coisas provavelmente está contaminada se você estava suficientemente preocupado ou tão excitado que o levou a ultrapassar o auge de seu desempenho. Talvez não saibamos exatamente o que você pode fazer quando se sentir confiante o suficiente para dar o seu melhor ou, pelo menos, não "tropeçar nas próprias pernas".

Profecias autorrealizáveis

A segunda armadilha lógica da qual as pessoas frequentemente são vítimas é permitir que suas expectativas negativas influenciem seu comportamento. Conforme mostra a Figura 4.4, se alguém que está interessado em um novo emprego (ou em um novo relacionamento) hesita em se candidatar a esse emprego (ou em convidar a outra pessoa para sair) porque acha que não será bem-sucedido, o resultado de não conseguir o emprego (ou não conseguir o encontro) não conta como evidência de sua incompetência (ou de ser indigno de amor). O fato de não ter conseguido o que queria não requer nenhuma explicação além de ter sido dissuadido por suas próprias expectativas negativas de sequer tentar. Geralmente, os exemplos que os clientes nos dão de casos em que as coisas deram errado para eles acabam sendo casos em que eles foram vítimas de suas próprias profecias autorrealizáveis e não agiram. (Lembre-se da Figura 4.1 de que a única maneira de realmente afetarmos o mundo é por meio de nossos comportamentos.) Sempre que você permitir que suas expectativas negativas determinem seu comportamento a ponto de não tentar (ou tentar de forma desinteressada),

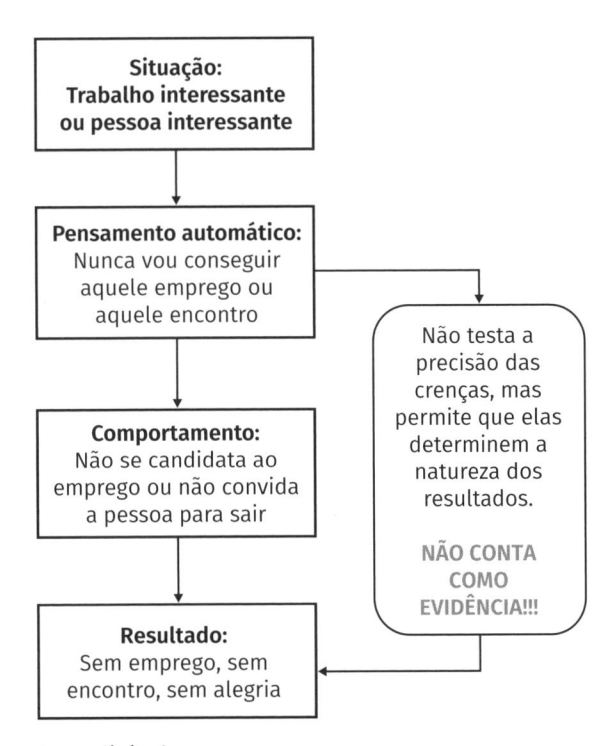

FIGURA 4.4 Profecia autorrealizável.

as decepções que sofreu não são evidência de seus déficits pessoais, mas sim uma indicação de que você caiu em uma armadilha lógica. O escultor descrito anteriormente neste capítulo e ainda mais detalhadamente nos Capítulos 5 e 6 queria muito voltar a lecionar na área acadêmica, mas não conseguiu montar seu portfólio para se candidatar a empregos durante os 3 anos em que ficou sem lecionar porque (em parte) achava que não teria sucesso. O fato de não conseguir o que deseja não é prova de incompetência ou de ser indigno de amor (defeitos de caráter estáveis) se você não agiu. Esse é um padrão comum entre pessoas que estão deprimidas.

Preliminares importantes para dar os primeiros passos

Definir as metas do tratamento

Depois de trabalharmos com um exemplo do modelo cognitivo e verificarmos se a excitação excessiva ou as profecias autorrealizáveis contribuíram para reversões particularmente salientes, perguntamos aos pacientes no que eles gostariam de trabalhar durante a terapia. Muitos pacientes respondem com algo geral, como "Eu só quero me sentir melhor novamente". Pedimos a eles que esclareçam o que isso significa para eles — por exemplo, poder voltar a trabalhar, começar a namorar depois de um rompimento ou voltar a curtir os netos. A definição de resultados específicos ajuda o paciente a estabelecer metas de curto prazo que sejam claras: "Vou me candidatar a cinco vagas de emprego esta semana. Sairei de casa pelo menos duas vezes. Começarei a fazer as tarefas que tenho evitado". As metas de longo prazo também são específicas e realistas: "Vou tomar uma decisão sobre meu casamento" ou "Começarei a procurar um cuidador para meu pai".

A seguir, trabalhamos com nossos clientes para escolher quais sintomas devem ser atacados primeiro. Os "sintomas-alvo" podem ser definidos como qualquer componente do transtorno depressivo que envolva sofrimento ou incapacidade funcional (consulte Beck, 1967). Os sintomas-alvo podem ser afetivos (p. ex., tristeza ou anedonia), motivacionais (p. ex., desejo de fugir ou evitar), cognitivos (p. ex., dificuldade de concentração), comportamentais (p. ex., deitar-se na cama ou afastar-se dos outros) ou fisiológicos (p. ex., alterações no sono, no apetite ou no interesse por sexo).

Avaliar o risco de suicídio

Sempre perguntamos diretamente sobre a ideação suicida, não apenas na primeira sessão, mas também no início das sessões futuras, como algo natural. Quando uma medida de autorrelato (como o BDI-II ou o PHQ-9) é usada rotineiramente, os pacientes podem sinalizar um aumento do risco no item relevante sobre suicídio, e fazemos questão de dar uma olhada nesse item antes de iniciar a sessão. Para abrir o tópico na primeira sessão, perguntamos: "Alguma vez você já pensou que a vida não vale a pena ser vivida?"; "Você já pensou em se machucar?"; "Você está pensando em se matar agora?". Se o paciente indicar alguma dessas ideações, perguntamos sobre planos específicos ou intenção de morrer. Se o paciente descrever um plano, tiver acesso aos meios e tiver uma forte intenção de morrer, a hospitalização pode ser necessária. O Capítulo 9 descreve uma abordagem cognitiva para lidar com a ideação suicida. A *Practice Guideline for the Assessment and Treatment of Patients with Suicidal Behaviors* fornece um guia para a avaliação de suicídio (American Psychiatric Association, 2003) e a Comprehensive Assessment and Management Strategy (CAMS) fornece uma abordagem de cuidados escalonados baseada em evidências para a prevenção de suicídio que não é restritiva, mas é econômica (Jobes, 2016).

Expectativas com relação à terapia

É importante, desde o início, obter as expectativas do paciente com relação ao tratamento. Alguns pacientes esperam uma cura milagrosa. Outros, devido ao seu pessimismo patológico e à terapia anterior malsucedida, podem acreditar que a terapia não pode produzir mudanças duradouras. Para abordar esse tópico, podemos dizer: "A terapia cognitiva funciona para a maioria das pessoas, especialmente se elas se esforçarem para fazer as coisas que discutiremos entre as sessões. Não posso garantir que funcionará para você, mas sei como podemos descobrir isso. Se nossas primeiras estratégias funcionarem, ótimo, e se não funcionarem, tentaremos outras estratégias". Também deixamos claro que muitas vezes há altos e baixos no tratamento. Se os pacientes não souberem que devem esperar essas "ondas" ao longo do tratamento, eles podem se decepcionar muito se uma delas ocorrer. Eles podem interpretar qualquer intensificação de seus problemas ou sintomas de forma muito negativa, especialmente após um breve período de alívio inespecífico.

Por esses motivos, enfatizamos aos pacientes, desde o início, que é normal que os sintomas depressivos sofram flutuações. Isso significa que os pacientes podem não sentir um alívio substancial dos sintomas por várias semanas, ou que podem apresentar uma piora no humor após muitos dias ou semanas animadores. Os pacientes se beneficiam ao saber desde o início que, embora haja uma boa perspectiva de melhora ao longo do tratamento, altos e baixos são comuns. De fato, como discutimos no Capítulo 13, um aumento nos sintomas durante o tratamento pode ser uma oportunidade para identificar os fatores que levaram ao problema, para que possam ser controlados. Quando os reveses são encarados como uma oportunidade de aprendizado, a ansiedade em relação às flutuações geralmente diminui.

Exercício de casa

Fazemos uso extensivo de exercícios de casa para estender e ampliar as percepções e o progresso obtidos na sessão. Assim como não há uma única maneira de apresentar o modelo cognitivo, não há um único exercício de casa que seja ideal para cada paciente. Às vezes, o exercício de casa flui naturalmente a partir dos objetivos: "Então, o que você poderia fazer nos próximos dias para facilitar a realização daquele projeto no trabalho?"; "Sua meta é se candidatar a bolsas de estudo. Qual é o primeiro passo, algo que você poderia fazer amanhã ou nos próximos dias?". Em outras ocasiões, o exercício de casa apropriado decorre do nível de sintomas do cliente, como exposto a seguir.

Programação de atividades

Para muitos pacientes deprimidos, especialmente aqueles que se afastaram da maioria de suas atividades normais, geralmente é útil programar atividades específicas em horários determinados antes da próxima sessão. Essas atividades são anotadas em uma grade em branco, com um espaço para cada hora do dia, 7 dias por semana, chamada de *Cronograma de Atividades* (consulte a Figura 5.2). Os itens registrados podem variar de atividades básicas da vida diária (tomar banho ou sair para caminhar) a tarefas relativamente complexas (lavar uma carga de roupa separada por cor ou convidar um amigo para almoçar). No caso de pacientes com depressão particularmente grave, podemos nos encontrar várias vezes por semana no início e agendar cada hora de vigília entre as sessões até que o humor comece a melhorar e a energia volte. O fato de agendarmos ou monitorarmos depende da gravidade dos sintomas.

Automonitoramento

Para os pacientes que ainda conseguem realizar a maioria de suas atividades diárias, geralmente começamos treinando-os no automonitoramento sistemático. Usando o mesmo Cronograma de Atividades mencionado anteriormente, pedimos a eles que escrevam como passaram cada hora do dia, anotando em apenas algumas palavras o que fizeram a cada hora e classificando seu humor ao final dessa hora em uma escala de 0 a 100 pontos. Também costumamos pedir aos pacientes que anotem com um "P" as horas em que a atividade lhes proporcionou uma sensação de prazer e que indiquem com um "D" os casos em que tiveram uma sensação de domínio ou realização. Esse registro fornece uma visão geral do nível contínuo de atividade e humor do cliente e serve como linha de base para os esforços subsequentes de ativação comportamental (consulte a Figura 5.1) e reestruturação cognitiva (consulte a Figura 6.2). A tarefa é explicada como um meio de coletar informações, para ver o que está funcionando bem na vida dos pacientes e o que os está atrapalhando. Muitos pacientes acham que o simples preenchimento do formulário é útil, em termos de mostrar a eles quanto tempo perdem na internet ou o pouco prazer que tendem a programar em suas vidas diárias. Para alguns pacientes, ter uma tarefa específica lhes dá a sensação de que estão no caminho para uma mudança positiva. Outros rejeitam o exercício de casa de imediato, uma possibilidade que discutiremos em mais detalhes no Capítulo 10.

Resumos parciais e solicitação de *feedback*

Resumo parcial

Perto do final da primeira sessão, perguntamos ao cliente algo como "O que você está levando de hoje?" ou "Alguma coisa foi útil para você hoje?". Muitas vezes, os clientes expressam alívio por terem iniciado o processo de terapia. Além disso, pedimos a eles que resumam os principais pontos que aprenderam na sessão inicial, com ênfase especial no modelo cognitivo. Alguns clientes conseguem fazer um resumo razoável, mas para outros fica claro que pontos-chave foram esquecidos. Nesse caso, voltamos a falar sobre o modelo cognitivo para enfatizar sua importância.

Feedback

Também pedimos ao paciente que dê um *feedback* sobre como nos saímos: "Alguma coisa o incomodou hoje?"; "Alguma coisa sobre a qual falamos pareceu que não funcionaria para você?"; "Deixei alguma coisa de fora?". Se o paciente fizer uma declaração negativa, como "Tudo isso parece bom, mas nunca funcionará para mim", responderemos: "Isso parece ser algo importante para testarmos. Você concorda com a ideia de testarmos essa crença na terapia durante as próximas semanas?". Se o paciente fizer um comentário positivo ou neutro, perguntamos: "Se você pensar em algo que possa me ajudar a melhorar, estaria disposto a me dizer?". Queremos enfatizar que a terapia funciona melhor quando é colaborativa, e que o *feedback* do paciente é bem-vindo e acatado desde o início.

Pedimos resumos parciais e *feedback* não apenas ao final de cada sessão, mas também depois que pontos importantes são apresentados ou novas estratégias são introduzidas durante a própria sessão. Por exemplo, depois de apresentar o exercício de casa pela primeira vez, podemos perguntar: "Você sabe por que estou pedindo para você fazer isso?". Após a resposta, a próxima pergunta pode ser: "Você vê alguma maneira como isso possa ser útil para você?". Por fim, "Há alguma coisa em que você possa pensar que o impeça de fazer isso?". É sempre melhor tentar antecipar (e se preparar para) os problemas.

Classificação do humor

Terminamos a sessão (e todas as sessões subsequentes) pedindo ao paciente que reavalie seu humor: "Novamente, em uma escala de 0 a 100, sendo 0 o pior que você já se sentiu e 100 o melhor que você já se sentiu, como está seu humor agora?". Muitos pacientes relatam uma melhora no humor após a primeira sessão. Se isso não acontecer, acrescentamos: "Isso me mostra o quanto você está se sentindo mal. Agradeço sua honestidade. Vamos ficar de olho nisso, para termos certeza de que estamos trabalhando juntos nas coisas que são importantes para você".

Pretendemos transmitir muitas mensagens, algumas declaradas e outras implícitas, na primeira sessão. Primeiro, que entendemos o sofrimento do paciente e podemos sugerir um processo pelo qual ele possa ser aliviado. Segundo, que podemos ensinar aos clientes habilidades úteis (muitas delas desenvolvidas por tentativa e erro por clientes anteriores), para que eles possam se tornar seus próprios terapeutas no futuro. Leva um pouco mais de tempo para ensinar os pacientes a fazer a terapia por si mesmos do que simplesmente fazê-la por eles, mas os efeitos positivos podem ser duradouros e as habilidades podem ser usadas por toda a vida. Muitos pacientes saem da primeira sessão com uma sensação de alívio e esperança de que estão no caminho certo para se sentirem melhor. Tentamos não fazer promessas que não podemos cumprir (ninguém pode garantir que um determinado cliente vai melhorar), mas podemos deixar claro que sabemos como descobrir isso. Trabalhe na terapia para ver se ela funciona.

Resumo e conclusões

Na terapia cognitiva, queremos "começar a todo vapor" para produzir mudanças nos sintomas o mais rápido possível. Isso significa que estamos menos preocupados em obter um histórico psiquiátrico ou familiar completo do que em fazer os pacientes começarem a pôr em prática o exercício de casa entre as sessões para ajudá-los a se ativar comportamentalmente e começar a testar suas crenças negativas. Sempre perguntamos a eles o que os trouxe à terapia, mas depois passamos rapidamente para uma demonstração de como a terapia cognitiva funciona usando o "modelo de cinco partes" descrito na Figura 4.1 para explicar as ligações entre pensamentos, sentimentos, fisiologia e impulsos comportamentais em relação a algum evento recente que causou angústia ou foi mal conduzido.

Também perguntamos sobre os casos que não deram certo e perguntamos aos pacientes se eles estavam muito excitados para funcionar bem (princípio de Yerkes-Dodson) ou se não agiram devido às suas próprias crenças negativas (profecia autorrealizável). A maioria dos pacientes ingressa na terapia com a noção de que são defeituosos de alguma forma (caráter), contra a qual colocamos a alternativa de que eles podem simplesmente estar fazendo as coisas da maneira errada (estratégia). Esse contraste torna-se, então, um tema central na terapia.

Notas

1. Os biólogos evolucionistas falam da maneira como a seleção natural nos preparou para ter uma "resposta de corpo inteiro" que inclui cada um desses quatro componentes organísmicos em resposta a diferentes desafios do ambiente. Eles observam que diferentes tipos de desafios provocam diferentes respostas integradas, cada uma girando em torno de um afeto diferente (ansiedade em resposta à ameaça, raiva em resposta ao desafio e depressão em resposta à perda). Na verdade, estamos preparados biologicamente para responder de forma ideal e integrada a qualquer desafio que percebamos (Syme & Hagen, 2020). Os indivíduos diferem uns dos outros quanto à natureza do desafio que percebem (como interpretam a situação), mas não quanto à resposta de corpo inteiro que geram em resposta a qualquer interpretação que fazem desse desafio específico. É aí que entra a cognição no quadro evolutivo.

2. Em seu artigo de 1989 sobre o uso de uma abordagem cognitiva para alcançar e manter uma autoidentidade lésbica positiva, Padesky assinala o quanto pode ser importante que o terapeuta e a cliente considerem os fatores sociais mais amplos que contribuem para a homofobia para ajudar a contextualizar as próprias crenças. Ela observa que trabalhar para mudar o contexto social mais amplo pode ter um efeito positivo tanto para o indivíduo quanto para sua cultura.

3. Acreditamos que o modelo de cinco partes é uma das ferramentas mais valiosas que um terapeuta cognitivo pode usar para ajudar a explicar o modelo cognitivo a um paciente e agora o usamos rotineiramente em nossa prática. Padesky (2020) fornece um exemplo convincente de como orientar um paciente durante o processo.

PONTOS-CHAVE

1. A primeira sessão de tratamento pode ser usada para (a) estabelecer as principais preocupações do paciente com a terapia; (b) iniciar um relacionamento de trabalho colaborativo; (c) chegar a um consenso sobre as metas e os métodos de tratamento; e (d) chegar a um modelo comum de como chegar lá.

2. Pedimos um exemplo recente de uma situação que tenha sido preocupante para o cliente e trabalhamos com ele usando o **modelo de cinco partes** para demonstrar como as crenças influenciam os sentimentos, a fisiologia e o comportamento.

3. A noção de fornecer uma **fundamentação alternativa (Teoria A/Teoria B)** que considera as noções dos pacientes de que eles são defeituosos de alguma forma (comuns na depressão) e as contrapõe à hipótese de que as coisas dão errado simplesmente porque eles usam as estratégias erradas está intimamente relacionada.

4. Enfatizamos a realização de **experimentos** desde a primeira sessão. Não é necessário saber de antemão que algo funcionará; basta adotar os comportamentos relevantes para descobrir se funciona ou não. Contamos com demonstrações concretas para mudar as crenças. Esses experimentos são apresentados como testes diferenciais da Teoria A (caráter) *versus* Teoria B (estratégia).

5. A **lei de Yerkes-Dodson** sugere que, para a maioria de nós, o desempenho se deteriora sob estresse, o que significa que os "fracassos" anteriores podem ser menos uma indicação de inadequação do que da aplicação de estratégias abaixo do ideal, e que estratégias melhores podem ser aprendidas.

6. **Profecias autorrealizáveis** são casos em que as crenças dos clientes os levaram a agir de maneiras que produziram justamente as consequências que eles temiam. Esses casos não são evidência de que alguém seja incompetente ou indigno de ser amado, mas sim de que suas crenças negativas o atrapalharam.

7. Os **exercícios de casa** são usados para acelerar os ganhos do tratamento e utilizar o tempo entre as sessões de forma mais eficiente. Eles também ajudam o cliente a adquirir habilidades que podem durar a vida toda.

5

Aplicação de técnicas comportamentais

Você erra 100% das tacadas que não dá.
— *"O Grande" (Wayne Gretzky)*

Nos estágios iniciais da terapia e, particularmente, com pacientes mais gravemente deprimidos, normalmente é necessário concentrar-se em retornar o funcionamento do paciente aos níveis pré-mórbidos. Os pacientes deprimidos geralmente têm dificuldade para realizar funções intelectuais exigentes, como aquelas que requerem raciocínio abstrato. Atividades básicas, como lavar a louça ou escovar os dentes, tornam-se desafiadoras, assim como atos complicados que foram aprendidos por meio de treinamento especializado (p. ex., tocar um instrumento musical). A diminuição da concentração, a fadiga e o desânimo produzem insatisfação, um nível reduzido de atividade, inércia e imobilidade. Os pacientes se rotulam como ineficazes e evitam outras pessoas e atividades.

Muitos pacientes deprimidos relatam que se sentem sobrecarregados pelo grande volume de suas cognições pessimistas e autodepreciativas quando estão física e socialmente inativos. Eles se criticam por serem "inúteis" e por se afastarem das outras pessoas. Podem justificar seu afastamento e esquiva insistindo que as atividades rotineiras e as interações sociais são muito difíceis ou não têm sentido. Os pacientes podem acreditar que não são mais capazes de realizar suas atividades diárias, que impõem um fardo aos outros ou que os outros não querem interagir com eles devido ao seu humor. Os pacientes deprimidos geralmente interpretam sua inatividade e retraimento como evidência de sua própria inadequação e impotência, perpetuando assim um círculo vicioso. Os pacientes se afundam em uma passividade e em um isolamento social cada vez maiores e muitas vezes acreditam que nunca mais terão prazer ou satisfação com as atividades que costumavam trazer alegria para suas vidas.

As **estratégias comportamentais** da terapia cognitiva são projetadas para neutralizar esse afastamento e aumentar o envolvimento do paciente em atividades significativas ou prazerosas. Não tentamos "dissuadir" os pacientes de suas conclusões de que são fracos, ineptos ou inúteis, pois eles podem ver por si mesmos que não estão fazendo coisas que antes eram relativamente fáceis de fazer e importantes.

Em vez disso, nós os incentivamos a realizar experimentos nos quais eles mudam seus comportamentos apenas para ver o que acontece, mesmo que seja apenas para provar que estamos errados. O resultado comum (principalmente quando grandes tarefas são divididas em etapas menores, conforme descrito a seguir) é que eles descobrem que podem fazer mais do que pensavam e que gostam mais do que pensavam que gostariam. Na verdade, acabam demonstrando a si mesmos que suas conclusões negativas e generalizadas sobre sua própria incapacidade estão incorretas. Ao incentivá-los a suspenderem a descrença e a realizarem o experimento sem prejulgar o resultado, nós os ajudamos a mostrar a si mesmos que não perderam a capacidade de funcionar, mas que foram o desânimo e o pessimismo que dificultaram a mobilização dos recursos para fazer o esforço necessário. Os pacientes acabam reconhecendo que a origem de seu problema é um erro cognitivo: eles *pensam,* incorretamente, que são ineptos, fracos e impotentes, e essas crenças minam sua motivação e comprometem seu comportamento. Em essência, os pacientes deprimidos são vítimas de *profecias autorrealizáveis* (discutidas no Capítulo 4; veja a Figura 4.4), por meio das quais suas próprias crenças minam sua competência comportamental. Nós os incentivamos a se envolverem em atividades, quer esperem ter êxito ou não, e quer estejam motivados a fazê-las ou não, para que possam testar a precisão de suas crenças. Nosso ditado básico é "*Aja primeiro e a motivação virá depois*".

O objetivo dessas técnicas comportamentais é produzir mudanças nas atitudes e nos pensamentos negativos dos pacientes. Na terapia cognitiva, as estratégias comportamentais são usadas principalmente como experimentos projetados para testar a validade das crenças deles sobre si mesmos, seu mundo e seu futuro. À medida que suas hipóteses negativas são refutadas por esses experimentos, eles começam a duvidar da validade de suas crenças negativas e são motivados a fazer mais tentativas. Em seu clássico tratado de 1977 sobre autoeficácia, Bandura argumentou que, embora os mecanismos centrais subjacentes à psicopatologia que precisavam ser mudados fossem de natureza cognitiva, os procedimentos mais eficazes para promover essa mudança eram os experimentos comportamentais que testavam essas crenças.

Como observação, muitas das técnicas descritas neste capítulo também fazem parte do repertório do terapeuta comportamental (Martell, Addis, & Jacobson, 2003; Martell, Dimidjian, & Herman-Dunn, 2022). De fato, em seu artigo clássico na edição inaugural de *Behavior Therapy*, Beck (1970) descreveu a terapia cognitiva como uma fusão do interesse psicodinâmico na fenomenologia (o que os pacientes acreditam, embora sem a noção de um inconsciente dinâmico) com estratégias comportamentais. A inclusão de estratégias comportamentais tem sido parte integrante da terapia cognitiva desde seu início, mas com uma diferença. Para o terapeuta comportamental, a modificação do comportamento é um fim em si mesmo; para o terapeuta cognitivo, é um meio para um fim — a mudança cognitiva.

Automonitoramento de atividades e humor

Conforme descrito no Capítulo 4, um dos primeiros exercícios de casa que pedimos aos pacientes (geralmente apresentado perto do final da primeira sessão de tratamento) é monitorar seu humor e suas atividades nos dias seguintes. Normalmente, pedimos aos pacientes que mantenham um registro simples de *automonitoramento*, no qual descrevem em algumas palavras o que fizeram na hora anterior. Eles são solicitados a classificar seu humor naquele momento em uma escala de 100 pontos, na qual 0 representa "o pior que você já sentiu" e 100 representa "o melhor que você já sentiu" em toda a sua vida. Também pedimos aos pacientes que indiquem (com a letra "P") qualquer evento da hora anterior que lhes tenha proporcionado uma sensação de prazer. Se eles sentiram uma sensação de domínio após uma atividade, pedimos que a rotulem com um "D". Vários eventos prazerosos em uma determinada hora são indicados por várias letras "P", e várias experiências de domínio por várias letras "D". (Eventos e experiências a partir dos quais o paciente não obteve nem prazer nem um senso de domínio não seriam rotulados.) Muitas vezes, pedimos a eles que repitam esse exercício de casa de automonitoramento por uma ou duas sessões, para ilustrar como mudanças na atividade acarretam mudanças no humor.

A Figura 5.1 apresenta um exemplo de como esse exercício de casa de automonitoramento pode gerar informações que testam as crenças do cliente. O paciente, escultor e pai de dois filhos, casado, na faixa dos 40 anos, descrito anteriormente neste texto, havia perdido o emprego de professor em uma pequena faculdade de artes liberais vários anos antes, devido a uma crise econômica. Desde então, ele vinha trabalhando como faz-tudo em um complexo de condomínios e entrou em terapia buscando ajuda para o que ele considerava uma depressão "baseada na realidade". Na verdade, ele não conseguia imaginar como não poderia estar deprimido, já que estava preso em um emprego "sem saída", muito aquém de seu treinamento e de suas capacidades. Perto do final da primeira sessão de tratamento, um dos autores que acompanhava o paciente pediu que ele concluísse a tarefa de automonitoramento nos vários dias anteriores à próxima sessão de tratamento, da maneira descrita anteriormente. Os dois dias mostrados na figura (domingo à direita e a segunda-feira seguinte à esquerda) representam dois dias consecutivos de avaliações, extraídos dos vários dias que se passaram entre a primeira e a segunda sessão (consulte Hollon & Beck, 1979, para ver as avaliações da semana inteira com os dias intermediários retidos).

Como pode ser visto em suas avaliações, ficou claro que o domingo, quando tudo o que o paciente fazia era ficar deitado em casa e ruminar sobre seu "emprego sem saída", estava associado a classificações de humor consideravelmente mais baixas do que a segunda-feira, quando ele ia trabalhar. Ele se envolveu em poucas atividades no domingo e seu humor quase não variou ao longo do dia, começando baixo e permanecendo assim. Em contrapartida, seu dia na segunda-feira foi estruturado pela ida ao trabalho, e as classificações indicam que ele teve uma satisfação considerável ao realizar as muitas tarefas que seu trabalho apresentava. As atividades em que ele se envolveu na segunda-feira resultaram em classificações de humor consideravelmente mais positivas (com várias letras "P" de prazer) e não diminuíram novamente até ele voltar para casa.[1]

Geralmente começamos a revisão do exercício de casa de automonitoramento

*Observação: D de **Domínio** e P de **Prazer***

	S	T	Q	Qui	S	S	D
9-10	lavei a louça 40	-	-	-	-	-	dormi
10-11	fui à livraria 45 (P)	-	-	-	-	-	dormi
11-12	abasteci o carro, li o jornal 45	-	-	-	-	-	li o jornal 25
12-13	olhei a correspondência, anúncios de imóveis 45	-	-	-	-	-	li uma revista 30
13-14	fui para o trabalho 40	-	-	-	-	-	li uma revista, comi 30
14-15	limpei o meio-fio 45	-	-	-	-	-	assisti TV 30
15-16	pintei o meio-fio 50 (P)	-	-	-	-	-	assisti TV 30
16-17	instalei placas de grelha 60 (P)	-	-	-	-	-	assisti TV, comi 30
17-18	instalei placas de grelha e microfone 60 (P)	-	-	-	-	-	assisti TV 30
18-19	voltei para casa 50	-	-	-	-	-	assisti TV, li 30
19-20	jantei, conversei com J. 45	-	-	-	-	-	tomei banho 30-45
20-00	assisti TV 45 fiz moldes 60 (P)	-	-	-	-	-	li uma revista, cama 35

FIGURA 5.1 Automonitoramento sistemático. De Hollon e Beck (1979). Reimpressa com permissão.

convidando os pacientes a pensar no que aprenderam (se for o caso) com a tarefa. Nesse caso, o paciente disse que estava bastante surpreso com o fato de sua segunda-feira no trabalho ter sido muito melhor do que seu domingo em casa. Para o paciente, essa foi a primeira indicação de que o problema era a maneira como ele pensava sobre seu atual emprego e não apenas sua situação empregatícia. Essa percepção proporcionou uma oportunidade na sessão para analisar o modelo cognitivo com o cliente pela segunda vez. Então, com seus próprios dados em mãos, ele achou o modelo mais convincente do que quando o conheceu de forma abstrata na sessão anterior. Retornaremos a esse exemplo a seguir para demonstrar como o automonitoramento serviu de base para experimentos específicos que o cliente poderia realizar para ver se poderia melhorar seu humor e, no processo, aprender algumas das habilidades básicas de ativação comportamental.

É importante garantir que o paciente entenda por que está sendo solicitado a monitorar seu humor e suas atividades e ajudá-lo a antecipar e resolver quaisquer problemas que possam surgir ao realizar a tarefa. Se o paciente retornar com uma folha de automonitoramento preenchida (ou mesmo parcialmente preenchida), isso fornecerá ao terapeuta uma imagem mais clara e, como demonstrado no exemplo, mais precisa da textura da vida do paciente do que aquela que pode ser fornecida por meio de uma descrição verbal, que está sujeita a vieses e distorções. Ela também permite que o terapeuta e o cliente usem seu tempo juntos trabalhando para fazer mudanças e não apenas para coletar informações básicas.

A familiaridade com a vida do paciente que isso proporciona pode ser motivo suficiente para solicitá-lo, mas há muitas outras maneiras pelas quais essas informações podem facilitar o processo de tratamento. Por exemplo, alguns pacientes descobrem que têm "pontos problemáticos" previsíveis durante a semana, quando seu humor cai, como à noite, quando podem ruminar mais, ou nos fins de semana, quando não há uma rotina. (Embora não esteja visível nas classificações truncadas da Figura 5.1, o humor do paciente caía todas as noites quando ele chegava do trabalho. Ao ser questionado a respeito, ele confessou que o único motivo pelo qual havia concordado com o tratamento foi o fato de sua esposa ter lhe dado o ultimato de sair do sofá e começar a agir como marido e pai novamente ou ficar solteiro.) Então, as atividades podem ser programadas durante esses pontos problemáticos para melhorar o humor do paciente nas semanas seguintes. Além disso, as informações fornecidas pelo automonitoramento podem ser usadas para testar suas crenças — por exemplo, que ele "nunca consegue fazer nada". Uma das crenças expressas pelo escultor subempregado no exemplo anterior (que ele aprendeu em uma terapia dinâmica anterior) era que ele devia ter uma necessidade inconsciente "masoquista" de fracassar, o que explicava por que ele tinha tanta dificuldade em se candidatar a outro emprego. Como o autor/terapeuta conseguiu apontar para o cliente, é um tipo curioso de "masoquismo" que leva a uma melhora no humor e à experiência de prazer quando ele consegue deixar os objetos "bonitos" no trabalho (veja como o humor dele melhora com o sucesso na segunda-feira à tarde na Figura 5.1).

Alguns pacientes descobrem que têm poucos prazeres em sua vida, enquanto outros descobrem que experimentam um senso de domínio com pouca frequência, se é que o têm. Um déficit em qualquer um dos domínios oferece uma oportunidade para a engenharia comportamental (consulte a seção sobre Programação de Atividades a seguir). Pessoas diferentes reagem a coisas diferentes: para alguns pacientes, realizar atividades prazerosas ajuda a melhorar o humor, enquanto, para outros, o domínio é especialmente importante. (O escultor subempregado do exemplo da Figura 5.1 classificou a conclusão bem-sucedida de uma tarefa como um **prazer** quando, para a maioria das pessoas, essa teria sido uma experiência de **domínio**, em grande parte porque teve um impacto em seu humor, embora o que para ele foi um prazer teria sido uma experiência de domínio para seu terapeuta, que é todo desajeitado.) Ao fazer esse exercício, alguns pacientes descobrem que são mais ativos do que imaginavam (o exemplo clássico são os pais com filhos pequenos que estão sempre em movimento durante todo o dia, mas se dão pouco crédito por seus esforços, porque é isso que se espera deles). Outros acham que seu humor tem maior probabilidade de melhorar durante as interações sociais, mas se permitem muito poucas experiências desse tipo. Por fim, os pacientes podem perceber que as atividades que eles achavam que serviam para melhorar as coisas — como ficar na cama ou assistir TV — estão, na verdade, piorando seu humor. Explicamos que o objetivo dessa atividade é *observar o que está acontecendo na vida dos pacientes e como seu humor flutua*, e não *avaliar* o quão bem ou quanto os pacientes fazem em um determinado dia. Depois disso, nos unimos ao paciente para examinar os dados de forma colaborativa e decidir juntos a melhor forma de introduzir mudanças em suas atividades.

Não é obrigatório fazer avaliações a cada hora. Alguns pacientes têm maior probabilidade de concluir o exercício de casa se forem solicitados a fazer suas avaliações com menos frequência. Entretanto, há evidências claras de que os julgamentos de pessoas deprimidas são mais negativos em retrospectiva do que no momento em que o evento ocorre. Além disso, quanto mais tempo passa entre o evento e a lembrança, maior a probabilidade de essas percepções serem distorcidas por vieses depressivos (Alba & Hasher, 1983). A depressão tende a existir em retrospecto e expectativa; as avaliações da experiência atual tendem a não ser tão negativas. Também não é obrigatório seguir o formato específico descrito na Figura 5.1. Muitos terapeutas cognitivos (como ATB) preferem que os clientes simplesmente registrem suas experiências de domínio e prazer e classifiquem cada uma delas quanto ao grau de intensidade (em vez de classificar o humor geral). Também pode ser útil variar o que é monitorado, dependendo dos problemas do cliente. Descrevemos uma paciente no Capítulo 8, na seção sobre ansiedade em relação à saúde, que estava convencida de que tinha hipoglicemia. Ela concordou em avaliar seus níveis de energia apenas para mostrar ao médico que a encaminhou que o que ela tinha era uma doença médica que piorava quando ela estava ativa. Ao contrário de suas expectativas, seu nível de energia aumentou quando ela estava ativa, como seria de se esperar se ela estivesse deprimida, ao contrário do que aconteceria se ela tivesse uma doença física.

Para aumentar a probabilidade de os pacientes concluírem a tarefa, pedimos a eles que imaginem o que pode atrapalhar quando chegar a hora de fazer o exercício de casa e discutam antecipadamente quaisquer problemas que possam surgir. (Consulte o Capítulo 10 para obter uma discussão mais geral sobre exercícios de casa para resolução de problemas.) Por exemplo, muitos clientes concordam em fazer a tarefa quando estão na sessão de terapia, mas se esquecem de realizá-la quando saem do consultório. Podem ser sugeridos recursos de auxílio à memória para incentivá-los a iniciar a tarefa, como alarmes no celular. Também explicamos que os clientes podem preencher as seções do registro de automonitoramento mais tarde, caso se esqueçam de fazer registros por um ou dois períodos (ou 1 ou 2 dias), colocando em destaque as classificações retrospectivas para que possam ser distinguidas das demais. Outros clientes veem pouco valor em concluir a tarefa, mas relutam em nos contar durante a sessão. (Nossa estratégia nesses casos é lembrar aos pacientes que trabalhamos para eles, e não o contrário, e incentivá-los a expressar quaisquer preocupações ou objeções que possam ter a qualquer momento ou em resposta a qualquer exercício de casa.) Outros clientes duvidam que sejam capazes de concluir a tarefa designada ou acreditam que ela deve ser concluída com perfeição. Tentamos nos lembrar de convidá-los a expressarem as dúvidas que possam ter em relação ao valor do exercício de casa e à probabilidade de realizá-la.

Na medida do possível, definimos o exercício de casa como uma proposta "sem perdas" (novamente, consulte o Capítulo 10 sobre exercícios de casa). Instruímos os clientes para que, se eles tiverem problemas para fazer o exercício de casa, isso muda de "realizar a tarefa" para "prestar atenção ao que dificultou sua realização". Muitas vezes, isso envolve observar os pensamentos negativos automáticos provocados pela própria tarefa. Essas crenças podem incluir "Nunca vou conseguir fazer isso direito" ou "E se alguém me vir trabalhando nisso?". Se os clientes conseguirem concluir o exercício de casa, eles terão o benefício do que foi designado, mas se não conseguirem, poderão ter uma sensação de realização ao anotar os pensamentos e sentimentos que interferiram no envolvimento no comportamento. Esses pensamentos e sentimentos podem ser discutidos na próxima sessão. (Uma resposta para a preocupação de não fazer o exercício de casa corretamente pode ser que "qualquer coisa que valha a pena fazer vale a pena ser feita pela metade" e ressaltar que "meio pão é melhor do que nenhum", enquanto que uma resposta para a preocupação de que outras pessoas vejam os clientes trabalhando no exercício de casa pode ser que eles digam algo como "estou apenas registrando o que faço durante o dia para ver se posso me tornar mais eficiente", ou que esperem até um momento reservado, p. ex., quando estiverem no intervalo do banheiro, para trabalhar na tarefa.)

É importante prestar atenção ao exercício de casa que o cliente conclui na sessão seguinte. Se ele tiver concluído pelo menos uma parte do automonitoramento, primeiro reconhecemos o que foi feito ("Bom para você — sei que é difícil fazer esse tipo de coisa quando se está deprimido") e depois perguntamos: "O que você aprendeu ao fazer esse exercício?" ou "Alguma coisa foi surpreendente para você?". Em vez de analisar os detalhes da semana, o cliente frequentemente faz uma observação mais ampla, como "Não tenho muito prazer em minha vida", "Sinto-me melhor quando estou com outras pessoas/trabalhando/me exercitando, o que me surpreende" ou "Sinto-me muito pior à noite". Então pedimos a ele que "conte o que encontrou", obtendo detalhes sobre os dias anteriores e os problemas que tenham sido notados. Essas áreas problemáticas são o foco de outras intervenções (veja a seguir). Pedir aos clientes que tomem a iniciativa de descrever os eventos automonitorados aumenta a probabilidade de que eles forneçam detalhes adicionais e um contexto para as classificações, além de nos permitir observar com antecedência quaisquer padrões que possam ser discernidos e discutidos.

Se os clientes não tiverem monitorado seu humor e suas atividades, perguntamos se eles pensaram em fazer a tarefa e, em caso afirmativo, o que os impediu. Lembre-se de que o exercício de casa é sempre elaborado de uma forma "sem perdas", e identificar o que atrapalhou pode ser tão útil quanto concluir a tarefa. Essas informações podem ser usadas para solucionar problemas em futuros exercícios de casa e, provavelmente, refletem as mesmas questões que surgem quando os pacientes têm dificuldade para fazer as coisas em suas vidas fora da terapia. A seguir, pedimos a eles que nos informem sobre o tempo decorrido desde a última consulta, usando uma grade de cronograma de atividades para anotar o que eles se lembram de ter feito e como estavam seus estados de humor. Isso serve a vários propósitos: mostra que eles serão responsabilizados por qualquer exercício de casa que concordarem em fazer e também que são capazes de fazê-lo; além disso, permite-nos ter uma visão em primeira mão do que estava acontecendo em suas vidas, mesmo que retrospectivamente.

Programação de atividades

Um dos principais focos das primeiras sessões é estruturar o tempo dos clientes para que suas vidas voltem aos ritmos habituais. Para os pacientes que estão menos gravemente deprimidos (e pelo menos um pouco funcionais), tendemos a designar o exercício de casa de automonitoramento na primeira sessão e usar as informações fornecidas para orientar os esforços para programar horários problemáticos em seus dias, ou para abordar déficits de domínio ou prazer de forma seletiva (veja a seguir). No caso de pacientes com depressão mais grave (e amplamente disfuncional), geralmente prescindimos do monitoramento e passamos diretamente para a programação de atividades para cada hora de vigília entre a sessão atual e a seguinte.

Em ambos os casos, começamos explicando que planejar uma atividade com antecedência facilita a iniciação desse comportamento quando chegar a hora. Em qualquer situação, as pessoas precisam primeiro decidir o que fazer e depois fazer; ao programar com antecedência, basicamente cortamos a tarefa dos pacientes pela metade. Tudo o que eles precisam fazer é executar o que já foi planejado, e nenhuma decisão é necessária. A maioria dos pacientes deprimidos é vítima do que foi chamado de "déficit de iniciação de resposta" (Miller, 1975). Não é que os pacientes deprimidos não consigam fazer o que pretendem fazer, é que eles acham que não conseguem. A programação antecipada (juntamente com as estratégias descritas a seguir, como "fragmentação" ou "designação de tarefas graduadas") pode aumentar a probabilidade de os pacientes iniciarem uma tarefa.

Em geral, quando começam a realizar uma tarefa, pacientes deprimidos conseguem ter o mesmo desempenho que tinham antes de ficarem deprimidos; o truque é apenas começar. Berridge e Robinson (2003) demonstraram que há uma distinção no nível neural entre *querer* (estar motivado para trabalhar em direção a um resultado que você pode gostar) e *gostar* (apreciar o resultado depois de obtê-lo), e evidências empíricas sugerem que a depressão em humanos envolve, em grande parte, déficits no primeiro (Treadway & Zald, 2011). Tudo o que pudermos fazer para que os pacientes comecem a trabalhar parece ajudá-los a superar o déficit de iniciação de resposta e iniciar uma tarefa para que possam concluí-la. Quando o fazem, eles geralmente descobrem que gostam do que fizeram.

Os pacientes deprimidos tendem não apenas a não começar, mas também a desistir muito cedo quando encontram pequenas dificuldades. Aqui, mais uma vez, a culpa é frequentemente das crenças negativas, como "É inútil tentar" ou "Eu sabia que eu ia falhar". Da mesma forma, os pacientes geralmente maximizam as possíveis dificuldades e minimizam sua capacidade de superá-las. Na verdade, eles estão novamente sendo vítimas de profecias autorrealizáveis (consulte o Capítulo 4) impulsionadas por suas expectativas negativas. Geralmente perguntamos sobre essas crenças negativas quando iniciamos o processo de programação de atividades, mas não despendemos muito tempo tentando contestar sua precisão nessas primeiras sessões. Em vez disso, levantamos quaisquer preocupações que o cliente possa ter sobre o plano e então propomos a construção de uma programação comportamental como um experimento, para testar se essas crenças negativas são tão verdadeiras quanto parecem.

Talvez o conceito mais importante a ser transmitido aos pacientes seja o de que é melhor não esperar até sentirem vontade de fazer algo antes de tentar fazê-lo, pois a depressão tende a interferir na motivação. Nosso princípio operacional com relação à ativação comportamental é: "Na dúvida, faça". Como mencionado anteriormente, há boas evidências na literatura animal de que "querer" é diferente de "gostar" (Berridge & Robinson, 2003), e evidências consideráveis na literatura humana de que a depressão envolve, em grande parte, um déficit do "querer" baseado em dopamina (Treadway & Zald, 2011). Quando os pacientes estão deprimidos, a melhor coisa que eles podem fazer é o que fariam de qualquer forma se não estivessem deprimidos. Como os pacientes deprimidos muitas vezes são vítimas de profecias autorrealizáveis, qualquer coisa que os faça começar a realizar uma tarefa aumenta a probabilidade de serem bem-sucedidos e, muitas vezes, até mesmo de gostarem das consequências (com isso refutando suas expectativas negativas). No mínimo, tornar-se ativo fará eles se movimentarem em busca de coisas que eles teriam desejado se não estivessem deprimidos. Qualquer sucesso subsequente (especialmente se inesperado) desencadeará uma liberação de dopamina (aumentando a probabilidade de se envolver nesses comportamentos no futuro) e servirá para refutar as expectativas negativas que inicialmente levaram ao déficit de iniciação de resposta.

Quando passamos diretamente para a programação de atividades com pacientes mais gravemente deprimidos e disfuncionais, programamos cada hora do dia entre a sessão atual e a seguinte. Nosso princípio operacional é "Planeje seu trabalho, depois trabalhe no seu plano". A Figura 5.2 mostra um cronograma de atividades representativo de uma paciente amplamente disfuncional que um dos autores tratou em um projeto de pesquisa anterior. Como pode ser visto, a maioria das tarefas programadas era bastante simples e poderia ser facilmente realizada por alguém que não estivesse deprimido. O terapeuta começou perguntando à cliente o que ela planejava fazer depois que saísse da sessão. Quando ela respondeu que pretendia "ir para casa e dormir", ele perguntou o que ela poderia ter feito se não estivesse deprimida e ela disse que "passaria na Starbucks e tomaria seu café com leite

Observação: D** de **Domínio** e **P** de **Prazer

	S	T	Q	Qui	S	S	D
9-10		–	Levar as crianças para a escola	Levar as crianças para a escola	–	–	
10-11		–	Limpar a cozinha	Lavar a louça	–	–	
11-12		–	Começar a lavar a roupa	Voltar a passar o aspirador	–	–	
12-13		–	Dobrar a roupa lavada	Terminar de passar o aspirador	–	–	
13-14		–	Almoço	Dirigir até o centro da cidade	–	–	
14-15		1ª sessão de terapia	Passar o aspirador	2ª sessão de terapia	–	–	
15-16		Tomar café na Starbucks	Café com Carol (parar de passar aspirador de pó)	–		–	–
16-17		Fazer compras no supermercado	Café com Carol (sem passar aspirador de pó)	–		–	–
17-18		Cozinhar o jantar	Cozinhar o jantar	–		–	–
18-19		Lavar a louça	Lavar a louça	–		–	–
19-20		Assistir TV	Fazer o dever de casa com as crianças	–		–	–
20-00		Tomar banho/ ir para a cama	Tomar banho/ ir para a cama	–		–	–

FIGURA 5.2 Cronograma de atividades.

favorito". Então, essa visita à Starbucks entrou na programação. Seu terapeuta lhe perguntou o que ela poderia fazer depois, uma vez que já havia saído, e ela pensou que talvez pudesse passar no supermercado e comprar algumas coisas. Isso também foi incluído na lista. Eles trabalharam em cada uma das horas seguintes do dia até a hora em que ela geralmente ia para a cama, incluindo algumas outras tarefas simples (preparar o jantar e lavar a louça) e prazeres (assistir a um programa de TV favorito e tomar um banho antes de dormir). De acordo com o princípio de "não perder" já descrito, a paciente foi incentivada a simplesmente observar o que a atrapalhava caso tivesse problemas para concluir qualquer atividade programada (ela não teve). O terapeuta também deixou claro que o cronograma não era fixo; se surgisse outra coisa mais envolvente ou atraente, ela poderia fazer isso em seu lugar, sem ter de concluir a atividade substituída. (De fato, um vizinho ligou no dia seguinte para convidá-la para tomar um café, e ela foi, em vez de continuar a passar o aspirador. Foi um ponto positivo em seu dia ter um contato social.)

A paciente planejou um tempo para limpar a cozinha no segundo dia (das 10 às 11 horas da manhã), mas reconheceu que não poderia saber com antecedência o quanto conseguiria fazer. Esse foi um bom momento para lembrá-la de que esse não é um exercício de perfeccionismo. A cozinha poderia não estar completamente limpa no final da hora, mas teria havido progresso, porque envolver-se no esforço é a etapa mais importante. A maioria das pessoas se sente melhor quando começa a progredir em uma tarefa que vinha adiando e, de fato, foi isso que a cliente sentiu. Esses primeiros experimentos comportamentais forneceram informações para a definição do próximo conjunto de metas. Eles continuaram fazendo o cronograma durante mais uma sessão, e então passaram o processo de agendamento para a paciente, que reservou um tempo todas as noites para planejar o dia seguinte, escrevendo o plano em sua agenda de atividades. Depois de mais uma semana, ela melhorou o suficiente para poder dispensar totalmente a programação de atividades. Para esse e outros clientes, a frase operacional mencionada anteriormente ("Planeje seu trabalho, depois trabalhe no seu plano") pode se tornar seu "mantra" após o término da terapia.

A programação também pode ser feita de forma mais seletiva. O escultor subempregado descrito neste capítulo e nos anteriores não tinha nenhuma dificuldade em estruturar seu tempo quando estava no trabalho, mas tendia a ficar desanimado quando estava em casa à noite ou nos fins de semana. Depois de analisar os primeiros dias de automonitoramento, o terapeuta perguntou como ele poderia planejar o uso das noites. O cliente pensou que talvez quisesse montar seu portfólio (uma coleção de fotos de seus trabalhos), para que pudesse começar a se candidatar a empregos de professor e levar sua esposa a uma exposição de arte no fim de semana seguinte. Ele colocou cada uma dessas coisas em sua agenda e, para sua surpresa, conseguiu realizar as duas usando as estratégias descritas a seguir (consulte a seção sobre programação de tarefas graduadas). Como ele tinha tendência à insônia matinal (acordava bem antes do amanhecer e ficava na cama ruminando), seu terapeuta o incentivou a programar suas manhãs na noite anterior. Ele descobriu que era mais fácil começar a cumprir o cronograma se separasse suas roupas na noite anterior, tomasse banho, se vestisse logo depois de acordar e saísse de casa para tomar o café da manhã.

Programando domínio e prazer

Domínio refere-se ao sentimento de realização resultante do envolvimento em uma atividade que o paciente prevê que será desafiadora, enquanto **prazer** refere-se aos sentimentos de desfrute ou satisfação decorrentes do envolvimento em uma atividade. Na seção anterior, descrevemos como a programação pode ser usada para realizar tarefas que podem resultar na experiência de domínio (montar o portfólio) ou de prazer (ir à exposição de arte com a esposa). A ênfase ali estava na realização de determinadas tarefas, e a experiência de domínio ou prazer era secundária para a atividade. A programação também pode ser usada para aumentar a experiência de domínio ou prazer, cada um por seu próprio mérito. Para identificar experiências que contribuem para um senso de domínio, fazemos perguntas específicas em vez de perguntas gerais: "O que você pode fazer entre 2 e 3 horas da tarde que lhe dará uma sensação de realização?". Um paciente, incapaz de listar qualquer atividade de domínio, foi questionado: "Que coisas parecem ser muito difíceis de fazer agora porque você está deprimido?". Então, ele listou várias dessas atividades, incluindo pagar contas e fazer algumas compras de supermercado, as quais foram colocadas no cronograma. Uma vez identificadas, as atividades de domínio podem ser organizadas hierarquicamente de acordo com seu grau de dificuldade, incentivando o paciente a tentar realizar primeiro as atividades mais fáceis (veja a designação de tarefas graduadas a seguir). Se o paciente disser: "Eu *deveria* ser capaz de fazer isso. É o que se espera de mim e o que eu costumava fazer", comparamos sua situação à recuperação de uma perna quebrada. Fazer uma caminhada é difícil para uma pessoa com uma perna quebrada, embora antes fosse fácil. Por meio da fisioterapia, que às vezes é dura e exaustiva, o paciente recupera a força, assim como o paciente deprimido está se recuperando agora por meio da estruturação de suas atividades.

E quanto a aumentar a experiência de prazer? Nos estágios iniciais do tratamento, os pacientes podem ter dificuldade em listar as atividades de que gostam. Geralmente isso pode ser obtido perguntando aos pacientes o que eles gostavam de fazer antes de ficarem deprimidos, mas que não acham mais prazeroso, ou o que sempre quiseram fazer, mas nunca encontraram tempo para tentar. Trabalhamos com os pacientes para criar uma lista de atividades (p. ex., ler, assistir a concertos gratuitos, tomar café com um amigo, exercitar-se, tomar banho) de que eles costumavam gostar e os incentivamos a escrever em sua agenda quando tentarão realizar cada uma. Os pacientes são incentivados a fazer o melhor que puderem para realizar cada atividade, anotando o que os atrapalhou se não conseguirem. Se forem bem-sucedidos, eles observam sua resposta afetiva às atividades, classificando seu humor quando se envolvem na atividade e comparando-o com seu humor quando não estão envolvidos em atividades enquanto estão deprimidos. Para os pacientes que acreditam que "não merecem se divertir", explicamos que essas atividades são uma maneira de aumentar a energia e a motivação para realizar as tarefas de domínio que eles acham que devem ser feitas.[2]

Quando os pacientes não sentem domínio ou prazer depois de se envolverem em uma atividade planejada, é provável que estejam interpretando sua realização (ou reforço) de forma negativa. Por exemplo, um paciente relatou que ler o jornal tinha sido prazeroso no passado, mas não sentia prazer em fazê-lo agora que estava deprimido. Quando o terapeuta perguntou o que passava pela sua cabeça quando tentava ler o jornal atualmente, ele respondeu: "Pensei em como perdi meu emprego" (específico) "e como o mundo parece estar desmoronando" (geral). Ao se concentrar em sua situação pessoal e generalizá-la para os problemas do mundo em geral, ele anulou qualquer sensação de prazer que poderia ter experimentado com a leitura. Isso proporcionou uma oportunidade de lembrá-lo sobre o modelo cognitivo e incentivá-lo a mergulhar no que estava lendo, em vez de se distrair com suas ruminações de autorreferência e catastrofização. É claro que é mais fácil falar do que fazer, mas há várias estratégias que podem ser usadas para redirecionar a atenção (p. ex., anotar as preocupações em um caderno ou em um *smartphone* para rever mais tarde, quando o tempo for reservado para ruminação da preocupação). Da mesma forma, quando ele relatou não ter sentido domínio ao lavar o carro, seu terapeuta perguntou novamente o que estava passando pela sua cabeça enquanto estava trabalhando na tarefa. Ele respondeu: "Não consegui limpar o teto" e "Não tive energia suficiente para terminar o estofamento". Ao se concentrar no que não conseguiu, o paciente perdeu o que *conseguiu*. Seu terapeuta, então, o incentivou a considerar a conexão entre o *pensamento do tipo "tudo ou nada"* e sua dificuldade em dar crédito a si mesmo pelo que de fato realizou (consulte o Capítulo 1 sobre *tendenciosidade*). As tarefas comportamentais ajudam o paciente a se movimentar e também proporcionam uma oportunidade de destacar o papel do pensamento negativo na redução de seus efeitos positivos.

Fragmentação e designações de tarefas graduadas

Os pacientes deprimidos geralmente hesitam em iniciar tarefas complexas se não tiverem certeza de que podem concluí-las. Tomar uma tarefa complexa e decompô-la em seus componentes constituintes (**fragmentação**) muitas vezes pode ajudar os clientes a iniciar e concluir projetos que estavam adiando. As **designações de tarefas graduadas** incorporam a fragmentação em virtude da decomposição de uma tarefa grande em etapas menores, mas vão além, organizando essas etapas das mais fáceis às mais difíceis de serem realizadas.

Um dos autores trabalhou certa vez com uma paciente deprimida que precisava preparar um portfólio para seu mestrado em artes plásticas. A cliente estava procrastinando por medo de "não conseguir fazer um trabalho bom o suficiente". Ao procrastinar, ela corria o risco de perder um prazo importante, colocando em risco sua posição no programa. Ela trabalhou com o terapeuta para realizar essa tarefa de forma gradual. Primeiro, o problema foi definido e a crença da paciente (e o medo associado) de que ela era incapaz de realizar a tarefa foi identificada. O exercício de casa foi definido como uma série de experimentos criados para testar sua crença pessimista sobre si mesma e sobre o que ela poderia realizar. Ela e seu terapeuta listaram as etapas necessárias para preparar um portfólio e depois ordenaram-nas da mais simples para a mais complexa. (Lembre-se da sutil distinção entre "fragmentação", em que uma grande tarefa é dividida em suas partes constituintes, e "designação de tarefas graduadas" que também envolve dividir uma grande tarefa em partes, mas depois ordená-las a partir da mais fácil de realizar e prosseguir para a mais difícil.) À medida que a cliente concluía cada etapa, o terapeuta se certificava de que ela se dava crédito pelo que havia realizado e observava que ela estava progredindo em direção à sua meta. Sempre que ela menosprezava suas próprias realizações ou criticava seu progresso como muito lento, seus pensamentos inúteis eram identificados, e ela e o terapeuta trabalhavam para gerar alternativas mais funcionais (e mais precisas). O objetivo era ter uma avaliação realista de seu desempenho, colocando seu trabalho em uma perspectiva mais precisa, em vez de vê-lo apenas por meio de suas lentes depressivas. A cada semana, a ênfase era colocada em suas realizações e não em seus déficits percebidos. A cada sessão, ela e o terapeuta elaboravam tarefas novas e mais complexas para completar o portfólio, com o terapeuta enfatizando que ela estava fazendo, sozinha, o trabalho necessário. (Observe que aderimos a uma abordagem de tarefas graduadas, em que a cada semana a tarefa se tornava mais difícil.) Quando ela a terminou, pôde ver como suas previsões imprecisas a atrasaram e a impediram de atingir suas próprias metas. Embora a tarefa fosse comportamental, o autor/terapeuta aproveitou a oportunidade para abordar o impacto das crenças negativas da cliente.

Também usamos a "fragmentação" e a designação de tarefas graduadas para ajudar o escultor subempregado a lidar com as áreas de preocupação identificadas por seu automonitoramento. Naquela época, havia uma exposição itinerante de Picasso pelos Estados Unidos, que havia estado em Minneapolis (onde ele morava) nos meses anteriores. Embora ele quisesse muito ir à exposição (afinal, ele era um artista), ele geralmente se sentia sobrecarregado quando pensava em tudo o que estava envolvido. Seu terapeuta pediu que ele dividisse a tarefa maior em seus componentes constituintes: (1) verificar se a exposição ainda estava na cidade, (2) verificar se ele ainda poderia conseguir ingressos, (3) verificar se sua esposa queria ir com ele, (4) pegar os ingressos, se ainda estivessem disponíveis, (5) decidir o que vestir e separar as roupas na noite anterior à exposição, (6) assegurar-se de que tinha os ingressos consigo e (7) dirigir até a exposição com sua esposa. Anotamos as duas primeiras etapas em uma folha de papel e depois a passamos para o cliente completar enquanto conversávamos sobre o processo. Depois que as etapas constituintes foram anotadas, seu terapeuta sugeriu que o cliente ligasse para o instituto de arte logo após a sessão para ver se a exposição ainda estava na cidade. O cliente ligou, a exposição ainda estava na cidade e ainda havia ingressos disponíveis. Então, o terapeuta incentivou o paciente a riscar os dois primeiros itens da lista (é mais fácil para os clientes concluirem o que já começaram do que começar tudo de novo depois que a sessão termina, e mais fácil ainda se eles tiverem um lembrete concreto do que já realizaram). O cliente conseguiu ir à exposição (apesar de suas dúvidas anteriores) e gostou mais do que imaginava — embora não tanto quanto se não estivesse deprimido, mas mais do que havia gostado no domingo anterior, deitado no sofá. Sua esposa ficou feliz por ter o marido de volta, mesmo que parcialmente, e contou a ele sobre seu prazer. Era a primeira vez que eles saíam juntos em vários meses.

Encorajado por esse sucesso, o cliente tentou usar os mesmos procedimentos para montar seu portfólio, para que pudesse começar a se candidatar a empregos como professor. Assim como na exposição de Picasso, ele decompôs a tarefa maior em etapas menores (obter uma câmera e filme, decidir quais de suas esculturas fotografar, tirar as fotos contra um fundo adequado, revelar as fotos, colocar as fotos em livros de portfólio, encontrar faculdades que estivessem contratando em sua área, escrever uma carta de apresentação e enviar os portfólios). Ele já havia tentado iniciar o processo várias vezes nos últimos 3 anos, mas a cada vez sentia-se sobrecarregado pela magnitude do projeto e por suas próprias crenças de que não estava à altura da tarefa e que seria exposto como uma fraude acadêmica e artística. Nesse caso, seguindo o conselho de seu terapeuta, ele não tentou fazer tudo de uma vez, mas sim realizar apenas uma etapa de cada vez (algumas levaram mais de uma noite para serem concluídas), começando com a mais simples (conseguir uma câmera e filme) e prosseguindo para a mais "ameaçadora" (realmente enviar os portfólios para as universidades que estavam contratando), de uma forma consistente com uma tarefa graduada. Usando a fragmentação e a designação de tarefas graduadas, ele conseguiu realizar, em menos de 3 semanas, algo que não havia feito nos 3 anos anteriores, quando suas autocríticas e autodepreciações o impediram de prosseguir.

Além de enviar suas solicitações de emprego, ele começou a participar de uma vida social mais ativa com sua esposa. Devido a essas mudanças de comportamento e às mudanças de crenças resultantes, o cliente conseguiu passar (conforme descrito na Figura 4.2 e no texto de apoio no Capítulo 4) de ver a vida como um *teste de caráter*, no qual ele se considerava deficiente, para um *teste de estratégia*, no qual decompor as coisas em suas etapas constituintes e executá-las uma de cada vez funcionava melhor do que tentar fazer tudo de uma vez. Esse foi um tema que surgiu várias vezes.[3]

Nas sessões seguintes, o paciente lidou com outras dificuldades em sua vida, como o pagamento do imposto de renda atrasado. Em cada caso, abordamos a tarefa em questão de forma integrada, identificando os pensamentos automáticos negativos (e, posteriormente, as crenças nucleares) como hipóteses a serem testadas e as várias estratégias comportamentais utilizadas (p. ex., fragmentação ou designações de tarefas graduadas) como experimentos a serem executados. Focamos em pensamentos automáticos específicos, como "Eu nunca consigo fazer meu trabalho", e nas crenças nucleares das quais eles derivavam, como "Eu sou incompetente", como as hipóteses a serem testadas para aumentar a probabilidade de o paciente se envolver nos comportamentos (havia algo a ser aprendido); depois, usamos os resultados desses experimentos comportamentais (quase sempre eles foram bem-sucedidos) para testar a precisão de suas crenças autodepreciativas.

Essa talvez seja a maior distinção entre a terapia cognitiva e os tipos mais genéricos de terapias cognitivo-comportamentais (TCCs) praticadas nos Estados Unidos: a terapia cognitiva é inerentemente integrativa, na medida em que os comportamentos são usados para testar as crenças de forma consistente com o modelo científico, enquanto a TCC mais convencional geralmente aborda comportamentos e crenças de forma sequencial, sem usar um para contrapor o outro (Hollon, 2022). A outra grande diferença é a distinção intimamente relacionada entre pensamentos e crenças. A terapia cognitiva é inerentemente fenomenológica em sua abordagem e sempre busca identificar o significado idiossincrático que um determinado paciente aplica a uma determinada situação. A ênfase é colocada na descoberta *do que os pacientes acreditam que uma determinada situação significa* sobre eles mesmos, seus mundos ou seus futuros (a tríade cognitiva negativa), e não simplesmente do que eles pensam. Versões mais genéricas da TCC muitas vezes se concentram apenas no que o paciente pensa, como se fossem comportamentos encobertos que podem simplesmente ser substituídos por outras crenças mais "adaptativas" ou "positivas" (Iliardi & Craighead, 1994). Retornaremos a essa distinção no Capítulo 8 sobre comorbidade, quando considerarmos os sucessos particularmente impressionantes demonstrados pela terapia cognitiva em relação à TCC mais convencional para ansiedade social ou transtorno de estresse pós-traumático (TEPT).

Outras estratégias comportamentais relevantes

Terapia do sucesso

Às vezes, é útil fazer o cliente se envolver em uma tarefa não relacionada que seja relativamente fácil de ser realizada antes de abordar algo que seja inerentemente mais difícil. Isso se chama **terapia do sucesso**. Por exemplo, os autores deste livro escrevem para se sustentar, mas um deles tem grande dificuldade para chegar ao computador quando volta da corrida matinal todos os dias. Embora tenha uma máquina de lavar louça em casa, ele costuma deixar alguns pratos sujos na pia para lavar logo após o banho, antes de começar a escrever. Ao trabalhar primeiro em algo que seja concreto e fácil de concluir, ele descobre que pode "ganhar fôlego", o que o ajuda a ir para a escrivaninha escrever em vez de se sentar em frente à televisão. Incentivamos os pacientes a fazer algo semelhante para superar qualquer inércia comportamental. O segredo é que a tarefa seja simples, rápida e, em grande parte, não esteja relacionada a nada que exija cognição de alto nível.

Ensaio imaginário

O **ensaio imaginário** refere-se a pedir ao paciente que imagine cada etapa sucessiva na sequência que leva à conclusão de uma tarefa problemática, um exemplo interessante de uma estratégia cognitiva usada para facilitar um objetivo comportamental. Isso permite que os pacientes desenvolvam um plano de ação que possam seguir e antecipar possíveis problemas que possam surgir. É melhor prever um problema com antecedência e desenvolver um plano para lidar com ele do que ser pego de surpresa e ter de reagir na hora. Ao ensaiar as etapas com antecedência, os pacientes podem identificar possíveis obstáculos, externos ou internos, que podem impedir seu progresso. Isso também nos permite trabalhar com os pacientes para identificar e desenvolver soluções para esses problemas antes que eles produzam uma experiência de fracasso indesejada. Muitos pacientes relatam que se sentem melhor depois de concluir a tarefa na imaginação e que isso aumenta suas chances de realizá-la na vida real.

O ensaio imaginário foi útil no tratamento de uma cliente deprimida. A paciente era uma mulher de 24 anos, solteira e desempregada que, após alguma discussão, concordou em tentar comparecer a suas aulas de ginástica negligenciadas:

Terapeuta (T): Então você concorda que pode ser uma boa ideia ir a uma aula de ginástica.

Paciente (P): Sim, eu me sinto bem depois delas, mas parece que nunca consigo chegar lá.

T: Você poderia usar sua imaginação e percorrer cada passo necessário para chegar à aula?

P: Bem, vou ter que seguir o caminho que sempre segui.

T: Talvez seja bom ser mais específica. Sabemos que você já decidiu ir à aula antes, mas todas as vezes se deparou com alguns obstáculos. Vamos examinar cada passo e ver o que pode interferir em sua ida. Repasse cada etapa em sua imaginação e diga-me quais são.

P: Está bem. Eu sei o que você quer dizer.

T: A aula começa às 9 horas da manhã. A que horas você gostaria de começar a se preparar para ir?

P: Por volta das 7h30. Vou acordar com o despertador me sentindo péssima. Sempre odeio começar o dia.

T: Como você pode lidar com esse problema?

P: Bem, é por isso que vou me dar mais tempo. Começarei me vestindo e tomando café da manhã. Depois, pegarei minhas roupas de academia (*pausa*) ... Ah, eu não tenho uma bermuda de academia para usar.

T: O que você pode fazer para resolver esse problema?

P: Bem, posso sair e comprar uma.

T: Você consegue visualizar isso? O que vem a seguir?

P: Estou dirigindo para a aula e decido dar meia-volta e voltar.

T: O que passou pela sua cabeça?

P: Porque acho que vou parecer boba.

T: Qual é a resposta para isso?

P: Bem, as outras pessoas estão interessadas apenas no exercício, não na aparência de ninguém.

Ao se preparar com técnicas de enfrentamento para cada um desses "bloqueios", a paciente conseguiu chegar à aula — em sua imaginação. Então, pediu-se que ela ensaiasse toda a sequência novamente e, dessa vez, ela conseguiu imaginar as várias etapas sem nenhuma cognição interferente. Se surgissem problemas na próxima vez que ela tentasse ir à aula, ela era incentivada a resolvê-los na hora, se conseguisse, ou a anotá-los, se não conseguisse, para discuti-los na sessão. Posteriormente, ela dirigiu até a aula sem dificuldade, e isso se tornou um hábito regular.

Dramatizações

Fazemos muitas **dramatizações** (*role-play*) com nossos clientes, principalmente se suas crenças nucleares estiverem centradas na impossibilidade de ser amado. As interações sociais podem parecer intimidadoras, especialmente se implicarem a necessidade de fazer algo pela primeira vez na vida real. A dramatização pode ser especialmente útil no contexto do treinamento de assertividade (veja a seguir) ou ao identificar outros comportamentos contraproducentes. A dramatização também pode ser empregada para demonstrar um ponto de vista alternativo ou para examinar os fatores que interferem na expressão emocional. Utilizamos a dramatização frequentemente na terapia cognitiva porque ela oferece ao paciente a oportunidade de experimentar novos comportamentos na relativa segurança da sessão de tratamento, antes de implementá-los no mundo real. Também usamos a dramatização para ajudar o cliente a adquirir um senso de empatia por outras pessoas ou quando estamos travados na terapia: pedir ao cliente que faça o papel de terapeuta enquanto nós fazemos o papel do cliente muitas vezes levou a avanços surpreendentes. O cliente geralmente apresenta perspectivas interessantes sobre como levar as coisas adiante, e nós geralmente obtemos uma visão melhor de como o cliente pensa sobre as coisas.

Treinamento de assertividade. Um dos benefícios da dramatização é que ela oferece uma maneira de treinar os clientes a se afirmarem. A essência do **treinamento de assertividade** é ajudar os pacientes a aprender a agir de forma a respeitar suas próprias preferências e, ao mesmo tempo, demonstrar respeito pelas preferências dos outros. É raro que duas pessoas queiram a mesma coisa ao mesmo tempo e pelos mesmos motivos. Qualquer pessoa que queira manter um relacionamento ao longo do tempo pode se beneficiar ao aprender a lidar com as inevitáveis diferenças de preferências de uma forma que sustente e até mesmo desenvolva o relacionamento. Isso é difícil de fazer nas melhores circunstâncias, e ainda mais difícil quando alguém está deprimido. As pessoas deprimidas têm dificuldade de serem assertivas, e a dificuldade de ser assertivo coloca as pessoas em risco de ficarem deprimidas (Sanchez et al., 1980).

Para ilustrar esse conceito, geralmente desenhamos um diagrama em forma de U invertido para os pacientes, conforme mostra a Figura 5.3. A parte inferior esquerda rotulamos como "não assertivo" e a parte inferior direita rotulamos como "agressivo". Colocamos o termo "assertivo" na parte superior do U invertido, entre as outras duas respostas. Sob o rótulo "não assertivo", escrevemos: "Não respeita a si mesmo"; e, sob "agressivo", escrevemos: "Não respeita o outro". Sob o rótulo "assertivo", escrevemos: "Respeita a si mesmo/ respeita o outro". Depois, pegamos exemplos específicos de comportamento em que o cliente se envolveu (ou está considerando se envolver) e discutimos onde cada um se encaixa em relação a esse modelo tripartido.

Os pacientes deprimidos geralmente se comportam de maneira não assertiva porque acreditam que não merecem ser levados a sério pelos outros e que, mesmo que ajam de forma assertiva (respeitando a si mesmos e à outra pessoa), os outros não os respeitarão de qualquer forma. Às vezes, porém, eles dizem ou fazem coisas que são indevidamente agressivas, especialmente se acharem que estão sendo desrespeitados ou ignorados. Gostamos

Assertivo
(Respeita a si mesmo/
Respeita o outro)

Não assertivo
(Não respeita a si mesmo)

Agressivo
(Não respeita o outro)

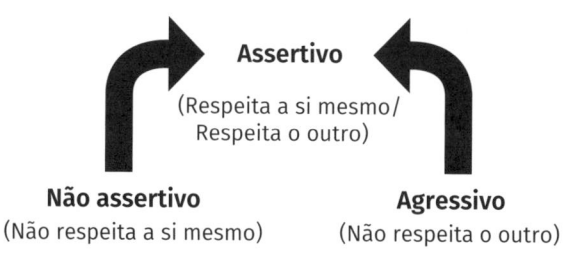

FIGURA 5.3 Treinamento de assertividade.

de fazer os pacientes aprenderem a pensar em termos dessa distinção tripartida sempre que estiverem insatisfeitos com a forma como lidaram com uma interação interpessoal específica ou quando estiverem preocupados com uma interação futura. Para fazer isso, pedimos ao paciente que dê um exemplo de cada tipo de resposta em cada situação. Se os pacientes agiram de forma agressiva, pedimos que imaginem uma resposta não assertiva e, a seguir, que imaginem uma alternativa assertiva. Se agiram de forma não assertiva, pedimos que imaginem uma resposta agressiva e, a seguir, uma resposta adequadamente assertiva. Depois, encenamos cada um desses cenários, começando com os dois roteiros problemáticos. Também usamos isso como uma oportunidade para identificar as crenças que interferem na ação assertiva e esclarecer as ligações entre os pensamentos negativos automáticos e o comportamento menos preferido. Esse é outro exemplo de uma estratégia comportamental implementada a partir do ponto de vista da teoria cognitiva.

O **acrônimo DEAR** mencionado na literatura sobre assertividade pode ajudar nossos clientes a se lembrarem de como gerar uma resposta assertiva durante uma interação acalorada (Bower & Bower, 2004; Linehan, 1993). Entretanto, acrescentamos um toque cognitivo:

> **Descreva** o comportamento da outra pessoa (o que ela fez ou não que você não gostou).
> **Expresse** como você se sentiu em relação a ele (*e como você o interpretou — o que você acha que ele significou*).
> **Peça** (*Ask*) o que você quer no lugar disso (em termos comportamentais claros e específicos).
> **Reforce** se a outra parte acatar (esclarecendo antecipadamente o que a outra parte ganha com isso).

Incentivamos os pacientes a expressar não apenas como se sentiram em relação à interação, mas também como *interpretaram* o comportamento da outra pessoa e como isso contribuiu para a reação afetiva deles (dos pacientes). Um dos autores trabalhou com uma cliente deprimida que estava descontente com o fato de o marido ir direto para o computador depois que chegava do trabalho, em vez de ficar conversando com ela. Em vez de pedir o que queria, seu padrão típico era se retrair e ficar de mau humor, o que o deixava perplexo e confuso sobre por que ela estava tão emotiva e mal-humorada. Ela foi incentivada a descrever o comportamento específico de que não gostava (o fato de ele ir direto para o computador quando chegava do trabalho) e a dizer não apenas como se sentia (triste e irritada), mas também como interpretava o comportamento dele ("que você não quer ficar comigo", o que para ela significava "que você não me ama mais como antes"). Isso permitiu que o marido dissesse que não estava evitando-a, mas sim procurando um momento de privacidade para "descomprimir" depois de passar um longo dia lidando com o público no trabalho (ele lidava com reclamações em uma grande loja de departamentos).

Com esse esclarecimento adicional, eles conseguiram chegar a um acordo sobre um plano que permitia que ele passasse um tempo sozinho quando chegasse em casa. Depois disso, eles deveriam compartilhar um tempo para "conversar" antes do jantar. Enquanto antes a esposa vacilava entre não ser assertiva (não pedir o que queria e ficar de mau humor quando não conseguia) e ser agressiva (iniciar brigas que tinham como consequência chamar a atenção do marido, mas ao custo de levá-lo a evitar o contato com ela), ela começou não apenas a pedir o que queria, mas a expressar a maneira como interpretava o comportamento do marido. Isso deu a ele a oportunidade de esclarecer os equívocos dela a respeito do que estava acontecendo com ele. Em um sentido mais amplo, ela deixou de atender aos desejos (inferidos) dele em detrimento dos seus próprios (mas depois ficando chateada com isso e de mau humor como consequência) e passou a pedir diretamente o que queria. Isso tornou mais provável que ele respondesse favoravelmente e, ao mesmo tempo, ajudou a esclarecer as eventuais ideias errôneas que cada um deles tinha sobre os pensamentos e sentimentos do outro.

Essa cliente sofria tanto de um déficit de habilidades comportamentais (ela não sabia como pedir o que queria) quanto de crenças imprecisas (que o marido não atenderia aos seus desejos se ela pedisse). Outros pacientes deprimidos se comportam de forma não assertiva apenas por causa de crenças negativas, e não por uma deficiência nas habilidades comportamentais. Outro autor trabalhou com um homem deprimido de 29 anos que havia retornado à universidade depois de um hiato de 10 anos, durante os quais havia trabalhado em uma fábrica. Ele compareceu a uma sessão de terapia perturbado pelo comportamento de seu colega de laboratório de química de 20 anos. O estudante mais jovem deixava repetidamente o equipamento que compartilhavam sujo e desorganizado, o que fazia o paciente passar tempo toda semana limpando e separando o equipamento. O paciente tinha uma noção clara de como queria discutir o problema, mas mudava de ideia toda vez que estava prestes a confrontar seu colega. O terapeuta buscou as cognições do paciente relacionadas às suas tentativas de autoafirmação.

P: Bem, embora eu saiba o que dizer e quando dizer, sempre penso: "Ele vai achar que estou sendo excessivamente meticuloso".
T: E o que significaria para ele se você fosse "excessivamente meticuloso"?
P: Ele pensará que sou rígido e conservador.
T: Você é "rígido e conservador"?
P: Não. Sabe de uma coisa? Fico preocupado com a possibilidade de ele se rebelar, e eu estaria causando mais problemas.

A partir desse momento, ficou evidente que o paciente não estava se comportando de forma assertiva devido ao seu desejo de evitar "causar problemas", especialmente por ser consideravelmente mais velho. Sua falta de assertividade o levou a questionar a sensatez de sua decisão de voltar à universidade. Quando o terapeuta pediu ao paciente que listasse os "prós e contras" de ser assertivo nesse caso, o paciente decidiu falar com seu colega de laboratório e conseguiu atingir seu objetivo.

Uma mulher de 20 anos, deprimida, relatou uma "experiência humilhante" em que ficou nervosa ao comprar roupas em uma grande loja de departamentos. Ela estava preocupada com pensamentos de que sua compra poderia não ter sido adequada, de modo que inicialmente deu ao vendedor menos dinheiro do que o solicitado. Quando a atendente pediu mais dinheiro, a paciente concluiu: "Ela deve pensar que sou uma tola. Sou tão desajeitada e incompetente". O terapeuta pediu à paciente que assumisse o papel da atendente e tirasse suas próprias conclusões a partir de suas observações.

P: (*no papel de atendente*) Vejo uma mulher que está obviamente confusa e envergonhada por ter me dado muito pouco. Eu tentaria consolá-la dizendo: "Todo mundo comete erros".

T: Você acha que é possível que a atendente também tenha chegado a uma conclusão semelhante, com a exceção de que ela não a consolou?

P: Se ela tivesse tentado me consolar, eu teria ficado chocada. Ela não poderia ter entendido. Eu sei o que é ser desastrada, então posso me colocar no lugar da outra pessoa.

T: E que evidência você tem de que a atendente não entendeu seu erro? Ela fez algum comentário? Ela agiu com repulsa?

P: Não, ela foi bastante paciente. Ela até sorriu, mas isso me fez sentir ainda mais tola. (Teria sido ainda melhor se o terapeuta tivesse reformulado a resposta para distinguir pensamentos de sentimentos: "E quando você pensou que parecia uma tola, como isso fez você se sentir?".)

T: Bem, sem muitos dados, é difícil tirar conclusões definitivas sobre as reações dela. Portanto, vamos trabalhar sua tendência de se ver como uma tola quando comete um erro. Mais tarde, podemos ensaiar como você poderia ter reagido se ela a tivesse criticado.

Resumo e conclusões

As estratégias comportamentais são parte integrante da terapia cognitiva, mas de uma forma mais integrada do que as abordagens cognitivo-comportamentais mais genéricas derivadas exclusivamente da terapia comportamental. A terapia cognitiva usa estratégias comportamentais não apenas para fazer os pacientes se movimentarem (embora também façamos isso), mas também para descobrir pensamentos negativos automáticos específicos em determinadas situações, de modo a testar sua precisão, juntamente com os pressupostos subjacentes e crenças nucleares sobre os quais eles se assentam. A terapia cognitiva é uma abordagem fenomenológica que busca testar as crenças idiossincráticas do paciente e, para isso, precisamos saber em que o paciente acredita.

A terapia comportamental inicial foi um grande avanço em relação às terapias dinâmicas e humanistas ainda mais antigas (embora cada uma tenha suas próprias virtudes), mas ela se concentra basicamente em sinais e consequências externas, e não no que está acontecendo "dentro da cabeça do paciente". As extensões cognitivas modernas da "segunda onda" da terapia comportamental geralmente tratam as cognições como comportamentos ocultos que podem ser modificados de forma simplista. A terapia cognitiva se baseia tanto no condicionamento clássico quanto no condicionamento operante, observando o que o paciente espera que aconteça (na presença de um sinal ou como consequência de um comportamento) e que é influenciado pelo que ele vivenciou (e muitas vezes interpretou erroneamente) no passado. A terapia cognitiva é inerentemente integrativa; abordamos as crenças para aumentar a probabilidade de os pacientes se envolverem nos comportamentos relevantes e observamos os resultados desses comportamentos para testar a precisão dessas crenças, e fazemos isso desde a primeira sessão e continuamos durante todo o período da terapia.

Notas

1. Observe que o escultor não tinha nenhum evento de domínio (D) listado em seu automonitoramento, embora várias das tarefas que ele concluiu na segunda-feira estivessem muito além do nível de habilidade de seu terapeuta. Quando indagado, o paciente indicou que não havia realizado nada digno de ser considerado um evento de domínio, pois tudo o que ele fez foram coisas que qualquer um poderia fazer. Não é incomum que as pessoas deprimidas menosprezem as coisas que realizam e des considerem qualquer coisa que consigam fazer depois do fato. O paciente foi incentivado a redefinir um evento de domínio como qualquer coisa que parecesse difícil de fazer antes de fazer, mas que mesmo assim ele conseguiu realizar. Ele classificou vários comportamentos como eventos de domínio nos dias seguintes, quando começou a aplicar esse critério. Para alguém que está deprimido e, em grande medida, parou de funcionar na ausência de estrutura (compare o domingo do paciente com sua segunda-feira), até mesmo algo tão simples como sair da cama pode ser uma experiência de domínio.
2. É importante ter em mente que nem todo mundo considera os mesmos eventos reforçadores. Talvez o maior avanço conceitual da ativação comportamental em relação às versões anteriores da terapia comportamental tenha sido a reinstituição de uma análise funcional para determinar quais eventos um indivíduo considera reforçadores (Martell et al., 2001). Embora raramente façamos algo tão formal na terapia cognitiva, estamos cientes do papel das diferenças individuais e geralmente perguntamos aos pacientes o que eles achavam prazeroso antes de ficarem deprimidos. Por exemplo, um dos autores adora filmes, mas odeia fazer compras, enquanto sua esposa (psicopatologista do desenvolvimento e pesquisadora de prevenção) adora fazer compras, mas fica entediada com a maioria dos filmes. Em vez de lutarem contra suas respectivas predileções, ele vai ao cinema enquanto ela faz compras e depois se encontram para jantar. Diferentes pessoas encontram prazer em atividades diferentes, e sempre perguntamos sobre as preferências do paciente.
3. Devemos observar que a forma descrita na Figura 4.1 do capítulo anterior não existia quando o autor estava trabalhando com o escultor, embora a noção conceitual de contrapor descrições caracterológicas e estratégias comportamentais existisse e tenha sido discutida com o paciente. O autor só tomou conhecimento do princípio mais amplo de colocar a Teoria A contra a Teoria B várias décadas depois, quando estava treinando terapeutas iniciantes da IAPT no Reino Unido. Esses terapeutas reconheceram prontamente os princípios teóricos envolvidos que atribuíram a Paul Salkovskis (1996).

PONTOS-CHAVE

1. As **estratégias comportamentais** são implementadas não apenas para fazer o paciente se movimentar, mas também para identificar e testar crenças de forma integrada e consistente com a teoria cognitiva.
2. Ensinar os pacientes a praticar o **automonitoramento sistemático** de sentimentos e comportamentos fornece informações objetivas e serve como base para experimentos comportamentais e testes de crenças.
3. A **programação de atividades** envolve a especificação antecipada do que o paciente fará de hora em hora para superar a inércia comportamental (também conhecida como déficit de iniciação de resposta).
4. Os níveis de **domínio** e **prazer** podem ser aumentados por meio da programação seletiva.
5. Há uma variedade de técnicas que podem ser usadas para ajudar nas primeiras sessões para que os clientes sejam ativados. A **fragmentação** envolve a divisão de uma grande tarefa em suas partes constituintes e pode ser implementada em uma **designação de tarefa graduada**, na qual o paciente avança das etapas menos difíceis para as mais difíceis. A **terapia do sucesso** envolve fazer o cliente executar uma tarefa simples que não tenha relação com a tarefa que realmente deseja realizar, apenas para ganhar "fôlego" antes de enfrentar uma tarefa mais difícil de realizar. No **ensaio imaginário**, o cliente reproduz em sua mente as etapas envolvidas na realização de uma tarefa. A **dramatização** pode ser usada para ajudar os pacientes a praticarem a maneira como gostariam de se comportar em uma determinada situação e para descobrir crenças que dificultam essa prática. O **treinamento de assertividade** envolve a especificação e a prática de respostas não assertivas e agressivas em qualquer situação, a distinção e a prática de uma opção mais assertiva e as crenças subjacentes a cada uma delas.

6
Integração de técnicas cognitivas

Ninguém pode fazer você se sentir inferior sem o seu consentimento.
— *Eleanor Roosevelt*

A maioria dos pacientes chega à terapia cognitiva sobrecarregada por suas emoções. Em geral, eles têm pouca consciência dos eventos internos, como pensamentos e imagens, que moldam seu humor. Primeiro, tentamos explicar os vínculos entre pensamentos, sentimentos, reações fisiológicas e comportamentos, e ensinamos nossos pacientes a identificar as crenças que impulsionam esses outros componentes de sua "resposta de corpo inteiro", para que possam aprender a observá-los e avaliá-los com maior precisão, em vez de responder de forma automática. Os pacientes aprendem sobre si mesmos e como suas mentes funcionam, desenvolvendo a capacidade de avaliar e mudar as crenças que levaram à dor emocional e ao comportamento disfuncional. Eleanor Roosevelt disse isso quase perfeitamente na citação de abertura, quando observou que, a menos que você aceite a precisão de uma determinada crença, não sentirá o efeito negativo que ela pode produzir. O poder do modelo cognitivo é que ele nos permite (tanto pacientes quanto terapeutas) proteger nosso afeto e preservar nosso comportamento mesmo quando as coisas ao nosso redor estão dando errado. A precisão não garante o sucesso ao lidar com os problemas da vida, mas maximiza nossas chances.

Definindo cognição para o paciente

Para os pacientes, definimos "cognição" como um pensamento ou uma imagem visual da qual eles podem não estar cientes, a menos que façam disso o foco de sua atenção. Exemplos de cognições são atribuições relativas às causas de eventos passados, avaliações de situações atuais e previsões sobre o futuro. As cognições em situações específicas que criam mais problemas na depressão e em outros transtornos clínicos são descritas como "pensamentos automáticos negativos". Esses pensamentos parecem instintivos e tendem a surgir rapidamente em nossa mente, muitas vezes sem esforço ou intenção. Para muitos pacientes, eles resultam de experiências de vida anteriores, situações em que fizeram julgamentos que depois aplicaram repetidamente, ensaiando-os a ponto de surgirem sem um processo de raciocínio consciente, aparecendo apenas à margem da percepção. Como esses pensamentos ocorrem tão rapidamente, e como muitas vezes há um núcleo de verdade nos pensamentos ou em suas implicações, eles costumam ter um impacto ainda maior do que crenças e julgamentos bem-elaborados. Nosso trabalho como terapeutas é ajudar nossos pacientes a se tornarem hábeis em captar esses pensamentos, desacelerá-los para que possam ser trazidos à consciência e avaliar sua precisão e funcionalidade.

Como muitas das cognições mais depressogênicas tendem a ser automáticas, habituais e críveis, os pacientes raramente avaliam sua validade. Os pacientes deprimidos costumam ser dominados por pensamentos como "Eu bagunquei tudo" (uma atribuição causal em relação a algo que aconteceu no passado) ou "Eu não tenho valor" (uma autoatribuição caracterológica) ou "Eu nunca vou conseguir o que quero" (uma previsão em relação ao futuro). Muitas pessoas deprimidas têm o pensamento "Não sou digno de amor" ou "Sou incompetente", mas esses são pensamentos mais gerais — denominados "crenças nucleares" na terapia cognitiva — que tendem a ser estáveis ao longo do tempo e das situações. (Focamos nas crenças nucleares no Capítulo 7.) Os pacientes também podem ter imagens negativas indesejadas e intrusivas, como se verem sem moradia e vagando sozinhos pelas ruas. As imagens também são cognições.

Para ajudar os pacientes a se conscientizarem de seus **pensamentos automáticos negativos**, é útil perguntar se eles já tiveram pensamentos no "fundo de suas mentes" que prefeririam que outras pessoas não soubessem. A maioria de nós ficaria desconcertada se um dispositivo de monitoramento transmitisse nossos pensamentos privados para o mundo ao nosso redor. A diferenciação entre o pensamento na "frente da mente" e no "fundo da mente" fornece uma metáfora que ajuda os pacientes a reconhecer seus pensamentos automáticos negativos. Nosso objetivo é ajudá-los a aprender a reconhecer as verbalizações e imagens visuais ocultas que ocorrem no limite da introspecção consciente e a se sentirem à vontade para relatá-las a nós ou registrá-las para análise posterior. Os pensamentos automáticos que são de maior interesse com relação ao tratamento são aqueles que levam diretamente a experiências afetivas. Todos nós temos pensamentos na "frente da mente" que são lógicos, ordenados em sequência e dominados por processos corticais superiores. A ideação que experimentamos automaticamente no "fundo da mente" geralmente está ligada diretamente ao afeto, surgindo de processos límbicos mais primitivos que devem mais a "respostas de corpo inteiro" evoluídas do que à lógica (LeDoux, 2000). Essas **cognições quentes** são o principal alvo da terapia cognitiva. Quando os pacientes conseguem reconhecê-las, processos corticais superiores podem ser acionados para atenuar a angústia e a disfunção geradas por nossos cérebros primitivos.

Achamos útil prestar atenção à linguagem que nossos clientes usam, principalmente quando falam sobre sentimentos, pensamentos e crenças. A maioria dos dicionários apresenta duas definições para o verbo "sentir". A primeira é como uma experiência afetiva (incluindo triste, zangado, assustado, culpado e envergonhado), e a segunda é como uma crença frouxa que o indivíduo dificilmente defenderia. Na terapia cognitiva, pedimos aos clientes que restrinjam o uso do termo "sentir" à primeira definição, já que as "cognições quentes" são frequentemente expressas usando a segunda. Por exemplo, um paciente pode dizer: "Eu me sinto inadequado" ou "Eu me sinto idiota". Essas são formas perfeitamente gramaticais de usar o verbo "sentir", mas podem interferir na terapia cognitiva: as experiências afetivas (o primeiro uso do termo "sentir") não podem ser examinadas em termos de validade, ao passo que as "crenças frouxas", especialmente as cognições quentes que impulsionam o afeto, são os principais alvos que esperamos abordar. Não queremos invalidar as experiências afetivas de nossos clientes (as pessoas sentem o que sentem, e isso não está sujeito a um exame racional), mas queremos ensiná-los a distinguir pensamentos de sentimentos e a examinar com mais cuidado a validade de suas crenças. Essa é a essência da terapia cognitiva. Explicamos essa distinção aos clientes na primeira sessão e os incentivamos a reservar o termo "sentir" para as experiências afetivas reais. Também os incentivamos a prestar atenção nos casos em que um de nós se engana e usa o verbo "sentir" para descrever uma "crença frouxa" e a praticar o mesmo com diálogos que ouvem na televisão e no cinema. Se os clientes cometerem algum deslize e disserem algo como "Eu me sinto inadequado", estaremos inclinados a dizer algo como "E quando você *pensa* que é inadequado, como se *sente*?".

Também distinguimos pensamentos de crenças, pois há diferenças sutis, mas importantes, entre os dois. Os "pensamentos" são eventos que ocorrem em tempo real na percepção consciente, mas não são necessariamente considerados verdadeiros, enquanto as "crenças" são percepções da realidade que podem ou não estar no sensório em um determinado momento, mas que recebem um senso de validade subjetiva. Por exemplo, o paciente pode ter o pensamento de que outra pessoa realmente o ama, mas não acredita que isso seja verdade; por outro lado, pode *acreditar* que não é digno de ser amado, mas não tem esse pensamento em nenhum momento. Os pensamentos tendem a ser desencadeados em determinadas situações por eventos específicos e tendem a ser concretos, enquanto as crenças tendem a ser mais gerais e abstratas, e não tão dependentes da situação em questão.

Conforme descrito no Capítulo 4, tentamos educar os pacientes sobre a influência das cognições no afeto, na fisiologia e no comportamento desde a primeira sessão. Preferimos usar um exemplo da experiência recente dos próprios pacientes na primeira sessão apenas para demonstrar o modelo, mas outros exemplos também podem ser úteis. Podemos convidar os pacientes a pensar em como se sentiriam e o que fariam se achassem que um barulho no meio da noite foi causado por um intruso na casa, e não pelo vento que derrubou alguma coisa por uma janela aberta.

Independentemente de como se procede, o objetivo é estabelecer a relação entre pensamentos e sentimentos, fisiologia e comportamentos, e também dar aos pacientes um vislumbre de como a terapia prosseguirá, introduzindo a noção de que eles serão incentivados a coletar dados e realizar experimentos para testar a precisão de suas próprias crenças. Lembramos ao paciente que as crenças nada mais são do que ferramentas que todos nós usamos para representar a realidade e que, se essas crenças não estiverem alinhadas com a realidade da situação, então elas não estão nos beneficiando. Nosso objetivo é incentivar os clientes a examinar a precisão de suas crenças, e não invalidar suas reações afetivas a uma situação. (Como mencionado anteriormente, muitas vezes validamos explicitamente a experiência afetiva dos pacientes, antes de examinar a precisão de suas crenças, ressaltando que faz sentido alguém se sentir como se sente se acredita no que acredita.) Questionamos as crenças, não os afetos.

Acessando cognições quentes

Alguns pacientes têm dificuldade para identificar pensamentos ou imagens disfuncionais, ou para ver as conexões entre seus pensamentos e sentimentos. Outros pacientes entendem prontamente a natureza das cognições e espontaneamente oferecem cognições negativas típicas de suas próprias experiências. Se os pacientes conseguem descrever uma emoção dolorosa, mas não conseguem identificar um pensamento automático, nós os incentivamos a reviver mentalmente a situação que desencadeou a emoção. Uma cliente descreveu um episódio extenso de choro na cama e disse que era "sem motivo". Quando ela reviveu o episódio, a princípio, só conseguia se lembrar de que estava imaginando uma cena de casamento com seu namorado como noivo, o que ainda não explicava o pranto. Quando ela recapitulou a cena, lembrou que seu pensamento depois de "se ver" como a noiva foi: "Isso nunca vai acontecer comigo". Esses pensamentos não estavam acessíveis a ela até que se imaginou de volta em seu apartamento, em sua cama, na manhã do episódio de choro.

Os pensamentos e imagens automáticos negativos, principalmente as cognições quentes que estão mais diretamente associadas ao afeto, são mais bem avaliados no contexto e na situação em que ocorrem. Alguns pacientes conseguem se lembrar prontamente de suas cognições quentes quando descrevem uma situação angustiante, mas outros não. Para esses pacientes, geralmente é útil pedir que imaginem detalhes sobre a situação, como a hora do dia, as roupas que estavam usando e as pessoas ao redor. Quando eles começam a se imaginar no ambiente de forma mais completa e experimentam um pouco da angústia daquele momento, geralmente conseguem se lembrar das cognições que tinham na ocasião. Esse exercício funciona ainda melhor se os clientes retornarem à situação em que sentiram a angústia.

Monitorando os pensamentos automáticos

Depois que os pacientes entendem o termo "cognição" e reconhecem a presença de pensamentos e imagens automáticos, trabalhamos com eles para criar maneiras de identificar as cognições que estão alimentando seu sofrimento. Assim como foi solicitado aos pacientes que monitorassem seus comportamentos e os estados de humor associados, agora pedimos que eles monitorem suas ideações para tentar "capturar" o maior número possível de cognições quentes durante a semana e anotá-las. Pedimos a eles que percebam os momentos em que seu humor muda, ou quando se sentem particularmente tristes, e que aproveitem a oportunidade para reconhecer ou relembrar os pensamentos e as imagens que os acompanham, anotando-os para a próxima sessão. Se tiver sido solicitado ao paciente monitorar seu comportamento como exercício de casa, na sessão focamos nos momentos em que ele indicou que se sentiu particularmente deprimido ou triste e, principalmente, quando seu humor caiu repentinamente. Em seguida, nós o incentivamos a imaginar-se de volta à situação e a nos conduzir por ela falando em voz alta, para ajudar a identificar o que estava passando por sua mente naquele momento.

Por exemplo, uma mulher de 31 anos, mãe de três filhos, indicou que o "pior momento do dia" para ela era no início do dia, quando preparava o café da manhã para a família. Ela não entendia por que esse período era tão difícil até começar a prestar atenção em suas cognições em casa. Descobriu que se comparava constantemente com a mãe, de quem se lembrava como sendo irritadiça e briguenta pela manhã. Quando um de seus filhos se comportava mal ou fazia um pedido descabido, ela se pegava pensando: "Não tenha raiva ou eles ficarão ressentidos com você", o que fazia com que ela não respondesse. Entretanto, com uma frequência cada vez maior ela "explodia" com as crianças e pensava: "Sou pior do que minha mãe jamais foi. Não tenho condições de cuidar de meus filhos. Eles estariam melhor se eu estivesse morta". Ela ficava ainda mais deprimida quando imaginava suas experiências negativas na infância, como "minha mãe me dava um tapa se eu reclamasse de alguma coisa". Depois que ela identificou esses pensamentos e imagens, listamos as semelhanças e diferenças entre ela e sua mãe. Em seguida, analisamos sua visão do comportamento razoável em relação aos filhos, examinando sua crença de que qualquer demonstração de raiva quando eles se comportassem de forma inadequada faria os filhos se ressentirem dela permanentemente. À medida que melhorava a capacidade de captar seus próprios pensamentos, ela passou a perceber que seus próprios "deverias" estavam provocando sua raiva ("meus filhos deveriam se comportar") e encontrou meios mais eficazes de moldar o comportamento deles, como aplicar regras de forma consistente, mas sem julgamentos, e "pegá-los sendo bons" com elogios ou um abraço afetuoso (criação positiva). Em vez de aplicar expectativas irracionais aos filhos e depois se culpar quando eles ficavam aquém, ela achou mais eficaz e satisfatório aplicar padrões razoáveis a eles e a si mesma.

O exemplo anterior destaca um princípio fundamental da terapia cognitiva. A angústia subjetiva (com seu tônus fisiológico associado) e os comportamentos problemáticos que, de outra forma, poderiam parecer inexplicáveis, fazem sentido no contexto das interpretações dos pacientes (com base em suas crenças) em um determinado momento. Esses **pensamentos automáticos negativos** específicos geralmente contêm imprecisões e exageros, mas o que os pacientes sentem, o estado fisiológico que os acompanha e a maneira como respondem comportamentalmente sempre serão mais fáceis de entender se identificarmos o que eles estão pensando na situação. *Sempre há coerência entre pensamentos, sentimentos, fisiologia e comportamentos em uma determinada situação, e isso se deve ao fato de que eras de seleção natural contribuíram para uma resposta integrada de corpo inteiro, dependendo de como interpretamos uma determinada situação.* Pacientes diferentes respondem à mesma situação de forma diferente devido às diferentes interpretações que fazem (em grande parte como consequência da experiência anterior e das diferenças de temperamento), mas as diferentes respostas de corpo inteiro envolvidas na raiva, na ansiedade ou na tristeza são comuns a todos os membros de nossa espécie e, provavelmente, também a outros primatas (Goodall, 1971). Se não pudermos sentir o que o paciente sente quando imaginamos acreditar no que ele acredita, então não entendemos completamente seu sistema de crenças. Da mesma forma, se os pacientes não conseguem entender seus afetos, sua fisiologia e seus impulsos comportamentais em uma determinada situação, então é indicado explorar mais para identificar os pensamentos e as imagens que passaram por suas mentes. As pessoas diferem mais na maneira como interpretam as diferentes situações do que em suas consequentes respostas de corpo inteiro. Desvendar os pensamentos do paciente nos ajuda a entender melhor seus sentimentos e comportamentos.

O melhor momento para identificar e registrar as cognições é logo após elas ocorrerem. Como isso nem sempre é possível, pedimos aos pacientes que reservem um período de tempo específico, por exemplo, 30 minutos todas as noites, para reproduzir e anotar as cognições do dia que levaram ao humor deprimido. Incentivamos os clientes a limitar a reflexão sobre esses pensamentos a um período de tempo específico, para reduzir a tendência de ruminar de forma improdutiva em outros momentos do dia.[1] Pedimos a eles que registrem todos os pensamentos perturbadores o mais próximo possível do literal, e que descrevam as imagens da forma mais vívida possível. O foco está na fenomenologia real; os pacientes são incentivados a registrar tudo o que passou por suas mentes, independentemente de quão embaraçoso ou trivial possa parecer, porque isso pode ajudá-los a entender a resposta de corpo inteiro que a cognição quente provocou.

Às vezes, os pacientes são tão esquivos que é difícil identificar suas cognições depressogênicas. Uma mulher de 49 anos que perdeu um filho por suicídio dois anos antes do tratamento se culpava pela morte dele. Ela descobriu que muitos objetos e eventos (i.e., violões, música, exposições de arte) a faziam lembrar-se dele. Esses gatilhos provocavam uma torrente tão grande de cognições negativas, desânimo e culpa que ela tentava evitá-los completamente para limitar sua angústia. Como ela raramente entrava em contato com qualquer um desses gatilhos ambientais e, mais raramente ainda, permanecia nessas situações, ela tinha dificuldade em identificar cognições depressogênicas bem definidas. Por isso, o terapeuta sugeriu que ela fosse a uma galeria de arte local que a fizesse lembrar dos interesses do filho e se concentrasse nas cognições que surgiam ali. Como resultado, ela observou pensamentos automáticos específicos de autoacusação focados em sua "incapacidade de ouvir meu filho", sua decisão de permanecer em um casamento infeliz e sua "incompetência" como mãe. Isso permitiu que a paciente e o terapeuta discutissem os aspectos específicos de suas ideias negativas, e a paciente concluiu que suas autoacusações eram infundadas. Quando, como resultado, seus sentimentos de culpa extrema se dissiparam, ela conseguiu controlar a tristeza associada à morte do filho. (Uma coisa que achamos que Freud acertou foi a distinção entre o luto, no qual a qualidade de vida é diminuída pela perda de um ente querido, e a melancolia, na qual os indivíduos se culpam pela perda.) A paciente era tão esquiva como consequência de sua autorrecriminação e culpa que não se permitia passar pelo processo normal de luto.²

O processo de exploração de uma situação desagradável às vezes pode ajudar a esclarecer a natureza de uma experiência afetiva e, por extensão, os pensamentos que estão por trás dela. Certa vez, um dos autores atendeu um enfermeiro que estava correndo o risco de perder o emprego devido a uma série de explosões de raiva no trabalho. Na situação mais recente, ele gritou com seu supervisor quando lhe pediram para atender mais pacientes depois que um colega de trabalho avisou que estava doente. Quando seu supervisor fez a solicitação, o enfermeiro ficou irritado e demonstrou isso verbalmente. Isso era incomum para o paciente, normalmente um jovem tímido e reservado, mas foi o terceiro incidente desse tipo nos últimos meses e acarretou uma repreensão no trabalho, o que, por sua vez, o levou a procurar terapia.

O terapeuta pediu ao cliente que descrevesse a situação em detalhes, até a aparência da ala e os sons e cheiros de que ele se lembrava pouco antes de o supervisor fazer a solicitação. Também foi pedido que ele descrevesse seu estado emocional antes e depois da solicitação e quaisquer mudanças em suas sensações corporais. O que o enfermeiro descreveu foi uma súbita descarga de adrenalina e uma sensação de pânico, com o coração acelerado e um forte suspiro, que ocorreram assim que ele ouviu a solicitação do supervisor. Ao reviver sua experiência na sessão, ele conseguiu reconhecer que o que estava vivenciando era uma resposta de medo que reproduzia sua experiência afetiva na enfermaria, que havia passado tão rápido que ele não a reconheceu como pânico. Ao explorar sua lembrança da experiência, ele percebeu que estava pensando em como já havia ultrapassado os limites de sua competência e que "colocaria meus pacientes em risco" ao assumir ainda mais responsabilidades.

Sua reação inicial de pânico deu lugar, quase instantaneamente, a uma reação de raiva dirigida ao seu supervisor e à empresa de gerenciamento de cuidados em saúde para a qual trabalhava, por colocarem ele e seus pacientes em um risco que considerava inaceitável. Ele identificou o pensamento subjacente à sua raiva: "Não é justo" que essas exigências estivessem sendo feitas a ele apenas para economizar em pessoal. (A empresa de cuidados em saúde tinha cortado custos recentemente, eliminando funcionários.) Foi a sensação de estar sendo sobrecarregado para atender à segurança dos pacientes, ultrapassando, em sua opinião, os limites de sua competência, que levou à sua primeira reação afetiva, que foi de temor, tanto por ele quanto pelos pacientes. Essa reação inicial mudou tão rapidamente para uma reação de raiva, baseada na crença de que não era justo que seu empregador colocasse ele ou seus pacientes em uma situação tão perigosa, que ele não percebeu na hora.

Mapear a sequência do medo à raiva, ambos ligados à mesma reação fisiológica de "luta ou fuga", ajudou-o a identificar as cognições que impulsionaram cada emoção (risco de causar danos no caso do medo e a violação de um "dever" moral no caso da raiva). Armado com essa conceitualização, ele trabalhou com seu terapeuta na assertividade, conforme descrito no Capítulo 5, para lidar com a raiva que o levou a explodir com seu supervisor. Como ilustra esse exemplo, a identificação das crenças relevantes geralmente começa com a exploração da experiência afetiva do cliente (parafraseando Freud, "**O afeto é a estrada real para o consciente**"). Nesse caso, o reconhecimento de sua excitação fisiológica permitiu que o cliente identificasse a sequência de afetos que experimentou, cada um desencadeado por uma crença diferente e provocando um comportamento diferente. Identificar a progressão em seu afeto foi fundamental e o ajudou a identificar suas cognições.

Examinando e testando a realidade de pensamentos automáticos e imagens

Quando os pacientes conseguem identificar e relatar seus pensamentos automáticos negativos, nós os ajudamos a examinar sua precisão com maior cuidado. Não os incentivamos a pensar que "As coisas estão realmente melhores do que estão", mas sim a considerar se há maneiras mais precisas de interpretar a situação. O objetivo não é ignorar a realidade nem substituir as afirmações negativas por afirmações positivas, pois nossos estudos sugerem que os pacientes que se tornam excessivamente otimistas na ausência de um bom teste de realidade têm a mesma probabilidade de recaída após um tratamento bem-sucedido que os pacientes que permanecem excessivamente pessimistas (Forand & DeRubeis, 2014).

Nosso objetivo com relação ao teste de realidade na terapia cognitiva é ensinar aos pacientes as habilidades necessárias para identificar e corrigir suas próprias distorções. A meta é que eles aprendam a fazer por si mesmos tudo o que podemos fazer por eles nas fases iniciais da terapia. Como observamos no Capítulo 1, nossa meta é tornar o terapeuta (nós mesmos) obsoleto. A capacidade da terapia cognitiva de reduzir o risco de episódios subsequentes após um tratamento bem-sucedido — seu efeito duradouro — pode se basear na aquisição dessas habilidades. Inicialmente, os clientes, com a ajuda de seus terapeutas, aprendem a examinar as **evidências** a favor ou contra uma determinada crença, um processo que, por sua própria natureza, exige atenção às realidades externas e tira a terapia cognitiva do domínio do puramente subjetivo. Em seguida, incentivamos os pacientes a considerar se há uma **explicação alternativa** para a situação que está lhes causando angústia, além da explicação inicial. Os pacientes atribuem alguma perda ou reviravolta percebida em suas vidas a um defeito pessoal em si mesmos ("Perdi meu emprego porque sou incompetente" ou "Ela me deixou porque não sou digno de ser amado"), quando, em vez disso, foi uma consequência da má sorte ou da escolha da estratégia errada. Se um pensamento automático negativo se revelar verdadeiro, ou se continuar plausível depois de ser examinado, pode ser útil examinar as **implicações** desse evento; ou seja, será que ele realmente implica todas as consequências terríveis que os pacientes preveem? Se um paciente não entrar na faculdade de sua escolha, por exemplo, isso realmente implica fracasso como pessoa, ou que os outros o julgariam com severidade, ou que ele nunca terá sucesso na vida? Observar cuidadosamente as implicações que os pacientes atribuem a um evento pode, às vezes, expor a irracionalidade e a natureza contraproducente dessas crenças. Aprender a fazer a si mesmo estas **três perguntas** ("Quais são as **evidências** para essa crença?"; "Existem outras **explicações alternativas** para esse evento?"; e "Quais são as **implicações** reais, mesmo que essa crença seja verdadeira?") pode ajudar os pacientes a examinar e mudar seus próprios pensamentos depressogênicos.

Descobriu-se que uma mulher que se queixava de fortes dores de cabeça e outros distúrbios somáticos estava gravemente deprimida. Quando questionada sobre as cognições relacionadas ao seu humor deprimido, ela disse: "Minha família não me valoriza"; "Ninguém me valoriza, não me dão valor"; e "Não tenho valor". Ela afirmou que seus filhos adolescentes não queriam mais fazer coisas com ela. Como essa crença específica poderia ser verdadeira, o terapeuta incentivou a paciente a examinar sua precisão. Ele buscou as evidências na conversa a seguir:

Paciente (P): Meu filho não gosta mais de ir ao teatro ou ao cinema comigo.

Terapeuta (T): Como você sabe que ele não quer ir com você?

P: Na verdade, os adolescentes não gostam de fazer coisas com seus pais.

T: Você realmente pediu a ele para ir com você?

P: Não, na verdade, ele me perguntou algumas vezes se eu queria ir com ele, mas não achei que ele realmente quisesse ir.

T: Que tal testar isso pedindo a ele que lhe dê uma resposta direta?

P: Acho que sim.

T: O importante não é se ele vai com você, mas se você está decidindo por ele o que ele pensa em vez de deixar que ele lhe diga.

P: Talvez você tenha razão, mas ele parece não ter consideração. Ele está sempre atrasado para o jantar.

T: Com que frequência isso acontece?

P: Duas vezes nesta semana... mas acho que esta semana não foi típica. Normalmente, ele não se atrasa.

T: Quando ele se atrasa, é porque não está sendo atencioso?

P: Bem, ele disse que estava trabalhando até tarde naquelas duas noites. E ele tem sido atencioso comigo de várias outras formas.

O exercício de casa da paciente era pedir ao filho que fosse ao cinema com ela. Ele concordou em ir. Seu exercício de casa foi elaborado para reunir *evidências* para testar suas suposições; pelo menos nesse caso, elas não eram verdadeiras. Se a paciente estivesse correta ao pensar que o filho não queria ir ao cinema com ela, poderia ter explorado *explicações alternativas* para a decisão do filho, além da interpretação original da paciente de que isso significava que ele não a valorizava e que ela não tinha valor. Talvez a decisão dele não tenha sido uma rejeição a ela como pessoa; talvez ele estivesse interessado em passar tempo com os amigos ou estivesse começando a afirmar a independência apropriada para a idade. O terapeuta poderia ter incentivado a paciente a conversar com o filho para ver o que ele pensava. Na pior das hipóteses, ela poderia ter descoberto que ele tinha uma queixa específica sobre ela que ia além da relutância típica de um adolescente do sexo masculino em ser visto com sua mãe. Assim, ela poderia ter conversado com o filho e chegado a uma solução.

Se o adolescente tivesse se recusado a ir ao cinema com a mãe, o terapeuta poderia ter explorado se ela queria ser controlada pelo que as outras pessoas pensam, sentem ou fazem. O terapeuta também poderia ter salientado que as outras pessoas não podem *deixá-la* infeliz, mas que, ao atribuir um significado indevido à ação do filho, ela inadvertidamente "*deixou-se*" mais chateada do que o necessário; ou seja, seu próprio pensamento, e não as ações ou crenças dos outros, produziu as emoções desagradáveis. Se o filho se recusasse a "sair" com ela, ela poderia decidir esperar ele passar por sua fase de adolescência, segura de que ele estava se desenvolvendo normalmente e poderia gostar de ter contato com ela novamente quando ficasse um pouco mais velho e maduro. Nesse meio tempo, ela poderia buscar atividades e relacionamentos com outras pessoas, especialmente outros pais com filhos adolescentes. Esse é um exemplo de exame das *implicações* de um pensamento automático, ou o que alguns chamam de pergunta "E daí?" (Ellis, 1962): "Mesmo que o que você teme seja verdade (seu filho não quer ser visto em um cinema com você), e daí?". A paciente pode concluir que a decisão do filho não implica as suposições completamente negativas que ela fez.

A busca de *explicações alternativas* ajuda os pacientes a lidar com problemas que lhes pareciam insolúveis quando estavam mais deprimidos. Os pacientes deprimidos apresentam um viés negativo sistemático em suas interpretações dos eventos. Ao pensar em interpretações alternativas, eles reconhecem e combatem esse viés e podem tirar uma conclusão mais precisa do que aquelas que seu pensamento tendencioso os levou a tirar. Essa mudança de pensamento leva à melhora do humor e a uma maior capacidade de definir o problema real que precisa ser resolvido, em vez de persistir na autocrítica. O exemplo a seguir ilustra o efeito da correção de um conjunto cognitivo negativo.

Uma estudante universitária de 22 anos, deprimida, estava convencida de que seu professor de português achava que ela era uma "incapaz". Para provar seu ponto de vista, ela forneceu uma cópia de uma redação recente na qual havia recebido nota C, juntamente com duas páginas de comentários críticos. Ela havia escrito a redação durante um período de grande angústia, precipitado pela crença de que "não conseguiria ir bem na faculdade". Agora ela tinha "provas" e estava se preparando para abandonar o curso.

O terapeuta extraiu dois pontos relevantes com relação às conclusões da paciente. Primeiro, ela estava deprimida quando escreveu a redação, portanto, era provável que seu desempenho não refletisse com precisão suas habilidades. Na verdade, quando ela refletiu sobre como estava funcionando mal no momento em que entregou a redação, ficou surpresa por tê-la concluído. Ela percebeu que seu desempenho real e sua nota precisavam ser colocados no contexto dessas informações.

Então, o terapeuta perguntou se havia uma explicação alternativa para a nota e a crítica, além de sua crença de que o professor achava que ela era uma "incapaz". Essas alternativas foram discutidas e classificadas pela paciente em uma escala de 0 a 100 pontos de credibilidade:

1. "Sou uma incapaz que não tem nenhuma habilidade em português." 90%
2. "O professor tem um preconceito pessoal contra mulheres estudantes universitárias." 5%

3. "A nota não foi muito diferente das notas dos outros alunos." 3%
4. "O professor fez seus comentários para ajudar em futuras redações, porque ele acha que eu posso ter alguma habilidade." 2%

O terapeuta incentivou a paciente a obter mais informações antes de desistir do curso, encorajando-a a se reunir com o professor. Durante a reunião, ela ficou sabendo que a nota média da turma era C e que, embora o professor achasse que o estilo de sua redação era "fraco", ele achava que o conteúdo era "promissor". Ele sugeriu que eles tivessem uma nova discussão para analisar suas críticas. Como resultado dessas novas informações, a paciente ficou mais animada e alegre. Em vez de se ver como uma "incapaz", ela concordou prontamente que precisava de instruções concretas para melhorar seu estilo de escrita. Decidiu fazer aulas particulares e concluir o período letivo em vez de desistir do curso.

A paciente experimentou intensa disforia não só por causa da nota medíocre, mas também porque isso significava, para ela, que ela era um fracasso. Ela estava preparada para agir de acordo com sua conclusão negativa sem examinar sua crença ou reunir mais informações. A desistência do curso teria sido um grande erro à luz das evidências subsequentes. Na verdade, isso a teria convencido da validade de seu julgamento negativo sobre sua capacidade e serviria como uma *profecia autorrealizável* que ela teria tratado como evidência adicional. Quando ela investigou as outras interpretações possíveis, conseguiu tomar uma decisão mais embasada e bem informada.

Foi útil, para a paciente e o terapeuta, listar e classificar suas crenças, pois isso permitiu que eles desenvolvessem hipóteses empiricamente testáveis. Ela reavaliou suas interpretações na sessão seguinte e pôde ver como havia superestimado a hipótese "Sou uma incapaz" devido à quantidade limitada de evidências disponíveis. Depois que a paciente adquiriu alguma perspectiva sobre os comentários do professor, desviou sua atenção da ideia de que era um fracasso, que não parecia mais tão plausível, para uma explicação mais razoável das deficiências em sua redação criativa. Diferentemente dos terapeutas que praticam "o poder do pensamento positivo", os terapeutas cognitivos não tentam minimizar ou negar déficits ou dificuldades realistas.

Técnicas de reatribuição

Pacientes com depressão tendem a ver suas crenças como fatos. Embora isso seja típico dos seres humanos em geral, é de particular importância na depressão, porque as ideias dos pacientes tendem a ser negativas e autodepreciativas, com distorções que muitas vezes são extremas. Essas características se tornam ainda mais evidentes quando se observam os comportamentos decorrentes dessas crenças. Eles tendem a ser autodestrutivos, em vez de autoaprimoradores, e servem para confirmar as crenças negativas.

As **técnicas de reatribuição** são essencialmente elaborações ou expansões da pergunta sobre explicações alternativas e estão intimamente relacionadas à lógica cognitiva (Teoria A/Teoria B) descrita no Capítulo 4 (veja a Figura 4.2). Enquanto a pergunta sobre explicações alternativas geralmente é aplicada a um evento específico, e a Teoria A/Teoria B se refere a todo um ciclo de vida (Salkovskis,

1996), a técnica de reatribuição se encaixa em um ponto intermediário e pode ser usada para questionar a maneira como o paciente passou a pensar sobre as causas de algum evento maior, mas não de uma grande classe de eventos. Ao adquirir habilidades de reatribuição, os pacientes aprendem não só a levar em conta as múltiplas causas de um evento, mas também a se "distanciar" de seus pensamentos, ou seja, começam a ver seus pensamentos como eventos psicológicos e não como fatos sobre o mundo externo. É provável que esse processo seja semelhante ao que é alcançado por meio da meditação em abordagens baseadas em *mindfulness*, embora na terapia cognitiva para depressão nos concentremos menos no processo de "distanciamento" e mais na "avaliação" formal das crenças (Teasdale et al., 2000).

Muitas pessoas com depressão atribuem a culpa ou a responsabilidade por eventos adversos a si mesmas de forma excessiva ou inadequada. Os pacientes deprimidos são particularmente propensos a atribuir resultados negativos a defeitos em si mesmos que eles supõem ser verdadeiros ao longo do tempo e das situações — ou seja, eles supõem que esses defeitos não são apenas internos, mas também estáveis e globais (i.e., um traço). Por sua vez, as pessoas com essa propensão correm um risco elevado de ficar deprimidas diante de eventos negativos da vida (Abramson et al., 1978; Alloy et al., 2006; Seligman et al., 1979). Pesquisas demonstraram que a terapia cognitiva tem mais probabilidade de mudar essa propensão do que os medicamentos antidepressivos (Hollon et al., 1990), e que os pacientes que mudam nesse aspecto têm menos probabilidade de recaída do que aqueles que não mudam (Strunk et al., 2007).

Usamos a técnica de "reatribuição" quando os pacientes atribuem irrealisticamente as ocorrências adversas a alguma deficiência pessoal, como falta de habilidade ou esforço. Nesses casos, trabalhamos com os pacientes para revisar os eventos relevantes, de modo que eles possam atribuir a responsabilidade de forma mais apropriada. O objetivo não é que os pacientes se isentem de toda a responsabilidade, mas sim que avaliem todos os fatores que contribuíram para a experiência adversa. Ao ganhar objetividade, eles tiram o peso da autocensura e, como consequência, reduzem o sofrimento afetivo. Isso permite que eles lidem com situações difíceis com maior desenvoltura e evitem sua recorrência.

Um dos autores trabalhou com uma arquiteta que havia se separado do marido (uma paciente que discutimos em mais detalhes no Capítulo 7). A paciente descreveu ter ficado bastante chateada quando notou que um colega de trabalho em sua nova empresa estava olhando para a aliança de casamento que ela usava na mão esquerda. Discutir a situação com seu terapeuta levou à identificação da crença: "Eu causei os problemas em meu casamento, e qualquer um pensaria que eu sou um fracasso se soubesse que eu sou divorciada". Ao ser questionada, a paciente atribuiu 97% da responsabilidade pelo fracasso de seu casamento às suas próprias falhas e limitações. Conforme mostra a Figura 6.1, o terapeuta desenhou dois círculos em uma folha de papel (as análises de reatribuição geralmente se prestam a representações visuais). O círculo da esquerda mostrava sua crença de que 97% da culpa era dela, restando apenas um pedaço do círculo para quaisquer outros fatores contribuintes.

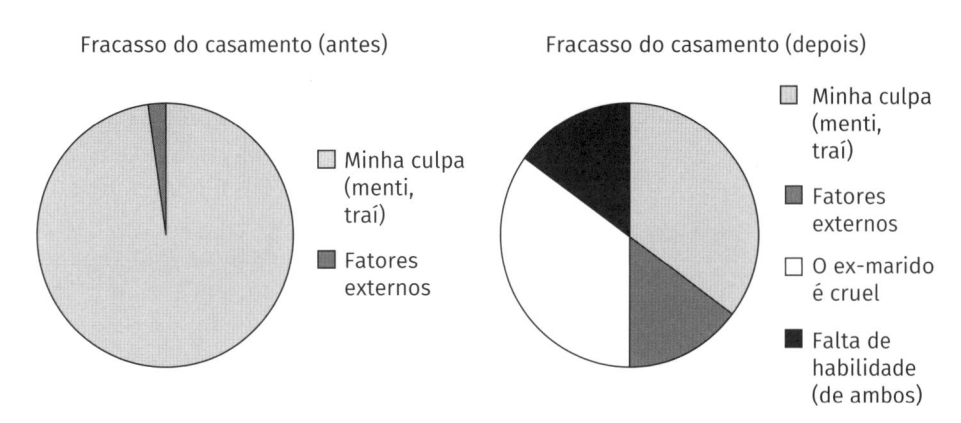

FIGURA 6.1 Gráfico de responsabilidade (reatribuição).

Então, o terapeuta perguntou à paciente o que ela havia feito para arruinar o casamento. Ficou claro que o comportamento dela tinha sido de fato problemático; em vez de pedir o que queria, ela esperava que o marido "lesse seus pensamentos" e, então, ficava com raiva e agia de forma provocativa quando ele não respondia a seus desejos não expressos. Ela acabou "fugindo" com alguém que conheceu pela internet (um relacionamento que durou menos de uma semana).

Depois de estabelecer que a cliente havia de fato se comportado de forma a prejudicar seu relacionamento com o marido, o terapeuta então usou o questionamento socrático (formulando perguntas de forma a levar a cliente a reconsiderar suas crenças anteriores) para saber se havia outros fatores que poderiam ter contribuído para a dissolução do casamento. A paciente descreveu o marido como frio e controlador, alguém que passava dias sem falar com ela quando brigavam. Ela contou o que aconteceu no caminho para o jantar de ensaio na noite anterior ao casamento quando, em meio a uma discussão, ele a empurrou para fora do carro e a deixou na beira da estrada. Além disso, ele tendia a preferir treinar em uma academia do que passar tempo com ela e havia aceitado um emprego em outra cidade sem envolvê-la na decisão. Depois de analisar as contribuições dela e do marido e representar esses fatores no círculo à direita, a paciente concluiu que, embora ela claramente tivesse contribuído para o fracasso do casamento, não era a única nem mesmo a principal causa. Esse processo lhe proporcionou algum alívio da culpa excessiva que atribuía a si mesma. Também a ajudou a identificar as mudanças que poderia fazer para melhorar seu comportamento em relacionamentos futuros, como pedir o que queria em vez de ficar com raiva quando o parceiro não "lia seus pensamentos" e negociar de igual para igual quando ela e o parceiro queriam coisas diferentes.

Resolução de problemas

Os padrões rígidos de pensamento dos pacientes deprimidos começam a se abrir à medida que eles usam as três perguntas e a reatribuição para se distanciarem de suas cognições depressogênicas. Problemas que eram percebidos como impossíveis de superar começam a parecer mais gerenciáveis. A busca por soluções envolve a investigação ativa de outras maneiras de interpretar e resolver seus problemas.

Por meio da definição cuidadosa de suas dificuldades, os pacientes podem chegar espontaneamente a soluções para problemas que antes pareciam insolúveis. Opções que antes eram descartadas agora parecem práticas e úteis. Como terapeutas, precisamos entender que, quando os pacientes deprimidos acreditam que exploraram todas as opções possíveis, é provável que tenham rejeitado várias soluções possíveis e interrompido a busca por outras após decidirem que o problema não pode ser resolvido. O exemplo a seguir ilustra a tendência dos pacientes deprimidos de ver os problemas como insolúveis com base em um viés sistemático nas evidências consideradas dignas de consideração.

Primeiro, pedimos a uma paciente recém-separada que listasse os problemas que enfrentou após a partida do marido, incluindo ter de administrar as finanças, disciplinar os filhos e lidar com a solidão. A paciente concluiu que não seria capaz de resolver seus problemas, pois "nunca teve sucesso em nada": "Nunca fui boa em matemática", "Sempre deixei a disciplina para Jack", "Sempre tive medo de ficar sozinha caso algo desse errado".

Considerar possíveis soluções para alguns de seus problemas ajudou a melhorar seu humor, em parte porque ela passou a perceber que sua situação de vida poderia não ser incorrigível. O exame da precisão de cognições como "Nunca fui boa em nada" começou com a identificação de casos específicos em seu passado em que a paciente funcionou com competência. Ao anotar esses casos, ela passou a acreditar que não era um fracasso nem incompetente. Sua vida estava prestes a ficar mais difícil, mas com treino e evidências, ela conseguiu chegar a novas conclusões, como "Tenho algum conhecimento, mas preciso de conselhos concretos na área de finanças, criação dos filhos e solidão".

Contemporaneamente à primeira edição deste manual, Nezu e colaboradores (1989) descreveram um conjunto de estratégias eficazes que foram reunidas em uma abordagem clínica separada chamada terapia de resolução de problemas (PST, do inglês *problem-solving therapy*; Nezu & D'Zurilla, 1979). Uma estratégia que usamos na terapia cognitiva é gerar várias soluções possíveis sem levar em conta a viabilidade de cada uma delas. Os pacientes deprimidos tendem a ser altamente autocríticos e a minimizar suas chances de sucesso, o que os leva a desconsiderar cada solução possível caso elas sejam consideradas uma por uma. Trabalhamos para compensar essa propensão incentivando os clientes a participarem do processo de elaboração de uma lista de possíveis soluções de forma livre (*brainstorming*), antes de considerar a plausibilidade de cada uma, protegendo o paciente de descartar opções da lista antes que elas tenham chance de serem avaliadas. Uma vez gerada uma lista de possíveis soluções, eles classificam a probabilidade de sucesso de cada uma delas antes de decidir a ordem em que devem experimentar cada uma. Esse exercício garante que o paciente saia da sessão com uma lista de estratégias para tentar, em ordem de probabilidade de sucesso, em vez de descartar todas as soluções possíveis com um excesso de pessimismo e dúvida.

No processo de *brainstorming*, geralmente é útil incentivar os pacientes a pensar em como outra pessoa poderia resolver o problema. Também perguntamos aos pacientes como eles poderiam ajudar outra pessoa a lidar com a mesma situação. Os pacientes deprimidos geralmente são capazes de encontrar soluções que podem funcionar para outras pessoas, mesmo quando têm dificuldade de identificar as mesmas soluções quando solicitados a pensar no que poderia funcionar para eles. Às vezes, uma simples mudança no contexto desbloqueia a capacidade dos pacientes de gerar possíveis soluções para os problemas. A busca de formas alternativas de lidar com os problemas é particularmente importante no tratamento de pacientes suicidas (consulte o Capítulo 9).

Registrando pensamentos disfuncionais: um exemplo integrado

Nosso objetivo geral da terapia cognitiva é que nossos clientes aprendam que podem fazer por si mesmos tudo o que nós (seus terapeutas) podemos fazer por eles no início da terapia. Uma das estratégias que usamos (especialmente com pacientes deprimidos) é encorajar os clientes a trabalharem no processo de detectar e examinar a precisão de seus pensamentos automáticos negativos e crenças subjacentes — e fazerem isso em um formato escrito, geralmente usando um formulário conhecido como **Registro de Pensamentos** (retiramos o termo "disfuncional" do próprio formulário para não presumir o que o cliente concluirá). Conforme descrevemos com mais detalhes no Capítulo 8 sobre comorbidade, alguns dos principais teóricos cognitivos que trabalham principalmente com outros transtornos raramente usam registros de pensamentos, preferindo confiar em representações visuais e experimentos comportamentais para

testar as crenças de seus clientes. Nossa experiência sugere que manter o registro dos pensamentos por escrito pode ser de grande valia para clientes deprimidos, talvez porque muitos de seus pensamentos negativos estejam relacionados a crenças nucleares depreciativas sobre si mesmos. Esses pensamentos atingem tão profundamente o núcleo que se beneficiam do fato de serem trabalhados e desconstruídos metodicamente de forma repetida ao longo do tempo, já que não existe um experimento isolado que possa mostrar aos pacientes que eles não são incompetentes ou não são indignos de amor.

Existem muitas versões do Registro de Pensamentos (consulte, p. ex., Greenberger & Padesky, 2016), mas em todas elas os pacientes registram seus pensamentos em uma coluna, depois escrevem respostas alternativas mais razoáveis em uma coluna paralela. Como mostra a Figura 6.2, a versão que preferimos inclui colunas rotuladas como Data, Situação, Emoções, Pensamentos automáticos, Respostas alternativas e Resultado.

O paciente apresentado nos Capítulos 2 e 5 gerou o Registro de Pensamentos apresentado na figura. Ele tinha 40 anos, era escultor por formação e chegou à terapia deprimido devido a problemas em sua vida profissional. Ele trabalhava há 3 anos como faz-tudo em um condomínio depois de perder o emprego de professor em uma pequena faculdade de artes liberais. Embora seu trabalho como faz-tudo pagasse quase tão bem quanto seu antigo cargo, ele considerava seu emprego atual humilhante e não conseguia se imaginar superando sua depressão até encontrar um trabalho adequado no meio acadêmico. Apesar de sua crença de que sua depressão era "baseada na realidade" e diretamente relacionada à "reversão" de sua situação de emprego, o automonitoramento indicava que seu humor era melhor quando estava no trabalho do que à noite e nos fins de semana, quando estava em casa, sentado no sofá, ruminando sobre sua posição acadêmica perdida (veja a Figura 5.1 no Capítulo 5).

Entre as muitas coisas que o paciente não havia feito nos 3 anos anteriores estava a declaração de imposto de renda, e a chance de ser pego pela Receita Federal pesava muito em sua mente. Após várias semanas de tratamento, depois de obter sucesso com o uso de estratégias comportamentais para concluir vários projetos há muito evitados, ele acordou cedo em uma manhã de domingo e decidiu colocar seus assuntos financeiros em ordem. Preparou uma xícara de café e foi até o porão, onde mantinha seus registros financeiros. Nesse momento, ele foi dominado por fantasias visuais do que lhe aconteceria na cadeia se tentasse declarar a renda de seu emprego atual, sobre a qual não havia pago nenhum imposto. Ele se imaginou na prisão e sendo forçado a sobreviver em um ambiente onde a violência poderia eclodir a qualquer instante, momento no qual ele se viu em um estado de quase paralisia, com uma profunda sensação de mau pressentimento. Depois de vários minutos, ele conseguiu se forçar a voltar para o andar de cima e pegar outra xícara de café antes de se sentar à mesa da cozinha e produzir o primeiro registro (a linha superior) na Figura 6.2.

O registro na coluna "Situação" afirma que ele não estava conseguindo fazer a declaração e muitas outras coisas. (Por estar preocupado com a possibilidade do seu exercício de casa cair nas mãos da Receita Federal, ele preferiu não usar a palavra "impostos"). Na coluna "Emoções", ele observou que estava se sentindo triste, ansioso e zangado e classificou sua intensidade como 85 em uma escala de 100 pontos. (Teria sido melhor se o terapeuta tivesse pedido ao paciente que classificasse a intensidade de cada emoção separadamente, para determinar qual afeto era mais dominante, mas, nesse caso, o paciente usou uma classificação para descrever as três emoções, e o terapeuta deixou de perguntar.)

Na coluna "Pensamentos automáticos", o paciente indicou que era "Um fracasso novamente" (um pensamento automático negativo específico), que "Nunca consigo fazer meu trabalho" (uma crença um pouco mais geral) e que "Eu não presto" (uma atribuição caracterológica mais próxima de uma crença nuclear), todos exemplos dos tipos de cognições negativas frequentemente relatadas por pacientes deprimidos. Ele também classificou seu grau de crença nesses pensamentos em 85%. (Novamente, teria sido melhor se o terapeuta tivesse perguntado ao paciente o quanto ele acreditava em cada pensamento para ver o que poderia ser mais facilmente examinado, mas o que é evidente é que o paciente acreditava muito em cada um desses pensamentos.)

O mais importante foi o que o paciente registrou na coluna "Respostas alternativas". Para gerar alternativas mais precisas para seus pensamentos automáticos iniciais, ele fez a si mesmo duas das três perguntas listadas na parte inferior do Registro de Pensamentos: (1) Quais são as **evidências** de que o pensamento automático é verdadeiro? Quais são as evidências de que ele não é verdadeiro?; (2) Existem **explicações alternativas** para esse evento ou maneiras alternativas de ver a situação?; (3) Quais são as **implicações** se o pensamento for verdadeiro? O que é mais perturbador nisso? O que é mais realista? O que posso fazer a respeito? (A quarta pergunta — O que eu diria a um bom amigo na mesma situação? — não é uma das "três perguntas clássicas", mas é uma maneira simples de os clientes considerarem perspectivas alternativas, já que os pacientes deprimidos raramente são tão severos com os outros quanto consigo mesmos.)

A primeira resposta do escultor refletiu sua resposta à pergunta sobre as **evidências**: "Já fiz declarações e outros trabalhos no passado", em resposta ao pensamento automático "Nunca consigo fazer meu trabalho". Instigado pela pergunta sobre "evidências", ele se lembrou de que havia concluído várias tarefas nas semanas anteriores de terapia, incluindo ir à exposição de Picasso com a esposa e montar seu portfólio para poder se candidatar a outros cargos docentes.

Entretanto, ele não havia conseguido colocar seus registros fiscais em ordem naquela manhã, portanto, ainda havia um problema a ser superado. Então, ele usou a pergunta das alternativas para se questionar se havia alguma outra explicação para a situação, além das descrições caracterológicas globais de que ele era um "fracasso" e "não prestava". Depois de fazer isso, ele conseguiu lembrar a si mesmo que, de fato, havia conseguido concluir tarefas nas últimas semanas usando uma abordagem de "tarefa graduada" na qual ele dividiu cada grande tarefa em uma série de etapas menores e sequenciadas (conforme descrito no Capítulo 5). Ele percebeu que não tinha sido bem-sucedido porque não tinha começado (suas cognições negativas o levaram a sentir-se oprimido pela magnitude da tarefa, de modo que ele nem sequer conseguiu começar) e que não era um fracasso total (apenas alguém com depressão que foi vítima do déficit de iniciação de resposta). Ele classificou seu grau de crença em sua resposta alternativa em 80%.

Na coluna "Resultado", ele observou que sua crença em seus pensamentos automáticos iniciais havia caído para 45% e que a intensidade de suas emoções também havia caído para 50%. Depois de concluir esse exercício, ele ficou mais esperançoso e começou a enfrentar a tarefa que, minutos antes, parecia esmagadora. Ele voltou ao porão e pegou um punhado de registros financeiros, levou-os para cima e os colocou em ordem, depois repetiu o processo várias vezes. Ele parou pela manhã com a sensação de que havia feito um progresso real. O uso do Registro de Pensamentos o ajudou a perceber que seu problema naquela manhã não era uma falha permanente em seu caráter, mas sim que ele havia escolhido a estratégia errada. Um princípio central da terapia cognitiva é o de que *a vida é menos um teste de caráter, e mais um teste de estratégia.*

O exemplo datado de 29/1 na parte inferior da Figura 6.2 vem do mesmo paciente uma ou duas semanas antes. Embora ele já tivesse alguma experiência em trabalhar com o Registro de Pensamentos, nesse caso, ele o utilizou de uma maneira bastante casual que não o ajudou muito. Na coluna "Situação", o paciente escreveu: "Não consigo mais lidar com isso — muita história para desfazer —, pouca priorização e mau uso do tempo". Esse conjunto de afirmações reflete mais uma previsão pessimista do que uma descrição de uma situação específica (o que geralmente procuramos na primeira coluna);

Instruções: Quando perceber que seu humor está piorando, pergunte a si mesmo "O que está passando pela minha cabeça neste momento?" e, assim que possível, anote o pensamento ou a imagem mental na coluna "Pensamentos automáticos". Em seguida, considere o quanto esses pensamentos são realistas.

Data	Situação	Emoções	Pensamentos automáticos	Respostas alternativas	Resultado
	Onde você estava – e o que estava acontecendo – quando você ficou chateado?	Quais emoções você sentiu (tristeza, ansiedade, raiva, etc.)? Avalie a intensidade (0-100%).	Quais pensamentos e/ou imagens passaram por sua mente? Avalie sua crença em cada um deles (0-100%).	Use as perguntas na parte inferior para compor respostas aos pensamentos automáticos. Classifique sua crença em cada um deles (0-100%). Consulte também a lista de possíveis distorções.	Reavalie a crença em seus pensamentos automáticos (0-100%) e na intensidade de suas emoções (0-100%).
5/2	Não fazer a declaração e muitas outras coisas.	Ansioso, triste, zangado (85%)	Um fracasso novamente, nunca consigo fazer meu trabalho; eu não presto. (85%)	Tenho feito a declaração e outras coisas, mas geralmente aos poucos e não de uma vez só. (80%)	1. 45% 2. Ansioso, triste, zangado (50%)
7/2	Sentado, folheando alguns livros antigos – 6h30min	Ansioso (75%)	Ao me sentir culpado por não estar trabalhando, voltarei ao estado de pânico se não tomar cuidado. (70%)	Depois de 12 horas de trabalho intenso ontem (telefone, declaração, construção, carta, terapia, direção), não há problema em relaxar no dia seguinte. (95%)	1. 10% 2. Alegre, exuberante (95%)
29/1	**Exemplo de aplicação incorreta** Não consigo mais lidar com isso – muita história para desfazer – pouca priorização e mau uso do tempo.	******** Deprimido (80%)	******** Não há boas opções – ou emprego em minha especialidade ou em absolutamente nada. (90%)	******** O presente não prevê o futuro. (20%)	******** 1. 95% 2. Deprimido (95%)

(1) Quais são as **evidências** de que o pensamento automático é verdadeiro? Quais são as evidências de que ele não é verdadeiro?
(2) Existem **explicações alternativas** para esse evento ou maneiras alternativas de ver a situação?
(3) Quais são as **implicações** se o pensamento for verdadeiro? O que é mais perturbador nisso? O que é mais realista? O que posso fazer a respeito?
(4) O que eu diria a um bom amigo na mesma situação?

Possíveis distorções: Pensamento do tipo "tudo ou nada"; supergeneralização; desconsideração de aspectos positivos; conclusões precipitadas; leitura mental; adivinhação; maximização/minimização; raciocínio emocional; declarações do tipo "deveria"; rotulação; culpabilização inadequada.

FIGURA 6.2 Registro de pensamentos. Adaptado de Hollon e Beck (1979). Reimpressa com permissão.

elas compreendem crenças que o paciente aceitou, sem crítica, como fatos. O paciente teria feito melhor se tivesse examinado sua precisão; como crenças, elas pertenciam à coluna "Pensamentos automáticos", onde poderiam ter sido examinadas com mais cuidado. O afeto, "deprimido", classificado com 80% de intensidade na coluna "Emoção", é compreensível, dados os pensamentos que ele lista na coluna "Pensamentos automáticos", que parecem apropriados em termos de conteúdo, embora talvez excessivamente negativos: "Não há boas opções — ou emprego em minha especialidade ou absolutamente nada". É na coluna "Respostas alternativas" que ele tem problemas, principalmente quando escreve: "O presente não prevê o futuro", uma afirmação em que ele acredita apenas 20%. O paciente já havia aprendido a fazer a si mesmo as perguntas na parte inferior da página, mas, nesse caso, não se preocupou em fazer o esforço necessário e, portanto, não avaliou a precisão de suas crenças negativas. Em vez disso, ele jogou um aforismo no qual não acreditava, e seu humor piorou.

A lição, para o paciente e para o terapeuta que deseja praticar a abordagem de forma eficaz, é que a terapia cognitiva envolve mais do que apenas substituir uma crença por outra. Não se pode esperar que o simples fato de "ter pensamentos felizes" traga alívio duradouro (ou sequer temporário). A maioria dos pacientes pode aprender a realizar as etapas necessárias. Da mesma forma, a maioria dos terapeutas pode aprender a usar a terapia cognitiva com seus pacientes e a ensiná-los a fazer a terapia cognitiva para si e consigo mesmos. O que é vital é que o terapeuta tenha uma boa base no modelo cognitivo e se sinta à vontade para ensinar os clientes a explorar seus sistemas de significados fazendo os tipos de perguntas que revelarão as crenças relevantes e depois testá-las em relação à realidade. A terapia cognitiva é mais do que um conjunto de técnicas; ao contrário, é uma instanciação do modelo científico, na medida em que trata as crenças como hipóteses que podem ser submetidas à refutação empírica. É essa fundamentação nas realidades externas que leva a terapia cognitiva para além do domínio da persuasão ou da influência relacional. O terapeuta não precisa ser carismático ou mesmo conhecer as soluções para os problemas dos pacientes para fazer perguntas que promoverão o progresso.

No exemplo anterior sobre os impostos não pagos, o paciente não usou a pergunta sobre *implicações*: Quais são as implicações se esse pensamento for verdadeiro? O que é mais perturbador nisso? O que é mais realista? O que posso fazer a respeito? Quando o terapeuta explorou essas questões na sessão, ficou evidente que o paciente estava mais preocupado com as possíveis consequências caso a Receita Federal o pegasse. Mesmo depois de ter colocado seus assuntos financeiros em ordem, ele enfrentava um dilema: estava pronto para se apresentar, mas preocupado com o risco de ir para a cadeia se chamasse a atenção para si mesmo. Ele considerou a gama de resultados prováveis com seu terapeuta e decidiu fazer suas perguntas à Receita Federal de uma forma que protegesse seu anonimato, fazendo uma breve ligação de uma cabine telefônica pública. Ele ficou sabendo que a Receita Federal preferia não colocá-lo na cadeia; como o agente disse, "Nosso trabalho é coletar seu dinheiro para o governo, e não gastar o dinheiro do governo para prendê-lo".

Só para ter certeza, ele fez uma segunda ligação anônima de uma cabine telefônica diferente e ficou muito mais aliviado quando recebeu a mesma resposta básica. Ele ficou sabendo que poderia acabar na cadeia se não se apresentasse e a Receita Federal o encontrasse (como acabaria acontecendo), mas que, se ele se apresentasse, tudo o que teria de fazer era pagar uma multa além dos impostos não pagos. Então, ele foi à agência local da Receita Federal e esclareceu um problema que o estava torturando há 3 anos.

Seu terapeuta também abordou a raiva que o paciente sentia da situação. A princípio, o terapeuta presumiu que o paciente estava com raiva de si mesmo por não ter lidado com o problema, mas esse não era o caso. Ele frequentemente sentia uma mistura de tristeza e raiva. Um conjunto semelhante de emoções foi desencadeado quando ele teve de escolher entre ir ver sua mãe doente, que morava em outra cidade, e comprar para seus filhos as roupas e os materiais necessários para o novo período escolar. A exploração dessas situações deixou claro o tema comum. Esse mesmo par de afetos surgia sempre que ele acreditava que, para manter o respeito e a afeição de alguém com quem se importava (quem quer que fosse), precisava fazer algo que não tinha certeza se conseguiria. Esse dilema provocava tristeza. Ele também achava injusto ter de atender a um padrão para manter esse respeito ou afeição. Ele achava que, se uma pessoa realmente se importasse com ele, ela deveria aceitá-lo, independentemente de ele corresponder às suas expectativas presumidas ou não.

O terapeuta pediu ao paciente que se lembrasse da primeira vez em que ele experimentou essa mistura de tristeza e raiva. Ele descreveu um padrão de interação com seu pai e seu irmão. O paciente era um homem grande, um tanto desajeitado, que gaguejava na adolescência. Ele descreveu seu irmão mais novo como rápido e ágil, bom em tudo o que fazia. Ele se lembrou que seu pai obrigava os dois meninos a encher envelopes para a empresa de vendas pelo correio da família nos finais de semana. Como incentivo, o pai prometia um sorvete para o filho que enchesse mais envelopes. O paciente descreveu que passava muitas manhãs de sábado se esforçando para acompanhar o ritmo do irmão, mas sempre ficava para trás e daí nunca conseguia ir tomar sorvete com o pai. Ele se lembrou de que se sentia triste porque esperava perder (e sempre perdia), e, irritado, porque achava injusto ter de competir com o irmão pela atenção do pai. Essa ideia de se ver como um "perdedor" em situações em que não deveria ter de "competir" passou a matizar a maneira como ele via a si mesmo, seus relacionamentos com outras pessoas e seu futuro (a tríade cognitiva). Esse grupo de pensamentos se tornou o foco das últimas semanas de tratamento — e fornece um exemplo de como passamos do trabalho com pensamentos automáticos para as crenças nucleares. (Voltaremos a esse tópico com mais detalhes no Capítulo 7.)

Possíveis dificuldades no uso do registro de pensamentos

Normalmente, apresentamos o Registro de Pensamentos ao longo de algumas sessões antes de pedir aos pacientes que o preencham por conta própria entre as sessões. Podemos apresentar o formulário depois que os pacientes trouxerem uma folha de automonitoramento na qual um evento angustiante foi registrado. Explicamos que eles podem usar esse formulário para ajudar a identificar e explorar seus próprios pensamentos automáticos, a fim de aprender a melhorar seu humor por conta própria. Podemos dizer o seguinte para apresentar o Registro de Pensamentos pela primeira vez: "Os pensamentos automáticos aparentemente surgem em sua mente do nada. Você não pede para tê-los e, às vezes, no momento, pode nem pensar em questionar se eles são corretos. Vamos analisar esses pensamentos para ver se estão lhe servindo bem e, se não estiverem, para ver se podemos encontrar algumas alternativas mais precisas e potencialmente úteis." Em seguida, pedimos aos pacientes que tentem se lembrar de qualquer pensamento que tenha surgido em suas mentes durante o evento que anotaram na folha de automonitoramento. Depois, perguntamos a eles quais emoções foram desencadeadas por cada um desses pensamentos. Mesmo antes de os pacientes entenderem como examinar seus pensamentos, nós os incentivamos a identificar seus pensamentos e sentimentos como exercício de casa; em outras palavras, um exercício de casa inicial pode ser preencher apenas as três primeiras colunas (Situações, Emoções, Pensamentos) sem gerar nenhuma Resposta alternativa. Também pedimos a eles que avaliem a intensidade de cada emoção: "Se 100 foi o mais triste que você já sentiu e 0 não foi nada triste, quão triste você estava naquele momento?". Da mesma forma, pedimos aos pacientes que identifiquem o quanto acreditaram em cada pensamento no instante em que ele ocorreu, em uma escala de 0 (*nem um pouco*) a 100 (*totalmente*). Essas classificações são úteis porque trabalhar com um Registro de Pensamentos geralmente resulta em uma redução da intensidade do afeto doloroso e uma diminuição da crença em pensamentos depressogênicos. Essas classificações podem ser ainda mais úteis quando algo dá errado. (Veja a aplicação errônea de técnicas cognitivas na parte inferior da Figura 6.2, na qual o escultor interpretou erroneamente os pensamentos automáticos negativos para a situação na primeira coluna e depois simplesmente forneceu um aforismo no qual não acreditava, em vez de trabalhar com as "três perguntas" para formular uma resposta alternativa.) Aprender a discriminar a intensidade do afeto e o grau de crença permite que os pacientes vejam mudanças e melhorias.

Normalmente, são necessárias várias sessões para que os pacientes aprendam a usar o Registro de Pensamentos, e podem surgir problemas. Alguns têm dificuldade em separar fatos de crenças e acabam listando pensamentos automáticos na coluna de situação, como o escultor fez no exemplo na parte inferior da Figura 6.2. Assim, torna-se difícil manter a clareza sobre o que realmente aconteceu, e o paciente geralmente não sabe o que testar. Por exemplo, um paciente que listou "Fiz papel de bobo hoje no trabalho" em "Situação" já decidiu que se comportou de maneira "boba" e foi julgado como "bobo" pelos outros, quando na verdade não sabia se os outros notaram seu comportamento ou se o julgaram negativamente. Uma descrição mais precisa da situação poderia ter sido: "Fiz um comentário na reunião que foi seguido pelo silêncio na sala". A frase "Fiz papel de bobo" então vai para Pensamentos automáticos; sua precisão deve ser determinada.

Os pacientes geralmente listam crenças em sentimentos, indicando (por exemplo) que "se sentem" incompetentes ou inadequados. Explicamos que sentimentos não podem ser testados; uma pessoa se sente mais ou menos triste ou ansiosa, e isso não está sujeito a exame. Por outro lado, o fato de alguém ser incompetente ou inadequado pode ser testado, e a precisão desses julgamentos pode ser determinada em uma medida razoável. Tanto "sou incompetente" quanto "sou inadequado" são crenças que podem ser submetidas a confirmação ou refutação empírica, enquanto "sinto-me triste" ou "sinto-me ansioso" são experiências afetivas subjetivas que não podem ser submetidas a testes empíricos. Quando um paciente diz: "Eu me senti incompetente quando não consegui montar a bicicleta da minha filha", estaríamos inclinados a perguntar: "E quando você pensou que era incompetente, como se sentiu?". Quando os pacientes relatam que se sentem "sem esperança", estamos inclinados a pedir-lhes não apenas que anotem isso na coluna "Emoções", mas também que examinem a precisão da crença relacionada: "Minha situação não pode ser mudada". Nunca é demais enfatizar esse ponto. É um princípio básico da terapia cognitiva que todas as crenças podem ser testadas, enquanto as experiências afetivas não (são as consequências "posteriores" das crenças). É importante ajudar os clientes a aprender a examinar a precisão de suas crenças, mas, como observamos anteriormente, não é útil questionar a validade de suas experiências emocionais, que são produtos de suas crenças. Enquanto os terapeutas de outras escolas falam sobre não querer "invalidar" seus clientes, nós fazemos uma distinção nítida entre não querer invalidar sua experiência afetiva e, ao mesmo tempo, examinar a precisão das crenças nas quais essa experiência afetiva se baseia.

Alguns pacientes têm dificuldade para identificar seus sentimentos. Nesses casos, geralmente começamos perguntando se o afeto é bom ou ruim (as dicotomias são as mais simples) e, se for o último caso, perguntamos que "tipo" de ruim (triste, assustado, com raiva, culpado, envergonhado ou o que for), para ver se algum desses termos afetivos familiares parece se encaixar. O quadro de emoções apresentado na Figura 2.1 pode ser usado para ajudar os pacientes a aprender os nomes das várias emoções centrais, caso não estejam familiarizados com elas. As pessoas geralmente experimentam combinações de emoções, com diferentes intensidades para cada uma delas. O paciente lista todas as que conseguir identificar. Conforme descrito em um exemplo anterior, algumas pessoas sentem um breve surto de ansiedade antes de sentir raiva, e muitas vezes é útil identificar a percepção de ameaça subjacente a essa ansiedade e a hostilidade em que ela se transforma (para algumas pessoas, a "fuga" se transforma em "luta" se a percepção de ameaça for seguida por uma sensação de que alguém violou um "dever", como o enfermeiro descrito anteriormente neste capítulo). Se os pacientes continuarem a ter dificuldade para rotular as emoções, perguntamos a eles quais sensações corporais acompanham a experiência. Às vezes, eles relatam que não sentem vergonha, raiva ou alguma outra emoção. Esses pacientes podem ter sido punidos por demonstrarem essas emoções no passado. É um marco na terapia quando eles relaxam o suficiente para expressar esses afetos com o terapeuta.

Alguns terapeutas têm dificuldade para determinar quando usar um Registro de Pensamentos. Uma regra geral é extrair os pensamentos quando houver uma mudança drástica no afeto durante uma sessão, indicada por uma mudança na expressão facial, por lágrimas ou por uma mudança na modulação da voz. Quando observamos essas reações não verbais, geralmente perguntamos: "O que acabou de passar pela sua cabeça?". Qualquer cognição associada a essa mudança no comportamento não verbal provavelmente está ligada a uma emoção dolorosa. Essas cognições são ideais para ilustrar a ligação entre pensamentos e sentimentos e podem ser usadas para ensinar o cliente a usar o Registro de Pensamentos. Além disso, os pensamentos negativos provocados nessa situação às vezes estão relacionados à percepção do cliente sobre o relacionamento terapêutico ou a natureza da terapia e, portanto, pode ser importante abordá-los diretamente.

Durante todo o tratamento, focamos na conexão entre os pensamentos específicos dos pacientes e seus sentimentos relacionados. Se eles dizem: "Estou me sentindo péssimo", tendemos a perguntar: "O que está passando pela sua cabeça neste momento?". Se os pacientes relatam um evento recente em seus registros de exercícios de casa associado a sentimentos angustiantes, como ansiedade ou tristeza, perguntamos a eles quais pensamentos ocorreram imediatamente antes dos sentimentos desagradáveis. Se eles relatam um evento em que se sentiram tristes, perguntamos o que o evento significou para eles. Depois que esses pensamentos e sentimentos são anotados em um Registro de Pensamentos (na sessão ou como parte do exercício de casa que é trazido), pedimos aos pacientes que tracem uma linha entre cada pensamento e o afeto que ele gera, para que a conexão fique clara. Se houver um afeto sem pelo menos um pensamento conectado, então ainda não avaliamos totalmente a maneira como o cliente está pensando sobre a situação; se houver o que parece ser uma cognição "quente" sem um afeto associado, então perguntamos gentilmente sobre essa ausência.

Aprofundando-se nos pensamentos automáticos

A técnica da **seta descendente** é usada para ajudar os pacientes a ver temas mais amplos que ligam diferentes experiências. Depois que uma cognição "quente" é identificada, geralmente perguntamos ao paciente: "Se esse pensamento fosse verdadeiro, o que ele diria sobre você, seu lugar no mundo ou suas perspectivas futuras de felicidade?" (a tríade cognitiva negativa). Esses tipos de perguntas ajudam os clientes a se aprofundarem, examinando as conexões entre seus primeiros pensamentos ("Fiz papel de bobo") e suas crenças mais profundas ("Sou um fracasso"; "Todo mundo acha que sou um idiota"; "Nunca terei sucesso").

Explicamos esse processo a eles da seguinte maneira: "Seu primeiro pensamento, 'Não vou ser escolhido como candidato à promoção', é como a camada superior de rochas nas paredes do Grand Canyon. Vamos nos aprofundar para ver quais pensamentos podem estar subjacentes a esse primeiro pensamento. Se não fosse escolhido como candidato à promoção, o que isso significaria para você?". O sistema de significados no qual um pensamento automático específico está inserido pode ser diferente para pacientes diferentes. Ser preterido em uma promoção pode significar para uma pessoa que ela é incompetente; a crença de que alguém é incompetente normalmente provoca tristeza. Para outra pessoa, pode significar que ela foi tratada injustamente devido à política do escritório; a crença de que uma situação é injusta normalmente provoca raiva. À medida que cada pensamento é identificado, o paciente desenha uma seta descendente até a crença subjacente a ele, que normalmente é mais abstrata e se aplica a situações que vão além do gatilho específico dessa vez.

Nem sempre fica claro, ao trabalhar com o Registro de Pensamentos (ou mesmo em uma conversa), quando é melhor "descer", usando a técnica da seta descendente para explorar o sistema de significados mais amplo no qual um pensamento específico está inserido, ou "atravessar" para a coluna de Resposta alternativa para examinar a precisão dos pensamentos automáticos. É mais provável que "atravessemos" nas primeiras sessões (depois de "descer uma seta" para ver o que nos espera nas sessões seguintes), ajudando os clientes a examinar a precisão de seus pensamentos automáticos iniciais, de modo a proporcionar algum alívio para sua angústia. No exemplo anterior do escultor, o paciente primeiro "atravessou", examinando a precisão de seu pensamento "Eu nunca consigo fazer o meu trabalho", de modo a sentir alívio suficiente para começar uma tarefa pesada. À medida que os pacientes se tornam mais conscientes de seus pensamentos automáticos, eles são ensinados a se perguntar: "O que esse pensamento significa para mim?". Explorar esse sistema de significados mais amplo ajuda a reduzir o risco futuro, pois é mais fácil mudar comportamentos ("Escolhi a estratégia errada") do que traços ("Eu não presto"). Exploramos mais esse processo no Capítulo 7 sobre crenças nucleares.

Configurando experimentos

Por mais úteis que possam ser o questionamento socrático e o Registro de Pensamentos, é consenso entre os terapeutas cognitivos que um experimento cuidadosamente elaborado é a maneira mais poderosa de testar uma crença ou examinar a validade de um pressuposto (Bandura, 1977). Muito do que fazemos nas sessões com os clientes é um prelúdio para levá-los a testar suas crenças em situações do mundo real por meio da mudança de seus comportamentos. O escultor aprendeu que poderia usar a técnica de tarefas graduadas (consulte o Capítulo 5) para chegar à exposição de Picasso e organizar seu portfólio, de modo a enviar suas solicitações de emprego. Quando o fez, gerou uma clara evidência empírica de que as dificuldades que vinha enfrentando não eram produto de algum defeito profundo em si mesmo, mas sim resultado da escolha da estratégia comportamental errada (nesse caso, não começar). Usamos a lógica e a razão para incentivar nossos clientes a chegarem ao ponto em que se sintam à vontade para testar a precisão de suas próprias crenças, mas é a sua refutação empírica em experimentos, a qual nenhum terapeuta pode controlar, que fornece a base mais convincente para a mudança. É por isso que a terapia cognitiva é um tipo de terapia cognitivo-comportamental e não apenas uma doce ilusão.

A pessoa na sessão que conhece o experimento mais poderoso a ser realizado para testar a precisão de uma crença é o cliente. Quando queremos criar um experimento particularmente convincente para realizar, o que normalmente fazemos é perguntar ao nosso cliente: "Se seu pressuposto fosse verdadeiro, qual seria a última coisa que você gostaria de fazer em uma situação como essa?". Pacientes deprimidos (e seus terapeutas) às vezes têm dificuldade para pensar em experimentos inteligentes, mas os clientes quase nunca têm dificuldade para especificar o que acreditam que não podem fazer ou que teriam medo de tentar. Isso é análogo ao processo de "ação oposta" da terapia comportamental dialética (Linehan, 1993). É uma estratégia que usamos com frequência na terapia cognitiva para que os clientes sugiram comportamentos (experimentos) que testarão suas crenças de uma forma que eles considerem especialmente convincente. Para o escultor descrito neste capítulo, foi o envio de seu portfólio. Para a arquiteta, descrita em detalhes no próximo capítulo, foi revelar para seu parceiro romântico o que havia acontecido com ela no passado.

Resumo e conclusões

Examinar a precisão das crenças de uma pessoa é a essência da terapia cognitiva. Para identificar as "cognições quentes" de uma pessoa, é útil fazer os pacientes relembrarem (ou monitorarem) situações em que tiveram uma experiência afetiva negativa ou não ficaram satisfeitos com seu comportamento. Os pacientes são incentivados a diferenciar entre os casos em que o verbo "sentir" é usado para descrever uma experiência afetiva genuína (como tristeza ou ansiedade) e os casos em que é usado para descrever uma "crença vaga", como "sinto-me inadequado" ou "sinto-me indigno de ser amado". É provável que estas últimas sejam exatamente os tipos de "cognições quentes" que geram afeto negativo,

e são as cognições que queremos incentivar nossos clientes a testar.

Fazemos uso extensivo do Registro de Pensamentos e, especialmente, das "três perguntas" (evidências, alternativas e implicações) para ajudar os clientes a aprender como examinar a precisão de suas crenças e a "seta descendente" (o que isso significaria para ou sobre você ou seu futuro se essa crença fosse verdadeira?) para explorar o sistema de significados mais amplo subjacente a qualquer crença específica. Nosso objetivo sempre é ensinar os clientes a fazer por si mesmos tudo o que pudermos fazer com eles no início da terapia. Temos fortes suspeitas de que essa é a base do efeito duradouro da terapia cognitiva.

Notas

1. Ed Watkins, da Exeter University, no Reino Unido, desenvolveu uma abordagem que ele chama de terapia cognitivo-comportamental focada na ruminação (RFCBT, do inglês *rumination-focused cognitive behavior therapy*), que busca minimizar os efeitos negativos da ruminação improdutiva e fazer os pacientes passarem a resolver problemas adaptativos (Watkins, 2016). Teremos mais a dizer sobre essa abordagem com suporte empírico no Capítulo 16.

2. Acreditamos que tanto o luto quanto a melancolia representam casos de depressão e aplaudimos a recente tendência de classificar o luto como apenas outro caso de depressão em que o gatilho é claro. Além disso, observamos que os indivíduos propensos a se culparem por uma perda ou a se verem diminuídos como consequência (seja "no amor ou no trabalho") provavelmente entrarão na adolescência com uma propensão a atribuir eventos negativos da vida a algum defeito em si mesmos e, com isso, têm uma probabilidade especial de se tornarem "propensos à recorrência" (Monroe et al., 2019).

PONTOS-CHAVE

1. **Pensamentos automáticos negativos** são pensamentos ou imagens que parecem surgir sem esforço ou intenção e que muitas vezes são vivenciados como crenças "do fundo da mente".
2. **Cognições quentes** são pensamentos automáticos específicos em situações específicas que geram afeto. Elas são frequentemente expressas pelos clientes usando o verbo "Eu sinto...", mas são, na verdade, crenças que podem ser testadas.
3. **"O afeto é a estrada real para o consciente"**; pensamentos automáticos negativos específicos são mais fáceis de detectar em situações em que um forte afeto foi provocado.
4. Desenhar linhas para **vincular pensamentos específicos a sentimentos específicos** geralmente ajuda o cliente a entender a conexão entre os dois e auxilia o terapeuta a entender as crenças do cliente.
5. Usamos três perguntas **(evidências, alternativas e implicações)** como um mantra para ajudar os clientes a aprender como (e a se lembrar de) examinar a precisão de seus pensamentos e crenças.
6. A **técnica de reatribuição** pede aos pacientes que listem os fatores que podem ter contribuído para um resultado além do que eles contribuíram para essa situação.
7. Os **Registros de Pensamentos** são ferramentas para ajudar os pacientes a aprender a examinar a precisão de seus pensamentos automáticos negativos e as crenças nucleares subjacentes, aplicando as três perguntas listadas anteriormente.
8. A **técnica da seta descendente** ensina os pacientes a explorar o sistema de significados subjacente a pensamentos automáticos específicos, perguntando: "O que significaria se esse pensamento fosse verdadeiro?".

7

Esquemas:
crenças nucleares e pressupostos subjacentes

Uma mulher precisa de um homem como um peixe precisa de uma bicicleta.
— **Irina Dunn (muitas vezes atribuída erroneamente a Gloria Steinem)**

Em 1932, Frederic Bartlett lançou as bases para a posterior teoria dos esquemas. Sua principal suposição de que o conhecimento anterior afeta o processamento de novos estímulos foi ilustrada na famosa série *portrait d'homme*.[1] Atualmente, a teoria dos esquemas tem grande importância na terapia cognitiva, e muito disso se deve ao conceito pioneiro de Bartlett. Os **esquemas** são estruturas ou padrões cognitivos relativamente estáveis que facilitam interpretações previsíveis de eventos no mundo (Miller et al., 1960). Esses padrões fazem a pessoa atentar seletivamente para estímulos específicos, conectar observações atuais com lembranças de experiências passadas e compreender uma nova situação de maneira compatível com um padrão estabelecido (Neisser, 1967).

Na depressão, os conteúdos desses esquemas são extremamente negativos e, geralmente, autorreferenciais, e eles dominam o sistema de processamento de informações da pessoa. Quando estão deprimidas, as pessoas pensam pouco em si mesmas ou em suas habilidades. Elas veem o mundo como repleto de demandas que sobrecarregarão sua capacidade de lidar com elas e não têm esperança em seu futuro (a tríade cognitiva negativa). Elas acreditam que vão fracassar em uma ampla gama de situações e não conseguem imaginar o que querem da vida. Para alguns indivíduos, esses esquemas depressogênicos ficam adormecidos por anos até serem acionados por eventos negativos da vida. Para outros com depressões crônicas ou depressões sobrepostas a transtornos da personalidade, esses esquemas podem ser sua única maneira de interpretar eventos relevantes para si mesmos e para as pessoas do mundo ao seu redor. A mudança do esquema leva mais tempo e é mais complicada do que simplesmente refutar pensamentos automáticos negativos. Normalmente, ela começa com o uso repetido e intencional de estratégias aprendidas na terapia (compensação), por meio do qual as inferências que se baseiam no esquema desadaptativo são questionadas para que interpretações alternativas possam ser consideradas. Com o tempo, podem ocorrer mudanças no próprio esquema (acomodação) (Barber & DeRubeis, 1989). A capacidade dos pacientes de evitar futuras depressões é aprimorada na medida em que eles continuam a empregar estratégias compensatórias e, mais ainda, se seus esquemas desadaptativos tiverem passado por acomodação (Hollon, Stewart, et al., 2006). A compensação é semelhante a alguém com diabetes tipo 2 que continua tomando insulina para controlar os níveis de açúcar no sangue, enquanto a acomodação é semelhante a essa mesma pessoa que usa mudanças no estilo de vida (dieta e exercícios) para eliminar (ou pelo menos controlar) o problema.

Todas as pessoas interpretam o mundo com base em padrões esquemáticos. Processamos novas informações de maneiras que são moldadas pelo que já acreditamos. O pensamento e o afeto são organizados em redes neurais que impõem estrutura e significado às informações recebidas, levando cada um de nós a responder de forma única às situações que enfrentamos. A maneira como processamos novas informações, o tipo de corroboração que buscamos para nossas crenças existentes e o grau em que estamos abertos a considerar conclusões diferentes das crenças que já temos são todos influenciados por nossos esquemas existentes. Uma pessoa confiante tem maior probabilidade de atender a um pedido de ajuda de um estranho do que uma pessoa que desconfia dos motivos da pessoa. No caso de pessoas com depressão, a maneira como elas veem a si mesmas, seu mundo e seu futuro (a tríade cognitiva negativa) tende a ser rígida e fixa. Elas raramente duvidam ou examinam suas crenças; elas são tão parte de sua identidade quanto o fato de serem liberais ou conservadoras politicamente. Discutir o conteúdo de seus esquemas requer tato, pois é improvável que os pacientes tenham analisado cuidadosamente suas próprias crenças.

Um esquema é composto por dois tipos de pensamentos: crenças nucleares e pressupostos subjacentes. **Crenças nucleares** são as afirmações declarativas simples que as pessoas atribuem a si mesmas, a seu mundo e a seu futuro (a tríade cognitiva negativa mencionada pela primeira vez no Capítulo 1). Pensamentos como "Eu não sou digno de amor" ou "Eu sou incompetente" são crenças nucleares sobre si mesmo que são comuns na depressão (J. Beck, 1995). Declarações como "O mundo é um lugar perigoso" ou "Não se pode confiar nas pessoas" são crenças sobre o mundo (geralmente outras pessoas) que geram ansiedade e suspeita. Crenças como "Nunca vou conseguir o que quero" ou "Nada dá certo para mim" são expectativas sobre o futuro que levam à desesperança e ao desespero.

Pressupostos subjacentes, também chamados de atitudes disfuncionais, são as regras ou crenças relacionais que todos nós usamos para explicar a nós mesmos como o mundo funciona. Eles geralmente assumem a forma de declarações condicionais do tipo "se-então", como "Se eu colocar os desejos das outras pessoas à frente dos meus, então elas me amarão" ou "Se eu não for perfeito, então serei um fracasso total". Todo mundo tem pressupostos subjacentes, assim como crenças nucleares e esquemas cognitivos, mas algumas crenças condicionais levam a efeitos dolorosos e comportamentos desadaptativos e são alvo da terapia.

Embora temas comuns possam ser encontrados nos sistemas de crenças de pacientes com depressão, cada pessoa possui um conjunto único de crenças básicas e regras pessoais. São necessários tempo e esforço para descobrir essas crenças básicas e pressupostos subjacentes e para ajudar os pacientes a entender como seus processos esquemáticos operam. É importante que os pacientes estejam ativamente envolvidos nesse processo de descoberta e, *como terapeutas, devemos evitar a tentação de juntar as peças para o paciente*. Para enfatizar a importância de mudar essas crenças e regras, discutiremos a seguir o papel que elas desempenham na capacidade dos pacientes de evitar episódios futuros.

Para ilustrar, considere um terapeuta que ajudou uma paciente gravemente deprimida a explorar seus pressupostos subjacentes. Essa mulher de 33 anos, recém-divorciada e com dois filhos, ficou deprimida na época do divórcio, quando se mudou de um ambiente rural para um urbano. Ela relatou preocupação com a dificuldade de adaptação de seus filhos ao novo lar. Durante a primeira fase do tratamento, foi solicitado à paciente que registrasse os pensamentos automáticos que precediam seu afeto negativo ("Por que meus filhos estão se comportando mal?" ou "Por que meu marido me deixou?"), e a conclusão a que chegou por meio do uso da seta descendente foi "Porque eu não sou legal".[2] Ela acreditava que era fundamental parecer "legal" para as outras pessoas. Como ela usava a palavra "legal" com frequência, o terapeuta pediu que ela explicasse o que a palavra significava para ela. Ela explicou que "legal" significava parecer inteligente e atraente para os outros.

Outro tema envolveu sua tendência a se culpar quando as coisas davam errado, desde um divórcio até um pneu furado. Muitas vezes, ela não conseguia articular por que atribuía a culpa a si mesma. Por exemplo, quando um de seus filhos estava tendo problemas na escola, ela atribuía o problema ao seu fraco desempenho como mãe. A aplicação frequente desse tema de autoculpa levou à tristeza e à depressão. Um terceiro tema envolveu a "injustiça" da vida. Ela observou que outras pessoas tinham coisas que ela não tinha, como uma renda alta, amigos e um marido. Seu julgamento de que isso era injusto levou a sentimentos de raiva.

O diálogo a seguir revelou uma crença nuclear:

Terapeuta (T): Seu pensamento automático foi: "Meus filhos não deveriam brigar e se comportar mal". Depois, você concluiu: "Devo ser uma mãe ruim". Por que seus filhos não deveriam se comportar mal?

Paciente (P): Eles não deveriam se comportar mal porque... eu sou tão legal com eles...

T: O que você quer dizer com isso?

P: Bem, se você é legal, coisas ruins não deveriam acontecer com você.

Nesse momento, os olhos da paciente se iluminaram; ela percebeu que essa expectativa não era realista. Até aquele momento, a paciente acreditava: "Aconteceram coisas ruins comigo; portanto, isso significa que não sou legal". Isso decorreu logicamente de sua falsa premissa de que se pode evitar o infortúnio "sendo legal". O terapeuta indagou: "Quem lhe disse que, se você for legal, coisas ruins não acontecerão?". Ela disse que sua mãe sempre lhe disse isso. Ela também disse que essa regra era reforçada na escola, onde os professores lhe diziam que se ela fosse legal, seria recompensada. Muitos pressupostos têm uma base "contratual" implícita: se eu fizer X (ganhar a aprovação dos outros, nunca cometer um erro ou provar que sou o melhor), então ocorrerá Y (serei feliz, não terei problemas e serei digno). Quando o resultado desejado não acontece, os pacientes ficam infelizes, acreditando que fracassaram, ou com raiva, acreditando que a vida os tratou de forma injusta. Muitas vezes é útil examinar essas declarações do tipo "se-então" para ver se são válidas ou adaptativas. Isso também ajuda a identificar quando elas foram adotadas pela primeira vez (veja o conceito do "banquinho de três pernas" mais adiante neste capítulo).

Os pressupostos desadaptativos diferem dos adaptativos por serem inadequados, rígidos e excessivos (Beck, 1976). O exagero, a supergeneralização e o pensamento dicotômico estão embutidos na estrutura da regra; consequentemente, uma ampla variedade de circunstâncias levará a pessoa a tirar uma conclusão exagerada, generalizada e absoluta. Essas regras surgem em situações que são relevantes para as vulnerabilidades específicas da pessoa, como o medo de rejeição, fracasso ou perda. Por exemplo, um paciente com a crença de que deve ser perfeito valorizaria muito o desempenho. A autoestima seria medida pela realização e pelo número de metas alcançadas, em oposição a uma aceitação básica mais ponderada de si mesmo, como se estivesse fazendo o melhor que pode.

Esses pressupostos geralmente são derivados de experiências da infância ou de atitudes e valores dos pais ou colegas. Muitos são baseados em regras familiares.[3] Por exemplo, um pai pode dizer a uma criança: "Seja legal, ou a Nancy não gostará de você". A criança pode repetir isso em voz alta no início e depois para si mesma. Com o tempo e a repetição, a criança desenvolve uma regra pessoal com base na suposição aparente na regra familiar: "Meu valor depende do que os outros pensam de mim". Além disso, muitas dessas suposições desadaptativas geralmente são reforçadas culturalmente.[4]

Beck (1976, pp. 255-256) especificou alguns dos pressupostos que predispõem as pessoas à depressão ou à tristeza excessiva, incluindo os seguintes exemplos:

"Para ser feliz, preciso ser bem-sucedido em tudo o que faço."

"Para ser feliz, todas as pessoas devem sempre me aceitar."

"Se eu cometer um erro, isso significa que sou incompetente."

"Não posso viver se não tiver alguém em minha vida."

"Se alguém discordar de mim, significa que não gosta de mim."

"Meu valor como pessoa depende do que os outros pensam de mim."

Identificando as crenças nucleares e os pressupostos subjacentes

A terapia funciona melhor quando o terapeuta ajuda os pacientes a descobrirem suas crenças nucleares e pressupostos subjacentes por si mesmos. Quando os pacientes identificam seus próprios pressupostos, as descobertas são mais plausíveis e memoráveis do que quando o terapeuta simplesmente os fornece. Trabalhamos para orientar nossos pacientes, primeiro ajudando-os a identificar seus próprios pensamentos automáticos negativos e depois perguntando sobre o significado desses pensamentos para obter essas crenças nucleares e pressupostos subjacentes. A técnica da seta descendente, apresentada no Capítulo 6, é um meio particularmente útil de orientar os pacientes a se aprofundarem. À medida que os pensamentos automáticos são identificados, perguntamos aos pacientes: "O que significaria se esse pensamento automático fosse verdadeiro?"; "O que isso implicaria para você ou sobre você?"; "Se esse fosse o caso, o que isso significaria sobre você, seu mundo ou seu futuro?". Fazer essas e outras perguntas relacionadas ajuda os pacientes a explorar seu próprio sistema de significado inferencial, indo "para baixo" na exploração de crenças "mais profundas".[5] Por exemplo, um dos autores trabalhou certa vez com uma arquiteta que acreditava que seria rejeitada se revelasse a alguém (especialmente alguém em quem estivesse interessada romanticamente) que havia sido vítima de agressão sexual na adolescência. O terapeuta perguntou o que ela achava que isso implicaria para os outros se soubessem da agressão ocorrida anos antes. Ela respondeu que acreditava que os outros pensariam que ela estava "contaminada" e "não era mais digna de estar perto de pessoas decentes". Depois que essas suposições foram identificadas, pudemos avaliar sua precisão e sua utilidade em sua vida. *Falaremos mais sobre essa paciente no Capítulo 8, pois seu tratamento ilustra algumas das maneiras pelas quais a terapia cognitiva evoluiu ao longo das décadas para trabalhar com questões desse tipo.*

Tentamos observar e comentar como os pacientes respondem às suas próprias cognições, justificam suas reações ou são perturbados por um pensamento específico. Ao fazer perguntas com sensibilidade, tentamos ajudar os pacientes a identificar seu próprio processo de raciocínio. A terapia cognitiva não requer nenhuma percepção especial ou capacidade de "enxergar a mente" de outra pessoa. Tudo o que é necessário é uma curiosidade genuína sobre o significado para os pacientes de pensamentos automáticos específicos e uma disposição para incentivar os pacientes a pensar mais profundamente sobre suas próprias crenças, a analisar as origens dessas crenças e a examinar as maneiras pelas quais essas crenças e pressupostos podem estar moldando suas experiências emocionais.

Uma vez que os pacientes tenham articulado as regras pelas quais conduzem suas vidas, pode ser útil pedir-lhes que se lembrem da primeira vez que tiveram esse pensamento. Às vezes, trata-se de um incidente específico com um dos pais, parente, professor ou colega de classe, do qual os pacientes extraíram o que, na época, consideraram uma mensagem importante. Uma paciente, por exemplo, acreditava: "Se eu cometer um erro, serei um fracasso". Ela se lembrou de uma conclusão que tirou sobre a vida quando tinha 8 anos. Nessa época, seu pai começou a beber mais e a bater em sua mãe quando estava bêbado. Coincidentemente (ou talvez como consequência), as notas da paciente começaram a cair, então, com a visão egocêntrica de uma criança, ela concluiu que a mudança de comportamento do pai era o resultado de suas notas baixas. Ela resolveu trabalhar para melhorar suas notas a fim de resolver os problemas da família. Na época da terapia, ela estava na casa dos 40 anos e sofria de depressão e ansiedade devido à sua incapacidade de ser perfeita em todos os aspectos de sua vida. Ela e o terapeuta conversaram sobre a naturalidade com que ela, quando criança, presumia que todos os problemas da família se deviam ao seu próprio comportamento, tendo empatia com seu eu mais jovem e elogiando-o por ter se esforçado tanto em um esforço equivocado para consertar os problemas da família (boas intenções devem, pelo menos, contar para alguma coisa, mesmo que equivocadas). Ela concluiu que não era possível consertar os problemas da família tirando boas notas na época, assim como não era possível (ou mesmo necessário) ser perfeita agora.

Embora seja menos provável que a terapia cognitiva se concentre em antecedentes presumidos da infância do que as formas mais tradicionais de terapia, lembranças como as que acabamos de descrever fornecem informações que podem ajudar os pacientes a entender como suas crenças evoluíram. Esse conhecimento, por sua vez, faz com que seja mais fácil para os pacientes identificarem quando começam a usar a crença para interpretar uma nova situação. Isso aumenta as chances de que eles possam mudar sua reação para uma mais razoável e adaptativa. Mais adiante neste capítulo, descrevemos o conceito do "banquinho de três pernas" (mencionado no Capítulo 1 como a principal inovação teórica na terapia cognitiva desde a 1ª edição deste livro). O **banquinho de três pernas** *se refere à atenção não apenas às crenças e aos comportamentos do cliente relevantes para as situações atuais de sua vida (a primeira perna, como normalmente é feito na terapia cognitiva convencional dos anos 1970), mas também aos antecedentes mais antigos (geralmente na infância) de suas crenças (a segunda perna) e aos fluxos e refluxos do relacionamento terapêutico (a terceira perna), que então são usados para trabalhar na mudança de padrões de comportamento problemáticos de longa data.*

Com pacientes menos complicados, como o escultor discutido nos capítulos anteriores, a maior parte do tempo da terapia é dedicada a trabalhar os problemas da vida atual (a primeira perna do banquinho), com a atenção aos antecedentes da infância (a segunda perna) reservada para as sessões posteriores, quando ele já estava praticamente assintomático (e, então, em grande parte para "completar" a terapia). Nunca houve motivo para dar atenção à natureza do relacionamento terapêutico (a terceira perna), pois nunca surgiram problemas na terapia que precisassem ser abordados. Com pacientes mais complicados (como a arquiteta mencionada anteriormente e discutida em mais detalhes adiante), fazemos questão de considerar cada perna do banquinho de forma contínua durante o curso da terapia. Esses pacientes geralmente não têm outra forma esquemática de pensar sobre si mesmos ou sobre outras pessoas e, com frequência, trazem para o relacionamento com o terapeuta os problemas que têm ao lidar com pessoas fora da terapia. A exploração dos antecedentes da infância fornece tração com relação a crenças fortes e de longa data, enquanto o exame de seu impacto no relacionamento terapêutico permite que as sessões de tratamento se tornem "laboratórios vivos" nos quais os padrões relacionais básicos podem ser observados e desconstruídos.

Como veremos mais adiante no capítulo, o recurso ao "banquinho de três pernas" provou ser especialmente útil no tratamento de pacientes mais complicados com depressões sobrepostas a transtornos da personalidade e pacientes com depressão crônica, e marca a transição da versão anterior da terapia cognitiva dos anos 1970 para uma abordagem focada em esquemas mais plenamente realizada. As primeiras versões da terapia cognitiva focavam quase exclusivamente nas situações da vida atual dos clientes, apenas com incursões ocasionais nos antecedentes da infância, uma vez que o cliente era amplamente assintomático, e o relacionamento terapêutico era abordado apenas se houvesse um problema de conformidade. Nem todos os pacientes precisam da atenção adicional aos antecedentes da infância ou ao relacionamento terapêutico, mas para os pacientes que não têm outra forma de pensar sobre si mesmos (aqueles com depressão crônica) ou sobre os outros (aqueles com transtornos da personalidade), fazer isso pode ser fundamental para o progresso terapêutico. Em nossa opinião (baseada apenas na experiência clínica, uma vez que ainda precisa ser testada), as novas elaborações do modelo original representam o maior avanço na teoria cognitiva e na forma como a terapia é conduzida que ocorreu no último meio século.

O diagrama de conceitualização cognitiva

Uma ferramenta que usamos para ajudar os pacientes a identificar e abordar as crenças nucleares e os pressupostos subjacentes é o **Diagrama de Conceitualização Cognitiva** (DCC), cujo exemplo completo é mostrado na Figura 7.1.[6] Usamos esse formulário para ajudar o paciente a ver como os Registros de Pensamentos que ele vem preenchendo se encaixam com as crenças nucleares e pressupostos subjacentes que ele vem descobrindo, usando a seta descendente para dar uma visão mais ampla de seu(s) esquema(s) subjacente(s). Embora os terapeutas difiram na forma como apresentam o DCC a seus clientes, preferimos fazê-lo da seguinte maneira. Depois que os clientes geraram vários Registros de Pensamentos, transpomos três exemplos relevantes para a metade inferior do formulário (as situações 1 a 3 são essencialmente Registros de Pensamentos virados de lado), com essas informações a lápis para facilitar a modificação, se necessário. O DCC da Figura 7.1 foi gerado com a arquiteta mencionada anteriormente no capítulo, que havia sido agredida sexualmente quando adolescente e que agora presumia que qualquer novo parceiro romântico sentiria repulsa se ela revelasse o que lhe havia acontecido.[7] O primeiro exemplo (no lado esquerdo) foi baseado em uma experiência anterior, quando ela ainda era casada, e começa com esta situação: "O ex (seu futuro ex-marido) me xinga e não fala comigo há uma semana". O pensamento automático da paciente em resposta foi: "Se ele realmente me amasse, não me trataria assim". As emoções geradas foram raiva e desespero. O terapeuta, usando a técnica da seta descendente, perguntou à paciente qual era a implicação (significado) do pensamento automático. A paciente concluiu, nesse caso, que suas crenças subjacentes eram: "Sou inútil e não sou digna de amor". Seu comportamento quando tinha esses pensamentos (e sentimentos) era, em última análise, abandonar o casamento.

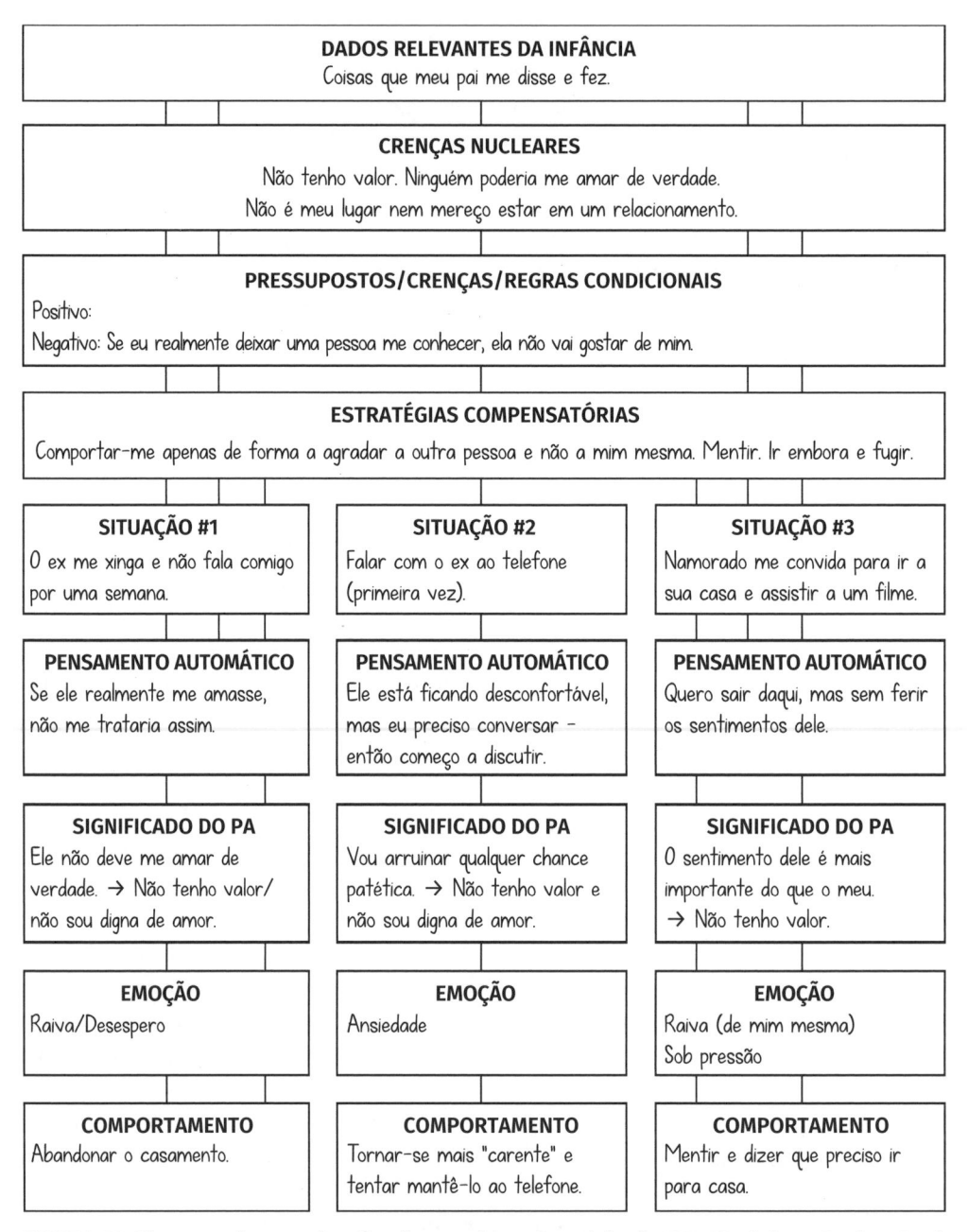

DADOS RELEVANTES DA INFÂNCIA
Coisas que meu pai me disse e fez.

CRENÇAS NUCLEARES
Não tenho valor. Ninguém poderia me amar de verdade. Não é meu lugar nem mereço estar em um relacionamento.

PRESSUPOSTOS/CRENÇAS/REGRAS CONDICIONAIS
Positivo:
Negativo: Se eu realmente deixar uma pessoa me conhecer, ela não vai gostar de mim.

ESTRATÉGIAS COMPENSATÓRIAS
Comportar-me apenas de forma a agradar a outra pessoa e não a mim mesma. Mentir. Ir embora e fugir.

SITUAÇÃO #1	SITUAÇÃO #2	SITUAÇÃO #3
O ex me xinga e não fala comigo por uma semana.	Falar com o ex ao telefone (primeira vez).	Namorado me convida para ir a sua casa e assistir a um filme.
PENSAMENTO AUTOMÁTICO	**PENSAMENTO AUTOMÁTICO**	**PENSAMENTO AUTOMÁTICO**
Se ele realmente me amasse, não me trataria assim.	Ele está ficando desconfortável, mas eu preciso conversar – então começo a discutir.	Quero sair daqui, mas sem ferir os sentimentos dele.
SIGNIFICADO DO PA	**SIGNIFICADO DO PA**	**SIGNIFICADO DO PA**
Ele não deve me amar de verdade. → Não tenho valor/ não sou digna de amor.	Vou arruinar qualquer chance patética. → Não tenho valor e não sou digna de amor.	O sentimento dele é mais importante do que o meu. → Não tenho valor.
EMOÇÃO	**EMOÇÃO**	**EMOÇÃO**
Raiva/Desespero	Ansiedade	Raiva (de mim mesma) Sob pressão
COMPORTAMENTO	**COMPORTAMENTO**	**COMPORTAMENTO**
Abandonar o casamento.	Tornar-se mais "carente" e tentar mantê-lo ao telefone.	Mentir e dizer que preciso ir para casa.

FIGURA 7.1 Diagrama de conceitualização cognitiva. Copyright © 1995 Worksheet Packet. Beck Institute for Cognitive Behavior Therapy, Filadélfia, Pensilvânia.

Os dois Registros de Pensamento seguintes, na parte inferior central e à direita, abordaram situações diferentes, porém mais recentes (manter o futuro ex-marido ao telefone até tarde da noite, provocando uma briga, porque ela estava desesperada para se reconectar com ele, e mentir para o novo namorado, que queria que ela dormisse em sua casa em uma noite de aula), mas cada um deles acabou chegando à mesma crença central: "Não sou digna de amor". Depois de discutir esses três Registros de Pensamentos, a paciente percebeu que, em todas as situações, suas crenças nucleares sobre si mesma eram de que ela não tinha valor e não era digna de ser amada. As situações variavam — duas envolviam seu ex-marido e uma envolvia um novo namorado —, mas as conclusões sobre si própria eram sempre as mesmas. Foi útil para ela entender que esse sistema de crenças consistente estava contribuindo para sua angústia e provavelmente influenciaria os relacionamentos futuros, a menos que ela trabalhasse para alterá-lo. Depois que a paciente preencheu as seções "Significado do pensamento automático" da metade inferior do formulário DCC, foi relativamente simples transpor a crença resultante (de que ela não era digna de amor) para a caixa de crenças nucleares (veja a Figura 7.1). Essa nova característica não se encontra no Registro de Pensamentos tradicional, mas é simplesmente uma operacionalização do conceito da técnica da seta descendente (ele pede que os pacientes especifiquem o significado que atribuem ao pensamento automático inicial). Então, os pacientes são convidados a usar qualquer significado consistente observado para preencher suas próprias "crenças nucleares" na seção superior do formulário.

Quando a arquiteta foi solicitada a recordar a primeira vez que se lembrava de ter acreditado que não tinha valor e não era digna de amor (passando de "crenças nucleares" para "antecedentes da infância"), ela contou detalhes de uma agressão sexual traumática ocorrida em sua própria casa, quando ainda era adolescente, pelos "amigos" de bebedeira de seu pai, pouco tempo após a morte de sua mãe. Ela se lembrou de que seu pai não deu importância ao evento quando ela lhe contou na manhã seguinte (ele havia desmaiado por ter bebido demais na noite anterior), e sua futura madrasta sugeriu que ela provavelmente havia provocado o fato por ser jovem e bonita. (Ficou evidente que ela estava menos perturbada pelo estupro em si do que pelo fato de seu pai ter desconsiderado sua importância, o que a levou a inferir que ela não tinha valor.) As ligações entre esse evento e suas crenças atuais tornaram-se evidentes quando a paciente discutiu o contexto em que elas surgiram. Esses vínculos estão resumidos na seção na parte superior da Figura 7.1 denominada "Dados relevantes da infância".

Então, o terapeuta convidou a paciente a considerar as suposições que ela poderia ter deduzido dessas crenças nucleares. Uma suposição incapacitante era que, se ela deixasse as pessoas a conhecerem bem, elas descobririam o quanto ela estava "danificada" e a rejeitariam. Ela desejava a proximidade com os outros, mas temia a rejeição "inevitável" que ocorreria se ela corresse qualquer risco interpessoal. Ela preencheu essas crenças na seção marcada como "Pressupostos/crenças/regras condicionais".

Esses pressupostos levaram a paciente a se envolver em comportamentos que mantinham outras pessoas (especialmente possíveis parceiros românticos) a distância. Esses comportamentos incluíam mentir sobre seu passado (ela havia dito ao ex-marido que seu pai e sua madrasta, ambos ainda vivos, haviam morrido anos antes de ela conhecê-lo), não pedir o que queria (ela não queria correr o risco de ser rejeitada ao pedir diretamente, mas esperava que as outras pessoas lessem seus pensamentos e ficava irritada quando não conseguiam) e colocar os desejos das outras pessoas à frente dos seus (e depois ressentir-se por elas não levarem seus desejos em consideração). Então, o terapeuta e a paciente discutiram como esses comportamentos faziam sentido em função de suas crenças, mas acabavam causando problemas recorrentes em seus relacionamentos, porque ela se mostrava desonesta e manipuladora para as pessoas com quem mais se importava. A paciente listou esses comportamentos como "Estratégias compensatórias". Em essência, essas **estratégias compensatórias** funcionavam em grande parte como os comportamentos de segurança descritos nos transtornos de ansiedade (Salkovskis, 1996). Elas tinham a "intenção" de protegê-la da rejeição, mas, em vez disso, impediram-na de aprender que seus medos eram infundados.[8] Além disso (e essa é a essência dos transtornos da personalidade), elas ofendiam as outras pessoas e impediam a formação dos tipos de relacionamento que ela mais desejava (mentir e manipular raramente funcionam bem em relacionamentos).

O sistema de significados da paciente era logicamente coerente e internamente consistente. Os pressupostos subjacentes decorriam das crenças nucleares, e as estratégias compensatórias atuavam para protegê-la das consequências que ela esperava com base nessas crenças e pressupostos. Infelizmente, em vez de protegê-la, suas estratégias compensatórias serviram para distanciá-la de outras pessoas e dificultar a formação de relacionamentos baseados em confiança e afeto mútuos. As crenças nucleares eram errôneas. Como ela viria a saber posteriormente, quase ninguém a condenava por seu trauma anterior, e a maioria se importava mais com a forma como ela os tratava agora do que com qualquer coisa que tivesse acontecido com ela no passado. Suas crenças haviam se tornado profecias autorrealizáveis, levando à angústia emocional e aos comportamentos que provocavam os resultados que ela mais temia.

Modificando as crenças nucleares e os pressupostos subjacentes

Ajudar os clientes a identificar suas crenças nucleares errôneas e pressupostos subjacentes desadaptativos é um primeiro passo crucial para o objetivo de mudá-los. Quando essas crenças e pressupostos são verbalizados e, portanto, não estão mais ocultos, discutimos com nossos pacientes se eles são precisos ou úteis e se são aplicáveis a outras pessoas, bem como ao paciente. (Uma estratégia útil que usamos com frequência é perguntar aos pacientes se eles gostariam de inculcar suas crenças em alguém com quem se importam, como um filho ou sobrinho.) Às vezes, os pacientes percebem que suas crenças são prejudiciais e começam a trabalhar para mudá-las imediatamente. Outros pacientes percebem que suas crenças não são válidas, mas não acreditam que possam ser mudadas.

Os pacientes não mudam suas crenças e pressupostos só porque o terapeuta acha que isso melhoraria suas vidas. Em vez disso, nossa função como terapeutas cognitivos é fazer perguntas que permitam aos pacientes questionar suas próprias crenças e explorar perspectivas alternativas. Ajudamos os pacientes a elaborar planos para reunir informações adicionais relevantes para essas crenças, com foco nas experiências e preocupações específicas dos pacientes. Sugerir uma maneira alternativa de ver uma situação (uma versão da pergunta sobre explicações alternativas) pode ser fundamental para ajudar a mudar crenças antigas. Quando os pacientes indicam uma mudança inicial em uma crença, estamos inclinados a perguntar o que levou a essa mudança, para que o paciente possa se lembrar dela mais tarde e desafiar as crenças antigas se elas retornarem, como durante um evento excepcionalmente estressante. É melhor que as perguntas que fazemos sobre os pressupostos subjacentes e as crenças nucleares dos pacientes sejam abertas, para incentivar os pacientes a pensar de forma ampla. Se os pacientes tentarem dar a resposta "certa", ou a resposta que acham que queremos ouvir, é provável que tenhamos feito uma pergunta muito restrita. Por exemplo, se a arquiteta começasse a testar sua crença de que ninguém por quem ela pudesse se interessar retribuiria seu interesse se soubesse o que havia acontecido com ela e, depois, recebesse um *feedback* consistente da outra parte de que seu histórico anterior não importava, nós simplesmente perguntaríamos o que ela achava dessa evidência em vez de apontar a refutação essencial de forma pesada. Como terapeutas cognitivos, tentamos apresentar qualquer perspectiva alternativa na forma de uma hipótese que o paciente é livre para elaborar, modificar ou rejeitar, e não na forma de um sermão (como se soubéssemos a verdade).

Usando a ação para mudar as crenças nucleares e os pressupostos subjacentes

Na terapia cognitiva, os pacientes são incentivados a testar suas crenças nucleares e pressupostos subjacentes em meio às suas experiências cotidianas. Eles fazem isso de forma mais poderosa ao identificar seus pressupostos, conforme discutido anteriormente, examinar sua validade e utilidade e então agir contra esses pressupostos subjacentes de forma a testar a validade de sua crença nuclear. Agir de forma contrária a um pressuposto é a maneira mais poderosa de testar sua validade e, assim, mudar tanto esse pressuposto quanto qualquer crença correspondente (Bandura, 1977). *Um paciente que tem medo de cometer erros pode ser incentivado a cometer erros intencionalmente e observar as consequências resultantes.* Exemplos disso podem ser usar duas meias de pares diferentes para ir ao trabalho ou conversar com um funcionário de uma loja e deliberadamente usar um nome diferente do que está no crachá do funcionário (também incentivamos o cliente a posteriormente informar o funcionário sobre o experimento, para que os sentimentos deste não sejam feridos). Os pacientes que se sentem compelidos a estar com outras pessoas podem se forçar a passar algum tempo sozinhos. Os que valorizam muito a aceitação podem ir a lugares onde a probabilidade de serem aceitos é pequena. Os pacientes que têm medo de parecerem tolos podem planejar fazer algo que pareça estranho. Uma paciente teve de se forçar a ir à sua primeira festa à fantasia, mesmo com medo de ser julgada como tola por estar usando uma fantasia "esquisita". Para sua surpresa, apenas algumas pessoas na festa fizeram comentários superficiais sobre sua fantasia, e a paciente não conseguiu encontrar nenhuma evidência de que os frequentadores da festa a considerassem tola. Quanto mais surpreendente for o resultado do experimento, mais poderoso será seu efeito sobre as crenças existentes (Likhtik & Gordon, 2013; Rescorla & Wagner, 1972; Vervliet et al., 2013).

Marsha Linehan (1993) chama essa estratégia de "ação oposta" e descreve seu uso com pacientes que têm transtorno da personalidade *borderline* para protegê-los contra agir por impulso. No caso de pacientes com depressões complicadas, "ação oposta" significa abandonar as estratégias compensatórias e selecionar um comportamento que proporcione um teste particularmente poderoso de seus pressupostos subjacentes e das crenças nucleares correspondentes que operam em cada situação. Para pacientes menos complicados, como o escultor descrito anteriormente, isso geralmente significa fazer algo direcionado a um objetivo em vez de ceder às suas crenças contraproducentes.

Os pacientes geralmente relutam em agir contra suas crenças. Para pacientes menos complicados, o problema é sobretudo de inconformidade passiva — eles simplesmente não acham que tomar medidas ativas em direção a um objetivo funcionará para eles. Para pacientes mais complicados, como a arquiteta, é mais uma questão de resistência ativa (embora não no sentido freudiano), porque eles acham que fazer isso pode expô-los a riscos (lembre-se de que as estratégias compensatórias geralmente funcionam como comportamentos de segurança nos transtornos de ansiedade). Em qualquer um desses casos, nossa tarefa como terapeutas é ajudar os pacientes a encontrar a motivação para agir, embora o escultor só precisasse ser incentivado a se envolver nos comportamentos (lembre-se da máxima de Gretzky que diz que "Você erra 100% das tacadas que você não dá"), enquanto a arquiteta teve de superar o medo de ser rejeitada por aqueles de quem mais queria se aproximar. Estes últimos pacientes complicados podem agir contra essas crenças de forma gradual ou ir direto ao ponto (se quiserem). Em ambos os casos, é provável que sintam desconforto quando agirem de forma a romper estratégias compensatórias estabelecidas há muito tempo. O diálogo a seguir ilustra como essa ideia foi apresentada a uma paciente.

T: Você pode estabelecer a meta de fazer uma coisa por dia que vá contra seu desejo de buscar a aprovação dos outros?

P: Eu digo a mim mesma para agir dessa forma, mas acho que tenho medo de fazer isso.

T: Talvez você tenha de se forçar. Diga a si mesma: "Se eu morrer, morrerei, mas vou fazer isso".

P: Eu fico ansiosa.

T: Ok, sim, você fica. Qual é a consequência disso?

P: Eu sei. Eu não vou morrer. Mas tenho dificuldade de enxergar essas situações na hora. Só depois é que percebo que poderia ter agido de outra forma.

T: Você pode estar à procura de uma voz que sussurre: "Você não deveria fazer isso". Essas desculpas prejudicarão seus esforços. Você terá de se obrigar a fazer isso. No início, você se sentirá estranha, mas se continuar por tempo suficiente, a sensação de estranheza e de fingimento desaparecerá.

A paciente colocou essa sugestão em prática, primeiro no trabalho e depois com sua família. Ela descobriu que ficou cada vez mais fácil agir de forma a desafiar suas próprias crenças em todas as situações. Os pacientes que se baseiam em regras rígidas de vida e expressam autocrítica usando palavras como "deveria" ou "tem de" muitas vezes sentem tristeza e angústia quando não conseguem atender às suas próprias exigências exageradas. Eles comparam mentalmente o que "deveriam" fazer com o que "estão" fazendo, julgando-se inadequados em relação aos seus ideais internalizados, que geralmente são formulados em termos absolutos. Os pacientes geralmente citam o apoio da experiência pessoal para essas regras. Do ponto de vista do paciente, essas regras funcionam para evitar que algo indesejável aconteça, como, por exemplo, "devo ouvir as pessoas com autoridade, ou elas não gostarão de mim".

Uma variação da ação oposta pode ser usada com esses pacientes. Nós os incentivamos a verbalizar o "deveria", prever o que eles acham que acontecerá se o "deveria" for violado, realizar um experimento para testar a previsão (agindo de uma maneira que viole o "deveria") e revisar a regra de acordo com os resultados do experimento. Por exemplo, um paciente que estava deprimido, ansioso e irritado tinha dificuldade de se impor com a esposa. Perguntaram-lhe o que aconteceria se ele dissesse à esposa que estava insatisfeito com a forma como ela o tratava. Ele disse que a esposa ficaria furiosa e ameaçaria deixá-lo. Ele acreditava que "não se deve encontrar defeitos nas pessoas, ou elas o punirão". Ele acreditava que essa regra sempre se aplicava e em todas as situações.

Para testar essa regra, o paciente concordou em se comportar de forma assertiva com a esposa, conduzindo uma série de experimentos nos quais ele apresentava alguma diferença menor com a esposa e depois passava gradualmente para conflitos mais cruciais. Para preparar o paciente, o terapeuta pediu que ele se imaginasse expondo suas queixas e como sua esposa reagiria a elas. Se ela reagisse com raiva ou tristeza, isso afetaria o relacionamento deles para sempre ou o efeito seria passageiro? Suas preocupações sobre as supostas consequências terríveis de agir contra suas próprias regras foram exploradas e tornadas mais explícitas. O paciente previu que sua esposa o deixaria. Depois que ele teve sua primeira conversa assertiva com a esposa, ela ficou brava com ele, e ele pensou: "Eu estava errado em criticar. Eu deveria ter seguido minha regra de ser sempre gentil". Entretanto, depois que a raiva inicial diminuiu, ela admitiu que ele havia feito uma boa observação e estava aberta a mais conversas.

Esse *feedback* positivo o incentivou a assumir riscos ainda maiores. Ele conseguiu superar a resistência interna apresentada por seus "deverias" e levantou questões de maior gravidade. A conversa resultou novamente na irritação da esposa. Contudo, ela logo percebeu que a felicidade mútua dependia da resolução de alguns desses problemas, e eles trabalharam para chegar a um acordo sobre várias questões. O paciente percebeu que não houve consequências desastrosas quando ele quebrou sua "regra" e que, agindo de forma mais assertiva, ele poderia ter um relacionamento melhor.

Mudando as crenças nucleares

Outra ferramenta para mudar as crenças nucleares é a **Folha de Trabalho de Crenças Nucleares** (J. S. Beck, 1995). Essa folha de trabalho pede aos pacientes que listem uma crença nuclear relevante e classifiquem o quanto acreditaram nela durante a semana anterior. Os pacientes são incentivados a descrever uma nova crença nuclear que gostariam de manter em seu lugar e a indicar até que ponto acreditam nela no momento atual. Então, eles são convidados a passar os próximos dias procurando evidências que contradigam a antiga crença e apoiem a nova, e a reformular qualquer evidência que, a princípio, pareça apoiar a antiga crença. Os pacientes geralmente observam que tendem a interpretar as informações de forma tendenciosa, com base em suas antigas crenças nucleares, e que prestam atenção seletivamente às informações que apoiam suas antigas crenças nucleares, apesar de, às vezes, terem ampla evidência do contrário.

A Figura 7.2 mostra uma folha de trabalho de crenças nucleares da arquiteta cujo DCC foi apresentado na Figura 7.1. Ela escolheu a crença nuclear "Minha vida não tem sentido", na qual acreditava em 90% durante a sessão, abaixo dos 100% do início da semana. Ela também disse que sua crença de que sua vida não tinha sentido nunca havia ficado abaixo de 70%

Antiga crença central: Minha vida não tem sentido.

O quanto você acredita na antiga crença nuclear neste momento? (0-100) 90

*Qual foi o máximo em que você acreditou nesta semana? (0-100) 100

*Qual foi o mínimo em que você acreditou nesta semana? (0-100) 70

Nova crença central: Eu tenho valor.

O quanto você acredita na nova crença nuclear neste momento? (0-100) 60

Evidências que contradizem a antiga crença e apoiam a nova	Evidências que apoiam a crença antiga com reformulação (explicação alternativa)
Fiz grandes progressos nos últimos meses. Estou em terapia. Sou bem-sucedida em meu novo emprego. Ainda estou me exercitando. Não sou dependente de ninguém. Fiz novos amigos. Estou oferecendo meu tempo e minhas habilidades como voluntária em uma ONG de combate à fome.	Eu não tenho meu doutorado (ainda) (isso é reformulação). Não viajei o suficiente. Não estou trabalhando duro o suficiente em meu livro (mas estou trabalhando). Não consigo manter um relacionamento romântico (mas estou melhorando). Não estou fazendo o suficiente para ajudar os outros (mas estou trabalhando com uma ONG de combate à fome).

FIGURA 7.2 Folha de trabalho de crenças nucleares. Adaptada de Beck, J. S. (1995). *Cognitive therapy: Basics and beyond.* Copyright © 1995 Judith S. Beck. Reproduzida com permissão.

na semana anterior. Usando a técnica da seta descendente, a paciente percebeu que acreditava que sua vida não tinha sentido porque ela não valia nada, por causa do evento traumático que aconteceu durante a adolescência; portanto, nada do que ela tinha feito ou poderia fazer tinha algum significado. Ela escolheu "Eu tenho valor" como a nova crença nuclear que queria adotar e indicou que acreditava nisso apenas em um nível de 60% durante a sessão.

Na semana seguinte, a paciente registrou no lado esquerdo da folha as observações que contradiziam a antiga crença e eram compatíveis com a nova crença. A refutação da crença de que sua vida não tinha sentido incluía o fato de que ela havia entrado na terapia, estava se saindo bem no emprego, mantinha-se fazendo exercícios, vivia de forma independente, estava fazendo novos amigos e oferecia suas habilidades como voluntária em uma ONG de combate à fome. Ela anotou os pensamentos que pareciam ser compatíveis com a antiga crença no lado direito da folha e depois tentou reformulá-los de forma mais precisa. Por exemplo, ela se criticou por não ter feito o doutorado, mas depois reformulou como se não o tivesse concluído "ainda". Ela se castigou por não ter se esforçado o suficiente em um livro que estava escrevendo, mas lembrou a si mesma que pelo menos estava trabalhando em um livro.

Com o tempo, a paciente deixou de avaliar sua vida pessoal em termos de realizações externas, como pós-graduação ou publicações, e passou a focar na busca de seus valores intrínsecos. Os relacionamentos, no trabalho e na vida pessoal, eram importantes para ela, e ela valorizava agir com competência e responsabilidade para ajudar as pessoas com as quais

se importava. Ao focar menos em sua avaliação de si mesma e mais em se envolver nos esforços para ajudar as pessoas com quem se importava, ela melhorou a qualidade de sua vida e reduziu as preocupações com seu próprio valor.

Quando as coisas dão errado, a maioria dos pacientes deprimidos tende a atribuir a culpa a algum defeito percebido em si mesmos: "Sou incompetente" ou "Não sou digno de amor". Na verdade, eles têm uma teoria de traços que explica seus fracassos, quando, na verdade, muitas vezes o que acontece é que eles simplesmente escolheram a estratégia errada para realizar a tarefa: eles assumiram muitas coisas de uma só vez e ficaram sobrecarregados no trabalho (como o escultor no Capítulo 5), ou não pediram o que queriam no contexto de um relacionamento e depois ficaram com raiva do parceiro por não lhes dar o que precisavam (a arquiteta). Os pacientes são vítimas da tendência de atribuir o fracasso a falhas estáveis em si mesmos, que são difíceis de mudar, e não ao uso de estratégias ineficazes, algo que pode ser modificado mais facilmente. Como geralmente acontece quando a terapia vai bem, a paciente desse exemplo (a arquiteta) *deixou de ver a vida como um teste de caráter e passou a vê-la como um teste de estratégia*, e descobriu que isso a levou a uma vida muito mais satisfatória (e a relacionamentos muito mais satisfatórios).

A arquiteta continuou a examinar a precisão de suas crenças nucleares nas semanas seguintes em uma tarefa de casa que ela mesma elaborou. Conforme descrito em mais detalhes no Capítulo 10 (e mostrado na Figura 10.1), é um sinal muito bom quando os pacientes se apropriam do processo de elaboração de exercícios de casa e começam a modificar as tarefas para se adequarem a seus interesses ou propensões. Como observamos ao longo deste manual, a terapia cognitiva é mais um conjunto de princípios do que uma coleção de técnicas, e incentivamos os pacientes a se "apropriarem" de seu próprio processo de terapia.

Corrigindo falhas no processamento de informações

Conforme descrito no Capítulo 1, os pacientes com depressão frequentemente usam lentes mentais problemáticas para ver o mundo. Suas distorções cognitivas deformam sua perspectiva, dificultando a percepção das situações como os outros as veem. Ajudar os pacientes a enxergar essas formas errôneas de interpretar o mundo permite que eles desafiem essas distorções quando elas surgem.

A Tabela 7.1 lista algumas das **distorções** cognitivas mais comuns. Por exemplo, os pacientes geralmente focam no aspecto mais negativo de uma experiência e exageram sua importância, ignorando

TABELA 7.1 Distorções comuns

Abstração seletiva (filtro mental). Concentrar-se em um detalhe ou fragmento de experiência fora do contexto: "Quando meu chefe recusou meu pedido de aumento, isso significou que eu não valia nada".

Inferência arbitrária (tirar conclusões precipitadas). Tirar uma conclusão na ausência de evidências ou diante de evidências contrárias (inclui tanto a *leitura mental*, em que se presume que se sabe o que outra pessoa está pensando, quanto a *adivinhação*, em que se pensa que se pode prever o futuro): "Pude perceber que todos no trem pensaram que eu era um idiota quando tropecei".

Supergeneralização. Estabelecer uma regra ou conclusão geral com base em um ou alguns incidentes isolados e aplicar o conceito de forma ampla: "As coisas nunca saem do jeito que eu quero".

Atribuição de característica estável (rotulagem/rotulagem errônea). Uma generalização excessiva na qual uma característica estável é atribuída, com base em uma amostra limitada de comportamento: "Não consegui o emprego; sou um perdedor".

Maximização (catastrofização) e minimização. Superestimar ou subestimar o significado dos eventos para distorcer sua importância: "Com essa nota ruim, certamente serei reprovado".

Personalização. Interpretar eventos externos de forma autorreferencial quando há pouca razão para fazer essa interpretação: "As pessoas não estavam se divertindo porque eu estava lá".

Pensamento absolutista/dicotômico (pensamento do tipo "tudo ou nada"). Organizar as experiências em categorias opostas em vez de ordená-las em um *continuum* (p. ex., santo vs. pecador).

Desqualificação do positivo. Desconsiderar experiências positivas que sejam incompatíveis com as crenças negativas existentes: "Se eu consegui fazer isso, então não deve ser muito difícil de fazer".

Raciocínio emocional. Usar a experiência de um forte sentimento negativo como evidência clara da veracidade da crença associada: "Sinto-me tão envergonhado que devo ser um idiota".

Imperativos morais ("deverias"). Imposição de julgamentos moralistas para controlar o próprio comportamento ou o de outra pessoa (em vez de utilizar as contingências naturais que atuam na situação).

outros detalhes mais positivos. Esse filtro mental, conhecido como *abstração seletiva*, faz eles não verem o quadro geral e exacerba suas visões negativas de si mesmos, do mundo ao seu redor e de seu futuro. Uma paciente relatou que a semana havia sido um desastre porque um homem em quem ela estava interessada não havia pedido um segundo encontro. O terapeuta teve empatia com sua angústia e depois pediu mais detalhes sobre a semana. Ela descreveu um encontro com outro homem que parecia ter mais interesse nela e de quem ela gostava mais. Ela também concordou que poderia pedir um segundo encontro com o primeiro homem se estivesse realmente interessada em ter um. Ao considerar mais detalhes da semana, ela percebeu que havia focado no que era mais doloroso, não no que era mais importante.

Outros pacientes fazem previsões negativas sobre o mundo e presumem que elas se tornarão realidade, sentindo tristeza antes mesmo de qualquer coisa acontecer. Tirar conclusões precipitadas, ou fazer uma *inferência arbitrária*, limita os pacientes porque eles supõem apenas os piores desfechos e ignoram outras possibilidades. Alguns pacientes fazem *leitura mental*, presumindo que sabem que os outros têm opiniões negativas sobre eles, enquanto outros se envolvem em *adivinhação*, prevendo experiências dolorosas no futuro. Uma paciente, por exemplo, sentia grande ansiedade e dor toda semana por causa de uma crise diferente prevista. Sua angústia era tão grande que lhe era difícil perceber o padrão no momento, embora as pessoas ao seu redor tivessem comentado sobre isso. Ela começou a fazer uma lista simples de suas previsões terríveis e dos desfechos reais das situações incertas que havia enfrentado. Ela percebeu que, apesar de suas previsões, seu chefe não a havia demitido quando ela cometeu um erro, seus exames de gravidez não indicaram defeitos congênitos graves e seus amigos não a rejeitaram quando ela não falou com eles por uma ou duas semanas. Ela percebeu sua tendência a tirar conclusões negativas precipitadas e começou a questionar essas previsões quando elas surgiam, em vez de presumir que eram verdadeiras.

Um hábito mental semelhante à abstração seletiva é a *hipergeneralização*, ou a suposição de que se algo é verdadeiro em um caso, é verdadeiro em todos os casos. Pode-se pedir aos clientes que passam por momentos desagradáveis em uma festa, por exemplo, que tentem ir a uma variedade de eventos sociais para ver se a regra "Ninguém nunca quer falar comigo" é verdadeira. Uma distorção relacionada é a *atribuição de características estáveis*, ou rotulagem: "Ninguém falou comigo na festa. Sou um completo rejeitado".

A *catastrofização*, ou previsão da conclusão mais negativa com base em evidências limitadas, é particularmente problemática para pessoas com depressão. Uma paciente que calculou em "95%" a probabilidade de ser reprovada no exame da ordem dos advogados foi solicitada a analisar as evidências de suas notas na faculdade de direito (um histórico de notas máximas) e de sua experiência profissional (avaliações brilhantes) para examinar a precisão de suas crenças. Ela percebeu que seu cálculo das probabilidades era impreciso e que, na verdade, provavelmente tinha apenas 20% de chance de ser reprovada. Como seu empregador permitiria que ela refizesse o exame, ela reconheceu que sobreviveria se não passasse na primeira tentativa e conseguiu relaxar mais, ruminar menos e dedicar mais energia à preparação para o teste.

A *personalização*, ou a interpretação de eventos como se fossem centrados em nós mesmos, mesmo quando não são, às vezes é mais difícil de detectar do que outros tipos de distorção cognitiva. Um paciente atribuiu o fracasso de seu consultório odontológico durante uma crise econômica à sua percepção de que não era digno de ser amado. Ele investigou a situação e percebeu que consultórios muito maiores do que o dele também haviam sofrido economicamente. Ele criou um gráfico setorial com outros possíveis fatores que contribuíram para os problemas de seu consultório: seus pacientes de baixa renda foram muito afetados pela recessão, houve uma construção em sua rua e um de seus higienistas mais populares havia pedido demissão repentinamente. Ele percebeu que outros fatores provavelmente desempenharam um papel igual ou maior em suas dificuldades financeiras. Esse é outro exemplo do uso da terapia de reatribuição para reformular a responsabilidade pessoal (consulte a Figura 6.1).[9]

Outra distorção cognitiva comum é o *pensamento do tipo "tudo ou nada"*. Uma paciente estava convencida de que, se ela não fosse perfeita, seria um fracasso total. Ajudá-la a ver que sua perspectiva em preto e branco era excessivamente dura e que as características humanas existem em um *continuum* e não em extremos dicotômicos permitiu que ela visse a si mesma e aos outros com mais precisão. (Se você quiser recapitular, a Tabela 7.1 lista essas distorções cognitivas comuns.)

Examinando os pressupostos relacionados ao valor próprio

Muitos pacientes passam muito tempo pensando sobre seu valor e analisando o ambiente em busca de indicadores desse valor. Eles percebem comportamentos nos outros que podem indicar desaprovação, presumindo o pior. Sua felicidade depende da avaliação que os outros fazem deles — ou, para ser mais preciso, da *percepção* que têm das avaliações que os outros fazem deles.

Os pacientes que acreditam que precisam ser amados para serem felizes adotam uma posição especialmente vulnerável. Eles acreditam que a autoaceitação e o senso de valor próprio só podem ser obtidos indiretamente, por meio do amor dos outros. A autoaceitação que se baseia em fatores extrínsecos (em oposição aos intrínsecos) é evidente no seguinte paciente que acreditava ter sido rejeitado.

P: Qualquer pessoa ficaria deprimida se alguém que ela ama a rejeitasse.

T: Se você depende da aprovação de outra pessoa, você dá a ela um poder considerável sobre sua própria felicidade. É como se você acreditasse: "Se ela me ama, sou ótimo, e se ela não me ama, não tenho valor". Seu valor como ser humano depende da opinião que ela tem de você?

P: Se não houvesse nada de errado comigo, ela estaria comigo.

T: Você consegue pensar em algum outro motivo para ela escolher não ficar com você que não tenha nada a ver com seu valor?

P: Não sei, mas ainda acho que foi algo que eu fiz.

T: Pode ser, mas existem outras explicações possíveis?

P: Bem, tudo o que ela disse foi que eu não sou a pessoa certa para ela.

T: Há algo sobre ela que faz seu julgamento ser especialmente digno de consideração?

P: Bem, na verdade não. Também não tenho certeza se ela seria a pessoa certa para mim.

Muitas vezes, quando os pacientes usam a comparação social para julgar seu valor, eles se comparam com alguém que fez coisas extraordinárias. Isso torna quase impossível para os pacientes se avaliarem favoravelmente, pois quase sempre há alguém que tem mais dinheiro, *status*, amor, beleza ou alguma outra medida. O graduado do ensino médio que desiste da faculdade se compara desfavoravelmente com o graduado da faculdade. O presidente de um departamento de física se compara desfavoravelmente com o ganhador do Prêmio Nobel. Como os critérios de autoestima são vagos e mal definidos, os pacientes raramente ficam satisfeitos ao final de uma avaliação desse tipo. O paciente a seguir acreditava que precisava ganhar muito dinheiro para ser feliz:

T: De quanto dinheiro você precisaria para ser feliz?

P: Não sei, mais do que tenho agora.

T: Quando era mais jovem, você achava que se tivesse tanto quanto tem agora, seria feliz?

P: Sim, provavelmente sim.

T: Isso lhe dá alguma ideia do que aconteceria se você atingisse sua nova meta financeira?

Ao discutir questões da "falta de valor" ou "ser indigno de amor", o terapeuta pode fazer perguntas como as seguintes: "Como você define a falta de valor?"; "Quem você conhece que não tem valor?"; "Quais características tornam uma pessoa sem valor? Quais delas se aplicam a você?"; "Você aplicaria o mesmo julgamento a alguém de quem gosta?"; "É possível que você aplique um padrão — um padrão severo — a si mesmo e um padrão mais compassivo a outras pessoas?". Essas perguntas geralmente permitem que os pacientes reconheçam a natureza arbitrária de suas autoavaliações e considerem a possibilidade de se tornarem tão compassivos ao se avaliarem quanto ao avaliarem os outros.

Análise de custo-benefício dos pressupostos

Alguns pacientes relutam em descartar pressupostos contraproducentes porque acreditam que algo importante será perdido se o fizerem. Eles podem ver as vantagens de mudar a crença, mas as desvantagens parecem maiores. Muitas pessoas deprimidas estruturam seu mundo para minimizar os riscos. Além disso, muitas vezes superestimam o risco, levando a comportamentos que protegem contra pequenos riscos, mas excluem a possibilidade de grandes ganhos. Considerar as vantagens e as desvantagens tanto do pressuposto quanto de uma alternativa pode ajudar os pacientes a ampliar suas perspectivas.

Uma paciente, por exemplo, acreditava: "Para ser feliz, preciso ser perfeita". Sua estratégia compensatória, decorrente dessa suposição, era "Nunca cometer um erro ou mostrar uma falha". Conforme mostra a Figura 7.3, seu terapeuta incentivou a paciente a montar uma grade 2 × 2

	Prós	**Contras**
Mudança	Sem essa crença, eu poderia fazer muitas coisas que tenho evitado, como aprender a dirigir. Se eu fosse mais aberta, talvez tivesse mais amigos. Eu não ficaria tão ansiosa pela possibilidade de cometer um erro ou deprimida quando cometesse um erro.	Tenho me saído excepcionalmente bem no trabalho e na escola. O que eu faço, eu faço bem. Como evito muitas coisas, evito muitos problemas e dificuldades.
Status quo	Tenho as avaliações mais altas no trabalho. As pessoas me admiram por minha ética de trabalho. Eu faço muita coisa.	Levo trabalho para casa à noite e nos fins de semana. Não me divirto muito. É difícil para mim conhecer as pessoas.

FIGURA 7.3 Prós e contras (2 × 2).

em que as colunas eram rotuladas como "Prós" e "Contras" e as linhas como "Mudança" e "*Status quo*". O *status quo* era sua suposição atual e suas estratégias comportamentais. Alguns dos prós de sua suposição e estratégias atuais incluíam: "Tenho as melhores classificações no trabalho"; "As pessoas me admiram por minha ética de trabalho"; e "Faço muita coisa". Alguns dos contras incluíam: "Levo trabalho para casa todas as noites e nos fins de semana"; "Não me divirto muito"; e "É difícil para mim conhecer as pessoas".

Então, a paciente listou os prós e os contras de mudar seus pressupostos e estratégias comportamentais. Os prós da mudança incluíam: "Sem essa crença, eu poderia fazer muitas coisas que tenho evitado, como aprender a dirigir um carro"; "Se eu fosse mais aberta, poderia ter mais amigos"; "Eu não ficaria tão ansiosa por cometer erros ou deprimida quando cometesse um"; e "Eu seria capaz de aceitar a realidade de que não sou perfeita".

Os contras da mudança de suas crenças incluíam: "Tenho me saído excepcionalmente bem na escola e no trabalho. Se eu não me esforçar para alcançar a perfeição, não continuarei a me sair tão bem"; "O que faço, faço bem, e isso se deve ao fato de eu me esforçar para ser perfeita"; e "Como evito muitas coisas (em minha busca pela perfeição), evitei muitos problemas e dificuldades".

O terapeuta discutiu com a cliente o que ela havia descoberto ao considerar os prós e os contras com relação a manter suas estratégias e crenças atuais ou mudá-las.

T: Essas crenças podem tê-la ajudado em seu trabalho atual, mas e em sua carreira de longo prazo?

P: As pessoas me disseram que isso me atrapalhou, e elas podem estar certas. Sou qualificada demais para meu emprego atual. Se eu tivesse mais coragem, trabalharia em uma empresa maior e em um cargo mais desafiador.

T: O medo de cometer erros geralmente impede as pessoas de se arriscarem. E quanto a essa crença: "O que quer que eu faça, devo fazer bem feito"?

P: Isso é verdade. Eu tenho as melhores avaliações no trabalho.

T: Existe um ponto de retorno decrescente?

P: Sim. Eu já lhe disse que levo trabalho para casa todas as noites e vou até lá nos fins de semana. Faço muito mais do que é exigido ou esperado de mim.

T: Deixe-me perguntar: se vale a pena aprender a esquiar ou fazer amigos, será que vale a pena fazer isso de uma maneira não perfeita?

P: Acho que seria melhor do que não fazer nada.

T: Se você diminuísse as exigências sobre si mesma, seu trabalho se tornaria de má qualidade?

P: Seria difícil imaginar isso. Mas e quanto à ideia de que eu evito problemas?

T: Você já notou que, quando se concentra muito em evitar um problema, você se abre para outros?

P: Bem, claro.

T: Você conhece alguma maneira de evitar todos os problemas ou apenas lidar com eles quando surgirem?

P: Eu gostaria de saber uma maneira de evitar todos eles, mas acho que o que você está tentando me ajudar a ver é que isso simplesmente não é possível ou mesmo necessário.

A técnica de listar as vantagens e desvantagens é aplicável a uma ampla gama de decisões. O exercício expande o pensamento dos pacientes e os libera para experimentar novas abordagens.

Considerando o banquinho de três pernas

Quando a 1ª edição deste livro foi publicada, a terapia cognitiva diferia das psicoterapias psicodinâmicas por focar nos problemas da vida atual, com pouca atenção aos eventos anteriores da vida do cliente e, da mesma forma, com pouca atenção ao relacionamento entre o cliente e o terapeuta. Quando abordados, os antecedentes da infância só eram tratados mais tarde na terapia, depois que os sintomas haviam sido reduzidos em grande parte. O relacionamento terapêutico geralmente só era abordado caso houvesse problemas que interferissem na terapia, como inconformidade ou não comparecimento.

Nas últimas décadas, os terapeutas cognitivos desenvolveram novas estratégias para ajudar pacientes com depressões crônicas ou depressões sobrepostas a transtornos da personalidade. Embora a maioria dos pacientes deprimidos responda rapidamente e bem à terapia cognitiva convencional, uma minoria considerável tem problemas de longa data que exigem uma abordagem modificada e mais demorada. A maioria dos pacientes crônicos está deprimida desde que se lembra; eles não têm outro quadro de referência além dos esquemas que causaram sua angústia. Aqueles com problemas caracterológicos têm atitudes e crenças que levam aos tipos de estratégias compensatórias que afastam as outras pessoas e fazem com que sejam diagnosticados com transtornos da personalidade de longa data.

Para esses pacientes, a terapia cognitiva evoluiu com relação à metáfora do **banquinho de três pernas**, que mencionamos pela primeira vez no Capítulo 1.

O foco principal do trabalho em terapia ainda está nos problemas da vida atual, mas, na prática contemporânea, é dada mais atenção à reconstrução histórica e ao relacionamento terapêutico, as outras duas pernas do banco. Quando uma questão é colocada na agenda de uma sessão, abordamos não apenas os pensamentos, sentimentos, fisiologia e comportamentos que envolvem a situação atual, mas também perguntamos sobre seus antecedentes ("Você consegue se lembrar da primeira vez que se sentiu assim em uma situação semelhante?") e se questões semelhantes estão surgindo em nosso relacionamento terapêutico ("Você já se sentiu assim aqui?").

Discutir as experiências da infância faz sentido para pessoas com depressão crônica que desenvolveram seus esquemas depressogênicos há tanto tempo que não têm outra maneira de ver a si mesmas, seu mundo ou seu futuro. Identificar as circunstâncias que deram origem às crenças nucleares problemáticas e aos pressupostos subjacentes ajuda os pacientes a reconhecer que o que eles acreditam não é um fato invariável da vida, mas sim uma consequência das circunstâncias únicas que enfrentaram ao crescer. Da mesma forma, como os pacientes com problemas caracterológicos geralmente não têm esquemas saudáveis sobre si mesmos ou sobre outras pessoas, é provável que tudo o que acontece na terapia seja filtrado pelo prisma dos mesmos esquemas problemáticos que distorcem seus outros relacionamentos.[10] Os problemas que surgem no relacionamento terapêutico oferecem uma oportunidade de trazer à tona essas distorções, permitindo que sejam modificadas. De fato, a sessão se torna um experimento no qual questões antigas são abordadas e novas estratégias comportamentais são testadas.

Certa vez, um dos autores foi chamado para prestar atendimento a uma paciente que havia desenvolvido um padrão de ficar chateada com comentários aparentemente inofensivos que seu terapeuta fazia durante as sessões. A paciente ficava muda, saía da sessão em lágrimas e ligava repetidamente nas noites seguintes, parecendo desesperada e fazendo ameaças vagas de suicídio. Depois de várias sessões conjuntas improdutivas, decidiu-se que ela seria transferida para o autor. Um mês depois de trabalhar com o autor, o mesmo padrão interpessoal começou a se desenvolver. O autor dizia algo que considerava inofensivo, o que fazia com que ela ficasse muda e saísse da sessão em lágrimas, e depois telefonava repetidamente para ele em casa, vacilando entre pedir desculpas por suas transgressões e criticar a falta de compreensão do terapeuta.

Decidiu-se que o terapeuta original se juntaria novamente ao autor e se reuniria com a paciente em conjunto para algumas sessões. A esperança era que, quando os dois terapeutas estivessem juntos na sala, pudéssemos criar uma estratégia que neutralizasse as crises que continuamente interrompiam a terapia (a terceira perna do banquinho). Em sessões com os dois terapeutas presentes, ela revelou que seu pai autoritário, que provavelmente tinha transtorno bipolar, às vezes ficava furioso com ela por motivos que ela não conseguia entender (a segunda perna do banco). Sua mãe sempre fazia o papel de pacificadora, incentivando a jovem a pedir desculpas por suas supostas transgressões quando o pai estava furioso e a ficar quieta e reservada em outros momentos por medo de irritá-lo (consulte Hollon &

Devine, 1995). Embora a paciente tivesse uma boa relação de trabalho com ambos os terapeutas, qualquer um deles poderia facilmente fazer um comentário que desencadearia suas crenças de que ela tinha pouca esperança de felicidade futura e que os outros eram imprevisíveis. Os comentários "ofensivos" muitas vezes pareciam inócuos para seus terapeutas, como a sugestão de que "velhos hábitos são difíceis de mudar", que ela interpretou como significando que estava condenada para sempre. A paciente via seu mundo interpessoal repleto de perigos: "As pessoas de quem você gosta e em quem confia podem se voltar contra você em um instante" e tinha desenvolvido um padrão no qual fazia planos com um de seus poucos amigos e depois desistia no último minuto (a primeira perna do banco). Ela aprendeu a acreditar que os outros ficavam furiosos e vingativos por causa de seu "mau comportamento", pelo qual ela deveria se desculpar, embora nunca tivesse certeza do que deveria ter feito.

Com dois terapeutas na sala, foi possível que a paciente se dirigisse ao terapeuta não agressor para entender exatamente o que tinha acabado de acontecer quando ela se ofendeu. Rapidamente ficou evidente que ela não estava apenas bastante angustiada, mas também muito irritada. Por trás da raiva, havia a crença de que "não era justo" que alguém em quem ela confiava pudesse se voltar contra ela tão rapidamente, embora, na sessão, a "traição" estivesse frequentemente em sua cabeça e tenha sido útil para ela aprender que poderia expressar sua angústia sem o pedido obrigatório de desculpas por algo que ela não tinha certeza de ter feito. Depois de discutir o que foi dito (A), identificar seu pensamento automático subsequente (B) e reconhecer a consequente angústia (C), foi possível conversar com o terapeuta agressor para verificar se ele tinha a intenção de fazer o que ela havia deduzido. A paciente foi incentivada a expressar sua raiva diretamente, algo que ela nunca teve permissão para fazer com seu pai.

À medida que ela adquiriu maior controle sobre a natureza automática do processo, as "explosões" durante a sessão diminuíram de frequência e depois cessaram completamente. Conforme foi se tornando mais habilidosa em lidar com esses casos com seus terapeutas, ela também se tornou mais confiante em sua capacidade de fazer isso também com os amigos, com os quais havia demonstrado o mesmo padrão de perturbações periódicas por questões menores que, às vezes, a levavam a se afastar por meses a fio. Discutir como as experiências da infância afetaram suas crenças sobre si mesma e como essas crenças a levaram a interpretar os comentários feitos pelo terapeuta durante as sessões facilitou o crescimento da compreensão e das habilidades que a capacitaram a lidar com problemas interpessoais fora da terapia. Esse processo de trabalhar com o resíduo problemático dos antecedentes da infância no contexto do relacionamento terapêutico para lidar melhor com as questões atuais é a essência do banquinho de três pernas.

A maioria dos pacientes com histórico de bom funcionamento entre episódios depressivos tem esquemas alternativos relativamente saudáveis. Sua terapia pode focar mais nas situações atuais, em vez de focar nas "duas pernas" adicionais das experiências da infância e do relacionamento terapêutico. Contudo, para pacientes com histórico de depressão crônica ou transtornos da personalidade de longa data, geralmente é útil expandir o foco para as três pernas do banco desde o início da terapia.

A arquiteta mencionada anteriormente preocupava-se excessivamente com o que os outros pensavam dela. De fato, ela atendia aos critérios de diagnóstico de transtorno da personalidade paranoide (ela desconfiava muito das motivações dos outros e se ofendia rapidamente, mesmo quando não havia intenção).[11] Ela frequentemente respondia a ofensas imaginárias com comportamentos autopunitivos, como coçar o rosto com força suficiente para tirar sangue. Nas primeiras sessões de terapia, seu comportamento às vezes mudava repentinamente; ela se tornava mais distante ou verbalmente agressiva. Quando lhe perguntavam "O que passou pela sua cabeça?", ela respondia que o terapeuta (um dos autores) devia estar pensando algo negativo sobre ela ou seu comportamento naquele momento. O terapeuta salientava que ela não sabia o que ele estava pensando, dizendo que ele assumiria a responsabilidade pelo que fizesse durante a terapia, mas não pelo que ela achava que ele estava pensando. Ele indicou que ela poderia pedir a ele, a qualquer momento, que relatasse exatamente o que estava pensando, e ele o faria, mesmo que isso fosse ofensivo para ela ou embaraçoso para ele. A paciente aceitou com certa hesitação e testou o acordo várias vezes nas sessões seguintes. A pedido dela, o terapeuta e a paciente escreviam o que estavam pensando (um relato verídico do terapeuta e uma conjectura da paciente) e, depois, se ela ainda quisesse, eles comparavam as anotações. Em alguns casos, o terapeuta nem sequer estava pensando na paciente (para constrangimento dele), mas em nenhum caso seus pensamentos eram tão negativos quanto ela supunha. Esse foco no relacionamento terapêutico (a terceira perna do banco) permitiu que a paciente visse que outras pessoas (nesse caso, o terapeuta) não a julgavam necessariamente uma "pessoa ruim", como ela tendia a supor.

A reconstrução histórica também desempenhou um papel importante no tratamento da arquiteta. Em sua consulta de admissão, a paciente reconheceu um grande trauma sexual em sua adolescência que continuava a assombrá-la, mas não queria falar sobre isso durante o tratamento. Pior do que o evento traumático em si, foi a reação de seu pai e de sua futura madrasta; como mencionado anteriormente, eles ignoraram sua angústia e sugeriram que ela mesma havia provocado o ocorrido. Demorou cerca de 3 meses até que ela estivesse disposta a reviver o trauma em uma sessão (planejamos 90 minutos para essa sessão, a fim de garantir que pudéssemos conter qualquer angústia que o reviver do evento despertasse) e vários meses mais até que ela falasse sobre isso com uma amiga íntima. Dada a importância do evento e suas frequentes intrusões no processo de terapia, o terapeuta e a paciente desenvolveram uma representação gráfica do banquinho de três pernas que eles mantinham na mesa à sua frente durante as sessões, que retratava as duas primeiras pernas do banquinho (situações da vida atual e antecedentes da infância), com a terceira perna marcada a lápis na parte inferior, uma vez que era ameaçador para a paciente falar sobre problemas no relacionamento terapêutico e as questões específicas tendiam a mudar de sessão para sessão (veja a Figura 7.4).

Conforme mostrado na figura, uma situação atual representativa foi exibida com

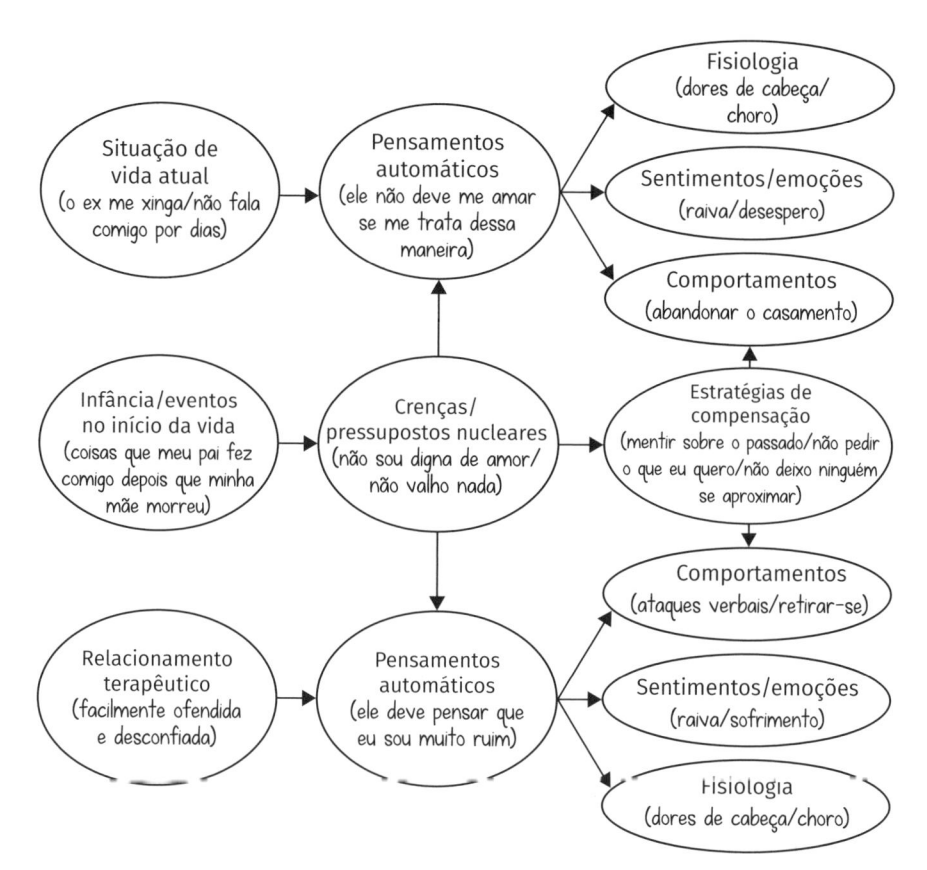

FIGURA 7.4 Banquinho de três pernas.

Fisiologia (dores de cabeça/choro)

Situação de vida atual (o ex me xinga/não fala comigo por dias) → **Pensamentos automáticos** (ele não deve me amar se me trata dessa maneira) → **Sentimentos/emoções** (raiva/desespero)

Comportamentos (abandonar o casamento)

Infância/eventos no início da vida (coisas que meu pai fez comigo depois que minha mãe morreu) → **Crenças/pressupostos nucleares** (não sou digna de amor/não valho nada) → **Estratégias de compensação** (mentir sobre o passado/não pedir o que eu quero/não deixo ninguém se aproximar)

Comportamentos (ataques verbais/retirar-se)

Relacionamento terapêutico (facilmente ofendida e desconfiada) → **Pensamentos automáticos** (ele deve pensar que eu sou muito ruim) → **Sentimentos/emoções** (raiva/sofrimento)

Fisiologia (dores de cabeça/choro)

destaque, incluindo pensamentos automáticos e consequentes mudanças na fisiologia, nos sentimentos e nos comportamentos. No centro estava o trauma anterior, com uma seta horizontal apontando para os pressupostos subjacentes e as crenças nucleares que ela havia desenvolvido após o trauma, em reação à falta de preocupação do pai. Outra seta horizontal apontava para as estratégias compensatórias que ela desenvolveu para lidar com o que ela acreditava serem as implicações dessas crenças nucleares e pressupostos subjacentes. Para conectar o passado e o presente, foram desenhadas setas verticais das crenças nucleares e do pressuposto subjacente para os pensamentos automáticos atuais, e das estratégias compensatórias para os comportamentos atuais, de acordo com uma abordagem de modelo esquemático que sugere que os eventos do passado influenciam a maneira como interpretamos e respondemos às situações do presente. Sempre que indicado, uma terceira linha era preenchida na parte inferior do modelo para descrever os pensamentos, sentimentos, reações fisiológicas e impulsos comportamentais da paciente decorrentes da interação terapêutica.

O exemplo representado na Figura 7.4 deriva dos pensamentos e sentimentos da paciente sobre uma briga anterior que teve com o marido, de quem se separou posteriormente (e que acabou se divorciando dela). Após a briga, ele se recusou a falar com ela por vários dias. Ela supôs que o afastamento dele significava que ele não a amava, um pensamento automático desencadeado, em parte, pela crença central de que ela não tinha valor e não era digna de amor, a qual se desenvolveu após o trauma sexual em sua adolescência e, em grande medida, por ter sido "dispensada" e ignorada pelo pai. A raiva, o desespero e a angústia fisiológica em sua situação atual a levaram a abandonar o casamento em vez de expressar seu descontentamento ao marido. Isso era consistente com as estratégias compensatórias que ela havia desenvolvido ao longo dos anos: ela não pedia o que queria nos relacionamentos e depois ficava com raiva e deprimida quando o parceiro não conseguia ler seu pensamento.

À medida que essas questões eram discutidas, seu terapeuta/o autor indagava sobre qualquer repercussão no relacionamento terapêutico. A paciente estava insatisfeita com a maneira como ele lidava com a interação entre eles? Ela teve a sensação de ter sido desapontada ou maltratada nas sessões, ou de não ter sido compreendida? Havia sentimentos que a lembravam do que ela havia sentido em relação ao marido ou ao pai? Essas reações nem sempre estavam presentes, ou pelo menos ela não as admitia, mas às vezes a paciente tinha reações ao terapeuta que eram influenciadas pelas mesmas crenças nucleares que estavam sendo trabalhadas na sessão. Suas estratégias compensatórias também foram ativadas; às vezes, ela mentia sobre seu passado ou omitia informações importantes. Com o tempo, ela conseguiu preencher detalhes que havia omitido ou distorcido em sessões anteriores e foi capaz de pedir diretamente o que queria do terapeuta, e seus comportamentos autopunitivos diminuíram.

Uma situação curiosa com seu terapeuta ajudou a dar andamento a esse processo. A paciente havia ligado no início do dia para pedir uma consulta à noite, em um horário inconveniente para o terapeuta, para que ela pudesse ir à academia logo após o trabalho. Ele concordou, enfatizando que era importante para ele que a sessão começasse no horário, pois havia algo que ele queria fazer mais tarde naquela noite. Mesmo assim, a paciente chegou 20 minutos atrasada com uma xícara de café quente. Percebendo a expressão de desagrado do terapeuta, ela pediu a ele (com certo receio) que expressasse seus pensamentos. Ele disse (também com certo receio, já que ela era propensa a sair das sessões e a se envolver em comportamentos autolesivos não suicidas em casa) que não estava feliz com o fato de ela ter pedido que ele reorganizasse sua agenda e depois ter priorizado seu próprio desejo de parar para pegar café em vez de chegar à sessão no horário. A paciente ficou chateada e irritada e queria sair da sessão, mas concordou em ficar para examinar a interação. Após uma discussão mais aprofundada, ela concluiu que seu comportamento havia sido, de fato, rude, e que ela havia colocado seu desejo de "estar acordada" durante a sessão à frente de seu compromisso com o terapeuta de chegar no horário. Ela simplesmente valorizou seu próprio conforto em detrimento das preferências dele e da promessa que havia feito. Como duas pessoas nunca querem exatamente a mesma coisa ao mesmo tempo o tempo todo, a maioria dos relacionamentos é construída com base na consideração mútua e em algum grau de concessão. Nesse caso, a paciente havia pedido um favor (uma sessão extra em um horário inconveniente) e respondeu fazendo o terapeuta esperar, apesar de sua promessa anterior de não fazer isso. Essa experiência levou a uma discussão mais ampla sobre como pedir o que ela queria e como lidar com os problemas quando eles surgissem, sem partir para o ataque ou se retirar. Essas eram habilidades que eram impedidas por suas crenças nucleares existentes ("Eu não valho nada") e pressupostos subjacentes, e que iam contra suas estratégias compensatórias habituais de dissimulação e manipulação. O terapeuta assumiu a posição de que a trataria como adulta, com respeito e consideração, mas que esperava que ela fizesse o mesmo em troca, independentemente de seu papel como terapeuta. Trabalhar o incidente de igual para igual, de acordo com a "terceira perna do banquinho", acabou sendo um dos momentos mais significativos durante a terapia e serviu como treino para fazer isso com amigos de fora e com seu novo namorado.

Fornecendo uma fundamentação alternativa

Como já observamos, os pacientes deprimidos tendem a ver os problemas de sua vida como consequência de algum tipo de falha de caráter interna e estável, totalmente que não são dignos de amor ou são incompetentes (J. S. Beck, 2020). Uma conceitualização cognitiva, em contrapartida, sugere que os pacientes não são totalmente defeituosos, mas têm crenças que são indevidamente negativas e que não os beneficiam, no sentido de que os levam a adotar estratégias comportamentais ineficazes ou contraproducentes. Os problemas que os pacientes enfrentam, de acordo com essa conceitualização cognitiva, ocorrem não porque o caráter dos pacientes seja defeituoso, mas porque eles tendem a agir de modos consistentes com suas crenças problemáticas, confiando em comportamentos que não promovem suas esperanças (pacientes menos complicados e crônicos) ou que inadvertidamente causam problemas em vez de resolvê-los (pacientes com depressão sobreposta a transtornos da personalidade). Esses resultados indesejados não são uma evidência das falhas do paciente, mas sim uma consequência infeliz de profecias autorrealizáveis disfarçadas de estratégias inadequadas ou compensatórias — crenças errôneas que acarretam ações que produzem os mesmos resultados citados como evidência da crença.

A Figura 7.5 mostra como essa diferença na conceitualização foi delineada para a arquiteta descrita nos exemplos anteriores. (Essa fundamentação cognitiva é semelhante àquela construída para o escultor na Figura 4.2, exceto pelo fato de que, nesse caso, foi gerada em colaboração com a paciente nas primeiras sessões e usada para orientar o curso da terapia durante todo o tempo.) A narrativa enquadra o contraste entre "caráter ruim" (a Teoria A inicial da arquiteta que ela trouxe para a terapia) *versus* "estratégia ruim" (uma Teoria B alternativa que o terapeuta sugeriu com base em sua descrição dos eventos anteriores). O lado esquerdo da Figura 7.5 mostra a visão da arquiteta sobre seu caráter danificado (a maneira como ela se via no início da terapia), enquanto o lado direito sugere uma alternativa baseada em uma conceitualização mais cognitiva. Ambas se iniciam com o mesmo evento desencadeador, a agressão sexual traumática que ocorreu

Teoria A	Teoria B
Caráter defeituoso (Pessoa ruim)	**Crenças/comportamentos falhos (Estratégias ruins)**
Meu pai se voltou contra mim depois que minha mãe morreu, tratando-me como se eu não tivesse valor... uma pessoa ruim.	Meu pai se voltou contra mim depois que minha mãe morreu, tratando-me como se eu não tivesse valor... uma pessoa ruim.
Estou danificada, meu caráter se tornou imperfeito.	Passei a acreditar que sou ruim, sem valor.
Não consigo confiar nas pessoas, não consigo confiar em mim mesma, tenho medo de intimidade.	Se eu permitir que alguém se aproxime de mim, essa pessoa verá como não tenho valor, sou ruim, e me rejeitará.
Eu <u>sempre</u> machuco as pessoas de quem sou próxima (porque sou uma pessoa ruim).	Por acreditar que sou ruim e sem valor, faço coisas que estragam os relacionamentos, não porque não quero que eles funcionem e não porque sou cruel, mas porque estou tentando me proteger de ser rejeitada (talvez também com raiva).
Tenho de mudar meu <u>caráter básico</u> se quiser ter alguma chance de conseguir o que quero da vida.	Preciso <u>mudar minhas estratégias de comportamento</u>... talvez correr alguns riscos e <u>testar minhas crenças</u>... pode ser que eu não seja realmente ruim, apenas acredito que sou e estrago tudo tentando me proteger de uma rejeição que talvez nunca venha.

FIGURA 7.5 Exemplo de justificativa alternativa.

logo após a morte de sua mãe e que foi agravada pela falta de preocupação e consideração de seu pai. Ela concluiu que essa agressão (e principalmente a falta de interesse do pai por esse fato e por ela) a prejudicou de forma irreparável, manchando seu valor básico. Essa conclusão a levou a perder a confiança nos outros e a temer a intimidade, por medo de que suas falhas se tornassem visíveis ("Se meu pai não se importa, quem se importará?"). Ela presumia que agia de forma a magoar as pessoas que amava (o que acontecia com frequência) porque havia se tornado uma "pessoa ruim". Concluiu que teria de mudar seu caráter básico, o que acreditava ser quase impossível, para conseguir o que queria da vida.

A paciente pôde fornecer prontamente exemplos de pessoas que ela havia maltratado em relacionamentos que se encaixavam nessa formulação, inclusive seu futuro ex-marido. Contudo, havia poucas evidências de que ela tivesse deliberadamente maltratado alguém quando as coisas estavam indo bem; ela não se esforçava para fazer mal a outras pessoas (como um psicopata verdadeiramente maligno faria), mas se engajava em comportamentos provocativos e autodestrutivos em reação ao que ela percebia como maus-tratos ou abusos contra ela. O autor/terapeuta aventou a hipótese de uma conceitualização alternativa de seus comportamentos, que começava com o mesmo gatilho, mas que seguia em uma direção nitidamente diferente. Em vez de se tornar irremediavelmente defeituosa por causa do evento traumático, uma conceitualização cognitiva sugeriria que ela *passou a acreditar* que era ruim e sem valor. Por causa dessa crença, ela também passou a acreditar que, se deixasse os outros se aproximarem dela, eles reconheceriam que ela era ruim e sem valor e, assim, a rejeitariam imediatamente (seu pressuposto condicional). De acordo com essa conceitualização, ela não magoava as pessoas porque era má; em vez disso, ela inadvertidamente se envolvia em comportamentos de "autoproteção" (estratégias compensatórias) que prejudicavam seus relacionamentos para se proteger da dor certa de ser rejeitada.

Ambas as formulações podiam explicar os mesmos dados comportamentais e os comportamentos compensatórios que precisavam ser abordados, mas faziam suposições muito diferentes sobre sua causa e sugeriam resultados muito diferentes. A formulação original postulava que ela não podia se arriscar a deixar que outras pessoas se aproximassem dela ou que soubessem sobre a agressão, ou seria rejeitada. A formulação original afirmava que, se ela se aproximasse de alguém, provavelmente causaria danos emocionais a essa pessoa, simplesmente porque isso estava em sua natureza. A reconceitualização cognitiva sugeriu um resultado totalmente diferente: ela poderia baixar a guarda e se aproximar de outras pessoas sem ser rejeitada. Além disso, sugeriu que, se ela pedisse o que queria nos relacionamentos, poderia conseguir o que queria com mais frequência e não precisaria atacar os outros em resposta à rejeição "percebida".

Nos meses seguintes, paciente e terapeuta conseguiram construir uma série de experimentos comportamentais para testar esses modelos concorrentes. Primeiro, ela contou a uma amiga íntima sobre a agressão, o que provocou apenas compaixão, em vez da rejeição prevista. Ela ainda estava relutante em se abrir para a pessoa com quem estava namorando, então ela e o autor/seu terapeuta elaboraram um experimento no qual ela escreveu uma descrição do que havia lhe acontecido e elaborou uma série de perguntas ("Você se envolveria com alguém que tivesse passado por isso?") e pediu que seu terapeuta entrevistasse jovens treinadores de futebol masculino (uma amostra de homens qualificados do exterior, contratados para treinar os filhos de outras pessoas, já que nenhum dos pais cresceu jogando futebol) durante o torneio de futebol de salão do filho dele no fim de semana. Vários técnicos demonstraram certa relutância (preocupações de que ela pudesse ser "danificada" pelo evento), mas a maioria não expressou nenhuma preocupação ("Sinto muito que isso tenha acontecido com ela, mas não significa nada mais do que se ela tivesse sido atropelada por um carro").

Armada com esse *feedback* (que ela achou um pouco mais persuasivo considerando a fonte: terapeutas e amigas deveriam ser compreensivas, mas atletas de 20 e poucos anos que ela nunca havia conhecido não tinham essa obrigação), a cliente passou uma longa noite em que contou ao homem com quem estava saindo toda a história sobre a agressão (com grande apreensão) e a subsequente indiferença do pai. O que ela recebeu foi a mesma resposta compreensiva que havia recebido de sua amiga (embora depois de um consolo um pouco mais breve; os homens não são tão bons quanto as amigas em serem empáticos). Ele se importava com a qualidade do relacionamento deles (como ela o tratava), mas não estava nem um pouco preocupado com qualquer resquício do trauma passado dela.

À medida que se sentia mais confortável consigo mesma, descobriu que podia ser menos reservada nos relacionamentos e que os outros respondiam com mais interesse e afeto, e não com menos. Ela começou a pedir o que queria nos relacionamentos, em vez de esperar que os outros lessem seu pensamento e ficar com raiva quando não conseguiam, e descobriu que os outros muitas vezes estavam dispostos a atendê-la. O processo de pedir muitas vezes aprofundava esses relacionamentos, especialmente quando levava a um diálogo mais franco e aberto, e quando ela retribuía da mesma forma. Embora nem tudo tenha saído como ela queria, isso aconteceu com frequência, e com muito mais frequência do que na década anterior, quando ela operava com base em suas estratégias compensatórias. Ela se sentia cada vez mais à vontade para lidar com os outros como iguais, com ambas as partes pedindo o que queriam e negociando as diferenças que surgiam. A cliente testou suas crenças nucleares e seus pressupostos subjacentes em virtude de ter abandonado seus comportamentos de segurança (estratégias compensatórias) e aprendeu que não era o que ela temia sobre si mesma (caráter ruim), mas sim o que ela fazia (estratégias ruins) que atrapalhava seus relacionamentos. Dar esse salto exigiu uma coragem considerável de sua parte, mas proporcionou uma refutação no mundo real de suas crenças problemáticas que não poderia ter sido criada por seu terapeuta.

Resumo e conclusões

A terapia cognitiva sempre abordou os esquemas e suas crenças nucleares e pressupostos subjacentes, mas expandiu muito as ferramentas usadas para identificar e mudar essas diáteses de longa data. A principal dessas ferramentas conceituais é o conceito do "banquinho de três pernas" (provavelmente derivado do treinamento psicodinâmico de Beck), que acrescenta uma ênfase nos antecedentes da infância e no relacionamento terapêutico ao seu foco de longa data nos eventos da vida atual. Embora o conceito do "banquinho de três pernas" possa ser aplicado a qualquer cliente, é provável que não seja necessário (ou pelo menos não seja enfatizado) em pacientes relativamente descomplicados, como o escultor descrito detalhadamente nos Capítulos 5 e 6. Com pacientes mais complicados, como a arquiteta descrita no Capítulo 6 e neste capítulo, é um grande avanço teórico que aumenta as chances de êxito.

As ferramentas-chave desenvolvidas para facilitar o exame do esquema (incluindo crenças nucleares e pressupostos subjacentes) são o diagrama de conceitualização cognitiva (que mapeia as relações entre os antecedentes da infância e as crenças nucleares) e a folha de trabalho de crenças nucleares (que reúne informações que podem ser usadas para testar as crenças). O principal aspecto da conceitualização é a noção de estratégias compensatórias, as coisas que alguns pacientes fazem (especialmente aqueles com depressão crônica ou transtornos da personalidade) para se proteger das "consequências" de suas crenças nucleares, mas que, em vez disso, os impedem de aprender que seus medos eram infundados ou exagerados e que seus comportamentos também afastam outras pessoas. A maneira mais poderosa (como sempre) de testar a validade das crenças nucleares e dos pressupostos subjacentes de uma pessoa é observar o que acontece quando ela deixa de lado suas estratégias compensatórias.

Notas

1. Em seu estudo *portrait d'homme* (retrato do homem), Bartlett demonstrou como o conhecimento prévio afetava o processamento de novos estímulos, de modo que as reproduções sequenciadas de estímulos ambíguos mostravam uma semelhança progressiva com o objeto. Essencialmente, a ativação do esquema de "rosto" influencia a recuperação da memória na direção do esquema.

2. Observe que, quando os pacientes expressam pensamentos automáticos na forma de uma pergunta, é útil pedir-lhes que forneçam a resposta. O que você quer saber nesses casos é qual possibilidade negativa percebida está por trás da pergunta que está sendo feita. Sua natureza será coerente com o afeto que ela provoca (p. ex., a percepção de ameaça leva à ansiedade, enquanto a percepção de perda evoca tristeza), mas conhecer a natureza da preocupação é um aspecto fundamental para examinar sua validade.

3. Tolstói abre seu romance *Anna Karenina* com "Todas as famílias felizes se parecem, cada família infeliz é infeliz à sua maneira". Todos crescem em uma cultura que estabelece regras e influencia crenças, e cada família dentro de uma cultura pode ser considerada uma "microcultura", que dá sua própria interpretação a essas crenças e valores maiores. Muito do que levamos para a vida adulta aprendemos quando criança, e muito do que aprendemos quando criança é o que inferimos quando interpretado pelas lentes de uma criança. Uma colega muito bem-sucedida, mas infeliz e viciada em trabalho, descreveu que ficou entusiasmada ao mostrar ao pai sua primeira prova "avaliada" no ensino fundamental, na qual ela obteve 96%, ao que ele respondeu: "O que aconteceu com os outros 4 pontos?". Embora a colega agora entenda (depois de uma conversa com seu pai quando ambos eram adultos) que ele quis dizer isso como uma piada, ela interpretou erroneamente na época como uma crítica. Nos anos que se seguiram, ela despendeu muito tempo e energia tentando compensar os outros quatro pontos.

4. Lembramos da citação de **Irina Dunn** (muitas vezes atribuída erroneamente a Gloria Steinem) que abriu o capítulo sobre a importância indevida que as mulheres foram treinadas para dar ao fato de terem um homem em suas vidas. Os relacionamentos podem enriquecer uma vida, mas ninguém é menos pessoa quando não tem um parceiro íntimo em sua vida, independentemente de seu gênero ou identidade de gênero. Ao revisarmos este manual, ficamos impressionados com o quanto as crenças na cultura mudaram em relação aos papéis das mulheres e sua "dependência" dos homens nos últimos 45 anos, desde que a 1ª edição foi publicada. A energia e o compromisso de pioneiras como Dunn e Steinem e suas colegas feministas foram necessários para mudar essas crenças culturalmente sancionadas, bem como leis e práticas.

5. Por "mais profundas" entendemos aquelas crenças genéricas e abstratas que são mais centrais para o sistema de significados. A analogia que usamos com os pacientes é

que os pensamentos automáticos específicos em situações específicas representam a ponta do *iceberg* com relação ao sistema de significados mais amplo e que, ao usar a técnica da seta descendente para cavar abaixo da superfície, podemos fazer um trabalho mais completo de mapeamento dos pressupostos subjacentes e crenças nucleares que se mantêm em todas as situações.

6. A conceitualização subjacente a uma teoria cognitiva dos transtornos da personalidade apareceu pela primeira vez no tratado *Terapia cognitiva dos transtornos da personalidade* (Beck & Freeman, 1990), que introduziu o conceito do "banquinho de três pernas" e a noção de estratégias compensatórias, mas o DCC propriamente dito fez sua primeira aparição no livro *Terapia cognitivo-comportamental: teoria e prática* (J. S. Beck, 1995). O formulário evoluiu ao longo dos anos e agora inclui dois formulários complementares, DCC baseado em problemas e DCC baseado em pontos fortes (J. S. Beck, 2020). Algumas versões anteriores usavam o termo "estratégias compensatórias" (como na Figura 7.1), ao passo que as versões mais recentes substituem esse termo pelo mais genérico "estratégias de enfrentamento". Mantivemos a versão anterior do formulário tanto na Figura 7.1 quanto na Figura 14.3 (consulte o Capítulo 14) porque ambos os pacientes tinham depressão sobreposta a transtornos da personalidade e essa era a versão que usávamos na época em que estávamos trabalhando com eles. Achamos útil salientar que as propensões comportamentais que lhes causavam problemas em seus relacionamentos interpessoais eram estratégias que eles adotavam em um esforço para "compensar" seus déficits percebidos (crenças nucleares e pressupostos subjacentes). Na realidade, foram as estratégias compensatórias que eles usaram para se proteger que geraram a maioria dos problemas em suas vidas. O termo genérico "estratégias de enfrentamento" usado na versão mais recente do DCC será aplicável a uma gama mais ampla de pacientes, inclusive aqueles sem transtornos da personalidade.

7. Ficou evidente, já na primeira sessão de tratamento, que a arquiteta seria uma cliente complicada, mas interessante de se trabalhar, quando ela anunciou que, apesar do protocolo do estudo, precisaria de sessões diárias para o resto da vida, mas que não pretendia viver além dos 30 anos (ela tinha 29 anos na época) e que era uma mentirosa incorrigível em quem não se podia acreditar.

8. "Intenção" está entre aspas porque não está claro se os pacientes pensam em usar estratégias compensatórias se estiverem cientes de seu uso. As estratégias compensatórias reduzem a angústia quando os pacientes as utilizam e, portanto, são reforçadas, mas é improvável que a maioria dos clientes consiga articular por que as utiliza ou mesmo que as utiliza, pelo menos no início da terapia.

9. A personalização frequentemente aparece nos relacionamentos íntimos dos clientes deprimidos. Costumamos brincar com os pacientes dizendo que a melhor maneira de funcionar nos relacionamentos é não levá-los para o lado pessoal. Pedir o que se quer de forma assertiva, respeitando o direito do parceiro de não responder, aumenta as chances de conseguir o que se quer, e não levar a sério as palavras ditas com raiva permite que a outra parte reconsidere se realmente quis dizer o que disse. O truque nos relacionamentos é não ser um "saco de pancadas" (passivo demais e que não respeita os próprios desejos) e, ao mesmo tempo, ter o mesmo respeito pelo parceiro, não exigindo gratificação imediata e certa e não fazendo com que tudo gire em torno de você. A reciprocidade nos relacionamentos é fundamental.

10. Os esquemas são simplesmente estruturas de conhecimento organizadas. Podem ser sobre qualquer tópico (o eu, o mundo, o futuro), mas os esquemas sobre o eu são um foco específico da terapia cognitiva. Por exemplo, é muito provável que os pacientes deprimidos se vejam como "indignos de amor" ou "incompetentes", o que influencia seus esforços posteriores para estabelecer relacionamentos ou seguir uma carreira. Esses seriam exemplos de esquemas problemáticos, embora existam outros (p. ex., pessoas propensas à ansiedade social tendem a ver as outras pessoas como capazes de crueldade imprevisível). Os esquemas problemáticos tendem a ser latentes em pessoas com depressão recorrente: eles podem ser acionados por eventos negativos da vida, mas não estão ativos o tempo todo. Os pacientes com depressão crônica tendem a ter apenas esquemas de autodepreciação, sem nenhuma outra forma de pensar sobre si mesmos. Os pacientes com problemas caracterológicos não apenas têm crenças problemáticas sobre si mesmos, mas também têm crenças problemáticas sobre outras pessoas. Os esquemas estão intimamente relacionados aos roteiros, que nada mais são do que padrões adquiridos de expectativas e comportamentos que são solicitados em diferentes situações. Por exemplo, a maioria de nós tem roteiros diferentes para restaurantes chiques e *fast-food*, que orientam nossas diferentes expectativas e levam a comportamentos diferentes nesses dois tipos diferentes de contextos gastronômicos. A maioria de nós desenvolve roteiros sobre como se comportar em relacionamentos ou no trabalho, e alguns são mais funcionais do que outros.

11. Na verdade, a paciente não era realmente paranoica, apenas muito desconfiada dos motivos dos outros, o que, dado seu histórico de abuso, não era tão surpreendente. Mesmo que ela tivesse preenchido os critérios diagnósticos para transtorno da personalidade *borderline* se não tivesse negado esses sintomas na admissão para participar do estudo (ela havia tomado conhecimento dos nossos critérios de inclusão e exclusão) e de fato preenchesse os critérios para transtorno da personalidade paranoide, o que estávamos realmente lidando era com um caso de transtorno de estresse pós-traumático complexo em uma pessoa que havia sido muito maltratada na adolescência.

PONTOS-CHAVE

1. **Esquemas** são estruturas de conhecimento organizadas que contêm crenças existentes e propensões para o processamento de novas informações. Eles geralmente ficam latentes até serem acionados por eventos externos relevantes.

2. Os **Diagramas de Conceitualização Cognitiva** utilizam informações de vários registros de pensamento para mapear a maneira como os eventos do início da vida levam a crenças nucleares e pressupostos subjacentes, que, por sua vez, acarretam estratégias compensatórias autodefensivas que os pacientes adotam para evitar danos.

    a. As **crenças nucleares** são as declarações simples que as pessoas atribuem a si mesmas, seus mundos e seus futuros (a tríade cognitiva). As crenças nucleares são mais abstratas do que os pensamentos automáticos negativos específicos e tendem a se situar no centro das organizações esquemáticas.

b. Os **pressupostos subjacentes**, também chamados de atitudes disfuncionais, são regras ou crenças relacionais que explicam como o mundo funciona e geralmente assumem a forma de uma declaração "se-então".

c. **Estratégias compensatórias** são os padrões habituais de comportamento que os pacientes adotam para maximizar as chances de conseguir o que querem ou minimizar os danos, já que se consideram deficientes em algum aspecto importante ou que os outros são predadores e indiferentes.

3. As **Folhas de Trabalho de Crenças Nucleares** pedem ao cliente que procure instâncias na vida cotidiana que sejam inconsistentes com suas crenças nucleares e pressupostos subjacentes existentes.

4. **Distorções** são propensões ao processamento de informações, ou heurísticas, que tendem a facilitar o processamento rápido de informações, mas que correm o risco de introduzir tendências. Na depressão, elas levam a um pensamento rápido e impreciso que mantém visões negativas de si mesmo, do mundo e do futuro.

5. O **banquinho de três pernas** incorpora a atenção aos eventos da infância e o fluxo e refluxo do relacionamento terapêutico, além do foco típico da terapia cognitiva nas situações da vida atual.

6. **Análises de custo-benefício** podem ser usadas para examinar as vantagens e desvantagens relativas da manutenção de pressupostos subjacentes e crenças nucleares. O objetivo é transformar o que geralmente é um modo automático de processar informações em um processo de decisão intencional baseado na lógica.

8

Abordagem de transtornos comórbidos

*A coragem não é a ausência do medo.
É agir apesar dele.*
— **Mark Twain**

A maioria dos pacientes deprimidos também preenche critérios para outros transtornos.[1] Em um estudo randomizado controlado por placebo, que comparou a terapia cognitiva com medicamentos antidepressivos no tratamento do transtorno depressivo maior (TDM; DeRubeis et al., 2005), cerca de três quartos dos pacientes também preenchiam critérios para um ou mais transtornos adicionais do Eixo I do DSM-IV (American Psychiatric Association, 1994), e cerca de metade preenchia critérios para um ou mais transtornos do Eixo II. O paciente modal desse estudo preenchia critérios para quatro transtornos diferentes do Eixo I, incluindo depressão, e dois transtornos do Eixo II. Muitas vezes, essa **comorbidade** complica o processo de tratamento; os pacientes desse estudo que preenchiam critérios para um ou mais transtornos do Eixo II tinham muito menos probabilidade de responder à terapia cognitiva do que os pacientes que não preenchiam esses critérios, e menos probabilidade de responder à terapia cognitiva do que aos medicamentos antidepressivos (Fournier et al., 2008).[2]

A comorbidade geralmente complica o processo de tratamento, mas dada a amplitude da abordagem cognitiva e a evidência empírica em uma variedade de transtornos, a comorbidade constitui um problema menor para esse tipo de terapia do que para muitos outros (DeRubeis & Crits-Christoph, 1998; Roth & Fonagy, 2005). O modelo cognitivo descrito no Capítulo 1 aplica-se a muitos transtornos, e os princípios e estratégias gerais descritos ao longo deste texto podem ser aplicados prontamente à maioria dos problemas que frequentemente acompanham a depressão (ver, p. ex., Beck, 1976). O treino de automonitoramento, a ativação comportamental, a reestruturação cognitiva e o teste de hipóteses empíricas são estratégias gerais que têm sido utilizadas com uma vasta gama de transtornos e problemas de vida associados. Muitos manuais de tratamento excepcionais descrevem a terapia cognitiva no tratamento de outros transtornos que têm em sua base os tipos de estratégias descritas na edição anterior deste livro. Este capítulo descreve as considerações a ter em conta ao ajudar pessoas que têm depressão e outro transtorno comórbido. Por razões de espaço, nem todas as categorias de diagnóstico são descritas, mas as mais prevalentes são abordadas.

Especificidade cognitiva dos afetos

Crenças imprecisas parecem desempenhar um papel central em muitos transtornos emocionais (Beck, 1976; Hollon & Beck, 2013). Por exemplo, as cognições catastróficas relativas a emergências médicas ou psiquiátricas iminentes estão ligadas ao desenvolvimento do transtorno de pânico (Clark, 1986), e um foco excessivo em imagens visuais desfavoráveis de si próprio tendo um mau desempenho em situações sociais parece desempenhar um papel causal na fobia social (Clark & Wells, 1995). A crença de que memórias intrusivas de traumas passados representam um risco atual é central para um modelo cognitivo do transtorno de estresse pós-traumático (TEPT) (Ehlers & Clark, 2000), e excesso de responsabilidade está no centro do transtorno obsessivo-compulsivo (Salkovskis, 1999). Crenças distorcidas sobre forma e peso parecem desempenhar um papel central na etiologia dos transtornos alimentares (Fairburn et al., 2003), e a tendência para atribuir erroneamente uma intenção hostil conduz frequentemente à raiva e à retaliação em crianças cronicamente agressivas (Dodge, 1980).

Devido ao papel central da cognição na maioria dos transtornos comportamentais e emocionais, os esforços para alterar a cognição conduzem frequentemente a alterações nos sintomas em uma variedade de diagnósticos. Na maior parte dos casos, a mudança cognitiva é obtida de forma mais poderosa por meio de mudanças no comportamento, muitas vezes realizadas sob a forma de experiências comportamentais. Em sua frase clássica, Bandura (1977) argumentou que a mudança é, em grande parte, mediada por mecanismos cognitivos, mas é mais fortemente influenciada por procedimentos enativos (comportamentais). Por exemplo, Öst (1989) sugere que a exposição funciona em fobias específicas porque altera as crenças e expectativas sobre o objeto ou situação temida. Nesta linha, um estudo de decomposição concluiu que os componentes mais puramente comportamentais da terapia cognitiva produziram tantas alterações na depressão quanto o pacote completo de tratamento, produzindo também alterações cognitivas comparáveis (Jacobson et al., 1996). Além disso, a farmacoterapia parece produzir mudanças cognitivas; quando funciona, a medicação produz frequentemente mudanças na cognição comparáveis às alcançadas pela terapia cognitiva (Simons et al., 1984). Alguns chegaram ao ponto de sugerir que, quando os medicamentos funcionam no tratamento da depressão, é porque alteram a forma como as pessoas processam a informação (Harmer et al., 2009). O padrão de mudança ao longo do tempo, no entanto, sugere que a mudança cognitiva é mais uma *causa* da mudança na depressão na terapia cognitiva, mas uma *consequência* da mudança na depressão no tratamento medicamentoso (DeRubeis et al., 1990). A mediação causal é notoriamente difícil de detectar, porque é mais fácil determinar se algo funciona do que como funciona (esses testes envolveram sempre três cadeias de variáveis e, embora seja possível fazer uma forte inferência causal entre a manipulação do tratamento e o suposto mecanismo ou o resultado, a ligação entre o mecanismo e o resultado continua a ser puramente correlacional e tem de ser inferida por meio de uma análise estatística). Não obstante, a mudança na cognição fornece não só uma forte explicação para a mudança produzida pela terapia cognitiva, mas também uma explicação viável para a mudança produzida por outros tipos de tratamentos, quer sejam explicitamente direcionados à cognição ou não (Hollon et al., 1987).

Ao abordar os problemas discutidos a seguir, é útil ter uma noção das cognições centrais associadas a cada afeto, como mostra o Quadro 8.1. Cognições diferentes tendem a gerar afetos diferentes e a organizar reações fisiológicas diferentes e impulsos comportamentais diferentes (ver o modelo de cinco partes na Figura 4.1). Isso provavelmente se deve ao fato de que pressões evolutivas do nosso passado ancestral "prepararam" nossos antepassados para uma "resposta de corpo inteiro" ideal a diferentes tipos de desafios. Os pacientes com depressão acreditam frequentemente que são incompetentes ou indignos de amor. Têm um sentimento de perda e a expectativa de nunca conseguirem o que consideram ser essencial para a felicidade. A perda é fundamental para a depressão, juntamente com a incapacidade de antecipar futura gratificação. A ansiedade envolve quase sempre um sentimento de ameaça, seja ela interna ou externa.

A raiva envolve geralmente a crença de que alguém ou alguma coisa violou um código moral ou a frustração de ter sido impedido de atingir um objetivo valorizado. São observados dois tipos de raiva. A frustração ocorre quando os pacientes se apercebem de um bloqueio à realização de um objetivo desejado. Esse bloqueio pode ser imposto externamente ou ser interno ao paciente (i.e., autocrítica por um fracasso). O segundo tipo de raiva é o ressentimento experimentado quando os pacientes veem outra pessoa violando um código moral ou não cumprindo um acordo (normalmente um "deveria"). A culpa geralmente envolve a sensação de que a própria pessoa violou um código moral. A vergonha envolve normalmente a crença de que se fez algo que levará ao ostracismo ou à perda de *status* aos olhos dos outros. Esse princípio de **especificidade cognitiva** significa que o terapeuta pode amiúde antecipar os tipos de pensamentos que o cliente irá relatar em uma determinada situação, embora seja melhor não fazer juízos prévios, mas sim perguntar diretamente ao cliente. Compreender essas crenças e como elas se aplicam em cada um dos afetos descritos a seguir pode ajudar na reestruturação cognitiva e em outros testes do sistema de crenças atual.

QUADRO 8.1 Especificidade cognitiva dos afetos

Cognição (tema)	Afeto
Perda de um objeto de valor ou falta de gratificação	Tristeza
Percepção de uma possível ameaça ou risco	Ansiedade
Violação moral (própria ou alheia)	Raiva
Violação moral (própria)	Culpa
Percepção de uma possível humilhação pública	Vergonha

Os diferentes tipos de afetos tendem a ser expressos de forma diferente. A ansiedade e o pânico estão frequentemente ligados a imagens visuais que transmitem uma sensação de ameaça ou perigo, ou a ruminações verbais que tendem a ser formuladas como perguntas ("E se acontecer X?"; "O que pensam de mim?"; "Estou tendo um infarto?"). A depressão tende a ser expressa em termos de ruminações verbais, como "Nunca vou conseguir o que quero".

A culpa, tal como a depressão, também tende a envolver ruminações verbais, mas sob a forma de declarações que empregam a palavra "deveria", como em "Deveria ter sido capaz de evitar". As cognições associadas à raiva também assumem a forma de ruminações verbais centradas na violação do código moral do paciente por parte de outra pessoa ("Ele não deveria poder safar-se com aquilo", "Não é justo") ou na própria violação do paciente ("Eu não deveria ter feito aquilo"). (Tal como descrito no caso do enfermeiro no Capítulo 6, as percepções de perigo frequentemente precedem a experiência de raiva para algumas pessoas, e a excitação ansiosa inicial pode passar despercebida se o paciente não for solicitado a reviver a experiência "momento a momento". Quando isso acontece, há uma percepção de risco indevido seguida de uma sensação de que o autor da ameaça está agindo de forma injusta.) A vergonha, tal como a ansiedade ou o pânico, exprime-se frequentemente por meio de imagens visuais (estar nu em frente a um público) ou sob a forma de uma pergunta ("E se descobrirem o que eu fiz?", "E se descobrirem como eu sou realmente?"). É importante assegurar que o paciente consiga rastrear tanto ruminações verbais como imagens visuais, ligando cada uma (se presente) aos afetos relevantes.

Transtornos de ansiedade

Os transtornos de ansiedade são as condições comórbidas mais comuns nos pacientes com depressão. Na comparação controlada por placebo entre terapia cognitiva e medicamentos mencionada anteriormente (DeRubeis et al., 2005), entre os pacientes com depressão grave, mais de metade preenchia também critérios para um ou mais transtornos de ansiedade: 17% para TEPT, classificada como um transtorno de ansiedade no início do novo século, mas subsequentemente transferida para uma categoria nova e separada de transtornos relacionados com traumas e estressores no DSM-5 (2013), 16% para fobias específicas (incluindo ansiedade social), 13% para transtorno de pânico ou 13% para transtorno de ansiedade generalizada (TAG), 4% para transtorno obsessivo-compulsivo (TOC), e 3% para transtorno de ansiedade não especificada de outra forma. Não há dúvida de que a terapia cognitiva é eficaz para os vários transtornos de ansiedade e, na maioria dos casos, superior a muitas outras intervenções psicossociais e farmacológicas. A sua vantagem relativa em relação a outras intervenções psicossociais e ao tratamento medicamentoso é ainda maior do que para a depressão (Hollon, 2022).

Segue-se uma breve descrição de como a terapia cognitiva para depressão pode ser estendida para tratar transtornos de ansiedade concomitantes. O Oxford Anxiety and Trauma Center publicou uma série de vídeos de treinamento para os vários transtornos de ansiedade (fobia social e TEPT até o momento, com mais transtornos a seguir) que são talvez as melhores vinhetas de treinamento disponíveis para a área: *www.psy.ox.ac.uk/research/oxford-centre-for-anxiety-disorders-and-trauma*.

Pânico e agorafobia

Cognições catastróficas relativas à desgraça física ou psicológica iminente estão no cerne do transtorno de pânico (Beck & Emery, 1985; Clark, 1986). Os pacientes que sofrem ataques de pânico experimentam primeiro uma sensação relativamente inofensiva, como palpitações cardíacas ou uma sensação transitória de desrealização, que interpretam erroneamente como indicação de uma catástrofe médica ou psiquiátrica incipiente, como um infarto ou uma descompensação psicótica. A principal manobra terapêutica consiste em incentivar os pacientes a fazer tudo o que puderem para provocar o evento temido, o que, a princípio, parece paradoxal na melhor das hipóteses. Os pacientes são expostos às sensações temidas de falta de ar, batimento cardíaco acelerado, sentimentos de irrealidade, etc., hiperventilando, subindo e descendo escadas, correndo ou girando em uma cadeira. Essas exposições intencionais são o oposto dos *comportamentos de segurança* típicos do paciente, estratégias cognitivas e comportamentais desenvolvidas para amortecer as sensações e evitar o suposto risco. Quando os pacientes se apercebem de que não estão prestes a morrer de infarto ou "enlouquecer" (i.e., as sensações que sentem não são prodrômicas de uma catástrofe médica ou psiquiátrica real), a frequência dos ataques de pânico diminui rapidamente. Essencialmente, encorajamos os pacientes a abandonar seus comportamentos de segurança para testar suas crenças.

Um dos autores certa vez tratou um jovem operário da construção civil que tinha começado a sentir pânico e depressão em consequência de uma má experiência com drogas. Enquanto conduzia um carro cheio de amigos, todos fumando maconha, por cima de uma ponte, teve uma imagem visual de si próprio virando a direção e conduzindo o carro para fora da borda. Apesar de ter levado todos de volta para casa em segurança, ele achou a experiência da imagem intrusiva extremamente perturbadora, concluindo que devia estar perdendo o juízo. Nas semanas seguintes, ele passou por vários incidentes que supôs serem "*flashbacks*", mas que, mais provavelmente, eram ataques de pânico quando ele tinha que operar máquinas pesadas em situações potencialmente perigosas ou subir em canteiros de obras. Passados vários meses, ele procurou ajuda em uma clínica de saúde mental da comunidade, onde foi diagnosticado com esquizofrenia e medicado com antipsicóticos. Alguns meses mais tarde, dirigiu-se ao Centro de Terapia Cognitiva, onde um exame não mostrou nenhuma evidência de transtorno do pensamento. Foi-lhe retirado o antipsicótico e ele começou a fazer terapia cognitiva (Hollon, 1981).

O monitoramento do humor, descrito no Capítulo 6, revelou que os seus "*flashbacks*" espontâneos geralmente ocorriam em situações nas quais seria perigoso agir de forma impulsiva. A discussão na sessão revelou que cada ataque era precedido pelo pensamento de que ele já não podia confiar no seu próprio comportamento após a exposição a drogas ilícitas. Ele foi encorajado a testar sua noção de que poderia "perder a cabeça" experimentando as sensações temidas, primeiro na sessão e depois fora dela. No início de cada sessão, pediu-se que ele classificasse sua experiência atual de todos os sintomas associados a um ataque de pânico. Como muitas pessoas ansiosas, ele apresentava alguns sintomas mesmo em repouso. Então pediu-se que ele hiperventilasse com o terapeuta durante 2 minutos e que avaliasse os mesmos sintomas imediatamente após essa exposição. Os sintomas dele se intensificaram tipicamente como resultado da respiração e eram semelhantes aos que sentia durante um ataque de pânico. O terapeuta explicou então o papel adaptativo da resposta de luta ou fuga, esclarecendo que essas sensações intensas haviam evoluído para chamar a atenção da pessoa, mas não eram prejudiciais e normalmente desapareciam em poucos minutos. Por meio de questionamento socrático, o paciente apercebeu-se de que não havia descompensação psicótica iminente, que os seus sintomas tinham surgido devido a uma alteração na sua respiração e não devido a uma ameaça real. Quando lhe foi pedido que avaliasse novamente os seus sintomas após alguns minutos, estes tinham diminuído para um nível inferior ao inicial. O paciente foi treinado em respiração diafragmática e ensinado a abrandar suas expirações quando se apercebia de sentimentos de ansiedade, não porque esses sentimentos fossem perigosos, mas porque o paciente desejava ser capaz de tomar medidas para aumentar sua sensação subjetiva de conforto e bem-estar.

Como exercício de casa, pediu-se ao paciente que retomasse as atividades que tinha evitado, como dirigir sobre pontes ou ir a locais altos em canteiros de obras. Enquanto estivesse lá, a tarefa era pensar em saltar ou cair. Ele rapidamente descobriu que mantinha controle total sobre seus comportamentos. Conseguia pensar em dirigir para fora de uma ponte ou pular de canteiros de obras sem agir de acordo com a ideação, e descobriu que não conseguia "enlouquecer", mesmo que tentasse.

Em poucas semanas, seu pânico foi resolvido e o tratamento passou a focar mais especificamente em sua depressão.

O transtorno de pânico geralmente é mais suscetível de ser tratado do que a depressão. Por esse motivo, se tivermos um paciente com comorbidade para transtorno de pânico, geralmente tratamos esses sintomas assim que ele nos permite, uma vez que normalmente só é necessário fazer uma ou duas sessões para resolvê-los (nosso princípio é "qualquer redução de sintomas é uma boa redução de sintomas"). A agorafobia leva um pouco mais de tempo para ser resolvida do que o pânico ou a depressão, porque muitos pacientes se refugiaram em um estilo de vida restrito. A maioria dos casos de transtorno de pânico gira em torno de um conjunto bastante distinto de cognições catastróficas. A depressão muitas vezes envolve crenças nucleares mais genéricas sobre si mesmo que têm sido mantidas há anos, mesmo que nem sempre estejam ativas. Crenças específicas sobre uma catástrofe iminente são relativamente fáceis de testar, mesmo que o processo seja angustiante; as crenças de longa data sobre si mesmo normalmente abrangem um leque mais vasto de situações e não são tão fáceis de refutar.

Ansiedade em relação à saúde (hipocondria)

A ansiedade em relação à saúde (também conhecida como hipocondria) compartilha muitas características com o transtorno de pânico (Warwick & Salkovskis, 1990). Enquanto os pacientes com transtorno de pânico pensam que vão morrer ou enlouquecer nos próximos minutos, os pacientes com hipocondria preocupam-se com uma doença que os matará nos próximos meses ou anos, ou com uma condição grave e debilitante, com base apenas em sensações que acreditam ser indicativas dessa condição. A iminência da suposta catástrofe médica é o principal fator de diferenciação entre o pânico e a hipocondria. O tratamento geralmente ocorre da mesma forma que no transtorno de pânico, embora tenda a ser mais demorado, pois não é tão fácil refutar uma crença que não tem uma resolução imediata. O segredo parece ser, mais uma vez, a identificação das crenças que geram a apreensão e o incentivo para que os pacientes abandonem seus comportamentos de segurança, como verificar se há crescimento de sinais na pele ou buscar referências na internet, a fim de testar essas crenças. Embora há muito tempo se pense que a hipocondria é refratária ao tratamento, estudos clínicos sugerem que ela é passível de mudança por meio de princípios cognitivos (Clark et al., 1998; Warwick et al., 1996).

Certa vez, um dos autores atendeu uma mulher de meia-idade com depressão e ansiedade em relação à saúde, encaminhada por seu clínico geral para tratamento de depressão. A paciente estava convencida de que não estava deprimida, mas acreditava que tinha um problema de hipoglicemia que a deixava cansada e letárgica. Ela havia restringido sua vida para não ficar cansada, passando a maior parte do dia na cama e participando apenas de atividades essenciais. Em vez de desafiar essas crenças diretamente, o terapeuta propôs que ela reunisse informações adicionais para seu médico sobre o que acontecia exatamente quando ela se tornava ativa. A paciente concordou em se automonitorar de maneira semelhante à representada na Figura 5.1, mas substituindo o humor pelo nível de energia, e em variar sistematicamente seu nível de atividade para mostrar ao médico (que não compartilhava de sua convicção sobre a hipoglicemia) que ele estava errado. Seu próprio automonitoramento mostrou-se totalmente incompatível com sua crença de que estava com hipoglicemia. Sua fadiga piorava quando ela estava inativa e melhorava quando ela se mexia. À medida que seu padrão de comportamento aumentava, a fadiga e a depressão diminuíam.

Transtorno de ansiedade social

A ansiedade social normalmente envolve crenças, muitas vezes retratadas vividamente em imagens na expectativa de interações sociais futuras, de que a pessoa sofrerá censura ou rejeição (Clark & Wells, 1995). Portanto, o uso de imagens visuais pode ser especialmente poderoso no decorrer do tratamento da ansiedade social. Muitos pacientes estão tão concentrados em suas imagens internas, de como acham que parecem para os outros, que prestam pouca atenção aos sinais externos emitidos pela(s) pessoa(s) com quem estão interagindo em situações sociais (Clark & McManus, 2002). Em vez disso, eles adotam comportamentos de segurança, como falar de cabeça baixa ou com as mãos sobre a boca, para se protegerem do ridículo, mas conseguem apenas criar um problema que, de outra forma, não existiria. Clark e colaboradores costumam filmar pacientes interagindo com alguém que não conhecem, com e sem seus comportamentos de segurança, e depois pedem que avaliem a qualidade de suas interações. Na maioria dos casos, os pacientes preferem como se apresentam quando não estão envolvidos em comportamentos de segurança. Então, Clark e colaboradores incentivam os pacientes a abandonar seus comportamentos de segurança e a focar na(s) pessoa(s) com quem estão interagindo, baseando-se em uma série de experimentos comportamentais, incluindo "viagens de campo" para interagir com estranhos no mundo exterior (curiosamente, o grupo de Oxford faz pouco uso dos Registros de Pensamentos que são tão importantes na depressão). Constatou-se que essa abordagem da terapia cognitiva é superior a outras intervenções mais puramente comportamentais ou a medicamentos antidepressivos no tratamento da ansiedade social (Clark et al., 2003, 2006) e, quando ministrada em um formato individual, superior a todas as outras intervenções em uma metanálise abrangente de rede (Mayo-Wilson et al., 2014).

Transtorno de estresse pós-traumático (TEPT)

Como terapeutas cognitivos, aprendemos a incentivar os pacientes com transtorno de estresse pós-traumático (TEPT) a reviver suas experiências traumáticas detalhadamente em pelo menos uma sessão, com o objetivo de descobrir os significados idiossincráticos que eles atribuem ao(s) evento(s). As cognições típicas do TEPT incluem "O mundo é um lugar perigoso" e "Não sou competente para me manter seguro". Abordagens mais puramente comportamentais enfatizam múltiplas sessões de exposição prolongada envolvendo lembranças do evento traumático, que supostamente funcionam por meio da extinção (Foa, 2006). Em contrapartida, a terapia de processamento cognitivo enfatiza a reformulação do significado que envolve o evento por meio de uma variedade de exercícios, principalmente escrever o que lhes aconteceu e ler em voz alta para si mesmos ou para o terapeuta (Resick & Schnicke, 1992).

Preferimos fortemente um modelo ainda mais puramente cognitivo, articulado pela primeira vez por Ehlers e Clark (2000) e posteriormente ampliado por Monson e Shnaider (2014). Esse modelo enfatiza como o trauma pode levar a uma avaliação excessivamente negativa de um evento e de suas consequências, e a uma memória autobiográfica que é degradada ou distorcida. As avaliações negativas e a lembrança do trauma se mantêm inalteradas porque os pacientes adotam comportamentos de segurança que envolvem esquiva e fuga, o que os impede de testar suas crenças. Aprendemos a incentivar os pacientes a reviver a memória traumática em pelo menos uma sessão (a repetição raramente é necessária), com o objetivo de identificar o significado idiossincrático que o cliente atribuiu a esse evento, e é esse significado idiossincrático que é testado por meio de estratégias cognitivas e experimentos comportamentais (como na ansiedade social, pouco uso é feito pelo grupo de Oxford de Registros de Pensamentos, os quais são tão importantes na depressão). Os clientes são incentivados a "recuperar" suas vidas fazendo "visitas de campo" ao local onde ocorreu o trauma. Essa abordagem da terapia cognitiva funciona pelo menos tão bem quanto outras intervenções comportamentais alternativas, sem as altas taxas de desgaste que parecem ser um problema específico da exposição prolongada (American Psychological Association, 2017).

Curiosamente, o TEPT parece ser menos recorrente do que a depressão, e a maioria dos principais teóricos raramente se preocupa com o retorno dos sintomas se eles forem adequadamente abordados no tratamento (Hollon, 2019). Isso não quer dizer que alguém não possa voltar a apresentar sintomas se ocorrer outro evento traumático e, em alguns casos, uma pessoa que sofreu vários traumas pode ter gerado crenças diferentes associadas a cada um deles, mas parece que a tentativa de suprimir o pensamento sobre o evento é o que produz os sintomas específicos.

Um dos autores trabalhou certa vez com uma cliente devotamente religiosa que havia sido molestada repetidamente quando criança por um adolescente da vizinhança. Ela teve sintomas de TEPT durante toda a juventude, mas não contou a ninguém sobre o abuso até ingressar em uma faculdade administrada por sua igreja, onde procurou orientação psicológica. Seu terapeuta a persuadiu a manter relações sexuais com ele como forma de "curar a dor", mas isso só agravou sua angústia. Quando voltou a fazer terapia, ela era casada e mãe de dois filhos. Tinha pouco afeto pelo marido e sofria ataques de pânico sempre que começava a sentir excitação durante a atividade sexual. Bem-apessoada e psicologicamente sofisticada, ela era procurada por outras pessoas por sua sabedoria e conselhos, mas mesmo assim enfrentava seus próprios episódios de depressão e sintomas relacionados ao TEPT.

Na terapia cognitiva, a cliente aprendeu a monitorar seus estados de humor e comportamentos e, depois, a realizar experimentos comportamentais para testar suas crenças. Um desses experimentos envolveu pedir ao marido que dividisse as tarefas domésticas com ela, especificando quais tarefas cada um faria. Ela concordou em descrever detalhadamente seu trauma sexual de infância em uma sessão com seu terapeuta, para ver se "reviver" a experiência identificaria alguma crença importante. Ao examinar essas lembranças, ela percebeu que havia passado a acreditar, como consequência do abuso, que suas preferências pessoais não importavam e que ela não tinha o direito de pedir o que queria ou de estabelecer limites em um relacionamento. Identificar e refutar essas crenças a ajudou a agir de forma mais assertiva tanto com o marido quanto com a irmã autoritária. À medida que aprendeu a estabelecer limites com cada um deles, a raiva que sentia por eles foi substituída por uma aceitação inesperada e afeição genuína.

A paciente começou a ter lembranças espontâneas do abuso na infância e, ainda que não confiasse em sua capacidade de recordar os detalhes com precisão, começou a acreditar que poderia ter havido penetração. Ela confrontou pela primeira vez o que significava para ela o fato de ter retornado ao local do abuso várias vezes. Ela se culpava por ter-se colocado em uma situação que permitiu que fosse abusada, o que não combinava em nada com suas crenças religiosas. Na terapia, ela percebeu que havia sido motivada por um desejo de afirmar sua independência e de visitar o parque, que era o local do abuso, sempre que quisesse, independentemente das consequências. Ela também percebeu (raciocinando durante o reviver como "adulta" com seu "eu mais jovem") que o abuso foi um crime cometido por um adolescente muito mais velho, e que não foi culpa dela.

A depressão da cliente cedeu durante o estudo de 16 semanas, no qual ela estava inscrita (DeRubeis et al., 2005). Seu casamento e o relacionamento com a irmã melhoraram, e ela concluiu o curso profissionalizante. Ela não teve recaídas durante

2 anos de avaliações de acompanhamento e não teve mais crises de pânico ao fazer sexo (Hollon et al., 2005).

Frequentemente, pacientes deprimidos com histórico de trauma descartam a contribuição do trauma para seus sintomas atuais. Iniciamos a terapia com foco nas habilidades comportamentais e cognitivas básicas descritas nos capítulos anteriores, explicando aos pacientes que eles podem adquirir essas habilidades trabalhando em outras questões que não o trauma, mas que, quando estiverem prontos, reviver o trauma em uma sessão provavelmente será útil. Como a sensação subjetiva de perda de controle parece estar no cerne do TEPT, deixamos que o paciente defina o ritmo para realizar as exposições às memórias do trauma. Trabalhamos para educar os pacientes de que suas lembranças em si não são perigosas, que revivenciá-las não os fará descompensar, que evitar essas lembranças manteve a angústia que eles estão sentindo, e que não é necessário estar totalmente à vontade para começar. Alguns pacientes optam por abordar seus traumas em sessões mais precoces e outros optam por fazê-lo mais tarde; aqueles que escolhem a segunda opção infelizmente prolongam sua própria angústia.[3]

Transtorno obsessivo--compulsivo (TOC)

Os pacientes com transtorno obsessivo--compulsivo (TOC) têm obsessões (cognições intrusivas recorrentes que geram angústia) ou compulsões (comportamentos que servem para neutralizar os pensamentos). Exemplos de obsessões são pensamentos como "Vou matar meus filhos" ou "Estou contaminado". As compulsões incluem repetir uma frase, bater ou contar de uma determinada maneira ou verificar várias vezes se uma luz foi desligada. O tratamento do TOC inclui exposições repetidas aos objetos ou situações que desencadeiam o desconforto do paciente (p. ex., banheiros considerados "contaminados") e a prevenção do comportamento normalmente invocado em reação ao desconforto (p. ex., compulsões como lavar as mãos). Os pacientes são incentivados a não se envolver nesses comportamentos para que possam observar o que acontece, testando suas crenças de que algo catastrófico ocorrerá. Esse tratamento, conhecido como exposição e prevenção de resposta, é claramente eficaz para o TOC (Foa et al., 2005). Há razões para pensar que examinar o conteúdo das cognições também é útil (Abramowitz et al., 2002; van Oppen et al., 2005). Um senso de responsabilidade excessivo parece estar no cerne do TOC, e examinar essas crenças pode facilitar o processo de tratamento (Salkovskis, 1999).[4]

Um dos autores trabalhou com um paciente desde a adolescência até a idade adulta. Ele desenvolveu a síndrome de Cushing na metade da adolescência e, depois disso, desenvolveu TOC e depressão. Ele se preocupava com violar regras menores, tinha um senso de responsabilidade excessivo e temia contrair uma infecção sexualmente transmissível, apesar de ter hábitos discretos devido a suas crenças religiosas. Do seu ponto de vista, seria irresponsável uma pessoa se expor a essas doenças, e qualquer um que o fizesse traria sua doença para si mesmo.

Quando adulto, ele trabalhava como socorrista e, certa vez, ao sair correndo para atender a uma chamada de emergência, levou uma revista que ainda não havia pago para fora de uma loja de conveniência. Embora tenha devolvido a revista mais tarde, ele ficou obcecado com a ideia de que havia sido detectado pela câmera de vigilância da loja e que alguém poderia fazer acusações contra ele. Nas semanas seguintes, ele ficou obcecado com várias consequências imaginárias. Ele temia ser investigado por pequenas discrepâncias em seus registros financeiros ou em relatórios de trabalho, então começou a verificar seus registros para ter certeza de que estavam todos em ordem. Como outros comportamentos de segurança, esse comportamento compulsivo proporcionava um alívio temporário da ansiedade, mas servia para manter suas crenças; sua angústia aumentava em pouco tempo e ele se sentia compelido a verificar novamente.

O tratamento envolveu exposição e prevenção de resposta, com foco nos comportamentos de verificação compulsiva, e reestruturação cognitiva, com foco nas preocupações obsessivas. Solicitou-se ao paciente que ele se colocasse em situações em que sentiria ansiedade e que se abstivesse de realizar sua resposta normal de comportamento de segurança, que era a verificação excessiva. Ele obteve benefícios consideráveis com o exercício de casa e ficou impressionado com o fato de que sua ansiedade inicialmente aumentava quando ele se abstinha de verificar, mas depois diminuía acentuadamente com o tempo. Isso contrastava com sua experiência com os comportamentos de segurança; ele se sentia melhor no curto prazo quando verificava, mas piorava no longo prazo. O paciente teve mais uma chance de testar suas crenças quando soube que a dor recorrente no trato urinário era consequência da clamídia, provavelmente transmitida à sua esposa pelo marido anterior. Ele percebeu que não havia se comportado de forma irresponsável (nem sua esposa) e que não havia trazido a infecção para si mesmo. Apesar de suas preocupações anteriores, ele foi capaz de lidar com seu pior medo (contrair uma infecção sexualmente transmissível) quando isso realmente ocorreu: a infecção do trato urinário havia atingido a próstata, onde era difícil tratá-la. Os sintomas do TOC apareciam de tempos em tempos, quando a dor estava pior, e exigiam esforços renovados para não recair em obsessões e compulsões. Para esse cliente em particular, o tratamento foi paliativo, na melhor das hipóteses, mas não curativo, e seus esforços para controlar o TOC continuaram por toda a vida.[5]

Transtorno de ansiedade generalizada (TAG)

Atualmente, considera-se que a preocupação está no cerne do transtorno de ansiedade generalizada (TAG) (Borkovec et al., 2004). As pessoas com TAG são propensas a ruminar repetidamente sobre todas as coisas que podem dar errado, quer estejam angustiadas com as consequências ou não. "Não consigo lidar com isso" ou "Alguma coisa sempre vai dar errado" são cognições características do transtorno. O TAG é tão comumente comórbido com a depressão que o diagnóstico só pode ser feito se o paciente atender aos critérios de TAG quando não estiver deprimido. Muitos pacientes acham que a ruminação desempenha uma função protetora em suas vidas e, por isso, podem ter dificuldade de se envolver — o que pode dificultar o tratamento do TAG. O tratamento que aumenta a tolerância à incerteza tem sido bem-sucedido (Ladouceur et al., 2000).

O Formulário do Medo (mais uma contribuição de Judith Beck, uma importante teórica por si só) é útil para trabalhar com pacientes com depressão e ansiedade, especialmente aqueles com TAG, o transtorno de ansiedade prototípico. Conforme mostrado na Figura 8.1, os pacientes são solicitados a especificar a pior coisa que poderia acontecer em uma determinada situação. Na maioria dos casos, eles já devem ter considerado isso. Em seguida, é feita uma pergunta que amplia sua imaginação: "Qual é o melhor resultado possível nessa mesma situação?". Só então eles são solicitados a especificar o resultado mais provável.

Pode ser difícil para os pacientes com TAG gerar avaliações realistas antes de terem gerado os piores e melhores cenários. Essa estratégia de delimitação compensa a tendência de superestimar os perigos em uma determinada situação e é consistente com as observações feitas sobre "ancoragem e ajuste" por psicólogos cognitivos (Kahneman et al., 1982). É sempre bom iniciar com o que os pacientes fazem de melhor (especificar o pior) e depois ampliar suas capacidades.

A metade inferior do Formulário do Medo contém duas perguntas que focam no que os pacientes podem fazer para lidar com a situação (recursos). A primeira

1. Qual é a pior coisa que pode acontecer?
   Ele vai rir de mim e vai me fazer passar vergonha na frente de outras pessoas.

   Calmo 1 2 3 4 5 6 7 8 9 ⑩ Muito ansioso

2. Qual é a melhor coisa que pode acontecer?
   Ele vai aceitar e vamos nos divertir muito.

3. O que provavelmente vai acontecer?
   Ele vai me recusar, mas será gentil a respeito.

4. Mesmo que o pior aconteça, o que eu poderia fazer para lidar com isso?
   Dizer a ele que eu entendo se ele não quiser sair comigo, mas que ele não precisava ser grosseiro quando me recusou.

5. Quais são algumas medidas que eu poderia tomar para influenciar a situação?
   Dramatização com o terapeuta com antecedência e perguntar a ele em particular.

   Calmo 1 2 3 4 ⑤ 6 7 8 9 10 Muito ansioso

Primeira classificação 10 menos Segunda classificação 5 = 5 Redução da ansiedade

FIGURA 8.1 Formulário do Medo (versão curta) (ainda mais rápido do que um alprazolam de rápida absorção).

das perguntas sobre "recursos" indaga dos pacientes o que eles poderiam fazer para lidar com a situação mesmo que o pior acontecesse, e a segunda o que eles podem fazer para evitar que o pior aconteça. A teoria cognitiva implica que o grau de apreensão que uma pessoa sente em uma determinada situação depende do risco percebido em relação aos seus recursos percebidos. A metade superior do formulário trata do risco, enquanto a metade inferior trata de seus recursos. Os pacientes com TAG tendem a superestimar o risco e subestimar os recursos que podem utilizar para melhorar (ou pelo menos neutralizar) a situação problemática.

O exemplo específico apresentado na Figura 8.1 é de uma paciente que aumentou de peso na sequência de um estupro e estava hesitante em começar a namorar novamente. Entretanto, ela se apaixonou pelo *personal trainer* com quem estava treinando para voltar a ficar em forma e queria convidá-lo para sair, mas foi dissuadida pela preocupação de que ele pudesse recusá-la de forma humilhante. Ela preencheu o Formulário do Medo e decidiu que o resultado mais provável era que ele a rejeitasse, mas de forma empática. Ela dramatizou a interação várias vezes com o terapeuta, variando as possíveis respostas que o treinador poderia dar, desde aceitar a oferta até recusá-la gentilmente e recusá-la de uma forma que ela considerasse humilhante. Quando ficou convencida de que poderia lidar com a interação independentemente da resposta dele, ela convidou o treinador para sair na vida real. Ele recusou, mas o fez de forma gentil, e ela continuou a treinar com ele sem constrangimento e com o orgulho intacto. A vida é muito curta para não arriscar.

Transtornos alimentares

A terapia cognitivo-comportamental (TCC) representa o padrão atual de tratamento para os transtornos alimentares. Os transtornos alimentares podem ser particularmente difíceis de tratar, uma vez que o comportamento central das versões mais graves (anorexia restritiva) é egossintônico, pois os pacientes consideram a magreza um ideal estético e obtêm uma sensação de realização ao negar o apetite e perder peso mesmo quando estão extremamente magros (Vitousek et al., 1998). Como no caso do TOC, é difícil determinar exatamente onde estão os limites entre a terapia cognitiva e as versões mais genéricas da TCC. Embora Fairburn, uma referência na área, se identifique como TCC, ele dá bastante atenção aos significados idiossincráticos ligados às crenças sobre alimentação e peso em sua abordagem (Hollon, 2022).

Em geral, a área reconhece três formas de **transtornos alimentares** — bulimia nervosa, anorexia nervosa e transtorno de compulsão alimentar —, qualquer um deles podendo ser comórbido com depressão. Alguns desses transtornos são mais fáceis de tratar do que outros, mas, com a possível exceção da anorexia nervosa, não há nenhum transtorno alimentar que seja mais bem tratado com outra intervenção. Abordamos as principais categorias diagnósticas nas seções a seguir, mas observamos que a tendência nessa área é enfatizar as propriedades transdiagnósticas que os vários transtornos alimentares compartilham, uma vez que os pacientes tendem a passar de um para outro ao longo da vida (Fairburn et al., 2003). Essa perspectiva clínica transdiagnóstica sugere que todos os transtornos alimentares compartilham um núcleo comum de crenças irracionais em relação à forma e ao peso, mas que o impacto dessas crenças é exacerbado em alguns pacientes por um ou mais de quatro mecanismos de manutenção: perfeccionismo clínico, baixa autoestima central, dificuldade para lidar com o humor e dificuldades interpessoais. Um estudo multicêntrico recente constatou que, embora uma abordagem cognitivo-comportamental relativamente simples, focada apenas na normalização dos comportamentos alimentares e na abordagem das crenças problemáticas comuns aos transtornos, fosse suficiente na ausência desses mecanismos de manutenção, os pacientes com transtornos mais complexos, conforme mencionado anteriormente, precisavam de um tratamento mais complexo que também abordasse esses mecanismos de manutenção para aumentar as taxas de sucesso (Fairburn et al., 2009).

Uma versão aprimorada da TCC (desenvolvida para abordar essas características de manutenção) obteve uma das vitórias mais decisivas observadas em qualquer comparação de duas intervenções psicológicas genuínas.[6] A rigor, a abordagem de Fairburn representa um exemplo de descoberta independente (ele chegou às suas conclusões e desenvolveu sua abordagem simplesmente conversando com seus pacientes enquanto era residente em Edimburgo), mas compartilha com a terapia cognitiva uma ênfase nas crenças idiossincráticas em relação à forma e ao peso que os pacientes têm (Hollon, 2022).

Transtornos por uso de substâncias (TUSs)

Há dois caminhos principais para o uso de substâncias, cada um com um padrão distinto de comorbidade em relação à depressão (Butcher et al., 2013). Algumas pessoas impulsivas, que buscam novas experiências e sensações intensas, são atraídas pelo uso de substâncias para se excitar e ficam deprimidas quando suas vidas desmoronam como consequência do abuso. Outras já são propensas à depressão e à ansiedade e recorrem às substâncias como forma de automedicação. O uso de substâncias pode complicar o processo de tratamento para qualquer tipo de paciente, mas as estratégias necessárias para tratá-los diferem até certo ponto. Os que buscam emoções geralmente estão entediados e inquietos; eles precisam de ajuda para aprender a adiar a gratificação e a exercer o controle de estímulos. Esses pacientes são ajudados ao aprender a "surfar" sobre seus impulsos, adiando e distraindo-se até que o desejo passe. Os pacientes que se automedicam geralmente precisam de ajuda para lidar com as crenças e atitudes que levam à sua angústia subjacente. É útil para cada um deles reconhecer que ingerir, fumar ou injetar substâncias aumenta o afeto positivo ou reduz o afeto negativo em curto prazo, mas praticamente garante o retorno da disforia com maior intensidade.

Os pacientes que param de usar bruscamente são vulneráveis aos efeitos de violação da abstinência, pois é provável que interpretem pequenos lapsos como uma indicação de que sua meta de parar completamente é inatingível (Marlatt & Gordon, 1985). Como eles se julgam com severidade quando têm um lapso, um deslize se torna rapidamente uma recaída completa. As técnicas de controle de estímulos (livrar-se de todas as substâncias tentadoras de casa; limitar ou eliminar o contato com os antigos companheiros de uso) podem ser especialmente importantes, pois é mais difícil resistir à tentação quando a substância ilícita está por perto. "Crenças" que dão permissão, como "É só uma cerveja", "Foi um dia difícil; eu mereço" ou "Eu já estraguei tudo mesmo...", podem ser examinadas por meio do diálogo interno e do Registro de Pensamentos, já que essas cognições sedutoras amiúde inclinam a balança a favor do uso de substâncias. Uma avaliação das vantagens e desvantagens tanto do uso da substância quanto da redução ou abstenção do uso, uma estratégia descrita no Capítulo 9 sobre suicídio, permite que os pacientes sintam empatia por si mesmos e pelas escolhas difíceis que enfrentam todos os dias (Beck et al., 1993). Enfatizar as habilidades (p. ex., meditação ou exercícios) para resistir aos impulsos ajuda muito os pacientes a manter os lapsos em um nível mínimo. Frequentemente, os terapeutas cognitivos recomendam tratamento adjunto, como programas de 12 passos, para pacientes com depressão e uso de substâncias.

Transtorno bipolar e esquizofrenias

Enquanto a terapia cognitiva é pelo menos tão eficaz quanto os medicamentos, e seus efeitos são mais duradouros, no tratamento de transtornos não psicóticos, ela funciona em grande medida como um complemento à farmacoterapia no tratamento de doenças mentais graves (DMGs) de baixa prevalência e alta hereditariedade, como o transtorno bipolar psicótico e as esquizofrenias (Hollon et al., 2022). Curiosamente, esses são exatamente os transtornos que os biólogos evolucionários considerariam como verdadeiras "doenças" psiquiátricas (Syme & Hagen, 2020).[7]

Embora os medicamentos possam ajudar a controlar alguns dos sintomas desses transtornos, os pacientes frequentemente não gostam de tomá-los, e a terapia cognitiva pode ajudar com questões de adesão. As discussões com um terapeuta cognitivo podem abordar os custos, os riscos e os benefícios associados à adesão e à não adesão aos medicamentos. Além disso, a terapia cognitiva pode abordar as crenças delirantes e reduzir a frequência e a intensidade das alucinações, todos sintomas positivos das psicoses (Wykes et al., 2008), bem como os sintomas negativos marcados pela abstinência e falta de motivação que os medicamentos raramente atingem (Beck et al., 2020). A terapia cognitiva pode ser predominantemente coadjuvante para as DMGs, mas pode ser um coadjuvante poderoso que muitas vezes ajuda a tornar transtornos difíceis mais controláveis.

Transtorno bipolar

A terapia cognitiva pode ser útil no tratamento da depressão bipolar, mas principalmente como complemento e não como substituto da medicação, pelo menos entre os pacientes que atendem aos critérios para transtorno bipolar I. (Os pacientes com transtorno bipolar II não psicótico raramente são estudados isoladamente e têm menos probabilidade de serem medicados do que de aparecerem em estudos de tratamento para depressão unipolar.) Cochran (1984) descobriu que estratégias comportamentais e reestruturação cognitiva poderiam ser usadas para aumentar a adesão aos medicamentos no tratamento do transtorno bipolar, reduzindo a probabilidade de futuros episódios depressivos. Basco e Rush (2007) estenderam a terapia cognitiva para enfocar a regularização das rotinas diárias e melhorar o enfrentamento de eventos problemáticos da vida. Ao contrário da depressão, que é amplamente desencadeada por eventos negativos da vida, os episódios maníacos e hipomaníacos podem ser desencadeados por eventos positivos, especialmente no domínio da realização (Johnson, 2005). Lam e colaboradores (2003, 2005) foram além, adaptando estratégias comportamentais e cognitivas às crenças e aos comportamentos subjacentes à depressão em pacientes com transtorno bipolar, especialmente com relação à regularização das rotinas e à necessidade de controlar os efeitos positivos. Eles obtiveram algum sucesso na redução da frequência de episódios depressivos em pacientes medicados. Independentemente de o diagnóstico da pessoa ser depressão bipolar ou TDM, as estratégias para lidar com a depressão são semelhantes, com a exceção de que incentivar os pacientes a estabelecer um estilo de vida estável é especialmente importante para pacientes no espectro bipolar (particularmente para pacientes com **bipolar I**, que correm risco de entrar em episódios maníacos se suas vidas se tornarem muito caóticas). Miklowitz e colaboradores (2007) descobriram que a terapia cognitiva foi tão eficaz quanto a terapia focada na família ou a psicoterapia interpessoal, e que cada uma foi superior a um controle não específico no tratamento da depressão em pacientes bipolares medicados. Entretanto, há poucas evidências de que a reestruturação cognitiva seja bem-sucedida com os tipos de pensamento expansivo encontrados na mania (Scott et al., 2006). Por esse motivo, a terapia cognitiva isolada, na ausência de medicação, não parece ser suficiente para o transtorno bipolar I quando há risco de mania ou depressão psicótica.

As esquizofrenias

Usamos o termo "**esquizofrenias**" no plural porque as evidências disponíveis sugerem que o diagnóstico inclui uma variedade de conjuntos de sintomas semelhantes com considerável heterogeneidade etiológica. Embora esses transtornos possam estar entre os mais debilitantes dos transtornos psiquiátricos, os pacientes com diagnóstico de esquizofrenia geralmente consideram a terapia cognitiva útil para testar suas crenças idiossincráticas. A aplicação mais antiga do que viria a ser a terapia cognitiva foi com um paciente com esquizofrenia crônica com delírios paranoicos (Beck, 1952). O terapeuta começou dando ao paciente uma explicação plausível para seus delírios e depois o ensinou a examinar seu sistema de crenças de maneira lógica. Para surpresa do terapeuta, os delírios foram se dissipando gradualmente.

Posteriormente, Beck e colaboradores expandiram a abordagem de forma mais sistemática para tratar os delírios de uma série de pacientes com esquizofrenia, com razoável sucesso (Hole et al., 1979), e Kingdon e Turkington (1994) desenvolveram ainda mais a abordagem. Eles forneceram aos pacientes uma explicação alternativa para seus sintomas, incentivando-os a usar sua capacidade de pensamento racional para testar as evidências que sustentam as explicações concorrentes. Os pesquisadores trataram seus pacientes como se eles pudessem fazer testes de realidade, o que amiúde eles conseguiam fazer. Os pacientes se tornaram agentes ativos em sua própria recuperação, em vez de receptores passivos de tratamento medicamentoso, proporcionando uma medida de dignidade aos pacientes cuja capacidade de racionalidade era frequentemente ignorada. Trabalhos posteriores na Inglaterra, nos Estados Unidos e no Canadá sugerem que essa abordagem pode ser útil, quer o paciente esteja em meio a uma descompensação aguda ou tenha um transtorno mais crônico (Beck & Rector, 2000). Assim como no caso do transtorno bipolar psicótico, a terapia cognitiva não substitui a medicação para esses pacientes (pelo menos não para a maioria). Entretanto, mesmo as pessoas propensas à descompensação psicótica podem pensar racionalmente pelo menos parte do tempo e até certo ponto, e o fortalecimento dessa capacidade parece melhorar seu prognóstico clínico.

Beck e colaboradores estenderam esse trabalho à desmoralização que é tão proeminente na esquizofrenia (Grant & Beck, 2009) e obtiveram resultados impressionantes ao ajudar os pacientes a buscar um senso de significado e propósito apesar do transtorno, já que muitos pacientes também têm depressão (Grant et al., 2012). Os pacientes são incentivados a desafiar suas crenças sobre o transtorno e a perceber que estar em risco de descompensação não significa que a pessoa estará ativamente psicótica o tempo todo. O foco dessa abordagem orientada à recuperação está no que os pacientes podem realizar, não em sua doença, de modo a reduzir o pessimismo e o desespero (Beck et al., 2020).

Uma estudante universitária com esquizofrenia e depressão tinha tendência a ficar psicótica sob o estresse das provas e, como consequência, já havia sido hospitalizada várias vezes, o que a impediu de se formar. Vários meses antes dos exames, ela e seu terapeuta (um dos autores) focaram na reestruturação cognitiva, especialmente na questão das *implicações*, para reduzir seu estresse. Quando ela se pegava preocupada com o que significaria caso ela descompensasse antes dos exames, lembrava a si mesma que poderia fazer as aulas quantas vezes fosse preciso e que os exames eram apenas uma forma de demonstrar o que ela havia dominado. Antes, ela tratava os exames como um grande teste de seu valor como pessoa, o que elevava os riscos a ponto de levá-la longe demais na curva de Yerkes-Dodson (consulte a Figura 4.3 no Capítulo 4). Com a terapia, ela aprendeu a colocar as provas em perspectiva, apenas uma etapa de um processo com o qual ela geralmente havia lidado bem. Ela conversou com seus instrutores, que concordaram que, se ela descompensasse, poderia fazer os exames quando pudesse, em vez de desistir das aulas, como havia feito antes. Munida desse conhecimento, ela reduziu o estresse a um nível controlável e fez os exames sem se descompensar, formando-se no final do período letivo.

Transtornos da personalidade

A característica marcante dos transtornos da personalidade é que as pessoas se comportam de maneiras que incomodam os outros. Esses comportamentos são consistentes com as crenças nucleares e pressupostos subjacentes dos pacientes, que geralmente fazem sentido quando vistos no contexto de suas primeiras experiências de vida. Os comportamentos problemáticos que levam ao diagnóstico de um **transtorno da personalidade** representam um esforço dos pacientes para compensar o que temem que ocorra se suas crenças forem verdadeiras. Por exemplo, pessoas com transtorno da personalidade evitativa evitam os outros porque temem ser rejeitadas se se envolverem. Os comportamentos problemáticos que são a condição *sine qua non* dos transtornos da personalidade são vistos como estratégias compensatórias destinadas a ajudar os pacientes a lidar da melhor forma possível com o mundo como eles o percebem. Esses pacientes muitas vezes não percebem que seus esforços para "cortar suas perdas" comportamentais são profecias autorrealizáveis que não só servem para manter suas crenças errôneas, mas também minam inadvertidamente a qualidade de seus relacionamentos (veja a Figura 4.4).

O Diagrama de Conceituação Cognitiva (DCC) pode ser útil no tratamento de pacientes com transtornos da personalidade comórbidos. Conforme descrito no Capítulo 7, uma conceituação cognitiva vincula as crenças nucleares e os pressupostos subjacentes dos pacientes às suas experiências anteriores na vida e, então, às estratégias compensatórias que eles adotam para ajudá-los a enfrentar a vida (consulte a Figura 7.1). Isso ajuda os pacientes a entenderem por que persistem em se envolver em comportamentos que os prejudicam. Ajudar os pacientes a desenvolver maneiras mais úteis de ver a si mesmos, seu mundo e seu futuro, talvez pela primeira vez, tem como alvo tanto a depressão quanto os problemas adicionais causados por seus padrões desadaptativos de crenças e comportamentos. Conforme descrito no Capítulo 7, esses pacientes também trazem seus padrões de comportamento para a sessão de terapia (veja a Figura 7.4). O foco no banquinho de três pernas, incorporando não apenas a atenção aos eventos da vida atual, mas também a detalhes relevantes da infância, ajuda os pacientes a vincular seus problemas atuais às experiências passadas, enquanto a atenção ao seu impacto no relacionamento terapêutico ajuda a trazer suas interpretações e comportamentos problemáticos para o ambiente seguro da sessão de terapia, onde podem ser abordados.

A discussão a seguir está organizada de acordo com a nomenclatura atual que descreve os transtornos da personalidade. O DSM-5-TR (American Psychiatric Association, 2022) mantém as 10 categorias encontradas nas edições anteriores, mas sugere que um novo modelo híbrido proposto pode reduzir os diagnósticos em edições futuras para seis (transtornos da personalidade esquizotípica, antissocial, *borderline*, narcisista, evitativa e obsessivo-compulsiva). O leitor interessado deve consultar *Terapia cognitiva dos transtornos da personalidade* (Beck et al., 2015) para obter uma descrição mais completa dos transtornos da personalidade atualmente reconhecidos e das estratégias clínicas recomendadas.

Transtornos do Grupo A

Os pacientes com transtornos agrupados no Grupo A compartilham algumas semelhanças com os pacientes diagnosticados com esquizofrenia e transtornos psicóticos, mas a descompensação psicótica é rara e geralmente transitória quando ocorre. A descompensação está limitada principalmente a pacientes com transtorno da personalidade esquizotípica, cujo comportamento e crenças supersticiosas muitas vezes parecem estranhos para os outros. Os pacientes com transtorno da personalidade paranoide tendem a ver os outros com suspeita e a adotar uma postura de cautela. Uma crença típica de um paciente com esse diagnóstico seria: "Não posso confiar nos outros porque eles estão tentando me maltratar" (Beck et al., 2015). Os pacientes com transtorno da personalidade esquizoide se veem como solitários e se isolam dos outros por uma questão de preferência. Os pacientes com esse transtorno podem acreditar: "Não importa o que os outros pensam de mim. Estou melhor sozinho". Os pacientes com transtorno da personalidade esquizotípica têm crenças estranhas e aberrantes que geralmente envolvem "pensamento mágico" e, às vezes, se envolvem em comportamentos que os outros consideram bizarros. Alguém com esse transtorno pode ter uma crença como "Não sou influenciado pelos outros no que penso" (Beck et al., 2015). Cada transtorno do Grupo A envolve problemas previsíveis no relacionamento terapêutico. O paciente com transtorno da personalidade paranoide tende a ser desconfiado, o paciente com transtorno da personalidade esquizoide geralmente não se conecta, e o paciente com transtorno da personalidade esquizotípica tende a confiar no pensamento mágico e não na lógica mais convencional. Todos esses transtornos podem ser tratados com uma abordagem focada nos esquemas que formula uma conceituação cognitiva e faz uso do banquinho de três pernas. Mesmo assim, os pacientes com esses transtornos costumam ser bastante difíceis de tratar e exigem tempo e habilidade terapêutica consideráveis.

Transtornos do Grupo B

Um segundo grupo de transtornos da personalidade se enquadra no Grupo B. Esses transtornos costumam ser mais angustiantes para os outros do que para os pacientes, pois são frequentemente egossintônicos. Os pacientes com transtorno da personalidade antissocial tendem a ver os outros como objetos de manipulação e provavelmente se envolvem em comportamentos predatórios como estratégias compensatórias. As crenças típicas desses pacientes podem ser: "Somente os fortes sobrevivem. Fui tratado injustamente e tenho o direito de obter o que puder por qualquer meio necessário" (Beck et al., 2015). Os pacientes com transtorno da personalidade narcisista se veem como especiais, envolvendo-se em autoengrandecimento, o que muitas vezes serve para encobrir um sentimento subjacente de inadequação. Esses pacientes podem acreditar que "Somente pessoas tão brilhantes quanto eu podem me entender" ou "Não estou sujeito às regras que se aplicam aos outros". Os pacientes com transtorno da personalidade histriônica se veem como se precisassem impressionar os outros, confiando em comportamentos excessivamente dramáticos que os colocam no centro das atenções. As crenças típicas desse diagnóstico incluem: "Para ser feliz, tenho de ser o centro das atenções" e "Se eu entretiver os outros, eles não perceberão minhas fraquezas" (Beck et al., 2015). Os pacientes com transtorno da personalidade *borderline* têm grande dificuldade em regular seu próprio afeto, envolvendo-se em comportamentos impulsivos e manipuladores que, segundo eles, lhes darão o que precisam dos outros. Esses pacientes são especialmente propensos a sentir angústia, com uma reação quase alérgica ao término de relacionamentos, embora muitas vezes ajam de forma tão hostil e provocativa que afastam os outros, inclusive seus terapeutas. Os pacientes com esse diagnóstico geralmente têm crenças que se contradizem diretamente, o que muitas vezes os coloca em situações de perda. Por exemplo, esses pacientes podem acreditar simultaneamente que não conseguem administrar seus próprios assuntos sem ajuda, mas que não podem confiar em ninguém para fornecer essa ajuda (Layden et al., 1993). Se procuram ajuda, ativam a crença de que as pessoas não são confiáveis (chamada de "esquema de desconfiança") e se afastam ou brigam com a pessoa que lhes dá apoio. Se agem de forma independente, ficam aterrorizados com a ideia de que não podem sobreviver sozinhos. De qualquer forma, eles sofrem.[8]

Transtornos do Grupo C

Os transtornos agrupados no Grupo C são os mais semelhantes aos transtornos do humor; de fato, às vezes é difícil distinguir um transtorno da personalidade do Grupo C de um transtorno do humor. Os pacientes com transtorno da personalidade dependente tendem a se considerar desamparados, apegando-se a outros que consideram mais fortes. As crenças típicas incluem: "Sou fraco e não consigo lidar com a situação tão bem quanto as outras pessoas" (Beck et al., 2015). Os pacientes com transtorno da personalidade evitativa presumem que serão magoados pelos outros e, por isso, evitam o contato interpessoal. As pessoas com esse diagnóstico tendem a acreditar que "Devo evitar sentimentos desagradáveis a qualquer custo, porque eles ficarão fora de controle". Os pacientes com transtorno da personalidade obsessivo-compulsiva presumem que devem ser perfeitos e se esforçam muito para garantir que não errem. Os pacientes com esse diagnóstico podem acreditar que "É importante fazer tudo certo o tempo todo" e "As pessoas devem fazer as coisas do meu jeito". Esse grupo de transtornos tende a ocorrer com mais frequência na depressão do que os outros e requer menos revisões na abordagem geral da terapia cognitiva. No entanto, as crenças podem ser tão arraigadas quanto aquelas mantidas por pacientes com transtornos do Grupo A ou do Grupo B e podem complicar o relacionamento terapêutico quase da mesma forma. Os pacientes com transtorno da personalidade dependente esperam que o terapeuta faça muito e, com frequência, precisam de ajuda para se desligar do tratamento. Os pacientes com transtorno da personalidade evitativa são propensos a abandonar a terapia ou a faltar às sessões quando ficam angustiados. Os pacientes com transtorno da personalidade obsessivo-compulsiva tendem a ser perfeccionistas na forma como abordam seus exercícios de casa e, com frequência, ficam perdidos em detalhes irrelevantes. Apresentar esses padrões aos clientes na forma de um DCC e usar a "terceira perna" do banquinho para abordá-los no contexto do relacionamento terapêutico pode ajudar muito.

Resumo e conclusões

A maioria dos pacientes deprimidos apresentará sintomas ou padrões de comportamento que vão além do que normalmente é encontrado na depressão. Esses padrões podem contribuir para a depressão ou criar obstáculos adicionais para o paciente. Sempre "tratamos o paciente que entra pela porta" e, muitas vezes, isso significa lidar com problemas que vão além da depressão. O conhecimento da teoria e das estratégias articuladas ao longo deste livro (e especialmente deste capítulo) ajudará a lidar com os transtornos que frequentemente são comórbidos com a depressão. Muitos manuais excelentes também se concentram especificamente nesses padrões ou em problemas distintos.

Descobrir e esclarecer a natureza das principais crenças e pressupostos subjacentes dos pacientes, bem como os comportamentos de segurança que surgiram como consequência na forma de estratégias compensatórias, ajuda a conduzir a experimentos comportamentais bem informados. Esses experimentos podem fornecer aos pacientes um *feedback* experimental que pode servir para refutar suas crenças pregressas e levar a comportamentos mais úteis. A reestruturação cognitiva pode abordar as crenças nucleares e os pressupostos subjacentes. As experiências de aprendizado estruturadas podem ajudar os pacientes com uso de substâncias a "surfar" sobre impulsos e também desafiar crenças permissivas. A terapia cognitiva não substitui a medicação em pacientes com transtorno bipolar psicótico ou esquizofrenia, mas pode ajudar na adesão à medicação, na estabilização da programação, no exame de crenças problemáticas e na superação da desmoralização. Entre os transtornos da personalidade, os transtornos do Grupo C têm maior probabilidade de apresentar comorbidade com a depressão. Assim como em outros transtornos da personalidade, a atenção aos antecedentes na infância das crenças e comportamentos problemáticos e como eles podem ser trabalhados no relacionamento terapêutico pode ajudar os pacientes a mudar padrões desadaptativos há muito tempo existentes.

Notas

1. Não está claro se esse alto nível de comorbidade reflete algo sobre a natureza transdiagnóstica do transtorno ou as limitações do atual sistema de diagnóstico baseado em sintomas, mas é provável que ambas contribuam (Syme & Hagen, 2020). Ansiedade e depressão geralmente andam de mãos dadas (são chamadas conjuntamente de "transtornos mentais frequentes"), e outros transtornos menos frequentes geralmente provocam reações depressivas. O campo está se tornando cada vez mais transdiagnóstico e isso provavelmente reflete a sobreposição dos processos causais que estão por trás dos vários transtornos. Dito isso, a comorbidade é um fato da vida clínica, e muitas das estratégias e princípios descritos neste manual podem ser prontamente estendidos a outros transtornos. Tendemos a "tratar o paciente que entra pela porta" com relação a qualquer transtorno evidente. A terapia cognitiva se presta bem à amplitude. A comorbidade tende a complicar o processo de tratamento, mas não o anula.

2. Os profissionais clínicos variam em termos do que dizem a seus clientes, mas preferimos ser diretos quanto ao *status* do diagnóstico. Os pacientes sabem o que estão vivenciando e, muitas vezes, ter um nome para o seu transtorno proporciona uma sensação de alívio. Ao mesmo tempo, estamos mais do que dispostos a discutir as falhas do sistema de diagnóstico atual e, especialmente, qualquer pessimismo indevido que possa resultar do fato de ouvir que um transtorno específico pode se encaixar no problema apresentado pelo cliente. Alguns padrões levam mais tempo para serem tratados do que outros, mas qualquer tentativa de prognóstico é apenas uma suposição. De certa forma, *sempre* fazemos terapia de curto prazo focada nos sintomas; apenas leva mais tempo com alguns do que com outros.

3. Há várias maneiras diferentes de conduzir exposições, e todas parecem funcionar igualmente bem (American Psychological Association, 2017). As intervenções mais puramente comportamentais, como a exposição prolongada que se baseia na extinção ou habituação, requerem muito mais exposições e podem ser excruciantes para o paciente suportar. A abordagem mais puramente cognitiva desenvolvida por Ehlers e Clark (2000), descrita anteriormente, normalmente requer apenas uma ou duas sessões de revivência do(s) evento(s) traumático(s) e então coloca o foco no significado do evento para o paciente revelado nessa revivência. É tão eficaz quanto as abordagens mais puramente comportamentais, mas é mais "gentil e suave" no que se refere à quantidade de sofrimento pelo qual os pacientes passam (qualquer revivência é emocionalmente difícil, mas menos sessões se traduzem em muito menos sofrimento cumulativo). Portanto, ela leva a um desgaste muito menor.

4. Torna-se cada vez mais difícil diferenciar a terapia cognitiva da TCC mais genérica quando se passa para o tratamento do TOC ou dos transtornos alimentares. A terapia cognitiva incorpora procedimentos comportamentais (e, como tal, é um dos tipos de TCC), mas se concentra muito mais no significado das crenças dos pacientes. A diferença entre a terapia cognitiva e as outras versões mais genéricas da TCC não está no fato de usarem ou não estratégias comportamentais (ambas usam), mas na medida em que exploram e lidam com as crenças idiossincráticas que estão por trás dos transtornos. A terapia cognitiva é mais focada nos sistemas de significados idiossincráticos dos clientes do que outras formas de TCC, mas não é menos comportamental (Hollon, 2022).

5. Há um final muito triste no tratamento desse paciente. Embora ele tenha conseguido controlar suas depressões e se manter à frente de suas tendências obsessivas e compulsivas, não conseguiu lidar com as consequências físicas da doença de Cushing. Ele "envelheceu" muito mais rapidamente do que o normal (quase certamente uma consequência de seu início na adolescência) e foi acometido por vários problemas físicos que exigiam várias horas de fisioterapia por dia apenas para lidar com sua dor crônica. Dada a incapacidade da profissão médica de fornecer qualquer alívio (sua única opção era tomar opioides, o que gerou outros problemas, inclusive constipação crônica), ele acabou tirando a própria vida em vez de suportar um futuro de envelhecimento rápido e o agravamento da dor.

6. Fairburn foi abordado por um grupo de terapeutas dinâmicos em Copenhague que o convidou para participar de uma comparação randomizada com a abordagem preferida deles (2 anos de psicoterapia psicodinâmica semanal) *versus* sua terapia cognitivo-comportamental. Quando lhe perguntaram quanto tempo de terapia ele queria, ele indicou que tudo o que queria eram suas típicas 20 sessões semanais. Mais de 50% de seus pacientes apresentaram remissão em 20 semanas de tratamento (com poucas recaídas), em comparação com apenas 20% dos pacientes tratados com terapia psicodinâmica durante os 2 anos completos (Poulsen et al., 2014). Essa foi uma das maiores diferenças entre as modalidades encontradas na literatura sobre tratamento.

7. Para um biólogo evolucionista, os transtornos de prevalência relativamente alta e hereditariedade modesta, como depressão e ansiedade não psicóticas (muitas vezes chamadas de transtornos mentais comuns), não são transtornos, mas adaptações que evoluíram para cumprir uma função em nosso passado ancestral, ao passo que as psicoses de baixa prevalência, mas altamente hereditárias, representam

verdadeiras "doenças" em termos de refletir falhas em adaptações evoluídas (Syme & Hagen, 2020).

8. As evidências da terapia comportamental dialética no tratamento do transtorno da personalidade *borderline* são bastante convincentes (Linehan, 1993), mas a terapia cognitiva focada em esquemas também se saiu bem em relação à terapia psicodinâmica no único estudo em que foram comparadas (Giesen-Bloo et al., 2006).

PONTOS-CHAVE

1. **A comorbidade é comum na depressão**, com estudos recentes sugerindo que mais de dois terços dos pacientes que atendem aos critérios para TDM atenderão aos critérios para pelo menos outro transtorno não psicótico e até metade atenderá aos critérios para um ou mais transtornos da personalidade.

2. Como regra geral, muitas das **mesmas estratégias cognitivas e comportamentais** que são úteis no tratamento da depressão são **úteis no tratamento dos transtornos comórbidos associados**.

3. O princípio da **especificidade cognitiva** sugere que diferentes tipos de afetos são impulsionados por diferentes tipos de temas cognitivos: perda e incapacidade de antecipar a gratificação na depressão, a percepção de ameaça com ansiedade, a percepção da violação moral por parte dos outros com raiva, ou de si mesmo com culpa, e a expectativa de ser submetido à ridicularização pública com vergonha.

4. Os **transtornos de ansiedade** são desencadeados por percepções exageradas de ameaça e mantidos por comportamentos de segurança que impedem a refutação dessas percepções. Em geral, os pacientes são incentivados a abandonar seus comportamentos de segurança para que possam testar a precisão de suas crenças.

5. Os **transtornos alimentares** normalmente envolvem crenças aberrantes sobre forma e peso, que são mais bem refutadas ao incentivar os pacientes a abandonar dietas restritivas e estabelecer uma alimentação normal.

6. O **transtorno por uso de substâncias** são mantidos por expectativas de prazer ou alívio com o uso e por comportamentos de permissão que minam a motivação e a capacidade de resistir aos desejos.

7. Os **transtornos bipolar I** e as **esquizofrenias** são mais bem tratados com medicamentos, mas a terapia cognitiva pode desempenhar um papel coadjuvante no controle dos estressores do dia a dia e na adesão à medicação.

8. Os **transtornos da personalidade** envolvem crenças nucleares e pressupostos subjacentes que levam o paciente a adotar estratégias compensatórias problemáticas que afastam as outras pessoas. Como terapeutas, focamos nas três pernas do banquinho (preocupações atuais, antecedentes da infância, relacionamento terapêutico) e incentivamos os pacientes a abandonar seus comportamentos compensatórios para testar a precisão de suas crenças.

9
Tratando o paciente suicida

Não importa o que aconteça ou quão ruim pareça hoje, a vida continua e amanhã será melhor.
— *Maya Angelou*

As taxas de suicídio entre pessoas deprimidas são 20 vezes maiores do que na população em geral, com cerca de 15 a 20% de todos os pacientes deprimidos tirando a própria vida em algum momento (American Psychiatric Association, 2003; Chesney et al., 2014). As mulheres têm cerca de três vezes mais chances de tentar o suicídio do que os homens, mas os homens têm cerca de três vezes mais chances de morrer, porque tendem a escolher métodos mais letais (especialmente armas de fogo). Contudo, as mulheres parecem estar diminuindo essa diferença à medida que adotam métodos mais letais (Hedegaard et al., 2018). As taxas são mais altas entre idosos, embora estejam aumentando em adolescentes e adultos jovens (Nock et al., 2008). A **depressão** é o transtorno mais comum entre as pessoas que cometem suicídio e é responsável por cerca de metade de todos esses eventos (Harris & Barraclough, 1997). As taxas aumentaram nos Estados Unidos, mas não em todo o mundo, nas duas primeiras décadas do século XXI (Hedegaard et al., 2018). O abuso de substâncias e o transtorno da personalidade *borderline*, cada um deles altamente comórbido com a depressão, também preveem um risco elevado (American Psychiatric Association, 2003). Tantas pessoas deprimidas têm ideação suicida que essa é uma das características definidoras do transtorno (American Psychiatric Association, 2022). O suicídio é claramente uma grande preocupação no tratamento da depressão.

Descobriu-se que a terapia cognitiva para tentativas recentes de suicídio reduz a frequência de tentativas subsequentes em cerca de metade (Brown, Ten Have, et al., 2005). Este capítulo apresenta estratégias para avaliar o risco e usar a terapia cognitiva para tratar pacientes suicidas. Para obter mais detalhes, consulte *Cognitive Therapy for Suicidal Patients: Scientific and Clinical Applications* (Wenzel et al., 2009), no qual nos baseamos fortemente neste capítulo, bem como *Brief Cognitive-Behavioral Therapy for Suicide Prevention* (Bryan & Rudd, 2018) e *Managing Suicide Risk* (Jobes, 2023). Também usamos o *Choosing to Live: How to Defeat Suicide Through Cognitive Therapy* (Ellis & Newman, 1996), um manual de autoajuda muito útil para pacientes e seus familiares.

Avaliando o risco de suicídio

A primeira etapa para lidar com a ideação suicida de um paciente é determinar o nível de risco. Muitos profissionais costumavam acreditar que perguntar sobre a ideação suicida tornaria a ideia de suicídio mais aceitável para o paciente. Atualmente, é amplamente reconhecido que incentivar os pacientes a falar sobre ideação suicida os ajuda a ver suas preocupações de forma mais objetiva e proporciona algum grau de alívio (Wenzel et al., 2009). A discussão aberta também fornece as informações necessárias para intervenções terapêuticas. O maior risco para os pacientes é se os terapeutas se esquecerem de perguntar sobre ideação suicida ou hesitarem em perguntar porque não têm certeza do que fazer se o paciente for suicida.

A maioria dos pacientes deprimidos tem algum grau de **ideação suicida**, mas apenas alguns chegam a agir de acordo com essa ideação (American Psychiatric Association, 2003). É importante determinar o nível de risco, mesmo na ausência de sinais óbvios, e abordar as crenças subjacentes que levam à desesperança e ao desespero. Fazemos questão de perguntar sobre o risco de suicídio do paciente na primeira sessão e periodicamente durante o curso do tratamento. Pedimos aos pacientes que completem uma medida padrão de depressão, como o Inventário de Depressão de Beck (BDI, do inglês Beck Depression Inventory) ou o Questionário de Histórico Psiquiátrico de 9 itens (PHQ-9, do inglês nine-item Psychiatric History Questionnaire), antes de cada sessão e prestamos atenção especial a qualquer aumento nos itens que tratam de desesperança e suicídio. Quando um paciente expressa pela primeira vez uma **ideação ou intenção suicida** (ou quando ela parece aumentar de intensidade), deixamos de lado outras questões. O tratamento da intenção suicida tem prioridade máxima.[1] Para os pacientes que são suicidas crônicos, muitas vezes é necessário trabalhar nas questões que alimentam esse desejo, em vez de fazer com que cada sessão seja dominada pelo risco em si.

Amigos e familiares costumam se surpreender quando um paciente faz uma tentativa de suicídio, porque estão cientes apenas dos fatores na vida do paciente que, de acordo com a perspectiva deles, favoreceriam o desejo de continuar vivendo. Após uma tentativa de suicídio, eles podem dizer: "Ele tinha tudo pelo que viver" ou "Ele estava fazendo um progresso real na terapia". Muitos indivíduos são hábeis em esconder seus pensamentos suicidas. Muitas vezes, há uma incongruência gritante entre a percepção que o próprio paciente tem de sua vida e as percepções das pessoas ao seu redor. Portanto, se quiser saber se alguém está pensando em suicídio, é melhor perguntar diretamente.

Ao avaliar o risco de suicídio, sempre perguntamos sobre a **intenção** do paciente (se o paciente realmente quer morrer), a **letalidade** do método contemplado (se houver) e seu **acesso** aos meios pretendidos (p. ex., armas ou soníferos). Não comentamos sobre a letalidade do método cogitado, pois isso pode inadvertidamente educá-los sobre como aumentar a probabilidade de morrerem. Os pacientes que fazem várias tentativas de suicídio tendem a escolher métodos mais letais ao longo do tempo (Beck, Resnik, et al., 1974). Também perguntamos sobre recursos ambientais, incluindo a probabilidade de detecção de uma tentativa real por outra pessoa, a possibilidade de intervenção para evitar uma tentativa de suicídio e a disponibilidade de ajuda médica após uma tentativa de suicídio. Um sistema de apoio social viável é um recurso terapêutico valioso. Por isso, trabalhamos com os pacientes para expandir suas redes de apoio sempre que possível e nos certificamos de que eles conheçam o número 988 da National Suicide Hotline 24 horas (chamada, texto ou bate-papo).*

Processos psicológicos que contribuem para o risco

Vários processos psicológicos contribuem para o risco de suicídio. A **desesperança**, talvez o fator mais importante de uma perspectiva cognitiva, é um preditor mais poderoso do que o nível atual de depressão (Beck et al., 1975; Minkoff et al., 1973). Descobriu-se que a desesperança prevê uma eventual morte por suicídio até uma década depois de ter sido avaliada pela primeira vez (Beck, Steer, et al., 1985; Beck et al., 1990), e a desesperança em seu pior momento histórico pode ser um indicador ainda melhor do risco de suicídio do que seu nível atual (Young et al., 1996), uma vez que a propensão à desesperança pode funcionar como um traço latente que é ativado durante períodos de estresse (Dahlsgaard et al., 1998). Claramente, a desesperança é um alvo importante do tratamento. Perguntamos aos pacientes não apenas o quanto eles estão desesperançados no momento, mas também o quanto eles estiveram desesperançados em seus piores momentos no passado. A Escala de Desesperança (HS, do inglês *Hopelessness Scale*; Beck, Weissman, et al., 1974) pode avaliar o grau de desesperança, e uma pontuação alta nessa escala geralmente é um sinal de alta intenção suicida. Ela pode ser administrada durante a admissão ou antes de cada sessão para pacientes com risco elevado.

Joiner e colaboradores (2005) enfocam o sentimento de pertencimento frustrado e a percepção de sobrecarga como construtos centrais em sua teoria interpessoal do suicídio, mas observam que é a falta de esperança em torno desses estados que tende a provocar a crise e a capacidade de se envolver em comportamentos autolesivos (adquiridos pela habituação a situações fisicamente dolorosas ou indutoras de medo) que facilita a ação de acordo com a intenção (Van Orden et al., 2010). O pertencimento frustrado envolve a sensação de que a pessoa não é um membro valorizado de uma família ou de outro grupo, e a sobrecarga envolve a sensação de que os outros (os membros do grupo ao qual a pessoa pertence agora ou pertenceu no passado) estariam em melhor situação se ela estivesse morta. Como discutimos em desfecho evolutivo no final do capítulo, tirar a própria vida é geralmente visto por aqueles que estão em perigo como um comportamento altruísta que beneficiará sua família e amigos. Isso, é claro, raramente acontece (o suicídio foi apelidado de "o presente que continua sendo dado" por aqueles que perderam um ente querido), mas reflete um mecanismo psicológico que pode ter sido "incorporado" à espécie em nosso passado evolutivo (Andrews et al., 2020).

A **ideação suicida** também é um importante indicador de risco subsequente, porque a maioria das pessoas que faz uma tentativa relata ter tido uma ideação

---

* N. de R. No Brasil, há o número 188, do Centro de Valorização da Vida (CVV).

anterior. Assim como a desesperança, a ideação em seu pior momento histórico parece ser um indicador ainda melhor de suicídio subsequente do que o nível atual (Beck et al., 1999). É aconselhável perguntar sobre os casos em que os pacientes estiveram mais próximos de fazer uma tentativa, independentemente de terem ou não ido adiante. Suspeitamos que isso se deve ao fato de que um esquema latente pode ser ativado em questão de segundos quando ocorre um evento desencadeador.

A maioria dos pacientes é **ambivalente** em relação à tentativa de suicídio; portanto, é importante avaliar a luta interna entre o desejo de viver e o desejo de morrer (Brown, Steer, et al., 2005). Os pacientes que se arrependem de ter sobrevivido a uma tentativa anterior correm um risco maior de morte subsequente por suicídio (Henriques et al., 2005). Isso também se aplica aos pacientes que superestimaram a letalidade de uma tentativa anterior e sobreviveram apenas por causa dessa imprecisão (Brown et al., 2004).

A impulsividade aumenta o risco de suicídio. Pacientes impulsivos podem agir de forma precipitada quando se tornam suicidas, mesmo que tenham tido pouca ideação nas horas e dias que antecederam o evento. Fazemos questão de trabalhar com esses pacientes para desenvolver e ensaiar estratégias comportamentais concretas que eles possam seguir quando a ideação estiver em seu pior momento (Wenzel et al., 2009).

Déficits na resolução de problemas também foram associados ao risco de suicídio (Pollock & Williams, 2004). Esses déficits podem ser característicos dos pacientes em geral ou podem surgir durante uma crise suicida específica. Muitos pacientes desenvolvem uma espécie de "visão de túnel" no meio de uma crise suicida e não conseguem ver uma saída para os problemas atuais que não seja tirar a própria vida.

Por fim, o perfeccionismo socialmente prescrito, ou as preocupações excessivas em atender aos padrões e às expectativas dos outros, também parece estar associado ao aumento do risco de suicídio (Hewitt et al., 1992). Com esses pacientes, exploramos como esses padrões e expectativas se desenvolveram inicialmente (os antecedentes da infância, usando a segunda perna do "banquinho de três pernas") e as implicações reais de não conseguir cumpri-los (a terceira das três perguntas).[2] Não raro, os pacientes enquadram seus pensamentos negativos automáticos perfeccionistas na "terceira pessoa", como se estivessem canalizando a voz dos pais (o mesmo ocorre com os "deverias"). Quando um paciente expressa uma crença na forma de um "deveria", nossa primeira resposta é perguntar: "Quem disse que você deveria?". Todos os "deverias" estão sujeitos a exame para verificar se eles realmente melhoram a qualidade de vida.

Um modelo cognitivo do suicídio

De acordo com o modelo cognitivo do suicídio, crenças imprecisas e processamento tendencioso de informações, conforme descrito ao longo deste texto, não apenas contribuem para o afeto negativo e os déficits comportamentais comuns à depressão, mas também podem desencadear dois tipos de esquemas específicos de suicídio (Wenzel et al., 2009). O primeiro, o **traço de desesperança**, é encontrado em pacientes com uma sensação generalizada de desesperança e uma forte intenção de morrer. O segundo, **insuportabilidade**, é encontrado em pacientes que têm dificuldade de regular seus afetos e que tendem a agir por impulso (Joiner et al., 2005; Rudd, 2004). O traço de desesperança é o padrão encontrado com mais frequência na depressão (cuja essência é que a pessoa nunca conseguirá o que quer da vida), enquanto a crença de que os afetos negativos são insuportáveis é particularmente comum em pacientes com transtorno da personalidade *borderline* (Wenzel et al., 2009). Este último esquema tende a ser associado a "gestos" suicidas (intenção menos sincera de morrer) e tentativas de provocar reações de outras pessoas por meio da ameaça de automutilação (Nock & Kessler, 2006). Há indicações de que o traço de desesperança e a impulsividade estão negativamente correlacionados (Suominen et al., 1997) e que os pacientes que fazem tentativas impulsivas são menos deprimidos do que aqueles que planejam suas ações em intervalos mais longos (Simon et al., 2001).

Independentemente da intenção, levamos a sério qualquer insinuação de comportamento suicida, embora a forma como abordamos o assunto dependa do contexto. Com o traço de desesperança, nosso foco está na "armadilha" em que os pacientes se veem, geralmente uma sensação generalizada de que nunca conseguirão o que querem. Nosso objetivo é ajudá-los a construir uma vida que valha a pena, identificando um caminho para a gratificação. Com pacientes que agem por impulso de forma manipuladora (uma característica marcante de pacientes com transtorno da personalidade *borderline* que apresentam risco elevado de se envolver em comportamentos suicidas sem a intenção clara de morrer), nós nos certificamos de não reforçar a manipulação e, ao mesmo tempo, mantemos a esperança de que esses pacientes possam aprender estratégias que reduzam sua angústia.[3]

A ativação de qualquer tipo de esquema leva a altos níveis do **estado de desesperança**. Isso, por sua vez, leva ao aumento da ideação suicida e à *intenção subsequente*, que impulsiona a tentativa real. O mapeamento da sequência, desde o evento desencadeador até a ativação do esquema (traço de desesperança ou insuportabilidade), passando pelo estado de desesperança, até a intenção, pode fornecer vários pontos de intervenção. Uma cliente, por exemplo, havia se casado duas vezes e se divorciado aos 20 anos. Agora, na casa dos 30 anos, ela se desesperava para encontrar um relacionamento duradouro, um exemplo de traço de desesperança, que ela amenizava ficando embriagada duas ou três vezes por mês e se envolvendo com homens estranhos em bares. O sexo era frequentemente seguido por um estado de desesperança abjeta, o que levou a um aumento da ideação suicida e a várias tentativas de suicídio. Sua crença nuclear era a de que não era digna de amor, e sua suposição subjacente era a de que, se deixasse os homens "terem o que queriam", ela poderia pelo menos receber algum afeto. Ela e seu terapeuta (um dos autores) primeiramente identificaram essa sequência e os pensamentos e sentimentos que acompanhavam cada etapa. Ela decidiu que não queria mais beber e fazer sexo com homens que acabara de conhecer. Ela passou a ser mais seletiva com relação a seus parceiros sexuais porque estava sóbria ao conhecê-los. Como era uma grande fã de hóquei, decidiu frequentar bares de esportes, onde poderia encontrar outras pessoas que compartilhavam o mesmo interesse. Logo estabeleceu um relacionamento com alguém que também torcia pelo time local, e as crises suicidas diminuíram.

Como detalhamos a seguir, trabalhamos com nossos pacientes para desenvolver estratégias concretas para lidar com a crise iminente quando o estado de desesperança é alto. Com o tempo, o esquema suicida subjacente é examinado e desmontado. Por exemplo, pacientes com traço de desesperança podem ser solicitados a examinar a precisão de suas crenças pessimistas em relação ao futuro e aprender habilidades para lidar com problemas reais ou percebidos. Pacientes com o esquema de insuportabilidade podem aprender a regular seus afetos, inclusive como tolerar a angústia, comportar-se de forma mais assertiva nos relacionamentos e pedir diretamente o que desejam. Como nem todos os pacientes se enquadram perfeitamente em nenhuma das categorias, é importante rastrear os pensamentos e sentimentos específicos que levam um determinado indivíduo a um estado suicida.

Por fim, os pacientes suicidas geralmente apresentam um padrão de fixação da atenção que vai além das distorções cognitivas descritas anteriormente neste texto. Em resumo, os pacientes suicidas geralmente não conseguem imaginar nenhuma solução possível para seus problemas, a não ser a morte. A sensação de estar **preso** em um dilema insolúvel do qual não há perspectiva de fuga está no cerne do suicídio (especialmente para aqueles com traço de desesperança) e é o principal alvo de nossa intervenção terapêutica.

A desesperança como alvo

Pacientes suicidas geralmente têm as seguintes crenças:

"Não há sentido em viver. Não tenho nada pelo que ansiar."
"Eu simplesmente não suporto a vida. Nunca serei feliz."
"Estou infeliz. Essa é a única maneira de escapar."
"Sou um fardo para minha família. Eles ficarão melhor sem mim."

Essas declarações expressam a **falta de esperança** dos pacientes. Eles se veem presos em uma situação intolerável da qual não há saída e consideram o suicídio como a única maneira de "resolver" seus problemas. Trabalhamos para ajudar os pacientes a enxergar outras maneiras de ver a si mesmos, seu mundo e seu futuro como menos terríveis do que suas crenças atuais. Sentimos empatia por sua dor e depois usamos o questionamento socrático para extrair dos pacientes evidências contra suas crenças. Como é provável que a atenção dos pacientes esteja rigidamente fixada nessas crenças, podemos sugerir cursos de ação alternativos ou apresentar possibilidades que eles não consigam imaginar por conta própria.

Uma mulher teve intensos desejos suicidas quando seu segundo casamento estava terminando. Quando seu terapeuta perguntou por que ela achava que o suicídio era a única resposta para seus problemas, ela disse: "Não consigo viver sem o Peter. Eu simplesmente não consigo viver sem um homem". Quando lhe perguntaram se ela sempre precisou de um homem para ficar satisfeita, a paciente chegou a uma conclusão, dizendo: "Na verdade, a melhor época da minha vida foi quando eu estava sozinha. Meu marido estava no exército e eu estava trabalhando e morando sozinha". A evidência de que ela havia se saído bem sozinha ajudou a minar sua suposição de que "Se estou sozinha, estou desamparada". Sua atitude sobre sua própria competência começou a mudar e seus desejos suicidas diminuíram.

Como um experimento comportamental, seu terapeuta pediu que ela vivesse como se já estivesse divorciada. Ela descobriu que sua qualidade de vida sem o relacionamento ruim era melhor (na imaginação) do que havia previsto, e conseguiu lidar com a situação de forma mais adaptativa do que supunha. Ela conseguiu se lembrar de que havia feito muitas das coisas que havia cedido ao marido durante o período em que ele estava ausente e que poderia aprender a fazer tudo o que ela não havia feito. A realização desse "experimento mental" permitiu que ela tomasse medidas para se separar do marido e facilitou a saída de casa por conta própria.

A falta de esperança e a intenção suicida devem ser tratadas imediatamente. Pode ser necessário manter contato telefônico com os pacientes até que a crise suicida tenha passado. Às vezes, pode ser útil informar amigos ou familiares sobre o problema (com o consentimento do paciente) e obter a cooperação deles no gerenciamento da crise. Nos Estados Unidos, a maioria dos Estados possui disposições legais sobre o "dever de avisar" se os pacientes forem uma ameaça a si mesmos ou a outros, e é aconselhável saber exatamente o que é permitido em cada um deles. Um recurso adicional, como já citado, é que agora os pacientes podem acessar uma linha direta de crise de suicídio 24 horas.

A insuportabilidade como alvo

Os pacientes que têm dificuldade para tolerar afetos negativos geralmente usam ameaças de suicídio ou automutilação para fazer com que os outros lhes deem o que eles acham que precisam, mas que não conseguem obter de outra forma. Esse comportamento ocorre com frequência em pacientes com transtorno da personalidade *borderline*, mas também pode ocorrer em outros. Os pacientes podem não se perceber como manipuladores, mas sim como desesperados para que os outros forneçam o que eles não podem fornecer por si mesmos. Muitas vezes, eles procuram ajuda de outras pessoas para regular seu afeto, pois carecem de estratégias para se acalmar. É útil manter essa carência em mente para não culpar os pacientes por seu comportamento manipulador; é simplesmente um "pedido de ajuda".

É necessário orientar os pacientes a examinar sua crença de que não conseguem tolerar sentimentos desagradáveis. Incentivamos os pacientes a explorarem as crenças que desencadeiam emoções desagradáveis na sessão, e depois praticarem a vivência dessas emoções, aceitando-as em vez de rejeitá-las, observando sua duração e notando que, no passado, elas sempre desapareceram. Esse procedimento é semelhante ao conceito de "surfar no desejo" para adições e, para todos os efeitos, a mesma estratégia empregada na terapia comportamental dialética (DBT, do inglês *dialectic behavior therapy*) sob a rubrica de "mente sábia" (Linehan, 1993), bem como na terapia de aceitação e compromisso (ACT, do inglês *acceptance and commitment therapy*), quando os pacientes são incentivados a dispensar a esquiva experiencial (Hayes et al., 2012). Incentivamos os pacientes a se "distanciarem" de suas cognições angustiantes, como é feito no *mindfulness* (Segal, Williams, & Teasdale, 2018), reconhecendo que esses pensamentos são apenas crenças e não necessariamente representações precisas da realidade. Nós nos afastamos do *mindfulness* puro ou da ACT ao ajudar o paciente a examinar a precisão de suas crenças depois que ele tiver se distanciado o suficiente delas. Focar a atenção em algum objeto no ambiente externo e usar todos os sentidos (o que os atores fazem quando precisam "limpar" seu afeto de uma cena para outra) pode ajudar a tirar a atenção dos pacientes de suas crenças, o que, por sua vez, ajuda a diminuir a intensidade do afeto. Nosso objetivo é ajudar os pacientes a examinar a precisão de suas crenças e a utilidade dos esquemas que geram esse afeto, incluindo a sensação de que eles não conseguem tolerar o afeto negativo (Layden et al., 1993). Isso raramente é verdade e pode ser testado.

O suicídio como alvo de uma manipulação interpessoal

O **treinamento de assertividade** pode beneficiar os pacientes que não têm habilidade de negociar de forma direta, calma e aberta o que desejam. (Consulte a discussão sobre treinamento de assertividade e a Figura 5.3 no Capítulo 5.) Examinar as interações que os pacientes tiveram com outras pessoas pode ser útil, inclusive aquelas em que eles usaram a ameaça de automutilação para conseguir o que queriam. Alguns pacientes esperam que as outras pessoas leiam seus pensamentos. Outros pretendem ler os pensamentos de suas pessoas queridas (e terapeutas), presumindo má vontade quando talvez não haja nenhuma. Muitas pessoas têm medo de pedir o que querem, acreditando que seu pedido será rejeitado. Alguns pacientes se tornam passivos, subjugando seus desejos ao que acreditam ser os desejos do outro; enquanto outros se tornam agressivos, tentando subjugar o outro com uma insistência em conseguir o que querem.

Mesmo os pacientes que tendem a recorrer a ameaças de suicídio para conseguir o que querem dos outros podem ser ensinados a abordar os outros de forma mais assertiva, respeitando tanto os próprios desejos quanto os da outra pessoa. Pedir diretamente o que se quer, sem insistir que a outra pessoa cumpra, provavelmente provocará ansiedade, pois envolve o risco de "rejeição" (não é o paciente que está sendo rejeitado, mas sim o seu pedido), e as dramatizações nas sessões podem permitir que os pacientes pratiquem essas habilidades em um ambiente relativamente seguro.[4] Os pacientes desesperados que usam o suicídio como uma ameaça para conseguir o que querem geralmente são tão dominados por suas próprias emoções que não conseguem ver que é o seu comportamento que afasta os outros. O trabalho em sessão (especialmente dramatizações) pode ajudá-los a entender essa conexão.

Realizando uma conceitualização cognitiva

O núcleo da intervenção eficaz para o suicídio é identificar as crenças e motivações que estão por trás do desejo de morrer. A conceitualização cognitiva dos pacientes suicidas, conforme mostrado na Figura 9.1, concentra-se nos pensamentos e comportamentos relevantes para o suicídio. Perguntamos sobre a ocasião mais recente em que o paciente considerou seriamente (ou tentou) o suicídio. O que precipitou a crise? Quais pensamentos automáticos motivaram o desejo de morrer? Quais foram as emoções e os comportamentos subsequentes? Fazemos questão de perguntar quando o paciente começou a pensar em suicídio e

```
┌─────────────────────────────────┐
│     Antecedentes da infância    │
│   O pai morreu quando era jovem.│
│   A mãe criticava com frequência.│
└─────────────────────────────────┘
                │
                ▼
┌─────────────────────────────────┐
│        Crenças nucleares        │
│      Eu sou incompetente.       │
│   Os outros não me respeitam.   │
│   Nunca conseguirei o que quero.│
└─────────────────────────────────┘
                │
                ▼
┌─────────────────────────────────┐
│     Pressupostos subjacentes    │
│ Tenho que fazer as coisas do meu jeito. │
│ Se uma pessoa corrigir meu comportamento,│
│   isso significa que ela não me respeita.│
└─────────────────────────────────┘
                │
                ▼
┌─────────────────────────────────┐
│     Estratégias de compensação  │
│     Enfurece-se quando "criticado". │
│   Discute com figuras de autoridade. │
└─────────────────────────────────┘
```

Evento ativador	Pensamentos automáticos	Emoção	Comportamento
O chefe lhe diz para abastecer as prateleiras de outra forma.	Ele acha que eu não sei o que estou fazendo. Ele deveria respeitar meu julgamento.	Raiva	Grita com o chefe.

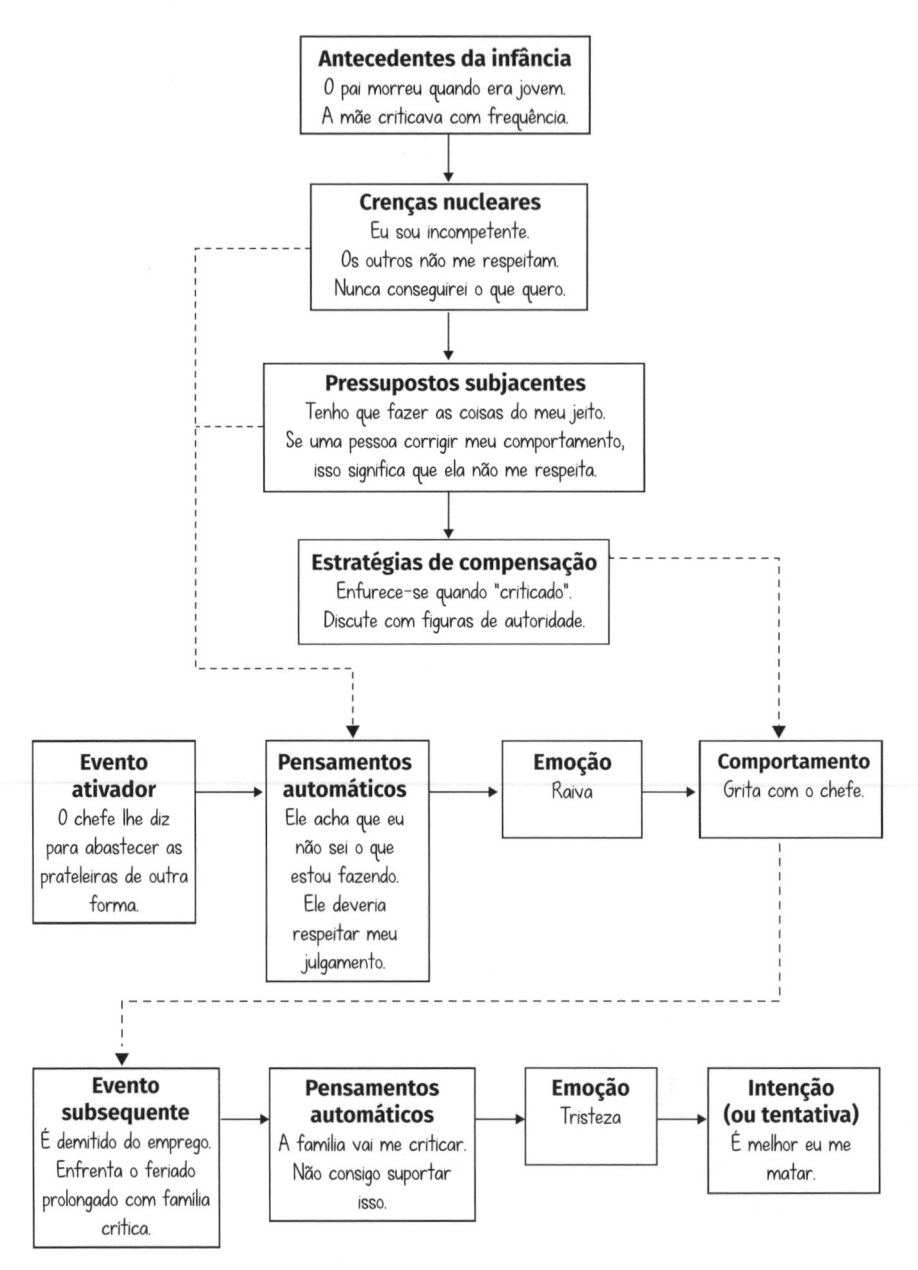

Evento subsequente	Pensamentos automáticos	Emoção	Intenção (ou tentativa)
É demitido do emprego. Enfrenta o feriado prolongado com família crítica.	A família vai me criticar. Não consigo suportar isso.	Tristeza	É melhor eu me matar.

FIGURA 9.1 Conceitualização cognitiva com um paciente suicida. Adaptada de Wenzel, Brown e Beck (2009). Copyright © 2009 American Psychological Association. Adaptada com permissão, transmitida por Copyright Clearance Center, Inc.

quando a intenção se intensificou. O que o paciente fez em seguida, levando-o a uma tentativa de suicídio ou a uma decisão de viver? Descrever os eventos que levaram à crise suicida ajuda os pacientes a entender como os pensamentos e sentimentos interagem e fornece vários pontos para intervenção.

Por exemplo, um homem de meia-idade com problemas de controle da raiva foi forçado a morar com a mãe e a tia idosas devido à perda do emprego. Disciplinado e rígido, ele era sensível a críticas e tendia a perder a paciência se percebesse a pressão dos outros. A incapacidade de controlar seu temperamento o levou a ser demitido de vários empregos (motivo pelo qual morava com a mãe e a tia) e reapareceu em seu cargo mais recente, de estoquista de prateleiras em uma loja de departamentos local. No dia anterior ao Dia de Ação de Graças, o paciente perdeu a paciência e começou a gritar com seu chefe (não pela primeira vez), o que resultou em sua demissão. Irritado e deprimido, ele começou a ruminar sobre a possibilidade de se matar em vez de ficar preso em casa durante o feriado com a mãe e a tia, das quais ele esperava críticas por ter sido demitido. Seu psiquiatra achava que ele deveria ser internado para passar o feriado prolongado, mas sua terapeuta cognitiva propôs que o paciente tratasse o fim de semana seguinte como um experimento, para ver se poderia aprender com a experiência.

Conforme mostra a Figura 9.1, o evento ativador foi a solicitação de seu chefe para que ele mudasse sua maneira de fazer as coisas, o que ele percebeu como uma crítica. Seus pensamentos automáticos foram: "Ele acha que eu não sei o que estou fazendo." e "Ele deveria respeitar meu julgamento". A emoção resultante foi a raiva. Seu senso de direito prejudicado o levou a rejeitar o pedido do chefe e a discutir com ele. Esse comportamento se intensificou rapidamente até que ele perdeu o emprego. O fato de ter sido demitido acarretou pensamentos de inadequação pessoal: "Nunca conseguirei manter um emprego. Sou um perdedor". Esses pensamentos, por sua vez, levaram-no a uma profunda tristeza. Ele relatou imagens visuais de como seria desagradável ficar sentado em casa no feriado sob o olhar atento de sua mãe e sua tia, enfrentando a condenação delas, real e imaginária. Ele acreditava estar preso, incapaz de atender ao que considerava ser as exigências injustas das figuras de autoridade. Quanto mais pensava no fim de semana que se aproximava, mais achava que o suicídio representava a única saída que acabaria com seu sofrimento.

Armada com essa conceitualização, sua terapeuta cognitiva identificou vários pontos de intervenção. Por exemplo, não havia nenhuma razão específica para o paciente contar à família que havia perdido o emprego. Ele poderia simplesmente fazer a refeição do feriado com elas, sair como se fosse trabalhar no dia seguinte e passar o tempo procurando outro emprego. Como alternativa, se ele optasse por contar que havia sido demitido, poderia dramatizar com sua terapeuta como lidar com qualquer crítica dirigida a ele de forma apropriada, mas assertiva. Além disso, ele e a terapeuta poderiam examinar a precisão das crenças por trás dessas críticas, quer verbalizadas por sua mãe ou tia, quer geradas por ele mesmo. Independentemente do que ele lhes dissesse, ele não precisava passar o feriado "preso" em casa. A terapeuta o ajudou a criar um cronograma de atividades para que ele saísse de casa o máximo possível. Eles também discutiram a possibilidade de se desculpar com seu ex-chefe, para ver se ele conseguiria seu emprego de volta. Ele ainda se via como alguém que estava certo, mas suavizou um pouco sua posição depois que ele e a terapeuta discutiram se os chefes precisavam estar certos para fazer uma exigência a um funcionário. A tarefa foi apresentada como um experimento que envolveria uma mudança de comportamento da parte dele e alguma mudança (embora limitada) em suas crenças: "Posso reparar o dano depois que um acesso de fúria leva à perda de um emprego?"; "Posso lidar com figuras de autoridade mesmo quando ainda acho que estou certo? Posso dizer que sinto muito pelas coisas terem saído do controle, sem transmitir que ainda acho que estava certo".

A terapeuta e o paciente estabeleceram que sua dificuldade em reagir de forma construtiva a figuras de autoridade era um padrão há muito existente, que remontava à perda precoce do pai e à tendência da mãe de ser rígida e controladora como mãe solteira. Essas experiências iniciais levaram, por sua vez, ao desenvolvimento de crenças nucleares autodepreciativas e pessimistas: "Sou incompetente" (sobre si mesmo) e "Nada dá certo para mim" (sobre o futuro). Essas crenças nucleares foram intensificadas por crenças intermediárias: "Só consigo fazer as coisas se as fizer do meu jeito" e "Outras pessoas não devem me dizer o que fazer". Essas crenças contribuíram para seus repetidos problemas no trabalho, pois suas estratégias compensatórias envolviam a manutenção de seu modo de agir e a perda de paciência quando alguém com autoridade lhe dizia para mudar. A ênfase na sessão antes do Dia de Ação de Graças foi a resolução da crise suicida imediata, mas a terapeuta observou objetivos mais amplos que ela e o paciente poderiam perseguir nas próximas semanas para começar a mudar sua vida. Embora ele tivesse perdido vários empregos, o mesmo padrão subjacente era visível em todos eles: foram sua rigidez e raiva em resposta às "críticas" que o prejudicaram, em vez de qualquer falta de competência subjacente.

Assim, a terapeuta reformulou *a vida como um teste de estratégia em vez de um teste de caráter*. Ela forneceu ao paciente um vislumbre de esperança que o ajudou a lidar com sua raiva e a esperar pela mudança dos padrões de pensamento e comportamento. A narração da sequência de eventos, desde o evento precipitante até os pensamentos, sentimentos e ações que levaram à crise suicida, evidenciou vários alvos de mudança. Relacionar os eventos atuais com o padrão mais amplo de crenças e comportamentos compensatórios que se desenvolveram em resposta a experiências anteriores deu ao paciente uma noção do que ele poderia trabalhar na terapia e aonde isso poderia levar. Quando confrontados com a desesperança dos clientes, como terapeutas cognitivos, trabalhamos com eles para examinar a crença de que o problema não pode ser resolvido. A apresentação de uma conceituação cognitiva geralmente intriga os pacientes e sugere metas para mudança, abrindo a possibilidade de esperança. Essa mudança, por sua vez, ajuda a amenizar a crença de que se está preso e nos dá tempo para trabalhar em soluções de mais longo prazo.

Quando lidamos com pacientes suicidas, sempre estamos tentando ganhar tempo. Tirar a própria vida encerra todas as outras soluções possíveis, por isso é importante empregar estratégias que sugiram que há um caminho para uma mudança positiva. A definição das etapas ao longo do caminho para a intenção suicida é a primeira etapa desse processo e fornece um roteiro de como facilitaremos a mudança.

Prevendo crises suicidas

É útil desenvolver **planos de segurança** com pacientes suicidas em preparação para crises. Um plano de segurança é uma lista de estratégias de enfrentamento priorizadas que o paciente concorda em cogitar usar em uma crise suicida (Wenzel et al., 2009). Como frequentemente é difícil para os pacientes acessar as **habilidades de resolução de problemas** em momentos de crise, o plano de segurança fornece um conjunto de etapas que podem ser seguidas, mesmo durante períodos de intenso sofrimento emocional. Os componentes básicos de um plano de segurança incluem o reconhecimento de sinais de alerta que precedem uma crise, o envolvimento em estratégias de enfrentamento, o contato com amigos e familiares e o contato com profissionais de saúde mental. Com essas etapas definidas antecipadamente, juntamente com os números de contato, os pacientes não precisam confiar em sua memória, nem precisam gerar uma solução na hora, no meio da crise, quando o afeto está alto.

Planos de segurança não são contratos de "não suicídio"; eles não têm a intenção de tirar o direito do paciente de morrer. Em termos gerais, consideramos que nosso papel não é impedir que os pacientes morram, mas sim ajudá-los a construir uma vida que valha a pena ser vivida, porém não se pode construir uma vida melhor quando se está morto. Nosso objetivo é ajudar os pacientes a aumentar suas opções e ter planos e estratégias alternativas, além do suicídio, disponíveis o tempo todo. Isso aumenta as chances de eles optarem por viver, tolerando o sofrimento por tempo suficiente para gerar soluções reais para seus problemas.

A Figura 9.2 ilustra um plano de segurança para o paciente que perdeu o emprego antes do feriado. Os sinais de alerta para esse paciente ocorriam quando ele se sentia triste ou com raiva e, mais ainda, quando sentia as duas coisas, pois isso era frequentemente seguido de ideação suicida. As estratégias de enfrentamento, decididas com antecedência, envolviam fazer uma caminhada (para se afastar da família) ou ir ao cinema. Ele conseguia lidar facilmente com o Dia de Ação de Graças em si. Ele podia ajudar em coisas como cortar o peru e participar das festividades, já que não precisava cozinhar. A família e os amigos representavam um ponto sensível, já que a última coisa que ele queria fazer era contar à mãe e à tia que havia perdido outro emprego (a dramatização com a terapeuta o convenceu de que ele preferia passar o fim de semana primeiro), mas ele tinha um amigo com quem às vezes se reunia, e eles podiam ir ao cinema ou divertir-se de alguma outra forma nos dias seguintes ao feriado. Se o amigo não estivesse disponível, havia o abrigo de resgate de animais; ele gostava muito de cachorros (embora a mãe não o deixasse ter um) e podia ir até lá para brincar com os animais e ajudar os funcionários. Os contatos de emergência foram definidos com antecedência. Sua terapeuta estaria disponível durante todo o fim de semana e lhe deu o número de telefone dela para ligar "se necessário".

Em vez de negociar um "contrato de não suicídio", pedimos que os pacientes nos liguem antes de agir, apenas para ver se há outras opções. Um dos autores teve um ex-paciente que se suicidou porque enfrentava uma vida de dor intratável devido a uma condição médica crônica em deterioração, e que havia encerrado a

Plano de segurança a ser seguido
Sinais de alerta: Tristeza Raiva Ideação
Estratégias de enfrentamento: Fazer uma caminhada. Ir ao cinema. Cortar o peru.
Família/amigos: Não contar para a mãe/tia. Entrar em contato com Richie (um amigo). Visitar um abrigo de resgate de animais.
Contatos de emergência: Dottie (terapeuta) (615-322-3369) Linha Direta de Suicídio (800-273-8255) Unidade móvel de crise (615-726-3340)

FIGURA 9.2 Plano de segurança. Adaptado de Wenzel, Brown e Beck (2009). Copyright © 2009 American Psychological Association. Adaptada com permissão, transmitida por Copyright Clearance Center, Inc.

terapia meses antes, relativamente sem depressão e com seu transtorno obsessivo-compulsivo (TOC) praticamente sob controle. Após a morte de sua mãe (eles eram muito próximos) e confrontado com uma vida de dor intratável e maior declínio físico, ele decidiu tirar a própria vida. Ele teria se qualificado para o suicídio assistido se morasse em outro Estado ou país, e seu terapeuta teria intercedido em seu nome para esse fim. Recebemos inúmeras ligações de outros pacientes desesperados ao longo dos anos que levaram a soluções mais satisfatórias. Também nos certificamos de que os pacientes tenham o número da linha direta nacional de suicídio [no Brasil, 188] e qualquer unidade móvel de crise ou outro recurso disponível em sua localidade. Esse tipo de preparação, criando planos de segurança detalhados, de fato salva vidas. Nos seis estudos randomizados controlados que realizamos, nenhuma das centenas de pacientes que iniciaram a terapia cognitiva morreu por suicídio ou mesmo fez uma tentativa, ao passo que essas tragédias ocorreram no tratamento medicamentoso.

Wenzel e colaboradores (2009) também recomendam a criação de *kits* de esperança, coleções de lembranças, fotos ou cartas valiosas que tenham um significado especial na vida dos pacientes. Objetos como a fotografia de um animal de estimação querido, um brinquedo favorito do passado ou uma carta de um avô podem desencadear lembranças felizes ou a expectativa de prazeres futuros. A maioria das pessoas é ambivalente em relação ao suicídio; elas prefeririam viver se pudessem fazê-lo sem angústia, mas não veem nenhuma perspectiva de escapar da armadilha na qual se sentem enredadas. A visita ao *kit* de esperança durante a crise distrai os pacientes da ruminação, lembrando-os do significado de suas vidas e dos prazeres simples que fazem a vida valer a pena. Essa distração proporciona tempo, permitindo que a crise imediata passe, até que o paciente e o terapeuta possam retomar o trabalho mais intenso de mudar o futuro.

Também usamos cartões de enfrentamento, os quais são escritos durante a terapia para ajudar o paciente quando ele está sem esperança e pensando em suicídio. Esses cartões contêm lembretes de planos de segurança e outros tópicos discutidos na sessão, com o objetivo de interromper a espiral descendente que pode levar ao suicídio. Wenzel e colaboradores (2009) descrevem quatro tipos de cartões de enfrentamento; a Figura 9.3 mostra

Pensamento automático: Não suporto isso.

Respostas alternativas: Não preciso contar para minha mãe/tia – Posso aproveitar o feriado, fazer uma refeição e assistir a um jogo de futebol – Tudo o que preciso fazer é passar o fim de semana e depois começar de novo.

Razão pela qual não sou um fracasso:

Eu me formei na faculdade.
Já mantive empregos no passado.
Sei como as coisas devem ser feitas.
Sou mais inteligente do que o antigo chefe jamais foi.

Habilidades de enfrentamento para quando eu estiver suicida:

Reler o plano de segurança.
Fazer uma longa caminhada ao ar livre.
Ir ao cinema (sozinho).
Visitar filhotes de cachorro no abrigo de animais.

Etapas para se candidatar a um emprego:

Pedir desculpas ao antigo chefe.
Procurar por vagas em *shopping centers*.
Procurar outras vagas na internet.
Trabalhar meu temperamento com a terapeuta.

FIGURA 9.3 Cartões de enfrentamento. Adaptados de Wenzel, Brown e Beck (2009). Copyright © 2009 American Psychological Association. Adaptada com permissão, transmitida pelo Copyright Clearance Center, Inc.

exemplos do que poderia ter sido usado com o paciente que perdeu o emprego antes do feriado.

Um tipo de cartão ajuda o paciente a lidar com os pensamentos automáticos negativos relacionados ao suicídio. O pensamento relevante para o suicídio é escrito na parte superior do cartão e uma resposta alternativa, conforme discutido na sessão, é escrita a seguir. Um segundo tipo de cartão de enfrentamento tem como alvo uma crença nuclear, como "Eu sou incompetente", e fornece evidências que a contrariam. Um terceiro tipo de cartão lista as estratégias que os pacientes podem adotar em meio a uma crise suicida, como revisar o plano de segurança, acessar o *kit* de esperança ou ativar os sentidos de alguma forma, como caminhar ou tomar banho. O quarto tipo de cartão de enfrentamento concentra-se na solução de problemas, com declarações que visam metas ou habilidades de enfrentamento adaptativas. Independentemente de seu conteúdo, os cartões são simples e concretos, interrompendo o ciclo ruminativo para que a desesperança não se torne o único alvo de fixação da atenção.

O desejo de morrer pode variar consideravelmente no decorrer do tratamento. Explicamos aos pacientes que um aumento repentino nos impulsos suicidas não significa que a terapia esteja fracassando.[5] O uso de cartões de enfrentamento ou *kits* de esperança pode ajudar o paciente a sobreviver a qualquer intensificação repentina do risco de suicídio. Também ajudamos os pacientes a ver essas crises como uma oportunidade de aprender mais sobre as crenças que desencadeiam essa desesperança, com o objetivo de mudar esses padrões.

Inclinando a balança contra o suicídio

Os pacientes que estão pensando em suicídio enfrentam uma luta entre o desejo de viver e o desejo de morrer. Nosso objetivo como terapeutas é mudar a balança em favor da vida, sem entrar em pânico, coagir, persuadir ou "convencer o paciente a não fazer nada". Pedir calmamente aos pacientes que expliquem os prós e os contras de morrer, bem como os prós e os contras de viver, permite que eles expressem sua agitação interior e se sintam ouvidos pelo terapeuta. Sempre queremos dar o controle ao paciente; nosso papel é questionar, aconselhar e apontar outras possibilidades. Preferimos não tirar sua escolha, embora em raros casos tenhamos recomendado a hospitalização, mas com menos frequência em nossos estudos do que para pacientes tratados apenas com medicamentos. Os médicos que prescrevem medicamentos podem aumentar as doses, mas isso pode levar dias ou semanas para fazer efeito, enquanto os terapeutas cognitivos podem sugerir estratégias que os pacientes podem usar para superar um período difícil. A abordagem é mais flexível.

A Figura 9.4 mostra uma análise de custo-benefício, apresentada no Capítulo 7, aplicada à questão de viver *versus* morrer. Os pacientes listam seus motivos para morrer, quase sempre com uma sensação de alívio por poderem expressá-los abertamente. Geralmente, é preciso mais trabalho para obter os "contras" de morrer e os "prós" de viver, mas perguntar sobre momentos anteriores da vida em que eram felizes e sobre os entes queridos pode ajudar os pacientes a superar a rigidez de atenção que podem estar enfrentando.

	Prós	Contras
Morrer	As coisas parecem tão sem esperança. Nunca mais me sinto bem. As coisas nunca darão certo. Tudo o que vejo é sofrimento pela frente.	Já passei por momentos ruins antes. Seria a saída dos covardes. Não gosto de ser derrotado. Estou progredindo na terapia.
Viver	Minha família depende de mim. Ainda há coisas que eu quero da vida. Tenho alguns dias bons. Quero ver meus filhos crescerem.	Nada do que faço parece funcionar. Não tenho certeza se posso continuar. As pessoas ficarão melhores sem mim. As coisas parecem tão sombrias.

FIGURA 9.4 Análise de custo-benefício. Adaptada de Wenzel, Brown e Beck (2009). Copyright © 2009 American Psychological Association. Adaptada com permissão, transmitida por Copyright Clearance Center, Inc.

Os pacientes suicidas geralmente esquecem ou desconsideram as experiências positivas e os motivos para viver quando estão angustiados.

Como os pacientes estão fornecendo as informações, tentamos evitar parecer que estamos tocando apenas nos aspectos positivos de suas vidas, o que poderia antagonizar uma pessoa em sofrimento. Levamos a sério os motivos dos pacientes para a morte, reconhecendo sua dor e sua agitação. Nossa ênfase está em aumentar as opções e abrir a possibilidade de melhora. Estimular o interesse dos pacientes sobre o rumo que a terapia pode tomar e como as mudanças podem ocorrer pode ajudar a adiar a decisão de morrer. Pedir-lhes que continuem a anotar ideias para o exercício de casa em cada parte da matriz de decisão pode criar continuidade entre as sessões, implicando um futuro que ainda não foi realizado, mas que mostra um caminho a seguir. O objetivo de trabalhar com um paciente agudamente suicida é sempre ganhar tempo.

Não é necessário, ou mesmo possível na maioria dos casos, obter um compromisso válido dos pacientes de que nunca cometerão suicídio (American Psychiatric Association, 2003). Um "contrato" para adiar o suicídio, mesmo que por 1 ou 2 semanas, pode não ser honrado sob a pressão de um forte desejo de morrer. Em vez disso, damos a eles uma escuta séria sobre seus desejos de morrer, incentivando-os a explorar as crenças nas quais esses desejos se baseiam e considerando perspectivas alternativas. Injetar alguma dúvida sobre a precisão das crenças pode ajudar os pacientes a adiar a decisão de morrer, pelo menos até que tenham a chance de ver o que a terapia pode mudar.

Resolução de problemas com pacientes suicidas

Muitos pacientes suicidas têm problemas realistas que contribuem para sua falta de esperança e seu desejo de morrer. Ao trabalhar para encontrar soluções para esses problemas, tentamos ter em mente que a espessa camada de pessimismo dos pacientes provavelmente engolirá qualquer alternativa construtiva que nós (ou eles) possamos sugerir. A percepção de que o suicídio é um modo de agir razoável geralmente se baseia em uma avaliação irrealisticamente negativa do prognóstico de soluções para os problemas. A noção de que o suicídio é a única solução também reflete o pensamento dicotômico dos pacientes: "Ou minha esposa volta para mim, ou vou cometer suicídio"; "Se eu não conseguir uma bolsa de estudos, vou me matar".

Pesquisas demonstraram que os pacientes que tentaram suicídio tendem a gerar menos soluções possíveis para seus problemas do que os pacientes que não as tentaram (Pollock & Williams, 2004). Quando existem problemas realistas, ou quando se acredita que os problemas percebidos são realistas, é útil fazer um *brainstorming* (e uma lista) de possíveis soluções com os pacientes, ao mesmo tempo em que se suspende o julgamento em relação à viabilidade do que está na lista. Na verdade, incentivamos os pacientes a fazer um *brainstorming* de ideias primeiro (gerando uma lista de possíveis soluções que variam de realistas a fantasiosas) antes de voltarem para avaliar a viabilidade dessas ideias em segundo lugar. Pacientes deprimidos tendem a desconsiderar cada solução em potencial à medida que ela é levantada (essa é a natureza da cognição na depressão). Separar as opções potenciais de uma lista gerada por meio de um *brainstorming*, levando em consideração a ordem em que essas opções devem ser tentadas e avaliadas, é a essência da resolução de problemas com clientes deprimidos. Depois de gerar várias soluções em potencial, incentivamos os pacientes a voltar e avaliar as vantagens e desvantagens de cada uma, listando-as na ordem de preferência, da primeira à última. É perfeitamente razoável incluir o suicídio como uma das opções (se o paciente já tiver mencionado essa opção) e avaliar seu valor em relação às outras opções, mas listá-la por último, já que um suicídio consumado impede a tentativa de qualquer uma das outras soluções em potencial.

Indivíduos propensos ao suicídio têm a tendência de superestimar a magnitude e a insolubilidade dos problemas. Assim, pequenos problemas são percebidos como grandes, e grandes problemas são percebidos como esmagadores. Além disso, esses indivíduos não têm confiança em seus próprios recursos para resolver problemas. Eles também têm dificuldade para recordar memórias positivas e sofrem de um estilo de memória excessivamente geral (Williams & Broadbent, 1986). Eles tendem a projetar uma imagem resultante de desgraça no futuro, com uma visão exageradamente negativa de si mesmos, do mundo e de seu futuro. Pessoas propensas ao suicídio têm uma baixa tolerância à incerteza. Se não conseguem pensar em uma solução imediata, a ideia de desgraça futura é acionada, o que pode tornar a morte a única opção.

Para combater esses déficits, pedimos aos pacientes que descrevam os tipos de estressores que provavelmente ocorrerão e que pratiquem como lidar com eles na sessão por meio de dramatização. Os pacientes são solicitados a se imaginar em uma situação desesperadora, para que possam experimentar o desespero e os impulsos suicidas que enfrentaram no passado e que provavelmente enfrentarão no futuro. Sob essas condições estressantes induzidas, pedimos a eles que gerem soluções para os problemas, separando o *brainstorming* da avaliação, até obter uma lista de possíveis soluções. Como exercício de casa, pedimos aos pacientes que se envolvam em situações difíceis, como um confronto com um cônjuge, e implementem as estratégias praticadas na sessão. Os pacientes são incentivados a se imaginar em meio a uma crise suicida e então a trabalhar para sair de sua angústia. Esse processo de inoculação de estresse permite que pratiquem como lidar com a angústia sem recorrer ao comportamento suicida.

Uma perspectiva evolutiva

Assim como a depressão pode ser resultado de uma adaptação que evoluiu para cumprir uma função em nosso passado ancestral, há motivos para pensar que os mecanismos psicológicos que sustentam o pensamento suicida podem ter evoluído para facilitar a aptidão inclusiva. Por mais paradoxal que isso pareça, um dos principais *insights* do século passado é que os organismos não são projetados pela seleção natural para maximizar sua própria sobrevivência, ou mesmo seu sucesso reprodutivo, mas sim para maximizar a propagação de sua linhagem genética (West & Gardner, 2013). Nas palavras de Richard Dawkins (2016), nós, como indivíduos, somos simplesmente máquinas de sobrevivência, programadas para promover a aptidão reprodutiva de nossos parentes geneticamente relacionados. Isso é o que se entende por aptidão inclusiva. Os organismos podem propagar seus genes não apenas por meio de seus próprios esforços reprodutivos (aptidão direta), mas também aumentando a aptidão reprodutiva de seus parentes biologicamente relacionados (aptidão indireta). A soma das aptidões direta e indireta é a aptidão inclusiva, e é isso que os organismos são projetados pela seleção natural para maximizar (Hamilton, 1964). As linhas gênicas que maximizam a aptidão inclusiva são favorecidas pela seleção natural, e isso não necessariamente reverte para o indivíduo específico. A essência da ideia foi capturada pela piada do geneticista evolucionista J. B. S. Haldane de que ele não sacrificaria sua vida por um irmão, mas sacrificaria por dois irmãos ou oito primos (Lewis, 1974). Como os irmãos compartilham metade de seus genes e os primos compartilham um oitavo, a piada de Haldane na verdade denota o ponto de equilíbrio no qual o autossacrifício beneficiaria a linha genética às custas do indivíduo. Há evidências consideráveis de que os seres humanos se envolvem em autossacrifício altruísta de forma assustadoramente consistente com esse cálculo (Buss, 2015).

Fazemos essa observação não para sugerir que a ideação suicida não deva ser abordada, mas sim para sugerir que a intenção de morrer pode não ser tão paradoxal quanto parece. Os pacientes suicidas geralmente acreditam que suas famílias estariam melhor sem eles (Joiner et al., 2005). Em nosso passado ancestral, esse pode ter sido o caso com frequência suficiente para que um mecanismo psicológico fosse moldado pela seleção natural. A prática de sacrificar os idosos que não podem mais se reproduzir em prol de seus parentes biológicos que podem é chamada de "senicídio" e era praticada em épocas de escassez de alimentos ou outros eventos cataclísmicos, muitas vezes pelos próprios idosos (Leighton & Hughes, 1955). (Que avós não dariam suas vidas pela vida de seus netos?) Entretanto, o que pode ter sido verdade em nosso passado ancestral, quando a fome era um risco sempre presente, tem menos probabilidade de se manter nos tempos modernos, embora se espere que os mecanismos psicológicos subjacentes ao autossacrifício altruísta continuem vivos até hoje (Van Orden et al., 2012). Assim como pode ser útil fazer com que os pacientes considerem as circunstâncias com as quais se depararam quando começaram a acreditar que eram incompetentes ou não eram dignos de amor (geralmente quando eram crianças e, amiúde, como consequência de desatenção ou maus-tratos dos pais), também pode ser útil que os pacientes considerem se sua morte realmente beneficiaria seus parentes genéticos. Isso pode ter acontecido em determinadas condições em nosso passado ancestral, mas é improvável que continue a acontecer nos tempos modernos (Hollon, Andrews, Singla, et al., 2021). Identificar a *razão evolutiva* por trás do impulso e explicá-la como tal aos pacientes pode ajudar a minar a atratividade da *intenção*. O que pode parecer altruísta para pacientes suicidas pode ser nada mais do que um vestígio de nosso passado evolutivo.

Resumo e conclusões

A depressão está mais intimamente associada ao suicídio do que qualquer outra condição psiquiátrica. O risco de suicídio deve ser sempre avaliado ao iniciar um novo cliente e reavaliado de forma contínua no decorrer da terapia. A desesperança e a incapacidade de tolerar afeto negativo são os principais concomitantes psicológicos (não necessariamente nos mesmos indivíduos) e qualquer estratégia que dê tempo para resolver os problemas subjacentes pode oferecer uma oportunidade para a terapia resolver os problemas maiores e pode salvar uma vida. Mapear a progressão da angústia para a intenção suicida pode ajudar a identificar possíveis pontos de intervenção, e fornecer recursos de enfrentamento com antecedência (como cartões de enfrentamento e planos de segurança) pode fazer toda a diferença em uma crise.

Não consideramos que nossa função seja impedir que nossos pacientes morram (é por isso que fazemos um contrato com eles para que não tentem o suicídio), mas sim ajudá-los a desenvolver uma vida que valha a pena ser vivida. As pessoas geralmente não pensam com clareza quando estão em uma crise, e nosso objetivo é sempre ganhar tempo para trabalhar em uma solução. Uma das maneiras mais seguras de ajudar os clientes a superar uma crise suicida é ajudá-los a enxergar um caminho para uma vida mais satisfatória, mesmo que leve tempo para chegar a esse resultado. Estamos sempre tentando ganhar tempo (a maioria dos pacientes é ambivalente quanto a tirar a própria vida e preferiria outra solução). Se pudermos ajudá-los a ver um caminho alternativo, eles preferirão segui-lo.

Notas

1. A Escala de Classificação de Gravidade de Suicídio de Columbia (C-SSRS, do inglês Columbia-Suicide Severity Rating Scale) tornou-se o padrão-ouro para avaliar a iminência de risco e nós a usamos em nossos estudos (Posner et al., 2011). Algumas mortes por suicídio ocorrem por impulso (tivemos um paciente no estudo da University of Pensylvania e da Vanderbilt University [Penn-Vanderbilt] que atirou em sua ex-esposa e depois em si mesmo poucas horas depois de saber

que ela estava saindo com outra pessoa) (DeRubeis, Hollon, et al., 2005). Contudo, a maioria envolve algum grau de planejamento e intenção. Não necessariamente repetimos a C-SSRS quando trabalhamos com pacientes que conhecemos bem, mas perguntamos se eles têm um plano e uma intenção. Quando os pacientes estão em risco iminente, ganhamos tempo e tentamos fazer tudo o que podemos para que eles superem a crise imediata e, ao mesmo tempo, mantemos a esperança de que os problemas subjacentes possam ser resolvidos e fornecemos alguma ideia de como isso pode ser feito.

2. Lembre-se de que as três perguntas clássicas que queremos que nossos pacientes internalizem em resposta a qualquer pensamento automático negativo são: (1) "Qual é a minha **evidência** para essa crença?"; (2) "Existe alguma explicação **alternativa** além daquela que acabei de inventar?"; e (3) "Quais são as **implicações** reais dessa crença, mesmo que ela se revele verdadeira?". Em vez de pular de um pensamento automático negativo para outro (o que alguns clientes descrevem como "descer pela toca do coelho", em uma alusão à descida ilógica de *Alice no País das Maravilhas*), queremos que os pacientes desenvolvam o hábito de responder aos pensamentos negativos automáticos com uma ou mais das três perguntas como forma de interromper essa descida. Nada instila hábitos como a prática e a repetição.

3. É muito difícil avaliar a intenção. Mesmo os pacientes que parecem estar envolvidos em "gestos" suicidas em um esforço para manipular outra pessoa podem morrer como consequência. Dois dos autores perderam uma paciente por suicídio em um estudo anterior, quando ela tomou uma superdosagem da medicação do estudo após uma discussão com o namorado, assim como havia feito algumas semanas antes (Hollon et al., 1992). No primeiro caso, ela ligou para o bar onde ele costumava ir para avisar o *barman* que ela havia tomado uma superdosagem e o namorado correu para casa para levá-la ao pronto-socorro a tempo de fazer uma lavagem estomacal. No segundo caso, o namorado foi a um bar diferente e não recebeu a mensagem de que ela havia ligado novamente para o mesmo *barman* em seu local habitual. Quando o namorado chegou em casa pela manhã, a paciente estava morta. Todas as tentativas de suicídio devem ser levadas a sério, independentemente da inferência que se faça sobre a intenção subjacente.

4. Nenhum ser humano pode ser "rejeitado". É simplesmente uma questão de ter seu pedido recusado. Os relacionamentos começam com a troca de favores. Se o que você está oferecendo for do interesse da outra pessoa, as coisas progredirão. Caso contrário, é simples encontrar outra pessoa que esteja aberta a uma troca. Insistir para que a outra pessoa atenda a todas as suas exigências é uma maneira infalível de esgotar um relacionamento (é um comportamento agressivo que não respeita os desejos da outra pessoa), assim como deixar de pedir o que você prefere é um comportamento indevidamente passivo e uma maneira infalível de não conseguir o que você quer (sem respeito por si mesmo). Pedir, sem exigir, respeita você e a outra pessoa e, embora não garanta a obtenção do que você quer, é o comportamento interpessoal com maior probabilidade de funcionar na maioria das vezes (consulte a Figura 5.3 no Capítulo 5).

5. Marsha Linehan, uma das maiores autoridades do mundo no tratamento do suicídio, costumava dizer: "Os pacientes não falham nas terapias, as terapias falham nos pacientes". Não poderíamos estar mais de acordo.

PONTOS-CHAVE

1. A **depressão** é o transtorno psiquiátrico mais comum associado ao suicídio.
2. É um mito que perguntar a alguém sobre suicídio "colocará a ideia em sua cabeça". Os pacientes deprimidos, em sua maioria, já estão considerando a **ideação suicida** e, em geral, experimentam uma sensação de alívio quando conseguem falar abertamente sobre isso.
3. Ao avaliar o risco de suicídio, perguntamos diretamente (e com sensibilidade) sobre a **intenção** dos pacientes, a **letalidade** do método contemplado e o **acesso** aos meios de suicídio pretendidos.
4. O **estado de desesperança** pode ser um indicador ainda mais importante do risco de suicídio do que a depressão.
5. Dois tipos de esquemas são particularmente relevantes para o suicídio: o **traço de desesperança**, no qual os pacientes acreditam que estão presos em uma vida sem recompensa, e a **insuportabilidade**, na qual os pacientes são incapazes de regular (e, portanto, diminuir) sua própria angústia afetiva.
6. A maioria dos indivíduos suicidas é **ambivalente** em relação ao ato. Como terapeutas cognitivos, perguntamos sobre os motivos para viver e os motivos para morrer e (o mais importante) adiar e ganhar tempo.
7. Como os pacientes suicidas muitas vezes se veem **presos** em uma situação insustentável com problemas insolúveis, nosso foco na terapia é examinar a precisão de suas crenças de que a situação é insustentável e sua percepção da falta de capacidade de lidar com os problemas que estão enfrentando.
8. Os **planos de segurança** são listas priorizadas de estratégias de enfrentamento preparadas com antecedência para ajudar o cliente a passar por uma crise suicida sem agir de acordo com a intenção.
9. Muitas vezes, é útil ensinar **habilidades** de **resolução de problemas** específicas e **estratégias de assertividade** a pacientes suicidas e fazer uma dramatização antecipada de como eles lidarão com qualquer crise suicida prevista.

10

Integração do exercício de casa à terapia

O beisebol é 90% mental; a outra metade é física.
— *Yogi Berra (Receptor no Hall da Fama e filósofo residente do New York Yankees durante seus dias de glória no século XX)*

O exercício de casa é parte **integrante** da terapia cognitiva (J. S. Beck, 2021). O exercício de casa pode ser usado para ajudar a transformar os *insights* obtidos nas sessões em ações realizadas fora delas, o que, por sua vez, fornece *feedback* em relação à precisão das crenças e aprimora a mudança cognitiva de longo prazo. Quando os pacientes examinam suas crenças e realizam experimentos entre as sessões, eles aprendem a fazer por si mesmos o que o terapeuta tem feito por eles **nas primeiras sessões**, tornando-se, assim, seus próprios terapeutas. Pesquisas demonstraram que os pacientes que são mais diligentes em fazer o **exercício de casa** têm maior probabilidade de melhorar (Burns & Spangler, 2000), e aqueles que melhor adquirem as habilidades ensinadas no tratamento têm menor probabilidade de recaída após o término (Strunk et al., 2007). As informações coletadas por meio do exercício de casa podem refutar muitos pensamentos e crenças negativas, transferindo o foco da terapia de conceitualizações subjetivas e abstratas para mudanças realistas e específicas nos pensamentos e comportamentos. Existe uma realidade objetiva fora da cabeça dos clientes, e quanto mais eles testarem suas crenças em relação a essa realidade objetiva, maior será a probabilidade de mudança dessas crenças. Por fim, o exercício de casa permite que o terapeuta e o paciente revisem as atividades da semana anterior rapidamente, ajudando o terapeuta a abordar questões relevantes de forma eficiente.

Fornecendo uma justificativa para fazer o exercício de casa

Para muitos clientes, a expressão "exercício de casa" em si tem uma grande carga de significado. Na terapia cognitiva, é útil dedicar tempo para dar aos clientes uma noção do motivo pelo qual pedimos que façam a tarefa de casa fora das sessões e como tirar o máximo proveito desses exercícios.

O aprendizado de habilidades ajuda a tornar o terapeuta obsoleto

Na primeira sessão, começamos descrevendo o exercício de casa como um *componente vital* do tratamento. Perguntamos aos pacientes qual é o entendimento deles sobre como o tratamento funciona e corrigimos as eventuais concepções errôneas que eles possam ter. Em particular, nós os dissuadimos de qualquer noção de que a mudança depende apenas do que acontece na sessão e enfatizamos a importância de trabalhar entre as sessões para aprender as habilidades que os ajudarão a ativar seus próprios comportamentos e examinar a precisão de suas próprias crenças. Ressaltamos que a terapia cognitiva tem um efeito duradouro que reduz o risco de recaída após o tratamento em mais da metade em relação aos medicamentos anteriores (Cuijpers et al., 2013), mas que são os pacientes que dominam melhor suas habilidades que têm menor probabilidade de recaída após o término do tratamento (Strunk et al., 2007). Nosso diálogo com o paciente pode ser mais ou menos assim:

Terapeuta (T): Presumo que você não queira ficar em terapia para sempre. Estou certo quanto a isso?
Paciente (P): Eu preferiria que não, embora eu realmente queira melhorar.
T: Se você pudesse aprender estratégias e habilidades que não apenas o ajudassem a melhorar, mas também reduzissem seu risco de episódios futuros em mais da metade, isso seria algo que você gostaria de fazer?
P: Sim, eu gostaria muito.
T: Eu poderia simplesmente fazer a terapia com você ou poderia ensiná-lo a fazê-la por si mesmo. O que você prefere?
P: Eu preferiria aprender a fazer isso sozinho.
T: A melhor maneira de fazer isso é trabalharmos as habilidades de aprendizagem nas sessões e, depois, você mesmo praticá-las como exercício de casa fora delas. Isso é algo que você faria?
P: Sim, acho que sim.
T: Isso parece bom. Pense em mim como um *personal trainer*. Posso ensinar-lhe alguns exercícios que você pode usar, mas quanto mais você os fizer fora das sessões, mais forte se tornará.
P: Eu gostaria muito.
T: Você já deve ter ouvido a expressão: "Dê um peixe a um homem e você o alimenta por um dia. Ensine um homem a pescar e você o alimentará por toda a vida". Minha meta é me tornar obsoleto. Quero que você se torne capaz de fazer por si mesmo tudo o que podemos fazer juntos aqui no início. O fato de você fazer o exercício de casa fora das sessões é uma parte importante para que isso aconteça.[1]

O exercício de casa como um experimento

Não queremos alimentar falsas esperanças nem fazer promessas que não podemos cumprir, por isso apresentamos cada exercício de casa como um **experimento** a ser realizado, já que não podemos garantir seu resultado. Ao mesmo tempo, se as coisas não estiverem indo bem para o paciente no momento, tentar algo diferente (especialmente se for o tipo de coisa que o paciente fazia quando estava se sentindo bem) parece ser um experimento sensato a ser realizado. Nosso diálogo com o paciente pode ser mais ou menos assim:

T: A programação geralmente ajuda as pessoas a fazer as coisas quando estão deprimidas. Você estaria disposto a fazer um experimento e ver se isso funciona para você?
P: Acho que eu poderia tentar, mas tenho muito pouca energia para fazer as coisas.
T: Entendo, e é por isso que queremos tentar reduzir sua tarefa pela metade. Tudo bem?
P: O que você quer dizer com "reduzir minha tarefa pela metade"?
T: Qualquer tarefa tem dois componentes: decidir o que fazer e depois fazer. Se programarmos o que você vai fazer com antecedência, então, quando chegar a hora, tudo o que você precisa fazer é executar.
P: Essa é uma maneira interessante de ver as coisas. Será que vai funcionar para mim?
T: Algumas pessoas acham isso útil. Não posso garantir que funcionará para você, mas sei como podemos descobrir. Está disposto a fazer um experimento?

O exercício de casa como uma proposta "sem perdas"

Pessoas deprimidas tendem a ser pessimistas e esperam que as coisas que tentam não funcionem. Os clientes deprimidos são especialmente propensos a serem vítimas de *profecias autorrealizáveis*. Eles não esperam ter sucesso, portanto, não tentam, o que garante que não terão sucesso. Isso reforça a crença de que são ineptos, geralmente porque apenas imaginam o fracasso que esperam, com sua imaginação servindo como evidência (consulte a Figura 4.4). Eles têm dificuldade especial para iniciar (o que é chamado de *déficit de iniciação de resposta*; Miller, 1975). Definir o exercício de casa como um experimento a ser realizado alivia um pouco a pressão, e transformá-la em uma **proposta sem perdas** aumenta ainda mais as chances de os pacientes darem o primeiro passo. Fazemos isso incentivando-os a fazer o melhor que puderem e alertando que, se tiverem problemas para realizar o que concordaram na sessão, sua tarefa deixará de ser fazer o exercício de casa e passará a ser cuidar do que quer que tenha atrapalhado. Nosso diálogo pode ser mais ou menos assim:

T: Será interessante ver se a programação que acabamos de fazer o ajudará a fazer as coisas.
P: Vou tentar, mas não estou conseguindo fazer muita coisa.
T: Isso às vezes acontece, especialmente quando alguém está deprimido. Vamos definir o exercício como uma proposta "sem perdas".
P: Como vamos fazer isso?
T: É ótimo se a programação o ajudar a começar as coisas e, se for o caso, continue. Mas se você tiver problemas para começar ou cumprir o cronograma, vamos combinar com antecedência que seu exercício não será mais realizar o que está programado, e sim prestar atenção ao que o atrapalhou. De acordo?
P: Parece bom, mas como isso vai ajudar?
T: Ou você realizará as coisas que se propôs a fazer, ou descobrirá o que o atrapalhou, para que possamos ver se conseguimos descobrir como corrigir isso em nossa próxima sessão.

Usando o exercício de casa para testar crenças

Alguns exercícios de casa são elaborados para coletar informações (automonitoramento) e outros para colocar o paciente em movimento (ativação comportamental). Ambos podem ser usados para **testar crenças** antes de ensinar habilidades relacionadas à reestruturação cognitiva. Por exemplo, o escultor descrito no Capítulo 5 (veja a Figura 5.1) ficou surpreso ao saber que tinha seu melhor humor da semana quando estava no emprego "sem saída" que ele considerava ser a causa de sua depressão. Ele ficou ainda mais satisfeito ao saber que poderia fazer as coisas (levar a esposa à exposição de Picasso ou montar seu portfólio) se dividisse um grande exercício em suas partes constituintes e desse um passo de cada vez. Cada um desses casos fez uso de uma estratégia puramente comportamental para desafiar sua crença subjacente de que era incompetente (um defeito de traço estável), quando, na verdade, ele estava simplesmente escolhendo a estratégia errada — um fato que ele lembrou a si mesmo quando reexaminou suas autodescrições negativas ao ter dificuldade para começar a pagar seus impostos (veja a Figura 6.2). É isso que queremos dizer quando afirmamos que a terapia cognitiva é inerentemente integrativa. O automonitoramento é usado principalmente para coletar informações e as estratégias comportamentais são utilizadas para ajudar a colocar os pacientes em movimento, mas cada uma dessas estratégias também pode ser usada para testar as crenças existentes sobre si mesmo, seu mundo e seu futuro (mais uma vez, a tríade cognitiva negativa). Nosso diálogo pode ser mais ou menos assim:

T: Parece que fazer "ligações inesperadas" para clientes em potencial é difícil para você.

P: Fico muito nervoso quando penso em ligar para alguém que não conheço.

T: Pense na última vez em que você ficou nervoso quando estava se preparando para fazer uma ligação. O que estava pensando consigo mesmo antes da ligação?

P: Isso não vai dar certo; eu simplesmente não sou bom em vendas.

T: O que você fez em seguida?

P: Não fiz a ligação.

T: Que evidências você tem de que não é bom em vendas?

P: Não consigo falar com os clientes e não aumento meus números de vendas.

T: Será que é porque você não é bom em vendas, ou foi vítima de uma profecia autorrealizável?

P: O que você quer dizer com isso?

T: Se a sua crença de que não é bom em vendas o impede de fazer as ligações, você não conseguirá clientes, independentemente de ser *realmente* bom em vendas. Esse parece ser um teste justo para sua crença para nem sequer fazer as ligações?

P: Bem, não, acho que não.

T: Que tal começarmos encenando uma chamada de vendas aqui na sessão e gravando nosso diálogo em seu telefone enquanto conversamos? Podemos então ouvir a gravação e ver se você acha que se saiu bem. Então, quando estiver pronto, você poderá fazer uma ou duas chamadas durante nossa sessão e veremos como foi. Será interessante ver se você fará alguma venda se fizer alguma ligação, mas lembre-se de que, independentemente de fazer uma venda ou não quando fizer uma ligação, se você não ligar, pode garantir que não fará uma venda.

Facilitando o êxito no exercício de casa

Independentemente da forma que assuma, aprendemos que o exercício de casa tem mais impacto terapêutico para o cliente quando incluímos alguns elementos de prática em sessão em nossa preparação.

Envolva o paciente na concepção do exercício de casa

Nas primeiras sessões, geralmente tomamos a iniciativa na elaboração dos exercícios de casa para o paciente fazer (automonitoramento e programação de atividades são provavelmente as primeiras tarefas). Com o passar das semanas, tentamos envolvê-lo cada vez mais na elaboração do exercício de casa. Pode-se perguntar a ele: "O que você acha que gostaria de fazer como exercício de casa esta semana?". Com frequência, o paciente dirá: "Acho que poderia fazer mais alguns Registros de Pensamentos/continuar com as exposições/candidatar-me a mais alguns empregos/fazer outro cronograma de atividades/fazer eu me exercitar". Isso mostra que o paciente está começando a internalizar o modelo e a compreender o que está funcionando de forma altamente personalizada. Tentamos **envolver os pacientes na concepção e no planejamento** do exercício de casa o máximo possível e os incentivamos a tomar a iniciativa sempre que desejarem. Como deixamos claro em outra parte do livro, nossa meta na terapia cognitiva é nos tornarmos obsoletos, e quanto mais os pacientes tomarem a iniciativa na elaboração de testes de suas próprias crenças, melhor eles internalizarão as habilidades que esperamos ensinar. Esse princípio se estende até mesmo a quem dirige a sessão. Conforme observado anteriormente, pesquisas anteriores mostraram que os pacientes que assumem o papel mais ativo ao levantar tópicos e trabalhar com habilidades específicas para lidar com essas questões nas sessões posteriores são os que têm menor probabilidade de recaída após o encerramento (Strunk et al., 2007).

A arquiteta descrita anteriormente no Capítulo 7 obteve um benefício especial ao moldar os exercícios de casa de acordo com seus interesses e predileções. A Figura 10.1 mostra um exemplo de exercício de casa que ela criou inspirado na Folha de Trabalho de Crenças Nucleares (FTCN; veja a Figura 7.2), na qual ela examinou evidências inconsistentes com três crenças nucleares sobre si mesma com relação a relacionamentos (sem valor, indigna de amor, não merecedora). Por exemplo, argumentando contra a crença nuclear "Eu não tenho valor" havia a evidência de que ela não traía confidências; que se levantava e se preparava para o trabalho; que nem <u>sempre</u> (sublinhado dela) tratava mal os amigos (embora, quando pressionada, não conseguisse se lembrar de um caso em que tivesse tratado mal um amigo com o qual não estivesse envolvida romanticamente); que fazia suas próprias compras no supermercado; e que administrava bem suas finanças. Isso nos permitiu explorar melhor o que faz uma pessoa valer a pena, e ela foi capaz de reconhecer que atendia amplamente aos seus próprios critérios (ela pensaria bem

---

Crença: Não tenho valor.

- Eu não traio confidências.
- Levantei-me, fui para a escola e preparei aulas adequadas (mas isso não é nada demais; faço isso todos os dias).
- Às vezes, não trato mal meus amigos.
- Fiz minhas compras de supermercado.
- Estou administrando bem minhas finanças.

Crença: Ninguém poderia me amar de verdade.

- Não tenho nenhuma evidência de que não seja assim.
- Acredito que meu ex-marido amava a personalidade que eu revelava a ele, mas se ele soubesse como eu era de verdade, não teria se casado comigo (a única vez que ele me viu "de verdade" na casa da minha avó, ele não pareceu se importar, na verdade pareceu gostar de mim).

Crença: O meu lugar não é nem mereço estar em um relacionamento.

- Não tenho nenhuma evidência de que não seja assim.
- (Quando questionada) Na verdade, tenho vários amigos que sabem muito sobre mim e ainda assim parecem gostar de mim (solicitada a citar os nomes); mantenho suas confidências, trato-os bem e pareço me importar com eles e sou gentil com meu gato.
- Não me sinto atraída por ninguém que esteja disponível.
- Tenho dificuldade de expressar como realmente me sinto.

FIGURA 10.1 Evidências não consistentes com as crenças.

de outra pessoa que tivesse esses mesmos comportamentos). Como sempre acontece na terapia cognitiva, preferimos nos mover indutivamente do específico para o geral.[2]

Como pode ser visto, as respostas que ela apresentou foram variadas, mas ela se orgulhou bastante de ter redesenhado o exercício de casa e teve um senso de propriedade que foi além do que ela havia obtido com sua FTCN mais padrão. Ela também teve a ideia, descrita perto do final do Capítulo 7, de fazer com que seu terapeuta realizasse uma pesquisa com jovens treinadores de futebol masculino "qualificados" para o torneio interno em que seu filho participaria no fim de semana seguinte (a maioria dos "*baby boomers*" nos Estados Unidos não cresceu jogando futebol, portanto, se quisessem que seus filhos aprendessem a jogar, contratavam treinadores de outros países). Ela se orgulhava ainda mais de elaborar a descrição do evento traumático que havia sofrido na adolescência (ela se considerava uma pessoa literária que adorava escrever), redigir as perguntas que queria que o terapeuta fizesse e determinar que ele gravasse as respostas em áudio. Esse exercício de casa gerado por ela mesma proporcionou um senso de propriedade que serviu como uma boa ponte para revelar o que aconteceu com o novo namorado em sua vida.

Inicie o exercício de casa na sessão

Por mais útil que seja fazer perguntas suficientes durante a sessão para entender de que forma os pacientes veem as coisas (uma abordagem fenomenológica), é ainda mais importante garantir que você seja claro e concreto quanto ao que está pedindo que eles façam entre as sessões. Achamos especialmente útil iniciar o exercício de casa na sessão para que os pacientes tenham uma ideia clara do que estão sendo solicitados a fazer. O automonitoramento é um exemplo claro. Conforme descrito no Capítulo 4 (veja a Figura 4.1), começamos perguntando aos pacientes se eles estariam dispostos a monitorar seu estado de humor e suas atividades (ou qualquer outra coisa que esteja sendo solicitada) entre a sessão atual e a próxima, com uma explicação clara da **fundamentação** por trás da solicitação. Em seguida, pedimos aos pacientes que iniciem o monitoramento logo na sessão, anotando seu humor no momento, geralmente em uma escala de 0 a 100 pontos, e listando em algumas palavras o que estiveram fazendo na última hora (nesse caso, estar "em sessão"). Se quisermos que eles também anotem os casos de domínio e prazer (ou qualquer outra coisa que seja desejável que eles monitorem), pedimos que acrescentem um "D" ou um "P" na caixa se o caso tiver ocorrido na hora avaliada. Depois, pedimos que eles completem as classificações para cada hora no início do dia, antes de perguntarmos se eles têm alguma dúvida sobre o que estamos pedindo que façam e a justificativa para pedir que o façam. A questão é que os pacientes já terão começado o exercício de casa antes de saírem da sessão; não há dúvida de que eles sabem o que lhes foi pedido e está claro que são capazes de fazê-lo. Aplicamos o mesmo princípio a qualquer exercício de casa que esteja sendo negociado, seja ele uma tarefa-padrão usada com frequência (p. ex., Programação de Atividades ou Registro de Pensamentos) ou algo novo que seja modificado para se adequar ao paciente (p. ex., usar exercícios graduados para ajudar o escultor a montar seu portfólio) — veja uma discussão mais extensa a seguir sobre exercício de casa personalizado *versus* padrão.

Preveja problemas (e soluções)

Também consideramos útil incentivar os pacientes a prever os eventuais problemas que possam encontrar ao realizar qualquer tarefa que tenham se disposto a tentar. Isso pode ser feito pedindo a eles que imaginem os problemas que podem surgir ao realizar o exercício, ou por meio de *role-play* ou ensaio, se a atividade envolver algum tipo de interação com outra pessoa. Não é incomum que os pacientes tenham reservas sobre a tarefa de casa que relutam em revelar, e é importante incentivá-los a expressar essas preocupações para que elas possam ser discutidas. Entre os problemas mais comuns estão o fato de os clientes não terem certeza de que serão capazes de fazer o que lhes foi solicitado (fácil de resolver se eles apenas fizerem uma revisão do exercício de casa, como no parágrafo anterior) ou não terem certeza de que o exercício de casa alcançará o resultado pretendido (para isso, lembramos que se trata apenas de um experimento e que, se eles tiverem algum problema, o exercício deles será registrar o que os atrapalhou). Um homem prevenido vale por dois: prever os problemas que podem surgir garante a oportunidade de formular soluções com antecedência.

Revise o exercício de casa na sessão seguinte

Sempre tentamos revisar o exercício de casa da sessão anterior no início ou quase no início da sessão seguinte. Não há maneira mais segura de acabar com a disposição dos pacientes para trabalhar entre as sessões do que esquecer de perguntar como foi e o que eles aprenderam, se é que aprenderam alguma coisa. No espírito de incentivá-los a pensar a respeito do que estão aprendendo sobre como trabalham e o que funciona para eles, nós os incentivamos a tomar a iniciativa de descrever como foi o exercício de casa e quais princípios extraíram da experiência. Conforme descrito anteriormente, o que o escultor aprendeu com seu êxito ao usar "fragmentação" para ir à exposição de Picasso com sua esposa ou para montar seu portfólio foi o seguinte: sua incapacidade de fazer as coisas era menos um reflexo de algum defeito pessoal dele (incompetência) do que simplesmente a escolha da estratégia errada (ficar sobrecarregado com o tamanho do exercício e simplesmente não começar). (Essencialmente, ele estava contrapondo sua Teoria A contra a Teoria B.) A tarefa de casa é sempre designada por um motivo e, por mais importante que seja fazer as coisas, é ainda mais importante que os pacientes considerem posteriormente o que aprenderam como consequência.

Lidando com problemas ao fazer o exercício de casa

Os pacientes geralmente encontram os mesmos tipos de problemas ao fazer o exercício de casa que têm ao perseguir metas e tarefas na vida real. Esses problemas não só podem ser tratados como uma oportunidade de trabalhar os pensamentos e sentimentos que interferem na realização do exercício de casa, mas também são um modelo de como trabalhar questões mais amplas que estão ocorrendo na vida dos pacientes.

Por exemplo, um paciente que é perfeccionista pode estar preocupado com o fato de não conseguir fazer o exercício de casa bem o suficiente para atender a seus próprios padrões elevados. Com esse paciente, podemos perguntar: "Quem decide o quão bem você tem de fazer?" e "Como você saberá quando tiver feito bem o suficiente?". Alguns pacientes respondem que não querem decepcionar o terapeuta (*a terceira perna do banquinho*). Nesse caso, geralmente começamos perguntando: "O que o faz pensar que você me decepcionaria?" (*evidência*) e, em seguida, dizemos algo como "E se você me decepcionasse, e daí? Você trabalha para mim ou eu trabalho para você?" (*implicações*). Isso pode levar a uma discussão sobre os antecedentes da infância do paciente (*a segunda perna do banquinho*), por exemplo, "Quem lhe ensinou que você tinha de ser perfeito?". O objetivo é ajudar os pacientes a reconhecer que, embora possam ter aprendido a ser perfeccionistas no passado, são suas próprias crenças e valores que mantêm essa propensão no presente. Como os pacientes agora são donos desses fatores "mantenedores", eles podem mudá-los se quiserem. Em seguida, usamos o exercício de casa como uma oportunidade para identificar e testar a precisão e a utilidade da crença subjacente da seguinte forma: "Que tal tentar novamente e acompanhar seus pensamentos e sentimentos se você achar que não está fazendo isso bem o suficiente?". Depois, seguimos essa sugestão perguntando: "Suponha que você consiga fazer apenas a metade do que gostaria, isso é melhor do que não fazer nada? Temos um ditado na terapia cognitiva: 'Qualquer coisa que valha a pena fazer, vale a pena fazer pela metade'. Você gostaria de tentar? Pode ser interessante ver o que acontece se você fizer isso".

A natureza dos pensamentos e sentimentos subjacentes aos problemas que os pacientes encontram ao fazer o exercício de casa geralmente é idiossincrática e é útil mapeá-la. Nós investigamos o significado dos pensamentos automáticos específicos que surgem nessa situação e incentivamos os pacientes a usar a técnica da "seta descendente" para ver quais pressupostos e crenças estão subjacentes. Por fim, usamos os problemas com o exercício de casa da mesma forma que os terapeutas psicodinâmicos usam a transferência para identificar e resolver problemas nos relacionamentos de seus pacientes. *A terapia cognitiva não é uma coleção de técnicas, mas sim um conjunto de princípios — e um princípio fundamental subjacente à abordagem é identificar e explorar os pensamentos idiossincráticos que estão por trás dos comportamentos problemáticos de nossos pacientes. Como sempre, usamos seus afetos como guia para suas crenças.*

Não conformidade passiva *versus* resistência ativa

Praticamente todos os pacientes deprimidos têm dificuldade para iniciar suas atividades, mesmo que gostem do resultado, em grande parte porque não esperam ser bem-sucedidos ou gostar do que fazem (esse é o *déficit de iniciação de resposta* mencionado anteriormente). Essa **não conformidade passiva** é a condição *sine qua non* da depressão. Ela pode minar as tentativas dos pacientes de fazer o exercício de casa tão prontamente quanto outros objetivos em suas vidas. Não é que eles tenham um motivo para não fazer o exercício de casa. Em vez disso, eles muitas vezes não conseguem pensar em um motivo para fazê-lo: "Se eu não posso ser bem-sucedido, para que tentar?". A maneira como lidamos com a não conformidade passiva é apresentar o exercício de casa aos pacientes como um experimento que pode ou não dar resultado, mas que lhes custará pouco o suficiente para experimentar: "Não sei se programar atividades facilitará sua realização, mas se é algo que você gostaria de fazer, a única maneira de descobrir é tentando". Como Wayne Gretzky tem a reputação de ter dito (a citação de abertura no Capítulo 5), "Você erra 100% das tacadas que não dá".

Outros pacientes têm dificuldade para implementar o exercício de casa porque acham que estão começando a trilhar um caminho para algo com o qual não têm certeza de que podem lidar. Chamamos isso de **resistência ativa**, embora sem qualquer implicação de que a resistência seja inconsciente (ainda que possa estar fora da consciência). Um cliente que havia se formado recentemente em uma prestigiada escola de administração de empresas estava tendo problemas para apresentar as candidaturas de que precisava para conseguir o tipo de emprego na profissão que pretendia. O terapeuta (um dos autores) trabalhou com ele para dividir seu exercício maior de busca de emprego em várias etapas componentes (*fragmentação*), mas várias sessões sucessivas se passaram sem que ele sequer desse o primeiro passo.

Com certa exasperação, o terapeuta pediu que ele se sentasse e imaginasse o que aconteceria se ele conseguisse o emprego dos seus sonhos, e que passasse pelo primeiro dia no novo emprego em sua imaginação, falando em voz alta enquanto imaginava. O paciente descreveu que ficou muito ansioso enquanto caminhava em direção ao seu novo local de trabalho, porque agora ele seria exposto como a fraude que sempre suspeitou que fosse. Conseguir o emprego dos seus sonhos o exporia a um risco interpessoal (passar vergonha na frente dos outros), do qual ele se protegia ao não iniciar nenhuma candidatura. O uso de imagens foi fundamental, pois evocou o afeto (antecipado) que servia de barreira para que ele desse os primeiros passos. Todos os pacientes deprimidos se envolvem em não conformidade passiva, enquanto aqueles que também são propensos à ansiedade geralmente apresentam resistência ativa se esperam que dar passos em direção a uma meta possa expô-los a riscos.

Biblioterapia

Muitos livros úteis sobre terapia cognitiva da depressão foram escritos para leitores leigos e podem complementar o trabalho feito pessoalmente com o terapeuta. A biblioterapia reforça o material abordado nas sessões e dá aos pacientes a oportunidade de aprender mais por conta própria. Se o paciente gostar de ler e estiver interessado, alguns livros úteis incluem *Feeling Good: The New Mood Therapy* (1980), de David Burns, e suas várias sequências posteriores, e *A mente vencendo o humor: mude como você se sente, mudando o modo como você pensa* (2016), de Dennis Greenberger e Chris Padesky. Pode-se recomendar o texto completo ou apenas trechos específicos de cada um deles.

Capítulos deste livro também podem ser indicados aos pacientes. Uma paciente preocupada com a perspectiva de encerrar a terapia foi incentivada por seu terapeuta (um dos autores) a ler um rascunho do capítulo sobre encerramento (Capítulo 11) deste livro, no qual ela encontrou muitas de suas preocupações específicas discutidas. O exercício não apenas a ajudou a resolver algumas de suas dúvidas, mas também economizou um tempo valioso de terapia. Convidar os pacientes para ler partes do manual de tratamento pode reforçar a natureza colaborativa deste e facilitar o processo de tornar o terapeuta obsoleto.

Exercício de casa padrão e personalizado

O exercício de casa dado na terapia cognitiva pode não apenas ser extraído de uma série de experimentos testados e comprovados ou "padrão", mas também pode ser feito sob medida, para atender a um problema específico de um cliente específico.

Exercício de casa padrão usado com a maioria dos clientes

Muitos dos tipos de exercício de casa já descritos nos capítulos anteriores são usados com tanta frequência que podem ser considerados padrões na terapia cognitiva. Seguem alguns exemplos:

- **Automonitoramento.** Solicitar ao cliente que acompanhe atividades e afetos periodicamente (consulte o Capítulo 5 e, especialmente, a Figura 5.1).

- **Programação de atividades.** Pedir ao cliente que realize determinados exercícios (até e incluindo o planejamento de cada hora) antes da próxima sessão (consulte o Capítulo 5 e, especialmente, a Figura 5.2).
- **Fragmentação/exercícios graduados.** Dividir um exercício grande em uma série de etapas menores (fragmentação). As etapas podem ser graduadas ao serem organizadas de modo que a mais fácil seja a primeira (consulte o Capítulo 5).
- **Treinamento de assertividade.** Incentivar os clientes a procurar oportunidades de agir na busca de objetivos de uma forma que respeite tanto seus próprios desejos quanto os desejos da pessoa com quem estão interagindo (consulte o Capítulo 5 e, especialmente, a Figura 5.3).
- **Monitoramento de pensamentos automáticos negativos.** Pedir ao cliente para manter o controle dos pensamentos automáticos negativos que ocorrem ao longo do dia ou durante atividades específicas (consulte o Capítulo 6).
- **Registro de pensamentos.** Pedir ao cliente que registre o contexto (situação antecedente e afeto e comportamento resultantes) em que ocorrem pensamentos automáticos negativos e que examine sistematicamente sua precisão (consulte o Capítulo 6 e, especialmente, a Figura 6.2). Observe que abreviamos o nome do formulário que fornecemos aos pacientes como "Registro de pensamentos" e a coluna "Resposta racional" como "Resposta alternativa" para não antecipar o resultado.
- **Diagrama de Conceitualização Cognitiva (DCC).** Trabalhar para gerar um roteiro para a terapia que conecte os eventos da infância que serviram para gerar as crenças nucleares nas quais os pacientes passaram a acreditar e que levaram aos pressupostos subjacentes que eles adotaram para seguir seu caminho na vida, o que, por sua vez, levou às estratégias compensatórias que eles usam para "reduzir suas perdas" na vida, uma vez que acreditam em suas crenças nucleares (consulte o Capítulo 7 e, especialmente, a Figura 7.1).
- **Folha de Trabalho de Crenças Nucleares (FTCN).** Pedir ao cliente para procurar experiências e observações que sejam inconsistentes com suas antigas crenças nucleares e reenquadrar aquelas que ele observa e que, na superfície, parecem ser compatíveis com essas mesmas crenças nucleares (consulte o Capítulo 7 e, especialmente, a Figura 7.2).
- **Formulário do medo.** Pedir aos clientes que especifiquem os piores, os melhores e os mais prováveis resultados de um evento ou comportamento (para avaliar o risco), bem como o que eles podem fazer para lidar com o pior, caso aconteça, e o que podem fazer para influenciar o resultado (para avaliar os recursos) (consulte o Capítulo 8 e, especialmente, a Figura 8.1).

Exercício de casa personalizado criado para tratar de problemas específicos de um determinado cliente

O exercício de casa também pode ser personalizado para um paciente específico e para os problemas nos quais ele está trabalhando. Seguem alguns exemplos:

- **Pesquisas anônimas.** De forma análoga à pesquisa que a arquiteta fez com que seu terapeuta conduzisse com os técnicos de futebol europeus (veja a discussão anterior e o Capítulo 7), uma jovem cliente do nosso estudo anterior em Minnesota também conduziu uma pesquisa com homens elegíveis em seu local de trabalho de forma a proteger seu anonimato em relação a uma questão que ela considerava embaraçosa. A paciente havia sido forçada a fazer uma histerectomia aos 20 e poucos anos depois de contrair uma doença venérea de seu ex-namorado e estava convencida de que nenhum homem jamais iria querer se casar com ela porque ela não poderia ter filhos. Ela foi incentivada a descrever a situação aos colegas durante o almoço no refeitório do trabalho, como se fosse o enredo de uma novela de televisão que ela estava acompanhando. O que ela descobriu foi que alguns (mas não todos) de seus colegas de trabalho do sexo masculino não queriam ter filhos (ou tinham filhos de casamentos anteriores) e prefeririam namorar alguém que não os pressionasse quanto a isso. Como consequência de ouvir essas respostas, ela voltou a namorar pessoas fora do trabalho pelas quais tinha interesse.
- **Conversas sobre restituição.** Lembre-se de que a arquiteta descrita no Capítulo 7 basicamente terminou seu casamento quando deixou o marido por outro homem que conheceu pela internet (um relacionamento que durou menos de 1 semana). Vários anos depois, por meio do processo terapêutico, ela marcou, com a ajuda de seus sogros, um encontro com o ex-marido em outra cidade, para que pudesse dizer a ele que ela fez o que fez em grande parte devido a problemas decorrentes do trauma em seu passado, e não por causa de qualquer defeito nele. Ele não foi ao encontro, mas ela se sentiu bem por ter feito o esforço.
- **Conversas sobre resolução.** A mesma cliente que acabamos de descrever (a arquiteta do Capítulo 7) fez questão de ir ao casamento do irmão para que pudesse falar com o pai, de quem estava afastada (após a falta de apoio dele depois do trauma), para ver se eles poderiam conversar sobre seus problemas e tentar se reconectar. Seu pai estava bebendo muito no casamento e não lhe deu atenção, e ela saiu de lá sentindo mais tristeza por ele ("Ele poderia ter tido uma filha") do que decepcionada consigo mesma ("Dei a ele todas as chances de se reconectar").
- **A ansiedade precede a raiva.** Um enfermeiro apresentado no Capítulo 6, cujas explosões de raiva contra seus supervisores colocavam seu emprego em risco, foi incentivado a acompanhar as mudanças sequenciais nas emoções durante o estresse no trabalho. Ao fazer isso, ele descobriu que suas explosões eram precedidas por uma excitação ansiosa gerada pela sensação de que ele não conseguia lidar com as exigências excessivas que lhe eram feitas, de modo que estava colocando seus pacientes em risco. Capturar a percepção de risco e a ansiedade associada que precedia suas explosões de raiva o ajudou a lidar com suas preocupações de uma forma mais construtiva.
- **Domínio para neutralizar a crise suicida.** Uma cliente em crise suicida que ligou para um dos autores enquanto ele

estava trabalhando com outro cliente foi incentivada a preparar uma sobremesa favorita para o jantar da família naquela noite e a ligar de volta quando ela (e o outro cliente) tivesse terminado. Quando ela ligou de volta, a crise já havia passado e uma sessão foi marcada para o dia seguinte.
- **Ensinar a terapia cognitiva a outras pessoas.** Um cliente que também era alcoólatra em recuperação e que se beneficiou de sua participação contínua no Alcoólicos Anônimos (AA) ficou tão satisfeito com o que estava aprendendo na terapia cognitiva que desenvolveu um programa de televisão a cabo de utilidade pública que combinava as duas abordagens.

Sessões de gravação e observação

Com a permissão do cliente, geralmente gravamos nossas sessões, para que possamos ouvi-las depois para fins de treinamento ou se estivermos com dúvidas, e incentivamos os clientes a ouvi-las também. Fazer os pacientes ouvirem uma gravação da sessão pode ser uma maneira eficaz de obter uma "segunda dose" do material que foi abordado, e que queremos ter certeza de que nossos clientes entenderam. Alguns pacientes criticam a si mesmos quando ouvem as gravações. Esses pensamentos autocríticos podem ser anotados e trazidos para discussão. Convidamos os pacientes que são perfeccionistas em relação a si mesmos a anotar os erros que cometemos também, apenas para demonstrar que "errar é humano e admitir (e corrigir) esses erros é divino". Os terapeutas em treinamento também se beneficiam ao ouvir essas gravações para captar nuanças que podem ter passado despercebidas durante a sessão.

Resumo e conclusões

O exercício de casa é parte integrante da terapia cognitiva e provavelmente é o grande responsável por seu efeito duradouro. A maioria dos pacientes aceita a ideia de que quanto mais fizerem entre as sessões, maior será a probabilidade de melhorarem e permanecerem bem após o encerramento da terapia. Sempre tentamos definir o exercício de casa como uma proposta "sem perdas", sugerindo que o exercício mude se o paciente tiver dificuldades para concluí-lo e observe o que dificultou sua conclusão. Preferimos iniciar o exercício de casa na sessão (para garantir que os pacientes saibam o que fazer e demonstrem que podem fazê-lo) e sempre iniciamos a sessão seguinte pedindo aos pacientes que revisem o que aprenderam ou o que os atrapalhou. Muitas vezes, os mesmos problemas que aparecem ao lidar com as demandas da vida surgem ao implementar o exercício de casa, o que permite que eles sejam trabalhados na própria sessão.

Sempre que possível, incentivamos os pacientes a tomar a iniciativa de sugerir ou elaborar exercícios de casa que sejam particularmente relevantes para suas preocupações, e há boas evidências de que quanto mais o paciente fizer isso, maior será a probabilidade de não ter recaídas após o encerramento. Fazemos uma distinção entre não conformidade passiva (não iniciar porque o paciente acha que não vai funcionar) e resistência ativa (não começar ou concluir um exercício porque o paciente acha que vai piorar as coisas). Lidamos com a não conformidade passiva ressaltando que o exercício de casa é simplesmente um experimento que só pode funcionar se for tentado. Abordamos a resistência ativa pedindo aos pacientes que imaginem o que acontecerá se eles iniciarem o exercício e que examinem as cognições por trás de qualquer afeto que surja.

Notas

1. A maioria dos pacientes entende e aceita a fundamentação, embora ocasionalmente alguns deles não. A arquiteta descrita detalhadamente no Capítulo 7 deixou claro em sua primeira sessão que não tinha intenção de tornar seu terapeuta (um dos autores) obsoleto. Ela não se importava em aprender as habilidades ou mesmo praticá-las fora das sessões, mas se via tão profundamente danificada e tão ameaçadora para qualquer pessoa com quem se envolvesse que precisaria de sessões diárias pelo resto da vida para que o terapeuta pudesse controlar suas tendências predatórias nos relacionamentos.

2. Rotineiramente, pedimos aos pacientes que registrem os casos que são compatíveis com a crença nuclear que eles gostariam que fosse verdadeira sobre eles (específica). Perguntamos, então, o que significa para eles o fato de que, com tanta frequência, estão à altura de seus próprios padrões e ideais (geral). Nosso objetivo é incentivá-los a reavaliar suas crenças sobre si mesmos em relação às evidências comportamentais que geram.

PONTOS-CHAVE

1. O exercício de casa é **parte integrante** da terapia cognitiva e ajuda a tornar o terapeuta (inclusive os autores) obsoleto.
2. Forneça uma **fundamentação** para a realização do exercício de casa e faça o cliente praticá-la durante a sessão:
   a. Prepare o exercício de casa como um **experimento** (você não precisa saber antecipadamente se funcionará).
   b. Defina o exercício de casa como uma **proposta sem perdas** (peça aos clientes que anotem o que interfere se não puderem começar ou concluir o exercício).
   c. Estabeleça exercícios de casa para **testar as crenças** (você não precisa saber se terá sucesso para tentar).
3. Concentre-se na pragmática de fazer o exercício de casa:
   a. Envolva os clientes na **concepção do exercício de casa** (ajuda a despertar a curiosidade e o senso de propriedade).
   b. Inicie o exercício de casa **durante a sessão** (para garantir que os pacientes entendam o exercício).
   c. **Solucione problemas com antecedência** (tanto na imaginação quanto por meio de dramatização).
   d. **Revise o exercício de casa na próxima sessão** (especialmente o que foi aprendido pelos clientes).
4. Os problemas do exercício de casa refletem os problemas da vida e podem servir de modelo para sua resolução.
5. Diferencie **não conformidade passiva** de **resistência ativa** (cada uma exige uma solução diferente).

11

Encerramento e prevenção de recaídas

Um grama de prevenção vale mais do que um quilo de cura.
— *Benjamin Franklin*

Talvez a maior vantagem da terapia cognitiva em relação a outras intervenções seja o fato de ela ter **efeitos duradouros** que reduzem o risco de retorno subsequente dos sintomas (recaída ou recorrência).[1] A terapia cognitiva reduz o risco de recaída subsequente em mais da metade após o término do tratamento, em relação aos pacientes tratados até a remissão com medicamentos, e esses pacientes não têm mais probabilidade de recaída do que os pacientes mantidos com medicação contínua. Esse é um efeito robusto, tendo sido observado em sete das oito comparações com tratamento medicamentoso prévio e em todas as cinco comparações com medicação contínua (Cuijpers et al., 2013). É menos claro que esse efeito duradouro se estende à prevenção da recorrência (o início de episódios totalmente novos). Apenas dois estudos acompanharam amostras por tempo suficiente para comparar a terapia cognitiva anterior (descontinuada há mais de 1 ano) com pacientes recuperados que recentemente retiraram os medicamentos contínuos, mas ambos encontraram um efeito duradouro (Dobson et al., 2008; Hollon, DeRubeis, Shelton, et al., 2005). Contudo, em um transtorno crônico recorrente como a depressão, qualquer indicação de um efeito duradouro que reduza o risco subsequente tem uma grande vantagem em relação aos medicamentos, que só funcionam enquanto são tomados (Hollon, Stewart, & Strunk, 2006).[2]

Há indicações de que outras intervenções psicossociais também podem ter efeitos duradouros. Por exemplo, a ativação comportamental teve um desempenho quase tão bom na prevenção de recaídas após o término do tratamento quanto a terapia cognitiva (com as duas juntas superiores à interrupção da medicação) em um estudo (Dobson et al., 2008), e a psicoterapia psicodinâmica teve um efeito duradouro em relação ao "tratamento usual" entre os pacientes que não responderam a dois ou mais estudos adequados de outros tratamentos (Fonagy et al., 2015). Nenhuma dessas descobertas ainda foi replicada e nenhuma outra psicoterapia foi testada quanto a efeitos duradouros.

A terapia cognitiva pode produzir esse efeito duradouro alterando as diáteses subjacentes que conferem risco (acomodação) ou treinando estratégias e habilidades que podem ser usadas continuamente para compensar os efeitos perniciosos desses fatores de risco (compensação) (Barber & DeRubeis, 1989). A compensação parece vir em primeiro lugar; a redução dos sintomas durante o tratamento agudo foi mais associada à aquisição de habilidades de enfrentamento do que a reduções nas crenças implícitas subjacentes (Adler, Strunk, & Fazio, 2015), enquanto a ausência de recaída subsequente parece refletir tanto a aquisição de habilidades cognitivas de enfrentamento quanto a mudança nas crenças subjacentes (Strunk et al., 2007). Amostras de coorte recentes acompanhadas desde o nascimento sugerem que o campo subestimou muito a prevalência da depressão (por pelo menos um fator de três) e que a maioria dos casos não detectados ocorre entre pessoas que provavelmente não terão recorrência, mesmo no contexto de grandes estressores da vida (Monroe et al., 2019). É raro as pessoas procurarem tratamento durante o primeiro episódio, a menos que ele dure tempo suficiente para se tornar crônico (Hollon, Shelton, et al., 2006). Isso sugere que a maioria das pessoas atendidas na prática clínica é, de fato, "propensa à recorrência" devido a alguma diátese preexistente (herdada ou adquirida) que as deixa em risco elevado de recorrência, a menos que essa diátese seja tratada juntamente com o alívio sintomático.

A terapia cognitiva reduz, mas não elimina, o risco de depressão futura. A esperança que move as intervenções usadas na terapia cognitiva é que, se os pacientes voltarem a ficar deprimidos, eles simplesmente poderão aplicar as estratégias e habilidades que os ajudaram a superar o episódio da última vez, limitando a gravidade e a duração do novo episódio de humor deprimido. Os pacientes são incentivados a ver qualquer episódio que se inicie após o encerramento da terapia como uma oportunidade de aprimorar as habilidades existentes, bem como de adquirir novas habilidades que possam reduzir ainda mais o risco de episódios futuros. Esse aumento nas habilidades dos pacientes provavelmente promoverá a progressão da compensação (continuar a usar as habilidades existentes) para a acomodação (desmantelar as diáteses subjacentes). Isso representa uma vantagem significativa em relação a tratamentos puramente paliativos, como medicamentos antidepressivos.

Preparação para o encerramento

Começamos a nos preparar para o **encerramento na primeira sessão**. Espera-se que a terapia cognitiva não dure mais do que o necessário para ensinar aos pacientes as habilidades necessárias para lidar com suas próprias crenças e comportamentos. Assim, os problemas associados ao encerramento podem não ser tão grandes quanto aqueles que surgem no encerramento de tipos de tratamento mais abertos, nos quais há uma ênfase maior no relacionamento terapêutico. Quando o término do tratamento é bem conduzido na terapia cognitiva, os pacientes têm maior probabilidade de consolidar os ganhos e generalizar as estratégias recém-aprendidas para a solução de problemas futuros. Os pacientes que têm suas depressões sobrepostas a transtornos da personalidade, histórico de trauma ou um ciclo cronicamente recorrente podem precisar de um período mais longo de terapia, mas, mesmo nesses casos, é útil ensiná-los a serem seus próprios terapeutas e prepará-los para a eventualidade do término. Algumas pessoas permanecem em terapia por anos, se tiverem longos históricos de depressão, transtorno bipolar malcontrolado ou histórico de tentativas de suicídio, mas normalmente trabalhamos de forma intensiva, *como se* a terapia fosse ser limitada no tempo, de modo a produzir um senso de urgência e, assim, incentivar os pacientes a **adquirir as habilidades necessárias** para usar por conta própria.

Nosso diálogo típico com um paciente na primeira sessão pode ser mais ou menos assim:

Terapeuta (T): Presumo que você não queira ficar em terapia para sempre. Estou certo quanto a isso?

Paciente (P): Essa seria minha preferência, mas a terapia não é muito demorada?

T: Alguns tipos de terapia podem durar anos, mas a terapia cognitiva geralmente tem tempo limitado.

P: Como isso funciona?

T: Nossa preferência é ensinar a você as estratégias e habilidades que usaremos durante a terapia.

P: Isso parece ser trabalhoso.

T: É necessário um trabalho extra de sua parte, mas as evidências sugerem que isso reduzirá as chances de você ter uma recaída depois de ficar bem.

P: Eu achava que a terapia envolvia simplesmente eu vir aqui e falar sobre meus sentimentos.

T: Certamente conversaremos sobre seus pensamentos e sentimentos, e sobre os problemas que você enfrenta, mas minha preferência será ensinar você a fazer qualquer coisa por si mesmo que possamos fazer juntos.

P: Está parecendo que você vai me ensinar a ser meu próprio terapeuta cognitivo.

T: É exatamente isso que tenho em mente; meu objetivo é me tornar obsoleto. O que você acha?

P: Não tenho certeza se posso fazer isso, mas parece ser algo de que eu gostaria se pudesse.

Nem todos os pacientes aceitarão essa fundamentação. A arquiteta descrita anteriormente usou essa troca de informações como uma oportunidade para que seu terapeuta (um dos autores) soubesse que ela havia sido profundamente prejudicada por algo que aconteceu em seu passado e sobre o qual não queria falar na terapia, e que precisava de quatro ou cinco sessões por semana pelo resto da vida para controlar sua propensão a atacar qualquer pessoa de quem se aproximasse. Entretanto, a maioria dos pacientes apreciará o que, em essência, é um voto de confiança em sua capacidade de aprender a lidar com seus problemas psicológicos por conta própria. A terapia é desmistificada, o que serve para combater qualquer crescimento na dependência do terapeuta e desafiar qualquer crença de que a terapia é "mágica" ou capaz de mudar uma pessoa sem que ela trabalhe fora das sessões. Não reivindicamos nenhuma sabedoria ou percepção especial além da capacidade de ensinar estratégias que os pacientes podem usar para se protegerem das consequências de crenças imprecisas em resposta a eventos problemáticos da vida.

Preparação para o encerramento no decorrer do tratamento

No decorrer da terapia, os pacientes são incentivados a se tornarem mais independentes e autossuficientes com relação ao tratamento. À medida que a terapia progride, eles desempenham um papel cada vez mais ativo na identificação de problemas-alvo e na escolha de estratégias para se tornarem seus próprios terapeutas. Da primeira à última sessão, apresentamos e explicamos novas estratégias para ajudar os pacientes com seus problemas de uma maneira que garanta que eles entendam sua essência e possam implementá-las por conta própria. O processo leva um pouco mais de tempo do que simplesmente fazer as estratégias por eles, mas aumenta a probabilidade de que aprendam as habilidades necessárias e, principalmente, os **princípios** que as fundamentam. Ao final de cada vinheta, perguntamos a eles como entenderam o que acabou de acontecer, o que aprenderam com o processo e, se funcionou, de que maneira produziu a mudança desejada. Então, eles praticam essas estratégias durante os exercícios de casa e, cada vez mais, são solicitados a aplicá-las por conta própria, em vez de aguardar a instrução do terapeuta. Como no treinamento de qualquer pessoa supervisionada, fornecemos *feedback* de forma contínua e, ao mesmo tempo, ensinamos os princípios e processos que permitem que os pacientes criem essas estratégias ou gerem novas estratégias quando confrontados com um problema novo.

Não se espera que os pacientes adquiram domínio completo dessas habilidades ao longo do tratamento, pois a ênfase está no crescimento e no desenvolvimento. Em geral, preferimos ver os pacientes, especialmente aqueles com depressões mais graves, pelo menos duas vezes por semana durante as primeiras semanas de tratamento. O progresso nas sessões iniciais pode ser perdido se houver muito tempo entre as sessões, e 7 dias é tempo demais para esperar quando alguém está gravemente deprimido. Um trabalho-piloto realizado antes da primeira comparação randomizada entre terapia cognitiva e tratamento medicamentoso sugeriu que sessões mais frequentes no início da terapia levam a efeitos positivos mais rápidos e sustentados (Rush et al., 1977). Como consequência, essa tem sido a estratégia seguida em praticamente todos os estudos publicados que constataram que a terapia cognitiva é pelo menos tão eficaz quanto os medicamentos antidepressivos (consulte, p. ex., DeRubeis, Hollon, et al., 2005; Hollon et al., 1992). Um estudo recente realizado na Holanda sugere que esse pode ser um efeito mais geral; tanto a terapia cognitiva quanto a psicoterapia interpessoal (TIP) foram mais eficazes quando aplicadas duas vezes por semana inicialmente do que uma vez por semana, como é comumente aplicado em ambientes clínicos (Bruijniks et al., 2020).

Quando os sintomas do paciente começam a diminuir, geralmente reduzimos para sessões semanais. Essa mudança na frequência dá a oportunidade de ensaiar para um eventual encerramento. No estudo inicial de 1977 realizado por Rush e colaboradores, todos os pacientes foram atendidos duas vezes por semana durante as primeiras oito semanas, depois reduzidos a sessões semanais até a 12ª semana. Houve um aumento transitório nos níveis de sintomas na oitava semana, em antecipação à redução da frequência. Com esse provável aumento futuro dos sintomas em mente, nós os incentivamos a passar o dia da sessão "perdida" como se a terapia já tivesse terminado. Pedimos a eles que prestem atenção em seus pensamentos e sentimentos, que os registrem em um Registro de Pensamentos, que examinem as crenças que levaram ao aumento das emoções dolorosas usando as estratégias descritas no Capítulo 6 (veja, especialmente, a Figura 6.2) e que as tragam para a sessão seguinte para análise. Da mesma forma que incentivamos os pacientes a encenar conversas difíceis na terapia antes de terem de se envolver nelas na vida real, nós os incentivamos a se prepararem para o encerramento, passando pelo processo mentalmente sempre que reduzimos a frequência das sessões. Esse processo de ensaio os ajuda a descobrir as preocupações relacionadas à perspectiva de encerramento e nos dá a chance de trabalharmos juntos para resolver quaisquer problemas que possam surgir antecipadamente. Em essência, isso ajuda os pacientes a começarem a se tornar seus próprios terapeutas dessa forma.

Também incentivamos os pacientes a fazerem suas próprias **sessões autônomas** quando reduzimos a frequência das sessões ou quando as sessões não podem ser realizadas por algum outro motivo. Eles são incentivados a seguir o mesmo formato que usamos em todas as sessões presenciais (consulte a Figura 3.2): verificação do humor, definição de uma agenda, revisão do exercício de casa, trabalho com as questões definidas na agenda, designação do exercício de casa para a próxima sessão e verificação final do humor. Enfatizamos que os pacientes não precisam de um terapeuta para conduzir uma sessão; eles podem continuar a reservar cerca de 1 hora por semana, durante a qual se concentram em qualquer material que, de outra forma, teriam trazido para uma sessão presencial real.

Últimas sessões antes do encerramento

Durante as últimas sessões, trabalhamos junto com o paciente para desenvolver um **plano de prevenção de recaída**, cuja amostra aparece na Figura 11.1. Pedimos aos pacientes que escrevam os princípios mais importantes que aprenderam na terapia e as técnicas que consideraram particularmente úteis. Também pedimos que listem suas metas para o próximo ano. A seguir, pedimos que prevejam os tipos de situações que poderiam provocar uma recaída ou recorrência, bem como os primeiros sinais que poderiam alertá-los sobre o retorno dos sintomas. Os pacientes, então, listam as estratégias específicas que podem invocar quando notarem que estão começando a entrar em depressão, bem como os hábitos que podem praticar regularmente para manter a estabilidade. Esse processo ajuda a prepará-los para o encerramento do tratamento, incluindo medidas realistas que eles podem adotar se os sintomas começarem a reaparecer.

A paciente que completou o plano de prevenção de recaída na figura com um dos autores estava na casa dos 50 anos e tinha criado dois filhos enquanto seguia uma carreira na área de turismo. Ela também participava ativamente de várias atividades voluntárias. No decorrer do tratamento, tornou-se evidente que ela se colocava em apuros ao assumir muitas responsabilidades (ela era uma pessoa altamente competente a quem outras pessoas recorriam) e depois ficava sobrecarregada pelo estresse. O primeiro item de sua lista era "equilibrar as situações da vida", o que significava fazer mais para si mesma e para sua família e não estar tão pronta para atender a solicitações externas.

1. As ideias mais valiosas que aprendi na terapia:

   a. Equilibrar-me nas situações da vida.

   b. Quando estiver em dúvida, fazer: exercícios, comportamento.

   c. Pensar bem - dar um passo atrás.

2. As técnicas mais valiosas que aprendi na terapia:

   a. Registros de Pensamentos.

   b. Formulário do Medo.

   c. Fazer uma pausa - avaliar a situação.

3. Minhas metas mais importantes para o próximo ano:

   a. Viajar.

   b. Aulas - pelo prazer de fazê-las.

   c. Escola.

4. Os eventos e situações que podem desencadear uma recaída:

   a. Morte ou doença.

   b. Se eu tentar assumir muitas coisas.

   c. Fracasso.

5. Os sinais que indicam que meu humor está começando a piorar:

   a. Tristeza.

   b. A mente começa a ficar acelerada.

   c. Nível de ansiedade.

6. Se eu perceber que meu humor está começando a piorar, eu me ajudarei:

   a. Fazendo algo por mim mesma.

   b. Entrando em contato com alguém.

   c. Ligando para o terapeuta.

7. Para manter meus ganhos, farei o seguinte regularmente:

   a. Exercitar-me.

   b. Ler e praticar as habilidades que aprendi na terapia.

   c. Terapia por meio de outras pessoas (solidificar as habilidades ensinando-as a outras pessoas).

FIGURA 11.1 Plano de prevenção de recaída.

O segundo e o terceiro itens da lista de ideias valiosas eram os princípios básicos da ativação comportamental ("Na dúvida, faça!") e da reestruturação cognitiva ("Pense bem, dê um passo atrás"). Suas técnicas mais valiosas eram as da terapia cognitiva padrão (Registros de Pensamentos e Formulário do Medo), mas o terceiro item de sua lista era pessoal — "Faça uma pausa — avalie a situação" antes de concordar em assumir tarefas adicionais. Suas metas refletiam a sensação de que ela havia passado a maior parte de sua vida adulta sacrificando seus próprios interesses pela família e pelos amigos; agora que os dois filhos estavam crescidos e fora de casa, ela queria viajar e fazer aulas para se divertir. O mais pessoal de seus eventos desencadeadores era sua propensão a assumir muitas coisas, e o mais idiossincrático de seus sinais era a tendência de sua mente ficar acelerada, geralmente quando ela se deixava sobrecarregar. Seu plano, se percebesse que estava começando a entrar em uma recorrência, era reiniciar a terapia consigo mesma e depois procurar um amigo antes de ligar para o terapeuta. A mais pessoal de suas estratégias para manter seus ganhos foi compartilhar as habilidades que havia aprendido na terapia com outras pessoas, duas de suas amigas e um de seus filhos, cada um lidando com seus próprios problemas pessoais.

Por fim, normalmente incentivamos os pacientes a participar de um *ensaio imaginário* em uma das últimas sessões, no qual eles **imaginam o pior** que poderia acontecer com eles e o que fariam a respeito. Nesse processo, pedimos a eles que imaginem o(s) evento(s) mais difícil(eis) e angustiante(s) que poderia(m) acontecer e o que fariam se isso acontecesse. O ideal é que os pacientes descrevam as estratégias e técnicas que aprenderam na terapia (p. ex., ativação comportamental ou reestruturação cognitiva) para lidar com a crise imaginada. Caso contrário, pedimos que eles se lembrem do que aprenderam até o momento e como essas estratégias podem se aplicar. De vez em quando, os pacientes indicam que ficariam completamente sobrecarregados e incapazes de funcionar, e alguns até indicam que se tornariam suicidas. Nesse caso, nós os orientamos nas coisas que aprenderam a fazer na terapia, até que cheguem a uma resolução satisfatória na imaginação, e então perguntamos se há algo que dificultaria isso. Lembramos aos pacientes que imaginar o pior não aumenta de forma alguma a probabilidade de que isso aconteça, mas que queremos que eles estejam preparados para lidar com o pior, caso ocorra. Usamos a analogia de instalar um alarme de fumaça e praticar exercícios de preparação com a família. Essa preparação não aumenta a probabilidade de que ocorra um incêndio, mas aumenta as chances de que todos sobrevivam se isso acontecer.

Lidando com recaídas ou recorrências

Embora a terapia cognitiva reduza o risco de recaída ou recorrência em mais da metade, é importante preparar os pacientes para saber o que fazer caso apresentem um retorno dos sintomas depressivos. Uma coisa que fazemos é aproveitar a oscilação dos sintomas ao longo do tratamento para ver o que se pode aprender sobre o motivo pelo qual isso está ocorrendo e o que fazer a respeito. Os sintomas podem variar ao longo do tratamento, e cada exacerbação (chamada de "onda") pode fornecer dicas sobre as crenças e os comportamentos que contribuíram para seu aumento. Em vez de permitir que um aumento transitório dos sintomas gere uma sensação de desesperança ou inocuidade, encaramos as exacerbações como mudanças normais e temporárias no humor que podem, na verdade, levar a uma maior compreensão e a uma melhora futura. Enfatizamos que o progresso durante a terapia pode não ser tão rápido ou linear quanto os pacientes gostariam, mas que os reveses que ocorrem durante o tratamento geralmente não duram tanto tempo e não são tão graves quanto os episódios depressivos que o paciente teve antes de começar. Observamos especialmente o aumento de estressores externos ou interpretações internas negativas de eventos externos da vida para ver se podemos ajudar os pacientes a dar sentido às oscilações dos sintomas. O exemplo do escultor descrito no Capítulo 6 (veja especialmente o exemplo de falha na parte inferior da Figura 6.2) é revelador. Enquanto ele se esforçava em suas estratégias comportamentais (decompondo grandes tarefas em etapas menores) e em sua reestruturação cognitiva (separando situações de pensamentos e aplicando cada uma das três perguntas para examinar a precisão de suas crenças), ele progredia em relação às suas metas de vida e ao gerenciamento de seus afetos. Quando começou a se tornar complacente e parou de se esforçar tanto nessas estratégias, seu humor começou a decair. (No exemplo na parte inferior da Figura 6.2, o paciente listou os pensamentos negativos automáticos na coluna "Situação", de modo que ele distorceu sua reconsideração desde o início e simplesmente forneceu um aforismo no qual não acreditava como resposta alternativa, em vez de trabalhar com as "três perguntas".) Nosso objetivo é aproveitar os "deslizes" ocasionais na terapia para ajudar nossos pacientes a lidar com os reveses que ocorrem após o encerramento de forma mais realista.

Muitos pacientes deprimidos temem tanto a recorrência de seus sintomas que catastrofizam assim que sentem alguma tristeza. Seus próprios pensamentos negativos e comportamentos problemáticos prolongam o humor deprimido. Um exemplo típico é a paciente que tinha tanto temor de futuros episódios de depressão que se tornou hipervigilante a qualquer sinal de humor abatido, ruminando sobre como a vida seria horrível se voltasse a ficar deprimida e se isolando dos amigos e das atividades normais a cada sinal de tristeza. Ela decidiu que cometeria suicídio se voltasse a ficar deprimida e passava horas pensando em como faria isso. Depois de fazer um autoexame, ela percebeu que a ruminação e o isolamento social sempre pioravam seu humor. Ela aprendeu a reconhecer que todos têm uma variedade de humores, incluindo tristeza e ansiedade, e que se tivesse uma boa noite de sono, organizasse um evento social com amigos, trabalhasse em um Registro de Pensamentos por conta própria, fosse a uma aula de exercícios ou escrevesse em seu diário, normalmente conseguiria limitar essas "ondas" a 1 ou 2 dias. Ela sabia que sempre poderia ligar para o terapeuta para uma sessão de reforço (veja a seguir) se o episódio fosse além de 2 dias, o limite que ela estabeleceu para si mesma. Algumas quedas no humor são esperadas, especialmente no contexto de eventos como a perda de um bom amigo ou eventos que sejam perturbadores ou desagradáveis. Esses eventos não precisam levar a uma espiral de humor negativo e comportamentos desadaptativos se o paciente já possuir as ferramentas para evitar "cair na toca do coelho", e lembrar-se de fazer as três perguntas pode ser fundamental.

Com frequência, usamos a inversão de papéis para examinar as crenças de nosso paciente sobre o encerramento da terapia. Fazemos o papel de "advogado do diabo", expressando os pensamentos negativos que o paciente expressou e dando-lhe a oportunidade de responder a eles:

T: Você está indo muito bem, mas e se começar a se sentir mal novamente? Tudo bem se eu expressar os tipos de pensamentos negativos que podem surgir se você se sentir deprimida?
P: Isso seria bom, mas um pouco assustador.
T: Vou dizer essas coisas como se eu fosse você. Aqui vai. "Estou deprimida novamente. As coisas que aprendi a fazer na terapia simplesmente não funcionam mais."
P: Eu sei que elas funcionam, porque eu estava deprimida antes e superei isso.
T: Mas desta vez é diferente. Nenhuma técnica pode me tirar dessa depressão.
P: Não tenho nenhuma evidência de que essas habilidades não funcionarão desta vez. Eu ainda nem tentei usá-las.
T: Sim, mas estou com problemas financeiros, não estou me sentindo bem e minha filha está infeliz novamente.
P: Isso não significa que eu não terei dinheiro no futuro e, mesmo que eu esteja com dificuldades financeiras, não preciso ficar deprimida. Não há evidências de que minha saúde esteja realmente ruim. E estarei ao lado de minha filha, mas sei que, no final, ela é responsável por si mesma e por sua vida.
T: (*fora da dramatização*) Você parece ser capaz de responder a esses pensamentos.
P: Parece que carrego coisas que aprendi aqui em minha cabeça. Acho que estou pronta para tentar por conta própria.

Uma estratégia útil é pedir aos pacientes que resumam, como um de seus últimos exercícios de casa, as ideias e estratégias que levarão consigo após o encerramento da terapia. Uma paciente que era artista tinha um histórico de abuso sexual na infância durante muitos anos pelos namorados de sua mãe. Ela havia sido diagnosticada com transtorno bipolar e transtorno da personalidade *borderline* e foi hospitalizada várias vezes. A paciente fez anotações durante toda a terapia na forma de esboços que registravam as principais ideias que ela havia aprendido. Para a sessão final, ela preparou uma série de esboços resumindo os principais problemas que havia enfrentado durante a terapia, as novas maneiras que aprendeu de lidar com esses problemas, suas crenças anteriores e como as examinou, seus hábitos comportamentais antigos e os novos que planejava implementar. Ela ilustrou seus momentos favoritos da terapia e rotulou sua crença nuclear — "Eu sou uma perdedora" — para que pudesse reconhecê-la como "inútil, falsa e cruel, algo que eu nunca diria à minha sobrinha" sempre que percebesse que havia dito isso a si mesma. O esboço final ilustrava seu plano de entrar em contato com o terapeuta novamente caso ficasse deprimida a ponto de pensar em suicídio no futuro.

Sessões de reforço

A terapia não precisa terminar apenas porque o paciente está se sentindo melhor ou após um determinado número de sessões ou meses de tratamento. Tampouco precisa continuar por um período mais longo com a mesma frequência. A programação de sessões de reforço, para ocorrer 1 mês após a última sessão, ou 3 meses, ou 6 meses, pode acalmar as preocupações dos pacientes quanto ao término, ao mesmo tempo em que incentiva sua autonomia. Essas sessões de acompanhamento pouco frequentes podem solidificar o aprendizado que ocorreu durante o curso regular da terapia. Não há uma regra fixa com relação à frequência ou ao número de sessões de reforço. Alguns pacientes optam por vir uma vez por mês durante alguns meses e, depois, a cada 6 meses durante 1 ano ou mais. Outros pacientes gostam de saber que têm uma sessão agendada que podem cancelar se estiverem indo bem; outros gostam de saber que podem ligar se precisarem de um "ajuste" ou se começarem a ter uma exacerbação dos sintomas depressivos. Essas sessões podem ser comparadas a visitas a um mecânico de automóveis ou a um dentista. Assim como se leva o carro uma vez por ano para uma regulagem (ou a boca ao dentista), é fácil programar sessões de reforço de rotina. Da mesma forma, assim como se chama o mecânico quando o carro quebra, os pacientes sempre podem chamar o terapeuta.

Muitos pacientes entram no tratamento esperando nunca mais sentir tristeza ou ansiedade. Quando eles reconhecem que essa não é uma meta alcançável, é possível mudar suas expectativas para ver que os problemas podem surgir novamente no futuro e que o retorno à terapia não é um fracasso, mas sim um retorno ao mecânico ou ao dentista. Na verdade, muitos pacientes acham que cada "episódio" da terapia permite que eles aprofundem sua compreensão sobre a melhor forma de aproveitar a vida. Tentamos ajudar examinando com eles os pensamentos que levam a qualquer vergonha ou culpa que possam sentir em relação ao retorno à terapia no futuro. Esse diálogo pode ser como o seguinte:

P: Eu realmente não quero voltar a ficar deprimido.

T: Quais são as chances de você nunca mais ter de lidar com outro episódio?

P: Eu sei o que você está dizendo. Isso me deixa sem esperança. Estou melhor do que quando comecei?

T: O que você aprendeu aqui?

P: Aprendi a controlar algumas das causas da minha depressão — meus pensamentos negativos.

T: E se isso não for suficiente para manter a depressão sob controle? Essas habilidades serão suficientes?

P: Vamos ver. Se eu tentar não ver isso como tudo ou nada, imagino que terei a capacidade de ter algum controle sobre a frequência com que fico deprimido, a gravidade das depressões e o tempo que ficarei deprimido, se e quando ficar deprimido. Mas você não sabe o quanto eu desejo que a depressão nunca mais afete minha vida.

T: Eu gostaria de poder lhe dizer que seu humor será bom a partir de agora, o tempo todo. Mas parece que você tem o tipo de habilidade que minimizará os efeitos do mau humor em sua vida.

P: E você me disse que eu sempre posso ligar para você para voltar se as coisas ficarem ruins novamente.

T: Sim. Como você saberá se e quando é hora de ligar?

Por convenção, manter alguém em tratamento além do ponto de remissão é chamado de "terapia de continuação", e manter alguém em tratamento além do ponto de recuperação é chamado de "manutenção" (Rush, Trivedi, et al., 2006). Manter um paciente em tratamento de continuação é uma prática-padrão em farmacoterapia e é comum manter pacientes com histórico de episódios crônicos ou recorrentes em tratamento de manutenção contínuo (geralmente por toda a vida). Essa convenção vem da farmacoterapia, na qual os medicamentos podem suprimir os sintomas por semanas ou meses, até que o episódio subjacente tenha terminado, mas não proporcionam nenhum benefício duradouro. Pesquisas sugerem que, em média, os pacientes que apresentam remissão na terapia cognitiva se saem melhor se mantidos em tratamento de continuação por pelo menos vários meses durante a duração esperada do episódio subjacente (Jarrett et al., 2001). Embora sessões de continuação possam ser úteis para alguns, é claro que não são necessárias para todos. Muitos pacientes optam por interromper a terapia quando se sentem melhor, e a maioria deles não terá recaídas. Incentivar os pacientes a fazer uso de sessões individuais e sessões de reforço permite que eles testem suas novas estratégias por conta própria e os livra de uma sensação de fracasso caso precisem retomar a terapia no futuro. Não está claro que o episódio subjacente "sobreviva" após o ponto de remissão (geralmente definido como várias semanas sem sintomas), mas é provável que continuemos o tratamento após o ponto de remissão se o paciente tiver um histórico de depressão crônica ou depressão sobreposta a um transtorno da personalidade, partindo do pressuposto de que há mais a ser resolvido do que a depressão em si. Para a maioria, não é necessário continuar o tratamento.

Preocupações dos pacientes com o encerramento

Os pacientes muitas vezes expressam dúvidas sobre deixar a terapia. Um paciente que estava planejando participar de um total de 15 sessões de terapia começou a expressar dúvidas na 12ª sessão de que poderia manter sua melhora após o término do tratamento. O terapeuta pediu-lhe para listar seus pensamentos sobre parar a terapia e, em seguida, convidou-o a responder a essas preocupações. O terapeuta incentivou o paciente a fazer esse exercício da forma mais independente possível, de modo que o próprio exercício pudesse fornecer evidências sobre sua capacidade crescente de ser seu próprio terapeuta. O paciente tinha os seguintes pensamentos sobre o término da terapia:

"Não vou conseguir me disciplinar depois que o programa terminar."
"Não serei capaz de aprender a terapia suficientemente bem, então voltarei aos meus velhos hábitos."
"Se eu tiver uma crise de ansiedade, não serei capaz de lidar com isso e esquecerei o que aprendi."

A seguir, suas respostas a esses pensamentos:

"Esses são pensamentos, não fatos."
"Tenho algumas ferramentas para trabalhar agora e terei mais antes de terminar a terapia."
"Percebo que, para aprimorar os métodos, preciso continuar a praticá-los."
"Mais uma vez, estou tentando ser perfeito; quando cometer erros, aprenderei alguma coisa."
"Estou progredindo agora. Estou preparado para lidar com minha ansiedade quando ela surgir."

Os pacientes geralmente expressam um desejo um tanto irrealista, embora compreensível, de ficarem "completamente curados". Examinar esse desejo é útil; normalmente perguntamos se eles conhecem alguém que não tenha nenhum problema, ressaltando que ninguém, inclusive nós mesmos (a terceira perna do banquinho), atende a esse critério. Há uma distinção importante entre sentir-se deprimido quando confrontado com estressores da vida e entrar em um episódio depressivo. Quase todo mundo enfrentará desafios na vida, mas nem todos precisam ficar deprimidos como consequência, mesmo os pacientes com histórico pessoal de que isso aconteceu. Usando exemplos da terapia, incentivamos os pacientes a se lembrarem de incidentes em que lidaram com dificuldades em suas vidas. Analogias que sejam significativas para o paciente, como aquelas relacionadas a praticar esportes ou tocar um instrumento musical, podem ilustrar como as pessoas aprendem praticando e cometendo erros. Cada "erro" pode ser visto como uma nova janela para informações úteis. Uma comparação útil é que fazer terapia é muito parecido com aprender a tomar banho. A expectativa não é que os pacientes nunca mais se sujem, mas que agora eles saibam o que fazer se isso acontecer. É quase certo que os pacientes encontrarão problemas na vida, como todo ser humano, mas agora eles têm ferramentas à sua disposição para fazer algo a respeito, inclusive entrar em contato com o terapeuta. Um paciente decidiu testar sua capacidade de "sobreviver" a uma depressão passando um dia repetindo suas crenças nucleares. Como era de se esperar, seu humor piorou. No dia seguinte, ele aplicou com sucesso o que aprendeu na terapia para superar seu humor desanimado. Ele usou esse experimento como prova de que estava pronto para deixar a terapia.

No momento do encerramento, os pacientes podem sentir uma variedade de emoções, incluindo ansiedade, raiva e tristeza, ou, ao contrário, orgulho e uma sensação de domínio, assim como acontece na formatura do ensino médio ou da faculdade. Não temos nenhum constrangimento em discutir nossos próprios sentimentos sobre o encerramento (ou pelo menos a suspensão) do relacionamento terapêutico. Conforme descrevemos no Capítulo 2, a terapia cognitiva não exige que o terapeuta revele a si mesmo, mas não há nenhuma proibição contra fazê-lo quando isso oferecer uma oportunidade para consolidar ainda mais as habilidades ou para melhorar um momento "humano" entre duas pessoas que trabalharam juntas em uma agenda compartilhada.

Recaída após o tratamento

Embora a terapia cognitiva tenha um efeito duradouro que reduz as chances de recaída e recorrência após o término do tratamento (Cuijpers et al., 2013), alguns pacientes ainda terão recaídas ou recorrências. Portanto, é importante trabalhar com os pacientes com antecedência para prever como eles poderiam interpretar esse evento e como lidariam com ele caso ocorresse. Um paciente se saiu muito bem na terapia cognitiva oferecida em um formato de grupo com dois dos autores e encerrou o tratamento após o período padrão de 12 semanas de tratamento. Vários meses depois, um dos autores (o outro autor tinha assumido um cargo acadêmico) recebeu um telefonema frenético da esposa do paciente dizendo que o marido tinha se trancado no banheiro e estava ameaçando atirar em si mesmo com sua arma. A polícia foi chamada e conseguiu fazer o ex-paciente sair do banheiro sem maiores incidentes. Quando o terapeuta se encontrou com ele no dia seguinte, o ex-paciente explicou que havia voltado a ficar deprimido e, para ele, isso significava que o período anterior de terapia cognitiva não havia funcionado. Em vez de enfrentar um futuro de incertezas e dor emocional, ele havia decidido que era melhor tirar a própria vida.

O cliente era carpinteiro de profissão e um talentoso mecânico de automóveis como ocupação secundária. Quando o terapeuta lhe perguntou se ele esperava que um carro no qual ele havia trabalhado ficasse sempre regulado, o paciente reconheceu que não. Então, o terapeuta lhe perguntou o que ele faria se seu carro começasse a funcionar mal novamente. Ele disse que simplesmente faria outra regulagem. Quando perguntado se ele havia utilizado alguma das estratégias específicas que aprendeu na terapia cognitiva quando ficou deprimido pela segunda vez, ele disse que não. Em vez disso, ele simplesmente presumiu que a terapia havia falhado e que o que havia funcionado antes não funcionaria novamente. Ele concordou em iniciar outro ciclo de terapia cognitiva autoadministrada (incluindo Programação de Atividades e Registros de Pensamentos) e em voltar a nos contatar em alguns dias para ver como estava se saindo. Quando o fez, ficou evidente que ele já havia obtido benefícios consideráveis com seus esforços iniciais. Ele e seu terapeuta decidiram deixá-lo por conta própria para continuar a aplicar suas habilidades, ocasionalmente entrando em contato, em vez de iniciar outro período de tratamento. Em poucas semanas, ele estava de volta à remissão e mais confiante do que antes de que sabia como cuidar de si mesmo se ficasse deprimido novamente.

Aprendemos a não deixar ao acaso como os pacientes provavelmente interpretarão uma recaída ou recorrência, mas sim trabalhar com eles antes do final do tratamento para garantir que saibam antecipadamente como interpretá-la, caso ocorra, e o que podem fazer para lidar com ela. Dizemos aos pacientes que estamos felizes em trabalhar com eles novamente, mas sugerimos que primeiro tentem lidar com a recaída incipiente por conta própria, aplicando as mesmas estratégias e técnicas que aprenderam no tratamento e que os fizeram melhorar, antes de nos chamar para uma segunda rodada de tratamento. Muitos clientes ligaram ou vieram nos informar que de fato conseguiram evitar ou lidar de outra forma com uma recaída ou recorrência incipiente, e que isso lhes deu uma noção ainda mais forte do que poderiam fazer para lidar com suas depressões. Nesse sentido, os pacientes passam a ver a recaída ou a recorrência como um desafio a ser dominado (lembrando-se de usar as habilidades que já aprenderam) em vez de uma tragédia iminente a ser temida. Em nossa experiência, os clientes tendem a melhorar o uso de suas habilidades de terapia cognitiva com o tempo e a prática, e o que a princípio é um desafio pode ser transformado em uma oportunidade para reforçar suas habilidades.

Resumo e conclusões

A terapia cognitiva não é apenas tão eficaz quanto outros tipos de tratamento, mas parece ter um efeito duradouro que reduz o risco de recaída (e, possivelmente, de recorrência) em mais da metade após o encerramento, algo que não pode ser dito sobre os medicamentos. Acreditamos que isso se deve ao fato de que começamos a nos preparar para o encerramento desde a primeira sessão e, mais do que tratar nossos pacientes, nós os ensinamos a fazer terapia por si mesmos. Incentivamos os pacientes a tratar qualquer redução na frequência das sessões como uma oportunidade de conduzir sua própria "autossessão" e a prestar atenção a quaisquer pensamentos ou sentimentos que sejam despertados no processo como prática para um eventual encerramento. Nós os incentivamos a desenvolver um plano de recaída personalizado para prever o que farão se surgirem problemas, bem como a prever na imaginação e trabalhar na sessão os desafios difíceis que eles imaginam encontrar no futuro.

Toda a nossa abordagem para evitar recaídas e recorrências baseia-se na noção de que não queremos apenas tratar nossos clientes, mas também ensiná-los a se tornarem seus próprios terapeutas cognitivos. O tratamento prossegue da mesma forma que o treinamento e a supervisão para terapeutas cognitivos iniciantes, com ênfase na identificação das estratégias que funcionam para eles e seus princípios subjacentes. Acreditamos que é por isso que a terapia cognitiva tem seu efeito duradouro.

Notas

1. Por convenção, recaída se refere ao retorno do episódio tratado, enquanto recorrência se refere ao início de 1 episódio totalmente novo (Rush, Trivedi, et al., 2006). Os dois tendem a ser sintomaticamente idênticos e só podem ser diferenciados com base no tempo em que o paciente ficou livre dos sintomas desde o final do último episódio. Na literatura psiquiátrica, diz-se que os pacientes estão *em remissão* quando ficam livres de sintomas por pelo menos 1 semana e que estão *recuperados* quando passam pelo menos 3 meses em remissão.

2. Devemos observar que o maior e mais recente estudo desse tipo não encontrou evidências de qualquer efeito duradouro da terapia cognitiva prévia com relação à recorrência quando ela foi fornecida em combinação com medicamentos (DeRubeis et al., 2020). Voltaremos a esse ponto no Capítulo 16.

PONTOS-CHAVE

1. A terapia cognitiva tem um **efeito duradouro** que reduz o risco de recaída em mais da metade.
2. *Explicite os **princípios*** para o cliente, como se você estivesse treinando um terapeuta cognitivo iniciante.
3. Ensinar os pacientes a *fazer terapia cognitiva por **si mesmos*** é provavelmente uma fonte de efeito duradouro.
4. Prepare-se para o *encerramento desde* **a primeira sessão** e use as reduções de frequência como um teste.
5. Ensine os pacientes a conduzir suas próprias **autossessões** quando reduzirem ou perderem sessões.
6. ***Preveja os problemas*** e ***planeje o que fazer*** caso eles surjam:
    a. Ajude os pacientes a desenvolver um **plano de prevenção de recaídas** antes do final da terapia.
    b. **Verifique o que significaria** para os pacientes se eles tivessem uma recaída e o que eles fariam.
    c. **Ensaie o pior em sua imaginação** e o que o paciente faria se isso ocorresse.

12
Modificações para diferentes ambientes e populações

Quando você chegar a uma bifurcação na estrada, pegue-a.
— *Yogi Berra (recebeu a Medalha Presidencial da Liberdade em 2015 e foi nomeado "o tolo mais sábio dos últimos 50 anos" pela revista* The Economist *em 2005)*

Nos capítulos anteriores, apresentamos uma visão geral da teoria cognitiva e os princípios e estratégias da terapia cognitiva para depressão. Este capítulo apresenta breves discussões sobre como a terapia cognitiva pode ser aplicada para trabalhar em diferentes modalidades (terapia de grupo e de casal), em diferentes ambientes (unidades de internação e atenção primária) e com diferentes populações (adultos mais velhos e jovens). Também estão incluídas modificações para promover a prevenção. *A teoria permanece a mesma*, mas as técnicas são modificadas para diferentes modalidades, ambientes, populações e propósitos (prevenção primária).

Terapia cognitiva em diferentes modalidades

Terapia cognitiva com grupos

A terapia cognitiva para depressão pode ser prontamente adaptada ao **formato de grupo**. Os pacientes deprimidos podem ter dificuldade para enxergar as falhas lógicas em seu próprio pensamento, mas geralmente têm pouco problema para reconhecer erros nas crenças dos outros. Os participantes do grupo geralmente são bons coterapeutas e podem ser bastante úteis na aplicação de estratégias cognitivas para examinar as crenças dos outros membros do grupo, um processo que é útil para ambos os participantes. Reconhecer as distorções no pensamento dos outros parece *facilitar o reconhecimento e a reavaliação de seus próprios padrões cognitivos idiossincráticos*. Essa é uma grande vantagem da terapia de grupo em relação às sessões individuais. A terapia de grupo também ajuda a reduzir o senso de isolamento e a deficiência pessoal dos pacientes.

Terapeuta (T): Muito bem. Vamos definir nossa agenda para hoje. Ed, alguma coisa para colocar na agenda?

Ed (E): Bem, não especificamente. As coisas talvez tenham estado um pouco melhores.

T: Queremos ter certeza de revisar o automonitoramento que vocês fizeram. Marilyn?

Marilyn (M): Tenho aquela festa na sexta-feira. Não sei como vou conseguir fazer isso.

T: Essa é a festa de que você falou há duas semanas?

M: Sim, um dos primos faz isso todo ano e este é o meu ano. Acho que não consigo fazer isso.

Ken (K): Por que isso, Marilyn?

M: É demais. Eu simplesmente não consigo fazer isso. Tenho dificuldade para colocar o jantar na mesa. Tenho dificuldade para sair da cama. Tenho dificuldade para ir ao grupo. Como posso dar uma festa?

T: O que você precisa fazer?

M: Tudo. Tenho que limpar a casa, fazer as compras, preparar a refeição, tudo.

T: Parece que você tem uma sensação de estar sobrecarregada. Ed, como você faria para se organizar para a festa se fosse a Marilyn?

E: Para a festa? Não sei.

T: Estou pensando na maneira como você fez a limpeza do seu apartamento na semana passada.

E: Ah, você está se referindo a dividir em partes?

T: Sim. Você já é um especialista em reduzir o tamanho de grandes tarefas. Na sua opinião, que tipos de passos poderiam ser úteis para Marilyn?

E: Foi útil elaborar uma lista do que eu precisava fazer e depois ir marcando as coisas à medida que as fazia.

T: Você quer dizer escrever as coisas?

E: Sim, escrever uma lista. Quando fizemos isso da última vez, levei a lista para casa e a examinei.

K: Eu sempre tento começar com algo fácil primeiro; isso parece facilitar dar os primeiros passos.

T: Marilyn, você parece chateada; o que está acontecendo com você?

M: Parece que é tudo demais. Eu realmente acho que não consigo fazer isso.

T: Esse é um bom exemplo de um pensamento automático. Vamos tentar listar as coisas que você vai querer fazer para mudar esse pensamento. Depois, veremos se algumas das sugestões do Ed e do Ken ajudam a tornar isso mais fácil.

M: Parece ser demais.

E: Para mim também foi. Eu sei o que você pensa; tudo é demais. Mas dividir em partes realmente ajuda.

T: No mínimo, isso nos dará uma boa prática em termos de dividir grandes tarefas em unidades gerenciáveis. Isso também gerará alguns bons exemplos de pensamentos automáticos negativos para praticarmos, como o que você acabou de ter. Ken, você pode ser o "escriba" aqui para a Marilyn? Ed, o que você gostaria de saber de Marilyn sobre o que ela precisa fazer?

Nesse caso, o terapeuta (dois dos autores dirigiam o grupo em parceria) reconheceu que Ken estava respondendo aos problemas de Marilyn de forma terapêutica. Então, o terapeuta chamou Ed para a discussão; consequentemente, tanto Ken quanto Ed participaram ativamente como "coterapeutas". Posteriormente, o terapeuta-líder atribuiu funções específicas a cada membro do grupo. Nossa experiência clínica sugere que os pacientes em terapia de grupo demonstram maior capacidade de aplicar essas habilidades de enfrentamento para gerenciar seus próprios problemas e tendem a se tornar mais autoconfiantes.

A **teoria cognitiva** especifica que um conjunto cognitivo negativo e percepções errôneas sistemáticas de si mesmo, do mundo (especialmente dos outros) e do futuro produzem o afeto negativo e a passividade comportamental da depressão. As sessões em grupo aumentam a probabilidade de que comparações sociais negativas sejam acionadas, incluindo pensamentos que não necessariamente viriam à tona durante a terapia individual. Em um grupo, esses pensamentos automáticos (p. ex., "Não estou progredindo tão rápido quanto os outros pacientes"; "Os outros membros do grupo parecem muito mais inteligentes [menos deprimidos] do que eu"; "Não faz sentido desperdiçar o tempo do grupo com minhas preocupações; meus problemas são insolúveis") podem ser extraídos e sistematicamente explorados. Essas declarações negativas oferecem excelentes oportunidades para demonstrar a relação entre o pensamento e os sentimentos ou comportamentos subsequentes, bem como os procedimentos para identificar e examinar a validade desses pensamentos.

As comparações negativas de um paciente com os outros membros do grupo oferecem oportunidades especiais para intervenção terapêutica. Em um caso, um carpinteiro de um dos grupos expressou a preocupação de ser menos competente do que outro membro do grupo, um profissional de finanças, que estava temporariamente desempregado devido à depressão. O carpinteiro, que vinha progredindo de forma constante durante as três primeiras semanas de tratamento, ficou profundamente desanimado quando o profissional de finanças começou a apresentar uma melhora terapêutica acentuada. Seus pensamentos incluíam: "Estou trabalhando nisso há mais semanas do que Ed, mas ele está se recuperando muito mais rápido do que eu; nunca vou melhorar" e "Ele está fazendo isso muito melhor do que eu. Eu nunca faço nada direito". Uma vez identificados, esses pensamentos foram explorados e relacionados a processos semelhantes — generalizações injustificadas, pensamento do tipo "tudo ou nada" e abstração seletiva — dos quais o paciente frequentemente era vítima em outros contextos.

Assim como na terapia cognitiva individual, os objetivos da terapia de grupo incluem examinar e modificar os sistemas de crenças desadaptativas e o processamento disfuncional de informações dos pacientes deprimidos. As técnicas básicas incluem tarefas comportamentais; treinamento no automonitoramento sistemático de cognições, eventos e estados de humor; e treinamento em estratégias criadas para identificar e modificar sistemas de crenças distorcidos. Os exercícios de casa incluem Programação de Atividades, Registros de Pensamentos e conceitualizações cognitivas. Pacientes e terapeutas colaboram na elaboração de "experimentos" para testar interpretações problemáticas. As sessões em grupo são estruturadas, focadas e orientadas a problemas. Os terapeutas costumam ser bastante ativos, questionando, explorando e instruindo.

O primeiro estudo randomizado controlado envolvendo a terapia cognitiva concluiu que ela era superior à terapia comportamental ou ao tratamento não diretivo, todos fornecidos em formato de grupo, e cada um deles superior a um controle de lista de espera (Shaw, 1977). Não existe um único estudo que forneça uma comparação convincente entre a terapia cognitiva individual e em grupo para depressão, mas, quando realizada em formato de grupo (com ou sem medicamentos antidepressivos), a abordagem foi considerada superior à terapia interpessoal dinâmica (Covi & Lipman, 1987) e os tamanhos dos efeitos entre a terapia cognitiva em grupo e as condições de controle relevantes são comparáveis em magnitude àqueles entre a terapia cognitiva individual e esses mesmos controles (Cuijpers et al., 2008). Embora os dois formatos não tenham sido comparados diretamente, o tratamento em grupo parece ser um formato viável para a aplicação da terapia cognitiva, especialmente quando há participação de coterapeutas.

Terapia cognitiva com casais

Muitas pessoas deprimidas têm problemas com relacionamentos, e muitas pessoas que têm problemas em seus relacionamentos ficam deprimidas. Rush e colaboradores (1980) descreveram princípios que poderiam ser usados para adaptar a terapia cognitiva ao trabalho com **casais**, que em grande parte giravam em torno de garantir que cada parceiro estivesse ciente do que o outro estava pensando para corrigir quaisquer interpretações errôneas indevidamente negativas. Beck (1988) descreveu os princípios básicos para a aplicação da terapia cognitiva no tratamento de casais, e Epstein e Baucom (2002) ampliaram bastante esses princípios. As crenças negativas e o processamento distorcido de informações ocorrem nos relacionamentos íntimos, assim como em todos os outros aspectos da vida.

Algumas crenças são particularmente prováveis de ocorrer nesse domínio, como esperar que seu parceiro "leia seus pensamentos" e presumir que ele "deveria" aderir às suas próprias regras e pressupostos idiossincráticos. A interpretação errônea dos pensamentos subjacentes aos sentimentos e ao comportamento de seu parceiro é uma das principais fontes de angústia relacional. Pode ser suficiente fazer com que os pacientes deprimidos trabalhem as crenças em relação ao parceiro e os comportamentos gerados por essas crenças, mas geralmente ajuda ter o parceiro presente na sessão para trabalhar o relacionamento. Se o relacionamento for particularmente problemático, pode ser útil fazer uma série prolongada de sessões conjuntas para tratar de questões subjacentes, como um complemento à terapia individual dos pacientes originais.

A Figura 12.1 apresenta uma visão geral esquemática da comunicação que é útil para classificar as interações problemáticas. Nenhum dos cônjuges está necessariamente ciente dos pensamentos, sentimentos ou intenções do outro, apenas dos comportamentos com os quais se envolvem. Como há muito espaço para interpretações errôneas, os casais geralmente aumentam os afetos e comportamentos negativos. Trabalhar com ambos os cônjuges em uma mesma sessão pode apresentar problemas e oportunidades (Epstein, 2004). As pessoas podem ficar na defensiva ao conversar sobre seus pensamentos e sentimentos particulares; além disso, pode ser difícil para alguns se abrirem na frente de seus cônjuges. Normalmente, os cônjuges veem os problemas por meio de suas próprias perspectivas, esperando que os mesmos pressupostos e regras que adotam orientem as ações de seus parceiros.

```
              Cônjuge #1              Cônjuge #2

                Situação ←         → Situação
                      ↓    ╲    ╱        ↓
              Crenças  Comportamento  Comportamento  Crenças
                 ↓           ↑              ↑            ↓
              Sentimentos → Vontades  Vontades ← Sentimentos
```

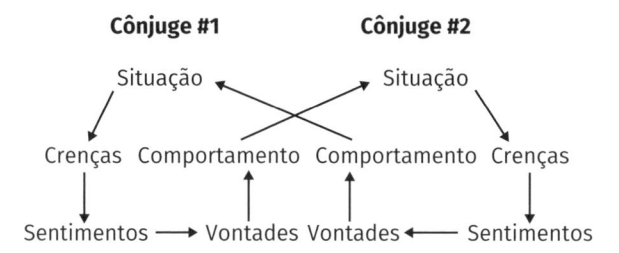

- Tudo o que você vê é o comportamento de seu cônjuge, não o que ele pensa e sente. Não tire conclusões precipitadas sobre por que seu parceiro está fazendo algo — verifique!
- Crie novas estratégias quando algo não funcionar. Não fique repetindo os mesmos problemas.
- Faça concessões quando quiser coisas diferentes — por exemplo, revezar.

FIGURA 12.1 Abordagem cognitiva da comunicação do casal.

É aí que surgem as oportunidades. Tentamos ajudar ambos os cônjuges a explicar as regras que aprenderam com suas famílias de origem sobre o que cada um espera e o que significa quando essas expectativas não são atendidas. À medida que cada cônjuge aprende sobre as expectativas e os pressupostos subjacentes do outro, eles começam a perceber que as pessoas podem discordar sobre o que querem, mas que é mais fácil "jogar limpo" quando ambas as partes sabem quais regras o cônjuge segue.

Há, surpreendentemente, poucos estudos sobre a terapia cognitiva no tratamento do conflito conjugal. Em geral, a terapia cognitiva conjugal parece ser tão eficaz quanto a terapia comportamental conjugal na redução da angústia entre mulheres com problemas conjugais, sendo cada uma superior aos controles de tratamento mínimo (Beach & O'Leary, 1992; Bodenmann et al., 2008; Emanuels-Zuurveen & Emmelkamp, 1996; O'Leary & Beach, 1990). A terapia cognitiva foi superior à terapia comportamental conjugal na redução da depressão entre mulheres deprimidas sem problemas conjugais (Jacobson et al., 1991, 1993). A terapia cognitiva está bem estabelecida no tratamento de casais.

Terapia cognitiva em diferentes ambientes

Terapia cognitiva em ambientes de internação

Wright et al. (1993) apresentam um apanhado geral da terapia cognitiva em **ambientes de internação**. A estrutura e o foco nos sintomas da abordagem a tornam ideal para equipes multidisciplinares em situações de tempo limitado. Além disso, é totalmente compatível com o tratamento somático, concentra-se na redução do risco de suicídio e enfatiza a prevenção de recaídas (Thase & Wright, 1991). Os pacientes podem ser atendidos pelo menos duas vezes por dia (sessões breves pela manhã e novamente à tarde ou à noite geralmente funcionam melhor) e permitem que os experimentos comportamentais sejam acelerados com mais frequência do que em ambientes ambulatoriais, mas as sessões geralmente são mais curtas para evitar a exaustão do paciente. A brevidade da hospitalização típica, que raramente dura mais de 1 semana, é um desafio, assim como a gravidade e o nível de disfunção dos pacientes (Davis & Casey, 1990). Também é necessário prestar atenção ao planejamento da continuidade do tratamento depois que o paciente recebe alta.

As clínicas de internação geralmente oferecem um ambiente terapêutico mais amplo, no qual as famílias podem ser envolvidas e a terapia de grupo complementa o tratamento individual, e a terapia ocupacional e fisioterapia também podem ser integradas. Tudo isso pode ser estruturado de acordo com os princípios mais amplos da terapia cognitiva e fornecer laboratórios contínuos para praticar habilidades e testar crenças. O trabalho com famílias é simplesmente uma extensão da maneira como a terapia cognitiva pode ser usada com casais (reconhecendo que os pais e os filhos desempenham papéis diferentes), e a terapia de grupo pode ser implementada conforme descrito anteriormente (reconhecendo novamente as questões de confidencialidade). A terapia ocupacional e a fisioterapia oferecem oportunidades para testar as crenças sobre o que se pode e o que não se pode fazer e se a realização de metas proporciona uma medida de alívio. Tudo isso contribui para a terapia.

Conforme descrito por Stuart e colaboradores (1997), a terapia cognitiva para depressão em ambientes de internação envolve três fases distintas. A primeira se concentra na formação de uma aliança com o paciente e na introdução do modelo cognitivo, programação de atividades e automonitoramento. Os pacientes hospitalizados geralmente têm dificuldade para realizar atividades diárias, portanto, intervenções comportamentais como programação de atividades e atribuição de tarefas graduadas podem ser particularmente úteis. Como muitos pacientes foram hospitalizados devido ao risco de suicídio, a redução da desesperança e da ideação suicida por meios comportamentais e cognitivos costuma ser um dos principais focos dessa fase. Também é útil reunir-se com o cônjuge ou com a família do paciente para instruí-los sobre a natureza da depressão e os princípios básicos da terapia cognitiva.

A segunda fase da terapia cognitiva em ambientes de internação introduz estratégias cognitivas mais explícitas, sem perder o foco nas metas comportamentais. Os pacientes são ensinados a identificar seus pensamentos automáticos e a traçar as conexões entre cognição, afeto, fisiologia e comportamento. Eles aprendem a reconhecer e corrigir erros sistemáticos no processamento de informações e a avaliar a precisão de suas crenças usando o Registro de Pensamentos. O trabalho comportamental continua com experimentos para testar a precisão das crenças. O trabalho com esquemas subjacentes pode, às vezes, ser iniciado, mas, dada a brevidade da maioria das internações, é melhor focar em estratégias concretas.

A terceira fase do tratamento de internação geralmente gira em torno da preparação para a alta. A maioria dos pacientes segue para tratamento subsequente em hospitais-dia ou em ambientes ambulatoriais; portanto, é útil organizar encaminhamentos que permitam a continuidade do atendimento. O trabalho intensivo continua mudando crenças e comportamentos desadaptativos, com ênfase especial em estratégias práticas de resolução de problemas e inoculação de estresse para evitar recaídas. A terapia cognitiva em regime de internação segue o mesmo arco temporal e usa muitos dos mesmos princípios e estratégias do tratamento ambulatorial, mas o faz de forma mais intensiva em um período mais curto e com objetivos geralmente mais limitados.

Um dos autores com maior experiência de trabalho em ambientes de internação fez questão de usar abordagens cognitivas para antecipar os obstáculos à adesão à medicação e as consultas perdidas, muitas vezes problemáticas em pacientes hospitalizados. A terapia cognitiva pode ser usada para ajudar os pacientes a aceitar a colaboração de outras pessoas que lhes dão apoio, especialmente quando o relacionamento foi prejudicado pela depressão e pelos comportamentos do paciente, incluindo a não adesão à medicação. As pessoas próximas muitas vezes sofrem de "esgotamento" ao lidar com pessoas queridas com uma doença crônica que parecem desconsiderar seu próprio autocuidado de forma deliberada. O autor perguntaria aos pacientes quais obstáculos eles poderiam prever que interfeririam no uso regular e sistemático da medicação conforme prescrito pelo médico. O que pode ser feito para combater esses obstáculos? Com frequência, descobrem-se atitudes e pressupostos que precisam de reestruturação cognitiva. Esse processo não apenas antecipa problemas no regime de tratamento, mas também alivia o fardo das pessoas próximas.

A terapia cognitiva foi considerada útil no tratamento de pacientes internados com depressão em vários estudos. Bowers (1990) constatou que a adição da terapia cognitiva aumentou a eficácia do tratamento medicamentoso. Miller e colaboradores (1989) descobriram o mesmo, embora em seu estudo as diferenças entre as condições só tenham aparecido depois que os pacientes receberam alta para tratamento ambulatorial posterior. Thase e colaboradores (1991) constataram que mais de 80% dos pacientes deprimidos internados responderam ao tratamento com terapia cognitiva sem medicação, embora o tratamento ambulatorial fosse necessário para evitar recaídas após a alta. DeJong e colaboradores (1986) descobriram que o pacote de tratamento completo da terapia cognitiva em pacientes internados era superior à reestruturação cognitiva isolada entre os pacientes tratados sem medicamentos e que ambos eram superiores a um controle ambulatorial de apoio. Embora o banco de dados empírico seja escasso, parece que a terapia cognitiva é um complemento útil para a medicação no tratamento do pacientes deprimidos internados e pode ser capaz de se manter sozinha em determinadas circunstâncias e com determinados pacientes.

Terapia cognitiva em ambientes de atenção primária

No outro extremo do espectro de gravidade do tratamento hospitalar, a terapia cognitiva também pode ser adaptada para o tratamento da depressão em **ambientes de atenção primária**. O médico da atenção primária (MAP) é o primeiro profissional que a maioria das pessoas consulta quando está deprimida (geralmente por outros motivos). A maioria dos MAPs se sente à vontade para prescrever inibidores seletivos da recaptação de serotonina (ISRSs), de manejo relativamente fácil, de modo que houve um aumento acentuado na proporção de pacientes tratados apenas com medicamentos nesses ambientes (Olfson et al., 2002). Muitas pessoas acabam tomando medicamentos em vez de fazer terapia para depressão, embora a maioria dos pacientes atendidos em ambientes de atenção primária não esteja gravemente deprimida — e é improvável que esses medicamentos reduzam os sintomas depressivos mais do que uma pílula de placebo (Fournier et al., 2010) ou reduzam o risco de recaída após o término do uso (Hollon, Stewart, et al., 2006).

A forma como a terapia cognitiva é incluída nos ambientes de atenção primária depende muito do tipo de prática e da equipe disponível. A terapia cognitiva é prontamente adaptada aos ambientes de atenção primária, pois é facilmente dividida em contatos muito breves, e os pacientes podem fazer grande parte do trabalho entre as sessões (Paykel & Priest, 1992). France e Robson (1994) fornecem uma visão geral da terapia cognitiva em ambientes de atenção primária que difere pouco dos princípios e estratégias descritos nos capítulos anteriores. Vários dos primeiros estudos que estabeleceram a eficácia da terapia cognitiva foram conduzidos em ambientes de atenção primária, mas os clínicos eram os mesmos profissionais de saúde mental treinados normalmente empregados na atenção secundária (Blackburn et al., 1981; Teasdale et al., 1984). Estudos posteriores realizados com terapeutas nativos da atenção primária mostraram resultados comparáveis (Ward et al., 2000). Isso sugere que o tratamento pode ser reduzido consideravelmente quando os clínicos trabalham no mesmo consultório que o médico da atenção primária (Cape et al., 2010). Como descrevemos mais detalhadamente no Capítulo 15 sobre o tratamento medicamentoso, a espera vigilante geralmente é preferível ao início do tratamento para ver se os problemas que desencadeiam a depressão serão resolvidos. Uma questão importante é saber se alguém que já está no ambiente da atenção primária foi treinado para oferecer a intervenção. É mais provável que isso ocorra em grandes organizações de atendimento gerenciado ou em países como o Reino Unido ou a Europa Ocidental, nos quais as diferentes profissões estão reunidas em clínicas integradas. Também há indicações de que o tratamento computadorizado pode ser usado para complementar o tratamento usual em ambientes de atenção primária (Proudfoot et al., 2004), especialmente para pacientes que atendem aos critérios de diagnóstico de transtorno depressivo maior (TDM) (De Graaf et al., 2010).

Terapia cognitiva em diferentes faixas etárias

Terapia cognitiva com adultos mais velhos

Sintomas depressivos como nervosismo, falta de energia, problemas de sono, distúrbios do apetite, desesperança e disforia não devem ser atribuídos simplesmente ao envelhecimento. Além disso, especialmente em **adultos mais velhos**, esses sintomas — independentemente de atenderem aos critérios completos para um episódio depressivo maior — merecem uma avaliação médica completa para identificar causas médicas tratáveis, como baixa função da tireoide ou outras causas endocrinológicas, metabólicas, neurológicas ou médicas. Além disso, uma série de medicamentos para várias condições médicas pode causar depressão.

Uma vez descartadas essas depressões de causa médica e induzidas por medicamentos, a terapia cognitiva para depressão pode ser tão útil e tão prontamente implementada em pacientes mais velhos quanto em adultos jovens. Alguns adultos mais velhos apresentam alguma diminuição na função executiva (tomada de decisões complexas), na linguagem, na atenção, na memória ou nas habilidades visuoespaciais à medida que envelhecem, mas, para a maioria, a capacidade de raciocinar e de aprender com a experiência permanece intacta.

Os medicamentos tendem a ser mal tolerados por adultos mais velhos, que geralmente tomam outros medicamentos em que eles podem interferir, ou nas atividades ou metabolismo. Além disso, muitos idosos estão lidando com problemas de ajuste em termos de saúde física e isolamento social e tendo que mudar de função (transição de função), como a entrada na aposentadoria. Portanto, os tipos de problemas em termos de ajustes psicossociais que os adultos mais velhos enfrentam são especialmente adequados para uma abordagem cognitiva, uma vez que as possíveis etiologias médicas da depressão (se houver) sejam identificadas e resolvidas.

Um dos autores descreveu várias distorções sobre pessoas idosas que podem prejudicar o processo de tratamento (Emery, 1981). Infelizmente, muitas dessas distorções também estão na mente dos próprios terapeutas, como: "Adultos mais velhos são fixos em seus hábitos e não conseguem aprender novos comportamentos ou estratégias"; "Adultos mais velhos são incapazes e precisam ser cuidados"; e "Adultos mais velhos vão morrer logo, então por que se preocupar?". Assim como devem fazer com possíveis pressuposições sobre qualquer população de clientes, os terapeutas precisam desafiar quaisquer crenças que tenham e que possam impedi-los de ajudar os clientes idosos.

Dificuldades de concentração podem ser um problema entre os adultos mais velhos, mas podem ser resolvidas negociando-se a permissão para que os pacientes voltem à tarefa quando sua atenção se desviar. Não é incomum que pacientes que perderam amigos ou parceiros de vida reduzam suas atividades, supondo que essas atividades não serão mais apreciadas. Essas crenças podem ser testadas no contexto de experimentos comportamentais que pegam uma tarefa maior e a decompõem em seus componentes constituintes. No Capítulo 8, descrevemos uma paciente cuja esquiva e agorafobia se exacerbaram após a morte do marido. Ela obteve algum *insight* sobre as crenças subjacentes às suas preocupações somente depois que o terapeuta e um colega começaram a fazer sessões "em parceria" com ela, replicando a dinâmica de sua primeira infância (Hollon & Devine, 1995). Embora gostasse da companhia de outras pessoas, ela hesitava em entrar em novas situações e se preocupava excessivamente em ser vista como "excluída". O que ela descobriu, com algum incentivo, foi que em muitas comunidades de aposentados as atividades comunitárias acolhem os recém-chegados. Ela comprou um *motorhome* e passou seus invernos mudando de uma nova comunidade para outra, com uma vida social mais satisfatória do que a que tinha antes da morte do marido (Hollon, 1995).

Gallagher e Thompson (1982) não encontraram diferenças na resposta aguda da terapia cognitiva ou comportamental em relação à psicoterapia psicodinâmica em uma pequena amostra de pacientes idosos deprimidos. Um estudo posterior realizado pelo mesmo grupo também não encontrou diferenças entre a terapia cognitiva e nenhum dos outros dois tratamentos em termos de resposta aguda, mas considerou cada uma das três condições superior a um controle de tratamento tardio (Thompson et al., 1987). Os ganhos do tratamento foram mais bem mantidos após a terapia cognitiva ou comportamental em seu primeiro estudo, mas não no segundo (Gallagher-Thompson et al., 1990). Thompson e colaboradores (2001) descobriram que o tratamento combinado é superior à farmacoterapia com desipramina isolada em algumas medidas, especialmente para pacientes com depressão mais grave, com a terapia cognitiva isolada intermediária, mas mais próxima do tratamento combinado. Steuer e colaboradores (1984) consideraram a terapia cognitivo-comportamental (TCC) superior à psicoterapia psicodinâmica no tratamento de idosos deprimidos quando ambas foram realizadas em um formato de grupo.[1] A terapia cognitiva claramente pode funcionar para idosos.

Terapia cognitiva com crianças e adolescentes

A terapia cognitiva também pode ser prontamente adaptada para o trabalho com **crianças e adolescentes**, desde que as estratégias sejam aplicadas de forma apropriada ao nível de desenvolvimento (Reinecke et al., 2003). Os pré-adolescentes geralmente exigem uma abordagem mais concreta e comportamental do que os adolescentes ou adultos. Além disso, é aconselhável incluir sessões conjuntas com os pais e instruí-los com relação ao plano de tratamento mais amplo. Por exemplo, a referência social é um problema maior no início da adolescência do que em qualquer outra época da vida (a "realidade" é definida pelas crenças do grupo de pares). Muitos dos mesmos princípios e estratégias discutidos já se aplicam ao trabalho com crianças e adolescentes.

Brent e colaboradores, da University of Pittsburgh, adaptaram a terapia cognitiva ao tratamento da depressão e do suicídio em adolescentes, desenvolvendo um manual para tratamento ambulatorial individual (Brent et al., 2011). Eles descobriram que a terapia cognitiva era superior à terapia familiar ou à terapia de apoio no tratamento de adolescentes deprimidos e suicidas (Brent et al., 1997) e que ela aumentava a eficácia da troca de medicamentos em adolescentes que não respondiam ao primeiro medicamento tentado (Brent et al., 2008).

Curry e Reinecke (2003) descreveram uma abordagem modular do tratamento que combina um núcleo básico de estratégias cognitivo-comportamentais com componentes mais puramente comportamentais e interpessoais. Descobriu-se que essa abordagem aumentava a eficácia e a segurança dos medicamentos no estudo Treatment for Adolescents with Depression Study (TADS), mas não se saiu tão bem quanto os medicamentos e não foi melhor do que a pílula de placebo até o final das primeiras 12 semanas de tratamento agudo quando fornecida isoladamente (Treatment for Adolescents with Depression Study Team, 2004). A terapia cognitiva alcançou as outras modalidades ao final de 36 semanas de tratamento não cego no que diz respeito às taxas de resposta (Treatment for Adolescents with Depression Study Team, 2007), e um acompanhamento naturalístico de longo prazo constatou melhora contínua nas medidas de sintomas contínuos, de modo que os adolescentes tratados apenas com terapia cognitiva estavam se saindo tão bem quanto os pacientes em tratamento combinado ao final do ano seguinte (Treatment for Adolescents with Depression Study Team, 2009). Embora o manual elaborado para o projeto fosse abrangente, ele pode ter sido estruturado de forma excessiva, o que não permitiu que os terapeutas atendessem às necessidades específicas de seus pacientes individuais (Hollon, Garber, et al., 2005).

Terapia cognitiva como uma intervenção preventiva

A terapia cognitiva parece prevenir a recaída ou a recorrência após o tratamento da depressão aguda (Cuijpers et al., 2013). Além disso, também há indicações de que as intervenções cognitivo-comportamentais podem ser usadas para prevenir o início da depressão em pessoas em risco que não estejam deprimidas no momento. Essas indicações vêm de duas fontes: (1) tratamento aplicado a pacientes que estão em remissão por outros meios, como medicamentos, e (2) programas preventivos aplicados a indivíduos em risco, especialmente adolescentes, que ainda não estão deprimidos.

Vários estudos demonstraram que a terapia cognitiva oferecida depois que os pacientes anteriormente deprimidos não estão mais em um episódio pode evitar o retorno subsequente dos sintomas.

Essas estratégias preventivas são muito parecidas com as abordagens clínicas que descrevemos anteriormente neste livro, seja em tratamento individual (Paykel et al., 1999) ou em um formato de grupo (Bockting et al., 2015). Esses estudos sugerem que são necessárias poucas modificações para proporcionar um efeito preventivo. Em outros casos, a terapia cognitiva padrão foi complementada por estratégias projetadas para aumentar a sensação subjetiva de bem-estar (Fava et al., 1998) ou pelo treinamento de *mindfulness*, com o objetivo de aumentar a capacidade de não responder afetivamente às próprias cognições (Ma & Teasdale, 2004; Teasdale et al., 2000). Tanto o bem-estar quanto *mindfulness* envolvem estratégias que vão além das descritas neste texto. Resta saber se isso agrega valor.

Outros estudos sugerem que as intervenções cognitivo comportamentais podem ser usadas para evitar o surgimento da depressão em crianças e adolescentes em situação de risco, inclusive em alguns que ainda não estão deprimidos. Essas **intervenções preventivas** geralmente foram aplicadas em um formato de grupo a amostras selecionadas e indicadas (Clarke et al., 1995, 2001; Seligman et al., 1999), embora também tenham sido aplicadas a amostras universais em ambientes escolares (Horowitz et al., 2007). Os efeitos tendem a ser maiores em amostras selecionadas (os participantes estão em risco elevado) e indicadas (manifestações subclínicas) do que em amostras universais (Horowitz & Garber, 2006). Em geral, essas estratégias foram aplicadas em grupos de forma relativamente estruturada, com pouca oportunidade de interação, mas não há motivo para que esse seja o caso. Qualquer tratamento para crianças ou adolescentes funciona melhor quando oferecido de forma apropriada ao desenvolvimento.

O estudo de Garber e colaboradores (2009) é particularmente instrutivo. Adolescentes sem TDM atual foram selecionados para inclusão, com base no fato de terem pelo menos um dos pais com histórico de depressão (selecionados) ou seu próprio histórico anterior de depressão (indicado), e receberam oito sessões semanais em grupo seguidas de seis sessões mensais de continuação em um programa de prevenção cognitivo-comportamental fortemente modelado na terapia cognitiva, conforme descrito anteriormente neste texto. Os adolescentes do programa de prevenção cognitivo-comportamental tinham menos probabilidade de ter surtos diagnosticáveis em um seguimento de 9 meses, mas somente se seus pais não estivessem deprimidos no momento. Essa vantagem (juntamente com a moderação em função do *status* inicial de depressão dos pais) foi essencialmente mantida em seguimento de 33 meses (Beardslee et al., 2013) e de 6 anos que levaram os participantes até o final da adolescência (Brent et al., 2015). Isso sugere que uma intervenção preventiva iniciada em adolescentes jovens pode durar por toda a adolescência. Não está claro por que ter um pai deprimido na linha de base reduziu esse efeito, mas um pai deprimido é um fator de estresse e, à medida que os pais melhoram durante o tratamento, seus filhos também tendem a melhorar (Weissman et al., 2006).

Resumo e conclusões

A terapia cognitiva pode ser prontamente modificada para trabalhar em diferentes formatos (grupos e casais), ambientes (internação e atenção primária) e participantes (idosos, crianças e adolescentes). Ela também pode ser usada para reduzir o risco subsequente em pacientes que obtiveram remissão por outros meios (como medicamentos) ou em crianças e adolescentes em situação de risco que ainda não se tornaram deprimidos. Em cada caso, a teoria básica permanece a mesma, com as estratégias e os procedimentos específicos modificados para atender às necessidades dos diferentes formatos, ambientes ou participantes.

Os estudos controlados não são tão extensos em cada uma das variações como em adultos de idade normal em ambientes de cuidados secundários, mas os que foram feitos geralmente apoiam a eficácia da terapia cognitiva e, no caso de populações em risco, seus efeitos preventivos. O que parece ser o caso é que a modalidade básica pode ser adaptada de várias maneiras diferentes e modificada para atender a várias finalidades diferentes. Tip O'Neal, o grande orador democrata da Câmara dos Deputados, disse certa vez a famosa frase "Toda política é local". A terapia cognitiva pode ser prontamente usada por terapeutas que a adaptam a diferentes formatos, ambientes e faixas etárias.

Nota

1. A maioria dos pacientes tratados nos primeiros estudos com idosos agora seria incluída em estudos com adultos de idade normal, já que não é mais prática comum estabelecer um limite superior para a idade, desde que os pacientes estejam cognitivamente intactos (DeRubeis et al., 2005; Dimidjian et al., 2006).

PONTOS-CHAVE

1. Os princípios fundamentais da **teoria cognitiva** permanecem os mesmos (a cognição impulsiona o afeto e o comportamento), mas as estratégias terapêuticas reais precisam ser adaptadas em diferentes formatos, participantes e ambientes, bem como para fins de prevenção.
2. A terapia cognitiva pode ser aplicada em um **formato de grupo** (os pacientes se beneficiam ao ver suas crenças em outros participantes) e com **casais** (com ênfase no que cada um acredita e deseja).
3. A terapia cognitiva pode ser aplicada tanto em **ambientes de internação quanto de atenção primária**, embora precise ser adaptada às exigências específicas de cada um.
4. A terapia cognitiva pode ser eficaz em **pacientes mais velhos**, desde que estejam cognitivamente intactos, e muitas vezes é preferível a medicamentos porque tem menos interações e complicações.
5. A terapia cognitiva pode ser adaptada para trabalhar com **crianças e adolescentes** e pode ser usada como uma **intervenção preventiva** para aqueles que entram na adolescência com risco elevado.

13

Problemas comuns encontrados na terapia cognitiva

Conhecemos o inimigo, e nós somos ele.
— *Walt Kelly (criador da história em quadrinhos* Pogo)

O curso da terapia nem sempre é tranquilo. Alguns pacientes não retornam as ligações; outros ligam incessantemente. Alguns pacientes falam demais na terapia; outros não falam nada. Alguns se atrasam constantemente para as consultas; outros resistem a encerrar uma sessão. Alguns utilizam o tempo das sessões para discutir conosco sobre nossa técnica terapêutica; outros concordam em experimentar nossa sugestão de exercício de casa, mas retornam à sessão seguinte para relatar que simplesmente não conseguiram começar. Alguns pacientes protestam que a terapia cognitiva não funcionará para eles, enquanto outros exigem uma garantia. Em resumo, os pacientes podem manifestar uma variedade de atitudes e se comportar de várias maneiras que retardam a terapia. Neste capítulo, apresentamos princípios básicos e estratégias específicas para lidar com alguns dos problemas comuns que surgem na terapia, com ênfase especial naqueles que têm maior probabilidade de interferir quando se tenta implementar a terapia cognitiva.

Os pacientes podem ser colocados em um *continuum* que representa o número de problemas técnicos que apresentam. Em um extremo estão os pacientes que apresentam poucos ou nenhum problema. Além dos sintomas e comportamentos relacionados à depressão, esses pacientes levam uma vida razoavelmente bem ajustada. Devido à sua cooperação geral e ao repertório de comportamentos adaptativos, a terapia geralmente transcorre sem problemas. Nós, como terapeutas, e o paciente podemos focar nos problemas específicos relevantes para a depressão e colaborar na seleção e aplicação das estratégias apropriadas.

No outro extremo do *continuum* estão os pacientes que apresentam muitos comportamentos que interferem na terapia, geralmente com grande intensidade e rigidez. Esses pacientes geralmente têm histórias que incluem terapias anteriores malsucedidas, hospitalizações, histórico de trabalho ruim, relações sociais inexistentes ou belicosas e uma série de padrões desadaptativos de comportamento interpessoal que interferem em nossos esforços para fazer terapia com eles. Muitos desses pacientes satisfazem os critérios para um ou mais transtornos da personalidade (consulte o Capítulo 8). Se esses pacientes permanecerem em tratamento, a terapia cognitiva pode ajudá-los a levar uma vida mais confortável e adaptativa, mas seu tratamento geralmente leva mais tempo e sua melhora é menos estável do que a de outros pacientes. Como eles também são mais propensos a recaídas, podem precisar de sessões de reforço. Além disso, uma parte maior da sessão pode precisar ser dedicada às reações dos pacientes a nós como terapeutas (mesmo as reações positivas podem, às vezes, ser problemáticas, como descreveremos mais adiante neste capítulo), sua "resistência" em fazer os exercícios de casa e suas frequentes crises na vida. Para ter sucesso com pacientes difíceis, precisamos estar preparados para investir tempo, energia e engenhosidade adicionais consideráveis. Esses pacientes geralmente são mais bem gerenciados com o emprego do "banquinho de três pernas" para abordar não apenas os problemas atuais da vida, mas também os antecedentes da infância e o relacionamento terapêutico (consulte a Figura 7.4).

Diretrizes do terapeuta

É útil adotar os princípios a seguir ao trabalhar com pacientes difíceis.

Evite estereotipar o paciente

Os pacientes podem apresentar (ou até mesmo causar) problemas, mas não são os pacientes que são o problema, e sim suas crenças e comportamentos. As pessoas têm crenças e atitudes que, às vezes, não lhes são úteis e as levam a se envolver em comportamentos que podem parecer provocativos ou autodepreciativos. Contudo, os pacientes sempre fazem o que tem sentido para eles, ou seja, eles sempre agem de forma "racional", de acordo com suas crenças, mesmo que as crenças que motivam esses comportamentos sejam imprecisas. Descobrir quais crenças e atitudes levaram a esses comportamentos é a primeira etapa para ajudar os pacientes a mudar seus comportamentos. Como sempre, *seguimos os afetos para chegar às crenças*. Se começarmos a pensar no paciente como o problema ou como uma anomalia psiquiátrica, isso fechará as possíveis soluções para seus problemas. Mesmo os pacientes mais difíceis têm virtudes que podem ser usadas para compensar seu comportamento antiterapêutico. Observar que pode ser difícil trabalhar com um paciente é o ponto de partida da terapia, não uma explicação suficiente que encerra a discussão.

Mantenha-se otimista

Um participante de um *workshop* comentou certa vez: "A diferença entre a sua terapia e as outras é que você não desiste". Há uma verdade considerável nessa observação. A desesperança, seja no paciente ou no terapeuta, é um poderoso bloqueio para a solução de problemas e raramente, ou nunca, é justificada. A menos que tenhamos esgotado o nosso repertório de estratégias, sempre há uma chance de alcançar um avanço. Muitos pacientes difíceis relatam que nossa recusa em desistir foi o elemento da terapia que mais os ajudou a se recuperar. É claro que, se não houver progresso ou se houver uma piora real da condição do paciente, é indicado consultar ou encaminhar para outro terapeuta. Muitas vezes, achamos útil encenar o papel de paciente com um colega ou, melhor ainda, com o paciente no papel de terapeuta.[1] Isso geralmente nos ajuda a ter uma noção melhor de como o paciente está vendo as coisas e, com frequência, ajuda os pacientes a reconhecer como estão se saindo. Podem ser acrescentados medicamentos (embora, conforme descrito no Capítulo 15, com o risco potencial de perder qualquer efeito duradouro que a terapia cognitiva possa ter) ou pode ser adotada uma abordagem diferente dentro da abordagem cognitiva mais ampla. Além disso, um tipo diferente de tratamento pode ser mais bem-sucedido em um determinado paciente (consulte o Capítulo 16 para uma revisão). Há várias maneiras de tratar a depressão e, se o que você está fazendo não está funcionando, tente outra coisa.

Identifique suas próprias cognições disfuncionais

Quando nos deparamos com dificuldades no trabalho com um paciente, sempre queremos estar atentos para detectar nossos próprios pensamentos de autodepreciação. Pensamentos comuns de autodepreciação que um terapeuta pode ter incluem: "O paciente não está melhorando, então devo ser um péssimo terapeuta"; "O paciente não deveria agir dessa forma"; "Depois de tudo o que fiz, o paciente é ingrato e me dá trabalho". Precisamos nos lembrar de que não precisamos ficar chateados com o comportamento do paciente, mesmo quando ele parece ser contraproducente; não é o que o paciente faz que está nos chateando, mas sim o que achamos que isso significa. Muitas vezes lembramos a nós mesmos (e, às vezes, a nossos pacientes) que somos nós que trabalhamos para eles e não eles que trabalham para nós. Muitas vezes, achamos útil fazer um Registro de Pensamentos sobre nossas próprias crenças (geralmente motivado por nossa reação afetiva à situação) como forma de esclarecer nosso pensamento e identificar quando ele é contraterapêutico. Os pacientes que apresentam desafios durante a terapia oferecem oportunidades de aprender a aplicar melhor o modelo. O que queremos fazer é usar nossa engenhosidade para aproveitar quaisquer atitudes idiossincráticas e comportamentos problemáticos que os pacientes difíceis de tratar apresentem. Por exemplo, podemos utilizar a desconfiança de um paciente em relação a nós para gerar hipóteses sobre essa questão e testar sua cautela no relacionamento terapêutico. Muitas vezes, os terapeutas acreditam erroneamente que, quanto mais se esforçarem por um paciente, mais ele deverá ser grato (isso, é claro, é um "deveria" e é útil reconhecê-lo como tal). Os pacientes sentem e agem de acordo com o que acreditam ser verdade, não por causa do que nós preferiríamos. A terapia é um trabalho e tem suas recompensas intrínsecas. Mas é nosso trabalho ajudá-los a entender as atitudes e crenças que (às vezes) estão por trás de seus comportamentos que interferem na terapia, e não é responsabilidade deles se comportarem da maneira que preferiríamos.

Tolere a frustração

Teremos mais condições de lidar com as "dificuldades especiais" que alguns pacientes apresentam se desenvolvermos e mantivermos uma alta tolerância à frustração e um alto limiar para a disforia de nossos pacientes. Quando trabalhamos com pacientes difíceis, esperamos ser frustrados com frequência. As pessoas que têm dificuldade em lidar com relacionamentos em suas vidas externas tendem a trazer esses problemas para o relacionamento terapêutico. É nesse ponto que o conceito do "banquinho de três pernas" pode ser particularmente útil (consulte a Figura 7.4 e o Capítulo 8). Muitas vezes, podemos usar nossa própria reação afetiva como um guia para a forma como o paciente se apresenta aos outros, e pode ser útil percorrer o processo do que cada um de nós (paciente e terapeuta) estava pensando e sentindo quando cada um agiu como agiu. Em essência, a terceira perna do banquinho (o relacionamento terapêutico) pode ser usada para ajudar a explorar o que levou os pacientes a agirem como agiram e para ajudá-los a entender as atitudes e crenças que muitas vezes os levam a agir de maneiras que são desafiadoras para os outros (veja o exemplo de caso ampliado no Capítulo 14). Em vez de ser uma fonte de frustração, a exibição desse comportamento pode ser uma oportunidade de exploração e uma base para a mudança subsequente no paciente. Nós sempre **nos mantemos dentro do modelo**, revelando os pensamentos e sentimentos que levaram aos comportamentos que consideramos problemáticos e vinculando-os a antecedentes da infância que deram origem às crenças fundamentais subjacentes do cliente. Na terapia cognitiva, não fazemos essas conexões tanto quanto aconteceria em terapias psicodinâmicas mais tradicionais, nas quais essas conexões constituem o principal modelo de trabalho. Mas quando os pacientes estão agindo de forma a interferir no processo da terapia e, especialmente, quando espelham comportamentos que os colocam em apuros em outros relacionamentos, temos uma oportunidade de aprofundar o trabalho que é simplesmente boa demais para ser perdida.

Certa vez, um dos autores trabalhou com uma paciente com a qual conseguiu desenvolver uma aliança inicial que se transformou em desapontamento em poucas visitas e em um sentimento de injúria, porque ele (o terapeuta) às vezes começava a terapia com alguns minutos de atraso. Quando perguntada sobre seu pensamento automático, ela respondeu: "Você não quer me atender". Então, o terapeuta apareceu propositalmente vários minutos mais cedo. A alegria inicial da paciente foi seguida, em poucas sessões, por lágrimas e decepção. Ao ser questionada, seu pensamento automático foi: "Devo ser a pior paciente que você tem, pois preciso de mais tempo". Finalmente, o terapeuta fez questão de começar exatamente no horário em que a consulta estava marcada. Novamente, a alegria inicial da paciente se transformou em lágrimas e decepção em poucas sessões. Quando questionada, seu pensamento automático era: "Você está apenas administrando uma fábrica sem nenhum interesse pessoal em mim". Na verdade, o terapeuta realizou três experimentos para ajudar a paciente a ver como ela interpretava negativamente o comportamento dele de uma maneira que refletia mal sobre ela, independentemente do que ele fizesse. Isso levou a uma discussão sobre seu relacionamento conturbado com a mãe excessivamente crítica e como as coisas que ela passou a acreditar sobre si mesma como consequência sabotaram novos relacionamentos e levaram a uma sensação intensa e crônica de isolamento. Isso fornece um exemplo de como permanecer dentro do modelo cognitivo (embora adotando o mais recente "banquinho de três pernas") que usa problemas que surgem no relacionamento terapêutico para explorar as raízes históricas das crenças nucleares que interferiram nos novos relacionamentos da vida.

Mantenha uma atitude de resolução de problemas

Descobrimos que manter uma abordagem de resolução de problemas nos permite lidar com a maioria desses comportamentos difíceis à medida que eles surgem. Primeiro, especificamos o problema e pedimos ao paciente que verifique se o entendemos corretamente. Em seguida, trabalhamos com o paciente para gerar uma variedade de soluções possíveis. Então, essas soluções são testadas em caráter experimental. Conforme descrevemos no Capítulo 9 sobre suicídio, a chave para a solução de problemas com pacientes deprimidos é separar o processo de geração de soluções (*brainstorming*) do processo de decisão da ordem em que elas devem ser testadas (priorização). Se forem deixados por conta própria, os pacientes deprimidos geralmente desconsiderarão cada solução possível que você apresentar se fizer uma pausa para avaliar cada uma delas à medida que avança. Nossa abordagem desses problemas é estruturada, mas não é rígida. Ela deve ser razoável, flexível e aplicada de forma personalizada a cada paciente. Uma abordagem rígida pressupõe erroneamente uniformidade entre os pacientes. É melhor que as intervenções terapêuticas considerem a história do paciente, seu estilo de vida e suas formas de relacionamento com os outros. Muitas vezes, é útil pegar um exemplo específico dos problemas encontrados na terapia e trabalhá-lo por meio da expansão de "cinco partes" do modelo cognitivo ABC original descrito no Capítulo 4 (consulte a Figura 4.1). Em cada caso específico, o que estava acontecendo com os pacientes em termos de seus pensamentos, sentimentos, fisiologia e comportamento? Nosso objetivo é entender quais crenças levaram os pacientes a se comportarem como se comportaram. Geralmente, fazemos o mesmo exercício com relação à nossa própria reação ao que o paciente disse ou fez (considerando esse comportamento específico como o evento desencadeador), mais uma vez com o objetivo de entender como nossas crenças conduziram **nossas reações ao paciente**. Isso nem sempre precisa ser feito em conjunto com o paciente (o objetivo da terapia é trabalhar os problemas do paciente, não necessariamente os nossos), mas descobrimos que, na maioria das vezes, pode ser útil envolver os pacientes para normalizar o processo.

Ao seguir essas cinco diretrizes descritas, podemos fornecer um modelo sólido para os pacientes com relação ao que fazer quando as coisas ficam difíceis. Por exemplo, podemos usar nosso próprio comportamento para demonstrar que a frustração não leva automaticamente ao desânimo ou à raiva. Às vezes, é útil discutir de forma explícita e trabalhar com exemplos específicos de como lidamos com nossa frustração com o paciente (isso é o mais próximo que chegamos de lidar com a "contratransferência" na terapia cognitiva). De fato, quando persistimos (e nos revelamos pessoalmente) apesar dos desafios no relacionamento terapêutico, os pacientes ficam mais tranquilos, confiantes e se revelam. Subjacente a tudo isso está o nosso desejo de ensinar o modelo cognitivo (expandido conforme necessário para incorporar o conceito do "banquinho de três pernas") aos pacientes e um claro reconhecimento de que são os pacientes que estão sofrendo. Se às vezes nos sentimos frustrados ao lidar com comportamentos que interferem na terapia, imagine como os pacientes devem se sentir desanimados ou irritados. Como sempre, o afeto que eles sentem em qualquer situação é o guia mais seguro para suas crenças.

Crenças contraterapêuticas dos pacientes

A seguir, encontra-se uma amostra dos tipos de crenças e ações contraterapêuticas que alguns pacientes apresentam. A lista não é exaustiva, mas contém muitos problemas recorrentes encontrados na terapia. São dadas várias sugestões para resolver esses problemas. Quando estamos discutindo-os, às vezes ficamos sem ideias. Nesses casos, simplesmente dizemos ao paciente que estamos estagnados (por enquanto) e voltamos aos fundamentos do modelo, trabalhando com os quatro componentes "dentro da pessoa" do modelo de "cinco partes" (veja a Figura 4.1) com relação aos nossos respectivos pensamentos, sentimentos, fisiologia e impulso comportamental (acionado ou não), muitas vezes acrescentando nossas respectivas "vontades" (como na Figura 12.1) com relação ao nosso impasse interpessoal atual. Nem todo problema pode ser resolvido em uma única sessão e, às vezes, sugerimos que gostaríamos de ter mais tempo para refletir sobre o impasse antes da próxima sessão e incentivamos nossos pacientes a fazer o mesmo.

"A terapia cognitiva é apenas uma reformulação do *poder do pensamento positivo*"

Deixamos claro para nossos pacientes, desde o início, que nosso objetivo não é ajudá-los a serem mais positivos, mas sim ajudá-los a serem mais realistas, de modo a melhorar seu funcionamento diário. Concordamos que há algumas semelhanças superficiais entre a terapia cognitiva e as escolas de "pensamento positivo". Ambas sustentam que os pensamentos influenciam os sentimentos e o comportamento. Entretanto, um problema óbvio com o "pensamento positivo" é que nem todos os pensamentos positivos são necessariamente precisos. Uma pessoa pode se iludir por um tempo com pensamentos irrealisticamente positivos, mas acabará se desiludindo quando a realidade aparecer. Os pensamentos positivos levam a sentimentos positivos somente enquanto o indivíduo estiver convencido de que são verdadeiros e, então, somente enquanto forem consistentes com a realidade.

Na terapia cognitiva, chamamos isso de *poder do pensamento realista*. Um pessimista pode ver um copo de água como se estivesse meio vazio e um otimista pode vê-lo como se estivesse meio cheio, mas, de uma perspectiva objetiva, são simplesmente 100 mL de água em um copo de 200 mL (ou, para ser mais preciso, 100 mL de água e em um copo de 200 mL, com o restante preenchido com um gás invisível). Quando os pacientes dizem que sua vida é "ruim", não tentamos convencê-los de que ela é "boa". Em vez disso, nosso objetivo é incentivar o paciente a coletar informações mais precisas para neutralizar quaisquer distorções e realizar experimentos comportamentais para ver se ele pode consertar o que não está funcionando.

Tentamos incentivar os pacientes a se afastarem de rótulos moralistas vagos, como "Eu sou terrível" (poder do pensamento negativo). Esses autojulgamentos implicam a existência de uma série de traços negativos. Há pouco que nós ou o paciente possamos fazer para mudar esses "traços de caráter" abstratos e definidos globalmente, mesmo que eles existam exatamente dessa forma. Entretanto, quando os problemas são divididos em detalhes, as soluções se tornam visíveis. Nosso objetivo é ajudar o paciente a passar dos julgamentos globais para a definição de problemas específicos. O "pensamento positivo", por outro lado, consiste em substituir uma abstração global, "Sou uma pessoa ruim", por outra, "Sou uma pessoa maravilhosa", e não é descritivo das complexidades reais da pessoa ou da situação.

As escolas de "pensamento positivo" são baseadas em uma abordagem impositiva, como quando alguém diz: "Anime-se, as coisas não estão tão ruins assim". Na terapia cognitiva, por outro lado, enfatizamos que é melhor não aceitar uma afirmação simplesmente com base na autoridade (a opinião oficial já sustentou que o mundo era plano e que o Sol girava em torno da Terra). As pessoas são mais beneficiadas quando examinam as crenças logicamente ou, melhor ainda, quando as testam empiricamente e não aceitam acriticamente os pronunciamentos de outras pessoas (inclusive terapeutas), independentemente de sua posição elevada na sociedade.

Muitos dos princípios do "pensamento positivo" consistem em distorções ou meias-verdades, como "Todos os dias, em todos os sentidos, as coisas estão ficando cada vez melhores". De nossa perspectiva, dizer que tudo vai melhorar é tão irrealista quanto dizer que tudo está piorando. O que se quer e o que funciona melhor são informações precisas para tomar decisões adaptativas. Elogiamos nosso paciente por não concordar automaticamente com uma autoridade e verificar as coisas.

"Não estou deprimido porque distorço a realidade; as coisas realmente estão ruins"

Algumas situações são simplesmente difíceis de lidar, e nunca queremos minimizar os desafios que nossos pacientes enfrentam. Ao mesmo tempo, não sabemos se elas são tão ruins quanto os pacientes as veem; portanto, queremos verificar os fatos para ver por nós mesmos em conjunto com nossos pacientes. O escultor descrito no Capítulo 5, que descobriu que seu humor era melhor quando estava em seu "emprego sem saída" do que quando estava em casa à noite e nos fins de semana, é um bom exemplo (consulte a Figura 5.1). O problema não era o fato de seu emprego ser horrível, mas sim o fato de ele ficar parado em seu tempo livre pensando que era. A principal premissa da terapia cognitiva é dialogar com os dados coletados pelos pacientes — e não tentar convencê-los por meio da força dos argumentos.

A primeira parte da crença dos pacientes de que "as coisas estão ruins" é mais frequentemente verdadeira do que não verdadeira. De qualquer forma, devemos concordar com o paciente sobre uma definição de "ruim". A segunda parte, de que "qualquer um ficaria deprimido", geralmente é incorreta. A maioria das pessoas fica frustrada e infeliz com eventos negativos, mas não fica deprimida. Amiúde perguntamos aos pacientes se eles conhecem alguém que tenha passado por uma situação semelhante sem ficar deprimido.

Também tentamos ajudar os pacientes a separar os problemas reais dos "pseudoproblemas", que são problemas que os pacientes criam inteiramente em suas mentes. O escultor apresentado no Capítulo 5 é novamente um exemplo. Sua sensação era de que seu trabalho como faz-tudo em um complexo de condomínios estava abaixo de alguém com seu nível de treinamento e habilidades. Contudo, ele ganhava mais dinheiro como faz-tudo do que como acadêmico, e podia usar seus talentos consideráveis como escultor para embelezar os prédios e áreas que supervisionava. Até mesmo seu próprio monitoramento de humor desmentia a noção de que ele era infeliz quando estava no trabalho. Isso não era motivo para não se candidatar a cargos acadêmicos (algo que ele não fazia desde que perdeu o emprego de professor), e ele podia se entregar ao seu amor pelo ensino mesmo que essa não fosse sua fonte de renda (ele começou a ensinar arte uma noite por semana em uma casa de repouso em sua comunidade). A noção de que seu emprego atual era a fonte de sua infelicidade simplesmente não era coerente com os fatos quando ele os coletou.

Se o paciente tiver um problema real (como não pagar o imposto de renda por 3 anos seguidos), ele poderá combater o desânimo e a passividade adotando uma abordagem de resolução de problemas (veja na linha superior da Figura 6.2 um exemplo de como o escultor usou o Registro de Pensamentos para corrigir suas crenças negativas e contraproducentes). Nesse caso, o escultor primeiro colocou seus assuntos financeiros em ordem (decompondo sua grande tarefa em uma série de etapas menores) e então entrou em contato com a Receita Federal anonimamente (fazendo duas ligações diferentes de duas cabines telefônicas diferentes para dois escritórios regionais diferentes) para saber que não seria mandado para a prisão, desde que se apresentasse voluntariamente e tomasse providências para pagar seus impostos atrasados (juntamente com uma multa). Isso foi algo que ele ficou muito feliz (e não um pouco aliviado) em fazer.

É claro que encaminhamos os pacientes a outros serviços profissionais quando indicado. Com frequência, encaminhamos esposas agredidas para organizações de mulheres que oferecem apoio e para o Ministério Público para obter ajuda jurídica. (Muitas faculdades de Direito realizam clínicas *pro bono* mensais com a participação de estudantes voluntários, onde pacientes com recursos limitados podem obter orientação jurídica gratuita.)

"Eu sei que vejo as coisas de forma negativa, mas não posso mudar minha personalidade"

A primeira coisa que gostaríamos de saber é por que os pacientes acreditam que não podem mudar. Os pacientes podem propor uma série de razões para apoiar sua crença: (1) sou muito burro para mudar; (2) a mudança leva muito tempo; (3) qualquer mudança seria apenas superficial; (4) algo irreversível aconteceu em minha infância que impede a mudança; ou (5) sou muito velho para mudar. Depois que o motivo da crença é descoberto, podemos buscar evidências para examinar sua precisão.

Também deixamos claro para os pacientes que não é necessário mudar toda a sua personalidade, mas apenas várias de suas formas habituais de pensar e agir. A arquiteta descrita com alguns detalhes no Capítulo 7, que passou 15 anos envolvida em estratégias compensatórias problemáticas que afastavam seus parceiros românticos em um esforço equivocado para se proteger da rejeição que, de outra forma, poderia nunca vir, é um exemplo (veja, especialmente, a Figura 7.1). O temperamento tende a ser um pouco estável ao longo do tempo, mas todos os comportamentos são impulsionados por nossas crenças, e todas as crenças podem ser examinadas, mesmo que sejam influenciadas por nosso temperamento. Ressaltamos aos pacientes que muitas pessoas deprimidas acreditam que não podem mudar ou melhorar; essa crença faz parte da depressão e é de se esperar. Também ressaltamos que, em nossa experiência, quando o paciente toma medidas corretivas, podem ocorrer mudanças drásticas. Não podemos prometer que isso acontecerá com cada paciente, mas informamos aos pacientes que já vimos isso acontecer com muitos outros pacientes no passado.

Depois, perguntamos a eles se já mudaram alguma de suas crenças no passado e se há alguma ideia que aprenderam na infância que não acreditam mais ser verdadeira. Sugerimos também que os pacientes listem comportamentos ou inclinações específicas que mudaram ao longo do caminho. Muitas vezes, depois que eles refletem sobre as crenças e os hábitos que mudaram no passado, ganham confiança em sua capacidade de mudar no presente. Em seguida, perguntamos a eles se houve situações difíceis no passado com as quais eles conseguiram lidar de forma satisfatória. A maioria dos pacientes relata alguns problemas difíceis que resolveram com sucesso no passado. Esse exercício lembra a eles que têm qualidades disponíveis para realizar a mudança. Também enfatizamos que a depressão é, para a maioria das pessoas, um "estado" transitório e não um "traço" permanente e, portanto, é relativamente passível de mudança. Mesmo os pacientes com histórico de depressão crônica são capazes de mudar; apenas leva mais tempo (conforme descrito no Capítulo 8, tratamos a depressão crônica como qualquer outro transtorno da personalidade com estratégias compensatórias que aconselham a "jogar com segurança").

O diálogo a seguir ilustra como trabalhamos com pacientes convencidos de que não podem mudar.

Paciente (P): Sou fraco. Nunca serei capaz de mudar.

Terapeuta (T): Você tem 40 anos de bom enfrentamento — devo acrescentar, sob condições difíceis — contra apenas 2 anos de depressão. Na verdade, você lidou bem durante parte desses 2 anos.

P: É tão difícil mudar.

T: Isso geralmente é verdade. A mudança pode ser difícil, principalmente nos primeiros passos, mas não é impossível. Muitas pessoas mudaram hábitos extremamente estáveis.

P: Eu simplesmente não acredito que posso mudar.

T: A crença de que não se pode é o maior obstáculo à mudança, pois impede que você sequer tente.

P: Meus problemas estão muito arraigados para serem mudados.

T: Seus problemas podem estar arraigados, no sentido de que são de longa duração, mas são hábitos e nada mais.

Não sei se você pode mudar, mas sei como podemos descobrir.

Durante a terapia, os pacientes podem usar a si mesmos ou pessoas que admiram como modelos. Há boas evidências na literatura empírica de que a maioria das pessoas tem maior facilidade para imitar **modelos de enfrentamento** (pessoas que lutam com suas próprias limitações, mas perseveram mesmo assim) do que **modelos de domínio** (pessoas sem falhas, que não têm dificuldade para superar obstáculos), uma vez que os primeiros precisam lutar com o problema e a angústia que ele gera antes de chegar a uma resolução satisfatória (Meichenbaum, 1971). Uma grande revisão recente da teoria do desamparo aprendido (uma das principais teorias da depressão) indica que não é o desamparo que é aprendido em face da exposição ao estresse incontrolável, mas sim a capacidade de exercer controle sobre o ambiente entre aqueles que dominam o estressor (Maier & Seligman, 2016). O que a teoria revisada enfatiza é que a "desistência" é um comportamento típico da espécie diante do estresse incontrolável, mas acompanhado de uma mudança para um processamento de informações mais cuidadoso e deliberado (como um dicionário não médico definiria ruminação), da mesma forma que tentamos fazer na terapia cognitiva. Nosso objetivo é ajudar os pacientes a aprender a controlar seu primeiro impulso emocional, preparado evolutivamente, por tempo suficiente para pensar sobre as coisas de forma mais cuidadosa, a fim de selecionar uma resposta que os ajudará a reassumir o controle quando as coisas derem errado.

"Acredito no que você está dizendo intelectualmente, mas não emocionalmente"

Os pacientes geralmente confundem os termos "pensar" e "sentir". Esse problema semântico é mais óbvio quando o paciente usa o verbo "sentir" como sinônimo da palavra "acreditar", por exemplo, "Eu sinto que você está errado". Isso não é inesperado, já que uma das definições de "sentir" no dicionário é "pensar ou acreditar por motivos emocionais". Desde a primeira sessão, incentivamos nossos pacientes a diferenciar as duas coisas e a reservar o termo "sentir" para experiências emocionais reais que não podem ser examinadas com relação à sua precisão. Pensamentos podem ser testados, mas sentimentos só podem ser experimentados. Ressaltamos que uma pessoa não pode acreditar em nada "emocionalmente", embora algumas coisas em que acreditamos de fato conduzam nossas emoções. Essas são as cognições "quentes" (crenças que geram afetos), e é muito provável que as pessoas usem o verbo "sentir" para descrever essa crença. Quando os pacientes dizem que acreditam em uma coisa intelectualmente, mas em outra emocionalmente (**cabeça vs. coração**), o que eles realmente estão dizendo é que têm duas crenças diferentes sobre o mesmo evento, uma das quais é "quente" (que leva a um afeto — nos referimos a isso como "do coração") e a outra não ("da cabeça"). Todos os pensamentos e sentimentos vivem no cérebro, e a distinção entre eles provavelmente reflete o constante jogo de forças entre o córtex frontal, evolutivamente mais recente, e o sistema límbico, evolutivamente mais antigo. Considerando que os afetos foram moldados pela evolução para motivar comportamentos, é a cognição "quente" que provavelmente gerará o impulso mais convincente e a cognição "fria" que receberá uma crença menos imediata. Por exemplo, os clientes podem acreditar que "errar é humano" (o que não levaria ao afeto), mas que é inaceitável que cometam um erro (o que os leva a se sentirem mal).

Embora um paciente possa compreender intelectualmente a distinção entre pensamentos e sentimentos, ele não está necessariamente convencido disso e pode dizer que não acredita nisso "emocionalmente". Esse tipo de crença, em geral, depende do momento, da situação e da condição do paciente. Quando os pacientes dizem: "Eu sei que tenho valor, mas sinto que não tenho emocionalmente", estão indicando que seu senso distorcido de falta de valor impulsiona uma experiência afetiva que é tão avassaladora que eles acreditam que isso seja verdade. Nunca há uma divisão entre afeto e cognição entre pacientes não psicóticos, simplesmente uma tendência a confundir cognições "quentes" com os afetos que elas provocam. Todos nós temos crenças contraditórias com diferentes afetos associados em qualquer situação.

Quando os pacientes indicam que compreendem intelectualmente que são dignos de amor ou competentes, mas não acreditam nisso emocionalmente, podemos responder da seguinte forma: "O que você está realmente dizendo é que não acredita verdadeiramente que a possível explicação que acabei de apresentar esteja correta. Você não tem um verdadeiro 'instinto' para isso, e é de se esperar. Essas ideias parecem estranhas para você. O que você pode fazer é agir de acordo com minhas sugestões, testá-las, ver se são verdadeiras, pensar mais sobre elas, examinar as outras alternativas e considerar as evidências de cada uma e suas implicações. Certamente não quero que você acredite em algo só porque eu disse, ou que acredite por acreditar; em vez disso, apenas experimente. O bom do mundo é que existe uma realidade objetiva, e você sempre pode testar suas crenças em relação ao que encontra no mundo".

Lembramos aos pacientes que nosso trabalho é ensinar estratégias que eles podem usar para examinar a precisão das crenças que os deixam desconfortáveis ou infelizes. Se essas crenças não forem verdadeiras, também podemos ensiná-los a adotar um conjunto totalmente novo de comportamentos mais adaptativos. Todos nós podemos mudar nossas crenças examinando as evidências, considerando explicações alternativas e analisando as implicações realistas (i.e., aplicando as "três perguntas" descritas no Capítulo 6)[2] e, o mais poderoso de tudo, agindo de forma inconsistente com o que já acreditamos ser verdade, apenas para ver como as coisas se desenrolam no mundo real. Essas técnicas têm como consequência o fortalecimento de crenças mais adaptativas. Para adotar essas novas crenças, os pacientes, com a ajuda do terapeuta, podem desafiar ativamente suas crenças antigas e desadaptativas e agir com base em crenças novas e adaptativas. (Consulte a discussão sobre como lidar com pressupostos subjacentes no Capítulo 7.)

"Não consigo pensar racionalmente quando já estou chateado"

Começamos concordando que a maioria de nós tem mais dificuldade para pensar com clareza quando já estamos chateados, e então sugerimos que há uma razão evolutiva para que isso seja verdade, já que os afetos evoluíram para motivar a resposta diferencial ideal aos vários tipos diferentes de desafios que nossos antepassados enfrentaram em nosso passado ancestral (Nesse, 2019). Contudo, todos nós melhoramos o controle de nossas emoções e respostas comportamentais à medida que amadurecemos, e as mesmas habilidades que desenvolvemos quando crianças e adolescentes podem ser aperfeiçoadas quando adultos. Esse controle emocional tem uma probabilidade especial de funcionar a nosso favor se tivermos a tendência de interpretar mal as situações que enfrentamos; a ansiedade pode ter mantido nossos ancestrais vivos por tempo suficiente para se tornarem nossos ancestrais quando havia um risco real a ser evitado, mas só complica a vida quando você está tão preocupado em passar vergonha em situações sociais casuais que você avalia cada palavra que diz com antecedência. Se a percepção de risco for exagerada (ou se os recursos que você pode usar forem subestimados), então não há necessidade de se sentir ansioso e não há motivo para evitar. Da mesma forma, ser rápido para se enfurecer pode ter valido a pena durante um desafio de um rival em nosso passado ancestral, mas é contraproducente quando nossos filhos adolescentes reviram os olhos ou quando queremos algo diferente do que nosso parceiro deseja.

Há várias coisas que sugerimos que nossos pacientes façam para tentar ajudá-los a se tornarem mais hábeis em manter a calma quando o calor emocional aumenta. A primeira é simplesmente esperar até que estejam menos perturbados para tentar examinar a precisão de seus pensamentos. Se os pacientes puderem se envolver em alguma atividade ou distração nesse intervalo, eles poderão voltar a um pensamento específico mais tarde, quando for mais fácil pensar nas coisas de forma mais deliberada. Essa técnica de "adiamento" é particularmente útil para os afetos que envolvem excitação simpática (ativação da reação de "luta ou fuga"), como ansiedade ou raiva. Por outro lado, a depressão e a culpa raramente levam a um impulso para a ação, e o maior risco é que os pacientes tenham tanta certeza de que suas crenças são verdadeiras que nem sequer iniciem o processo de autoexame.

A prática pode não levar à perfeição, mas realmente melhora, e o que queremos é que nossos pacientes aumentem suas habilidades. Trabalhar a ideação problemática em um Registro de Pensamentos (consulte o Capítulo 6 e, especialmente, a Figura 6.2) ou Formulário do Medo (consulte o Capítulo 8 e, especialmente, a Figura 8.1) é uma excelente maneira de iniciar. Quanto mais os pacientes praticarem essas técnicas dentro e fora das sessões, mais hábeis eles se tornarão. Incentivamos os pacientes a considerar as maneiras como conseguiram dominar habilidades no passado, seja aprendendo a dirigir um carro, digitar, andar de bicicleta ou tocar um instrumento musical. Em todos os casos, o progresso foi lento no início, mas melhorou com a prática.

Por fim, o que gostamos de fazer com os clientes é usar uma estratégia chamada *"resposta rápida"* (infelizmente, originalmente chamada de "externalização de vozes"), na qual convidamos os pacientes a nos insultarem, com a intenção de gerar uma resposta emocional. Tentamos responder a esses insultos de forma calma e fundamentada. Em seguida, invertemos o processo (com o consentimento dos pacientes) e lançamos insultos contra eles, retirados dos tipos de pensamentos negativos automáticos e autorreferenciais que eles tendem a lançar contra si mesmos. A intenção é ajudar os pacientes a aprender a formular uma resposta mais "racional" no calor do momento. Essas estratégias nada mais são do que habilidades, e qualquer habilidade pode ser dominada com a prática e a repetição. Assim como os socorristas realizam exercícios para fortalecer sua capacidade de lidar com situações de emergência antes que elas surjam, os pacientes também podem se treinar para manter o juízo, praticando essas habilidades quando não estiverem em uma crise. Sempre que os pacientes expressam a preocupação: "Não consigo pensar racionalmente quando já estou chateado", respondemos: "Ainda não, mas sei como ajudá-lo a aprender a fazer isso".

"Não gosto desses pensamentos negativos, mas eles vêm porque eu quero ficar deprimido"

Começamos destacando que as pessoas acreditam no que acreditam, quer queiram que seja verdade ou não. Nossos pensamentos e crenças são a forma como tentamos representar a realidade. Os pensamentos automáticos negativos surgem espontaneamente e não são evocados porque o paciente quer que sejam verdadeiros; em vez disso, eles surgem involuntariamente, como que por reflexo, porque em algum nível o paciente está preocupado com a possibilidade de serem verdadeiros. Esses pensamentos podem, às vezes, ter uma função protetora. Por exemplo, médicos que cometem erros médicos são mais motivados a ter mais cuidado no futuro se eles se recriminarem por sua negligência (Andrews et al., 2020). Os recursos metabólicos são direcionados para a periferia diante de uma ameaça para mobilizar uma resposta comportamental energética ("lutar ou fugir"). Em contrapartida, os recursos metabólicos são direcionados para o cérebro quando alguém fica deprimido em resposta a uma perda ou fracasso interpessoal (Andrews et al., 2015) de uma forma que mantém as pessoas focadas nas causas de sua angústia (ruminando sobre elas) até chegarem a uma solução (Andrews & Thomson, 2009). Em nosso passado ancestral, a maioria dos episódios remitia espontaneamente por conta própria, na ausência de tratamento, e pode-se argumentar que pensar cuidadosamente sobre as causas dos problemas muitas vezes facilitava a obtenção de uma solução. Na medida em que isso é verdade, faria sentido que as pessoas ruminassem sobre as causas de sua angústia se isso ajudasse a chegar a uma solução e se, ao fazer isso, elas estivessem concentradas na causa certa. Na terapia cognitiva, ajudamos os pacientes a ruminar de forma mais eficiente, para que não fiquem presos em um ciclo improdutivo de autoculpabilização que não especifica um caminho comportamental claro (Hollon, DeRubeis, et al., 2020).

Ter pensamentos automáticos negativos é um aspecto inerente a estar deprimido. A ocorrência desse tipo de pensamento não indica tanto um desejo de estar deprimido quanto um desejo de descobrir o que deu errado e o que fazer a respeito. Pesquisas em cognição social mostraram claramente que não é necessário querer acreditar em algo para acreditar; não é necessária nenhuma motivação (ainda que, quando presente, a motivação fortaleça a crença). Aquilo em que acreditamos influenciará como nos sentimos e o que fazemos, mesmo que desejemos que não seja verdade (Nisbett & Ross, 1980). Parafraseando Zajonc (1980), as preferências não precisam de inferências, mas as inferências impulsionarão as preferências, mesmo quando desejarmos que as inferências não sejam verdadeiras.

Ressaltamos que esses pensamentos não são contínuos (a menos que o paciente esteja gravemente deprimido), mas geralmente são desencadeados por certos eventos, certos estresses e certas associações. A origem desses pensamentos não é totalmente compreendida. A explicação mais plausível é que os pensamentos automáticos negativos emanam das crenças centrais e dos pressupostos subjacentes que compõem o esquema depressogênico que foi desencadeado por algum evento (o esquema foi ativado) e são particularmente salientes para a pessoa no momento presente. À medida que os pacientes descobrem e modificam esses pressupostos subjacentes e crenças centrais, descobrimos que eles têm menos pensamentos negativos e têm menos probabilidade de recaída no futuro (Strunk et al., 2007). Nossos ancestrais não teriam sobrevivido tempo suficiente para ter filhos se não conseguissem perceber com precisão as ameaças reais no ambiente, mas o fato de estarmos programados para ter nossa atenção voltada para possíveis ameaças não significa que queremos que elas sejam verdadeiras.

Alguns pacientes ouviram de outras pessoas que estão deprimidos porque querem estar deprimidos; consequentemente, eles passaram a acreditar nessa ideia. Abordamos isso da seguinte maneira:

P: Minha esposa diz que eu adoro ficar infeliz, que tudo isso é culpa minha. Deve ser verdade.
T: Você quer ser infeliz?
P: Não, na verdade, não.
T: Há alguma recompensa por estar deprimido?
P: Que eu saiba, não.
T: O fato de você estar deprimido não significa que queira estar deprimido. O mais provável é que os tipos de pensamentos automáticos negativos que as pessoas têm sejam esforços para resolver problemas em suas vidas. Esses esforços podem não estar funcionando; portanto, nosso objetivo é fazê-los funcionar melhor.

"Tenho medo de que, uma vez superada a depressão, eu fique ansioso como antes"

Os pacientes geralmente sentem ansiedade quando começam a entrar em um episódio de depressão, e não é incomum que fiquem ansiosos novamente quando começam a sair. Para muitos pacientes, começar a se sentir ansioso novamente pode ser um sinal de que a depressão está diminuindo. A ansiedade envolve a incerteza do risco, enquanto a depressão envolve a certeza da perda ou do fracasso. Na medida em que isso é verdade, ficar ansioso novamente significa que os pacientes estão menos certos do que estavam quando estavam deprimidos de que as coisas estão ruins e não podem ser mudadas. É um sinal de progresso.

Informamos aos pacientes que um período de ansiedade geralmente se segue a uma depressão, mas que geralmente é um processo de curta duração para pacientes que não são geralmente ansiosos quando não estão deprimidos. A ansiedade é desagradável, mas não é perigosa; as experiências estranhas associadas à ansiedade não significam que a pessoa está ficando louca ou que algo "terrível" vai acontecer. Como qualquer afeto, a ansiedade está relacionada a crenças e expectativas, e estas podem ser examinadas e corrigidas. Embora a ansiedade seja desagradável, há estratégias para lidar com ela. Elas incluem a modificação dos pensamentos ansiogênicos (veja, p. ex., o Formulário do Medo na Figura 8.1), distração, exercícios de relaxamento e aumento da tolerância à ansiedade.

"A terapia cognitiva está preocupada com as coisas mundanas da vida e não com os problemas sérios que me deixam deprimido"

Sempre tentamos levar em consideração as expectativas do paciente em relação à terapia. Nunca diríamos: "Não podemos falar sobre essas coisas; elas não são importantes". As questões que são importantes para o paciente são tópicos importantes para discussão. Contudo, é melhor se elas puderem ser discutidas de uma forma adaptativa que leve à autocompreensão e à resolução de problemas.

Queremos verificar se estamos de acordo com o paciente sobre os objetivos e os métodos de terapia. É importante que eles acreditem que a terapia faz sentido, e que verifiquemos periodicamente com eles para nos certificarmos de que estamos juntos nessas questões. Por exemplo, é importante que os pacientes entendam que a terapia cognitiva se concentra em incidentes concretos, pois é muito fácil se perder em ideias retóricas e metafísicas. Explicamos que queremos entender a maneira como nossos pacientes veem as coisas e que a melhor maneira de fazer isso é tornar a comunicação concreta, clara e sem ambiguidades. Referências concretas e específicas melhoram a comunicação, enquanto o uso de abstrações promove uma multiplicidade de significados diversos.

Alguns pacientes querem discutir questões filosóficas mais amplas, como o significado da vida, e se preocupam com a nossa ênfase nas experiências cotidianas no início do tratamento. Dizemos aos pacientes que, embora estejamos abertos a discutir essas questões filosóficas, queremos saber se devemos ter essa discussão enquanto eles estiverem deprimidos ou depois que começarem a se sentir melhor. Neste último caso, é importante que os pacientes se tornem mais ativos e voltem à sua rotina normal. Muitas dessas questões filosóficas podem parecer irrelevantes para o processo, mas, se forem importantes para o paciente, podem ser discutidas eventualmente (embora o interesse por parte deles geralmente diminua quando eles começam a se sentir melhor). A terapia cognitiva é flexível e tentamos manter em mente as expectativas dos pacientes com relação à terapia. Sonhos, experiências de infância e experiências idiossincráticas podem ser discutidas, se desejado, mas raramente são essenciais para a mudança. Se houver um problema ou uma questão que o paciente acredite ser importante, pode-se passar algum tempo da terapia discutindo essa preocupação.

"Se distorções cognitivas negativas me deixam infeliz, isso significa que distorções cognitivas positivas me deixam feliz?"

Costumamos dizer que, em um episódio de mania (ou no início de um relacionamento amoroso), as distorções cognitivas em uma direção positiva estão muito presentes, e há boas evidências da psicologia social de que a maioria das pessoas que não estão deprimidas costuma se ver de forma mais positiva do que as outras pessoas (Taylor, 1989). A opção-padrão para a maioria das pessoas, na maior parte do tempo, é entregar-se a "ilusões positivas"; entretanto, as pessoas podem ser felizes e produtivas sem distorcer a realidade em uma direção excessivamente positiva. As pessoas parecem ser mais felizes quando estão envolvidas em atividades que fazem bem ou quando têm experiências que consideram significativas ou gratificantes (Seligman et al., 2006). Parece não haver necessidade de distorções "positivas" nesses momentos.

Lembramos do discurso que Churchill fez ao povo britânico após a queda da França, no início da Segunda Guerra Mundial, para preparar a nação para a esperada invasão iminente: "Lutaremos nas praias, lutaremos nos locais de desembarque, lutaremos nos campos e nas ruas, lutaremos nas colinas; nunca nos renderemos". Após o término do discurso, diz-se que ele se voltou para seus conselheiros e murmurou algo como ". . . e lutaremos contra eles com garrafas de cerveja quebradas, porque é tudo o que temos!", algo contra o qual ele havia protestado durante uma década no exílio político. Churchill era um grande orador que sabia como mobilizar uma nação para os sacrifícios que tinha pela frente, mas também era um realista que sabia que as ilusões positivas podem desviar a atenção do que precisa ser feito.

Há ocasiões em que as pessoas obtêm prazer por meio do cumprimento de algum padrão extrínseco: "Sou ótimo porque aquela pessoa me elogiou" ou "Sou maravilhoso porque ganhei aquele prêmio". As altas avaliações de si mesmo baseadas na aclamação extrínseca são simplesmente o outro lado dos tipos de suposições que predispõem algumas pessoas à depressão e à ansiedade. É mais provável que o prazer duradouro seja obtido com a satisfação intrínseca de se envolver em uma atividade por si só, e não com o elogio ou a competição com os outros. Dito isso, incentivamos os pacientes a aproveitarem seus prazeres sempre que possível e tentamos fazer o mesmo.

"Estou fazendo terapia há 4 semanas e não estou melhor"

Tentamos definir as expectativas desde a primeira sessão. A maioria dos pacientes começa a sentir algum alívio em questão de semanas, mas nem todos conseguem. Avaliamos os níveis de sintomas a cada sessão e, normalmente, fazemos gráficos das pontuações ao longo do tempo, para que os pacientes possam ver se está havendo progresso. Se estiver, nós os incentivamos a considerar o que está funcionando bem e, se não estiver, nos unimos a eles na resolução do que está errado. Às vezes, como no caso do escultor descrito anteriormente (veja a linha inferior na Figura 6.2), o problema é que o paciente não está totalmente envolvido no processo (ele obteve pouco benefício quando sua única resposta alternativa foi que "O presente não prevê o futuro", algo em que ele não acreditava). Às vezes, como foi o caso da arquiteta, também descrito anteriormente (veja a Figura 7.1), as crenças nucleares estavam tão profundamente arraigadas que foi necessário reviver o trauma para trazê-las à tona.

Alguns pacientes melhoram sem perceber. Esse é um dos motivos para aplicar uma medida de depressão, como o BDI-II (a versão revisada da escala original) ou o PHQ-9, no início de cada sessão. Outros começam a melhorar e depois pioram novamente se começarem a retroceder, como foi o caso do escultor. Alguns pacientes apresentam pouca mudança por longos períodos de tempo (a arquiteta apresentou BDIs na casa dos 40 durante os 4 meses de tratamento em nosso estudo de pesquisa propriamente dito; suas pontuações só começaram a cair perto do final do primeiro ano de tratamento, depois que ela começou a refutar suas crenças agindo de forma contrária às suas estratégias compensatórias). A avaliação contínua ajuda os pacientes a pensar em termos relativos, e não absolutos, e nos mantém ancorados.

Tentamos deixar claro desde o início que ninguém pode prever o futuro e que a única maneira de ver se a terapia funciona para um determinado paciente é tentar para ver o que acontece. Embora não possamos garantir que o que fazemos juntos funcionará, sabemos como podemos descobrir (i.e., experimentar a terapia) e podemos garantir uma desconstrução cuidadosa do processo se o paciente não começar a sentir um alívio considerável dentro de 4 a 6 semanas. Também indicamos que a terapia geralmente segue um curso irregular, com altos e baixos, alguns relacionados ao que o paciente faz (ou não faz) e outros relacionados a eventos externos. Existem diferenças individuais: algumas pessoas superam a depressão rapidamente e de forma linear, mas, para a maioria, o processo de recuperação é irregular. A maioria dos pacientes deprimidos espera ver resultados imediatos (os medicamentos normalmente fazem efeito em cerca de 2 a 3 semanas, enquanto a terapia cognitiva pode levar o dobro desse tempo); mas a terapia é um processo que envolve esforço persistente, e esperar uma remissão imediata pode não ser realista.

A seguir, apresentamos uma maneira de lidar com esse problema.

P: Já se passaram cinco semanas e não estou melhor. Tenho um amigo que foi a um psiquiatra e superou sua depressão em quatro consultas.

T: Você sabe há quanto tempo seu amigo estava deprimido?

P: Acho que uns 2 meses.

T: Há quanto tempo você está deprimido?

P: Há cerca de 3 anos.

T: Você acha que é realista esperar superar uma depressão de 3 anos em 5 semanas?

P: Não, acho que não.

T: Mesmo assim, não há motivo para não ter esperança. Vamos dar uma olhada no que está causando a sua depressão, o que funcionou e o que não funcionou até agora, para ver se podemos fazer as coisas andarem mais rápido.

"Você não pode me tratar sem ver minha cônjuge também; ela causou minha depressão"

Achamos que é melhor começar abordando a falácia de que outra pessoa (nesse caso, o cônjuge) pode causar depressão nos pacientes. Um dos princípios fundamentais da terapia cognitiva é que não é apenas o que acontece com você, mas a maneira como você interpreta esses eventos, que faz com que você se sinta e se comporte em resposta da forma como o faz. Nosso objetivo é demonstrar, de várias maneiras, que a interpretação dos eventos desempenha um papel primordial na precipitação ou manutenção da depressão. Ajudamos os pacientes a reconhecer que outra pessoa não pode fazer com que eles se sintam deprimidos ou com qualquer outro efeito (eles podem fazer com que você sinta dor física, mas não dor emocional). As outras pessoas podem não se comportar da maneira que gostaríamos, mas a forma como reagimos ao comportamento delas é controlada, em parte, pelas interpretações que fazemos. Ninguém pode fazer nós nos sentirmos tristes (ou irritados ou ansiosos); nem sempre podemos controlar o que as outras pessoas fazem, mas podemos exercer controle sobre como reagimos.

Não obstante, pode ser uma boa ideia consultar outras pessoas importantes na vida do paciente. Pode ser um cônjuge, um colega de quarto, um amigo ou um dos pais. Essas pessoas geralmente têm informações a fornecer e, às vezes, podem ser usadas como "terapeutas auxiliares". Nesses casos, tentamos ensiná-las a ajudar os pacientes a seguir os cronogramas de atividades, a captar seus pensamentos automáticos e a lembrá-los das evidências que contradizem esses pensamentos. Quando pedimos a presença de outras pessoas importantes, geralmente é para tentar obter um quadro preciso do que está acontecendo e o que pode ser feito a respeito. Tendemos a ser moderados com relação à frequência com que trazemos o/a parceiro/a; de acordo com nossa abordagem mais ampla, preferimos ensinar aos pacientes princípios de **comunicação assertiva** e negociação que eles possam usar para resolver quaisquer problemas de relacionamento que contribuam para seu sofrimento.

Mesmo nos casos em que isso possa ser útil, não podemos forçar o cônjuge a vir ao consultório. Nesse caso, dizemos aos pacientes: "Não posso fazer aconselhamento matrimonial com uma pessoa. Contudo, podemos trabalhar para mudar as coisas que estão ao seu alcance e que lhe causam sofrimento. Por enquanto, teremos de considerar o comportamento de seu/sua parceiro/a como um dado e trabalhar em sua resposta. Mais tarde, se indicado, você poderá fazer algumas coisas que poderão mudar o comportamento de seu cônjuge".

Tentamos tomar cuidado para não fazer julgamentos adversos sobre o cônjuge ausente, mesmo que isso reflita apenas as crenças dos próprios pacientes. Alguns deles retransmitem todas as declarações adversas e fazem um inimigo — não um aliado — em sua casa. Muitas vezes, os pacientes são tendenciosos em seus pontos de vista e apresentam uma visão indevidamente negativa de seu consorte e de suas interações. O escultor, descrito anteriormente no texto, estava preocupado com o fato de sua esposa achá-lo inadequado sexualmente. Em uma sessão conjunta posterior, a esposa deixou claro que não estava nem um pouco preocupada com o desempenho sexual dele, mas sim com o fato de ele ter parado de demonstrar afeto por ela ou de interagir com a família. O paciente ficou aliviado ao saber que as preocupações dela envolviam comportamentos que ele podia controlar e começou a programar um tempo para que eles fizessem coisas juntos.

"Sou mais inteligente do que meu terapeuta. Como ele pode me ajudar?"

Os pacientes com frequência são mais inteligentes do que seus terapeutas (pelo menos isso é verdade para nós), mas isso não precisa ser um problema. Frequentemente, ressaltamos que eles podem fazer muitas coisas bem e, muitas vezes, são mais brilhantes e competentes do que nós em muitas áreas, mas que, no momento, eles ainda podem se beneficiar de ajuda especializada para superar sua depressão. E como somos habilidosos nesse aspecto, talvez tenhamos estratégias para compartilhar que possam ajudá-los a lidar com sua angústia atual. Com sorte e consideração mútua, podemos formar uma parceria de trabalho na qual a utilização de nossas respectivas habilidades pode aumentar a eficácia da terapia e tentar enfatizar os benefícios da colaboração terapêutica em oposição a uma abordagem autoritária, na qual os terapeutas impõem suas ideias aos pacientes. Essa mesma explicação pode ser usada para tranquilizar os pacientes que acreditam que nós, como terapeutas, somos "jovens demais" ou "velhos demais" para ajudá-los.

Ressaltamos que a terapia cognitiva funciona melhor quando o terapeuta é bem treinado nessa terapia, mas ela não exige um alto grau de inteligência por parte do terapeuta ou do paciente (embora alguns pacientes possam ser bastante inteligentes). Os que acreditam ser mais inteligentes do que o terapeuta geralmente querem se envolver em um debate intelectual. Tentamos salientar que esse tipo de atividade não é produtivo. Para ilustrar isso, perguntamos se a intelectualização no passado resolveu seus problemas emocionais. Estamos preparados para admitir a derrota no início, se isso permitir que os pacientes continuem com o processo de fazer a terapia. O segredo para formar um bom relacionamento terapêutico (e também relacionamentos externos) é não levar as provocações para o lado pessoal.

"A terapia cognitiva não funciona porque minha depressão é biológica"

Muitos pacientes acreditam que somente os medicamentos podem ajudar a resolver sua depressão. Quando discutimos essa questão, tentamos fornecer as informações mais precisas disponíveis no momento e incentivamos os pacientes a verificar as informações em fontes confiáveis na internet. Acreditamos que nossa credibilidade é especialmente crucial em relação a essa questão, pois os pacientes geralmente presumem que a terapia cognitiva compete com o tratamento medicamentoso, o que não é o caso.

A seguir, encontra-se uma maneira de discutir a questão biológica com os pacientes:

T: Ninguém sabe ao certo todas as causas da depressão, especialmente em um caso individual, mas todas as depressões envolvem um substrato biológico subjacente quando começam.

P: Se isso acontece, como a terapia cognitiva pode funcionar?

T: O cérebro é um órgão que evoluiu para interagir com o ambiente. O que você aprende é representado biologicamente (sempre que aprende um novo número de telefone, você adiciona novos circuitos ao seu cérebro), mas o que é codificado neuronalmente pode ser alterado pelo que você aprende posteriormente.

P: Como uma abordagem psicológica pode tratar um problema biológico?

T: É uma ideia antiquada que a mente e o corpo são separados. Atualmente, a maioria dos cientistas acredita que a mente e o corpo tendem a trabalhar tão intimamente juntos que é possível afetar os processos fisiológicos por meio de métodos psicológicos e vice-versa. A maioria de nós experimentaria uma reação de luto se perdesse alguém próximo, e sua neurobiologia subjacente é semelhante à da depressão e pode ser tratada com psicoterapia ou medicamentos.

Frequentemente, procuramos oportunidades para discutir a base neural do pensamento. Como este envolve atividade eletroquímica em nível neural, a terapia cognitiva pode ser vista como um tipo de intervenção psicológica com consequências biológicas (essencialmente uma cirurgia cerebral não invasiva). Mesmo quando estão tomando medicamentos, os pacientes geralmente apresentam variações em seu humor. Isso pode ser explorado em busca de variações nos pensamentos em reação a diferentes situações que sugerem a operação do modelo cognitivo. Qualquer variação no afeto provavelmente tem um substrato cognitivo. Se um paciente que estiver tomando medicamentos relatar que está se sentindo melhor por causa dos medicamentos, isso pode levar a descartar a utilidade da terapia cognitiva e do modelo cognitivo. Em vez de colocar em dúvida essa crença, ajudamos os pacientes a usar a nova sensação de bem-estar para compreender melhor as ligações entre pensamentos e sentimentos. Perguntamos: "Agora que você está se sentindo melhor, está pensando de forma diferente? O que a medicação pode lhe ensinar sobre maneiras mais razoáveis de pensar sobre si mesmo e suas interações com os outros?".

"Tenho que afirmar minha independência, não deixando que o terapeuta leve o melhor de mim"

Pacientes diferentes apresentam versões diferentes dessa crença. Essencialmente, alguns pacientes acreditam que, se brigam com o terapeuta, isso é uma demonstração de independência. O comportamento desses pacientes com outras figuras de autoridade (pais e professores) frequentemente segue um padrão semelhante. Isso, quando acontece, representa uma oportunidade de usar os problemas encontrados na terapia para ajudá-los a resolver problemas em seus relacionamentos externos. Esse é um exemplo do uso da "terceira perna" do banquinho para abordar **problemas** "caracterológicos" recorrentes **nos relacionamentos** (consulte os Capítulos 7 e 8 e a Figura 7.4 em particular). A provocação sempre representa uma oportunidade, pois os pacientes tendem a trazer seus problemas interpessoais externos para a terapia.

Geralmente, há um breve período de lua de mel na terapia: os pacientes podem dizer: "Você é melhor do que outros terapeutas que tentaram me ajudar". Aprendemos a interpretar essa lisonja com bastante cautela. Com o tempo, esses pacientes podem começar a adotar um ponto de vista contrário a quase tudo o que sugerimos e até mesmo se recusam a cooperar. Eles podem argumentar na esperança de "vencer" o terapeuta, e não para obter informações. Também devemos ter em mente que muitos pacientes "discutem" como uma forma de testar a realidade ou para preencher lacunas de conhecimento. Nesses casos, responder com as informações solicitadas pode ser uma intervenção eficaz.

Estamos mais do que dispostos a fornecer as "evidências" que apoiam (ou se opõem) à nossa posição, mas geralmente é melhor evitar discussões longas. Se nos envolvermos em uma luta prolongada pelo poder com os pacientes, a terapia geralmente será prejudicada. É melhor estabelecer projetos como experimentos para testar as hipóteses que apresentamos. Deixamos claro que não podemos forçar (e não forçaríamos) o paciente a acreditar ou fazer qualquer coisa, de modo que não faz sentido lutar por ideias. Em última análise, os pacientes são responsáveis por suas próprias crenças e comportamentos e têm de viver com as consequências que eles acarretam. Podemos dar sugestões sobre como os pacientes podem mudar essas consequências mudando certas crenças e comportamentos desadaptativos, mas não temos o poder de forçar os pacientes a mudar suas crenças. Ser eficaz com esses pacientes geralmente depende de não sermos defensivos ao respondermos ao seu comportamento provocativo. Queremos ser flexíveis e reconhecer que o paciente pode ter apresentado um argumento válido, mas a prova está nos testes. A atitude que tentamos transmitir é que "trabalhamos para o paciente; o paciente não trabalha para nós".

Tentamos explicar que a argumentação em excesso não é a marca registrada da independência: dizer "não" a tudo pode prejudicar a ação independente tanto quanto dizer sempre "sim". Nossa estratégia final com pacientes que estão lutando pela independência ao rejeitar tudo o que sugerimos é ajuda-los a pensar por si mesmos. Pedimos aos pacientes suas sugestões, opiniões e métodos de como fazer mudanças. A seguir, um exemplo de como isso pode ser feito:

T: O que você gostaria de discutir hoje?
P: Estou tendo problemas com meu colega de quarto.
T: Primeiro, vamos listar quais são esses problemas?
P: Certo. (O paciente e o terapeuta fazem uma lista de problemas específicos.)
T: Você quer discutir algumas soluções para esses problemas?
P: Não, meu colega de quarto não é meu problema real. Não quero falar sobre isso.
T: Isso é interessante, já que é algo que você mencionou. Temos pelo menos duas opções. Posso colocar essa lista na minha mesa para discutir mais tarde, se você quiser, e continuar a falar sobre outra coisa, ou podemos falar sobre o que você estava sentindo e pensando quando nos pediu para fazer a lista e depois deixá-la de lado. Essa não é a primeira vez que você muda de ideia sobre o que falar no meio de uma sessão. O que você prefere?

Comportamentos contraterapêuticos dos pacientes

O paciente não quer (ou não pode) falar durante a terapia

Há uma variedade de métodos para incentivar os pacientes que ficam calados a se comunicarem na terapia. Geralmente, reforçamos verbalmente e não verbalmente o que eles têm a dizer. Também dizemos aos pacientes: "Você não precisa falar. Eu ficarei feliz em falar por nós dois". Continuamos, então, executando os dois lados do diálogo, dando o nosso melhor palpite sobre o que os pacientes estão pensando e sentindo e incentivando-os a sinalizar com a mão ou com a cabeça se estamos dentro ou fora do alvo. Tirar do paciente a pressão para falar pode neutralizar qualquer efeito que esteja atrapalhando. *O primeiro princípio é seguir o afeto*; a primeira coisa que tentamos estabelecer é se os pacientes estão se sentindo tristes (que a terapia é inútil e que eles nunca se sentirão melhor) ou ansiosos (que estão em risco se começarem a falar) ou com raiva (que nós, terapeutas, fizemos algo que os ofendeu).

Às vezes, pedimos aos pacientes predominantemente calados que escrevam o que os está incomodando e tragam para que possamos ler. Se eles estiverem extremamente relutantes em falar, podem usar sinais com as mãos para responder a perguntas ou para indicar concordância ou discordância com o que nós, como terapeutas, temos a dizer. Então, diríamos: "Por favor, levante a mão direita se eu estiver no caminho ou a esquerda se eu estiver fora. Agora vamos testar. Você está pensando sobre não conseguir falar?". O procedimento pode ser usado para facilitar a fala do paciente. Outro procedimento não padrão é fazermos uma caminhada com o paciente em vez de uma entrevista formal; alguns pacientes parecem perder a inibição de expressar seus pensamentos em palavras quando estão fora do consultório e em um ambiente menos formal.

O paciente deliberadamente falsifica ou tenta manipular o terapeuta

Em geral, presumimos que os pacientes estão dizendo a verdade como a percebem, a menos que se descubra que o contrário é verdadeiro. Às vezes, suas distorções podem parecer ter todas as características de uma mentira, mas podem representar um erro genuíno. Se as distorções deliberadas dos pacientes estiverem prejudicando a terapia, é melhor confrontá-los sobre esse assunto de forma solidária. Uma área extremamente proveitosa a ser discutida é o motivo pelo qual os pacientes acreditam que precisam se apresentar de forma errônea, ou falsificar ou ocultar informações cruciais. Esse comportamento pode ser o resultado de uma desconfiança básica, um medo de nos desagradar, ou pode representar uma tentativa de manipulação. Essas manobras também podem se basear na crença de que eles precisam se proteger de serem manipulados pelo terapeuta. Explorar o que quer que esteja acontecendo com os pacientes, novamente começando com o que eles estão sentindo logo antes de dissimularem, e passando para as crenças por trás do afeto, pode fazer a terapia avançar.

A arquiteta descrita detalhadamente no Capítulo 7 disse ao seu terapeuta (um dos autores) no início da primeira sessão que era uma mentirosa inveterada que nunca dizia a verdade e perguntou se isso interferiria na terapia. Seu terapeuta respondeu quase imediatamente que isso não importava, pois qualquer mentira que ela contasse provavelmente seria coerente com relação a pensamentos, sentimentos, fisiologia e comportamentos (já que todos os afetos são adaptações que evoluíram para organizar uma resposta coordenada a quaisquer desafios que alguém "perceba"). Como a essência da terapia cognitiva era ensinar a ela habilidades para examinar a precisão de suas crenças, qualquer material que ela trouxesse, fosse ele factual ou não, serviria muito bem ao processo. A própria paciente poderia registrar quando dizia a verdade e quando mentia e poderia dizer ao terapeuta mais tarde qual era qual, se quisesse, mas não importava se ela era honesta com ele, desde que aprendesse a examinar a precisão de suas próprias crenças. A paciente ficou surpresa com a resposta dele; ela era bastante manipuladora nos relacionamentos e esperava surpreender o terapeuta. A discussão serviu como uma ponte para explorações posteriores sobre por que ela achava que precisava manipular os outros (uma estratégia compensatória) em vez de simplesmente ser direta e pedir o que queria de uma forma mais assertiva.

O paciente desenvolve uma "transferência" positiva ou negativa em relação ao terapeuta

Se houver um problema de transferência, é bom mudar o foco da terapia para uma discussão de quaisquer questões relacionais que estejam ocorrendo (a "terceira perna do banquinho"). A primeira etapa é esclarecer o problema. Uma das maneiras pelas quais o terapeuta pode gerenciar uma interação terapeuta-paciente contraproducente é investigar os sentimentos e as atitudes do paciente.

O paciente geralmente tem crenças contraproducentes sobre o terapeuta que não são verbalizadas, e é bom torná-las explícitas. Ele pode achar que o terapeuta é muito jovem, muito velho ou do gênero errado para ser útil. Quando os problemas forem identificados, eles poderão ser discutidos e avaliados. Se formos muito positivos e otimistas no início da terapia, isso prepara o terreno para que o paciente "se sinta" decepcionado e passe a acreditar

que foi traído. Assim como Churchill à beira do abismo, queremos mobilizar os pacientes para a tarefa em questão, mas não fazer promessas que não podemos cumprir.

Se os pacientes estiverem furiosos conosco (como às vezes ficam), essa raiva geralmente pode ser neutralizada mantendo-se uma atitude não defensiva e perguntando sobre o efeito: "Tenho a sensação de que você está com raiva de mim. Estou certo?". Geralmente, a identificação do afeto começa a diminuir sua intensidade. "O que eu fiz (ou não fiz) que o deixou com raiva?" Se algo que fizemos foi indelicado ou problemático, primeiro fazemos as pazes com um pedido de desculpas e depois exploramos a reação que isso provocou. É ainda mais provável que exploremos mais se o nosso comportamento não foi tão problemático, pois é provável que tenhamos violado um dos "deverias" dos pacientes e o que é imposto a nós provavelmente refletirá o que eles impõem a outras pessoas. Como sempre, *o afeto é a "estrada real para o consciente"* e o primeiro passo na exploração de quaisquer crenças que estejam por trás desse afeto.

Preferimos extrair e examinar as noções dos pacientes que estamos "rejeitando" (por exemplo) do que tentar evitar que essas ideias surjam, sobrecarregando o paciente com evidências de dedicação, interesse e afeição. Se as ideias dos pacientes forem distorcidas ou exageradas, elas podem ser exploradas e submetidas a testes de realidade. Isso não apenas ajuda o relacionamento terapêutico, mas também proporciona um valioso exercício *in vivo* para que eles identifiquem e refutem suas interpretações errôneas. Mesmo quando as observações dos pacientes são precisas, elas podem fornecer material valioso para explorar o significado dessas percepções. Por exemplo, um paciente deprimido pode acreditar que nós, como terapeutas, não podemos ajudar se o considerarmos "apenas mais um paciente"; ou seja, se nós, como terapeutas, não o tivermos em alta consideração, isso significa que o paciente "não tem valor"; ou que se nós, como terapeutas, não sentirmos afeição pelo paciente, então ninguém poderá.

Descobrir essas crenças irracionais é potencialmente de grande ajuda para demonstrar as tendências de "catastrofização" dos pacientes e suas categorizações dicotômicas e absolutistas (tudo ou nada). Em geral, é útil tentar extrair essas crenças disfuncionais, mesmo que nós, como terapeutas, sintamos carinho e preocupação com o paciente. Estaríamos inclinados a dizer: "Vamos supor, para fins de ilustração, que eu me sinta neutro em relação a você; o que isso significaria para você?" Essa sondagem frequentemente libera uma torrente de previsões terríveis, como "Seria horrível. Eu não suportaria outra rejeição"; "Como você pode me ajudar se não se importa comigo? A única coisa que me fez continuar foi saber que você queria me ajudar. Acho que eu me mataria se você não quisesse". Esses tipos de declarações geralmente são feitas com expressões de dor considerável e levam diretamente às crenças irracionais subjacentes.

Alguns pacientes desenvolvem atitudes fortemente positivas ou negativas (ou ambas) em relação ao terapeuta como uma forma de desviar a atenção de questões dolorosas ou embaraçosas. Alguns pacientes se comportam negativamente em relação a um terapeuta porque desenvolveram fantasias eróticas em relação a ele. Se ocorrer uma transferência positiva, dizemos ao paciente que esse tipo de sentimento não é incomum na terapia e representa uma resposta humana muito normal a alguém que o ouve de forma calorosa e compreensiva. Então, nós transformamos essa reação em vantagem terapêutica, investigando o que levou o paciente a desenvolver esses sentimentos: o que mais está acontecendo na vida do paciente? Talvez haja um vazio no que diz respeito a outros relacionamentos ou há mais coisas que ele gostaria de pedir nos relacionamentos que tem e, em caso afirmativo, como? Fazemos o possível para reconhecer os sentimentos do paciente, incentivar sua expressão e esclarecer suas origens, mas não damos muita importância a eles.

A mesma paciente que se descreveu como uma mentirosa inveterada expressou mais tarde que estava tendo sentimentos românticos por seu terapeuta. Depois de declarar que ele se sentia lisonjeado e apontar que isso às vezes acontecia no contexto da terapia, o terapeuta e a paciente começaram a conversar sobre quais aspectos da forma como trabalhavam juntos a levaram a se sentir assim. Depois de refletir um pouco, ela afirmou que gostava do fato de se sentir aceita e de não ter de esconder suas falhas. Isso levou a uma discussão sobre o fato de que ela normalmente tentava esconder suas imperfeições percebidas em seus relacionamentos românticos reais (daí sua tendência a mentir) e isso a deixava com a sensação inquietante de que, quando alguém gostava dela, não era dela que realmente gostava. De fato, por não ser sincera com os outros, ela nunca sabia se eles gostavam dela ou mesmo se a conheciam. Ser honesta significava correr o risco de ser rejeitada (embora ninguém nunca seja realmente rejeitado; é só que a oferta de um relacionamento não é aceita), mas não ser honesta significava nunca se sentir tão próxima das pessoas de quem ela gostava quanto desejava. Por causa dessa discussão, ela começou a se arriscar mais em seus relacionamentos fora da terapia e descobriu que sua satisfação aumentava na mesma proporção de sua disposição para correr esses riscos.

O paciente fala demais na terapia e se desvia para outros assuntos

Os pacientes que estiveram em formas de terapia em que se esperava que falassem durante a maior parte da sessão precisam ser reorientados para o "dar e receber" interativo que é a marca registrada da terapia cognitiva. Desde o início, deixamos claro que a terapia cognitiva funciona melhor quando nós (paciente e terapeuta) nos envolvemos em um diálogo sobre tópicos de interesse. Em nossa experiência, a maioria dos pacientes se adaptará a uma estratégia terapêutica diferente se receberem uma justificativa para seu uso.

Um dos autores trabalhou certa vez com uma paciente que havia superado seu problema com a bebida por meio da participação no Alcoólicos Anônimos (AA). Sua expectativa era que ela viesse e desabafasse, com poucos comentários do terapeuta. (O AA se baseia apenas na catarse e no apoio, e não é permitido nenhum tipo de conversa cruzada.) O terapeuta preferia muito mais um diálogo que examinasse a precisão de suas crenças e os experimentos comportamentais que ela poderia realizar. O que eles acabaram fazendo foi negociar um acordo em que a paciente desabafava ininterruptamente durante a primeira metade da sessão, enquanto o terapeuta anotava as questões a serem abordadas na segunda metade, uma vez que o desabafo estivesse concluído.

Quando os pacientes tendem a divagar ou a fazer muitos rodeios, fazemos o possível para redirecioná-los ao tema principal. Deixamos claro (educadamente) que a recitação de material redundante ou tangencial reduz o tempo necessário para cobrir o material crucial dentro dos limites da terapia de curto prazo. Não temos medo de interromper os pacientes educadamente. Muitas vezes, temos uma discussão explícita com esses pacientes e negociamos antecipadamente a permissão para interrompê-los quando se desviarem do caminho. Ressaltamos aos pacientes que a quantidade de material a ser discutido é praticamente infinita, mas que o tempo que temos juntos é finito. Também lembramos aos pacientes que eles entraram na terapia por um motivo. A maioria dos pacientes prefere maximizar o benefício que recebe se o tempo for usado criteriosamente. O risco dessa abordagem é mínimo, em parte porque a maioria dos pacientes que foge do assunto está ciente, ou foi informada por outros, de que tem essa tendência, e a maioria deles vê essa tendência como um obstáculo para seu trabalho e seus relacionamentos, tanto quanto para a terapia.

O paciente abusa dos privilégios telefônicos

Chamadas telefônicas, bate-papos com vídeo, *e-mails* ou mensagens de texto podem ser usados de pelo menos três maneiras na terapia:

1. Como terapeutas, é natural que forneçamos nossos números de telefone e endereços de *e-mail* aos pacientes e

peçamos a eles que liguem ou enviem mensagens de texto em caso de crise. No tratamento de pacientes deprimidos e suicidas, essa providência pode salvar uma vida.

2. Nos estágios iniciais do tratamento, geralmente convidamos os pacientes a telefonar, enviar mensagens de texto ou *e-mails* quando concluírem a primeira tarefa e a fazê-lo especialmente se tiverem problemas para concluir a tarefa acordada. Isso pode ajudar a motivá-los a realizar a tarefa e nos permite ajudar a solucionar problemas inesperados.

3. Quando os pacientes não podem vir para o tratamento ou estão fora da cidade, a terapia pode ser conduzida por telefone ou por videoconferência. Nesses casos, a agenda da sessão pode ser estruturada no início da ligação. Um dos autores conduziu a maior parte de sua prática por telefone como uma ajuda aos clientes que preferiam não dirigir até o grande centro urbano para o qual ele havia se mudado.

O paciente se atrasa constantemente e falta às consultas

Nossa política geral é permitir que os pacientes terminem o restante da hora se chegarem atrasados (mas não continuar a sessão além desse tempo, a menos que haja um bom motivo), e normalmente remarcamos as sessões perdidas, se isso puder ser feito. A principal coisa que queremos fazer é verificar o afeto e as crenças que levaram os pacientes a se atrasarem ou a não comparecerem e tentar fazer isso de forma não acusatória. Há muito trabalho a ser feito para que o tempo seja reduzido por atrasos ou outros problemas evitáveis. Se o atraso for inevitável, compensamos o tempo perdido.

Dito isso, se os pacientes repetidamente chegam atrasados ou faltam a várias sessões, perguntamos sobre os motivos e resolvemos o que pode estar atrapalhando. Muitas vezes, são crenças ou valores que interferem no processo terapêutico ("Eu deveria ser capaz de resolver meus problemas sozinho" ou "Isso não vai funcionar para mim") e, nesses casos, trabalhamos com o paciente para avaliar sua precisão e funcionalidade. Em alguns casos, essas crenças decorrem de problemas no próprio relacionamento terapêutico. Quando esse é o caso, recorremos à "terceira perna do banquinho".

Anteriormente, no Capítulo 7, descrevemos um incidente em que a mesma cliente, que se descrevia como uma mentirosa crônica, ligou uma vez para pedir uma sessão de emergência em um horário inconveniente para o terapeuta, com o qual ele concordou, desde que terminassem a tempo de ele chegar a outro compromisso. Quando a cliente chegou 20 minutos atrasada com uma xícara de café quente, o terapeuta expressou seu descontentamento, ao que a cliente reagiu negativamente. Embora os primeiros minutos da interação tenham sido tensos, a paciente e o terapeuta colocaram a situação no contexto da terceira perna do banquinho e a resolução final do problema na sessão foi um marco importante que ajudou a levar a terapia adiante. Todo problema pode ser transformado em vantagem se ambas as partes respeitarem os desejos da outra.

O paciente tenta prolongar a entrevista

Em geral, tentamos ser firmes quanto a terminar a sessão dentro do "tempo previsto". Isso evita que ambas as partes se desgastem durante sessões muito longas e ajuda o paciente a desenvolver um senso de intencionalidade e controle sobre o curso da terapia. Alguns pacientes fazem com que o término pareça arbitrário ou incômodo por não se controlarem adequadamente ou por esperarem para falar de assuntos importantes no final da sessão. A definição de uma agenda ajuda a resolver esse problema.

Tentamos ajudar a sessão a terminar com uma nota de conclusão, alertando o paciente com declarações como "Vejo que só temos cerca de 10 minutos restantes, e seria bom se pudéssemos passar para o exercício de casa". Para evitar que o paciente deixe perguntas importantes para o final da sessão, nós nos certificamos de definir uma agenda no início da sessão que inclua tudo o que o paciente deseja falar, para que possamos reservar tempo para cobrir o que for mais importante. Podemos dizer, por exemplo: "Tem certeza de que não deixamos nada importante de fora? Eu não gostaria que o assunto viesse à tona no final da sessão e não tivéssemos tempo para discuti-lo". Às vezes, pedimos aos pacientes que imaginem no início que a sessão está prestes a terminar ou que estão a caminho de casa, ou em qualquer outro lugar: "Há algo de que você se arrependerá por não termos conversado?". Se o paciente levantar uma questão importante no final da sessão, sugerimos que ele a escreva com possíveis soluções e traga o material para a próxima sessão.

Resumo e conclusões

Para abordar qualquer número de dificuldades no curso da terapia cognitiva, permanecemos dentro do modelo cognitivo mais amplo à medida que exploramos os pensamentos e sentimentos subjacentes ao problema. Se o problema for consequência de comportamentos contraterapêuticos por parte dos clientes, o que queremos que nós e eles entendam são os pensamentos e sentimentos que estão por trás dos comportamentos problemáticos. Se o problema estiver em nossa reação ao cliente, novamente queremos entender nossos próprios pensamentos e sentimentos em resposta ao comportamento do cliente. Em ambos os casos, vamos para a "terceira perna do banquinho" e transformamos a questão em um tópico de discussão. Não há questão que não possa ser discutida, e fazer isso normalmente promove os objetivos do tratamento e aprofunda o relacionamento terapêutico.

Certas questões são tão comuns que raramente nos surpreendemos quando elas surgem. Os clientes geralmente afirmam que podem acreditar em algo intelectualmente, mas não afetivamente (cabeça vs. coração). Isso significa que eles simplesmente têm duas crenças conflitantes, uma cognição "fria" baseada na lógica e uma cognição "quente" que impulsiona seu afeto. Os clientes também costumam observar que não conseguem pensar racionalmente quando estão chateados. Nesses casos, ressaltamos que todas as habilidades podem ser aprimoradas com a prática e podemos ajudá-los a aprender a "manter a cabeça fria" quando estão sob estresse. Sempre nos baseamos no modelo cognitivo e usamos os problemas na terapia para explorar as crenças de nossos clientes.

Notas

1. Um dos autores tem realizado regularmente *workshops* de treinamento para terapeutas no programa Improving Access to Psychological Therapies (IAPT) do Reino Unido, e um dos aspectos mais interessantes e instrutivos dos *workshops* tem sido dedicar o segundo dia para que os participantes "façam o papel" de seus clientes mais difíceis e menos responsivos para ver o que o autor (ou os outros *trainees*) pode fazer no papel de terapeuta. É impressionante a frequência com que o terapeuta de registro obtém novas percepções sobre o que está acontecendo com seus pacientes e quais novas estratégias podem ser tentadas. Mudar as perspectivas e desempenhar o papel de seus clientes é uma excelente maneira de "entrar na cabeça de nossos clientes" e uma de nossas estratégias favoritas quando estamos "empacados" com pacientes.

2. "Quais são as **evidências** dessa crença?"; "Existe alguma explicação **alternativa** para esse evento que não seja a que acabei de sugerir?"; e "Quais são as **implicações** reais dessa crença, mesmo que ela seja verdadeira?". Tratamos essas "três perguntas" como um mantra que repetimos com frequência durante a terapia e incentivamos os clientes a praticarem a aplicação sempre que se depararem com um pensamento automático negativo.

PONTOS-CHAVE

1. Independentemente do problema, **mantenha-se dentro do modelo cognitivo** para resolvê-lo.
2. Examine os pensamentos e sentimentos por trás das **reações negativas do terapeuta** aos comportamentos do paciente.
3. Compartilhe esses pensamentos e sentimentos por trás das reações como um **modelo de comunicação assertiva**.
4. As divisões entre **"coração *versus* cabeça"** refletem conflitos entre cognições "quentes *versus* frias".
5. Recorra à "terceira perna do banquinho" para resolver **problemas no relacionamento terapêutico**.

14

Exemplo de caso ampliado

Eu nunca faria parte de um clube que me aceitasse como membro.
— *Groucho Marx*

Este capítulo descreve um tratamento de terapia cognitiva, ilustrando muitos dos princípios e técnicas descritos neste livro. Camila, uma mulher solteira de 30 anos, disse na admissão que tinha episódios recorrentes de depressão desde os 12 anos de idade, quando seus pais se divorciaram. Ela também tinha problemas físicos, muitas vezes ficando em casa e não indo para a escola por dores de estômago, e mais tarde abusou de drogas. Ela havia tentado suicídio duas vezes e disse ao seu terapeuta (um dos autores) na primeira sessão que, se o tratamento não desse certo, ela planejava se matar.

Durante sua primeira interação e em muitas sessões subsequentes, Camila expressou sua irritação com o terapeuta. Ela fez isso especialmente quando ele fez perguntas que focavam em seus pensamentos sobre si mesma ou em decisões que refletiam tentativas de evitar ser julgada pelos outros. O terapeuta mantinha o foco no modelo cognitivo e, ao mesmo tempo, navegava pelas tensões interpessoais quando elas surgiam, de acordo com o "banquinho de três pernas" apresentado no Capítulo 7 (veja a Figura 7.4). Às vezes, ele deixava passar os comentários hostis sem responder, mas, em outras ocasiões, usava essas interações para fazer conexões entre os pensamentos e comportamentos dela na sessão (terceira perna do banquinho) com suas primeiras experiências com a família de origem (segunda perna) e suas interações atuais como adulta no trabalho, com amigos e com parceiros românticos (primeira perna).

O curso dos sintomas de Camila durante a terapia, conforme avaliado com o Inventário de Depressão de Beck (BDI, do inglês *Beck Depression Inventory*) antes de cada sessão, refletiu como ela teve dificuldades, mas acabou adotando o modelo cognitivo. Os *insights* sobre os padrões de comportamento de longa data que a impediam de ter uma vida satisfatória foram conquistados com dificuldade, tanto para Camila quanto para seu terapeuta, mas ela melhorou ao longo da terapia. No final do tratamento, ela estava funcionando muito bem e relatando níveis de sintomas depressivos dentro da faixa normal (veja a Figura 14.1). A narrativa que se segue, com citações extensas das primeiras

Exemplo de caso

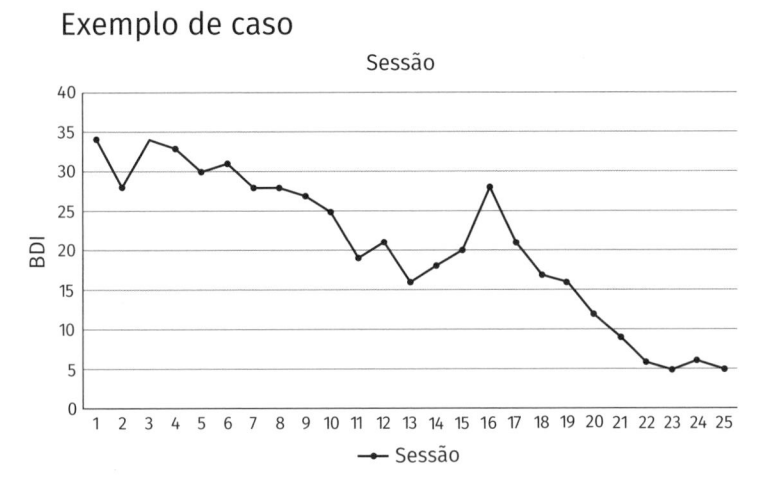

FIGURA 14.1 Escores do BDI durante o tratamento.

sessões, quando a maioria das principais estratégias foi introduzida e as questões centrais foram levantadas, é dividida em seis fases, refletindo as vicissitudes do processo de terapia.

A identidade da paciente foi ocultada para proteger sua confidencialidade. A descrição do tratamento oferecido aqui se baseia nas sessões com ela, muitas vezes omitindo estratégias descritas anteriormente no texto (p. ex., estabelecer uma agenda ou definir exercícios de casa) que não eram exclusivas de Camila. Este relato se concentra muito nas sessões iniciais, especialmente nas seis primeiras, quando a irritação dela com o terapeuta e os esforços dele para incentivá-la a explorar suas crenças sobre si mesma eram mais evidentes. Apresentamos resumos mais breves das sessões posteriores, depois que ela adotou o modelo cognitivo e fez um rápido progresso. Nossa ênfase é descrever como o terapeuta pode usar os desafios no relacionamento terapêutico para destacar e explorar os antecedentes na infância das crenças nucleares e trabalhá-los nos relacionamentos da vida atual.

As sessões iniciais: explorando o presente em relação ao passado de Camila

Sessão 1: apresentação do modelo cognitivo com fundamentações alternativas

A pontuação de Camila no BDI antes de seu primeiro encontro com o terapeuta foi de 34, na faixa de depressão "grave". Os objetivos do terapeuta, para começar a desenvolver uma colaboração com Camila, eram conhecer sua história e o papel que os sintomas atuais desempenhavam em sua vida e apresentar o modelo cognitivo.

Terapeuta (T): Uma coisa que eu gostaria de fazer hoje é contar o que aprendi ao ler seus materiais de admissão. Isso lhe dará a chance de me dizer onde estou errado e se há partes importantes do quadro que eu deixei de fora.

Paciente (P): Certo.

T: Então, gostaria de lhe dar uma boa ideia de como eu gostaria que trabalhássemos juntos para tratar da sua depressão. Você tem tido problemas com depressão de vez em quando há algum tempo, certo?

P: Sim.

T: Então, gostaria de lhe dar uma ideia de como essa terapia — e como você e eu juntos — abordará esses problemas e como você pode sair dessa depressão e viver um tipo de vida diferente daquela em que se encontra agora. Tudo bem?

P: Parece inacreditável.

T: Bem, vamos ver se conseguimos tornar isso acreditável, pouco a pouco.

Então, o terapeuta resumiu sua compreensão da história de Camila, tanto para mostrar a ela que ele havia dedicado tempo para ler seu arquivo quanto para permitir que ela enfatizasse o que considerava os aspectos mais importantes de sua história.

T: Entendo que você teve problemas de depressão durante boa parte do tempo, desde que seus pais se divorciaram quando você era adolescente e...

P: Talvez até antes disso. Eu tinha 11 anos quando meus pais se separaram. Lembro-me de ser muito zoada por minha família porque eu chorava o tempo todo. Eles diziam que eu estava sendo dramática.

T: Eles?

P: Meus pais. Bem, minha irmã também, e outros parentes. Eles diziam que eu levo as coisas muito para o lado pessoal. Eles ainda dizem isso, mas começou quando eu era pequena.

T: Ok.

P: Mas acho que o momento mais sombrio foi quando eu estava acamada. Foi quando meus pais se divorciaram. Então, esse foi o pior momento.

T: Então, você se lembra de estar realmente mal. Como sem ir à escola por um tempo?

P: Eu não podia ir à escola porque não digeria bem nada do que comia, e eu ficava na cama. Queria dormir o tempo todo. E então me lembro de minha mãe gritando comigo por causa disso. Minha mãe não era o tipo de pessoa mais compreensiva.

Nesse ponto, Camila descreveu seu relacionamento atual com sua família de origem. Eles moravam perto, mas ela raramente os via, exceto durante grandes reuniões familiares e visitas ocasionais e tensas. Como ela disse: "Eu não falo com minha irmã porque o marido dela me disse que eu sou um caos desde que ele me conheceu".

T: Percebi que você também teve dificuldades com drogas no passado e que isso voltou a ocorrer depois que você passou por um término de relacionamento.

P: Sim. Eu estava me sentindo muito mal. Estava estudando e trabalhando em tempo integral, e decidi que, se era para eu me sentir tão mal, poderia muito bem beber. Acho que estava tentando me matar.

T: Então, isso foi com álcool?

P: Ahã.

T: Recentemente, você se sentiu tentada a voltar a beber muito?

P: Ahã.

O terapeuta pergunta sobre o tratamento anterior de Camila para preparar o terreno para a introdução do modelo cognitivo.

T: Você pode me falar um pouco sobre a psicoterapia que já fez antes? Sei que você tomou fluoxetina, e...

P: Fiz toneladas de terapia, principalmente falando sobre as coisas horríveis que meus pais fizeram comigo, as coisas horríveis que eu mesma fiz, chorando sobre isso e levando em frente. Já falei sobre isso um milhão de vezes. Isso não muda.

T: Você quer dizer, falar sobre seu passado e seu relacionamento com seus pais?

P: Certo. Quantas vezes posso dizer isso?

T: Bem, parece que não deve haver muita sobreposição entre o que você falou no passado com os terapeutas e o que vamos abordar. Parece que você não está necessariamente esperançosa com essa terapia, mas está disposta a tentar. Estou certo quanto a isso?

P: Bem, tenho esperança, mas... se minha vida vai ser o que parece ser agora, então não quero vivê-la. Se é só isso que vai acontecer, então qual é o sentido?

T: Estou ouvindo você. Que você precisa fazer algumas mudanças e ver algumas grandes mudanças em sua vida. E parece que você está pronta para ver o que podemos fazer, mas somente se isso fizer sentido para você e se puder ver aonde queremos chegar com a terapia. Essa é, de fato, uma boa atitude para começar a terapia. O que faremos muito é sermos **céticos**. Não vamos fazer suposições.

O terapeuta reconheceu o ceticismo de Camila em relação à terapia e a ameaça implícita de suicídio se a terapia não fosse bem-sucedida. Ele focou em como os dois poderiam trabalhar juntos para atingir as metas de Camila.

T: O que você sabe sobre a terapia cognitiva?

P: Eu li um livro sobre isso. É interessante, embora eu não consiga me imaginar escrevendo tudo isso. Tipo, por mais deprimida que eu esteja, você acha que vou conseguir me concentrar e escrever o que estou pensando e sentindo? Era uma longa lista. E mesmo depois de outras terapias, a maneira como penso nunca mudou. Continuo com os mesmos pensamentos em minha cabeça.

T: E você acha que é muito boa em captar esses pensamentos quando eles passam pela sua cabeça?

P: Bem, eu provavelmente poderia melhorar. Normalmente não quero ouvi-los.

T: Certo. Esse é o problema com os tipos de pensamentos negativos que temos quando estamos deprimidos. Eles são altos o suficiente para afetar nosso humor, mas muitas vezes não são tão altos e claros a ponto de podermos dar uma boa olhada neles.

O terapeuta esclareceu o que Camila queria dizer com "pensamentos" e introduziu a noção de que os pensamentos automáticos às vezes podem ser exagerados ou até mesmo falsos. Ele também descreveu como as imagens que vêm à mente podem representar cenários que são desnecessariamente extremos ou muito improváveis de ocorrer na realidade.

T: Podemos perguntar se os pensamentos e as imagens são realmente verdadeiros e se o tipo de previsão que você está fazendo pode ser exagerado. O que você acha disso até agora? (Pausa) Você está parecendo cética.

P: Bem, estou pensando que não acredito que isso vá me fazer sentir diferente sobre mim mesma. Ou me fazer acreditar em algo que sei que não é verdade.

T: Você acredita que as coisas que pensa sobre si mesma são verdadeiras. Vou tomar cuidado para não tentar convencê-la de coisas que não são verdadeiras. Isso seria um desperdício do seu tempo e do meu, não acha?

P: Sim, seria, e eu não preciso disso.

T: Mas é possível que pelo menos algumas das coisas que você pensa sobre si mesma, e algumas das implicações dessas coisas, não estejam corretas. O que está passando pela sua cabeça neste momento?

P: (*Longo silêncio*) Não consigo identificar, é apenas... confuso.

T: Parece que quando focamos em seus pensamentos sobre si mesma, sua mente foi para outro lugar. Às vezes, quando isso acontece, é porque temos medo de que, se olharmos mais de perto nossos pensamentos, nos convenceremos de que as coisas são realmente tão ruins quanto pensamos.

P: De certa forma, acho que não quero que ninguém me conheça, pois assim descobrirão quem eu realmente sou.

T: Talvez você não se sinta à vontade para me contar hoje, mas há coisas sobre você que você realmente não quer que as pessoas saibam?

P: Não sei. Quero dizer, fiz algumas coisas quando estava usando drogas...

T: Então... há coisas em seu passado das quais você se arrepende.

P: Bem, eu não matei ninguém. Só que deve haver algo errado comigo.

T: Como?

P: Quero dizer... se toda a minha família não quer falar comigo e acha que sou um caos, então eles podem estar todos errados? Como posso esperar que alguém me ame se toda a minha família não me ama?

T: Ok. Essas são perguntas muito boas que, imagino, você já deve ter feito a si mesma muitas vezes. Talvez eles a amem, mas talvez não a amem. Certamente, eles disseram e fizeram coisas que lhe magoaram.

P: Eles não se comportam de uma forma que demonstrem amor. Talvez eles simplesmente não sejam capazes de amar.

T: Você se sente diferente se acredita que eles não são adequados para amar, em comparação com o fato de você não ser adequada para ser amada?

P: Sim, acho que sim.

T: Então, você já demonstrou um pouco de ceticismo em relação a essa ideia de que, se eles não a amam, ninguém mais poderia amar você. E isso deixaria em aberto a possibilidade de que outras pessoas pudessem gostar de você.

P: Ah, por favor.

T: Parece que tudo o que você recebe de sua mãe e de seu pai, o que não acontece com muita frequência, ajuda a convencê-la de que há algo errado com você.

P: A última conversa que tive com minha mãe foi no dia 4 de julho. Acho que fazia 4 meses que eu não falava com ela. Isso foi porque o namorado dela deu em cima de mim. Ela acreditou em mim quando lhe contei, mas achou que seu relacionamento com ele era mais importante. Então, ela me ligou no dia 4 e começou a dizer que eu é que tinha problema com homens, que eu exagerava e que ele não estava falando sério. Sabe, a mesma coisa aconteceu quando eu tinha apenas 14 anos: um cara diferente com quem ela estava saindo se interessou por mim, e eu contei a ela, e ela não acreditou em mim daquela vez. E esse cara acabou morando conosco por uns 6 meses. Mas sou eu quem tem problemas com homens.

T: Foi isso que ela disse?

P: Foi.

T: Posso ver como isso é realmente doloroso e perturbador. Parece que temos pelo menos duas possibilidades. Uma é que sua mãe tem problemas reais, e isso seria uma pena para ela, mas muito desagradável para você. Ou pode ser que esses incidentes nos digam que há algo errado com você.

P: Nenhuma das duas é ótima.

T: Certo. Seria bom se sua mãe dissesse: "Você tem toda a razão, tenho de me livrar desse cara. O que eu estava pensando? Nosso relacionamento é o mais importante".

P: Não vou segurar minha respiração (*risos*). Mas, na maioria das vezes, acho que talvez seja eu. Talvez se eu fosse uma pessoa melhor ou se eu tivesse feito algo diferente enquanto crescia, isso seria importante o suficiente para ela.

T: Parece que uma evidência disso é que sua mãe decide ficar com esse cara em vez de tentar consertar as coisas com você.

P: Ela nunca teve tempo para mim. Os homens sempre foram mais importantes. Deve ser... Quero dizer, todos os outros membros da família estão bem. Por que eu sou a única que está um caos?

T: Quem são os outros que estão indo bem?

P: Não há nada de errado com minha irmã. Meu pai está bem. Minha mãe está bem. Eu sou a única que já fez terapia. Portanto, deve ser eu.

T: Ok, mas, até agora, estou ouvindo falar de uma mãe que fez algumas coisas negligentes, e certamente a mais recente é preocupante.

P: Mas como é que eles são felizes? Eles têm parceiros, têm casas, têm empregos de que gostam, todos conversam entre si, vão a festas. Eu fico em casa, sozinha, e não tenho nada em minha vida. Então, sou eu quem tem o problema.

T: Uma pergunta que você pode fazer a si mesma é se prefere ser a pessoa que seu pai é ou a pessoa que sua mãe é.

P: Não, eu não gostaria de ser como eles.

T: Portanto, o fato de poderem ter amigos, conviver com a família e assim por diante não é necessariamente um sinal de boa saúde.

P: Acho que não. Nem estou dizendo que quero continuar fazendo parte disso. Mas eu gostaria de ter minha própria vida.

O terapeuta aprendeu com a troca anterior o que Camila concluiu de suas experiências de infância e de seu relacionamento atual com a mãe. Ela supôs que a mãe valoriza mais seus próprios relacionamentos com homens do que o relacionamento com a filha, concluindo, portanto, que deve haver algo errado com ela (a filha). Camila deduziu que não deve ser amada, porque nem mesmo sua própria família a ama. Esse tipo de conclusão é comum entre crianças que sofreram negligência ou abuso; elas acreditam, com o egocentrismo da infância, que os eventos dolorosos em suas vidas ocorreram porque há algo de errado com elas. Camila provavelmente chegou a essas conclusões quando criança e nunca teve a oportunidade de questioná-las quando adulta. Ela está disposta a considerar a possibilidade de que pode ter havido problemas na forma como foi tratada. Contudo, ela acredita que o resto da família está indo bem, portanto, o problema deve estar nela. O terapeuta aprendeu, com essa troca de experiências, que Camila mantém essas crenças nucleares com veemência, mas está disposta a examiná-las.

Depois de obter uma noção da história e dos sintomas anteriores de Camila, o terapeuta começa a analisar seu nível atual de atividade para decidir se a ativação comportamental pode ser uma estratégia útil a ser implementada nesse momento.

T: Então, você está trabalhando em tempo integral. O que costuma fazer depois que chega em casa do trabalho?

P: Ligo a TV e me deito no sofá.

T: (*Percebendo pelo tom de Camila que ela não estava satisfeita com esse padrão*) Parece que você está vendo um padrão que gostaria de mudar. (*Observando o olhar de ceticismo de Camila*) Isso parece muito otimista?

P: Bem, se é assim que minha vida será, então não quero viver. Se é só isso que vai acontecer em minha vida, então qual é o sentido?

T: Com certeza queremos ver se isso é tudo o que existe. Vou supor que não é só isso, mas teremos que dar uma olhada. Quando você vai para casa e liga a TV, quais são as coisas que você não está fazendo? Quais são as coisas que, se você realmente se esforçasse, poderia dizer: "Sim, eu poderia fazer isso ou aquilo, mas não, vou apenas ligar a TV"?

P: Fazer uma caminhada, andar de bicicleta, fazer compras, fazer uma aula de francês, entrar na academia...

T: Então, essas coisas parecem que a deixariam ocupada física ou mentalmente. E socialmente? Quais são as coisas que você poderia fazer?

P: Eu realmente não tenho uma vida social.

T: Há alguma coisa que lhe vem à mente, coisas que você recusou na semana passada ou no mês passado? Alguma coisa que, se estivesse se sentindo melhor, teria feito?

P: Não... Acho que na sexta-feira minha colega me pediu para ajudá-la a pintar a sala de recreação de seus filhos no fim de semana, e eu disse que não.

T: Você pode me dizer o que passou pela sua cabeça quando decidiu não ir?

P: Hum... Eu não queria sair de casa. Acho que teria sido demais.

T: Por causa dessa mulher em particular, algo sobre ela?

P: Não. Eu simplesmente não queria. Quero dizer, qual é o objetivo?

T: Boa pergunta. Deixe-me perguntar a você: se você estivesse se sentindo melhor, qual seria o objetivo de ajudar essa mulher a pintar a sala de recreação dos filhos?

P: Acho que para rir e me divertir.

T: E há alguma coisa que você poderia ter feito esta semana se estivesse se sentindo melhor?

P: Um colega do trabalho me convidou para jantar com ele.

T: E você decidiu dizer "não"?
P: Bem, sim, há algo errado com ele... Deve haver.
T: O que você acha?
P: Bem, se ele quer sair comigo, deve haver algo de errado com ele.
T: Sério? Se alguém quer ficar com você, isso significa que há algo errado com essa pessoa?
P: Sim.
T: Então, você é uma espécie de padrão-ouro?
P: (*Risos*) Não estou dizendo que seja tão concreto assim.
T: Então, como você poderia mudar de ideia sobre se é digna de ser amada ou se é simpática?
P: O que você quer dizer com isso?
T: Bem, se alguém realmente gostasse de você ou a amasse, você concluiria que há algo errado com essa pessoa, não?
P: Certo. Sim.
T: Mas aqui está uma oportunidade em que você poderia dizer: "Não tenho certeza se gosto desse cara, mas ele parece gostar de mim. Acho que vou colocar esse na coluna do 'agradável'".
P: (*Risos*) Isso não significa nada.
T: Não significa nada? Mas algo que tem significado para você é o fato de sua mãe ter tolerado que o namorado dela desse em cima de sua filha.
P: Ah, meu Deus.
T: O quê?
P: Eu entendi.
T: O que você entendeu?
P: Que estou desconsiderando totalmente o positivo, mas exagerando o negativo e interpretando tudo de forma totalmente errada.

O terapeuta não reagiu a essa afirmação, pois a paciente parecia desconfortável.

P: Isso é estranho. Parece que minha cabeça está girando... Isso é muito bom. (*Outra pausa longa*)
T: O que você está pensando?
P: Portanto, não é uma boa ideia basear sua autoestima no que as outras pessoas pensam.
T: Especialmente se você entendeu...
P: De trás para frente.
T: Certo. Se só vai em uma direção, você fica presa ali.
P: Isso é realmente constrangedor (*risada irônica*). Eu me sinto manipulada. Mas você...
T: Vamos conversar sobre isso.
P: Não, está tudo bem... Constrangedor, mas bom. Isso é muito engraçado. Você me pegou.
T: Mas, será divertido e interessante quando você aprender a se perceber e puder dizer a si mesma: "Não preciso estar fazendo isso ou pensando nisso".
P: É muito bom, porque ninguém nunca fez isso comigo antes. Como eu disse no início, estou praticamente no fim. Sinto que, se isso não funcionar, não sei por quanto tempo mais vou participar desta vida. Estou no ponto em que estava quando passei pelo meu pior momento, uns anos atrás.
T: Acho que o que podemos fazer aqui é uma ideia melhor.
P: Sim (*risada irônica*), um pouco mais construtiva.
T: Gostaria de lhe pedir um favor. Pode chegar um momento, em algumas semanas ou em alguns meses, durante a terapia, em que você terá um retrocesso em seu humor e em como está se

sentindo em relação à terapia. Quando isso acontece, é comum que as pessoas pensem que qualquer melhora durante a terapia até aquele momento não foi real. Quero saber se você pode me prometer que, quando isso acontecer, você virá para pelo menos uma sessão. Obviamente, minha esperança é que você continue com a terapia conforme planejamos, mas o compromisso que estou pedindo é que você venha me ver, mesmo que ache que será nossa última consulta.

P: Sim, eu posso fazer isso.

O terapeuta estabelece expectativas sobre o aumento e a diminuição do progresso, de modo que, quando ocorrem retrocessos, é menos provável que eles provoquem a saída do paciente da terapia (ou de sua própria vida). Conforme descrito no Capítulo 9, não pedimos aos pacientes um contrato de "não suicídio", mas pedimos mais uma sessão para discutir o que está acontecendo com eles se estiverem pensando em abandonar a terapia (ou abandonar a vida). Antes de encerrar a sessão, o terapeuta explicou o uso do Cronograma de Atividades (consulte a Figura 5.1 no Capítulo 5). Camila concordou em usá-lo para monitorar seus comportamentos e estados de humor entre a primeira e a segunda sessão.

Sessão 2: ativação comportamental com um toque cognitivo

A pontuação de Camila no BDI na segunda sessão foi de 28, uma redução de 6 pontos em relação à sessão anterior. O terapeuta iniciou a segunda sessão perguntando o que ela lembrava da primeira sessão, conforme descrito no Capítulo 3 (veja, especialmente, a Figura 3.2). Observe também que, apesar da crença generalizada de que a terapia cognitiva é, em grande parte, comportamental nas primeiras sessões e se torna cada vez mais cognitiva somente à medida que a terapia avança (Ilardi & Craighead, 1994), o terapeuta passou um tempo considerável na primeira sessão extraindo as crenças de Camila sobre sua autoestima e suas origens na infância (a segunda perna do banquinho de três pernas descrito no Capítulo 8) e se baseou em seu olhar de ceticismo para perguntar se ela achava que ele estava sendo muito otimista (a terceira perna do banquinho). Conforme descrito no Capítulo 3, o terapeuta entra em cada sessão com a intenção de ensinar ao paciente um conjunto de habilidades (nesse caso, **ativação comportamental**), mas fica livre para usar quaisquer estratégias (como a **reestruturação cognitiva**) que melhor ajudem a atingir esse objetivo (Tang & DeRubeis, 1999b).

Na discussão que se seguiu, o terapeuta buscou explorar ao máximo e solidificar o que a cliente aprendeu na sessão anterior. Como é comum nesse tipo de investigação, foi necessária alguma persistência e persuasão. Isso é feito de forma respeitosa e, às vezes, o terapeuta acha que é melhor interromper o questionamento e, em vez disso, oferecer suas lembranças da sessão anterior. Nossa regra básica é dar ao paciente a primeira (e talvez a segunda ou a terceira) oportunidade de apresentar seu argumento, mas nós fazemos isso se o paciente não conseguir.

T: Aconteceu alguma coisa em nossa última sessão que se destacou para você?
P: Sim, quando você apontou para mim o lance do negativo e positivo.

T: Você pode dizer mais? Sei que já falamos sobre isso, mas talvez, para fins de revisão ou solidificação, você possa me dar um resumo.

P: Não, eu entendi.

T: Você pode me dizer o que mais te marcou?

P: Bem... você sabe. Estávamos falando sobre como eu via as diferentes pessoas, especialmente minha mãe, e como o *feedback* que eu recebia dela era basicamente negativo. E como eu levava isso a sério. Depois, quando falamos sobre aquele cara que parece gostar de mim, você tentou me mostrar que havia algo de positivo nisso, embora eu achasse que ele era uma aberração. Mas eu nem conseguia ouvir o que você estava dizendo por causa da conversa que estava acontecendo na minha cabeça. Percebi, porém, que não aceito nenhum tipo de aspecto positivo. E que exagero o negativo.

T: E isso ainda faz sentido para você?

P: Sim, eu entendo. Mas reconhecer isso não muda as coisas nem torna minha vida melhor.

Embora Camila tenha assegurado ao terapeuta que havia entendido a essência da sessão anterior, o terapeuta insistiu um pouco para obter mais informações, porque explorar experiências internas, como pensamentos e sentimentos, é necessário para que a terapia prossiga. Em sessões futuras, Camila continuou tendo dificuldades com esse processo de comunicação aberta sobre suas próprias experiências. O terapeuta, então, fez uma conexão entre o que a paciente aprendeu na sessão anterior e como ele e a paciente negociarão as próximas etapas da terapia.

T: Então, há alguma coisa que ainda não abordamos? E você tem alguma opinião sobre o caminho que parece que a terapia seguirá, pelo que você viu até agora?

P: Não sei. Quando estávamos falando sobre minha mãe e tal, achei que estava ficando um pouco fora de controle, que não era produtivo.

T: Ok, fico feliz que você tenha mencionado isso. Você pode dizer mais?

P: Parece que são coisas que atacam as mães. Quero dizer, qual é o objetivo? Isso me pareceu desconfortável.

T: Estou muito feliz por você ter me dito o que a deixou desconfortável. Isso me faz confiar que você me avisará à medida que trabalharmos juntos, caso entremos em assuntos que você não queira.

O terapeuta usou esse diálogo não apenas como uma oportunidade de reforçar Camila por dar um *feedback*, mas também para sugerir que, mesmo que seja desconfortável, identificar e examinar suas crenças pode ser útil.

O terapeuta perguntou a Camila o que ela gostaria de abordar durante a sessão, para definir a agenda. Camila colocou na agenda um item do seu exercício de casa: "Eu desisti de preencher um formulário de matrícula para a faculdade". O terapeuta entregou uma cópia em branco do Registro de Pensamentos para Camila e usou esse tópico como uma oportunidade para apresentar a ferramenta e o modelo cognitivo mais amplo (veja a Figura 14.2). Novamente, observe que o terapeuta introduziu uma das estratégias cognitivas mais usadas (o Registro de Pensamentos, conforme descrito no Capítulo 6) na

Instruções: Quando perceber que seu humor está piorando, pergunte a si mesmo "O que está passando pela minha cabeça neste momento?" e, assim que possível, anote o pensamento ou a imagem mental na coluna "Pensamentos automáticos". Em seguida, considere o quanto esses pensamentos são realistas.

Data	Situação	Emoções	Pensamentos automáticos	Respostas alternativas	Resultado
	Onde você estava – e o que estava acontecendo – quando você ficou chateado?	Que emoções você sentiu (tristeza, ansiedade, raiva, etc.)? Avalie a intensidade (0-100%).	Que pensamentos e/ou imagens passaram por sua mente? Avalie sua crença em cada um deles (0-100%).	Use as perguntas na parte inferior para compor respostas aos pensamentos automáticos. Classifique sua crença em cada um deles (0-100%). Consulte também a lista de possíveis distorções.	Reavalie a crença em seus pensamentos automáticos (0-100%) e na intensidade de suas emoções (0-100%).
5/2	Decidi não preencher o formulário de matrícula.	Pânico Frustração Sem esperança Desespero	Eu não mereço isso. Não consigo fazer isso. Quem estou enganando? Vou acabar desistindo de novo, mesmo que eles me aceitem. A equipe vai revirar os olhos quando me vir novamente porque eles acham que não consigo fazer isso.	Na verdade, não há nenhuma evidência de que vou fracassar além de meus próprios pensamentos.	

(1) Quais são as **evidências** de que o pensamento automático é verdadeiro? Quais são as evidências de que ele não é verdadeiro?
(2) Existem **explicações alternativas** para esse evento ou maneiras alternativas de ver a situação?
(3) Quais são as **implicações** se o pensamento for verdadeiro? O que é mais perturbador nisso? O que é mais realista? O que posso fazer a respeito?
(4) O que eu diria a um bom amigo na mesma situação?

Possíveis distorções: Pensamento do tipo "tudo ou nada"; generalização excessiva; desconsideração de aspectos positivos; conclusões precipitadas; leitura mental; adivinhação; maximização/minimização; raciocínio emocional; declarações do tipo "deveria"; rotulação; personalização

FIGURA 14.2 Registro de Pensamentos.

segunda sessão, e fez isso no contexto de uma tarefa comportamental.

P: Eu ia fazer a matrícula na faculdade durante um tempo livre no trabalho hoje, mas não fiz.

T: Então, vamos escrever na coluna "Situação" do Registro de Pensamentos: "Decidi não preencher o formulário de matrícula".

O terapeuta está usando isso como uma oportunidade de conectar um comportamento (não preencher o formulário) a um pensamento e a um sentimento, em vez de deixar registrado que Camila simplesmente não fez o que havia planejado fazer.

T: Podemos nos concentrar no que aconteceu logo antes de você decidir não preencher o formulário?

P: Eu estava em minha mesa sem nada para fazer e me ocorreu que poderia preenchê-lo, mas, em vez disso, comecei a jogar Paciência.

T: O que você estava sentindo logo antes de mudar para o jogo Paciência?

P: Eu só disse "Dane-se".

O terapeuta tinha perguntado a Camila o que ela estava sentindo, mas ela respondeu dando um pensamento (nesse caso, na forma de um impulso comportamental). Então, o terapeuta começou a fazer a distinção entre as duas coisas. Ele também assinalou que os comportamentos dela são decisões, motivadas por seus pensamentos e sentimentos, o que implica que outras decisões também são possíveis. É comum que os pacientes digam "Eu não fiz [algo]" e, a partir disso, deduzam que são preguiçosos ou que existe algo fundamentalmente errado em sua natureza. Apresentar o momento como o resultado de uma decisão permite a exploração do que estava por trás da decisão. Em essência, o terapeuta a está educando sobre o modelo cognitivo e a relação entre pensamentos, sentimentos, fisiologia e comportamentos (veja a Figura 4.1).

T: Ok, isso soa como uma decisão de passar para o jogo Paciência. Você se lembra de algum sentimento no minuto antes de dizer: "Dane-se"?

P: Comecei a entrar em pânico.

T: Ok. Por que você não anota isso, "pânico"? E pode ser mais de uma emoção. Muitas vezes é.

P: Acho que me senti frustrada e depois... Quero dizer sem esperança, mas... Não consigo explicar.

T: Ok, excelente, anote isso. Posso perguntar o que você estava pensando?

P: Como se eu não merecesse. E que não consigo fazer isso.

T: Ok, "Eu não mereço isso" e "Eu não consigo fazer isso". Faz sentido que você tenha ido jogar Paciência com esses tipos de pensamentos lhe incomodando?

P: Sim, acho que sim, mas como vou mudar alguma coisa se continuar desistindo?

T: É para isso que serve esta terapia. Vamos passar por momentos, como este, em que você não dá continuidade a algo que havia decidido ser uma boa ideia. Identificaremos seus sentimentos e pensamentos nos momentos imediatamente anteriores à sua desistência. Muitas vezes, descobriremos que os pensamentos não se sustentam, depois de dar uma boa olhada neles. Então, você os perceberá na próxima vez e poderá deixá-los de lado para poder seguir com seu plano.

P: Isso parece ser muito trabalhoso.

T: Sim, acho que é, no início. A ideia é que você aprenda a captar esses pensamentos por conta própria, no momento. Você será capaz de lidar com eles, para poder seguir em frente. Vamos continuar com esse exemplo para ver como funciona.

Ao fazer uma série de perguntas, o terapeuta ajudou Camila a preencher a seção "Pensamentos automáticos" do Registro de Pensamentos. Juntos, eles identificaram mais pensamentos que levaram ao "pânico" e ao "desespero" de Camila, que foi como ela acabou definindo seus sentimentos. Esses pensamentos incluíam "Quem estou enganando? Vou desistir de novo, mesmo que aprovem minha solicitação". Ela também relatou uma imagem desagradável, de ir falar com um orientador de admissões para fazer algumas perguntas e apresentar sua solicitação. Na imagem, o orientador "revirou os olhos" enquanto examinava o formulário de matrícula, o que ela interpretou como um sinal de escárnio. Conforme descrevemos no Capítulo 8 (consulte o Quadro 8.1), nem todas as cognições relevantes são de natureza verbal, e algumas das mais importantes, especialmente as relacionadas à ansiedade ou ao pânico, são expressas como imagens visuais.

Novamente, por meio de questionamento socrático, o terapeuta ajudou Camila a identificar duas previsões: (1) que sua matrícula na faculdade seria rejeitada e (2) que, se fosse aceita, ela não terminaria e não obteria seu diploma. O terapeuta lhe fez a primeira pergunta impressa na parte inferior do Registro de Pensamentos: havia evidências que apoiassem qualquer uma das previsões? Camila percebeu que havia pouquíssimas evidências que apoiassem sua previsão negativa, além de sua própria opinião sobre si mesma como um fracasso. O Registro de Pensamentos a ajudou a ver que sua ação — evitar — fazia sentido no contexto de suas próprias crenças sobre si mesma e sua previsão de que fracassaria. Além disso, a falta de evidências que apoiassem suas crenças significava que elas poderiam ser imprecisas. Se essas crenças não questionadas anteriormente pudessem ser examinadas e mudadas, talvez seus antigos padrões de comportamento também pudessem mudar.

Para o exercício de casa, Camila concordou que tentaria novamente concluir a solicitação, mas que teria uma folha de papel à mão para anotar os eventuais pensamentos ou imagens que a induzissem a abortar o esforço. O exercício de casa foi definido como uma oportunidade "sem perdas": ou ela concluía a solicitação ou aprendia em primeira mão o que dificultava sua realização. (Consulte as discussões mais abrangentes sobre a definição do exercício de casa como uma proposta "sem perdas" nos Capítulos 5 e 10.)

O próximo item da agenda era o desejo de Camila de voltar à academia. Embora ela ficasse na mesma rua de seu apartamento, ela a evitava há meses.

P: Sei que os exercícios só levarão 1 hora por dia, mas se eu fizer isso, não terei tempo suficiente para lidar com todo o resto. É tudo o que posso fazer para me manter firme agora.

T: Você acha que talvez esteja se precipitando? Seria possível ir à academia apenas uma vez e ver como as coisas funcionam?

P: Bem, certo: não *preciso* fazer mais nada, só porque vou à academia uma vez. Mas eu fico chateada sempre que penso em voltar a fazer coisas normais, porque isso significaria que está tudo bem. E não está.

T: Com certeza não está tudo bem para você agora, eu concordo. Mas isso significa que não pode ficar tudo bem?

P: Sempre que começo a pensar que a vida não é tão ruim assim, alguma coisa dá errado.

T: Vamos pensar no que você pode fazer se conseguir ir à academia, coisas que não levarão à decepção.

P: Mas tudo o que consigo pensar é que, se as coisas estão bem, isso significa que o que minha família fez comigo estava certo.

T: Então, parece que temos algumas coisas para resolver, se você decidir que quer tentar uma vida melhor. Você estaria disposta a deixar de lado, por enquanto, o que significará progredir com a matrícula, ou começar a frequentar a academia, ou começar a expandir sua vida social?

P: Mas esses pensamentos me incomodam sempre que penso que posso começar a fazer coisas "normais".

T: Eu entendo. E se você prometer a si mesma que tentará descobrir o que significa se você começar a se sair melhor? Posso prometer-lhe agora que vou lembrá-la, para que possamos explorar essas questões juntos.

P: É fácil para você dizer isso.

T: Sim, mas é uma das habilidades que eu espero que você possa usar no decorrer da terapia: adiar as preocupações que não a estão ajudando no momento e prometer voltar a elas quando seu humor estiver melhor. Você está disposta a tentar?

P: Acho que sim.

T: Ótimo. Se estiver tendo dificuldades para deixar de lado o problema com sua família enquanto trabalha nas coisas que gostaria de mudar, podemos conversar sobre isso. Mas vamos ver se você consegue fazer algum progresso primeiro.

P: Ok. Vou tentar.

O diálogo anterior alertou o terapeuta para vários temas: "As coisas boas sempre se tornam ruins. Se as coisas estão boas, isso significa que o que minha família fez comigo está bem. Portanto, as coisas não podem ser boas, porque isso justificaria ou desculparia a forma como fui tratada por minha família". Esses temas foram ampliados nas sessões seguintes. Nessa sessão, Camila concordou em deixá-los em suspenso, para que o foco pudesse ser o início de esforços que ela vinha evitando ou adiando: fazer a matrícula para retomar os estudos na faculdade, ir à academia três dias por semana (começando com um dia) e voltar ao mundo dos namoros. O terapeuta prometeu que eles voltariam a falar sobre a questão familiar depois que Camila progredisse nesses esforços, ou se a questão familiar estivesse atrapalhando a realização de seus objetivos.

Em cada uma dessas áreas, o terapeuta orientou Camila a prever o que ela achava que faria e o que achava que os outros fariam em resposta. Em todas as três situações, ela acreditava: "Eu direi algo idiota ou farei algo errado, e eles verão que há algo errado comigo, que eu não sou bem-vinda". Na sessão, o terapeuta pediu a Camila que escrevesse essas crenças em um Registro de Pensamentos. Ela reconheceu que, mesmo quando não eram ditos, esses pensamentos a estavam impedindo de agir. A terapia cognitiva compartilha com a terapia de ativação comportamental o foco na identificação e na superação de padrões de esquiva, mas, diferentemente da terapia de ativação comportamental, o terapeuta cognitivo ajuda o paciente a examinar as crenças subjacentes à esquiva. Camila e o terapeuta usaram o Registro de Pensamentos para examinar a precisão das crenças e, juntos, montaram experimentos comportamentais para testá-las fora da sessão.

Sessões 3 a 8: preparando o terreno

Nas seis sessões seguintes, as pontuações de Camila no BDI ficaram entre 20 e 30 pontos. (Como é prática comum, o terapeuta pediu à paciente que preenchesse o BDI na sala de espera antes de cada sessão.) Camila alternava entre acreditar que poderia progredir e se rebaixar como tola por achar que isso era possível. Ela estava frustrada por estar "travada" no preenchimento do formulário de matrícula, observando essas crenças que pareciam bloquear seu progresso: "Não vou conseguir fazer o trabalho, se e quando entrar na escola"; "Não consigo escrever as redações" que faziam parte da matrícula; e "Não quero ser reprovada novamente".

Camila também anotou pensamentos sobre a terapia, incluindo "Não gosto que me digam que não estou pensando corretamente". Isso é consistente com a terceira perna do banquinho e serviu para levar seus pensamentos e sentimentos para a sessão, onde poderiam ser discutidos e avaliados. Ela observou que o terapeuta não precisava apontar suas distorções; ela mesma podia ver as falhas em seu pensamento quando os escrevia.

Dizer seus pensamentos em voz alta, anotá-los ou revisá-los em uma sessão causou um grande impacto. Ela percebeu que estava tomando decisões e sentindo dor emocional por causa de pensamentos que não podia endossar ou levar a sério quando os via claramente. Ela disse que aprender a analisar seus pensamentos era algo que não havia feito em terapias anteriores. Na verdade, ela disse que era fácil "ser invisível" em suas terapias anteriores, mas não conseguia permanecer invisível nas sessões de terapia cognitiva, sabendo que ela e o terapeuta estariam observando seus pensamentos a cada momento, o que a impedia de recuar para declarações vagas e gerais sobre seu caráter e seu passado. (Conforme descrito no Capítulo 6, preferimos trabalhar indutivamente a partir de pensamentos específicos em situações específicas até os mais gerais e abstratos.) Ela percebeu que a esquiva, incluindo "ser invisível", não a havia ajudado em sua infância ou nas terapias anteriores.

A sessão 5 foi particularmente difícil. Camila tinha a intenção de preencher o formulário de matrícula para a faculdade como tarefa de casa após a quarta sessão, mas, mais uma vez, não o fez.

P: Não preenchi o formulário porque não consigo. Não sei como dizer isso, simplesmente não consigo.

T: Bem, francamente, não acredito em você.

P: Eu o peguei ontem, dei uma olhada nas perguntas e não consegui responder a nenhuma delas.

T: O que você está me dizendo é que teve dificuldades com isso.

P: Não me esforcei. Olhei para ele, pensei um pouco, fechei o caderno, entrei e assisti à TV. Acho que, ao mesmo tempo, estava me lembrando de algo que me irritou. Minha mãe abriu algumas de minhas correspondências antes de encaminhá-las para mim. Na verdade, ela as abriu porque achou que eu não havia pago uma conta.

T: E se ela estivesse certa, se você não tivesse pago a conta?

P: Daí minha mãe teria dito: "Viu, ela estragou tudo de novo".

T: Estou entendendo. Você acha que ela estava tentando pegá-la em uma enrascada. Não que ela fosse pagar por você, como um favor. (*Camila acena com a cabeça.*) Então, você começou a pensar nisso quando estava com o formulário de matrícula na mão. Alguma coisa no formulário fez com que você pensasse nisso? Você se lembra em que pergunta estava trabalhando?

P: Sim, uma pergunta sobre se minha média de notas reflete minhas habilidades. Quando fiz aulas em uma faculdade comunitária há 10 anos, acho que só tinha uma média de 2,5. Eu trabalhava em tempo integral e estudava em tempo integral, mas depois comecei a usar novamente. Perdi minha casa, destruí meu carro e fui presa.

T: Então, essa pergunta fez com que você pensasse em uma parte de sua vida que era bastante confusa.

P: E então minha mãe disse que ela foi a única que ficou ao meu lado.

T: Quando ela disse isso?

P: Provavelmente na última vez em que conversamos, eu lhe disse que não queria mais falar com ela. E ela disse: "Eu sabia que você faria isso. Eu sabia que você encontraria uma maneira de parar de falar comigo". Quero dizer, como pode ser minha culpa que ela esteja namorando um "desprezível"? Então, quando entrei em casa, comecei a escrever uma carta para ela. Mas não consegui enviá-la.

T: Ahã. Mas você a escreveu.

P: Algumas coisas. Entrei em casa e fiquei pensando nela abrindo minha correspondência, em como ela acha que sou um caos e dizendo que eu é que tenho problemas com homens.

T: Então, a matrícula fez com que você pensasse muito sobre sua mãe.

P: Acho que sim, ou talvez isso seja apenas uma desculpa.

T: Possivelmente, mas é compreensível que o fato de ficar chateada com sua mãe dificulte a concentração no preenchimento do formulário.

P: Bem, eu desisti do formulário, mas não entendo por quê. Acho que é apenas meu padrão habitual de desistência.

T: Não podemos descobrir tudo, pelo menos não hoje, mas podemos descobrir isso. Você quer saber como parou? E eu prefiro usar essa palavra, "como", em vez de "por quê". (*Observe que a palavra "como" mantém a investigação muito mais próxima dos fatos; "por que" se presta a teorias que podem estar a uma distância considerável dos dados.*) Se quisermos saber como você deixou de planejar fazer progressos na matrícula para entrar em casa, assistir à TV e começar a escrever uma carta para sua mãe, podemos descobrir isso.

P: Acho que vai ser desconfortável. Mas tudo bem.

T: Então, imagine-se ontem, exatamente como você descreveu. Quanto mais você puder imaginar sobre isso, melhor. Quanto mais você puder se colocar de volta lá, melhor. Então, que horas eram e onde você estava sentada? Se puder se lembrar dos detalhes, isso ajudará.

P: Não sei, eram cerca de 2h30 da tarde. Eu queria me sentar ao sol. Levei o formulário comigo e meu caderno. Abri o formulário e comecei a ler o que eu já havia escrito, e parecia fraco. Dizia para escrever uma redação curta, mas eu só tinha algumas frases. Então, não consegui nem passar da segunda pergunta, muito menos da última, que era algo sobre as experiências que tive ou o trabalho voluntário que fiz.

T: Então, havia três grandes perguntas? A terceira era sobre...

P: Você é realmente irritante. Você sabe disso?

T: Isso é um elogio?

P: Não, não é um elogio. Você está me irritando pra caramba.

A cliente deixou de falar sobre a matrícula e passou a expressar sua irritação com o terapeuta. O terapeuta optou por seguir o exemplo dela, explorando a "terceira perna do banquinho", ou o relacionamento cliente-terapeuta. As outras duas pernas, experiências da infância e, especialmente, eventos atuais, são mais frequentemente o foco da terapia, mas a terceira perna é particularmente útil quando os pacientes têm depressão há muito tempo ou transtornos da personalidade. Conforme mostra o diálogo a seguir, o incômodo da cliente com o processo da terapia — com o trabalho básico de examinar os pensamentos com a ideia de desafiá-los e mudá-los — pode interferir no progresso.

T: Espere um pouco. Qual é a parte irritante?

P: Porque você me pressiona.

T: O que você gostaria que eu fizesse em vez disso?

P: Não sei. Entendo que você está apenas fazendo seu trabalho, mas é irritante.

T: Não quero deixar de fazer meu trabalho, isso é verdade. Se houver alguma forma de eu não estar sendo respeitoso, e com isso quero dizer não estar respeitando alguns de seus desejos que eu deveria estar respeitando, então é bom que eu saiba.

P: Você queria saber, aí está. Eu só não...

T: Você não o quê?

P: Não consigo acreditar que estou aqui. Que todos eles estão vivendo suas vidas e eu estou em terapia. É frustrante. Sei que já falamos sobre isso antes, mas... "Você acredita que suas transcrições e outros registros mostram uma imagem precisa de sua capacidade?" Ou esta: "Escreva uma declaração descrevendo seus objetivos e como eles serão alcançados estudando aqui". "Você já teve alguma outra experiência que, na sua opinião, fortalece sua candidatura?" Não consigo encontrar respostas para essas perguntas que não me façam parecer uma completa metida a besta.

T: Bem, isso obviamente levanta muitas questões para você. Essa matrícula é um passo em um caminho que você pode escolher seguir, a partir do outono. E há obstáculos no caminho, alguns deles grandes, outros um pouco irritantes. Certo? Vamos chegar aos maiores, se você estiver disposta. E quando o fizermos, toda essa questão de por que você tem de estar aqui — podemos usar isso a seu favor.

P: Boa tentativa.

T: O que você quer dizer com isso?

P: Você só está tentando fazer com que eu me sinta bem por estar aqui.

T: Bem, eu não a culparia por se sentir mal por estar aqui, mas conversamos há pouco sobre quem você preferiria ser, você ou eles, certo?

P: Eu concordei com você.

T: Eu sei. Você não quer ser eles, e acho que não quer ser você agora. Não seria meio divertido ser capaz de ter mais respeito por sua própria vida do que tem pela vida deles? Gostar de fato de algumas coisas a seu próprio respeito? Ser capaz de reconhecer coisas boas em você?

P: Parece que você está tentando tirar algo de mim.

T: O que seria isso?

P: Sei que não sou uma pessoa burra, mas ter que me dizer que não estou pensando corretamente é realmente irritante.

T: Ok. Não percebi isso. Você acha que tudo isso mostra que você é burra de alguma forma? Que quando descobrimos coisas que você estava pensando em uma direção e faz mais sentido ir em outra direção, isso revela algum tipo de burrice, ou algo nesse sentido?

P: Isso, como se fosse um tapa na cara.

T: Quero resolver isso. Não estou interessado em dizer que você não está pensando corretamente, mas se isso for verdade, imagino que haja algumas perguntas que eu faria sobre isso, pelo menos.

P: Eu sei. Estou desperdiçando seu tempo.

T: De modo algum. Mas se você estiver irritada comigo, ou irritada com o processo, ele será muito mais lento.

P: A única coisa que sei que tenho é que não sou uma pessoa burra.

T: Agradeço por você poder me contar essas coisas. Quando nos encontrarmos na próxima semana, vamos ver se conseguimos resolver isso. Vejo isso como algo a ser trabalhado. Quero dizer, se houvesse uma maneira mais fácil de fazer isso, ou uma maneira mais gentil, ou uma maneira que contornasse esse problema, eu seria totalmente a favor. Mas acho que é apenas mais uma coisa que temos de resolver. (*Camila franze a testa e olha para o lado.*) O quê?

P: Quero que você desista.

T: (*Risos.*) Bem, isso não vai acontecer. Quero dizer, a menos que você realmente queira que eu faça isso. Respeito sua vontade, mas não vou desistir por conta própria. Há muita coisa aí.

P: Não há nada aí.

T: Bem, por enquanto estamos em desacordo. E eu não vou desistir. Estou ansioso para vê-la na próxima semana. Vamos nos encontrar e ver onde podemos chegar.

P: Está bem.

O terapeuta aprendeu nessa sessão que Camila estava irritada com o exame de seus pensamentos, porque interpretou o processo de examinar a precisão de suas crenças como algo negativo sobre ela, ou seja, que ela não era uma pessoa inteligente. O terapeuta focou nos pensamentos subjacentes à irritação e em como esses pensamentos poderiam estar interferindo na capacidade de Camila de fazer o trabalho da terapia. Embora o terapeuta tenha sido o alvo da irritação, ele não reagiu defensivamente; fez mais perguntas para extrair os pensamentos e sentimentos da cliente, que tinham pouco a ver com o terapeuta em si.

Sessão 6: reparando a ruptura na aliança terapêutica

O terapeuta fez questão de perguntar sobre as respostas de Camila à sessão anterior (por mais difícil que tenha sido) como uma ponte para a sessão 6. O terapeuta procurou restabelecer a colaboração (e reparar qualquer possível ruptura na aliança terapêutica) para que eles pudessem continuar a examinar os pensamentos de Camila sem provocar vergonha.

T: Você pensou sobre o que discutimos no final da última sessão?

P: Sim, pensei. Acho que uma das coisas que sei sobre mim é que não sou burra. Quando alguém questiona minha maneira de pensar, é embaraçoso. Além disso, sinto que algo está sendo tirado de mim. Simplesmente não gosto que outras pessoas me digam que não estou pensando direito. Portanto, não leve para o lado pessoal, não é só você.

T: Ahã. E isso nos coloca em um pequeno dilema, certo?

P: Sim, percebo que não estou deixando você ajudar.

T: Ok, então isso me coloca em uma posição de não saber o quanto devo insistir.

P: Além disso, não gosto do Registro de Pensamentos. Ele me atrapalha para entender as coisas.

T: Bem, se não está ajudando, isso é um problema. Mas parece que você está começando a resolver essas coisas por conta própria.

P: Bem, não estou dizendo que vou resolver tudo sozinha. Sabe, no começo, eu não queria fazer nada. Não queria escrever nada, então você tinha que fazer tudo. Mas eu também não gostava disso. Tem de haver alguma maneira de eu fazer isso sem ficar tão perturbada.

T: Claramente, um dos perigos que podem acontecer é você sentir que estou pressionando você e obrigando-a a fazer isso ou aquilo, certo?

P: Acho que é um pouco disso. É como se esse tipo de interação fosse algo novo para mim. Na maioria das terapias que fiz, alguém se sentava em uma cadeira e ouvia o que eu estava dizendo, mas não me desafiava nem me pressionava.

T: Eles não a confrontavam.

P: Certo. Em outras terapias, eu sentia como se estivesse falando para o espaço, embora houvesse outra pessoa na sala. Portanto, a maneira como você faz isso é desconfortável.

T: Bem, agradeço por você poder dizer isso. Isso ajuda, em vez de apenas fazer você se sentir assim e não dizer nada.

P: Sim, bem, agora estou envergonhada por ter dito isso. (*Olha para baixo e balança a cabeça.*)

T: Sério?

P: Acho que não gosto de admitir que tenho deficiências. Eu as guardo para mim e tento ser invisível. E esse tipo de terapia simplesmente não combina com o fato de eu ser invisível.

T: Há quanto tempo você está tentando fazer isso?

P: Provavelmente toda a minha vida.

O terapeuta e a paciente trabalharam juntos para ajudar Camila a deixar de lado sua crença de que reconhecer as distorções cognitivas significava que ela era defeituosa. Ela percebeu que seu hábito mental de autonegação sempre que enfrentava um problema acontecia em outras circunstâncias, não apenas na terapia: "Quer dizer, eu poderia estar lavando louça e, de repente, me lembraria de algo que fiz na semana passada, ou há 2 anos, sem motivo algum. Começo a me sentir envergonhada e depois repito todos esses pensamentos e, antes que eu perceba, me sinto péssima". O terapeuta a ajudou a ver como esses hábitos haviam começado na infância, a segunda perna do "banquinho de três pernas".

T: Isso começou quando você era criança. É possível ser compreensiva de alguma forma com essa menina de 10 anos que está recebendo essas mensagens e que não sabe mais o que fazer com elas a não ser acreditar nelas? O que uma criança de 10 ou 14 anos faz quando uma pessoa importante lhe diz algo sobre ela, por exemplo, que ela é ruim? Não é de se surpreender que a menina simplesmente conclua: "Ok, então eu sou péssima".

P: Eu entendo isso, e faz sentido. Mas parece ser uma ideia tão arraigada que não vejo como posso me livrar dela. Parece que é uma parte de mim, uma espécie de base para que eu faça muitas coisas que são ruins para mim.

T: Basicamente, você está concordando com a sua mãe. E ao fazer essas coisas que são ruins para você, está dizendo: "É, mãe, você está certa. Então, vou fazer essa escolha ruim. Não vou fazer um esforço especial para conhecer essa pessoa", ou o que quer que seja — porque você acha que não vai dar certo de qualquer forma, pois presume que você não tem muito valor.

P: Sim, acho que pode haver um pouco disso.

T: Como seria se você fosse para casa, entrasse na casa dela e fosse simplesmente adulta com ela? Uma pessoa adulta que está feliz por ser quem é, feliz o suficiente para ver a mãe, sabendo que a mãe pode lhe fazer algumas críticas.

P: Suponho que, em princípio, isso seria bom, mas não estou realmente interessada em fazer isso com minha mãe.

T: Sim, e não estou sugerindo que você deveria, só estou perguntando o que essa imagem significa para você.

P: Bem, seria bom ter esse tipo de relacionamento com qualquer pessoa. Mas, a essa altura, parece que não importa com quem eu esteja falando, eles dizem a coisa errada e eu fico muito irritada. Hoje de manhã, por exemplo, um cara entrou no escritório e começou a reclamar e se queixar de mim e, de alguma forma, eu acabo ficando irritada porque ele está no lugar errado e está me atormentando. Por que isso me incomoda tanto, por que eu me importo?

T: Então, uma boa mudança pela qual poderíamos trabalhar seria a de que você não se importaria. Quando as pessoas fazem algo irritante, isso é problema delas, não é um reflexo em você e não é sua responsabilidade.

P: Sim. Quero dizer, ele é o idiota, não tem ideia de onde deveria estar e não consegue nem mesmo seguir instruções. Mas eu me sinto mal.

T: Você se sente mal?

P: Eu me sinto mal, mas eu estava tipo... saia de perto de mim.

T: Então, principalmente com raiva? Ou você se sentiu mal por ter feito algo errado?

P: Acho que quando ele foi embora, percebi que eu poderia ter lidado melhor com a situação.

T: Então, você não gostou da sua atitude perante o sermão dele.

P: Isso. Tive uma interação diferente com esse cara há algumas semanas, e meu chefe disse: "Por que você deixa que isso a irrite tanto?". Eu não sabia responder — simplesmente acontece.

T: Sim. Não sei se essa é a coisa mais importante no centro das dificuldades que você está tendo, mas poderíamos descobrir exatamente como você fica chateada. Poderíamos passar 15 minutos aqui, se você quiser, ou você poderia fazer isso por conta própria, onde tudo o que você faria seria voltar e reproduzir a situação na sua imaginação, em câmera lenta, e prestar atenção aos elementos aos quais você estava respondendo. O que você sentiu em seu corpo? Quais foram seus pensamentos? O que você acreditava sobre ele, sobre as intenções dele, sobre as implicações do seu comportamento? Você sabe, essas perguntas que você não gosta no final do Registro de Pensamentos. Todas elas são formas de fazer com que você preste atenção aos elementos do pensamento que a levam a esse lugar, para que você possa ter uma visão mais clara de como chegou lá.

Nas seções anteriores, o terapeuta e a cliente relacionaram a raiva que Camila sentiu do terapeuta na sessão anterior (a terceira perna do banquinho), as primeiras lições sobre si mesma que ela havia internalizado quando criança (a segunda perna) e suas respostas de raiva no trabalho (a primeira perna). O terapeuta ofereceu à cliente a oportunidade de explorar mais a sua explosão no trabalho, se ela quisesse, e depois conduziu a sessão de volta para uma revisão do modelo cognitivo. A seguir, o terapeuta tentou reenquadrar a terapia não como uma crítica à Camila, mas como um esforço conjunto para ajudá-la a aproveitar mais a vida. O terapeuta destacou a colaboração terapêutica, a tríade cognitiva e a busca de respostas alternativas aos pensamentos automáticos de uma forma que Camila pudesse ouvir.

T: A vantagem de conversar com alguém como eu sobre isso é que, ao descrever os pensamentos que surgem, você tem outra pessoa que pode ter perguntas ou outras formas de entender a situação. Então, você pode começar a contrastar o tipo de conclusões a que está chegando — sobre o cara reclamão que veio ao seu escritório, sobre você mesma, sobre o que vai acontecer em seguida — e pode contrastar essas conclusões com outras conclusões que podem ser igualmente razoáveis.

P: Ok. Outro exemplo: tem um rapaz novo, de 23 anos de idade, que fala de um jeito horrível com as pessoas. Isso me irrita. O que o faz pensar que ele pode falar comigo daquele jeito? Mas, em vez de simplesmente falar com ele, ou dizer diretamente a ele, ou de forma calma, eu fico com raiva. Por que eu ficaria tão irritada?

T: Bem, essa é a vantagem de fazer isso na terapia, em vez de ler um livro ou resolver as coisas por conta própria. Por estar tão familiarizada com os caminhos que percorreu, talvez você não veja alternativas. E você está intrigada. Você disse isso, certo? "Não sei por que fiquei tão irritada".

P: O problema é que eu fico instantaneamente irritada. Ele nem sabe o que está fazendo e vai me mostrar o que fazer?

E isso me enfureceu. Pensei sobre isso durante todo o fim de semana. Sei que estava certa, mas fiquei envergonhada pela forma como reagi. Não consegui transmitir meu ponto de vista porque fiquei com raiva. Mas instantaneamente... Quero dizer, nunca chegarei a lugar algum até que aprenda a me controlar.

T: Sim. Acho que já vimos essa sequência em outras interações que você teve com as pessoas. Primeiro, você ficou com raiva, depois se desanimou e, em seguida, decidiu que não faz sentido tomar alguma atitude, porque não vai dar certo de qualquer maneira.

P: Passei o fim de semana inteiro pensando que sou uma perdedora, porque não sei como lidar com as pessoas, deixo tudo me afetar, não consigo me controlar e blá-blá-blá...

T: Só para experimentar, qual seria outra maneira de caracterizar essa reação, além de "sou uma perdedora, não consigo me controlar"?

P: Outra forma de caracterizá-la? Não sei. Acho que não sei o que você está perguntando.

T: Bem, aqui está como você caracterizou o que aconteceu: você fugiu do controle, ficou irritada com muita facilidade, lidou mal com a situação e, portanto, é uma perdedora.

P: Porque tudo isso são coisas que eu deveria ter aprendido anos atrás, e talvez eu seja incapaz de aprender, e por que não sei como me controlar?

T: Sim, uma maneira de ver isso é que você é incapaz de aprender e tudo mais. Mas outra maneira é a seguinte: você é capaz de aprender, e talvez não tenha lidado com isso tão bem quanto gostaria. Talvez você precise aprender algumas coisas que a ajudarão na próxima vez que encontrar alguém que esteja lidando com você dessa forma.

P: Eu reajo tão rápido que não há...

T: Talvez você não tenha tido a oportunidade de aprender a agir de outra forma, de praticar ver as situações de maneiras diferentes, para que pudesse escolher reagir de forma diferente. Não teria sido ótimo se você pudesse ter...

P: Ficado em uma posição de vantagem? Sim, isso teria sido bom.

O terapeuta enfatizou uma mudança de estratégia, não uma crítica de caráter, o que é consistente com a noção de Salkovskis (1996; ver Capítulo 4) de colocar teorias concorrentes umas contra as outras. A Teoria A de Camila é que ela é profundamente defeituosa (caráter ruim), enquanto a Teoria B é que ela escolhe inadvertidamente comportamentos ineficazes (estratégia ruim), em grande parte como consequência das crenças nucleares que aprendeu na infância.

Sessões 7 e 8: usando o Registro de Pensamentos para "liberar" suas crenças

Nas sessões 7 e 8, o terapeuta continuou usando o Registro de Pensamentos para ajudar a cliente a explorar seus pensamentos e emoções. Em um exemplo, a cliente descreveu uma conversa casual em que uma colega de trabalho lhe perguntou onde ela morava. A cliente não quis responder à pergunta aparentemente inocente; ela mudou de assunto e encerrou a conversa. No Registro de Pensamentos, ela relatou fortes sentimentos de raiva, culpa, indignação e arrependimento, e classificou a intensidade de cada um como 75 a 80 em uma escala de 0 a 100. Seus pensamentos automáticos foram: "Ela não tinha o direito de me perguntar isso", o que gerou raiva; "Essa é uma maneira hostil de eu tratá-la", o que levou à culpa; "Ela não tem nada a ver com isso", o que levou à indignação; e "Eu fui rude, então ela não vai gostar de mim", o que levou ao arrependimento. Cliente e terapeuta identificaram dois padrões principais: as respostas raivosas de Camila aos outros e a consequente autocrítica severa, incluindo o pensamento: "Há algo errado comigo".

Temos um ditado na terapia cognitiva que diz que "o afeto é a estrada real para o consciente", uma brincadeira com o ditado de Freud que diz que "os sonhos são a estrada real para o inconsciente". Observe que a raiva de Camila estava associada ao pensamento de que a colega de trabalho "não tinha o direito de perguntar isso a ela" (a colega de trabalho violou um "deveria"), e a crença de Camila de que ela respondeu de forma hostil levou a um sentimento de culpa (a paciente violou um "deveria" ao responder de forma hostil). Ajudar os pacientes a reconhecer os diferentes pensamentos que estão por trás dos diferentes afetos que eles experimentam não só os ajuda a desacelerar o processo (geralmente sentimos o afeto acontecer primeiro), mas também os ajuda a aprender como avaliar suas crenças antes de reagir de forma automática à situação.

Como exercício de casa, Camila preencheu as colunas "Pensamentos automáticos" e "Emoções" de um Registro de Pensamentos após uma conversa telefônica perturbadora com sua irmã. Ela havia interpretado o telefonema da irmã como um esforço velado para criticar sua decisão de comparecer ou não a uma reunião de família. Isso a levou a ruminar sobre suas próprias falhas e sobre seu ressentimento em relação à irmã. Ela achava injusto que sua família a tivesse prejudicado e depois a criticasse pelos defeitos que eles haviam criado. Esse pensamento gerou raiva (novamente, um "deveria"). Ao discutir esse Registro de Pensamentos, Camila reconheceu que os pensamentos "Há algo errado comigo" e "Não é justo" haviam se tornado respostas automáticas a muitas interações com sua família e outras pessoas.

O Registro de Pensamentos seguinte, preenchido durante a sessão, mudou a ênfase para o exame da precisão de seus pensamentos automáticos e o preenchimento da coluna "Respostas alternativas". O tópico, ir para a faculdade, era algo que Camila queria fazer, mas estava evitando. Cada vez que pensava em procurar a secretaria para se matricular novamente, ela se sentia constrangida (80) e frustrada (75). Seus pensamentos eram: "A quem estou enganando? Eu não mereço. Não sou capaz de fazer isso". Camila e o terapeuta analisaram a primeira das três perguntas na parte inferior do Registro de Pensamentos: "Quais são as evidências de que o pensamento automático é verdadeiro? Qual são as evidências de que ele não é verdadeiro?". Primeiro, Camila citou as evidências dos pensamentos: "Minha família sempre me disse que eu não consigo lidar com coisas difíceis. Já abandonei projetos e outras coisas antes". Depois, ela listou as evidências contrárias: "Fiz um teste de QI, que revelou que sou 'muito inteligente'. Além disso, terminei dois períodos na faculdade comunitária, o que não foi fácil". Ela reconheceu que era difícil ignorar o que sua família havia dito sobre ela no passado, mas disse que as críticas deles estavam gradualmente tendo menos impacto sobre ela (lembre-se da citação de Eleanor Roosevelt que abriu o Capítulo 6: "Ninguém pode fazer você se sentir inferior sem o seu consentimento"). Ela também detalhou as circunstâncias em que decidiu não continuar a fazer disciplinas na faculdade comunitária: ela estava muito deprimida e estava começando a abusar de álcool e cocaína. Ela reconheceu que qualquer pessoa teria tido dificuldades se estivesse sofrendo de depressão e uso de drogas. Quando Camila focou no fato de que tinha sido bem-sucedida durante os dois primeiros períodos letivos, que não estava mais abusando de substâncias, que estava trabalhando para superar a depressão e que tinha um talento comprovado para estudar, ela relatou sentir mais confiança (em 70) e determinação (em 80) para se candidatar novamente, enquanto a vergonha e a frustração diminuíram (para 30 e 40, respectivamente). Isso foi registrado na coluna "Resultado".

Camila também notou que os Registros de Pensamentos estavam ajudando a enfraquecer sua crença nuclear de que deveria haver algo errado com ela. Ela concordou com o exercício de casa de pegar sua bicicleta e sair para dar uma volta, prestando atenção aos pensamentos e às emoções que experimentava.

Sessões 9 a 13: sinais de progresso nas trincheiras

Sessão 9

Na sessão 9, Camila revisou seu exercício de casa com o terapeuta. Ela não tinha saído para andar de bicicleta, achando que era "uma perda de tempo", mas relutantemente saiu para uma caminhada e documentou seus pensamentos: "Eu não queria ir, mas acabou dando certo. Ninguém falou comigo ou olhou para mim. Mesmo assim, achei que era um desperdício, porque isso não vai mudar a mim ou a maneira como me sinto". Camila passou em um cinema local e pegou uma lista dos filmes que estavam sendo exibidos. Ela começou a ter pensamentos autocríticos: "Comecei a me sentir mal comigo mesma porque não sou bem-sucedida. As pessoas podem ver isso, e isso me consome". No caminho para casa, ela parou em uma loja de conveniência para comprar cigarros. Ela escreveu: "Enquanto eu estava na fila, o caixa disse que eu tinha que ir para o outro lado. Eu sabia que se eu fosse jovem e bonita, ele teria me atendido. Então, fiquei com raiva. Quando cheguei em casa, tive vontade de chorar. Achei que me sentiria bem ao fazer a caminhada, mas estava com calor e suando, e não gostei".

Ao revisar seu exercício de casa durante a sessão, Camila explicou que achava que era "uma perda de tempo pensar em atividades para fazer apenas para se sentir melhor", mas que havia feito a caminhada depois de se concentrar em motivos práticos de longo prazo para se sentir melhor: para poder voltar a estudar, voltar a namorar e retomar sua vida. Ela mencionou de improviso que havia entregado sua solicitação de matrícula na faculdade e estava começando a fazer planos concretos para voltar no outono, caso fosse aceita. Ela vinha evitando essa tarefa há meses e concordou que o Registro de Pensamentos em uma sessão anterior a havia ajudado a superar a fuga da tarefa. Como exercício de casa, ela concordou em listar algumas atividades que poderia fazer para obter uma sensação de prazer e realização (domínio) nos quase 3 meses antes do reinício das aulas.

Sessão 10

Camila se concentrou nos obstáculos para se relacionar socialmente. Ela disse que temia sentir vergonha e, por isso, evitava se socializar, temendo que os outros a criticassem. Ela identificou pensamentos que esperava ter: "Essa pessoa acha que eu sou feia"; "Essa pessoa acha que eu sou um fracasso". Camila já havia tido esses pensamentos em situações sociais anteriores e temia tê-los novamente. Ela concordou que os pensamentos não eram convincentes quando pensava em situações passadas, mas achava difícil descartá-los quando os estava vivenciando. O terapeuta sugeriu que ela poderia aprender a reconhecer que os pensamentos, à medida que ocorriam, eram simplesmente pensamentos e não a realidade, e que ela poderia aprender a descartá-los. Como exercício de casa, ela concordou em ir à academia e perceber quaisquer pensamentos que se encaixavam nessa categoria de ansiedade social, como: "As pessoas acham que sou gorda". Até essa sessão, suas pontuações no BDI estavam oscilando entre a metade e o topo da faixa dos 20, sugerindo um nível moderado de depressão.

Sessão 11

Na sessão 11, o BDI de Camila foi de 19, uma queda substancial em relação às pontuações das sessões anteriores. Quando indagada sobre o que poderia explicar a mudança, Camila relatou que estava lidando melhor com a vida, principalmente por não catastrofizar quando algo não saía como ela queria. De fato, os dois eventos discutidos na sessão haviam terminado de forma decepcionante. No início do dia, Camila teve uma discussão com um colega de trabalho, que ela achava que não a estava tratando com respeito, e dois dias antes da sessão ela fez uma ida à academia que não foi satisfatória. O terapeuta e a paciente processaram cada um desses eventos para aprender com eles. No final da sessão, Camila concluiu que poderia esperar um pouco mais em um emprego que a aborrecia, pois fornecia os recursos necessários para o período antes de concluir a graduação. Ela se comprometeu a desenvolver estratégias que reduziriam as chances de ser tratada com desrespeito. Ao mesmo tempo, ela se prepararia para incidentes desagradáveis que faria o possível para não agravar, lembrando a si mesma que poderia se candidatar a empregos mais desafiadores e interessantes quando concluísse o curso.

Camila relatou ter sido excluída de uma decisão sobre como resolver um problema no trabalho. Ela deixou bem claro que a opinião de uma pessoa em sua posição deveria ter sido solicitada. A decisão tomada sem sua participação foi, em sua opinião, um erro e levou a outros problemas que precisavam ser resolvidos. Embora a pessoa que a excluiu tenha admitido que foi ela quem cometeu o erro, seu supervisor pareceu insatisfeito com Camila e lhe disse que cabia a ela corrigir o erro.

Camila limitou os danos do erro, mas ficou chateada por não ter sido "respeitada". Assim como em outros incidentes, ela foi tratada, segundo sua perspectiva, "como um zé-ninguém em um negócio sexista e orientado para os homens". O incidente, embora em grande parte negativo, motivou Camila a se certificar de que completaria sua graduação, embora ela tenha deixado claro que nem mesmo isso garantiria que ela receberia o respeito que achava merecer.

O terapeuta ajudou Camila a explorar três aspectos do material que ela havia trazido consigo:

1. Qual a melhor maneira de lidar com o sexismo que parecia prevalecer em sua empresa.
2. Qual a melhor maneira de abordar a conexão entre as atitudes e os comportamentos sexistas dos colegas de trabalho e a visão que ela tinha de si mesma: ela poderia isolar a visão que tinha de si mesma das mensagens que os colegas sexistas estavam lhe enviando?
3. Qual a melhor maneira de explorar sua crença de que ela era apenas uma "burocrata" e o que essa descrição significa — e não significa — sobre seu valor.

Camila e seu terapeuta então passaram pela seguinte sequência no processo:

- Ela relatou ter uma crença tênue em suas habilidades. Sua crença de que é inteligente veio principalmente do retorno dado a ela pela mulher que lhe aplicou um teste de QI e lhe disse que ela era "inteligente". [Evidência a favor]
- Seu terapeuta lhe perguntou se havia outras evidências — de uma forma ou de outra — em relação às suas habilidades intelectuais.
- Camila respondeu que a evidência de que ela não é inteligente é o fato de ficar com raiva de seus colegas de trabalho e não encontrar uma maneira de ser mais positiva em relação aos conflitos. [Evidência contra]
- Ela depois reconheceu que isso provavelmente não era um reflexo de baixa inteligência, mas sim do conjunto limitado de opções que estão à disposição quando ela está lidando com um conflito no trabalho. [Explicação alternativa]
- Camila e seu terapeuta concordaram que ela escreveria os pensamentos provocados pelo incidente e seguiria com um plano de como ela lidaria com o incidente caso ele voltasse a ocorrer. [Gerar plano de ação]

O terapeuta parabenizou Camila por ter conseguido ir à academia, já que essa era uma meta que antes era difícil de ser atingida. Contudo, a ida não foi bem-sucedida, pois Camila foi atendida por um instrutor do sexo masculino que falava com ela de forma arrogante e insistia em abordar assuntos nos quais ela não estava interessada. Esse incidente provocou uma reavaliação do desejo de Camila de frequentar a academia regularmente. Ela concordou em tentar novamente e pedir uma instrutora, que retornaria de suas férias na semana seguinte. [Uma revisão sensata de seu plano de ação]

Sessão 12

O BDI de Camila foi de 21, um aumento de 2 pontos em relação à sessão anterior. Ela atribuiu o aumento às experiências que teve no dia anterior, um domingo. Camila havia planejado ir à academia pela manhã, antes de se encontrar com um colega de trabalho para um passeio turístico, mas acabou ficando em casa. Ela explicou a mudança de planos dizendo: "Eu não estava com vontade". O terapeuta orientou Camila a desvendar essa declaração resumida, que revelou que ela estava fazendo várias previsões comuns a indivíduos que sofrem de ansiedade social (p. ex., "Os outros verão que estou fora de forma"). Esses pensamentos foram equilibrados apenas pelo reconhecimento de que, se ela fosse à academia regularmente, em algum momento no futuro, talvez daqui a um ano, ela estaria mais saudável, mais magra e mais atraente, e que, quando esses efeitos do exercício fossem evidentes, ela se sentiria melhor consigo mesma. O terapeuta e Camila trabalharam com os pensamentos negativos e focaram em como ela se sentiria imediatamente após um treino, em comparação com o que sentiria se ficasse em casa assistindo à TV ou tirando um longo cochilo. Camila concordou em ir à academia no dia seguinte e anotar todos os pensamentos negativos e avaliar seu humor depois, para comparar com suas avaliações de humor quando ficasse em casa. Essa sessão também deu continuidade à discussão sobre sua situação no trabalho, como ela poderia lidar com incidentes desagradáveis no local e como seu plano de voltar para a faculdade pretende prepará-la para um trabalho mais interessante e gratificante no futuro.

Sessão 13

O BDI de Camila foi de 16, uma redução de 5 pontos em relação à sessão anterior. Ela relatou que, quando voltou à academia, conforme planejado, percebeu seu pensamento: "Eu não mereço estar aqui", mas conseguiu rebatê-lo com "Eu paguei como todo mundo". Ela relacionou sua reação inicial à sua visão de longa data, "Eu não mereço estar viva", apoiada pelas experiências que a levaram à conclusão de que seus pais nunca a amaram. Agora ela estava começando a se distanciar emocionalmente desses pensamentos que antes eram tão constantes e poderosos, reconhecendo que "você pode extrair essa evidência de qualquer situação" e comentando: "Eu tenho um radar para isso". Para Camila, isso significava que fazia sentido para ela ser mais indiferente a esses tipos de pensamentos, especialmente quando eles surgiam sem ser solicitados. Na verdade, ela estava começando a reconhecer os vieses em seu processamento de informações e a descartar seus produtos de imediato. Esses eram sinais de progresso e davam esperança de que o progresso continuaria.

Sessões 14 a 16: dores de crescimento

Sessão 14

Desde a sessão anterior, a pontuação do BDI de Camila aumentou em 2 pontos, chegando a 18. Camila revelou que havia postado seu perfil em um aplicativo de namoro e que tinha ido ao seu primeiro encontro em muito tempo. Depois de um jantar agradável em um restaurante, ela se deixou persuadir a deixar o homem ir até seu apartamento, o que provocou pensamentos autocríticos que dominaram sua lembrança do encontro. Quando o terapeuta pediu que ela falasse mais sobre o encontro, Camila descreveu como ela se impôs, pedindo ao homem que fosse embora depois de um breve período, mas foi só depois de uma discussão completa de toda a sequência que ela conseguiu equilibrar sua decepção por ter cedido com seu orgulho por ter feito valer seus desejos.

Camila continuou relatando eventos que a levaram, pelo menos inicialmente, a se sentir constrangida ou envergonhada por seu comportamento. Um exemplo típico foi o de uma amiga que a criticou por atravessar a rua, em uma faixa de pedestres, quando um carro estava se aproximando do cruzamento. Camila concluiu automaticamente que ela estava errada.

Depois, ao processar o evento, ela refletiu sobre dois fatos importantes: (1) sua amiga é uma pessoa muito cautelosa e (2) havia um sinal de pare no cruzamento. Camila prometeu ficar atenta a esses autojulgamentos negativos automáticos e ampliar sua visão para incluir informações que provavelmente não havia percebido.

Sessão 15

A pontuação do BDI de Camila havia aumentado mais 2 pontos, chegando a 20. Nessa sessão, o terapeuta e a paciente exploraram as possíveis origens da tendência de Camila de concluir que ela "deve ter feito algo errado" quando os outros expressam desaprovação ou quando dão sinais ambíguos. Por volta dos 10 anos de idade, Camila começou a notar que seu pai parou de se interessar por ela. Ele não queria brincar, nem ir às compras com ela, e assim por diante. Esse foi o contexto de suas primeiras lembranças de se perguntar: "O que há de errado comigo?".

O tópico do Registro de Pensamentos veio à tona, com Camila expressando ceticismo sobre a utilidade de seus recursos. O terapeuta não apenas orientou Camila a considerar como cada um dos recursos poderia ser útil, mas também enfatizou que o Registro de Pensamentos e seus recursos seriam úteis para ela somente na medida em que ela os compreendesse e os considerasse relevantes para ela.

Sessão 16

Camila voltou para essa sessão desanimada, o que se refletiu em um aumento de 8 pontos em seu BDI, para uma pontuação de 28. Ela não tinha ido à academia desde a última sessão, não tinha usado o aplicativo de namoro e disse que ainda não entendia como usar o Registro de Pensamentos. Ela resumiu esses fatos assim: "Isso é típico de mim". O terapeuta sugeriu que ambos poderiam aprender com esses reveses, enquanto o primeiro impulso de Camila foi concluir: "Eu estava sendo irrealista".

Uma análise detalhada dos eventos da semana revelou uma reação que Camila teve a uma conversa animada que ouviu entre o terapeuta e outro membro da equipe clínica. Ela sentiu ciúmes do relacionamento deles, e o evento provocou a conclusão: "Acho que não sou capaz de ter um amigo assim". Eles concordaram que sua reação sugeria que ela gostaria de desenvolver amizades boas e próximas. Camila reconheceu que, ao agir de forma a protegê-la das críticas percebidas, estava impedindo o desenvolvimento dessas amizades. Esse é um exemplo clássico de uma estratégia compensatória impulsionada pelas crenças nucleares de Camila, que pretendia protegê-la do constrangimento, mas que, em vez disso, a impedia de alcançar seus desejos, conforme descrito no Capítulo 7.

Sessões 17 a 19: o trabalho árduo começa a valer a pena

Sessão 17

Na sessão seguinte, 2 dias depois, Camila relatou que não foi à academia como planejado. Ela se envolveu com o aplicativo de namoro, que lhe rendeu uma ligação telefônica com uma pessoa com a qual ela poderia considerar ter um encontro. Isso melhorou seu ânimo e foi associado a uma redução de 7 pontos no BDI, para 21, dando início a uma tendência de melhora dos sintomas que continuaria até o final da terapia.

Sessão 18

Na sessão 18, Camila voltou esperançosa com o Registro de Pensamentos (seu BDI continuou a cair mais 4 pontos, para 17), o que estava começando a fazer sentido, mas ela comentou que não achava que conseguiria usá-lo sozinha. O terapeuta enfatizou que essa seria uma boa meta antes do término da terapia.

Camila resumiu os eventos da semana dizendo: "Não aconteceu nada". Quando solicitada a fornecer detalhes, surgiu uma imagem muito mais rica. Ela havia visitado uma prima em sua casa de férias. Quando o terapeuta lhe perguntou o que fez com que a prima a convidasse para ir à sua casa, Camila respondeu: "Ela é uma pessoa legal". Quando o terapeuta perguntou se algo mais, ou além disso, poderia explicar a decisão da prima de convidá-la, Camila reconheceu que ela e a prima haviam compartilhado momentos divertidos juntas, inclusive nessa visita, quando "eu ri tanto que meu rosto doeu".

Camila andou de bicicleta várias vezes, completou tarefas que estava querendo fazer e se exercitou em um programa de ioga em seu apartamento. Ela também teve um encontro 2 dias antes da sessão, e seu acompanhante elogiou sua aparência. Ela não teve mais notícias dele desde o encontro e expressou surpresa por não ter ficado tão chateada com isso quanto esperava. Entretanto, ela estava começando a focar em seus próprios julgamentos negativos sobre sua aparência.

O terapeuta perguntou a Camila se algo mais havia acontecido nos 5 dias desde a sessão anterior. Sua resposta levou o terapeuta a pedir a Camila que comparasse suas crenças sobre uma conquista antes e depois de atingir seu objetivo.

P: Ah, sim. Entrei na faculdade.
T: Uau...
P: (*interrompendo a reação positiva adicional do terapeuta*) Não é nada demais.
T: Podemos fazer uma pausa aqui por um minuto?
P: O quê?
T: Você se lembra — acho que foi em nosso segundo ou terceiro encontro — do que me disse sobre suas chances de ser aceita?
P: Acho que eu disse que achava que eles não iriam me aceitar.
T: Certo. É disso que me lembro. Naquela época, se tivéssemos uma bola de cristal e víssemos o que aconteceu esta semana, que você tinha recebido o *e-mail* de aceitação, como você acha que teria reagido?
P: Eu provavelmente teria lhe dito para comprar uma bola de cristal melhor.
T: Mas aqui estamos.
P: O que você quer dizer com isso? Não deveria ter sido um grande problema.
T: Não parece grande coisa para você agora, mas na época, você achava que era improvável, se não impossível. Você não acha que talvez seja uma boa ideia comemorar um sucesso como esse? E refletir sobre isso como um exemplo de uma meta que você achava que não alcançaria, mas, usando as ferramentas que aprendeu aqui, você conseguiu!
P: Acho que sim. Acho que me esqueci de como eu era pessimista em relação a isso. Mas era assim que eu pensava em tudo naquela época.

Acreditamos que é importante que o terapeuta e o paciente processem as realizações do paciente e relembrem em detalhes quais eram suas previsões e perspectivas antes de a meta ser alcançada. Isso é especialmente importante quando o paciente menospreza essa conquista em retrospectiva (cara, eu perco; coroa, não é nada demais).

Sessão 19

Nessa sessão, Camila relatou ter tido dificuldade para adormecer na noite anterior (embora seu BDI permanecesse na casa dos 16), devido a um episódio em que um subordinado não cooperou com ela em uma questão de trabalho. As ruminações de Camila na cama focaram no tema: "As pessoas acham que podem passar por cima de mim". Na discussão que se seguiu, ficou claro que, embora a falta de cooperação do subordinado pudesse ter sido no contexto de uma falta de respeito por Camila, um motivo mais provável era que o subordinado não entendia as regras de trabalho (uma explicação alternativa). O terapeuta e a paciente então discutiram a diferença entre ruminar (repassar o mesmo material repetidas vezes) e analisar (fazer a si mesmo os tipos de perguntas feitas no Registro de Pensamentos).[1]

Olhando para o futuro, para uma semana em que o terapeuta estaria ausente, Camila concordou que esse seria um bom momento para se concentrar no Registro de Pensamentos, para que ela estivesse preparada para trabalhar sozinha durante o intervalo.

Sessões 20 a 25: consolidando os ganhos/vida após a terapia

Sessões 20 e 21

Nas duas sessões anteriores ao intervalo (seu terapeuta viajaria por 1 semana), Camila relatou vários eventos que refletiam seu novo engajamento com o mundo, enquanto seu BDI continuava caindo para pontuações de 12 e 9 sucessivamente. Ela estava se preparando para voltar à faculdade, conversando com homens que havia conhecido no aplicativo de namoro e andando de bicicleta na maioria dos dias.

Camila estava animada com uma conversa telefônica de 3 horas com um homem que conheceu nas mídias sociais. O terapeuta a incentivou a saborear a experiência e a prestar atenção no que a tornou uma experiência satisfatória. Ela também enviou um *e-mail* para um homem que morava em uma região distante do país, recusando a oferta de uma passagem de avião para que ela pudesse visitá-lo. Ela havia gostado de suas conversas, mas ficou sabendo que ele era casado. No *e-mail*, ela reconheceu que havia gostado da atenção e que isso ajudou a aumentar sua confiança, e agradeceu o interesse dele, independentemente de seus motivos.

Camila estava perdendo peso, o que não era um foco específico da terapia, mas algo que havia sido discutido, e ela notou o quanto estava se sentindo melhor fisicamente. Ela tinha acabado de conhecer um homem que era "inteligente, engraçado e interessante". Ela expressou alegria e preocupação com as mudanças que estava experimentando, dizendo: "Estou me sentindo muito bem", e expressou sua preocupação de que não daria certo com esse homem. O terapeuta perguntou: "Se você se sentir desanimada por um tempo, isso significaria que você estava se enganando ao pensar que poderia ser feliz?". Ela reconheceu que os sentimentos eram reais e valiosos.

Camila também descreveu uma profunda epifania, motivada pela melhora em seu humor. Ela observou que estava apenas começando a perceber como estava deprimida há tanto tempo e como os efeitos da depressão eram generalizados, influenciando quase todos os eventos e interações. Ela também reconheceu (com um pouco de tristeza) que frequentemente brigava com seu terapeuta. Ele ressaltou que ela comparecia fielmente a todas as sessões, o que mostrava que ela levava a sério o trabalho árduo da terapia, e isso era tudo o que ele podia pedir.

A conversa levou a uma discussão sobre seus planos para lidar com os membros afastados de sua família. No início da terapia, Camila gostou da ideia de mantê-los à distância, para reduzir a influência negativa deles em seu senso de identidade. Ela relatou que planejava mantê-los assim indefinidamente, em vez de se reconectar com eles com seu novo senso de *self*, mais positivo. O terapeuta não se opôs a esse plano, pois ela o declarou com bastante veemência.

Sessão 22

Na sessão 22, após uma semana de intervalo, Camila reconheceu que estava se sentindo muito melhor, como há muito tempo não se sentia (com um BDI de 6), e que nunca havia experimentado ter pensamentos positivos sobre si mesma. "Estou começando a acreditar que não sou feia ou burra." A partir dessa nova perspectiva, ela relatou ser capaz de perceber o quanto estava deprimida quando parecia "óbvio" que o fato de as pessoas olharem para ela era prova de que ela era estranha ou esquisita. Ela estava se sentindo mais confortável com uma reação mais neutra ("Eles podem estar simplesmente olhando para mim"). O terapeuta sentiu que ela poderia começar a lamentar os anos que passou dominada por sua visão depressiva de si mesma, mas ela indicou que isso não a estava incomodando.

Camila forneceu relatórios detalhados sobre seu sucesso em lidar com situações acadêmicas e de trabalho de uma forma que a deixou orgulhosa. Em uma situação de trabalho naquela semana, ela conseguiu separar as críticas de seu supervisor em relação a ela de sua própria visão de si mesma.

Sessão 23

O terapeuta continuou processando com Camila o trabalho significativo e os eventos sociais, mas dedicou menos tempo a cada evento porque Camila estava lidando muito bem com as coisas (seu BDI havia caído para 5). Essa mudança deu tempo para que a dupla se concentrasse no Diagrama de Conceitualização Cognitiva (DCC; conforme mostrado na Figura 14.3), que ajudou a solidificar o entendimento de Camila de que, desde que era jovem, não era preciso muito para desencadear o pensamento "Há algo errado comigo". Essa crença nuclear a levou a evitar situações desafiadoras, mas desejáveis (p. ex., ir à academia), a relutar em fazer valer suas próprias vontades nos relacionamentos (ambas estratégias compensatórias na forma de comportamentos de segurança que visavam protegê-la do constrangimento ou da rejeição, mas que tinham o efeito perverso de impedi-la de aprender que sua crença nuclear não era verdadeira), e a ter ruminações que reforçavam sua autopercepção negativa.[2]

Camila relatou que, se sua mãe a tivesse abordado 6 meses antes, ela teria discutido com ela. Mais uma vez, Camila

DADOS RELEVANTES DA INFÂNCIA

Eu era uma criança emotiva. Meus pais e minha irmã me chamavam de "um caos".
Eu ficava fisicamente doente e faltava à escola enquanto meus pais brigavam,
depois se separaram e depois se divorciaram.
Meu pai parou de querer ficar comigo.
Minha mãe defendeu seu namorado depois que ele deu em cima de mim quando eu era adolescente.
Ela disse que eu era o problema.

CRENÇAS NUCLEARES

"Há algo errado comigo"; "Não sou digna de amor"; "Sou esquisita"

PRESSUPOSTO/CRENÇAS/REGRAS CONDICIONAIS

"Se eu não me mostrar aos outros, talvez eles não vejam como eu sou esquisita."
"Ninguém vai me defender."

ESTRATÉGIAS COMPENSATÓRIAS

Eu levanto minha guarda para que ninguém veja quem eu realmente sou. Não vou deixar ninguém se aproximar de mim. Não deixarei ninguém me pressionar. Fico agressiva para que saibam que não podem se meter comigo.

SITUAÇÃO #1	SITUAÇÃO #2	SITUAÇÃO #3
Uma colega de trabalho me pede ajuda para pintar a sala de recreação de seus filhos.	Eu estava do lado de fora, ouvi dois amigos conversando dentro de casa, presumi que era sobre mim.	Em um primeiro encontro, o cara pediu para subir até o apartamento e eu não disse não.
PENSAMENTO AUTOMÁTICO	**PENSAMENTO AUTOMÁTICO**	**PENSAMENTO AUTOMÁTICO**
Não me sentirei à vontade. Isso é muito íntimo.	Eles estão falando sobre como eu sou esquisita.	Não consigo defender o que quero.
SIGNIFICADO DO PA	**SIGNIFICADO DO PA**	**SIGNIFICADO DO PA**
Ela verá quem eu sou (esquisita).	Todo mundo vê que há algo errado comigo.	Há algo errado comigo.
EMOÇÃO	**EMOÇÃO**	**EMOÇÃO**
Irritação	Triste, com raiva, desanimada	Triste, desanimada
COMPORTAMENTO	**COMPORTAMENTO**	**COMPORTAMENTO**
Recusei o convite, passei o fim de semana em meu apartamento, como em qualquer outro fim de semana.	Estava de mau humor quando eles foram para a rua. Não conversei com eles.	Pedi que ele fosse embora, mas passei o resto da noite me repreendendo por tê-lo deixado subir.

FIGURA 14.3 Diagrama de Conceitualização Cognitiva. Copyright © 1995 Worksheet Packet. Beck Institute for Cognitive Behavior Therapy, Filadélfia, Pensilvânia, Estados Unidos.

teria falado sobre o fato de sua mãe defender seus parceiros quando eles se comportavam de forma inadequada com ela. Ela agora poderia adotar a perspectiva de que não é detestável, mas que "minha mãe tem seus próprios problemas e defeitos que não têm nada a ver comigo".

Camila agora comparava o *feedback* que recebia (e ao qual dava atenção) de todos ao seu redor em sua vida diária (que ela é competente, amigável e atraente) com a visão de sua mãe, o que lhe permitiu parar de considerar a perspectiva crítica de sua mãe de forma literal. Como Camila finalmente conseguiu ter visões positivas de si mesma, ela concordou, como exercício de casa, em se perguntar: "O que há em mim que está atraindo os homens que estou conhecendo nas mídias sociais?".

Sessão 24

Essa sessão marcou a primeira vez em que Camila e seu terapeuta se encontraram apenas uma vez na semana, por uma questão de intenção. (Seu BDI permaneceu em meados de um dígito, e era hora de se preparar para o encerramento.) Durante a revisão do exercício de casa, Camila disse que havia anotado algumas coisas, mas que "não se aprofundou muito", porque não estava confiante nas qualidades positivas que lhe haviam ocorrido.

Camila relatou interações lisonjeiras com um homem que havia conhecido durante o período de terapia. Ela reconheceu uma fantasia de que "o fato de ele gostar de mim faria com que eu me sentisse melhor comigo mesma", o que ela relacionou a outra fantasia: "se meus pais demonstrassem que me amam, isso mudaria quem eu sou".

Ao contrário do que as fantasias implicavam, ela queria aceitar e respeitar a si mesma. Lembrando-se de uma época, anos antes, em que estava noiva, ela reconheceu que as expressões de amor de seu noivo "não eram suficientes, porque naquela época eu não me amava".

Sessão 25: finalização e preparação para os desafios futuros

Na sessão final, uma semana depois, a pontuação do BDI de Camila foi de 5, refletindo seu humor positivo e seu baixo nível de sintomas depressivos. Ela expressou uma confiança recém-descoberta de que poderia enfrentar os desafios da vida de uma maneira muito mais saudável e eficaz do que vinha fazendo antes da terapia durante toda a sua vida adulta. Ela revisou com o terapeuta o que considerava as lições mais importantes da terapia (p. ex., como não permitir que suas crenças nucleares excluíssem as evidências), e eles as aplicaram a eventos potencialmente perturbadores que ela previa que poderiam ocorrer no futuro. Eles cobriram possibilidades em todos os domínios em que haviam trabalhado juntos: trabalho, estudos, família, saúde, *hobbies*, amizades e relacionamentos românticos.

Camila saiu do tratamento com esperança e com a determinação de aplicar as ferramentas que havia aprendido a usar quando, inevitavelmente, os eventos e as circunstâncias da vida as exigissem. Ela entendia que os padrões cognitivos e comportamentais desadaptativos que a haviam trazido à terapia e que caracterizavam uma vida que, às vezes, ela queria acabar, ainda poderiam "aparecer". Ela estava confiante de que havia aprendido a reconhecer os padrões e entendia como seria importante enfrentar os desafios em vez de tentar evitá-los. O terapeuta expressou sua confiança em Camila e disse a ela o quanto estava impressionado com sua firmeza e o quanto apreciava sua honestidade durante todo o tempo que passaram juntos. Ele desejou a ela o melhor e se despediu.

O término da terapia

Camila cumpriu apenas uma de uma série de avaliações de acompanhamento programadas. (Ela havia sido atendida como parte de um projeto de pesquisa, no qual o prazo e o número de sessões eram predefinidos, assim como os horários das avaliações de acompanhamento.) Durante essa avaliação de acompanhamento, aproximadamente 1 ano após o término da terapia, Camila indicou que continuava bem e que não havia tido nenhuma recaída. Perdemos contato com ela depois desse período, mas para alguém que teve depressão crônica durante a maior parte de sua vida adulta, consideramos que o fato de ela ter alcançado a remissão e ter ficado livre de recaídas no ano seguinte foi um sucesso terapêutico, assim como ela. Ela era uma paciente difícil de tratar, o que era uma extensão de um padrão de relacionamentos interpessoais problemáticos que começou na infância. No início, ela era hostil e desdenhosa, mas a aplicação do "banquinho de três pernas", talvez o desenvolvimento mais importante na terapia cognitiva desde a 1ª edição deste livro, em conjunto com as estratégias cognitivas e comportamentais mais convencionais que formam o núcleo da abordagem, ajudou-a a mudar sua vida.

Resumo e conclusões

Camila era uma paciente particularmente difícil de tratar, hostil e desdenhosa desde o início, e se seu terapeuta (um dos autores) não tivesse implementado o "banquinho de três pernas" desde a primeira sessão, provavelmente não teria obtido os ganhos que obteve. Em essência, essa era uma paciente que acreditava tão firmemente em suas crenças nucleares e estava tão empenhada em usar suas estratégias compensatórias ("nunca baixar a guarda e ser agressiva com os outros para que eles saibam que não podem mexer comigo") que provavelmente não teria respondido à terapia cognitiva da década de 1970, conforme descrito na 1ª edição deste livro. O fato de o terapeuta ter sido capaz de reconhecer que a hostilidade e o desdém dela tinham a intenção de protegê-la contra a esperada rejeição e de não levar o comportamento dela nas primeiras sessões para o lado pessoal é um testemunho do poder de recorrer à "terceira perna" do banquinho. A capacidade dele de ajudá-la a explorar a origem de suas crenças nucleares (o que lhe foi dito pela mãe e pela família) foi um fator importante para que ela pudesse reavaliar a precisão da visão que tinha de si mesma.

A terapia cognitiva focada em esquemas não dispensa as ferramentas que podem ser usadas com clientes menos complicados. O terapeuta ensinou a cliente a realizar experimentos para examinar a precisão de suas próprias crenças e a incentivou (mas não a forçou) a dar passos na direção que ela queria seguir, mas que tinha medo de seguir (exercitar-se por diversão, voltar para a faculdade e começar a namorar novamente). Durante todo o tempo, deu-se ênfase à primeira perna do banquinho (situações da vida atual), mas de uma forma que integrou uma reconsideração do que ela havia aprendido no passado (antecedentes da infância) e como essas questões se desenrolaram entre eles (relacionamento terapêutico).

Notas

1. Como já observamos anteriormente, a energia é direcionada para o córtex quando alguém fica deprimido de uma forma que facilita a ruminação. Uma das funções da terapia cognitiva pode ser estruturar essa ruminação para torná-la mais precisa (e produtiva) quando ela fica presa em autodescrições que concentram a culpa em algum defeito estável do eu (caráter) em vez de apontar para comportamentos específicos (estratégias) que possam resolver o problema (Hollon, DeRubeis, et al., 2021).

2. No Capítulo 7, fizemos referência a uma versão anterior do DCC que usa o termo "estratégias compensatórias" para descrever os comportamentos que tendem a causar problemas aos pacientes com transtornos da personalidade, porque essa é a forma que realmente usamos com cada paciente. Achamos útil salientar que as propensões comportamentais que estavam causando tantos problemas em suas vidas eram estratégias que eles adotavam em um esforço para "compensar" seus déficits percebidos (crenças nucleares e pressupostos subjacentes). As "estratégias de enfrentamento" mais genéricas usadas na versão mais recente do DCC serão aplicáveis a uma gama mais ampla de pacientes sem transtornos da personalidade.

PONTOS-CHAVE

1. Ao trabalhar com indivíduos que demonstraram conflitos interpessoais significativos ao longo do tempo e dos contextos, o uso do "banquinho de três pernas" (conectando as experiências iniciais, os problemas extraterapêuticos atuais e o atrito interpessoal no relacionamento terapêutico) muitas vezes será útil, ou até mesmo necessário, para promover mudanças significativas.

2. Quando um paciente expressar dúvidas sobre os benefícios da terapia cognitiva ou sobre sua capacidade de ser útil, resista à tentação de tranquilizá-lo ou de defender sua abordagem. Em vez disso, **promova o ceticismo** como uma atitude compartilhada. Seja o modelo de um cientista cético, fazendo perguntas sem insinuar as respostas e construindo, junto com o paciente, experimentos que possam fornecer novas percepções. Essa é a essência do empirismo colaborativo inerente à abordagem.

3. Com um paciente que evidencia esquiva comportamental em vários domínios, estimule comportamentos de aproximação (**ativação comportamental**), mas sempre de olho nas crenças que têm servido como obstáculos ao envolvimento em atividades de prazer ou domínio em potencial.

15
Terapia cognitiva e medicamentos antidepressivos

A medicina é uma ciência da incerteza e uma arte da probabilidade.
— *Sir William Osler*

Desde a identificação e o desenvolvimento de medicamentos antidepressivos (MADs) na década de 1950, a psicofarmacologia desenvolveu uma ampla gama de agentes. No total, mais de duas dúzias de MADs diferentes aprovados pela Food and Drug Administration (FDA) estão disponíveis nos Estados Unidos (Procyshyn et al., 2021). Os agentes antidepressivos mais antigos — em grande parte das décadas de 1950 e 1960, como os inibidores da monoaminoxidase (IMAOs) e os antidepressivos tricíclicos (ADTs) — são difíceis de usar por vários motivos. Os MADs mais recentes, como os inibidores seletivos da recaptação de serotonina (ISRSs) e inibidores seletivos da recaptação de serotonina e noradrenalina (ISRSNs), entre outros, oferecem dosagem diária mais conveniente, efeitos colaterais em menor número e menos graves e menor letalidade em caso de superdosagem. Esses agentes documentaram uma eficácia amplamente comparável em centenas de estudos duplo-cegos, randomizados e controlados por placebo (Cipriani et al., 2018).

Esses fatores permitiram a prescrição mais ampla, de modo que os médicos da atenção primária à saúde agora são responsáveis pela maioria das prescrições de MADs (Olfson et al., 2019). Os MADs se tornaram de fato o tratamento de primeira escolha para depressão. Essa propensão a "medicar primeiro" nos ambientes de atenção primária, nos movimentados ambientes públicos de saúde mental e nas seguradoras comerciais também é motivada pela falta de acesso imediato a psicoterapeutas, pela necessidade de agir logo e pelas interações que limitam o tempo para atender mais pessoas com recursos disponíveis limitados.

Duas vezes mais pacientes deprimidos foram tratados com psicoterapia do que com MADs até três décadas atrás (Olfson et al., 2002). Essas taxas foram revertidas desde a introdução dos ISRSs (Marcus & Olfson, 2010). Atualmente, os MADs são as intervenções mais usadas para o tratamento da depressão (Jorm et al., 2017) e constituem a terceira classe de medicamentos mais prescrita nos Estados Unidos (Pratt et al., 2017). Cerca de metade de todos os psiquiatras relatam não encaminhar seus pacientes para psicoterapia, em parte devido aos incentivos diferenciados para psiquiatras que adotem o tratamento medicamentoso em vez de psicoterapia (Tadmon & OIfson, 2022).

Por outro lado, as diretrizes recentes de prática clínica baseadas em evidências têm a mesma probabilidade de recomendar psicoterapias baseadas em evidências, como a terapia cognitiva (isoladamente ou em combinação com MADs) como intervenção de primeira escolha (Cleare et al., 2015; Gelenberg, 2010; Lam, Kennedy, et al., 2016; Malhi et al., 2021; National Institute for Health and Care Excellence [NICE], 2022). Dado o uso generalizado de MADs nos Estados Unidos, como um terapeuta cognitivo poderia trabalhar com pacientes deprimidos (e seus prescritores) que estão considerando tomar ou já tomando MADs?

Este capítulo destaca as principais questões no manejo de pacientes com relação aos MADs, incluindo a colaboração entre o terapeuta e o prescritor, a seleção do tratamento mais adequado para um determinado paciente, as fases e os princípios do tratamento de MADs centrado no paciente, os prós e contras de começar com uma única modalidade ou com uma combinação, e o uso da terapia cognitiva para aumentar a adesão à medicação quando prescrita e a tomada de decisão compartilhada.

Colaboração terapeuta-prescritor

Alguns terapeutas cognitivos também podem prescrever [os dois autores principais deste livro são ambos psiquiatras, embora o autor principal já tenha falecido], mas outros terão de trabalhar por meio de outro profissional com autorização para prescrever quando medicamentos forem solicitados ou considerados. Portanto, é bom que os terapeutas cognitivos estejam familiarizados com as melhores práticas médicas, mesmo quando não estiverem prescrevendo, apenas para fornecer uma verificação adicional da qualidade do regime de medicação.

Sempre que diferentes terapeutas estiverem envolvidos, os pacientes são mais bem atendidos quando o terapeuta cognitivo e o médico prescritor estabelecem comunicação e colaboração acessíveis o mais rápido possível, com o consentimento do paciente. Uma breve videochamada inicial é uma boa maneira de estabelecer um relacionamento colaborativo entre terapeuta e prescritor desde o início. Quando um dos médicos vê algo preocupante, uma comunicação rápida com o outro é eficiente e eficaz. Mesmo quando os medicamentos não são indicados, uma avaliação médica pode ser uma parte útil do plano geral de tratamento, apenas para descartar possíveis causas biológicas para a depressão do paciente.

Se a MAD for iniciada primeiro e a terapia cognitiva for adicionada, ou o contrário, ambos os clínicos são aconselhados a esclarecer os motivos e as expectativas para adicionar a segunda modalidade e garantir que o paciente esteja de acordo com o plano. Se ambas as modalidades forem iniciadas no começo em combinação, as observações de um clínico devem ser comunicadas ao outro quando houver necessidade. Por exemplo, uma paciente pode mencionar seu medo das explosões de raiva do marido para o prescritor, o qual está preocupado mas pode não ter tempo ou habilidade para se aprofundar no assunto na consulta para medicação. O prescritor pode encorajar a paciente a seguir com o assunto com seu terapeuta cognitivo. Aconselharíamos o prescritor a enviar um *e-mail* ou ligar para o terapeuta para que essa questão possa ser tratada adequadamente, se necessário.

De forma análoga, o terapeuta cognitivo pode tomar conhecimento de possíveis efeitos colaterais da medicação por meio do paciente e incentivá-lo a discuti-los com o prescritor. Ainda assim, às vezes é aconselhável telefonar ou enviar um *e-mail* rapidamente se os efeitos colaterais estiverem piorando ou forem motivo de preocupação clínica (p. ex., agitação, aumento da tendência ao suicídio). Os pacientes podem não relatar integralmente os efeitos colaterais nas consultas de medicação, mas o conhecimento de que eles existem pode afetar a tomada de decisão do prescritor. Uma colaboração entre terapeuta e prescritor que seja transparente (sem comunicações sigilosas entre o terapeuta e o prescritor) otimiza os bons resultados e a segurança do paciente.

Uma vinheta enfatiza, de forma triste, a importância da colaboração entre terapeuta e prescritor. Um carteiro de 30 e poucos anos inicialmente procurou ajuda para sua depressão grave, que melhorou apenas ligeiramente em alguns meses com terapia de casal e uma dose baixa de MAD. Posteriormente, o paciente foi diagnosticado com neoplasia endócrina múltipla tipo 1, que provavelmente causou sua depressão, a qual, por sua vez, estava contribuindo para seus problemas conjugais. Quando sua depressão piorou novamente, ele procurou ajuda psiquiátrica com um dos autores. Depois de vários meses experimentando diferentes medicamentos, a depressão e a ideação suicida foram praticamente resolvidas. Sem o conhecimento do prescritor, o paciente retornou ao seu terapeuta de casal, que insistiu que ele parasse com os medicamentos, dizendo que eles interfeririam em sua terapia de casal, embora não haja dados que sustentem essa opinião. Apesar da forte insistência do prescritor em contrário, ele interrompeu as medicações e, novamente deprimido, cometeu suicídio 3 meses depois.

Selecionando o tratamento mais adequado para um determinado paciente

O que é depressão?

A "depressão" é um transtorno heterogêneo que pode ser causado por eventos psicológicos ou doenças biológicas. Muitas depressões se resolvem espontaneamente (embora isso possa levar alguns meses); outras respondem à terapia cognitiva ou a outras psicoterapias; e outras ainda podem exigir medicamentos ou tratamentos de estimulação cerebral. Há também algumas depressões para as quais nossos tratamentos atuais são ineficazes (descritas a seguir).

Essa heterogeneidade provavelmente contribui para o uso desnecessário de MADs (ou de terapia, inclusive) para pessoas que estão procurando ajuda para problemas comuns (p. ex., reveses financeiros, luto, doença ou incapacidade médica, divórcio), mas que ainda assim podem satisfazer aos critérios diagnósticos de um episódio depressivo maior (American Psychiatric Association, 2010). Muitas dessas pessoas se recuperam espontaneamente à medida que se adaptam aos novos desafios que encontram e é improvável que tenham outro episódio, a menos que haja um estresse ou precipitante análogo no futuro. Outras podem precisar de ajuda, seja terapia ou MADs, e algumas reações altamente incapacitantes e com risco à vida podem exigir hospitalização.

Os resultados emergentes de estudos que acompanham as pessoas prospectivamente desde o nascimento ou ao longo da adolescência (pico de incidência) respaldam essa afirmação (Monroe et al., 2019). Esses estudos fornecem estimativas da prevalência de episódios depressivos ao longo da vida que são três a cinco vezes maiores do que as de pesquisas epidemiológicas retrospectivas (Kessler et al., 2005). Após o primeiro episódio, parece haver dois períodos de vida subsequentes de "doença" — é improvável que a maioria desses indivíduos tenha outro episódio e, se ocorrer um, será apenas no contexto de outro evento importante da vida (o percurso de "possível depressão"). Um subgrupo menor de indivíduos parece entrar na adolescência com risco elevado de ter vários episódios ao longo da vida e, muitas vezes, fica deprimido na ausência de qualquer precipitante externo (o percurso de "propensão à recorrência"). Esses dados sugerem que a depressão pode ser "típica da espécie" (como a ansiedade ou a dor), no sentido de que pode ocorrer em qualquer pessoa se algo ruim acontecer, mas que alguns indivíduos têm uma vulnerabilidade maior para o transtorno. Provavelmente, são estes últimos indivíduos que têm maior probabilidade de chegar à atenção secundária, embora os primeiros possam ser medicados desnecessariamente por seus médicos da atenção primária.

Essa conceitualização está de acordo com a observação frequentemente reproduzida de que é mais fácil identificar um precipitante para os episódios iniciais do que para os posteriores. Nas últimas décadas, a visão predominante tem sido a de que a simples ocorrência de um episódio de depressão aumenta o risco de episódios futuros (Post, 1992). Entretanto, dados mais recentes de coortes prospectivas sugerem que o risco não aumenta ao longo de episódios sucessivos, mas é um artefato da falha em diferenciar a "possível depressão" de baixo risco da "propensão à recorrência" de alto risco. Essa reformulação está alinhada com uma perspectiva evolutiva que distingue entre adaptações que evoluíram porque serviram a um propósito ("típico da espécie") e casos em que essas adaptações evoluídas se rompem (as verdadeiras "doenças") (Syme & Hagen, 2020). Embora ninguém saiba ao certo para qual função a depressão evoluiu, uma das principais teorias é que ela facilita manter o foco em um problema social complexo por tempo suficiente para chegar a uma solução (Andrews & Thomson, 2009). Um ditado básico da medicina evolutiva é que qualquer intervenção que facilite a função para a qual uma adaptação evoluiu deve ser preferida a outras que simplesmente aliviem o sofrimento (Nesse, 2019) e pode ser que a terapia cognitiva funcione (em grande parte) para transformar a ruminação improdutiva em uma resolução de problema eficaz (Hollon, 2020b).

Como um terapeuta cognitivo lida com essa heterogeneidade causal?

As evidências sugerem três grupos de pessoas deprimidas: (1) aquelas sem diáteses preexistentes que respondem normalmente a eventos externos problemáticos em grau suficiente para atender aos critérios completos de transtorno depressivo maior (TDM); (2) aquelas que estão entrando na adolescência com propensão a atribuir eventos negativos da vida a algum déficit de personalidade estável em si mesmas, que podem se beneficiar especialmente da terapia cognitiva e podem não precisar necessariamente de medicamentos; e (3) aqueles que sofrem um mau funcionamento do cérebro, que apresentam um risco genético ou epigenético de mais de um episódio depressivo (p. ex., depressões bipolares, ou psicóticas e algumas depressões altamente recorrentes, uma vez que cerca de 15% dos filhos de pessoas com transtorno bipolar desenvolvem TDM recorrente). Neste último grupo, a terapia cognitiva isolada pode ser ineficaz; podem ser necessários MADs ou estimulação cerebral. Em contrapartida, a pessoa com depressão unipolar não psicótica tem a mesma probabilidade de responder à terapia cognitiva e aos MADs e, nesse processo, adquirir habilidades que podem reduzir riscos futuros (Hollon, Andrews, Keller, et al., 2021).

Os cenários a seguir ilustram por que considerar os diferentes tipos de depressão pode ser clinicamente útil tanto para os terapeutas cognitivos quanto para os prescritores. Um dos autores (AJR) se enquadrou no primeiro grupo quando desenvolveu um episódio depressivo maior quando seu casamento estava se dissolvendo. Sem nenhum episódio depressivo anterior (ou posterior), ele percebeu que estava clinicamente deprimido. Ele preencheu o Inventário de Depressão de Beck (BDI, do inglês Beck Depression Inventory), que documentou uma depressão moderadamente grave. Ele decidiu fechar seu consultório por 4 meses, reduzir suas pesquisas, mas continuar dando aulas e concentrar todos os seus esforços na dissolução do casamento da forma mais justa e menos dolorosa possível (um advogado, não dois!). A depressão se resolveu com o tempo, sem tratamento. Muitas pessoas passam por essas experiências, e a maioria resolve essas situações sem terapia ou medicação. Se essas pessoas procurarem ajuda, pode-se argumentar em favor de vigilância ativa.

Um paciente bem conhecido desse mesmo autor se enquadra no segundo grupo. Sem histórico prévio de depressão, esse homem de 59 anos, casado, passou a sofrer de depressão grave após a quebra da empresa familiar da qual era presidente. A perda do *status* ocupacional, do trabalho significativo e dos benefícios de aposentadoria (a empresa faliu) levou, não surpreendentemente, a uma depressão grave o suficiente para que ele procurasse ajuda psiquiátrica. O MAD foi iniciado, com terapia adicionada posteriormente. Em 3 semanas, uma função hepática anormal levou a uma breve hospitalização e à interrupção da medicação. Ao longo dos 6 meses seguintes apenas com a terapia, ele conseguiu se ajustar e gerenciar de forma construtiva a maioria desses novos desafios, indesejados, mas inevitáveis. Não houve episódios depressivos posteriores. Essa pessoa era o pai do mesmo autor (AJR) descrito no parágrafo anterior.

Outro dos autores (SDH) teve três episódios de depressão aos 20 e poucos anos e procurou tratamento para os dois últimos, o que foi um pouco útil, mas não muito impressionante. Em todos os casos, a depressão passou (quase como uma febre) quando ele chegou a uma decisão que resolveu um grande dilema da vida e adotou um determinado plano de ação, semelhante ao que uma perspectiva evolutiva poderia sugerir (Andrews & Thomson, 2009). O que mais chama a atenção em sua trajetória de vida específica é que ele não teve nenhum episódio subsequente desde que começou a fazer terapia cognitiva com pacientes. Esse não é o prognóstico esperado para alguém com um histórico de três episódios anteriores no início dos 20 anos (um dos de "propensão à recorrência"), mas ele atribui isso ao que aprendeu ao tratar pacientes com terapia cognitiva. Sua conclusão é que o que funciona para eles também funciona para os terapeutas (Hollon, 2020a).

Um paciente tratado por um dos autores é representativo do terceiro grupo. Filho de uma família proeminente de grandes empreendedores, ele teve seu primeiro episódio maníaco na adolescência e sofria de crises periódicas de depressão. Quando não estava maníaco nem deprimido, ele era um grande empreendedor que cultivava contatos na política e nas artes. Quando deprimido, ele se beneficiava pouco com a reestruturação cognitiva, embora os aspectos mais puramente comportamentais do tratamento o ajudassem a se manter em projetos de interesse. Entretanto, ele se beneficiou do lítio (embora não gostasse de tomá-lo) e teve um segundo episódio maníaco na única vez em que tentou interromper o tratamento. Quando ele estava deprimido, eram os MADs (além do lítio) que pareciam ajudá-lo a se recuperar, em conjunto com a programação de atividades.

Qual é a lição para nós, prescritores ou terapeutas? Como, inicialmente, é um desafio adequar o tratamento à pessoa ou à depressão, devemos aprender com as respostas de cada paciente ao tratamento e estar preparados para errar. Às vezes, os MADs funcionam quando a terapia cognitiva falha e, às vezes, acontece o contrário. Recomendamos enfaticamente uma consulta com um especialista-prescritor, especialmente quando houver suspeita de sintomas depressivos maníacos, hipomaníacos ou psicóticos ou quando o paciente não estiver respondendo como esperado apenas à terapia cognitiva. Da mesma forma, para os prescritores, se os MADs isolados não tiverem sido totalmente eficazes, especialmente para os pacientes dos dois primeiros grupos, considere a possibilidade de mudar ou acrescentar a terapia cognitiva como próxima etapa (consulte os "tratamentos sequenciais", a seguir). Muitas condições médicas bem conhecidas (p. ex., endocrinopatias como hipotireoidismo, neurológicas, cerebrovasculares, entre outras) e medicamentos comumente usados (p. ex., corticosteroides, anti-hipertensivos, agentes antiarrítmicos e muitos outros) podem causar sintomas que se assemelham e até mesmo atendem aos critérios diagnósticos do TDM. Muitas dessas pessoas estão convencidas de que os estresses recentes são a causa de suas depressões, mesmo quando não são.

Medicamentos usados para tratar transtornos do humor

A psicofarmacologia fez avanços notáveis nas últimas quatro décadas. Temos mais agentes para usar do que nunca, mas ainda não sabemos como selecionar o melhor agente para um determinado paciente. Embora pareça que um medicamento possa funcionar quando outro não funciona, estamos presos à abordagem de tentar e tentar novamente até identificarmos indicações clínicas ou exames laboratoriais que nos digam com segurança qual medicamento tem maior probabilidade de funcionar para um determinado paciente. Contudo, é útil que os terapeutas cognitivos estejam familiarizados com esses agentes, mesmo que eles sejam prescritos por outra pessoa. O Prescribers' Digital Reference (PDR.net) está disponível como um recurso sobre medicamentos psicotrópicos.

É importante reconhecer que as doses dos medicamentos usadas em cada paciente podem variar muito em relação às recomendações das diretrizes e às aprovações da FDA. As doses podem ser menores do que a dose mínima ou até mesmo maiores do que a dose máxima recomendada, dependendo do prescritor e do paciente. As doses usadas em um paciente devem ser individualizadas de acordo com as "melhores práticas clínicas" (dosagem para remissão, troca ou aumento quando necessário e minimização dos efeitos colaterais), caso contrário, pode-se cometer um erro de prescrição. Os terapeutas que não prescrevem podem desempenhar um papel útil, incentivando os pacientes a levantar questões com seus prescritores ou farmacêuticos quando indicado. Se as preocupações persistirem, solicitar uma segunda opinião pode ser útil quando a remissão sustentada não for alcançada ou os efeitos colaterais incômodos persistirem. Analisamos brevemente cada classe de medicamento.

Inibidores da monoaminoxidase

A descoberta das propriedades antidepressivas dos IMAOs, os primeiros MADs identificados na década de 1950, ocorreu em grande parte por acaso, quando os médicos estavam procurando medicamentos para tratar a tuberculose (Pereira & Hiroaki Sato, 2018). Os IMAOs têm um mecanismo de ação diferente dos outros MADs, pois aumentam a quantidade de neurotransmissores na sinapse em virtude da inibição da ação da monoaminoxidase, uma enzima que decompõe todos os três neurotransmissores relevantes para a depressão (noradrenalina, serotonina e dopamina) no neurônio pré-sináptico. Os IMAOs são pelo menos tão eficazes quanto os ADTs (e provavelmente mais eficazes que os ISRSs), especialmente para pacientes com sintomas vegetativos atípicos ou reversos, como aumento do sono e do apetite (Thase et al., 1995). Entretanto, eles raramente são usados como tratamentos de primeira linha, pois exigem uma adesão cuidadosa às restrições dietéticas para que não desencadeiem uma crise hipertensiva potencialmente letal. Ainda assim, alguns pacientes que não respondem a vários ensaios adequados de MADs mais convencionais respondem aos IMAOs (Hollon et al., 2002).[1]

Antidepressivos tricíclicos (agentes cíclicos não seletivos)

Estes antidepressivos clássicos (amitriptilina, desipramina, imipramina, maprotilina, nortriptilina) também foram identificados pela primeira vez por acaso na década de 1950 e desenvolvidos ao longo da década de 1960 e início da década de 1970. Ao contrário dos IMAOs, eles trabalham para aumentar a quantidade de neurotransmissor na sinapse bloqueando a recaptação no neurônio pré-sináptico e eram os antidepressivos mais frequentemente prescritos antes do advento dos ISRSs. Embora talvez sejam mais eficazes do que os ISRSs em pacientes com depressões mais graves, eles raramente são prescritos como medicamentos de primeira linha, devido aos seus efeitos colaterais problemáticos e à maior letalidade em caso de superdosagem. Quando prescritos (geralmente antes de se tentar um IMAO), é porque os ISRSs ou os ISRSNs falharam, e há um subconjunto de pacientes que responderá a eles.

Inibidores seletivos da recaptação da serotonina

Os ISRSs são os antidepressivos mais prescritos atualmente. Quando chegaram ao mercado no final da década de 1980 (a fluoxetina foi a primeira, em 1986), eles rapidamente dominaram o mercado devido à sua maior segurança em caso de superdosagem, menor carga de efeitos colaterais e titulação mais fácil da dose. Os ISRSs podem ser um pouco menos eficazes do que os ADTs e, especialmente, do que os IMAOs que eles substituíram em grande parte, mas as diferenças não são tão grandes (em média), e sua segurança e facilidade de uso superam qualquer vantagem dos medicamentos mais antigos. Os ISRSs se tornaram a medicação preferida para transtornos de ansiedade, bem como para depressão. De fato, a fluoxetina foi aprovada pela FDA para uso nos transtornos depressivo maior, obsessivo-compulsivo, do pânico e disfóricos pré-menstruais, bem como na bulimia nervosa. Os ISRSs não causam dependência no sentido clássico: não há desejo de tomar o fármaco e eles não criam um "barato". Eles têm, especialmente com o uso prolongado, uma síndrome de descontinuação que pode ser desagradável, mas geralmente é controlável se for realizada gradualmente ao longo de várias semanas (Jha et al., 2018). Para muitos pacientes, o uso prolongado é clinicamente sensato e seguro, mas está associado a uma carga elevada de efeitos colaterais para uma proporção significativa de pacientes.

Outros agentes bloqueadores seletivos da recaptação

Os ADTs originais, como a imipramina ou a nortriptilina, eram agentes bloqueadores não seletivos da recaptação que afetavam a noradrenalina e a serotonina (os IMAOs também afetavam a dopamina). Após a introdução dos ISRSs (somente serotonina), outros agentes foram projetados para bloquear seletivamente a recaptação de dois ou mais neurotransmissores relevantes para a depressão (noradrenalina, serotonina e dopamina). Por exemplo, a duloxetina tem como alvo a recaptação de serotonina e noradrenalina mais especificamente, enquanto a bupropiona afeta a recaptação de norepinefrina e dopamina de forma mais seletiva. A bupropiona às vezes é chamada de "droga recreativa" porque não produz os efeitos colaterais sexuais (anorgasmia, impotência ou perda de interesse sexual) que costumam ocorrer com os ISRSs. Devido aos seus efeitos sobre a dopamina, ela também é usada para ajudar as pessoas a parar de fumar. Outros agentes desse grupo incluem a venlafaxina e a milnaciprana.

Posteriormente, foram desenvolvidos agentes que bloqueiam a recaptação de neurotransmissores e ativam (agem como agonistas) ou bloqueiam (agem como antagonistas) receptores específicos (dois tipos adicionais de mecanismos). Também se verifica que muitos receptores diferentes respondem até mesmo a um único neurotransmissor. As interações com receptores específicos afetam a resposta de diferentes células nervosas às mudanças na disponibilidade de diferentes quantidades de neurotransmissores causadas pelo bloqueio da recaptação. Essa combinação de efeitos melhora o perfil de efeitos colaterais ou produz efeitos terapêuticos diferentes.

Os medicamentos com esses efeitos combinados incluem a trazodona e a vilazodona, que afetam os receptores individualmente, como os receptores de serotonina 1A e serotonina 2, enquanto bloqueiam a recaptação da serotonina. Outros exemplos incluem a mirtazapina, um ANSE (um agente noradrenérgico e serotonérgico específico que antagoniza os autorreceptores alfa-2 e heterorreceptores alfa-2 adrenérgicos, bem como bloqueia os receptores de serotonina 2 e serotonina 3), e a vortioxetina, um modulador multimodal de serotonina (MM-S). A mirtazapina pode deixar os pacientes sonolentos e aumentar o apetite, o que é bom para alguns pacientes que estão abaixo do peso, mas não para outros. A arquiteta sobre a qual discutimos no Capítulo 7 recebeu prescrição de mirtazapina depois que terminou seus 4 meses de terapia cognitiva no estudo Penn-Vanderbilt sem redução dos sintomas depressivos (DeRubeis et al., 2005). Como era seu hábito, ela consultou *sites* da internet para saber quais tipos de efeitos colaterais poderia esperar. Quando soube que o ganho de peso era comum, ela não iniciou a medicação e nunca contou isso ao seu terapeuta cognitivo (um dos autores) ou ao psiquiatra que a prescreveu.

Outros medicamentos aprovados recentemente

Para aumentar a complexidade (a depressão é heterogênea, com diferentes causas, patobiologia e respostas ao tratamento), novos neurotransmissores e receptores relacionados foram reconhecidos como importantes no desenvolvimento e no tratamento da depressão e de outros transtornos do humor. Por exemplo, o glutamato é um neurotransmissor que se liga ao receptor N-metil-D-aspartato (NMDA). O neurotransmissor inibitório ácido gama-aminobutírico (GABA, do inglês *gamma-aminobutyric acid*) se liga a vários tipos de receptores GABA. Os medicamentos que interagem com esses sistemas foram desenvolvidos e aprovados para depressão e transtornos relacionados.

Por exemplo, o brexipiprazol, um modulador positivo do receptor $GABA_A$, assim como o aripiprazol, outro agonista parcial da dopamina, foi aprovado para uso na esquizofrenia e como adjuvante para os MADs. A brexanolona, um neuroesteroide, é outro novo agente e mecanismo aprovado para depressão pós-parto. Uma terceira nova classe de agentes é representada pela escetamina, o primeiro antagonista do receptor NMDA, aprovado pela FDA para depressão resistente ao tratamento e, recentemente, para ideação ou comportamento suicida agudo na depressão. Ela é administrada por inalação nasal. A lurasidona, outro novo antipsicótico atípico, é aprovada para esquizofrenia, bem como para episódios depressivos bipolares, que podem ser difíceis de tratar. A asenapina, outro antipsicótico atípico, foi aprovada para episódios maníacos e bipolares mistos, assim como a cariprazina, que está sendo avaliada para depressão resistente ao tratamento.

Objetivos e fases do tratamento medicamentoso

Rush e Thase (2018) propuseram quatro fases de manejo de medicamentos centrado no paciente e guias para cada uma delas. Elas incluem (1) engajamento e retenção do paciente, juntamente com a "adesão" à prescrição de medicamentos; (2) otimização da redução dos sintomas e minimização da carga de tratamento, incluindo efeitos colaterais; (3) restauração do funcionamento diário e da qualidade de vida;

e (4) prevenção, ou pelo menos mitigação, de recaídas ou recorrências. Os terapeutas cognitivos podem desempenhar um papel essencial na identificação e na resposta aos conceitos errôneos e preocupações dos pacientes, mesmo que não estejam prescrevendo, o que pode ajudá-los a levantar preocupações e colaborar com seus prescritores e facilitar a adesão.

Fase 1: engajamento, retenção e adesão

Engajar e manter pacientes deprimidos em tratamento é um desafio. Obviamente, qualquer pessoa que opte por medicamentos é aconselhada a usá-los da maneira mais eficaz possível. Contudo, cerca de 10% dos pacientes ambulatoriais que iniciam um MAD desistem imediatamente após a primeira consulta, e 20 a 30% podem não concluir as primeiras 12 semanas de tratamento (Pence et al., 2012). A baixa adesão à medicação prescrita gira em torno de 50%. Educar os pacientes pode aumentar sua retenção e adesão (Sansone & Sansone, 2012). A seguir, encontram-se breves respostas a perguntas comumente feitas sobre MADs:

- *A medicação funcionará?* Cerca de 50 a 65% das pessoas que completam 12 semanas de MAD terão uma resposta clinicamente significativa, na qual experimentam melhora da função, juntamente com menos sintomas depressivos e menos graves. Cerca de dois terços dessas pessoas que responderam não terão mais sintomas ou terão sintomas mínimos (remissão completa dos sintomas).
- *É seguro?* Quase todos os pacientes deprimidos percebem que sua ideação suicida é reduzida ou eliminada com os MADs quando eles são eficazes. Contudo, cerca de 2 a 4% dos pacientes que tomam esses medicamentos (principalmente adolescentes e adultos jovens com menos de 25 anos) terão um aumento na ideação preexistente ou até mesmo um novo início de ideação, o que é mais provável de ocorrer logo após o início do MAD ou após o aumento da dose (Zisook et al., 2009). O monitoramento cuidadoso nesses momentos é claramente justificado. Outra preocupação de segurança importante é que os MADs podem interagir com outros medicamentos prescritos, recreativos, alternativos e de venda livre, o que pode piorar o risco de efeitos colaterais ou modificar a dosagem do MAD. Por exemplo, o ácido acetilsalicílico pode aumentar o risco de sangramento quando combinado com um ISRS. Pacientes experientes consultam sabiamente seu médico ou farmacêutico quando tomam vários medicamentos. O terapeuta cognitivo pode desempenhar um papel crucial ao incentivar os pacientes a serem totalmente honestos com o médico que os prescreveu sobre TODOS os medicamentos e substâncias, inclusive os de venda livre, os fitoterápicos e os "naturais", e as drogas recreativas. Há uma verdade no aforismo "Nunca jogue pôquer com um cara chamado Dr." (de Algren, 1956). É importante que o prescritor saiba tudo o que o paciente está tomando.
- *Quais são os efeitos colaterais?* Todos os medicamentos têm efeitos colaterais. Com os MADs, a maioria dos efeitos colaterais depende da dose (quanto maior a dose, maior a probabilidade e a gravidade dos efeitos colaterais).

Embora os efeitos colaterais dos MADs sejam, em sua maioria, transitórios, pois os pacientes se adaptam a eles ao longo de algumas semanas (p. ex., náusea na fase inicial com ISRS), alguns efeitos colaterais são persistentes (p. ex., disfunção sexual com ISRS). Os efeitos colaterais persistentes precisam ser tratados por meio da redução da dose, de um segundo medicamento (os medicamentos para disfunção erétil, como a sildenafila, ajudam na disfunção sexual causada pelos ISRSs) ou da mudança para um medicamento com menor probabilidade de causar o problema específico (p. ex., bupropiona). Não se sabe se os MADs causam efeitos colaterais permanentes.

- *Quando a medicação fará efeito?* Os MADs têm um efeito precoce nos sintomas que geralmente é percebido nas primeiras semanas. Contudo, o impacto total da medicação sobre os sintomas geralmente não é percebido até que a dose seja ajustada adequadamente e passadas 12 semanas. Entretanto, se não houver muita redução dos sintomas em 6 a 8 semanas, pode-se presumir que o medicamento não funcionará. Costuma-se dizer que os antidepressivos levam várias semanas para fazer efeito. Isso é verdade se estivermos comparando a medicação com a pílula de placebo; ou seja, leva de 2 a 3 semanas para ver uma separação entre as duas, mas o maior efeito sobre os sintomas ocorre nas primeiras 3 semanas, e isso ocorre tanto com a pílula de placebo quanto com os antidepressivos. Isso revela o poder dos mecanismos psicológicos não específicos que atuam no tratamento medicamentoso para melhorar a depressão.

- *Como saberei se está funcionando?* Os antidepressivos têm como alvo os principais sintomas depressivos, como tristeza, falta de interesse, fadiga, baixa autoestima, distúrbios do sono e do apetite, entre outros. Uma medida dos sintomas depressivos pode ser útil para monitorar o efeito dos MADs nos sintomas.
- *E se não funcionar?* Existem muitos tratamentos eficazes, mas encontrar o tratamento certo para um determinado paciente geralmente envolve uma abordagem de "tentar e tentar novamente", que requer de duas a três ou até mais tentativas de tratamento. Se o primeiro MAD não funcionar ou simplesmente não for tolerado, recomendamos parar e mudar para outro. Se o tratamento inicial for parcialmente eficaz e razoavelmente bem tolerado, um segundo medicamento pode ser adicionado para reforçar o primeiro.

Fase 2: controle de sintomas e cuidados baseados em medições

O manejo de MAD baseia-se em uma série de etapas (consulte a Figura 15.1, adaptada de Kupfer, 1991). A primeira etapa é obter uma melhora ou resposta significativa, normalmente definida como uma redução de pelo menos 50% na gravidade dos sintomas depressivos, que os pacientes geralmente experimentam como um melhor funcionamento no dia a dia. A resposta é boa, mas a remissão (a eliminação dos sintomas) é ainda melhor, pois está associada a um melhor funcionamento diário e a uma menor probabilidade de a depressão voltar enquanto a medicação antidepressiva for mantida do que a resposta sem remissão (Rush, Kraemer, et al., 2006).

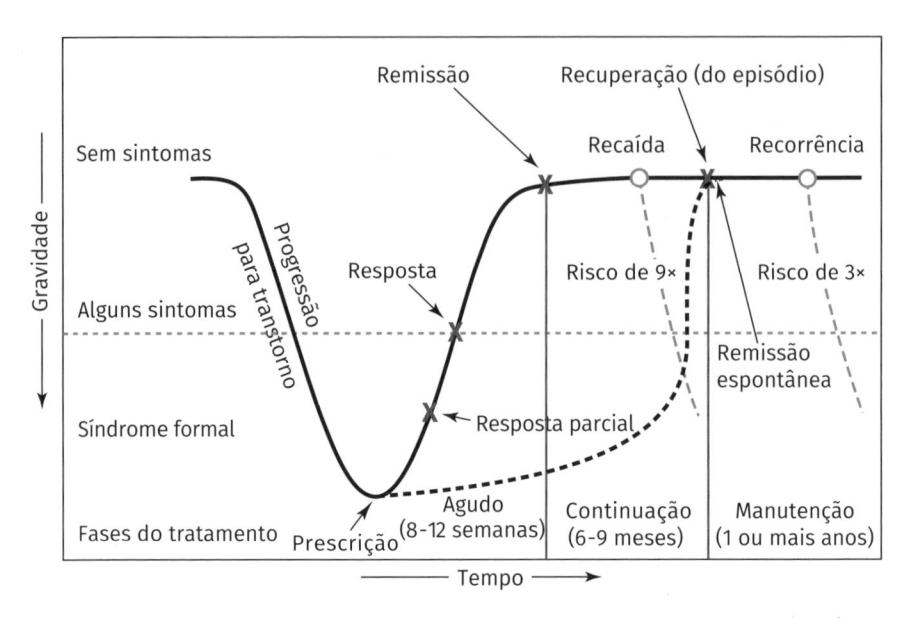

FIGURA 15.1 Fases do tratamento baseado em sintomas. Adaptada de Kupfer (1991). Copyright © 1991 Wiley. Adaptada com permissão.

À medida que os sintomas são reduzidos, a função diária e a qualidade de vida melhoram. De fato, quanto maior a redução dos sintomas, melhor a capacidade funcional e a qualidade de vida, embora muitas vezes com uma defasagem temporal (Miller et al., 1998). A recuperação da capacidade funcional pode demorar semanas ou meses a mais do que os sintomas (Van der Voort et al., 2015), e a qualidade de vida pode demorar ainda mais (Rush, 2015). A terapia cognitiva pode ser útil nesse processo e pode ser essencial para a restauração funcional completa e a qualidade de vida de alguns pacientes.

Após o tratamento da "fase aguda", uma "fase de continuação" tem como objetivo a prevenção da recaída (o retorno do episódio tratado), normalmente continuando os MADs na mesma dose necessária para obter resposta aguda ou remissão. Os pacientes correm um risco elevado de recaída por pelo menos 6 meses após a melhora inicial (Reimherr et al., 1998).

Presume-se que a recuperação reflita a resolução da neurobiologia subjacente que está causando o episódio. Entretanto, o Canadá e outros países não reconhecem esse ponto de "recuperação", porque não há medidas conhecidas que validem o fim biológico do episódio (Lam, McIntosh, et al., 2016). A maioria dos pacientes com remissão total permanece livre de sintomas enquanto é mantida a medicação, mas os que não estão em remissão total têm maior probabilidade de perder o efeito ao longo do tempo (Koran et al., 2001).

Após a fase de continuação do tratamento, o prescritor e o paciente devem decidir se manterão a medicação para evitar a recorrência (o início de um episódio totalmente novo). O tratamento de manutenção não é recomendado para pacientes com primeiro episódio. Embora, às vezes, seja considerado para aqueles que estão saindo do segundo episódio, é uma consideração mais forte para pessoas com três ou mais episódios, principalmente se os episódios foram mais graves e mais espaçados. Os pacientes com depressão crônica ou com vários episódios prévios geralmente são mantidos com medicamentos de manutenção indefinidamente para evitar a recorrência (Hollon et al., 2002). Diretrizes recentes agora recomendam a tomada de decisão compartilhada com os pacientes em todas as fases para facilitar a adesão (NICE, 2022).

Uma paciente tratada por um dos autores exemplifica como os princípios cognitivos podem ajudar no manejo da depressão em longo prazo. A paciente, uma anestesiologista de 42 anos, teve quatro episódios anteriores de TDM, e cada um deles afetou gravemente seu casamento e seu desempenho profissional. O primeiro ocorreu aos 26 anos, o segundo aos 35, o terceiro aos 39 e o mais recente aos 42 anos. Os três primeiros episódios não foram tratados; somente o último episódio foi tratado, e por um breve período de 8 a 12 semanas, com um MAD. Ela teve uma remissão completa com a primeira medicação e completou a continuação ainda com remissão completa. Ao considerar se o tratamento de manutenção de longo prazo poderia ser útil, ela insistiu que o uso de longo prazo não era uma opção, apesar das fortes evidências de que esse grau de recorrência tinha mais de 90% de probabilidade de ser seguido por outro episódio e de que os intervalos entre os episódios estavam diminuindo. O fato de o tempo entre os episódios estar diminuindo também sugeria a manutenção. No entanto, ela foi firme e, por isso, ela e o autor fizeram um acordo.

Devido aos custos psicossociais, ocupacionais e interpessoais já infligidos por seus episódios depressivos anteriores, concordamos que, caso ocorresse outro episódio, a medicação deveria ser reiniciada rapidamente. Para detectar precocemente qualquer episódio que se aproximasse, ela concordou em preencher uma escala mensal de avaliação de sintomas de depressão e devolvê-la ao terapeuta por "correio tradicional" (antes do *e-mail*, é claro). Se a pontuação total atingisse um determinado limite (mais de 20 pontos no BDI), reiniciaríamos a medicação. No espírito da terapia cognitiva, testamos nossas expectativas divergentes.

De fato, cerca de 9 meses após a recuperação do episódio anterior, outra recorrência se iniciou. Medimos os sintomas durante mais 2 semanas para garantir que era de fato outro episódio e não apenas uma semana ruim. Tendo visto esse padrão antes, ela concordou que o tratamento de manutenção de longo prazo poderia ser o caminho mais sensato a seguir. Com outras decisões que afetam o manejo de pacientes deprimidos, uma abordagem empírica pode abrir portas que, de outra forma, poderiam não ser fortemente consideradas.

A maioria dos prescritores segue princípios semelhantes na seleção e no manejo de MADs (consulte a Tabela 15.1). Como alguns pacientes respondem a um MAD e outros a outro, os prescritores geralmente adotam uma abordagem de "tentar e tentar novamente" para identificar o melhor medicamento para cada paciente (Gelenberg, 2010). Cada tentativa de medicação exige que a dose e a duração sejam otimizadas antes de declarar a falha. (Os pacientes não falham nos tratamentos; os tratamentos falham nos pacientes.) Quando os MADs são subdosados ou experimentados por muito pouco tempo, o MAD pode ser considerado ineficaz quando foi a implementação inadequada que causou a falha.

TABELA 15.1 Princípios de manejo dos medicamentos antidepressivos (MADs)

- A seleção entre medicamentos não pode ser feita com base na eficácia, pois eles são comparáveis em média.
- A seleção de MADs deve ser informada pelas diferenças na probabilidade, gravidade e tipos de efeitos colaterais, etapas de ajuste de dose e riscos de interação medicamentosa.
- Use a tomada de decisão compartilhada na seleção de medicamentos para promover a colaboração e o comprometimento.
- Escolha primeiro os medicamentos com menor risco de efeitos colaterais e que sejam mais fáceis de tomar.
- Aumente a dose do medicamento para a dose mais alta tolerada por cada paciente, se necessário.
- Use doses iniciais mais baixas e aumentos de dose mais lentos em pacientes idosos.
- Planeje um teste de 8 semanas para detectar se o medicamento funcionará.
- Planeje um teste de 12 semanas para ver todos os benefícios nos sintomas.
- Não presuma que o MAD falhou a menos que a dose e a duração do teste tenham sido otimizadas.
- Quando um MAD se mostra eficaz para um paciente, ele quase sempre funcionará novamente se for interrompido e reiniciado posteriormente.
- A subdosagem, a baixa adesão e a duração insuficiente do teste são as três principais causas de falha da medicação.
- Medicamentos eficazes podem perder a eficácia ao longo do tempo enquanto ainda estão sendo tomados (taquifilaxia).

A incapacidade de otimizar (geralmente aumentar) a dose ou fazer alterações oportunas nos tipos ou combinações de MADs quando os resultados são ruins é chamada de inércia terapêutica (IT). A IT é comum no tratamento medicamentoso da depressão (Henke et al., 2009) e de muitas outras condições, como esclerose múltipla (Sapoznik & Montalban, 2018), doenças autoimunes (Raveendran & Ravindran, 2021) e pressão alta (Wolf-Maier et al., 2003), entre muitas outras (Phillips et al., 2001).

A medição regular dos resultados da depressão foi recomendada pelas diretrizes de prática clínica da Agency for Health Care Policy and Research (AHCPR) em 1999 para auxiliar na tomada de decisões clínicas sobre medicamentos e terapia. Esses procedimentos de medição foram desenvolvidos e implementados em ambientes psiquiátricos do setor público para o Texas Medication Algorithm Project (TMAP; Rush et al., 2003). Agora chamados de cuidados baseados em medição, ou CBMs, os procedimentos implicam a medição sistemática dos principais sintomas (geralmente com sintomas associados, como ansiedade) e dos efeitos colaterais dos medicamentos, combinados com um plano de ação se os resultados forem insuficientes (Trivedi et al., 2006). O objetivo dos CBMs é personalizar os ajustes de dose e garantir mudanças ou aumentos em tempo hábil se as tentativas iniciais não forem bem-sucedidas.

A aplicação dos procedimentos dos CBMs praticamente dobrou a eficácia do tratamento medicamentoso no TMAP (Trivedi et al., 2004).

O valor dos CBMs em relação ao manejo rotineiro de medicamentos (normalmente sem medição ou um plano sistemático para fazer os ajustes necessários) na depressão foi bem estabelecido em estudos subsequentes (Fortney et al., 2017; Scott & Lewis, 2014; Zhu et al., 2021). Por exemplo, os CBMs foram associados a doses diárias mais altas, taxas de resposta e remissão mais altas e uma redução mais rápida dos sintomas depressivos do que os cuidados habituais, sem aumentar a carga de efeitos colaterais em pacientes ambulatoriais deprimidos (Guo et al., 2015). As sequências de tratamento de MAD de várias etapas orientadas por processos de CBMs também são mais eficazes do que os cuidados habituais (Bauer et al., 2019) e estão se tornando parte integrante dos cuidados de rotina (Martin-Cook et al., 2021).

O que é "bom para um é bom para o outro", e a adoção de uma abordagem baseada em medidas também demonstrou melhorar os resultados produzidos pela psicoterapia (Lambert et al., 2005). Avaliamos rotineiramente a mudança de sintomas em uma base de sessão por sessão e temos feito isso desde que começamos a realizar terapia cognitiva (Beck, 1970). A aplicação dos CBMs ao tratamento medicamentoso oferece uma maneira conveniente e direta de analisar o progresso e identificar desafios. O uso sistemático de medidas simples permite que os pacientes nos alertem sobre resultados aquém do desejado em tempo hábil, e a dosagem até a remissão (alternando e aumentando conforme indicado) aumenta as chances de resultados ideais.

Fase 3: restauração da capacidade funcional e da qualidade de vida

Os MADs têm como alvo os sintomas depressivos, como falta de interesse, humor triste, problemas de concentração, baixa energia, visão negativa de si mesmo e sintomas comórbidos comumente associados, como ansiedade ou dor. À medida que esses sintomas melhoram, a função diária e a qualidade de vida também tendem a melhorar (Miller et al., 1998; Sheehan et al., 2017).

Contudo, a restauração da capacidade funcional geralmente leva mais tempo do que a resolução dos sintomas (McKnight & Kashdan, 2009), especialmente para pacientes com depressão crônica ou quando há condições psiquiátricas ou médicas gerais adicionais (Rush, 2015). Além disso, a qualidade de vida (o grau de satisfação do paciente com o trabalho, as atividades domésticas, as relações sociais, as relações familiares e as atividades de lazer) geralmente leva mais tempo para melhorar do que a capacidade funcional, porque a qualidade de vida depende da restauração das relações que foram prejudicadas pelos sintomas depressivos crônicos e pela função persistentemente ruim.

Os pacientes valorizam a capacidade funcional e a qualidade de vida pelo menos tanto quanto a redução dos sintomas e acham que os médicos que os tratam tendem a supervalorizar esta última (Depression and Bipolar Support Alliance [DBSA], 2019). Além disso, o valor inerente de restaurar a capacidade funcional e a qualidade de vida, além de reduzir os sintomas depressivos, é ressaltado pelo fato de que a combinação dos três previu melhor a ausência de retorno subsequente dos sintomas no projeto Sequenced Treatment Alternatives to Relieve Depression (STAR*D) (Ishak et al., 2013).

As técnicas cognitivas podem ser prontamente adaptadas para melhorar tanto a capacidade funcional quanto a qualidade de vida. A discussão ou uma ferramenta simples, como o Quality of Life Enjoyment and Satisfaction Questionnaire (Mini-Q-LES-Q).; Rush et al'., 2019) de 7 itens, pode ajudar a identificar quais domínios são mais problemáticos e, assim, focar as técnicas de terapia cognitiva para superar obstáculos específicos para uma melhor qualidade de vida. Eles podem ser usados sem permissão ou custo por profissionais individuais que não cobram dos pacientes por seu uso. As abordagens cognitivas, por exemplo, podem reconstruir relacionamentos conjugais e outros (Baucom et al., 2008). Constatou-se também que mais pacientes voltaram ao trabalho com a terapia cognitiva do que com a medicação antidepressiva, apesar da alteração comparável dos sintomas (Fournier et al., 2015).

Fase 4: mitigação de recaída e prevenção de recorrência

Manter os pacientes em uso de MADs pode reduzir o risco de recaída ou recorrência quando tomados da maneira correta (Cleare et al., 2015). Entretanto, quando os MADs são interrompidos, o risco de recaída ou recorrência é o mesmo que se eles nunca tivessem sido tomados, o que sugere que os efeitos dos medicamentos são, em grande parte, paliativos. Uma vez interrompidos, os MADs não têm efeito duradouro sobre a depressão.

Mesmo tomando MADs da maneira correta, até 20% dos pacientes que inicialmente se beneficiaram perdem o efeito em um determinado ano, e seus sintomas depressivos retornam enquanto ainda estão tomando a medicação, o chamado efeito da diminuição da eficácia da medicação (*poop out*) ou, mais tecnicamente, taquifilaxia (Targum, 2014). Os pacientes com maior probabilidade de apresentar taquifilaxia são aqueles que tiveram mais episódios anteriores ou mais falhas em estudos de tratamento com MADs (Kinrys et al., 2019). Pacientes com mais exposições anteriores a MADs se saíram melhor com a terapia cognitiva do que com MADs em um estudo anterior (Fournier et al., 2009).

Convencer os pacientes a continuar tomando medicamentos quando não estão mais deprimidos é um desafio, mesmo quando indicado. Os efeitos colaterais persistentes, como ganho de peso ou disfunção sexual, podem ser tão incômodos que muitos pacientes pedem para parar ou simplesmente interrompem o tratamento por conta própria. Felizmente, diretrizes práticas recentes começaram a reconhecer esses desafios, recomendando a tomada de decisão compartilhada entre o prescritor e o paciente para personalizar essa decisão de acordo com as preferências particulares de cada paciente (NICE, 2022). Essa personalização se baseia no fato de que praticamente todos os estudos que demonstraram um efeito de tratamento para a continuação ou manutenção do tratamento também demonstraram que uma proporção significativa de pacientes que remitiram ou se recuperaram não terá uma recaída ou recorrência após o término da medicação.

Por outro lado, uma proporção significativa dos que permanecem com a medicação perderá o efeito. A Figura 15.2

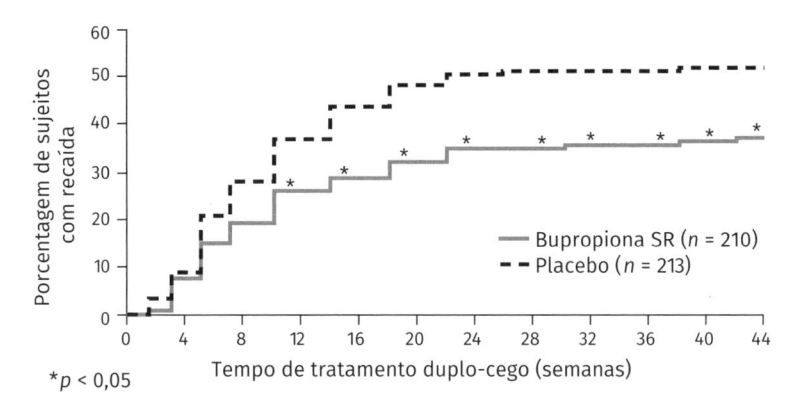

FIGURA 15.2 Quem pode interromper a medicação sem recaída? Adaptada de Weihs et al. (2002). Copyright © 2002 Elsevier. Adaptada com permissão de Elsevier.

ilustra essa questão. Nesse estudo de continuação, os pacientes que se saíram bem o suficiente no tratamento agudo com bupropiona foram randomizados para continuar ou mudar para placebo (Weihs et al., 2002). Nas 20 semanas seguintes, 53% tiveram recaída com o placebo contra 33% com a bupropiona, indicando que 20% se beneficiaram especificamente com a permanência da bupropiona. Ao mesmo tempo, apesar de terem depressão recorrente, metade das pessoas que foram transferidas para o placebo não teve recaída, e um terço dos pacientes que permaneceram na bupropiona teve recaída. No momento, não há como identificar quem piorará ou não quando o MAD for interrompido, ou quem perderá o efeito antidepressivo, mesmo que permaneça com a medicação.

Opções de tratamento na primeira etapa

Praticamente todas as diretrizes de prática clínica observadas anteriormente em todo o mundo recomendam uma das quatro opções possíveis quando o tratamento é iniciado em pessoas com TDM: (1) vigilância ativa; (2) psicoterapia baseada em evidências, como a terapia cognitiva; (3) MADs isolados; ou (4) a combinação deles. Tratamentos mais exigentes e caros, como a eletroconvulsoterapia (ECT), a estimulação magnética transcraniana repetitiva (EMTr) ou a escetamina/cetamina, geralmente são reservados para pacientes que não respondem a uma terceira etapa ou a uma etapa posterior (veja a seguir).

Vigilância ativa

A vigilância ativa pode ser clinicamente benéfica e tranquilizadora para os pacientes, pois dá tempo para uma avaliação médica e para uma segunda entrevista para coletar mais histórico, quando necessário. Para ilustrar, considere uma paciente gravemente deprimida que disse ter depressão maior recorrente até que seu parceiro se lembrou claramente de dois episódios maníacos anteriores, mas somente na segunda entrevista de diagnóstico. Quando o parceiro relatou os eventos específicos, a paciente percebeu que não se lembrava do quanto seu julgamento havia sido afetado em cada episódio (p. ex., gastar milhares de dólares em móveis antigos que não cabiam em seu apartamento e comportamento sexual impulsivo). A vigilância ativa também dá tempo para que a depressão melhore ou para que os pacientes avaliem suas opções de tratamento.

A pressão para atender mais pacientes nos setores de saúde mental e de atenção primária traz o risco do uso excessivo de MADs, baixa retenção de pacientes e adesão muito baixa à medicação prescrita. Para ilustrar, quase metade de todos os pacientes interrompe o uso de medicamentos antidepressivos durante os primeiros 30 dias e apenas um pouco mais de um quarto continua a terapia antidepressiva por mais de 90 dias (Olfson et al., 2006).

Terapia cognitiva *versus* medicamentos como primeira etapa do tratamento

Conforme descrevemos a seguir, não estamos inclinados a aconselhar o paciente a iniciar o tratamento combinado. Mas se houver apenas uma monoterapia no início, qual delas iniciar? Isso, é claro, depende da preferência do paciente, mas achamos que temos a obrigação de compartilhar os prós e contras das várias opções de tratamento, independentemente do que ele escolher fazer. A Tabela 15.2 resume os principais prós e contras ao considerar um MAD ou a terapia cognitiva isolada na primeira etapa do tratamento para pacientes ambulatoriais deprimidos não psicóticos e não bipolares. Embora tenha eficácia comparável na fase aguda, a terapia cognitiva oferece efeitos duradouros não proporcionados pelos MADs depois que os tratamentos são interrompidos. A terapia cognitiva exige mais consultas e mais tempo, além de mais esforço na forma de exercícios de casa entre as consultas, mas está associada a um risco menor de suicídio e à ausência de interações medicamentosas e dificuldades na descontinuação. A terapia cognitiva se alinha melhor com a preferência do paciente e se concentra direta e imediatamente nos problemas apresentados pelo paciente. Nosso ponto de vista é que a terapia cognitiva é a primeira opção mais razoável para a maioria dos pacientes ambulatoriais deprimidos, exceto para aqueles com transtornos bipolares, psicóticos e emergentes agudos, para os quais a medicação ou um tratamento mais intensivo pode ser mais apropriado. Discutiremos cada uma das questões descritas na Tabela 15.2 na seção a seguir.

A maioria dos pacientes prefere psicoterapia a medicamentos

Cerca de três quartos dos pacientes com condições depressivas e ansiosas preferem psicoterapia a medicamentos (McHugh et al., 2013). Além disso, conforme mostrado na Figura 15.3, os medicamentos não se diferenciam da pílula de placebo entre pacientes com depressões menos graves (mais da metade de todos os pacientes tratados), o que significa que a maior parte dos pacientes que respondem aos MADs está respondendo por motivos psicológicos não específicos (Fournier et al., 2010). Ainda assim, sendo o acesso à psicoterapia baseada em evidências como é (mais pessoas têm um médico de família ou especialista em saúde da mulher que consultam pelo menos uma vez por ano do que um psicoterapeuta), mais pessoas acabam usando medicamentos do que psicoterapia. Além disso, a terapia cognitiva

TABELA 15.2 Terapia cognitiva (TC) *versus* medicamentos antidepressivos (MADs) como primeira etapa do tratamento

	TC	MADs
Eficácia na fase aguda	+++	+++
Efeitos duradouros	+++	–
Interações medicamentosas	–	
Efeitos colaterais	–	++
Taquifilaxia	–	+
Aumento da ideação suicida	–	+ (em 1-4%)
Tempo e esforço	+++	+
Início da ação	+	++
Efeitos da descontinuação	–	+

Nota: + indica bom; ++ indica melhor; +++ indica melhor de todos; – indica não relevante.

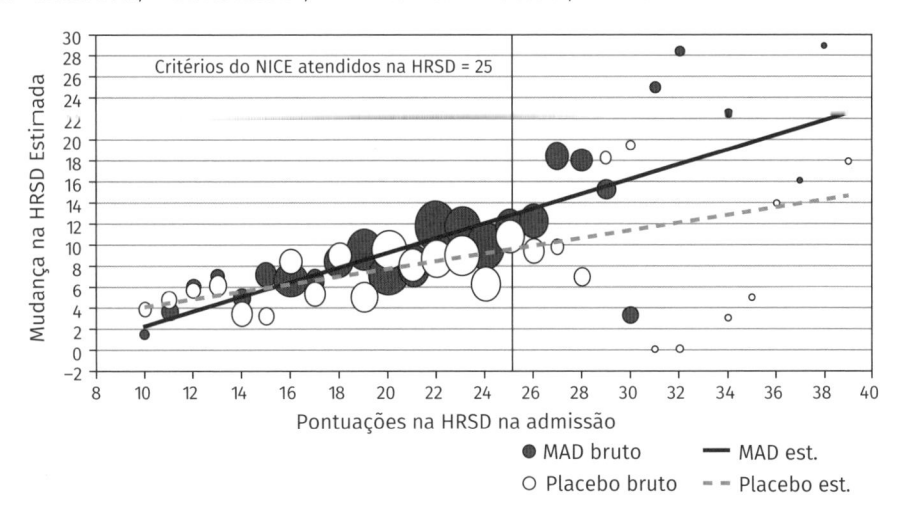

FIGURA 15.3 Os medicamentos antidepressivos (MADs) são altamente eficazes nas depressões mais graves, mas apresentam benefício mínimo em relação ao placebo nos casos leves e moderados. Adaptada de Fournier et al. (2010). Copyright © 2010 American Medical Association. Adaptada com permissão. Todos os direitos reservados. NICE, National Institute for Health and Care Excellence.

é apenas uma entre muitas terapias, e nem sempre a mais acessível. Não obstante, é útil examinar as questões e as evidências relacionadas à escolha entre medicamentos e terapia cognitiva como o primeiro tratamento para depressão.

A terapia cognitiva é tão eficaz quanto os MADs para a maioria das depressões

A maioria das diretrizes de prática clínica agora reconhece que a terapia cognitiva é tão eficaz quanto os MADs (em média) no tratamento inicial da fase aguda da depressão não psicótica e não bipolar — uma recomendação respaldada por uma grande metanálise de dados de pacientes de quase 20 estudos comparativos randomizados envolvendo 1.700 pacientes (Weitz et al., 2015), incluindo aqueles com depressões atípicas (Jarrett et al., 1999) ou depressões mais graves (DeRubeis et al., 2005).

A terapia cognitiva tem um efeito duradouro que os medicamentos não têm

Por mais eficazes que sejam os MADs na redução da angústia aguda, eles não fazem nada para reduzir o risco de recaída ou recorrência após serem descontinuados. As diretrizes de prática clínica recomendam que todos os pacientes continuem tomando MADs por 4 a 9 meses após a remissão para proteger contra recaídas e que os pacientes com depressões crônicas ou recorrentes (três ou mais episódios anteriores) sejam mantidos com medicamentos indefinidamente para reduzir o risco de recorrência (um episódio totalmente novo). Por esse motivo, nas últimas décadas, as depressões crônicas e altamente recorrentes têm sido cada vez mais tratadas como o diabetes, e espera-se que esses pacientes permaneçam com MADs por anos (Moore & Mattison, 2017). A terapia cognitiva parece reduzir o risco de retorno dos sintomas em cerca de metade em relação aos MADs após o término do tratamento e parece ser pelo menos tão preventiva quanto manter os pacientes em MADs de continuação (Cuijpers et al., 2013). Esse efeito duradouro talvez seja a maior vantagem que a terapia cognitiva tem sobre os medicamentos.

Os medicamentos têm risco maior de efeitos colaterais

Os MADs podem produzir efeitos colaterais desagradáveis, a maioria dos quais (p. ex., sedação, náusea) é transitória e dependente da dose (quanto maior a dose, mais prováveis e mais graves são os efeitos colaterais), ao passo que a terapia cognitiva não produz. É mais provável que os efeitos colaterais ocorram quando os MADs são iniciados ou quando as doses são aumentadas. Outros possíveis efeitos colaterais agudos incluem reações alérgicas (não dependentes da dose) e sintomas patológicos do humor (p. ex., hipomania, impulsividade).

Alguns efeitos colaterais (p. ex., ganho de peso, efeitos colaterais sexuais, fadiga) persistem enquanto a medicação é continuada, o que torna problemática a adesão em longo prazo. Os efeitos colaterais identificados em estudos naturalistas sobre o uso de antidepressivos em longo prazo geralmente são maiores do que os relatados em estudos de eficácia na fase aguda de 12 semanas (Horowitz & Wilcock, 2022). Por exemplo, dois terços dos pacientes da atenção primária que tomaram um ISRS por 1 ano tiveram pelo menos um efeito colateral e um terço teve pelo menos três efeitos colaterais, incluindo sonolência diurna, tontura, boca seca, sintomas gastrintestinais e disfunção sexual, entre outros (Bet et al., 2013).

Alguns pacientes têm pouquíssimos efeitos colaterais, enquanto outros são atormentados por eles, em parte devido às grandes diferenças genéticas entre as pessoas na forma como metabolizam os medicamentos. Cerca de 2 a 5% da população metaboliza alguns antidepressivos muito lentamente, de modo que uma dose normal é uma "megadose" para eles; eles correm um risco especial de efeitos colaterais adversos, e as doses devem ser reduzidas. Por exemplo, um paciente tratado por um dos médicos autores não conseguiu dormir por 48 horas depois de apenas uma dose de fluoxetina. Outra paciente, uma mulher mais velha, também com metabolização lenta, conseguiu manter a remissão total tomando apenas um comprimido de 10 mg de fluoxetina 2 vezes por semana. Pode haver uma variabilidade considerável entre os pacientes.

O manejo dos efeitos colaterais é fundamental para ajudar a minimizar o ônus do tratamento para o paciente. Os efeitos colaterais podem reduzir a adesão ou levar os pacientes a abandonar o tratamento. As opções de manejo são reduzir a dose (o que corre o risco de perder o efeito terapêutico), mudar para outro medicamento ou adicionar outro medicamento para tratar os efeitos colaterais, o que complica o tratamento e aumenta o custo. Mais uma vez, o ditado é "tentar e tentar novamente".

Medicamentos antidepressivos e o risco de suicídio

Pessoas que estão deprimidas correm um risco elevado de suicídio, independentemente de qualquer tratamento. Esse risco aumenta substancialmente se a pessoa deprimida também estiver abusando de álcool ou outras substâncias. Tanto a terapia cognitiva quanto os MADs reduzem a ideação e o risco de suicídio na maioria dos pacientes. No entanto, com base em estudos randomizados controlados, há um subgrupo de pessoas cuja ideação suicida pode piorar ou ser instaurada após o início de um MAD (Zisook et al., 2009).

Por mais improvável que seja, é mais provável que isso ocorra em pacientes pediátricos e adultos jovens (Hammad et al., 2006; Stone et al., 2009). Essas preocupações levaram as autoridades britânicas a proibir o uso da maioria dos medicamentos serotoninérgicos em crianças e adolescentes (Committee on Safety of Medicines, 2004) e a FDA a exigir o acréscimo de uma advertência de "tarja preta" em relação ao seu uso em jovens a partir de 2004 e estendida a adultos jovens até a idade de 25 anos em 2006.

A terapia cognitiva e as intervenções cognitivas e comportamentais relacionadas podem reduzir esse risco. Treatment for Adolescents with Depression Study (TADS) constatou que a fluoxetina produziu uma redução mais rápida dos sintomas depressivos do que a terapia cognitivo-comportamental (TCC), mas que a última reduziu a ideação suicida e foi associada a menos tentativas de suicídio do que o MAD isolado, enquanto ambas em associação melhoraram a resposta ao tratamento e reduziram a ideação suicida (March et al., 2007). Ainda não está claro se essas diferenças refletem os efeitos diferenciais das duas monoterapias sobre a ideação suicida em si ou a extensão em que cada uma se presta ao manejo da crise suicida. Quaisquer benefícios decorrentes do aumento das doses de medicamentos podem levar dias ou semanas para se manifestar, ao passo que os terapeutas cognitivos podem responder de forma rápida e flexível a quaisquer crises que surjam.

A terapia cognitiva pode ser preferida em situações desafiadoras

Para gestantes ou mulheres que planejam engravidar, a terapia cognitiva pode ser uma escolha mais segura, especialmente no primeiro trimestre. Pessoas deprimidas com comorbidade médica substancial também podem ser mais bem atendidas com a terapia cognitiva do que com os MADs. A depressão é um fator de risco para o desenvolvimento de condições médicas gerais, como obesidade, doenças cardíacas ou hipertensão, entre outras, e essas condições são, por si só, fatores de risco para o desenvolvimento da depressão (NICE, 2022). Consequentemente, é provável que os MADs sejam prescritos para pessoas com comorbidade médica geral substancial, mesmo que elas sejam clinicamente frágeis.

Mas os MADs podem exacerbar condições médicas subjacentes (p. ex., ganho de peso em pacientes obesos; interferência na condução cardíaca em pessoas com doença cardíaca) e podem aumentar o risco de interações medicamentosas em pessoas que já estejam tomando outros medicamentos. A terapia cognitiva não faz nada disso. Transtornos médicos gerais concomitantes cada vez mais graves aumentam o risco de interações medicamentosas adversas e uma resposta mais fraca aos MADs (Perlis, 2013). Algumas depressões associadas a determinadas condições médicas gerais podem simplesmente não responder aos MADs típicos. Por exemplo, a sertralina não foi melhor do que o placebo em pacientes com doença renal crônica (Hedayati et al., 2017). Ainda não se sabe como a terapia cognitiva se sairia com eles.

A descontinuação dos MADs pode ser um desafio

Cerca de metade de todos os pacientes sente algum desconforto ao interromper os medicamentos e apresenta sintomas de abstinência, como insônia, inquietação, disforia e irritabilidade (Davies & Read, 2019). Para uma minoria de pacientes, esses sintomas podem ser graves. As diretrizes do NICE recomendam alertar os pacientes sobre esse problema antes de iniciar os ISRSs (Iacobucci, 2019). A terapia cognitiva não desencadeia essa síndrome de descontinuação, embora alguns pacientes se apeguem indevidamente ao terapeuta.

Combinar ou sequenciar a terapia cognitiva e o MAD?

A última opção é iniciar o paciente com a associação de terapia cognitiva e medicamentos. Iniciar com a combinação é recomendado como uma opção de primeira escolha por muitas diretrizes de prática clínica, especialmente para pacientes crônicos (Cleare et al., 2015; Gelenberg, 2010; Lam, Kennedy, et al., 2016; Malhi et al., 2021) e, há duas décadas, dois dos autores endossaram essa estratégia (Hollon, Jarrett, et al., 2005). Como discutimos em mais detalhes no Capítulo 16, não faríamos mais essa recomendação, pelo menos com relação à terapia cognitiva. Nossa recomendação anterior baseava-se na noção de que cada monoterapia funcionava por meio de mecanismos diferentes e, portanto, beneficiaria diferentes subconjuntos de pacientes, e que a associação manteria as vantagens específicas de cada uma.

Descobertas posteriores lançaram dúvidas sobre ambas as suposições. Embora o tratamento combinado supere o desempenho de qualquer uma das monoterapias em cerca de um terço de um desvio-padrão (Cuijpers, Dekker, et al., 2009; Cuijpers, van Stratten, et al., 2009), não está claro se sabemos exatamente quem se beneficia e, conforme descrevemos no Capítulo 16, esse incremento parece ser fortemente moderado. Além disso, há motivos para acreditar que o uso simultâneo das duas monoterapias em combinação (em vez de aumentar com medicamentos se a terapia cognitiva não levar à remissão completa) pode interferir em qualquer efeito duradouro que a terapia cognitiva possa proporcionar. Essa cautela se torna ainda mais relevante pela constatação, muitas vezes replicada, de que a terapia cognitiva aplicada após o uso de um MAD para reduzir os níveis de sintomas parece manter seu efeito duradouro (Bockting et al., 2015).

Dito isso, é preciso melhorar os pacientes para mantê-los melhores, e preservar um efeito duradouro para a terapia cognitiva pode ser um luxo que precisa ser abandonado se o paciente não estiver respondendo. Uma abordagem pragmática para combinar as duas abordagens é adicionar a segunda quando a primeira for considerada insuficiente ou começar com medicamentos em combinação para pacientes que provavelmente não responderão a nenhuma delas isoladamente.

Para ilustrar, um dos autores certa vez tratou uma viúva de 23 anos atendida na unidade de terapia intensiva após uma tentativa de suicídio. O precipitante aparente foi a morte de seu marido de 27 anos por leucemia aguda 2 meses antes. Ela não tinha histórico ou tratamento psiquiátrico anterior. O exame do estado mental indicou evidências de teste de realidade prejudicado e pouco controle de impulsos. Ela relatou alucinações auditivas e visuais nas semanas anteriores à sua tentativa de suicídio. Além disso, durante várias semanas após a morte do marido, ela pegou carona pelo país, tentando "se animar". Embora não se considerasse pessoalmente defeituosa, ela expressava sentimentos de vazio, solidão e abandono. Ela era hostil e beligerante no início do tratamento e, a princípio, recusou-se a consultar um psiquiatra. Ela apresentava sintomas somáticos acentuados (sono, apetite, perda de peso e distúrbios libidinais), mas não tinha histórico de mania ou hipomania, nem histórico familiar de mania ou depressão. Essa paciente foi diagnosticada com uma reação psicótica depressiva (provavelmente em resposta à sua perda) e o tratamento foi iniciado.

A medicação psicotrópica foi iniciada com doses baixas de antipsicóticos para combater o teste de realidade defeituoso e o controle deficiente dos impulsos, e um antidepressivo para combater o afeto negativo e a dificuldade acentuada de dormir. Sua pontuação no BDI caiu de 40 para 20 pontos. Ela se tornou menos hostil, não teve outras alucinações e seu controle de impulsos melhorou significativamente. Ela recebeu alta do hospital após 1 semana e começou a fazer sessões de terapia cognitiva ambulatorial 2 vezes por semana.

A terapia cognitiva foi acrescentada quando os efeitos benéficos dos medicamentos começaram a fazer efeito. Suas cognições negativas sobre aceitar o tratamento psiquiátrico e tomar medicamentos foram evocadas e neutralizadas o suficiente para aumentar sua adesão ao tratamento medicamentoso, que antes era ruim. As cognições que interferiam no uso de medicamentos incluíam: "Não há nada que alguém possa fazer para me ajudar, e eu deveria estar morta"; "A vida não vale a pena ser vivida sem meu marido; qual é o sentido de tomar medicamentos?".

Embora continuasse a precisar de terapia cognitiva extensiva e medicação psicotrópica no ano seguinte, ela gradualmente começou a confrontar suas cognições negativas e a reorganizar a forma como pensava sobre a perda do marido.

Esse caso ilustra o efeito sinérgico do tratamento combinado. Os medicamentos ajudaram a resolver os problemas de teste de realidade (alucinações) e controle problemático de impulsos, além de torná-la receptiva à terapia cognitiva, que, por sua vez, ajudou-a a classificar suas crenças negativas sobre si mesma e seu futuro e facilitou sua aceitação do tratamento medicamentoso. Como ela respondeu à medicação, foi possível fazer uma terapia cognitiva mais extensa. Seu tratamento prolongado demonstra como as depressões psicóticas graves podem exigir um esforço terapêutico sustentado e multimodal por um período prolongado.

Etapas do segundo tratamento

Lembre-se de que, sempre que possível, o objetivo do tratamento é a remissão dos sintomas, e não apenas a redução dos sintomas. Quando o primeiro tratamento com MAD produz um benefício mínimo nos sintomas ou se os efeitos colaterais são intoleráveis, a segunda etapa é a mudança para outro MAD ou terapia cognitiva. Se a primeira etapa deixar o paciente melhor, mas não totalmente bem, e os efeitos colaterais forem aceitáveis, os prescritores normalmente acrescentam um segundo tratamento ao primeiro para aumentar o benefício inicial, na esperança de alcançar a remissão. Acrescentar a terapia cognitiva ao MAD é tão eficaz quanto acrescentar um segundo medicamento quando a remissão não é completa (Thase et al., 2007).

De modo geral, qual é a eficácia dessa segunda etapa, seja trocando ou acrescentando tratamentos, incluindo a terapia cognitiva? O projeto STAR*D (Rush et al., 2004) conduziu pacientes ambulatoriais deprimidos típicos por até quatro etapas sequenciais de tratamento (a maioria envolvendo medicamentos), trocando ou aumentando conforme necessário, começando com um ISRS, mas passando para medicamentos mais antigos e mais difíceis de administrar na terceira e quarta etapas do tratamento. A segunda etapa incluía várias opções possíveis de "troca" ou "acréscimo" (incluindo outros medicamentos ou terapia cognitiva). Cerca de 1 em cada 3 pacientes remitiu em cada uma das duas primeiras etapas do tratamento, enquanto menos de 1 em cada 6 remitiu na terceira ou quarta etapa (Rush, Trivedi, et al., 2006). Isso fez com que a área adotasse o termo "depressão resistente ao tratamento" (DRT) para depressões que não regridem após duas etapas (Gaynes et al., 2018).

Não há evidências que permitam selecionar a melhor medicação de segunda etapa "complementar" ou "de troca". A seleção se baseia, em grande parte, na diferença de efeitos colaterais, bem como na preferência do médico e do paciente, e não na eficácia diferencial que não foi estabelecida (Rush, Trivedi, et al., 2006). Alguns aconselham a ampliação do mecanismo de ação para incorporar o sistema dopaminérgico na segunda ou terceira etapa do tratamento. Pode haver boas razões para seguir essa recomendação, pois vários agentes "complementares" de medicamentos aprovados pela FDA após duas etapas fracassadas (p. ex., aripiprazol; quetiapina) afetam o sistema dopaminérgico.

Etapas do terceiro tratamento

Depressão "resistente ao tratamento"

Se todos os pacientes tivessem conseguido concluir todas as quatro etapas do tratamento no estudo STAR*D, cerca de dois terços dos pacientes que iniciaram o ISRS na primeira etapa teriam alcançado a remissão se ninguém tivesse desistido (o que, obviamente, aconteceu com muitos) (Rush, Trivedi, et al., 2006). Com base principalmente no STAR*D, as agências reguladoras aceitaram a noção de "depressão resistente ao tratamento" (DRT) e a definiram como depressões que não tiveram remissão após duas etapas de tratamento (Gaynes et al., 2018). Os tratamentos aprovados pela FDA para DRT (geralmente definidos como dois ciclos adequados de tratamentos que falharam) incluem aripiprazol, quetiapina, ECT, EMTr, olanzapina mais fluoxetina e escetamina, embora outros agentes, como lítio e pramipexol, também sejam usados *off-label* para DRT. A estimulação do nervo vago foi aprovada pela FDA após quatro tentativas fracassadas.

Um conceito ainda mais desafiador — depressão "resistente a múltiplas terapias" — foi proposto para depressões sem remissão após quatro tratamentos falhos (Cleare et al., 2015; McAllister-Williams et al., 2018). O debate continua no campo sobre quando essas pessoas devem se tornar candidatas a tratamentos mais intensivos e intrusivos, como ECT (Sackeim, 2017), EMTr (Rodriguez-Martin et al., 2002) ou escetamina (Bahji et al., 2021), embora as evidências de que cada um deles é eficaz para esses pacientes sejam substanciais.

A ECT continua sendo a única e mais poderosa intervenção para depressão e pode salvar a vida de pacientes iminentemente suicidas (American Psychiatric Association, 2010). Ela também pode ser útil quando os MADs falham ou quando os pacientes não toleram os efeitos colaterais ou os riscos que eles geram. Há muito tempo se supõe que adicionar a terapia cognitiva à ECT seria de pouca utilidade devido à gravidade dos pacientes normalmente tratados e à amnésia retrógrada produzida pela intervenção, mas um estudo randomizado controlado na Alemanha descobriu que a continuação da TCC (uma integração da terapia cognitiva e do Sistema de Análise Cognitivo-Comportamental de Psicoterapia [SACC], ministrada em um formato de grupo) mais MAD superou a continuação da ECT mais MAD ou a continuação da MAD sozinha em respondedores à ECT (Brakemeier et al., 2014). Essa descoberta impressionante sugere um papel para a TCC como tratamento de continuação após a ECT bem-sucedida, embora a TCC não seja iniciada até o término da ECT.

Nem todos os pacientes apresentam remissão, apesar de nossos melhores esforços de tratamento. A depressão "difícil de tratar" (DDT) foi recentemente proposta como uma heurística prática para reconhecer que alguns pacientes não entrarão ou permanecerão em remissão após várias tentativas de tratamento, dados os limites de nossas opções terapêuticas atuais (McAllister-Williams et al., 2020; Rush et al., 2022). A DDT envolve uma abordagem em duas etapas: (1) avaliações médicas, neurológicas e neuropsicológicas para identificar causas tratáveis para a depressão que não tenham sido consideradas; (2) supondo que essas possíveis causas sejam abordadas, o objetivo do tratamento mudaria para o manejo ideal da doença, sem a busca infrutífera de remissão com mudanças contínuas na polifarmácia, de forma análoga a outras condições médicas crônicas difíceis de tratar, como insuficiência cardíaca congestiva ou lúpus.

A terapia cognitiva poderia ter um papel a desempenhar no manejo da DDT, pois promoveria o controle dos sintomas e a resiliência, abordaria condições comórbidas e promoveria escolhas de estilo de vida que melhorariam a função e a qualidade de vida. As pessoas com depressão também apresentam outras condições, inclusive distúrbios do sono ou sintomas do sono, como insônia, queixas de dor (principalmente musculoesquelética ou gastrintestinal) e hábitos diários que talvez tenham sido aprendidos durante a depressão, como comer demais ou ingerir álcool em excesso, e que ainda não foram totalmente resolvidos. Além disso, muitos pacientes deprimidos desenvolveram um estilo de vida sedentário que é difícil de desfazer e não é automaticamente corrigido por medicamentos antidepressivos. É provável que os pacientes voltem a esse estilo de vida diante de adversidades, e novos hábitos mais saudáveis precisam ser desenvolvidos. As mesmas estratégias usadas para tratar a depressão foram adaptadas a inúmeras outras condições comuns de saúde mental (consulte o Capítulo 8 sobre transtornos comórbidos). Por exemplo, cerca de metade dos pacientes deprimidos apresenta sintomas significativos de ansiedade. Embora esses sintomas se resolvam para muitos quando o próprio episódio depressivo desaparece, para outros, tornou-se um hábito ver os eventos ambientais como sendo mais perigosos do que realmente são. Isso é especialmente verdadeiro para pessoas que se afastaram de suas interações interpessoais normais e relutam em voltar a se envolver em relacionamentos dos quais se tornaram "distantes".

Aumentar a adesão à medicação com terapia cognitiva

Os desafios da adesão são universais na medicina e na cirurgia (Osterberg & Blaschke, 2005). Mais de 50% dos pacientes deprimidos não tomam seus medicamentos antidepressivos conforme prescrito, e eles podem não revelar esse fato ao médico que os prescreveu. Além disso, pessoas deprimidas correm um risco substancialmente maior do que pacientes não deprimidos de não tomar seus medicamentos para problemas médicos gerais (Grenard et al., 2011).

A terapia cognitiva pode aumentar a adesão às recomendações dos prescritores (Wright & Thase, 1992). Muitos pacientes deprimidos relutam em iniciar um medicamento, e muitos outros não aderem às doses ou durações recomendadas. As estratégias cognitivas e comportamentais descritas neste texto podem ajudar os pacientes a avaliar suas crenças em relação à medicação e a interagir de forma mais eficaz com o médico que a prescreveu.

Pessoas deprimidas podem ter dificuldades para se engajar e permanecer no tratamento. O modelo cognitivo prevê que as distorções cognitivas contribuem significativamente para essa "paralisia da vontade" ou "baixa motivação" (lembre-se de que o "déficit de iniciação de resposta" é a condição *sine qua non* da depressão). Os pacientes deprimidos podem acreditar que estão irremediavelmente doentes, que a terapia será ineficaz ou insegura e que os caminhos para uma vida livre da depressão estão bloqueados ou não existem. Dadas essas crenças, não é de surpreender que muitos desses pacientes não tenham motivação para aderir a um tratamento prescrito. A incapacidade de reconhecer ou entender as atitudes e percepções do paciente sobre a farmacoterapia pode levar o médico a vê-lo como "desmotivado", quando as expectativas negativas do paciente são o verdadeiro problema. É fácil interpretar erroneamente o não cumprimento de um plano de medicação como uma falta de desejo de tomar o medicamento, quando o problema é uma expectativa excessivamente pessimista sobre se ele funcionará ou se é seguro. A "visão negativa do mundo" do paciente deprimido pode distorcer ainda mais sua visão já negativa sobre a medicação psicotrópica. Esses problemas são mais proeminentes durante a fase inicial do tratamento, quando o paciente está mais deprimido.

É provável que surjam certos tipos de problemas quando os medicamentos são considerados pela primeira vez. Muitos pacientes se preocupam com a possibilidade de se tornarem dependentes (os antidepressivos não causam dependência no sentido convencional) ou de representarem uma "muleta farmacológica" que indica que o paciente não consegue cuidar de si mesmo. O diálogo a seguir ilustra como o terapeuta cognitivo pode abordar o tema da dependência. Observe o uso de questionamento socrático em todo o diálogo, de forma compatível com a terapia cognitiva:

Terapeuta (T): Você já pensou em tomar medicamentos antidepressivos?

Paciente (P): Às vezes penso nisso, mas não quero me tornar dependente.

T: O que o faz pensar que você se tornaria dependente? [Busca de evidências]

P: Bom, eu sei que alguns medicamentos causam dependência.

T: Você tem certeza disso?

P: Não tenho certeza, mas estou preocupado em tomar medicamentos.

T: Alguns medicamentos psiquiátricos podem causar dependência, mas os antidepressivos não causam. Como você poderia obter informações adicionais? [Sugere a coleta de mais evidências]

P: Bem, acho que eu poderia acessar a internet e pesquisar o que ela tem a dizer.

T: Eu teria curiosidade de saber o que você descobriu. Vamos falar sobre os tipos de medicamentos que provavelmente serão prescritos para depressão, para que você saiba o que procurar. Outros pacientes estão preocupados com o que acham que isso diz sobre eles se tomarem medicamentos. [Novamente, observe o uso de questionamento socrático em todo o diálogo.]

T: Agora, eu não estou necessariamente sugerindo que você precise tomar medicamentos, mas estou curioso para saber se isso é algo que você já considerou.

P: Bem, meu clínico geral sugeriu que eu tomasse, mas estou relutante em fazê-lo.

T: O que o faz relutar?

P: Não gosto do que isso diria a meu respeito se eu tomasse.

T: E o que isso significaria? [Seta descendente]

P: Bem, significaria que eu não consegui lidar com meus problemas.

T: Essa é uma interpretação possível, mas poderia significar outra coisa? [Pergunta por alternativas]

P: O que você quer dizer com isso?

T: Bem, estou curioso para saber se você toma algum outro tipo de medicamento.

P: Não muito. Às vezes, tomo uma aspirina quando estou com dor de cabeça.

T: Interessante... o que significa quando você toma uma aspirina? [Questionamento socrático]

P: Não é nada demais. Minha cabeça está doendo e a aspirina faz a dor passar.

T: Ajude-me a entender a diferença entre tomar aspirina e tomar um antidepressivo. Parece que ambos têm o objetivo de fazer a dor passar.

P: Mas o fato de ter dor de cabeça não significa que você não possa cuidar de seus assuntos.

T: E tomar um antidepressivo faz isso? [Seta descendente]

P: Bem, isso significa que não consigo lidar com as coisas de forma independente.

T: Interessante. Há momentos em que você tem mais probabilidade de ter dor de cabeça do que em outros? [Busca evidências]

P: Quando estou doente ou estressado.

T: Então, uma dor de cabeça às vezes é uma consequência de estar estressado?

P: Sim, às vezes.

T: Quando você toma uma aspirina, ela alivia o estresse ou as consequências do estresse?

P: O que você quer dizer com isso?

T: Você toma a aspirina para fazer com que os estressores desapareçam ou para fazer com que a dor, que é uma consequência dos estressores, desapareça? [Pede ao paciente que pondere as alternativas]

P: Acho que isso alivia as consequências do estresse.

T: E fica mais fácil ou mais difícil lidar com os estressores quando a dor de cabeça passa? [Busca por evidências]

P: Bem, acho que fica mais fácil.

T: Então, você diria que tomar uma aspirina significa que você não consegue lidar com o estresse que levou à sua dor de cabeça ou que se livrar da dor de cabeça torna mais fácil lidar com os estressores que você enfrenta? [Questionamento socrático]

P: Acho que ainda sou eu quem precisa lidar com os estressores, só que tomar a aspirina me livra da dor de cabeça e torna mais fácil para mim lidar com eles.

T: Qual é a diferença entre isso e o que os antidepressivos fazem? [Questionamento socrático]

P: Acho que não é tão diferente assim. Mesmo que a medicação me ajude a me sentir menos deprimido, ainda preciso lidar com os problemas que me levaram a me sentir assim, mas talvez seja mais fácil se eu não estiver tão deprimido. [A evidência informa as alternativas]

A Tabela 15.3 lista muitas das crenças sobre medicamentos que podem contribuir para a baixa adesão. Cada uma delas pode ser examinada da maneira descrita anteriormente. Pode ser benéfico para o paciente trabalhar com essas crenças nos Registros de Pensamentos durante ou entre as sessões.

Empregamos várias técnicas para fortalecer a adesão aos regimes de medicação e corrigir distorções cognitivas que enfraquecem a adesão. Podemos começar a combater essas ideias com informações. Primeiro, geralmente usamos o "modelo de cinco partes" para explicar como o

TABELA 15.3 Exemplos de cognições que contribuem para a baixa adesão à prescrição de medicamentos

---

Cognições sobre o medicamento (antes de tomá-lo)

1. Os medicamentos podem causar dependência.
2. Sou mais forte se não preciso de medicamentos.
3. Sou fraco a ponto de precisar de medicação (é uma muleta).
4. Os medicamentos não funcionam para mim.
5. Se eu não tomar remédios, não sou louco.
6. Não suporto os efeitos colaterais dos medicamentos.
7. Depois que eu começar a tomar medicamentos, não conseguirei parar de tomá-los.
8. Não há nada que eu precise fazer, exceto tomar remédios.
9. Só preciso tomar medicamentos nos "dias ruins".

Cognições sobre o medicamento (enquanto estiver tomando)

1. Estou tomando o medicamento há alguns dias e ainda não melhorei. Ele não está funcionando.
2. Devo me sentir bem imediatamente.
3. O medicamento resolverá todos os meus problemas.
4. O medicamento não resolverá os problemas, então como ele pode ajudar?
5. Não suporto a tontura (ou "falta de clareza") ou outros efeitos colaterais.
6. Isso me transforma em um zumbi.

Cognições sobre depressão

1. Não estou doente (não preciso de ajuda).
2. Somente pessoas fracas ficam deprimidas.
3. Eu mereço ficar deprimido, pois sou um fardo para todos.
4. A depressão não é uma reação normal ao estado ruim das coisas?
5. A depressão é incurável.
6. Eu sou um dos poucos que não responde a nenhum tratamento.
7. A vida não vale a pena ser vivida, então por que eu deveria tentar superar minha depressão?

---

modelo cognitivo se aplica às crenças do paciente sobre o uso de medicamentos (consulte a Figura 4.1). A "excitação ansiosa" geralmente é uma indicação de que o paciente percebe o risco, e a "depressão desanimada" geralmente é uma indicação de que ele perdeu a esperança. Cada uma delas estará associada a uma relutância em tomar a medicação (uma ausência de comportamento), mas por motivos diferentes: esquiva ativa no caso de percepção de risco e não conformidade passiva no caso de perda de esperança. Como sempre, pensamentos, sentimentos, fisiologia e comportamento estão integrados e formam um conjunto coerente em qualquer situação. O trabalho com o processo fornece mais um exemplo de como o modelo cognitivo conecta crenças a sentimentos, à fisiologia e ao comportamento.

A seguir, usamos técnicas de mudança cognitiva para examinar a precisão das crenças por trás da relutância em tomar MADs ou da baixa adesão depois que os pacientes começam a tomar. Discutimos a base de qualquer cognição negativa sobre a medicação e os efeitos positivos e negativos específicos que os pacientes preveem. Achamos útil primeiro identificar as cognições dos pacientes e depois a base dessas crenças como um prelúdio para fornecer informações corretivas de forma socrática. Esse método difere de uma psicoeducação em que o prescritor informa os pacientes sobre o medicamento e seus efeitos esperados, sem antes perguntar a eles sobre sua compreensão dos medicamentos e suas esperanças ou preocupações. Isso oferece outra oportunidade de ensinar aos pacientes como fazer a terapia por si mesmos.

Esse método pode ser implementado fazendo perguntas aos pacientes, como "Você já tomou algum medicamento antidepressivo antes? Qual foi sua experiência com isso? O que você acredita que pode acontecer se você tomar esse medicamento? Há coisas que você ouviu ou leu que explicam o que você pensa sobre o medicamento?". Às vezes, os pacientes têm a noção errônea de que os medicamentos antidepressivos (normalizadores de humor) são como drogas estimulantes, como as anfetaminas — que causam dependência ou produzem euforia imediata. O fato de os antidepressivos levarem semanas para fazer efeito reduz a probabilidade de induzirem à dependência psicológica. Outros pacientes acreditam que a medicação é uma muleta e que tomá-la é prova de que são fracos ou preguiçosos.

Com muita frequência, a experiência anterior com tratamento medicamentoso insuficiente ou inapropriado leva o paciente a presumir que todos os antidepressivos são iguais. Se um não funcionou, então os outros também falharão. É nesse momento que é útil, mesmo para um terapeuta cognitivo que não prescreve, ter um conhecimento básico das melhores práticas clínicas sobre o tratamento medicamentoso para orientar o paciente quanto à adequação dessas exposições anteriores. Como mencionado anteriormente, a inércia terapêutica (dosagem ou duração aquém da ideal e não trocar ou aumentar conforme indicado) é uma das principais causas de falha (Rush & Thase, 2018).

Outros pacientes acreditam que não tomar medicamentos é prova de sua saúde mental, enquanto tomar medicamentos é prova de doença mental grave. Essa noção geralmente está relacionada a experiências com parentes ou conhecidos que tomaram medicação antipsicótica, mas, mesmo assim, tiveram repetidas hospitalizações. Essas experiências podem levar o paciente a acreditar que o uso de medicamentos aumenta o risco de hospitalização, em vez de ser uma medida frequentemente adotada para evitá-la. Essas concepções errôneas podem ser corrigidas.

A baixa adesão a um tratamento com antidepressivos também pode resultar da experiência anterior com medicamentos ansiolíticos. Muitos pacientes tomaram agentes "ansiolíticos", como diazepam ou alprazolam, "conforme necessário". Assim, eles acreditam que qualquer emoção disfórica (sentir-se chateado) é uma indicação para tomar a medicação, pois já sentiram alívio da ansiedade logo após tomar um ansiolítico. Eles podem tomar um medicamento antidepressivo quando se sentem tristes e esperam que seu humor melhore em uma questão de minutos ou horas. Embora os ansiolíticos aliviem a ansiedade aguda em questão de minutos, os antidepressivos não aliviam a tristeza imediatamente. Os pacientes devem ser incentivados a tomar antidepressivos de acordo com horários fixos e não "conforme necessário". Pelas mesmas razões, um "dia bom" não é uma indicação de que a medicação pode ser interrompida.

Por fim, os pacientes deprimidos muitas vezes acreditam erroneamente que a medicação produzirá efeitos colaterais "horríveis". Essa ideia pode vir de uma interação de seu viés cognitivo negativo com relatos de efeitos colaterais prejudiciais da mídia e de amigos. Muitos pacientes obtiveram um exemplar do Prescribers' Digital Reference ou procuraram informações na internet que enumeram não apenas os efeitos colaterais mais comuns, mas praticamente todos os efeitos colaterais que já foram relatados na literatura de pesquisa. A frequência e a gravidade reais desses efeitos colaterais não costumam ser especificadas. Os pacientes podem focar nos efeitos colaterais mais graves ou que pareçam exóticos e presumir que eles provavelmente ocorrerão. Nesses casos, pode ser útil discutir a probabilidade real dos vários efeitos colaterais.

Certas expectativas irrealistas também podem contribuir para a baixa adesão. Alguns pacientes esperam sentir uma melhora total imediatamente após 1 ou 2 de uso de antidepressivos e não se lembram de terem sido (ou não foram) informados de que os antidepressivos geralmente requerem várias semanas para produzir um efeito terapêutico após a dose correta ser atingida. Um conjunto cognitivo negativo também levará os pacientes a se concentrarem nos problemas persistentes. Ao mesmo tempo, eles não relatam mudanças positivas em alguns sintomas, como a melhora do sono, no início do tratamento medicamentoso. O monitoramento de mudanças em um inventário de sintomas, como o BDI ou o PHQ-9, pode ajudar a avaliar a melhora e evitar depender apenas de relatos verbais. Isso é totalmente consistente com as melhores práticas clínicas de cuidados baseados em medição (CBMs). Outros pacientes ainda esperam que o uso de medicamentos resolva todos os problemas de sua vida. Quando os problemas persistem, eles interpretam isso como evidência de que o medicamento não teve valor. Os pacientes geralmente consideram a persistência de problemas que normalmente exigem tempo para serem resolvidos e que podem ser mais bem tratados na terapia cognitiva como evidência de que a medicação é ineficaz. Assim, sua disposição para tomar o medicamento pode diminuir.

Por outro lado, alguns pacientes podem acreditar que a medicação antidepressiva não resolverá seus problemas nem mudará sua capacidade de resolver qualquer um desses problemas. Essa visão também não é correta, pois os antidepressivos melhoram a concentração e diminuem a desesperança, a culpa, a preocupação suicida e a fadiga. É provável que os medicamentos ajudem alguns pacientes a funcionar melhor e a lidar de forma mais eficiente com questões interpessoais complexas. Mais uma vez, o acompanhamento dos sintomas no BDI ou no PHQ-9 pode ajudar a revelar essas tendências de queda.

O automonitoramento pode ser útil para avaliar os efeitos colaterais. Os pacientes podem rotular como "efeitos colaterais" os sintomas atuais de depressão, presentes antes de tomar a medicação. Às vezes, um registro diário escrito pode oferecer a eles uma prova convincente de que essas experiências são um sintoma da depressão e não um efeito colateral dos medicamentos. Essa percepção pode ser vital para a adesão. Além disso, a maioria dos efeitos colaterais (quando ocorrem) se manifesta logo no início e se dissipa com o tempo. Se isso acontecer, asseguramos aos pacientes que a manutenção da mesma dose provavelmente levará à diminuição da gravidade do efeito colateral à medida que eles se adaptarem ao medicamento. Então, nós os incentivamos a monitorar o efeito colateral para ver se ele diminui nos dias seguintes e a levar esses registros ao prescritor. Também lembramos os pacientes de que os efeitos colaterais são uma indicação de que os medicamentos estão começando a funcionar e geralmente diminuem à medida que os sintomas melhoram. Os efeitos colaterais são maiores quando se toma outros medicamentos e, nesses casos, são necessários ajustes de dose.

Nem todos os pacientes deprimidos precisam tomar medicamentos, mas para aqueles que precisam, é útil abordar as crenças que podem interferir no uso deles. As estratégias discutidas ao longo deste livro podem ser aplicadas às crenças dos pacientes sobre medicamentos. O objetivo não é convencê-los de que devem tomar medicamentos, mas sim garantir que eles entendam os benefícios e os riscos e que saibam como melhor usá-los e como interagir de forma eficaz com o médico que os prescreveu.

Resumo e conclusões

A terapia cognitiva pode desempenhar um papel útil para ajudar os pacientes a decidir se devem ou não considerar medicamentos e para aumentar a adesão ao tratamento, caso decidam fazê-lo. Nem todos os terapeutas cognitivos têm autorização para prescrever, mas um conhecimento prático dos diferentes tipos de medicamentos e de seus riscos relativos e eficácia provável pode ajudar a verificar a adequação do regime de tratamento. Embora aqueles que não têm formação médica não devam oferecer conselhos específicos sobre a escolha do medicamento e a dosagem, é justo incentivar os pacientes a conversar com seu médico prescritor (ou buscar uma segunda opinião) se a estratégia que está sendo seguida não estiver funcionando ou parecer fora de sintonia com a prática convencional. É sempre aconselhável que um terapeuta cognitivo não prescritor estabeleça comunicação direta com o médico prescritor (com o consentimento do cliente).

A remissão (ficar totalmente bem) é a meta adequada do tratamento medicamentoso, e qualquer coisa aquém disso deve levantar dúvidas sobre a adequação do regime de tratamento. A grande maioria dos pacientes que tomam medicamentos antidepressivos está sendo tratada por médicos da atenção primária que não têm treinamento em psiquiatria e, se o paciente não estiver totalmente bem, uma consulta psiquiátrica é uma boa ideia. A melhor prática clínica inclui a dosagem até a remissão e o aumento e a troca conforme indicado para alcançar a remissão completa, e isso é algo que a maioria dos clínicos gerais não é treinada para fazer. Em muitos casos, o médico prescritor terá de adotar uma abordagem de "tentar e tentar novamente" para encontrar o melhor medicamento e o melhor regime de dosagem para um determinado paciente. As estratégias cognitivas descritas em outras partes deste texto podem ser um complemento valioso para o clínico que está tratando o paciente, seja ele prescritor ou não.

Nota

1. Dois dos autores trataram sequencialmente um dos pacientes com MAD que não responderam à imipramina no estudo original de Rush e colaboradores (1977). Após o término da fase aguda do tratamento, a terapia cognitiva foi fornecida pelo primeiro dos dois autores, e o ADT foi trocado sem nenhum benefício aparente. Quando o primeiro dos dois autores que estava tratando a paciente se mudou para fora do estado, outro dos autores entrou em cena para continuar a terapia cognitiva, sem maior sucesso. Depois de vários meses de tratamento contínuo (e 1 ano a partir do momento em que ela foi medicada pela primeira vez no estudo), a paciente (uma jovem bastante agradável, mas passiva, com poucos interesses evidentes) compareceu a uma sessão nitidamente melhor e falou sobre voltar a participar de uma organização à qual havia pertencido anteriormente; ela parecia brilhante e vivaz. A organização era a Mensa. Sem o conhecimento de seu terapeuta cognitivo (o segundo dos dois terapeutas), seu psiquiatra havia trocado a medicação por um IMAO 1 ou 2 semanas antes, e a mudança em seu comportamento foi impressionante. Em um estudo recente realizado por seu segundo terapeuta cognitivo (e um dos autores desta revisão), os pacientes foram tratados pelo tempo necessário com qualquer MAD para levá-los à remissão. Os pacientes desse estudo raramente eram transferidos para um IMAO, a menos que não tivessem obtido remissão com pelo menos três outros MADs. Entretanto, quase metade desses pacientes obteve remissão quando a mudança foi feita (Hollon, DeRubeis, et al., 2014). Os IMAOs raramente são a primeira ou mesmo a segunda opção de medicamento, mas funcionam para alguns.

PONTOS-CHAVE

1. Recomenda-se o contato entre o terapeuta cognitivo e o médico que prescreve o medicamento.
2. Troque ou aumente os tratamentos conforme necessário (adote a abordagem de "tentar e tentar novamente").
3. Os MADs são seguros e eficazes para a maioria dos pacientes, mas não reduzem o risco subsequente.
4. A terapia cognitiva tem um efeito duradouro e é o tratamento de primeira linha para pacientes não psicóticos e não bipolares.
5. A medicação deve ser a segunda etapa para os pacientes que não melhoram com a terapia cognitiva.
6. Inicie o tratamento de pacientes com depressão bipolar, psicótica ou altamente recorrente com MADs.
7. A adição de MADs em combinação pode reduzir o efeito duradouro da terapia cognitiva.
8. A reestruturação cognitiva pode ajudar os pacientes a examinar as crenças sobre o uso de medicamentos.
9. A terapia cognitiva pode melhorar o funcionamento e a qualidade de vida em pacientes bipolares e com DDT.

16

Terapia cognitiva:
eficaz e duradoura

Um bom experimento vale mais que mil opiniões.
— Jan Fawcett, MD

Desde a 1ª edição deste livro, em 1979, as pesquisas mostraram claramente que a terapia cognitiva é **tão eficaz quanto** qualquer outra intervenção alternativa (inclusive medicamentos) no tratamento da depressão unipolar não psicótica (DeRubeis & Crits-Christoph, 1998), e que ela tem um **efeito duradouro** que os medicamentos não têm (Hollon, Stewart, et al., 2006). O que não está tão claro é exatamente para quem ela funciona (**moderação**) e se corrige crenças imprecisas e processamento desadaptativo de informações, conforme especificado pela teoria (**mediação**), embora os dados existentes sejam favoráveis. Neste capítulo final, resumimos as principais descobertas com relação à eficácia e aos efeitos duradouros da terapia cognitiva, bem como para quem ela funciona e como funciona.

A terapia cognitiva reduz os sintomas agudos?

A eficácia de uma terapia pode ser considerada em três níveis. **Eficácia** refere-se ao fato de o tratamento ser melhor do que sua ausência; de ter um efeito causal (em termos leigos, de funcionar). **Especificidade** refere-se ao fato de a terapia ser melhor do que os efeitos genéricos de simplesmente entrar em tratamento; que ela tem um mecanismo ativo que aumenta seu efeito. **Superioridade** refere-se ao fato de a terapia ser melhor do que outros tratamentos alternativos; que ela funciona melhor (Hollon, Areán, et al., 2014). A terapia cognitiva é claramente melhor do que sua ausência (eficácia) no tratamento da fase aguda da depressão unipolar não psicótica, melhor do que o tratamento genérico (especificidade) entre pacientes com depressões mais graves (pacientes com depressões menos graves não apresentam efeitos específicos) e comparável aos medicamentos antidepressivos (MADs) e a outras psicoterapias com suporte empírico, incluindo psicoterapia interpessoal (TIP) e ativação comportamental (AC), e possivelmente melhor do que as formas mais tradicionais de psicoterapia (superioridade) (Hollon & Ponniah, 2010).

Quando a 1ª edição deste livro foi publicada, a terapia cognitiva havia sido testada em apenas três estudos randomizados: dois em amostras de estudantes universitários (Shaw, 1977; Taylor &

Marshall, 1977), nos quais ela se mostrou superior à lista de espera ou a controles inespecíficos e a intervenções mais puramente comportamentais, e um terceiro (Rush et al., 1977), no qual a terapia cognitiva se mostrou superior à imipramina em uma amostra de pacientes psiquiátricos ambulatoriais com depressão unipolar. Este último estudo causou um grande alvoroço, pois foi a primeira vez que se descobriu que qualquer intervenção psicossocial era comparável em eficácia a um MAD, muito menos superior. Um estudo subsequente em Edimburgo (Blackburn et al., 1981) também concluiu que a terapia cognitiva era superior a qualquer um dos dois diferentes MADs em uma amostra de clínica geral. A replicação independente por outro grupo em outro país aumentou o entusiasmo pela terapia cognitiva como uma alternativa viável aos MADs, e a abordagem explodiu na área.

Entretanto, o MAD não foi implementado adequadamente em nenhum dos dois últimos estudos em amostras totalmente clínicas. Rush e colaboradores (1977) reduziram a dose de MAD nas duas últimas semanas de tratamento para garantir que o MAD fosse eliminado do organismo dos pacientes no momento da avaliação pós--tratamento (algo que nenhum estudo posterior fez), e Blackburn e colaboradores (1981) tiveram uma resposta tão mínima ao MAD em seu ambiente de clínica geral (14%) que questionaram a adequação de sua implementação (os médicos da atenção primária geralmente administram doses menores em seus pacientes).

Nenhuma vantagem a favor da terapia cognitiva em relação aos MADs foi encontrada em estudos subsequentes em amostras de pacientes psiquiátricos ambulatoriais nos quais o MAD foi implementado adequadamente (incluindo a amostra de pacientes psiquiátricos ambulatoriais em Blackburn et al., 1981; Hollon et al., 1992; Murphy et al., 1984). Além disso, as dosagens dos medicamentos foram adequadas em cada um desses estudos, e os níveis sanguíneos terapêuticos foram monitorados nos dois últimos estudos. Também é digno de nota que todos esses três grupos de pesquisa fizeram um esforço considerável para garantir que a terapia cognitiva fosse implementada adequadamente, enviando seus terapeutas ou supervisores para treinamento no Center for Cognitive Therapy, na Filadélfia, antes de iniciar os estudos, para garantir que pudessem implementar a modalidade adequadamente. A conclusão geral desses estudos foi que a terapia cognitiva é tão eficaz quanto o MAD, mas não mais eficaz no tratamento da fase aguda quando cada modalidade é implementada adequadamente.

O entusiasmo pela terapia cognitiva começou a diminuir com a publicação do Treatment of Depression Collaborative Research Program (TDCRP; Elkin et al., 1989) do National Institute of Mental Health (NIMH). Esse estudo foi particularmente influente porque foi o maior estudo desse tipo até aquele momento e o primeiro a incluir um controle com pílula de placebo (PLA). Nesse estudo, não foram evidenciadas diferenças em pacientes com depressões menos graves entre as respectivas condições, incluindo o PLA. Contudo, entre aqueles com depressões mais graves, tanto a TIP quanto o MAD foram superiores à terapia cognitiva ou ao PLA, que não diferiram entre si (Elkin et al., 1995). Esses resultados foram amplamente interpretados como indicativos de que a terapia cognitiva não é especificamente eficaz para pacientes com depressões mais graves. Dito isso, a terapia cognitiva foi tão bem quanto o MAD no estudo de Oklahoma, com seus terapeutas mais experientes (um dos autores havia se mudado para Oklahoma depois de deixar a Filadélfia), e melhor do que nos outros dois estudos, sugerindo que problemas com a forma como a terapia cognitiva foi implementada pelos terapeutas menos experientes nesses dois últimos locais podem ter influenciado os resultados (Jacobson & Hollon, 1996). Na subamostra mais gravemente deprimida em um estudo subsequente, conduzido na sede da AC em Seattle, a terapia cognitiva não foi melhor do que o PLA e foi inferior ao inibidor seletivo da recaptação de serotonina (ISRS) paroxetina ou à AC (Dimidjian et al., 2006). Mais uma vez, os terapeutas cognitivos menos experientes do estudo de Seattle podem ter implementado a abordagem de uma maneira que limitou sua eficácia (Coffman et al., 2007). Os fracassos da terapia cognitiva no TDCRP do NIMH e no estudo de Seattle sugerem que a competência do terapeuta e a qualidade da implementação podem ser essenciais para o tratamento eficaz de pacientes com depressão mais grave.

Com relação a isso, um dos autores estudou a competência dos terapeutas (habilidade de implementação) usando fitas de vídeo do TDCRP do NIMH, avaliadas por terapeutas cognitivos experientes que não tinham conhecimento dos resultados dos pacientes, e descobriu que as avaliações de maior competência previam, até certo ponto, melhores resultados (Shaw et al., 1999). O componente de competência mais altamente relacionado ao resultado foi o grau em que o terapeuta estruturou a sessão de tratamento (definindo uma agenda e designando/revisando a tarefa de casa). Avaliações anteriores de fitas de áudio sugeriram que a competência avaliada variava até certo ponto entre os terapeutas (Shaw & Dobson, 1988).

Outros estudos controlados por PLA, nos quais a terapia cognitiva e os MADs foram adequadamente implementados em pacientes psiquiátricos ambulatoriais, corroboram essa interpretação. Jarrett e colaboradores (1999) descobriram que a terapia cognitiva foi tão eficaz quanto a fenelzina (um inibidor da monoaminoxidase (IMAO)) em pacientes com depressões atípicas marcadas por reatividade do humor e hipersonia, e que cada uma demonstrou especificidade em relação a um controle de PLA. DeRubeis e colaboradores (2005) descobriram que a terapia cognitiva era tão eficaz quanto o ISRS paroxetina, e cada um deles superior ao PLA, em uma amostra que incluía apenas pacientes com depressões mais graves (consulte a Figura 16.1). Como pode ser visto na figura, a paroxetina funcionou um pouco mais rápido do que a terapia cognitiva (em questão de semanas), mas, ao final do tratamento (e depois de aumentar o tratamento dos que não responderam ao MAD com lítio ou desipramina, conforme indicado), as taxas de resposta para as duas modalidades foram praticamente idênticas.

Houve diferenças entre os locais no estudo de DeRubeis de 2005 (assim como no TDCRP), com a terapia cognitiva superando os MADs na University of Pennsylvania (Penn) (sua sede original) e os MADs superando a terapia cognitiva em Vanderbilt. As avaliações de processo do desempenho inicial dos dois terapeutas cognitivos menos experientes na unidade de Vanderbilt sugeriram que eles não estavam implementando a terapia com tanta competência quanto os dois terapeutas mais experientes da University of Pennsylvania ou os dois autores do estudo que atuaram como

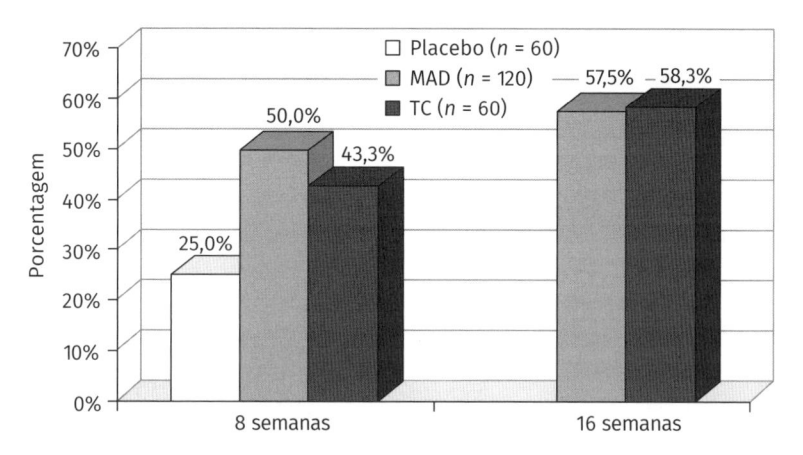

FIGURA 16.1 Porcentagem de respondedores (HRSD ≤ 12) entre todos os locais designados. Dados de DeRubeis et al. (2005). MAD, medicamento antidepressivo; TC, terapia cognitiva.

terapeutas cognitivos em suas respectivas unidades. Os terapeutas de Vanderbilt receberam treinamento adicional no decorrer do estudo propriamente dito por meio do programa de treinamento extramuros do Beck Institute, na Filadélfia. *Não apenas a competência avaliada melhorou para os terapeutas de Vanderbilt ao longo do tempo, mas também as taxas de resposta dos pacientes que eles trataram.*

Em resumo, a terapia cognitiva e o MAD parecem ser comparativamente eficazes no tratamento agudo da depressão quando cada um é implementado adequadamente. É provável que isso também se aplique à TIP e à AC e pode até se estender a tipos mais tradicionais de psicoterapia, embora os dados a esse respeito sejam escassos. Barber e colaboradores (2012) descobriram que a psicoterapia dinâmica de curto prazo não é menos eficaz do que os MADs em uma amostra de pacientes psiquiátricos ambulatoriais, mas nenhum deles se distinguiu do PLA. Driessen e colaboradores (2013) não encontraram diferenças entre a terapia cognitiva e a terapia psicodinâmica em um estudo de não inferioridade que não tinha nenhuma condição de controle.

A terapia cognitiva foi superior à TIP entre pacientes com depressão mais grave em um estudo realizado na Nova Zelândia (Luty et al., 2007), um padrão que foi o inverso do observado no TDCRP do NIMH (ao contrário do estudo de Seattle) e não diferiu da AC em um estudo realizado na Inglaterra (Richards et al., 2016).

Uma metanálise multicêntrica recente que examinou 331 estudos em oito tipos diferentes de psicoterapia, incluindo 211 que incluíam a terapia cognitivo-comportamental (TCC) (mais frequentemente operacionalizada como terapia cognitiva), constatou que os pacientes tinham quatro vezes mais probabilidade de responder à TCC do que a um controle mínimo de tratamento (eficácia) e duas vezes mais probabilidade de responder à TCC do que a um controle inespecífico (especificidade), e que as diferenças em relação a outros tipos de psicoterapias com suporte empírico, como TIP ou AC, eram insignificantes (Cuijpers et al., 2021). As diretrizes de prática clínica, baseadas em exaustivas revisões sistemáticas filtradas pelo julgamento de painéis multidisciplinares de especialistas, geralmente recomendam a terapia cognitiva, juntamente com a TIP e a AC (entre as psicoterapias) e MAD, como tratamentos de primeira linha para a depressão (American Psychiatric Association, 2010; American Psychological Association, 2017; National Institute for Health and Care Excellence [NICE], 2022).

A terapia cognitiva tem um efeito duradouro?

A terapia cognitiva parece ter um efeito duradouro não encontrado nos medicamentos (Cuijpers et al., 2013). Em uma metanálise dos estudos que compararam terapia cognitiva prévia com tratamento medicamentoso prévio, os pacientes que responderam à terapia cognitiva tiveram menos da metade da probabilidade de recaída após o término do tratamento do que os pacientes que responderam ao MAD em seis dos oito estudos relevantes (Blackburn et al, 1986; Dobson et al., 2008; Evans et al., 1992; Hollon, DeRubeis, et al., 2005; Kovacs et al., 1981; Simons et al., 1986), e um pouco menos da metade da probabilidade (uma tendência não significativa) em um sétimo estudo que acompanhou os respondedores do TDCRP do NIMH (Shea et al., 1992). Além disso, havia indicações (no nível de uma tendência não significativa) de que a exposição prévia à terapia cognitiva poderia até ser superior à manutenção dos pacientes com medicamentos continuados, o padrão atual de tratamento farmacológico. A vantagem agregada da terapia cognitiva prévia em relação à continuação da medicação foi evidente em quatro das cinco comparações relevantes (Blackburn et al., 1986; Dobson et al., 2008; Evans et al., 1992; Hollon, DeRubeis, et al., 2005), com a única exceção de um pequeno acompanhamento de seu estudo com pacientes atípicos realizado por Jarrett e colaboradores (2000). Não estamos preparados para afirmar que a exposição prévia à terapia cognitiva é superior a manter os respondedores no tratamento com MAD com base em uma amostra tão pequena, mas ela, sem dúvida, não é inferior ao melhor que pode ser feito farmacologicamente.

O impacto duradouro da terapia cognitiva na redução dos sintomas é evidente nos resultados do estudo Penn-Vanderbilt (DeRubeis et al., 2005). Os pacientes que responderam ao tratamento agudo com terapia cognitiva ou MAD foram acompanhados por 2 anos subsequentes (Hollon et al., 2005). Os pacientes que responderam à terapia cognitiva tiveram direito a apenas três sessões de reforço durante o primeiro ano de acompanhamento e nunca mais do que uma em um único mês (apenas uma minoria dos pacientes usou todas as três e alguns não usaram nenhuma). Os pacientes que responderam de forma aguda aos MADs foram designados aleatoriamente para continuar com o MAD ou mudar para o PLA nos primeiros 12 meses após o tratamento bem-sucedido da fase aguda. A Figura 16.2 (painel superior) mostra que os pacientes que responderam ao MAD tinham menos probabilidade de recaída se continuassem com a medicação do que se fossem transferidos para o PLA, como seria de se esperar. Os pacientes que responderam à terapia cognitiva tiveram um desempenho visivelmente melhor do que os mantidos no MAD durante o primeiro ano de acompanhamento e significativamente melhor do que os pacientes retirados para o PLA (Hollon et al., 2005). No final dos primeiros 12 meses, todo o tratamento adicional foi interrompido para aqueles que não tiveram recaída (esses pacientes agora podem ser considerados recuperados).

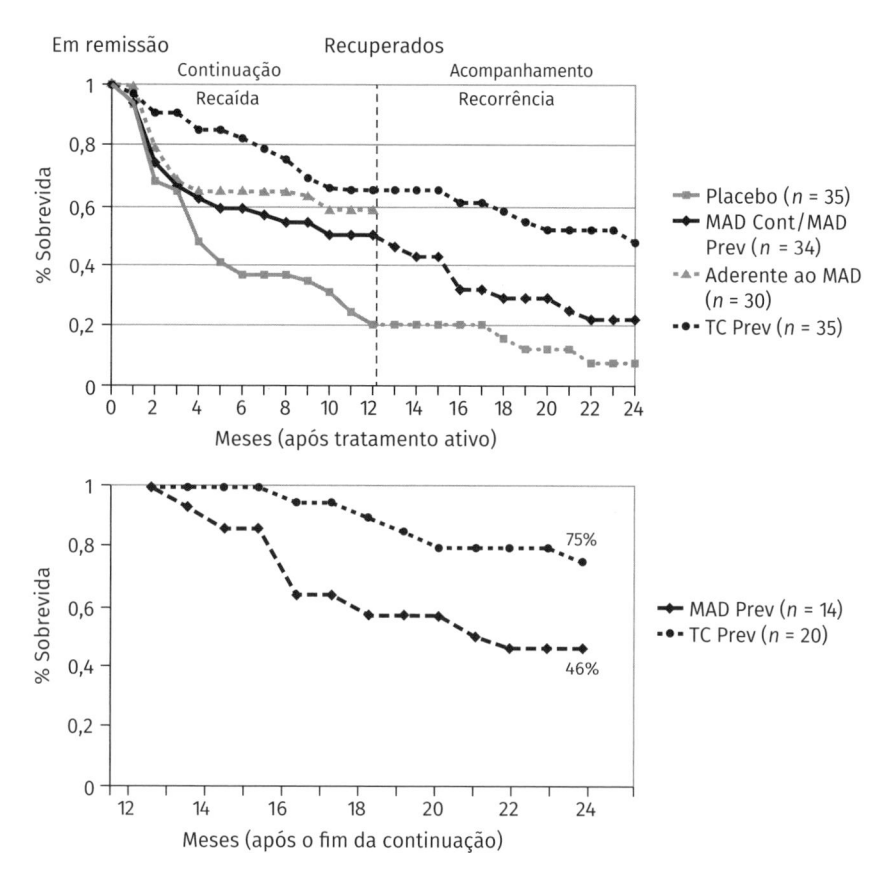

FIGURA 16.2 Painel superior: Prevenção de recaída e recorrência após tratamento bem-sucedido. Painel inferior: Prevenção de recorrência em pacientes recuperados após tratamento bem-sucedido. De Hollon et al. (2005). Copyright © 2005 da American Medical Association. Reproduzida com permissão.

Como pode ser visto no lado direito do painel superior da Figura 16.2, os pacientes recuperados que haviam sido tratados anteriormente com terapia cognitiva tiveram menos recorrências do que aqueles recuperados retirados do MAD, mesmo após 1 ano de continuação da medicação.

O painel inferior da Figura 16.2 mostra os resultados do lado direito do painel superior para refletir apenas os pacientes que se recuperaram no final do primeiro ano de acompanhamento. Como pode ser visto, os recuperados que haviam sido protegidos pela medicação continuada tinham cerca de duas vezes mais probabilidade de apresentar uma recorrência (o início de um novo episódio) após a retirada da medicação do que os pacientes tratados anteriormente com terapia cognitiva, mesmo que esse tratamento tenha terminado há mais de 1 ano. O padrão observado nesse estudo, o maior do gênero até o momento, é consistente com os resultados de outros estudos semelhantes (Dobson et al., 2008; Evans et al., 1992). A terapia cognitiva parece ter um efeito duradouro que perdura além do final do tratamento (algo não encontrado para os MADs) que protege contra a recaída e a recorrência (para uma discussão mais ampla, consulte Hollon,

Stewart, et al., 2006). Esse efeito duradouro pode fazer com que a terapia cognitiva seja superior aos MADs no longo prazo.

Por outro lado, não há evidências de que o uso de MADs reduza o risco subsequente após o término do uso, o que significa que os medicamentos são, na melhor das hipóteses, paliativos. Os MADs suprimem os sintomas durante o tempo em que são tomados, mas não fazem nada para reduzir o risco de retorno da depressão quando o uso é interrompido (Hollon et al., 2002). Além disso, há razões para pensar que os MADs podem, na verdade, aumentar o risco de longo prazo após a interrupção do uso (Andrews et al., 2011, 2015; Hollon, 2020b). Ao mesmo tempo, o fato de a terapia cognitiva "provavelmente" ter um efeito duradouro significa que ela faz mais do que suprimir os sintomas (Hollon, Stewart, et al., 2006). Colocamos o termo "provavelmente" entre aspas porque há uma possível explicação alternativa que envolve o papel da mortalidade diferencial ("mortalidade", conforme usado aqui, é um termo estatístico para pacientes que desistem ou não respondem ao tratamento, que pode influenciar os acompanhamentos de longo prazo se for diferente entre as condições) que descrevemos mais adiante neste capítulo.

Não está claro se a terapia cognitiva produz algum efeito duradouro que possa ter em virtude de ensinar os pacientes a usar habilidades compensatórias sempre que necessário ou de mudar as diáteses causais que contribuem para o risco subjacente, ou por meio de alguma combinação sequencial dos dois (Barber & DeRubeis, 1989). Entretanto, a terapia cognitiva reduz os sintomas de forma aguda e (ao que parece) o risco subsequente de retorno deles.

Temos certeza de que a terapia cognitiva realmente tem um efeito duradouro pelas indicações de que ela pode ser usada para prevenir o surgimento de depressão em adolescentes em risco em virtude de terem um genitor com histórico de depressão, desde que o genitor não esteja deprimido no momento (Garber et al., 2009), e que esse efeito preventivo perdura por toda a adolescência (Brent et al., 2015). Essa é uma grande vantagem de uma terapia baseada em habilidades que promove o aprendizado em vez da supressão de sintomas.

A terapia cognitiva é econômica?

O custo de tratar pacientes até a remissão com terapia cognitiva é cerca de duas vezes maior do que com medicamentos (Antonuccio et al., 1997). Entretanto, considerando que os MADs precisam ser mantidos por até 1 ano após a remissão e podem precisar ser mantidos indefinidamente para alguns, a terapia cognitiva pode ser menos dispendiosa do que os medicamentos em longo prazo. No estudo Penn-Vanderbilt, custou duas vezes mais para tratar os pacientes até a remissão com terapia cognitiva do que com MAD, mas como a terapia cognitiva podia ser descontinuada e a MAD não, as curvas de custo direto se cruzaram dentro de 8 meses após o término do tratamento (Hollon, DeRubeis, et al., 2005). Essa descoberta foi replicada no estudo subsequente de Seattle, que constatou que ele também se aplicava à AC prévia (Dobson et al., 2008). É por isso que o Reino Unido, com seu sistema de pagador único, investiu mais de 700 milhões de libras para treinar terapeutas no National Health Service para oferecer terapia cognitiva juntamente com outros tratamentos baseados em evidências (Clark, 2018).

Há algum benefício da continuação e manutenção da terapia cognitiva?

Embora a terapia cognitiva pareça ter um efeito duradouro que reduz o risco de retorno subsequente dos sintomas, alguns pacientes ainda apresentam recaídas ou recorrências. Jarrett e colaboradores (2001) descobriram que estender a terapia cognitiva além do ponto de remissão inicial reduziu ainda mais o risco de retorno subsequente dos sintomas. Nesse estudo, os pacientes que continuaram com as sessões mensais de terapia cognitiva tinham menos probabilidade de recaída do que os que pararam no final do tratamento agudo. Isso foi especialmente verdadeiro em pacientes de "alto risco", definidos em termos de idade precoce de início ou histórico de recorrências frequentes. Blackburn e Moore (1997) descobriram que a terapia cognitiva de manutenção era tão eficaz quanto o MAD de manutenção em pacientes com alto risco de recorrência. Uma metanálise multicêntrica recente constatou que a psicoterapia contínua (principalmente, mas não exclusivamente, a terapia cognitiva) foi superior à manutenção de pacientes em MADs (Furukawa et al., 2021). Esses achados sugerem que alguns pacientes de alto risco podem precisar de um período prolongado de terapia cognitiva além da duração típica oferecida, e que aqueles que precisam se beneficiarão tanto da terapia cognitiva contínua quanto de medicação antidepressiva contínua.

O tratamento combinado é benéfico?

A **combinação de terapia cognitiva e medicamentos** no início do tratamento está associada a um aumento modesto na eficácia na fase aguda em relação a qualquer uma das modalidades isoladas (Cuijpers, Dekker, et al., 2009; Cuijpers, van Straten, et al., 2009). Isso parece ser especialmente verdadeiro para uma abordagem de terapia intimamente relacionada chamada Sistema de Análise Cognitivo-Comportamental de Psicoterapia (SACC), que produziu um aumento de 25% na resposta quando adicionada a medicamentos em relação à monoterapia em uma amostra restrita a pacientes com depressão crônica (Keller et al., 2000). Entretanto, um estudo conduzido por dois dos autores sugere que esse efeito pode ser fortemente moderado quando se trata da terapia cognitiva em si (Hollon, DeRubeis, et al., 2014). Nesse estudo, o modesto incremento de 10% nas taxas de recuperação mostrado no painel superior da Figura 16.3 para pacientes em tratamento combinado em relação ao MAD isolado na amostra completa de 452 pacientes com transtorno depressivo maior (TDM) "cresceu" para um incremento de 20% entre a metade dos pacientes com depressões mais graves (painel do meio da Figura 16.3) e "cresceu" ainda mais entre o terço da amostra que era mais grave, mas não crônica. Para esses pacientes, acrescentar a terapia cognitiva à medicação resultou em um incremento de quase 30% nas taxas de recuperação (painel inferior da Figura 16.3). Os pacientes não crônicos que eram menos graves (outro terço da amostra) não precisaram da adição da terapia cognitiva, enquanto os pacientes com depressão crônica, independentemente da gravidade (o último terço da amostra), não se beneficiaram dessa adição. Isso sugere que os incrementos modestos observados na maioria dos estudos para o tratamento combinado podem mascarar uma variabilidade considerável em termos de quem se beneficia especificamente da combinação.

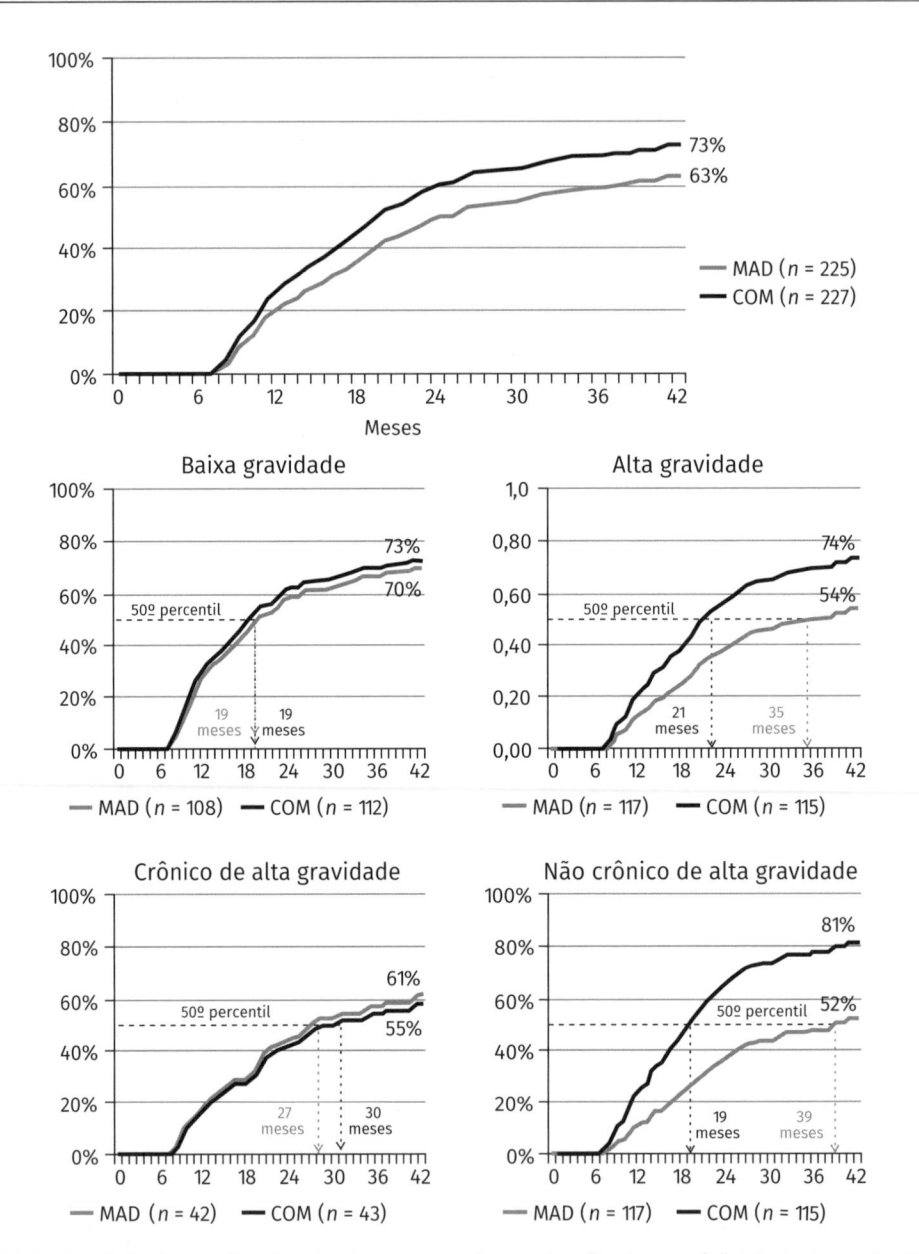

FIGURA 16.3 Painel superior: Tempo de recuperação em função da condição de tratamento. Painéis do meio: Recuperação em função da condição por gravidade. Painéis inferiores: Recuperação em função da condição por cronicidade entre pacientes de alta gravidade. De Hollon et al. (2014). Copyright © 2014 da American Medical Association. Reproduzida com permissão. COM, tratamento combinado; MAD, medicamento antidepressivo.

Uma declaração anterior de um grupo de consenso que incluía dois dos autores concluiu que o tratamento combinado mantinha os benefícios exclusivos associados à monoterapia (Hollon, Jarrett, et al., 2005). Em geral, os medicamentos funcionam mais rapidamente do que a terapia cognitiva (por uma questão de semanas) e não parecem depender tanto da experiência do terapeuta, embora a subdosagem de medicamentos (prescritores) e a adesão irregular (pacientes) sejam desafios comuns na prática. Contudo, não está claro se o tratamento combinado mantém o efeito duradouro normalmente encontrado na terapia cognitiva quando esta é fornecida na ausência de medicamentos. A Figura 16.4 (a metade superior direita) mostra a recuperação e a ausência de recorrência ao longo dos 42 meses completos do estudo descrito no parágrafo anterior (Hollon, DeRubeis, et al., 2014), enquanto a metade inferior da mesma figura se concentra na recorrência ao longo do seguimento de 3 anos somente entre os pacientes recuperados (DeRubeis et al., 2020). Nesse estudo, a exposição prévia à terapia cognitiva, implementada em combinação com MAD, não fez praticamente nada para evitar a recorrência subsequente após a interrupção do tratamento entre os pacientes recuperados, apesar das descobertas de que a terapia cognitiva prévia realizada na ausência de MAD reduziu o risco de recorrência pela metade em relação aos pacientes retirados após 1 ano de continuação de MAD em dois estudos anteriores, incluindo um que se sobrepôs em locais (Dobson et al., 2008; Hollon, DeRubeis, et al., 2005).

Esses achados levantam a preocupação de que **o início simultâneo do MAD e da terapia cognitiva possa prejudicar o efeito duradouro da última**. Isso é algo que tem precedentes na literatura sobre depressão, pois um dos três estudos anteriores constatou um efeito duradouro para a terapia cognitiva sem MAD, mas não quando ela foi combinada (Simons et al., 1986). Isso também aconteceu quando os MADs foram adicionados ao exercício (Babyak et al., 2000) e, mais uma vez, de forma particularmente reveladora, no tratamento do pânico (Barlow et al., 2000). Neste último estudo, a TCC fornecida sem medicação (imipramina) reduziu o risco de recaída subsequente em mais da metade em relação ao MAD isolado, mas não foi mais preventiva do que o MAD apenas quando fornecida em combinação com medicamentos ativos. O que foi particularmente revelador foi que a TCC combinada com PLA foi tão duradoura quanto a TCC isolada, mesmo que os pacientes não tivessem motivos para não acreditar que estavam tomando um medicamento ativo. O que quer que estivesse acontecendo para interferir no efeito duradouro da TCC em relação ao tratamento do transtorno de pânico deve ter sido um efeito farmacológico, e não um efeito puramente psicológico baseado na crença de que a pessoa estava tomando medicamentos. Se replicadas, essas descobertas, juntamente com as indicações de que apenas o terço da população que não é crônica, mas tem depressão mais grave, se beneficia do tratamento combinado no que diz respeito à recuperação, podem forçar uma reconsideração das diretrizes que recomendam rotineiramente o tratamento combinado para pacientes mais graves e crônicos (NICE, 2022).

O sequenciamento preserva o visível efeito duradouro da terapia cognitiva?

A terapia cognitiva parece produzir um efeito duradouro se for adicionada à medida que os medicamentos são retirados de forma sequencial (Bockting et al., 2015) e é tão preventiva quanto manter os pacientes em uso de MADs (Breedvelt et al., 2021). Paykel e colaboradores (1999) descobriram

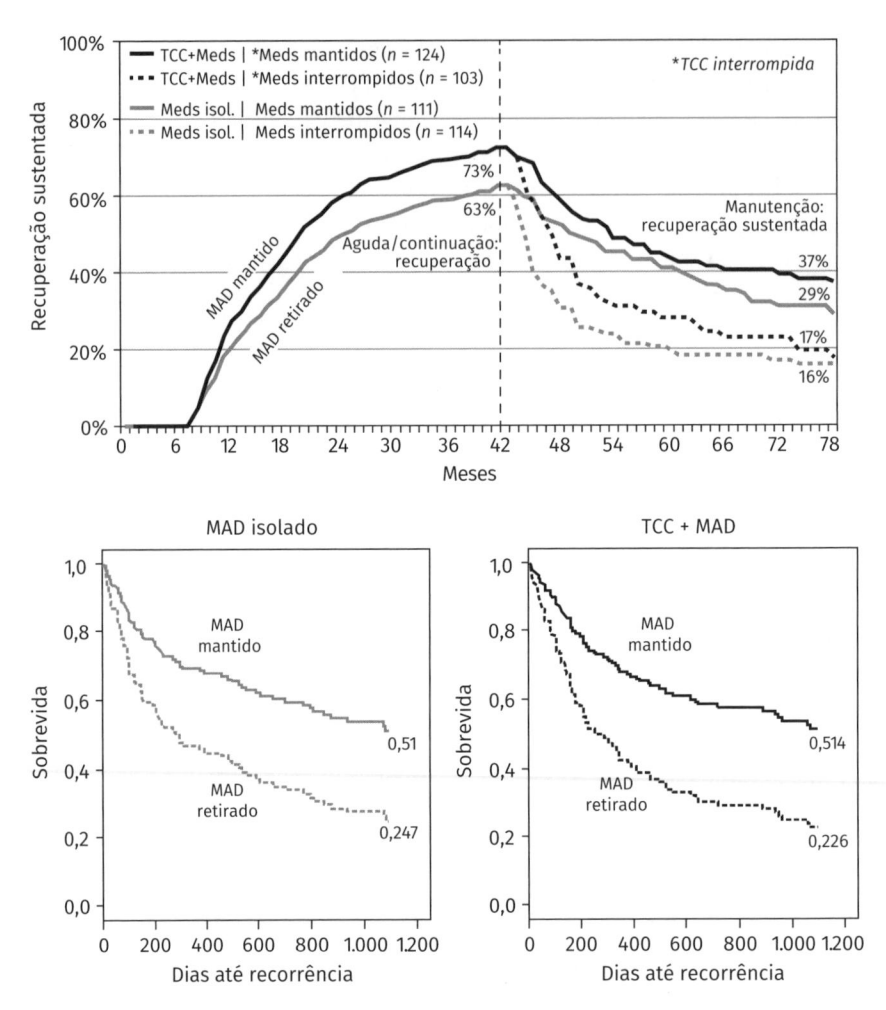

FIGURA 16.4 Painel superior: Recuperação sustentada em função da condição de tratamento. Painel inferior: Recuperação sustentada em função da manutenção da medicação dentro da condição de tratamento entre pacientes recuperados. Painel inferior: De DeRubeis et al. (2020). Copyright © 2020 da American Medical Association. Reproduzida com permissão. MAD, medicamento antidepressivo; Meds, medicamentos; Meds isol., medicamentos isolados; TCC, terapia cognitivo-comportamental.

que oferecer terapia cognitiva a pacientes que ainda apresentavam sintomas residuais após o tratamento com MADs resultou em mais melhora dos sintomas e conferiu proteção contra recaídas subsequentes. Fava e colaboradores (1998) obtiveram um resultado semelhante com pacientes tratados inicialmente para recuperação com medicamentos e depois randomizados para MAD de manutenção convencional ou 20 semanas de uma versão modificada da terapia cognitiva chamada *terapia do bem-estar* após a retirada do medicamento. Os pacientes que receberam este último tratamento tiveram menos probabilidade de sofrer uma recorrência nos 2 anos seguintes do que os pacientes mantidos com medicamentos. Bockting e colaboradores (2005) descobriram que aumentar o tratamento como de costume (que poderia incluir a continuação da medicação) com oito sessões de terapia cognitiva reduziu as taxas de recaída e recorrência em um acompanhamento subsequente de 2 anos. Os pacientes com o maior número de episódios anteriores estavam em maior risco (como de costume), mas foram os que mais se beneficiaram com a adição da terapia cognitiva. Ainda não está claro se a adição de MAD desde o início interfere no efeito duradouro da terapia cognitiva, mas, mesmo que isso aconteça, as evidências existentes parecem indicar que não há esse problema se os dois forem implementados sequencialmente, desde que os MADs não sejam incluídos enquanto o paciente estiver aprendendo as habilidades ensinadas na terapia cognitiva.

A terapia cognitiva baseada em *mindfulness* (MBCT, do inglês *mindfulness-based cognitive therapy*) incorpora o treinamento em aceitação e meditação para promover o objetivo de se distanciar das ruminações depressivas (Segal et al., 2002). Diferentemente da terapia cognitiva convencional, a MBCT se concentra no processo de pensamento e não em seu conteúdo, pelo menos nas primeiras sessões (Teasdale et al., 1995). Os resultados de quatro estudos dão suporte empírico à MBCT. Teasdale e colaboradores (2000) encontraram uma interação desordenada na qual os pacientes com três ou mais episódios anteriores tratados até a remissão com medicamentos mostraram uma redução no risco de recaída usando a MBCT, enquanto os pacientes com menos episódios anteriores mostraram o padrão oposto (eles se saíram melhor ao não serem tratados com a MBCT). As interações desordenadas são raras na literatura, e não conseguimos pensar em um bom motivo para que os pacientes com menos episódios anteriores se saíssem pior com a MBCT do que sem ela, mas um estudo posterior replicou esse mesmo achado (Ma & Teasdale, 2004). O fato de a MBCT ter sido superior à sua ausência lembra as descobertas de Bockting e colaboradores (2005) citadas anteriormente, mas o fato de a MBCT parecer piorar os resultados para aqueles com menos episódios não recebeu mais testes, pois os estudos recentes restringem as amostras a pacientes com três ou mais episódios anteriores.

Suspeitamos que isso possa ter algo a ver com a distinção entre "possível depressão" e "propenso à recorrência", levantada por Monroe e colaboradores (2019). O que esses autores observam é que os estudos de coorte de nascimento que acompanham amostras prospectivamente ao longo do tempo encontram taxas de prevalência de depressão até três vezes maiores do que as pesquisas epidemiológicas retrospectivas convencionais, e que a maioria desses casos adicionais envolve pessoas que têm apenas um ou dois episódios, quase sempre em resposta a grandes estressores da vida. Esses indivíduos (os de "possível depressão") raramente se tornam recorrentes, enquanto um subconjunto menor de pessoas passa a ter várias recorrências (os "propensos à recorrência"), muitas vezes na ausência de precipitantes óbvios (não é que eles não se tornem deprimidos em resposta a grandes estressores, apenas que eles não precisam de um grande estressor para ficarem deprimidos). A implicação é que a depressão é uma resposta "típica da espécie" a uma grande adversidade e que esses eventos são, felizmente, raros na vida da maioria das pessoas, mas que alguns indivíduos (os "propensos à recorrência") têm um risco elevado de ficar deprimidos por motivos inatos ou adquiridos (provavelmente antes da puberdade) na ausência de grandes estressores na vida. Se isso for verdade, então a MBCT pode oferecer uma maneira de os "propensos à recorrência" se "desconectarem" das consequências afetivas (e comportamentais) de suas cognições sem examinar sua precisão (processo acima do conteúdo). Dito isso, ainda não há nenhuma boa razão para que a MBCT piore os resultados de pacientes com menos episódios anteriores.

Apesar de tudo isso, Kuyken e colaboradores (2008) descobriram que a MBCT era superior à medicação de manutenção para reduzir ainda mais os sintomas residuais, e que os pacientes não medicados com MBCT se saíram melhor no acompanhamento do que os medicados não tratados com MBCT. Uma metanálise de pacientes individuais (IPDMA) subsequente, que examinou mais de 1.200 pacientes em remissão, encontrou mais evidências de um efeito preventivo, especialmente para aquelas com sintomas residuais (Kuyken et al., 2019). Por fim, Segal e colaboradores (2010) descobriram que a estabilidade da remissão moderou os efeitos da MBCT e da medicação contínua; ambos os tratamentos reduziram as taxas de recaída em relação ao PLA entre os pacientes com remissões instáveis (uma ou mais pontuações na Escala de Avaliação de Depressão de Hamilton [HRSD] > 7 durante a remissão), mas não proporcionaram nenhum benefício adicional entre os pacientes com remissões mais estáveis. É importante observar que todos esses estudos excluíram pessoas com menos de três episódios anteriores. Em geral, a MBCT parece reduzir o risco de recaída ou recorrência subsequente, embora esse efeito preventivo possa ser limitado a pacientes crônicos ou altamente recorrentes.

O "império comportamental" contra-ataca

A AC é suficiente?

A terapia cognitiva sempre incluiu componentes comportamentais, e alguns se perguntaram se era necessário incluir os componentes cognitivos. Dois estudos de decomposição iniciais em amostras de estudantes universitários concluíram que a terapia cognitiva (incluindo componentes comportamentais, conforme definidos neste livro) era superior a intervenções puramente comportamentais (Shaw, 1977) e que uma combinação de componentes cognitivos e comportamentais era superior a qualquer um deles isoladamente (Taylor & Marshall, 1977). Entretanto, ambos os estudos usaram amostras pequenas e focaram em amostras de estudantes comparáveis.

Um estudo subsequente de desmantelamento projetado para testar essa questão em uma amostra totalmente clínica usando terapeutas de nível profissional descobriu que os componentes comportamentais isoladamente eram tão eficazes quanto o pacote completo de terapia cognitiva (Jacobson et al., 1996). Um seguimento pós-tratamento prolongado sugeriu, ainda, que os benefícios dos componentes puramente comportamentais não eram menos duradouros do que os da terapia cognitiva (Gortner et al., 1998). É importante observar que, em nenhum caso, uma condição se diferenciou da outra. Os componentes puramente comportamentais não foram menos eficazes do que o pacote cognitivo e comportamental típico, e nenhum efeito duradouro foi estabelecido para nenhuma das modalidades em relação ao MAD anterior ou a qualquer condição de controle; elas simplesmente não diferiram uma da outra.

Apesar dos resultados essencialmente nulos, esse estudo causou um grande alvoroço na área. Ele foi seguido por um estudo subsequente no qual uma AC mais completa se igualou ao MAD em termos de resposta aguda, sendo cada uma superior à terapia cognitiva ou ao PLA entre pacientes com depressões mais graves, conforme mostra a metade superior da Figura 16.5 (Dimidjian et al., 2006). Um seguimento subsequente de 2 anos indicou que a AC teve um efeito duradouro em relação à retirada da medicação que foi quase tão preventivo quanto a terapia cognitiva anterior, embora, conforme mostra a metade inferior da Figura 16.5, pareça ter diminuído nos últimos meses de seguimento (Dobson et al., 2008).

Essas descobertas parecem sugerir que as estratégias cognitivas podem ser supérfluas no tratamento da depressão. Alguns chegaram ao ponto de sugerir que elas podem até ser contraproducentes em pacientes mais graves (Dimidjian et al., 2006). Contudo, efeitos de fidelidade podem ter influenciado os resultados desse estudo, que foi realizado na unidade de Seattle, onde a AC foi desenvolvida pela primeira vez. De fato, dois dos três terapeutas de AC foram autores da versão mais recente do manual de tratamento (Martell et al., 2010). Os terapeutas na condição de AC tiveram acesso à supervisão imediata, enquanto os terapeutas cognitivos um pouco menos experientes receberam apenas supervisão externa com pelo menos uma semana de atraso. Entretanto, vale a pena observar que, quando os terapeutas cognitivos do estudo de Seattle tiveram problemas, foi com pacientes mais gravemente deprimidos que eram suficientemente difíceis de trabalhar, pois provavelmente teriam preenchido os critérios para transtornos da personalidade se esses diagnósticos tivessem sido avaliados; ou seja, os pacientes com os quais os terapeutas cognitivos de Seattle, relativamente menos experientes, tiveram mais dificuldades eram mais parecidos com o caso mais complicado da arquiteta descrito nos capítulos anteriores do que com o caso menos complicado, mas comparativamente grave, do escultor (Coffman et al., 2007). Os terapeutas cognitivos mais experientes e mais extensivamente treinados no estudo de Penn-Vanderbilt, que estavam imersos em estratégias como o "banquinho de três pernas" e conceitualizações cognitivas, tiveram menos problemas para lidar com esses pacientes. A aparente "superioridade" da AC ainda não foi replicada fora de Seattle, portanto, seria prematuro concluir que a AC isoladamente é melhor do que a terapia cognitiva para depressão, embora seja claramente eficaz e, com base no único estudo de Seattle que ainda não foi replicado, muito possivelmente duradoura (Dobson et al., 2008).

A AC, a intervenção comportamental autônoma instanciada pela primeira vez no estudo de Seattle, difere da terapia cognitiva em vários aspectos. Embora se sobreponha em grande parte em termos de uso de procedimentos comportamentais (consulte o Capítulo 5 deste livro), ela se baseia em um modelo contextual que enfatiza a ligação entre comportamentos e resultados em resposta a determinados sinais (Martell et al., 2001). Em essência, diz-se que os pacientes estão deprimidos porque pararam de emitir os comportamentos que lhes permitiriam ser reforçados. Ela evita qualquer interesse em cognição (no que o paciente acredita), embora às vezes contorne essas questões quando aborda os valores que os clientes têm. Também se concentra nos

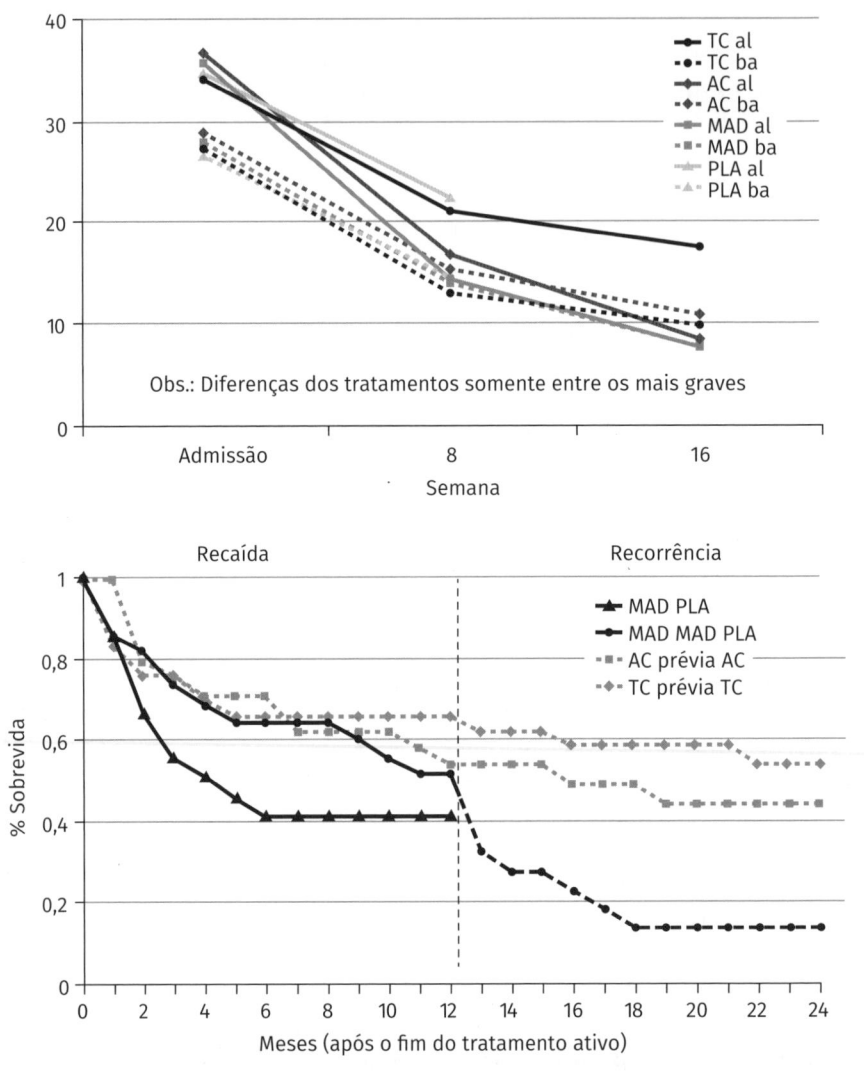

FIGURA 16.5 Painel superior: Pontuação média no Inventário de Depressão de Beck (BDI) durante o tratamento agudo (Seattle). Dados de Dimidjian et al. (2006). Painel inferior: Prevenção de recaída e recorrência após tratamento bem-sucedido (estudo de Seattle). De Dobson et al. (2008). Copyright © 2008 da American Psychological Association. Reproduzida com permissão. AC, ativação comportamental; al, alto; ba, baixo; MAD, medicamento antidepressivo; PLA, placebo; TC, terapia cognitiva.

casos em que os pacientes renunciam a oportunidades de reforço (obter o que desejam) para evitar riscos. Nesses casos, a AC se baseia em uma versão da terapia de exposição, na qual tenta incentivar os pacientes a superar sua ansiedade (sempre a fonte de esquiva) na busca de uma possível recompensa.

Os estudos subsequentes ao estudo de Seattle foram, em geral, favoráveis à AC. Ela foi tão eficaz (e potencialmente mais econômica) do que a terapia cognitiva em um estudo de eficácia no Reino Unido (Richards et al., 2016). Colocamos "potencialmente mais econômica" entre parênteses porque esse aspecto da comparação foi "incorporado" com a utilização de terapeutas do programa Improving Access to Psychological Therapies (IAPT), que diferiam em graus profissionais e níveis de experiência, para implementar as duas modalidades. Existe a crença no campo (em grande parte, não testada) de que a AC é mais simples de aplicar e pode ser implementada por terapeutas que não têm (ou pelo menos tiveram menos) treinamento profissional. Essa crença foi reforçada por um estudo recente realizado na zona rural da Índia, no qual conselheiros leigos sem treinamento profissional obtiveram melhores resultados com 6 a 8 sessões de uma versão culturalmente adaptada de AC chamada Healthy Activity Program (HAP) do que o cuidado usual aprimorado (EUC, do inglês enhanced usual care) em um ambiente de atenção básica (Patel et al., 2017). Ainda não foi possível determinar o grau de eficácia dessa intervenção (o EUC forneceu atendimento médico, mas praticamente nenhum tratamento específico para depressão), mas foi surpreendente o fato de que poucos dos pacientes que responderam ao HAP tiveram recaída nos 9 meses seguintes de acompanhamento (Weobong et al., 2017).

O resultado é que a AC, mesmo sem seus componentes cognitivos, pode ser eficaz e, possivelmente, específica no tratamento da depressão (inclusive pacientes não psicóticos com depressão grave). Duvidamos que ela seja mais eficaz do que a terapia cognitiva quando cada uma delas é implementada adequadamente e questionamos se ela será tão duradoura. É provável que se prove ser mais fácil de implementar (tem menos partes móveis) e mais adequada para conselheiros leigos com pouco ou nenhum treinamento profissional, mas ainda não se sabe se realmente funciona tão bem (ou melhor) com pacientes mais complicados (como a arquiteta do Capítulo 7) ou se proporciona um efeito tão duradouro (para esses ou outros pacientes). Dito isso, é uma adição útil ao arsenal clínico (especialmente quando os custos são altos) e que qualquer terapeuta cognitivo pode oferecer.

Terapia cognitivo-comportamental focada na ruminação

A terapia cognitivo-comportamental focada na ruminação (RFCBT, do inglês *rumination-focused cognitive-behavioral therapy*) é uma variante distinta da TCC. Ela usa estratégias comportamentais dirigidas a um alvo cognitivo (Watkins, 2016). Seu desenvolvedor, Edward Watkins, começou como terapeuta cognitivo, mas, como tende a acontecer no Reino Unido, o foco de seu treinamento estava mais nos processos de cognição do que em seu conteúdo. (Seu orientador, John Teasdale, foi um dos desenvolvedores da MBCT.) Watkins trabalhou em estreita colaboração com Susan Nolen-Hoeksema, conhecida por sua pesquisa sobre o papel da ruminação na depressão. Tanto para Watkins quanto para Nolen-Hoeksema, a ruminação não era apenas um sintoma da depressão, mas também uma das principais causas.

A RFCBT trata a ruminação como o alvo principal da terapia, razão pela qual é considerada uma abordagem cognitivo-comportamental. Entretanto, ela trata a ruminação como um comportamento habitual de esquiva e, portanto, apropriada para uma análise funcional dos sinais que a precedem e das consequências que se seguem à sua ocorrência. Os clientes são incentivados a interromper o ciclo de ruminação por meio de ações que abordem os problemas relacionados às ruminações. Os pacientes são incentivados a rastrear as situações antecedentes (A) nas quais a ruminação (B) ocorre e as consequências afetivas e comportamentais que se seguem (C). Ao contrário do modelo ABC apresentado na Figura 1.1, a ruminação no ponto B é tratada como um comportamento oculto e não como uma crença. A RFCBT atua nos processos cognitivos de forma comportamental, incentivando o cliente a agir, enquanto a terapia cognitiva atua no conteúdo da cognição, incentivando os clientes a usar seus próprios comportamentos para testar a precisão de suas crenças.

A RFCBT tem se saído bem em uma série de estudos empíricos. Watkins e colaboradores (2007) constataram uma redução acentuada da depressão e da comorbidade em 14 pacientes com depressão refratária a medicamentos. Um estudo randomizado controlado subsequente constatou que a adição da RFCBT aumentou a eficácia do tratamento habitual, que geralmente envolvia medicamentos (Watkins et al., 2011). Em outro estudo, a RFCBT em grupo superou a "TCC convencional em grupo" (Hvenegaard et al., 2020). Tanto a RFCBT quanto a terapia cognitiva têm como alvo a cognição, mas diferem na forma como a conceituam (processo vs. conteúdo) e, portanto, no que fazem posteriormente.

A terapia cognitiva funciona para crianças e adolescentes?

Diversos estudos demonstraram que as intervenções cognitivas e comportamentais são eficazes no tratamento de crianças e adolescentes (Curry, 2001). As estratégias comportamentais são enfatizadas com crianças pré-púberes, enquanto as estratégias cognitivas são tão importantes nas intervenções com adolescentes quanto com adultos. A maioria dos estudos com crianças pré-adolescentes foi realizada em ambientes escolares. Os pais desempenham um papel fundamental no tratamento de crianças antes da adolescência, e o treinamento de eficácia dos pais geralmente é fundamental. As intervenções cognitivo-comportamentais geralmente se mostraram superiores a uma variedade de condições de comparação, desde controles de lista de espera até aconselhamento escolar, embora os tamanhos dos efeitos sejam modestos (Weisz et al., 2006).

A terapia cognitiva com adolescentes é bastante semelhante em conteúdo e abordagem à terapia cognitiva com adultos (Reinecke et al., 1998). Em um estudo que talvez seja o mais representativo em termos clínicos dessa literatura, a terapia cognitiva foi considerada superior tanto à terapia comportamental sistêmica familiar quanto à terapia de apoio não diretiva para adolescentes deprimidos e suicidas (Brent et al., 1997). Os pesquisadores adaptaram a terapia cognitiva para focar em questões de importância especial para os adolescentes, incluindo a busca de autonomia apropriada para a idade e o desenvolvimento de habilidades de regulação emocional e resolução de problemas. Um estudo multicêntrico posterior constatou que os adolescentes que não respondiam aos ISRSs melhoravam mais se a terapia cognitiva fosse introduzida do que se não fosse, quando era feita uma troca para um medicamento diferente (Brent et al., 2008). É importante observar que Brent e seus colaboradores se esforçaram muito para garantir que seus terapeutas fossem competentes para implementar a terapia cognitiva, em parte por meio de treinamento no Center for Cognitive Therapy da Penn, algo que nem todos os pesquisadores fazem ou necessariamente fizeram.

Juntamente com o TDCRP do NIMH e o estudo de Seattle, outro grande estudo é frequentemente interpretado como menos favorável à TCC, mas essas conclusões também podem ser contestadas. No Treatment for Adolescents with Depression Study (TADS), foi relatado que o tratamento medicamentoso com fluoxetina, isoladamente ou em combinação com a TCC, foi superior ao PLA ou à TCC isoladamente no tratamento de adolescentes deprimidos (March et al., 2004). As taxas de resposta após 12 semanas, com o resultado descrito na primeira grande publicação dos resultados do estudo e no comunicado de imprensa que o acompanha, foram de 71% para o tratamento combinado, 61% para a fluoxetina isolada, 43% para a TCC isolada e 35% para o PLA. Entretanto, na semana 18, as taxas de resposta da TCC isolada e do MAD isolado eram bastante semelhantes (65 vs. 69%, respectivamente) e, na semana 36, não apresentavam nenhuma disparidade (81% cada) e eram apenas ligeiramente inferiores aos 86% obtidos pelo tratamento combinado (March et al., 2007). Embora grande parte da reação inicial a esse estudo tenha focado nos resultados de 12 semanas, a TCC foi tão eficaz quanto o tratamento medicamentoso em todos os momentos subsequentes. Além disso, a TCC, com ou sem medicação, também foi associada a taxas reduzidas de ideação e comportamentos suicidas em relação à medicação isolada no decorrer do estudo.

A terapia cognitiva funciona para idosos?

Os primeiros estudos sobre terapia cognitiva em pacientes geriátricos não foram tão impressionantes, mas, em geral, foram favoráveis. Gallagher e Thompson (1982) não encontraram diferenças entre a terapia cognitiva, a terapia comportamental e a psicoterapia dinâmica orientada para o *insight* após 12 semanas de tratamento, embora **diferenças não significativas** em 1 ano de acompanhamento favorecessem as condições cognitivas e comportamentais. Um estudo subsequente desse mesmo grupo não produziu diferenças entre as intervenções cognitiva, comportamental e psicodinâmica, cada uma delas superior a um controle de lista de espera (Thompson et al., 1987), e um acompanhamento de 1 ano não mostrou diferenças na manutenção dos ganhos (Gallagher-Thompson et al., 1990). Nesses estudos, não foi feito nenhum esforço para fornecer aos terapeutas treinamento do Center for Cognitive Therapy na Filadélfia ou do subsequente Beck Institute. Nas últimas décadas, pacientes idosos, com exceção dos idosos frágeis e daqueles com capacidades cognitivas reduzidas, foram incluídos em estudos de tratamento com adultos de idade normal e, embora se saiam tão bem quanto os pacientes mais jovens, isso também se aplica ao MAD (Fournier et al., 2009); ou seja, a idade avançada é um prognóstico negativo não específico. Recomenda-se uma avaliação médica minuciosa para pacientes idosos, que apresentam maior risco de condições médicas gerais e que podem estar tomando medicamentos que podem causar depressão.

A terapia cognitiva é útil no tratamento do transtorno bipolar?

A terapia cognitiva foi testada como adjuvante de medicamentos no tratamento do transtorno bipolar. Um estudo inicial descobriu que a adição de terapia cognitiva poderia ser usada para aumentar a adesão à medicação e, assim, reduzir o início dos sintomas (Cochran, 1984; consulte também o Capítulo 15). Basco e Rush (2007) desenvolveram uma versão da terapia cognitiva que focava na regularização das rotinas cotidianas e na melhoria da capacidade do paciente de lidar com eventos negativos da vida, embora ainda não tenha sido testada. A adição de terapia cognitiva melhorou o funcionamento global e reduziu os sintomas em pacientes bipolares em relação ao uso isolado de medicamentos em um estudo inicial (Scott et al., 2001), e Lam e colaboradores (2000) descobriram que a adição de terapia cognitiva ao tratamento medicamentoso reduziu a ocorrência de episódios subsequentes e melhorou o funcionamento residual em uma amostra de pacientes eutímicos com transtorno bipolar. Um estudo subsequente em uma amostra maior replicou esses resultados e descobriu que a terapia cognitiva reduziu as internações hospitalares (Lam et al., 2003), com esses ganhos mantidos em um seguimento de 30 meses (Lam et al., 2005).

Entretanto, esses estudos foram o ponto alto da terapia cognitiva como tratamento para o transtorno bipolar. Um estudo multicêntrico posterior não conseguiu reproduzir esses resultados em uma amostra maior de pacientes com transtorno bipolar (Scott et al., 2006). Houve algumas indicações de moderação no fato de que adicionar a terapia cognitiva ao tratamento usual, incluindo medicamentos, aumentou a resposta entre os pacientes com menos episódios anteriores, mas reduziu seu benefício entre aqueles com mais episódios anteriores, mais uma interação desordenada difícil de explicar. Miklowitz e colaboradores (2007) descobriram que o tratamento intensivo com terapia cognitiva foi superior a uma breve intervenção psicoeducacional e semelhante em seus efeitos à terapia focada na família ou à terapia de ritmo social e interpessoal no tratamento de pacientes com transtorno bipolar. A brevidade da condição de controle a torna insignificante como um controle não específico. Esses resultados em conjunto sugerem que a terapia cognitiva pode ser útil como adjuvante de medicamentos no tratamento da depressão no transtorno bipolar, mas que seus efeitos são modestos na melhor das hipóteses e não se estendem à prevenção da mania (Hollon, Andrews, Singla, et al., 2021).

O transtorno bipolar II (caracterizado por episódios hipomaníacos e depressivos maiores) é provavelmente uma história diferente. É improvável que as pessoas propensas à hipomania busquem tratamento para compensar seus efeitos (energia extra e otimismo dificilmente são problemáticos), mas é tão provável que queiram fazer algo a respeito de seus episódios depressivos quanto outras pessoas com transtorno unipolar. Angst (2008) se refere a esses indivíduos como "bipolares ocultos" e estima que eles constituam até 20% dos pacientes que acabam sendo submetidos a estudos unipolares. A hipomania é notoriamente difícil de diagnosticar de forma confiável (a menos que você pergunte às pessoas que convivem com o indivíduo-alvo), e a maioria dos estudos nem sequer tenta (nosso padrão em DeRubeis et al. [2005] e Hollon, DeRubeis, et al. [2014] era que a pessoa que estava sendo examinada não fosse mais claramente hipomaníaca do que os pesquisadores principais). É provável que o que vale para pessoas com depressão unipolar também valha para pessoas com transtorno bipolar II, embora haja poucos ou nenhum estudo para testar essa afirmação.

Quem responde à terapia cognitiva? Uma questão de moderação

Há uma distinção importante entre prognóstico e prescrição (Fournier et al., 2009). As informações prognósticas nos dizem quem tem maior probabilidade de responder a um determinado tratamento, mas não nos dizem o que é melhor para um determinado paciente. Elas são obtidas mantendo-se o tratamento constante (ou ignorando completamente a variação) e permitindo que as características do paciente variem. As informações prognósticas são úteis para nos dizer como um paciente provavelmente se sairá em uma determinada modalidade, mas não qual tratamento selecionar. As informações prescritivas nos dizem qual de dois ou mais tratamentos é o melhor para um determinado paciente. Essas informações exigem que as características do paciente sejam mantidas constantes (ou distribuídas entre as condições) e que os tratamentos variem sistematicamente (de preferência por meio de randomização). Somente informações prescritivas podem informar as decisões clínicas destinadas a otimizar os resultados de um determinado paciente. As características que preveem a resposta diferencial a diferentes tratamentos são chamadas de "moderadores" e podem ser usadas, se replicadas, para selecionar o tratamento ideal para um determinado paciente, aumentando as chances de melhores resultados.

O estudo Penn-Vanderbilt, por exemplo, descobriu que os pacientes idosos, crônicos, menos inteligentes ou menos "agradáveis" (uma variável de personalidade) tiveram resultados piores, independentemente da condição de tratamento (informações prognósticas). O conhecimento dessas características do paciente não ajuda a selecionar os tratamentos para esses pacientes, embora preveja a resposta a todos eles. Por outro lado, os pacientes casados, desempregados ou que apresentaram um número maior de eventos negativos na vida **se beneficiaram mais da terapia cognitiva do que dos MADs**. Se replicados, os pacientes com essas características seriam bem aconselhados a escolher a terapia cognitiva em vez dos MADs, mas são necessários estudos prospectivos para determinar a magnitude dessa seleção na prática real.

Dois outros possíveis moderadores de resposta, ou variáveis prescritivas, foram sugeridos no estudo de Penn-Vanderbilt. Primeiro, conforme mostrado no painel superior da Figura 16.6, os pacientes com transtornos da personalidade tinham maior probabilidade de responder ao MAD do que à terapia cognitiva, enquanto aqueles sem essa comorbidade apresentaram o padrão oposto de resposta (Fournier et al., 2008). Isso não foi o que previmos, mas o benefício derivado dos medicamentos por pacientes com transtornos da personalidade em termos de resposta aguda pareceu ser robusto, uma vez que a descontinuação levou a uma alta taxa de recaída entre esses pacientes, enquanto a permanência nos

MADs reduziu o risco subsequente (veja o painel inferior da Figura 16.6).

Esses achados assumem especial importância considerando a afirmação equivocada feita na diretriz de tratamento psiquiátrico para depressão de que a terapia cognitiva é superior ao MAD ou à TIP no tratamento de pacientes com transtornos da personalidade (American Psychiatric Association, 2010). Essa afirmação foi baseada em uma interpretação errônea de um achado do TDCRP do NIMH, no qual os pacientes com transtornos da personalidade se saíram pior do que os pacientes sem transtornos da personalidade no MAD e na TIP. Essa resposta diferencial não se evidenciou na terapia cognitiva, mas não porque os pacientes com transtornos da personalidade se saíram melhor nessa modalidade do que nas outras, mas porque os pacientes sem transtornos da personalidade se saíram pior (Shea et al., 1990).[1]

Uma inspeção cuidadosa da Figura 16.6 indica por que ainda temos alguma dúvida se a terapia cognitiva realmente tem um efeito duradouro que vai além do artefato. Os pacientes com transtornos da personalidade do Eixo II tinham maior probabilidade de responder ao MAD do que à terapia cognitiva e maior probabilidade de recaída após o término do MAD do que os pacientes sem transtorno da personalidade. Como esses pacientes têm maior probabilidade de responder ao MAD e têm maior risco de recaída, o aparente efeito duradouro da terapia cognitiva poderia ser nada mais do que um artefato da comparação de uma preponderância de "alhos" de alto risco (pacientes com transtornos da personalidade) no MAD com "bugalhos" de baixo risco (pacientes sem transtornos da personalidade) na terapia cognitiva. Isso é exatamente o que Donald Klein (1996) previu o tempo todo e, considerando os dados mostrados na Figura 16.6, ele pode estar certo. Como outros estudos que sugeriram um efeito duradouro para a terapia cognitiva não avaliaram o transtorno da personalidade, não podemos dizer se esse é um achado isolado que não será replicado ou uma confusão consistente que reflete a mortalidade diferencial responsável pelo efeito duradouro visível da terapia cognitiva. Somente pesquisas futuras que avaliem o transtorno da personalidade antes da randomização poderão resolver essa questão.

A última descoberta prescritiva do estudo Penn-Vanderbilt foi que os pacientes com várias tentativas anteriores de MADs apresentaram melhor resposta à terapia cognitiva do que ao tratamento medicamentoso (Leykin et al., 2007). Essa interação (diferentemente da interação com relação ao transtorno da personalidade) foi ordinal; quanto maior o número de tentativas prévias de medicação, pior o desempenho do paciente no próximo MAD. A resposta à terapia cognitiva não teve relação com o número de tentativas anteriores de medicação. Não está claro se esse achado reflete diferenças individuais na probabilidade de resposta aos MADs — uma característica preexistente do paciente — ou uma perda progressiva de resposta a medicamentos com exposição repetida, uma consequência do tratamento anterior.

O resultado é que, embora os índices prognósticos sejam muitos, os índices prescritivos são poucos, e a maioria dos que foram detectados ainda não foi replicada. Exceto, talvez, para pacientes com transtornos da personalidade, a terapia cognitiva parece ser uma opção tão boa quanto os MADs para praticamente qualquer paciente ambulatorial deprimido

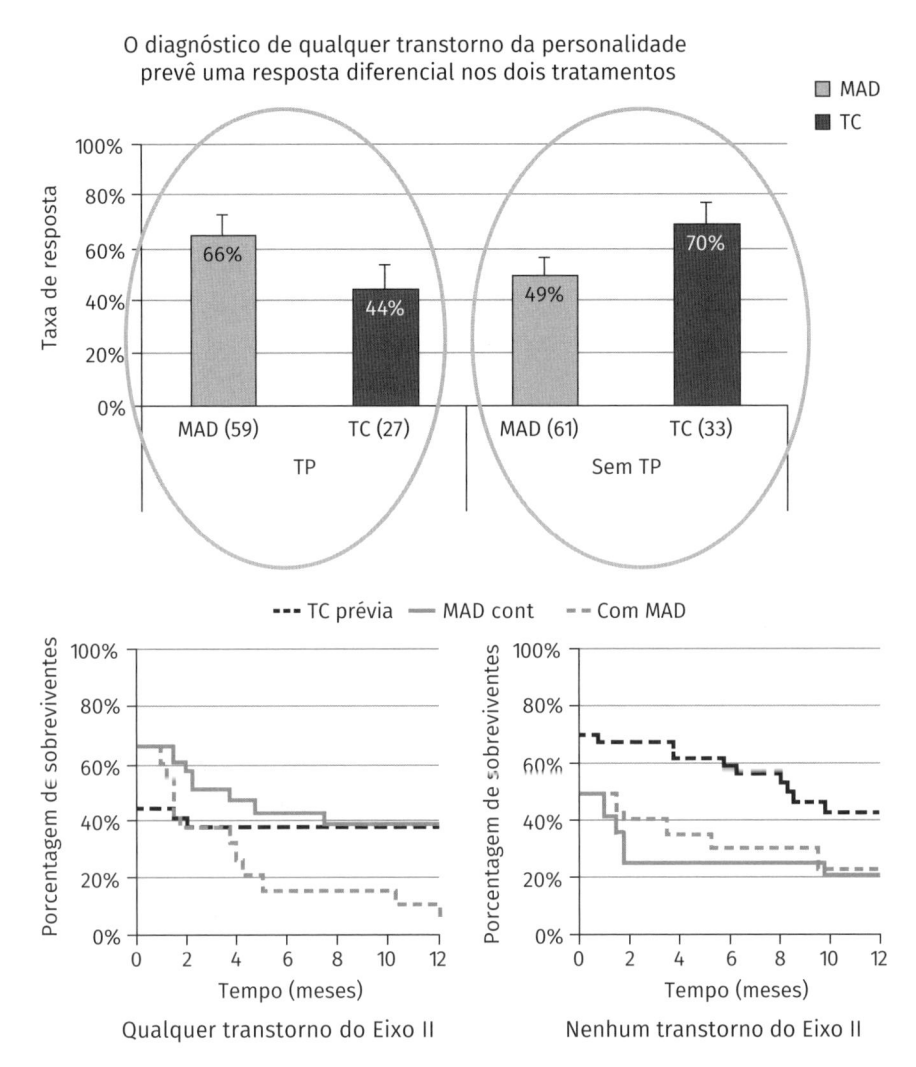

FIGURA 16.6 Painel superior: Diagnóstico de qualquer transtorno da personalidade. Painel inferior: Resposta diferencial de pacientes com e sem transtorno da personalidade do Eixo II ao MAD *versus* terapia cognitiva para depressão. Dados de Fournier et al. (2008). cont, contínuo; MAD, medicamento antidepressivo; TC, terapia cognitiva; TP, transtorno da personalidade.

não psicótico e não bipolar, e seus efeitos podem ser mais duradouros (Hollon, Stewart, et al., 2006). Isso é especialmente importante para pacientes com padrões recorrentes de depressão, que constituem a maioria dos pacientes com TDM encontrados em ambientes clínicos secundários. Por outro lado, é provável que ela seja preferível para pacientes não crônicos com depressões menos graves que respondem por motivos inespecíficos; a resposta aguda pode ser inespecífica, mas os efeitos duradouros de longo prazo não são (Fournier et al., 2022). A terapia cognitiva também oferece uma alternativa para pacientes para os quais os medicamentos não são uma boa opção, como mulheres grávidas ou que estejam amamentando.

Além disso, descobriu-se que a terapia cognitiva leva a maiores ganhos no *status* de emprego do que o tratamento medicamentoso, apesar de alterações comparáveis nos sintomas (Fournier et al., 2015). Devido a seus possíveis efeitos duradouros, sua relativa ausência de efeitos colaterais problemáticos e seus efeitos benéficos sobre o *status* empregatício, pode-se argumentar que, para a maioria dos pacientes, a terapia cognitiva deve ser preferida aos MADs por motivos que vão além de sua capacidade de produzir níveis semelhantes de redução de sintomas aos dos medicamentos (Hollon, 2011).

Um dos autores desenvolveu um método para combinar índices prognósticos e prescritivos para produzir algoritmos de seleção multivariados que preveem a modalidade ideal para um determinado paciente antes do início do tratamento (DeRubeis et al., 2014). A aplicação desses algoritmos aos dados da Penn-Vanderbilt indicou que a resposta poderia ter sido melhorada em cerca de um terço, a magnitude das diferenças entre medicamentos e placebo, se os pacientes tivessem sido designados para o tratamento mais adequado, e duas vezes mais para os que apresentaram uma resposta diferencial significativa. Essa é a essência da medicina personalizada. Essa abordagem pode se tornar ainda mais poderosa com a utilização do aprendizado de máquina (inteligência artificial) para gerar os algoritmos de seleção, também conhecidos como regras de tratamento de precisão (PTRs, do inglês *precision treatment rules*; Cohen & DeRubeis, 2018). Além disso, identificar pacientes que demonstram especificidade em resposta a um determinado tratamento também permite maior precisão na detecção dos mecanismos causais subjacentes que impulsionam os efeitos de um tratamento, uma vez que somente os pacientes que demonstram especificidade de resposta estão respondendo ao mecanismo causal específico dessa modalidade (Kazdin, 2007). Contrastar pacientes que apresentam respostas diferentes a tratamentos diferentes por meio da inclusão de interações entre PTR e tratamento em testes de mediação deve ajudar a isolar os mecanismos causais subjacentes à resposta aguda à terapia cognitiva e seus efeitos duradouros (ou a qualquer outro tratamento, inclusive), um tópico ao qual nos voltaremos agora.

Como funciona a terapia cognitiva? Uma questão de mediação

É mais fácil detectar um efeito do que explicá-lo. Conforme descrito anteriormente, a terapia cognitiva parece funcionar pelo menos tão bem quanto outras intervenções, inclusive medicamentos, quando praticada por terapeutas competentes e bem treinados, e seus benefícios parecem perdurar após o término do tratamento. O que não está tão claro é se ela funciona da maneira especificada pela teoria, ou seja, mudando o que as pessoas acreditam e como processam as informações. Em várias pesquisas, foi demonstrado que a mudança cognitiva ocorre no decorrer da terapia cognitiva, mas essa mudança também é encontrada com frequência em outros tratamentos eficazes. As alegações de que a mudança cognitiva desempenha uma função causal na redução das depressões existentes devem excluir outras explicações alternativas para a associação entre a mudança cognitiva e a mudança subsequente dos sintomas ao longo do tratamento.

A cognição tende a se alterar quando ocorre a remissão da depressão, independentemente do tratamento utilizado (Hollon et al., 1987). Uma possível explicação é que a mudança cognitiva é meramente uma consequência dependente do estado da mudança na depressão, como Simons e colaboradores (1984) concluíram quando observaram mudanças comparáveis nas crenças após a terapia cognitiva ou MAD em medidas de cognição no estudo da Washington University. Eles sugeriram que a mudança cognitiva é uma consequência da mudança de sintomas e não sua causa, conforme especificado pela teoria.

Uma segunda explicação possível é que a mudança cognitiva é um mecanismo universal que impulsiona a mudança em todos os tipos de intervenções, inclusive no tratamento medicamentoso (Beck, 1984). Por exemplo, os MADs parecem alterar o processamento de informações emocionais antes de terem um efeito detectável no humor (Harmer et al., 2017). Da mesma forma, outras intervenções podem gerar mudanças nas crenças por outros meios que não as intervenções cognitivas, e essas mudanças nas crenças podem, por sua vez, mediar a mudança subsequente na depressão. Isso é o que Jacobson e colaboradores (1996) descobriram em sua análise anterior dos componentes da terapia cognitiva; sua intervenção puramente comportamental gerou tanta mudança na cognição quanto os pacotes de tratamento que continham componentes mais explicitamente cognitivos.

É possível que as imagens neurais sejam a chave para testar essas explicações concorrentes (DeRubeis et al., 2008). Os resultados de estudos de imagem pertinentes sugerem que os pacientes que respondem à farmacoterapia apresentam alterações no tronco encefálico e nas regiões límbicas associadas à geração de afeto, ao passo que os pacientes que responderam à terapia cognitiva apresentaram alterações nos centros corticais superiores que servem para regular os processos afetivos (Kennedy et al., 2007). Ainda não está claro se esse efeito específico da terapia cognitiva nos processos corticais superiores é responsável por seus efeitos agudos ou duradouros, mas um ou ambos são possíveis.

Uma terceira possibilidade é que a cognição seja tanto uma causa quanto uma consequência da mudança na depressão, de modo que ela participe de uma relação causal recíproca com sintomas relevantes (Hollon et al., 1987). Nesse cenário, quando um tratamento produz mudanças na cognição, como parece ser o caso da terapia cognitiva, haveria mudanças na depressão. Da mesma forma, quando um tratamento produz mudanças na depressão por meio de outros mecanismos, como pode ser o caso da farmacoterapia, a mudança na cognição seria a consequência. Se a cognição e o afeto se influenciam reciprocamente, seria difícil deslindar as evidências da mediação cognitiva na terapia cognitiva. Nesse cenário, seria de se esperar encontrar diferentes padrões de covariação ao longo do tempo em diferentes tratamentos, sem encontrar diferenças entre os diferentes tratamentos na quantidade de mudança nas medidas de cognição. Em nosso estudo anterior em Minnesota, a terapia cognitiva e o MAD produziram quantidades semelhantes de mudança na cognição e na depressão, de modo que a mudança cognitiva não era específica de nenhum dos tratamentos. Entretanto, as duas condições produziram diferentes padrões de covariação ao longo do tempo, de modo que a mudança na cognição precedeu e previu a mudança subsequente na depressão na terapia cognitiva, enquanto a mudança na depressão precedeu e previu a mudança subsequente na cognição no MAD (DeRubeis et al., 1990). Isso é coerente com a ideia de que a mudança cognitiva desempenha um papel causal na produção de mudanças na terapia cognitiva, mas não no tratamento medicamentoso. Também é coerente com um pequeno estudo inicial que indicava que a terapia cognitiva e a medicação tinham um efeito diferencial sobre as cognições (Rush et al., 1982). Da mesma forma que a inclusão de interações entre PTR e mediador nas análises fornecerá testes mais focados de mediação, a inclusão de interações entre PTR e tratamento controlará a causalidade reversa do tipo que parecemos observar em nosso estudo anterior em Minnesota (DeRubeis et al., 1990).

É provável que diferentes tipos de pensamentos e crenças desempenhem papéis diferentes na mediação da resposta aguda à terapia cognitiva em relação a quaisquer efeitos duradouros de longo prazo que ela possa ter (Scher et al., 2005). As ruminações do fluxo de consciência e os pensamentos automáticos de fácil acesso normalmente não apresentam mudanças diferenciadas na terapia cognitiva em relação aos MADs, ao passo que é mais provável que isso aconteça com as crenças subjacentes e as propensões do processamento de informações. Além disso, as crenças subjacentes e as propensões do processamento de informações que mudam de maneira específica tendem a ser os melhores preditores de efeitos duradouros específicos subsequentes. As mudanças na desesperança e nos pensamentos automáticos foram inespecíficas em nosso estudo de Minnesota (embora tenham apresentado um padrão temporal diferente em relação à mudança de sintomas na terapia cognitiva vs. MAD) e não previram a recaída subsequente, enquanto a mudança nos estilos de atribuição foi maior na terapia cognitiva do que na farmacoterapia e previu o efeito duradouro da terapia cognitiva (Hollon et al., 1990). Além disso, a mudança diferencial no estilo de atribuição que observamos não ocorreu até a segunda metade do tratamento, após a maior parte da mudança nos sintomas depressivos ter ocorrido. Lembramos a descoberta do estudo Wisconsin-Temple de que os alunos que entraram na faculdade com uma propensão a atribuir eventos negativos da vida a suas falhas internas de caráter tinham maior probabilidade de ficar deprimidos quando aconteciam coisas ruins (Alloy et al., 2006).

Teasdale e colaboradores (2001) encontraram um padrão semelhante consistente com a mediação cognitiva, em que a adição de terapia cognitiva para pacientes com depressão residual produziu maiores mudanças nas medidas de "cognição profunda" do que o MAD isolado, o que foi preditivo de recaída diferencial após o término do tratamento. No estudo de Penn-Vanderbilt, os pacientes que conseguiram implementar melhor as estratégias cognitivas e comportamentais em sessões de tratamento posteriores e em resposta a situações hipotéticas estressantes tiveram menor probabilidade de recaída após o fim do tratamento (Strunk et al., 2007). Isso sugere que a aquisição das habilidades ensinadas na terapia cognitiva (avaliação da precisão das crenças nucleares e dos pressupostos subjacentes) pode mediar seu aparente efeito duradouro.

Além disso, é possível que não seja tanto a mudança no conteúdo da cognição que seja fundamental para a redução do risco, mas a mudança na forma como os pacientes se relacionam com essas cognições — em outras palavras, a capacidade de se "distanciarem" de seus pensamentos em vez de acreditarem neles como verdadeiros ou responderem a eles de forma automática ou acrítica. Teasdale e colaboradores (2002) relataram que os pacientes tratados com terapia cognitiva ou MBCT eram mais capazes de ver suas crenças como eventos mentais passageiros em vez de reflexos válidos de sua autoestima. Tang e DeRubeis (1999b) descobriram que os pacientes que experimentam ganhos repentinos na terapia, definidos como uma rápida queda nos sintomas, apresentam ganhos mais estáveis ao longo do tempo, o que implica um efeito mais duradouro. Além disso, na sessão anterior a esses ganhos, os pacientes adquiriram uma percepção da influência das representações cognitivas da realidade sobre o afeto e o comportamento subsequentes (Tang et al., 2007). O mais importante é que os pacientes que apresentaram ganhos repentinos tinham menos probabilidade de recaída após o término do tratamento do que os pacientes que apresentaram uma mudança comparável de forma mais gradual. Esse *insight* repentino pode ser como a compreensão metacognitiva descrita por Teasdale e colaboradores (2002), o fenômeno chamado de "distanciamento" pelos terapeutas cognitivos.

Ainda não está claro como essas habilidades são adquiridas na terapia cognitiva, mas as evidências disponíveis sugerem que os terapeutas mais aderentes aos métodos descritos neste livro produzem os melhores resultados. Em um par de estudos, DeRubeis e colaboradores descobriram que **a adesão a técnicas cognitivas e comportamentais específicas nas primeiras sessões previu a mudança subsequente na depressão, ao passo que a mudança inicial na depressão previu a qualidade subsequente da aliança de trabalho** (DeRubeis & Feeley, 1990; Feeley et al., 1999). Isso sugere que é mais importante ensinar aos pacientes os princípios básicos da terapia cognitiva desde a primeira sessão do que esperar que o relacionamento terapêutico se desenvolva antes de incorporar esses princípios básicos. *Em resumo, aderir às estratégias descritas anteriormente neste texto parece ser a melhor maneira de ajudar os pacientes a melhorar rapidamente, e os que melhoram rapidamente tendem a se ver como tendo uma boa aliança de trabalho com seu terapeuta.* Nada é tão bem-sucedido quanto o sucesso.

Por fim, uma metanálise retirada de dados de pacientes independentes (IPDMA, do inglês *independent patient data meta-analysis*) sugere que as diferenças "verdadeiras" entre medicamentos e placebo são visíveis apenas entre pacientes com depressões mais graves (Fournier et al., 2010) e que isso também pode ser verdadeiro para intervenções psicossociais, incluindo a terapia cognitiva (Driessen et al., 2010). Os pacientes com depressões menos graves melhoram, mas os aspectos inespecíficos do tratamento podem ser suficientes para produzir essa resposta; ou seja, a simples participação no tratamento pode ser suficiente para reduzir a angústia dos pacientes que atendem aos critérios para depressão maior, mas apresentam sintomas menos graves. Os tratamentos que mobilizam mecanismos biológicos ou psicológicos específicos podem ser necessários para tratar adequadamente os pacientes com depressões mais graves, sendo que alguns têm maior probabilidade de apresentar uma resposta específica à terapia cognitiva e outros ao MAD (DeRubeis et al., 2014). Na medida em que isso for verdade, as intervenções psicossociais podem ser preferíveis aos medicamentos no tratamento de pacientes com depressões menos graves, uma vez que essas intervenções psicossociais não produzem os efeitos colaterais problemáticos produzidos pela maioria dos medicamentos. Além disso, como seus efeitos duradouros não parecem estar relacionados à gravidade inicial, a terapia cognitiva pode ser o tratamento inicial ideal para pacientes com depressões menos graves (Fournier et al., 2022). Se for verdade, isso sugere que a terapia cognitiva pode ser o primeiro tratamento ideal para todos, exceto para pacientes com depressão psicótica ou histórico de mania psicótica (Hollon, 2011).

Resumo e conclusões

Na 1ª edição deste livro, os únicos estudos que puderam ser reunidos para apoiar as alegações de eficácia da terapia cognitiva foram dois estudos em populações análogas (Shaw, 1977; Taylor & Marshall, 1977) e um único estudo em uma amostra clínica (Rush et al., 1977). Desde então, a terapia cognitiva para depressão foi testada em populações clínicas em dezenas de estudos randomizados controlados por um conjunto diversificado de grupos de pesquisa em vários continentes. Uma grande revisão dos tratamentos com suporte empírico, publicada em uma edição especial do *Journal of Consulting and Clinical Psychology*, considerou a terapia cognitiva eficaz e específica no tratamento da depressão unipolar não psicótica (DeRubeis & Crits-Christoph, 1998). Atualmente, ela é considerada uma das três intervenções psicossociais, juntamente com a ativação comportamental e a psicoterapia interpessoal, recomendadas (assim como os medicamentos) nas diretrizes de tratamento publicadas pela American Psychiatric Association (2010) e pelo National Health Service da Inglaterra (NICE, 2020).

A terapia cognitiva é o único tratamento para a depressão que já demonstrou ter um efeito duradouro após o término do tratamento em vários estudos realizados por diferentes grupos de pesquisa (Hollon et al., 2006). Sua relativa ausência de efeitos colaterais problemáticos a torna uma alternativa importante aos medicamentos. Quando a terapia cognitiva não se saiu bem em estudos clínicos controlados, geralmente ela foi ministrada por terapeutas menos experientes que tratavam pacientes com depressões mais graves ou complicadas (Dimidjian et al., 2006; Elkin et al., 1995) ou o manual de tratamento era tão extenso que pode ter sido difícil implementá-lo de forma eficaz (March et al., 2004). Treinamento e competência são fundamentais, especialmente com pacientes que estão sofrendo mais. A leitura deste livro é um bom começo, mas não é suficiente para desenvolver o nível necessário de competência. Os autores incentivam fortemente os leitores a buscar treinamento e supervisão adicionais e a formar grupos de consulta contínua com colegas, para aumentar a probabilidade de que suas habilidades de terapia cognitiva beneficiem seus pacientes.

Nota

1. Um dos riscos de se confiar nos resumos da literatura feitos por outras pessoas é que, às vezes, eles erram. Shea e colaboradores (1990) relataram seus dados de for-

ma precisa e correta, mas cometeram um erro ao interpretar esses achados em uma revisão subsequente, e essa revisão foi citada com bastante frequência na literatura. Isso é lamentável, pois interpretações errôneas têm implicações para a seleção do tratamento subsequente em ambientes clínicos. Quando erramos como consequência de estudos imprecisos ou distorcidos, quem sofre são os pacientes.

PONTOS-CHAVE

1. A terapia cognitiva é claramente melhor do que sua ausência (**eficaz**) no tratamento agudo da depressão e melhor do que o tratamento genérico entre pacientes com depressões mais graves (**específica**). Ela é comparável aos MADs ou a outros tratamentos com suporte empírico, como TIP ou AC, e possivelmente melhor do que os tipos convencionais de psicoterapia entre pacientes com depressão grave (**superior**).

2. A terapia cognitiva parece ter um **efeito duradouro** que não foi encontrado nos MADs e que perdura após o término do tratamento. Os pacientes tratados até a remissão com terapia cognitiva têm metade da probabilidade de recaída após o término do tratamento se comparados aos pacientes tratados até a remissão com medicamentos, e há indicações de que esse efeito duradouro pode se estender à prevenção da recorrência.

3. O **tratamento combinado** com terapia cognitiva e MADs parece produzir um incremento modesto, mas fortemente moderado, em relação à monoterapia isolada. Esse incremento parece ser bastante substancial para pacientes não crônicos que são mais graves, mas insignificante para os que são menos graves (não precisam da adição) ou crônicos (não se beneficiam dela). O SACC pode produzir um efeito maior em combinação com esses pacientes e pode merecer consideração.

4. As evidências sugerem que iniciar a terapia cognitiva simultaneamente em combinação com medicamentos **pode eliminar qualquer efeito duradouro** que a primeira possa ter. Iniciar com a terapia cognitiva e depois acrescentar os MADs parece evitar esse problema e direcionar melhor os pacientes que precisam de medicação.

5. Pacientes casados, desempregados ou sem transtornos da personalidade parecem se sair melhor na terapia cognitiva do que nos MADs, ao passo que pacientes com transtornos da personalidade parecem se sair melhor nos MADs do que na terapia cognitiva; ou seja, **as características do paciente moderam a resposta diferencial a diferentes tratamentos entre pacientes com depressões mais graves**.

6. **A adesão e a competência** nas estratégias cognitivas e comportamentais no cerne da terapia cognitiva parecem ser mais importantes para o sucesso final do tratamento do que a qualidade do relacionamento terapêutico, que, por sua vez, é influenciado pelo sucesso inicial no tratamento.

7. Embora ainda não esteja claro exatamente quais **mecanismos no cliente** explicam a mudança terapêutica, a mudança em cognições específicas está associada à redução dos sintomas depressivos, e a mudança em diáteses cognitivas subjacentes está associada aos efeitos duradouros subsequentes.

8. Quanto mais tentativas malsucedidas de medicação um paciente tiver tido, menores serão suas chances de sucesso na próxima, ao passo que o sucesso com a terapia cognitiva não está relacionado ao número de medicamentos anteriores.

Referências

Abramowitz, J. S., Franklin, M. E., & Foa, E. B. (2002). Empirical status of cognitive-behavioral therapy for obsessive–compulsive disorder: A meta-analytic review. *Romanian Journal of Cognitive and Behavioral Psychotherapies, 2*, 89–104.

Abramson, L. Y., Seligman, M. E., & Teasdale, J. D. (1978). Learned helplessness in humans: Critique and reformulation. *Journal of Abnormal Psychology, 87*(1), 49–74.

Ackermann, R., & DeRubeis, R. J. (1991). Is depressive realism real? *Clinical Psychology Review, 11*, 565–584.

Adler, A. D., Strunk, D. R., & Fazio, R. H. (2015). What changes in cognitive therapy for depression?: An examination of cognitive therapy skills and maladaptive beliefs. *Behavior Therapy, 46*(1), 96–109.

Agency for Health Care Policy and Research. (1999). *Treatment of depression—newer pharmacotherapies: Summary, evidence report/technology assessment number 7.* Rockville, MD: U.S. Department of Health and Human Services.

Alba, J. W., & Hasher, L. (1983). Is memory schematic? *Psychological Bulletin, 93*, 203–231.

Algren, N. (1956). *A walk on the wild side.* New York: Farrar, Straus & Giroux.

Alloy, L. B., & Abramson, L. Y. (1979). Judgment of contingency in depressed and nondepressed students: Sadder but wiser? *Journal of Experimental Psychology: General, 108*, 441–485.

Alloy, L. B., Abramson, L. Y, Whitehouse, W. G., Hogan, M. E., Panzarella, C., & Rose, D. T. (2006). Prospective incidence of first onsets and recurrences of depression in individuals at high and low cognitive risk for depression. *Journal of Abnormal Psychology, 115*, 145–156.

American Psychiatric Association. (1994). *Diagnostic and statistical manual of mental disorders* (4th ed.). Washington, DC: Author.

American Psychiatric Association. (2000). Practice guideline for the treatment of patients with major depressive disorder (rev.). *American Journal of Psychiatry, 157*(4, Suppl.), 1–45.

American Psychiatric Association. (2003). Practice guideline for the assessment and treatment of patients with suicidal behaviors. Available at *https://psychiatryonline.org/pb/assets/raw/sitewide/practice_guidelines/guidelines/suicide.pdf*

American Psychiatric Association. (2010). Practice guideline for the treatment of patients with major depressive disorder (3rd ed.). Available at *https://psychiatryonline.org/pb/assets/raw/sitewide/practice_guidelines/guidelines/mdd.pdf*

American Psychiatric Association. (2022). *Diagnostic and statistical manual of mental disorders* (5th ed., rev.). Arlington, VA: Author.

American Psychological Association. (2017). Clinical practice guideline for the treatment of posttraumatic stress disorder in adults. Available at *www.apa.org/ptsd-guideline/ptsd.pdf*

American Psychological Association. (2019). Clinical practice guideline for the treatment of depression across three age cohorts. Available at *www.apa.org/depression-guideline/guideline.pdf*

Andrews, P. W., Bharwani, A., Lee, K. R., Fox, M., & Thomson, J. A., Jr. (2015). Is serotonin an upper or a downer?: The evolution of the serotonergic system and its role in depression and the antidepressant response. *Neuroscience and Biobehavioral Reviews, 51*, 164–188.

Andrews, P. W., Gangestad, S. W., & Matthews, D. (2002). Adaptationism—How to carry out an exaptationist program. *Behavioral and Brain Sciences, 25*, 489–504.

Andrews, P. W., Kornstein, S. G., Halberstadt, L. J., Gardner, C. O., & Neale, M. C. (2011). Blue again: Perturbational effects of antidepressants suggest monoaminergic homeostasis in major depression. *Frontiers in Psychology, 2*, Article 159.

Andrews, P. W., Maslej, M. M., Thomson, J. A., Jr., & Hollon, S. D. (2020). Disordered doctors or rational rats? Testing adaptationist and disorder hypotheses for melancholic depression and their relevance for clinical psychology. *Clinical Psychology Review, 82*, Article 101927.

Andrews, P. W., & Thomson, J. A., Jr. (2009). The bright side of being blue: Depression as an adaptation for analyzing complex problems. *Psychological Review, 116*(3), 620–654.

Angst, J. (2008). Bipolar disorder—methodological problems and future perspectives. *Dialogues in Clincal Neuroscience, 10*(2), 129–139.

Angst, J., Cui, L., Swendsen, J., Rothen, S., Cravchik, A., Kessler, R. C., & Merikangas, K. R. (2010). Major depressive disorder with subthreshold bipolarity in the National Comorbidity Survey Replication. *American Journal of Psychiatry, 167*, 1194–1201.

Antonuccio, D. O., Thomas, M., & Danton, W. G. (1997). A cost-effectiveness analysis of cognitive behavior therapy and fluoxetine (Prozac) in the treatment of depression. *Behavior Therapy, 28*, 187–210.

Babyak, M., Blumenthal, J. A., Herman, S., Khatri, P., Doraiswamy, M., Moore, K., . . . Krishnan, K. R. (2000). Exercise treatment for major depression: Maintenance of therapeutic benefit at 10 months. *Psychosomatic Medicine, 62*, 633–638.

Bahji, A., Vazquez, G. H., & Zarate, C. A., Jr. (2021). Comparative efficacy of racemic ketamine and esketamine for depression: A systematic review and meta-analysis. *Journal of Affective Disorders, 278*, 542–555.

Bandura, A. (1977). Self-efficacy: Toward a unifying theory of behavior change. *Psychological Review, 84*(2), 191–215.

Bandura, A. (2018). Toward a psychology of human agency: Pathways and reflections. *Perspectives on Psychological Science, 13*(2), 130–136.

Barber, J. P., Barrett, M. S., Gallop, R., Rynn, M. A., & Rickels, K. (2012). Short-term dynamic psychotherapy versus pharmacotherapy for major depressive disorder: A randomized placebo-controlled trial. *Journal of Clinical Psychiatry, 73*(1), 67–73.

Barber, J. P., & DeRubeis, R. J. (1989). On second thought: Where the action is in cognitive therapy for depression. *Cognitive Therapy and Research, 13*, 441–457.

Barlow, D. H., Gorman, J. M., Shear, M. D., & Woods, S. W. (2000). Cognitive-behavioral therapy, imipramine, or their combination for panic disorder: A randomized controlled trial. *Journal of the American Medical Association, 283*(19), 2529–2536.

Bartlett, F. C. (1932). *Remembering*. Cambridge, UK: Cambridge University Press.

Basco, M. R., & Rush, A. J. (2007). *Cognitive-behavioral therapy for bipolar disorder* (2nd ed.). New York: Guilford Press.

Baucom, D. H., Epstein, N. B., LaTaillade, J. J., & Kirby, J. S. (2008). Cognitive-behavioral couple therapy. In A. S. Gurman (Ed.), *Clinical handbook of couple therapy* (pp. 31–72). New York: Guilford Press.

Bauer, M., Rush, A. J., Ricken, R., Pilhatsch, M., & Adli, M. (2019). Algorithms for treatment of major depressive disorder: Efficacy and cost-effectiveness. *Pharmacopsychiatry, 52*(3), 117–125.

Beach, S. R. H., & O'Leary, K. D. (1992). Treating depression in the context of marital discord: Outcome and predictors of response of marital therapy versus cognitive therapy. *Behavior Therapy, 23*, 507–528.

Beardslee, W. R., Brent, D. A., Weersing, V. R., Clarke, G. N., Porta, G., Hollon, S. D., . . . Garber, J. (2013). Prevention of depression in at-risk adolescents: Longer-term effects. *JAMA Psychiatry, 70*(11), 1161–1170.

Beck, A. T. (1952). Successful outpatient psychotherapy of a chronic schizophrenic with a delusion based on borrowed guilt. *Psychiatry, 15*, 305–312.

Beck, A. T. (1963). Thinking and depression: 1. Idiosyncratic content and cognitive distortions. *Archives of General Psychiatry, 9*, 324–333.

Beck, A. T. (1964). Thinking and depression: 2. Theory and therapy. *Archives of General Psychiatry, 10*, 561–571.

Beck, A. T. (1967). *Depression: Clinical, experimental, and theoretical aspects*. New York: Hoeber. (Republished in 1973 as *Depression: Causes and treatment*. Philadelphia: University of Pennsylvania Press)

Beck, A. T. (1970). Cognitive therapy: Nature and relation to behavior therapy. *Behavior Therapy, 1*, 184–200.

Beck, A. T. (1976). *Cognitive therapy and the emotional disorders*. New York: International Universities Press.

Beck, A. T. (1984). Cognition and therapy. *Archives of General Psychiatry, 41*, 1112–1114.

Beck, A. T. (1988). *Love is never enough*. New York: Harper & Row.

Beck, A. T. (1993). Cognitive therapy: Nature and relation to behavior therapy. *Journal of Psychotherapy Practice and Research, 2*, 342–356.

Beck, A. T. (2005). The current state of cognitive therapy: A 40-year retrospective. *Archives of General Psychiatry, 62*(9), 953–959.

Beck, A. T. (2006). How an anomalous finding led to a new system of psychotherapy. *Nature Medicine, 12*(10), 1139–1141.

Beck, A. T. (2008). The evolution of the cognitive model of depression and its neurobiological correlates. *American Journal of Psychiatry, 165*(8), 969–977.

Beck, A. T., Brown, G. K., Berchick, R. J., Stewart, B. L., & Steer, R. A. (1990). Relationship between hopelessness and ultimate suicide: A replication with psychiatric outpatients. *American Journal of Psychiatry, 147*, 190–195.

Beck, A. T., Brown, G. K., Steer, R. A., Dahlsgaard, K. K., & Grisham, J. R. (1999). Suicide ideation at its worst point: A predictor of eventual suicide in psychiatric outpatients. *Suicide and Life-Threatening Behavior, 29*, 1–9.

Beck, A. T., Davis, D. D., & Freeman, A. (2015). *Cognitive therapy of personality disorders* (3rd ed.). New York: Guilford Press.

Beck, A. T., & Emery, G. (1985). *Anxiety disorders and phobias: A cognitive perspective*. New York: Basic Books.

Beck, A. T., & Freeman, A. (1990). *Cognitive therapy of personality disorders*. New York: Guilford Press.

Beck, A. T., Grant, P., Inverso, E., Brinnen, A. P., & Perivoliotis, D. (2020). *Recoveryoriented cognitive therapy for serious mental health conditions*. New York: Guilford Press.

Beck, A. T., Kovacs, M., & Weissman, A. (1975). Hopelessness and suicidal behavior: An overview. *Journal of the American Medical Association, 234*, 1146–1149.

Beck, A. T., & Rector, N. A. (2000). Cognitive therapy of schizophrenia: A new therapy for the new millennium. *American Journal of Psychotherapy, 54*, 291–300.

Beck, A. T., Resnik, H. L. P., & Lettieri, D. (1974). *The prediction of suicide*. Bowie, MD: Charles Press.

Beck, A. T., Rush, J., Shaw, B. F., & Emery, G. (1979). *Cognitive therapy of depression*. New York: Guilford Press.

Beck, A. T., Steer, R. A., & Brown, G. K. (1996). *Manual for the BDI-II*. San Antonio, TX: Psychological Corporation.

Beck, A. T., Steer, R. A., Kovacs, M., & Garrison, B. (1985). Hopelessness and eventual suicide: A 10-year prospective study of patients hospitalized with suicidal ideation. *American Journal of Psychiatry, 142*, 559–563.

Beck, A. T., & Ward, C. H. (1961). Dreams of depressed patients: Characteristic themes in manifest content. *Archives of General Psychiatry, 5*, 462–467.

Beck, A. T., Weissman, A., Lester, D., & Trexler, L. (1974). The measurement of pessimism: The Hopelessness Scale. *Journal of Consulting and Clinical Psychology, 42*, 861–865.

Beck, A. T., Wright, F. D., Newman, C. F., & Liese, B. S. (1993). *Cognitive therapy of substance abuse*. New York: Guilford Press.

Beck, J. S. (1995). *Cognitive therapy: Basics and beyond*. New York: Guilford Press.

Beck, J. S. (2008). *The complete Beck diet for life*. Birmingham, AL: Oxmoor House.

Beck, J. S. (2021). *Cognitive behavior therapy: Basics and beyond* (3rd ed.). New York: Guilford Press.

Beevers, C. G., Gibb, B. E., McGeary, J. E., & Miller, I. W. (2007). Serotonin transporter genetic variation and biased attention for emotional word stimuli among psychiatric inpatients. *Journal of Abnormal Psychology, 116*, 208–212.

Berridge, K. C., & Robinson, T. E. (2003). Parsing reward. *Trends in Neurosciences, 26*(9), 507–513.

Bet, P. M., Hugtenburg, J. G., Penninx, B. W. J. H., & Hoogendijk, W. J. G. (2013). Side effects of antidepressants during long-term use in a naturalistic setting. *European Neuropsychopharmacology, 23*(11), 1443–1451.

Blackburn, I. M., Bishop, S., Glen, A. I. M., Whalley, L. J., & Christie, J. E. (1981). The efficacy of cognitive therapy in depression: A treatment trial using cognitive therapy and pharmacotherapy, each alone and in combination. *British Journal of Psychiatry, 139*, 181–189.

Blackburn, I. M., Eunson, K. M., & Bishop, S. (1986). A two-year naturalistic follow-up of depressed patients treated with cognitive therapy, pharmacotherapy and a combination of both. *Journal of Affective Disorders, 10*, 67–75.

Blackburn, I. M., & Moore, R. G. (1997). Controlled acute and follow-up trial of cognitive therapy and pharmacotherapy in outpatients with recurrent depression. *British Journal of Psychiatry, 171*, 328–334.

Bockting, C., Hollon, S. D., Jarrett, R. B., Kuyken, W., & Dobson, K. (2015). A lifetime approach to major depressive disorder: The contributions of psychological interventions in preventing relapse and recurrence. *Clinical Psychology Review, 41*, 16–26.

Bockting, C. L., Schene, A. H., Spinhoven, P., Koeter, M. W. J., Wouters, L. F., Huyser, J., & Kamphuis, J. H. (2005). Preventing relapse/recurrence in recurrent depression with cognitive therapy: A randomized controlled trial. *Journal of Consulting and Clinical Psychology, 73*, 647–657.

Bodenmann, G., Plancherel, B., Beach, S. R. H., Widmer, K., Gabriel, B., Meuwly, N., . . . Schramm, E. (2008). Effects of coping-oriented couple's therapy on depression: A randomized clinical trial. *Journal of Consulting and Clinical Psychology, 76*, 944–954.

Borkovec, T. D., Alcaine, O., & Behar, E. (2004). Avoidance theory of worry and generalized anxiety disorder. *Generalized anxiety disorder: Advances in research and practice* (pp. 77–108). New York: Guilford Press.

Bower, S. A., & Bower, G. A. (2004). *Asserting yourself: A practical guide for positive change*. Berkeley, CA: Da Capo Press.

Bowers, W. A. (1990). Treatment of depressed inpatients: Cognitive therapy plus medication, relaxation plus medication, and medication alone. *British Journal of Psychiatry, 156*, 73–78.

Brakemeier, E. L., Merkl, A., Wilbertz, G., Quante, A., Regen, F., Bührsch, N., . . . Bajbouj, M. (2014). Cognitive-behavioral therapy as continuation therapy in depression: A randomized controlled trial. *Biological Psychiatry, 76*(3), 194–202.

Breedvelt, J. J. F., Warren, F. C., Segal, Z., Kuyken, W., & Bockting, C. L. H. (2021). Continuation of antidepressants vs sequential psychological interventions to prevent relapse in depression: An individual participant data meta-analysis. *JAMA Psychiatry, 78*(8), 868–875.

Brent, D. A., Brunwasser, S. M., Hollon, S. D., Weersing, V. R., Clarke, G. N., Dickerson, J. F., . . . Garber, J. (2015). Prevention of depression in at-risk adolescents: Impact of a cognitive behavioral prevention program on depressive episodes, depression-free days, and developmental competence 6 years after the intervention. *JAMA Psychiatry, 72*(11), 1110–1118.

Brent, D. A., Emslie, G., Clarke, G., Wagner, K. D., Asarnow, J. R., Keller, M., . . . Zelanzny, J. (2008). Switching to another SSRI or to venlafaxine with or without cognitive therapy for adolescents with SSRI-resistant depression: The TORDIA randomized controlled trial. *Journal of the American Medical Association, 299*, 901–913.

Brent, D. A., Holder, D., Kolko, D., Birmaher, B., Baugher, M., Roth, C., . . . Johnson, B. A. (1997). A clinical trial for adolescent depression comparing cognitive, family, and supportive therapy. *Archives of General Psychiatry, 54*, 877–885.

Brent, D. A., Poling, K. D., & Goldstein, T. R. (2011). *Treating depressed and suicidal adolescents: A clinician's guide*. New York: Guilford Press.

Bronfenbrenner, U. (1974). Developmental research, public policy, and the ecology of childhood. *Child Development, 45*(1), 1–5.

Brown, G. K., Henriques, G. R., Sosdjan, D., & Beck, A. T. (2004). Suicide intent and accurate expectations of lethality: Predictors of medical lethality of suicide attempts. *Journal of Consulting and Clinical Psychology, 72*, 1170–1174.

Brown, G. K., Steer, R. A., Henriques, G. R., & Beck, A. T. (2005). The internal struggle between the wish to die and the wish to live: A risk factor for suicide. *American Journal of Psychiatry, 162*, 1977–1979.

Brown, G. K., Ten Have, T., Henriques, G. R., Xie, S. X., Hollander, J. E., & Beck, A. T. (2005). Cognitive therapy for the prevention of suicide attempts: A randomized controlled trial. *Journal of the American Medical Association, 294*, 563–570.

Bruijniks, S. J. E., Lemmens, L. H. J. M., Hollon, S. D., Peeters, F. P. M. L., Cuijpers, P., Arntz, A., . . . Huibers, M. J. H. (2020). The effects of once-versus twice-weekly sessions on psychotherapy outcomes in depressed patients. *British Journal of Psychiatry, 216*(4), 222–230.

Bryan, C. J., & Rudd, M. D. (2018). *Brief cognitive-behavioral therapy for suicide prevention*. New York: Guilford Press.

Burns, D. D. (1980). *Feeling good: The new mood therapy*. New York: Morrow.

Burns, D. D., & Spangler, D. L. (2000). Does psychotherapy homework lead to improvements in depression in cognitive-behavioral therapy or does improvement lead to increased homework compliance? *Journal of Consulting and Clinical Psychology, 68*(1), 46–56.

Buss, D. M. (2015). *Evolutionary psychology: The new science of the mind* (5th ed.). New York: Routledge.

Butcher, J. N., Mineka, S., & Hooley, J. M. (2013). *Abnormal psychology* (15th ed.). New York: Pearson Education (Allyn & Bacon).

Cape, J., Whittington, C., Buszewicz, M., Wallace, P., & Underwood, L. (2010). Brief psychological therapies for anxiety and depression in primary care: Meta-analysis and meta-regression. *BMC Medicine, 8*, Article 38.

Carey, B. (2021). Dr. Aaron T. Beck, developer of cognitive therapy, dies at 100. Available at *www.nytimes.com/2021/11/01/health/dr-aaron-t-beck-dead.html*

Carson, R. C., Hollon, S. D., & Shelton, R. C. (2010). Depressive realism and clinical depression. *Behaviour Research and Therapy, 48*, 257–265.

Caspi, A., Sugden, K., Moffitt, T. E., Taylor, A., Craig, I. W., Harrington, H. L., . . . Poulton, R. (2003). Influence of life stress on depression: Moderation by a polymorphism in the 5-HTT gene. *Science, 301*, 386–389.

Chesney, E., Goodwin, G. M., & Fazel, S. (2014). Risks of all-cause and suicide mortality in mental disorders: A meta-review. *World Psychiatry, 13*, 153–160.

Cipriani, A., Furukawa, T. A., Salanti, G., Chaimani, A., Atkinson, L. Z., Ogawa, Y., . . . Geddes, J. R. (2018). Comparative efficacy and acceptability of 21 antidepressant drugs for the acute treatment of adults with major depressive disorder: A systematic review and network meta-analysis. *Lancet, 391*(10128), 1357–1368.

Clark, D. M. (1986). A cognitive approach to panic. *Behaviour Research and Therapy, 24*(4), 461–470.

Clark, D. M. (2018). Realizing the mass public benefit of evidence-based psychological therapies: The IAPT program. *Annual Review of Clinical Psychology, 14*, 159–183.

Clark, D. M., Ehlers, A., Hackman, A., McManus, F., Fennell, M., Grey, N., . . . Wild, J. (2006). Cognitive therapy versus exposure and applied relaxation in social phobia: A randomized controlled trial. *Journal of Consulting and Clinical Psychology, 74*, 568–578.

Clark, D. M., Ehlers, A., McManus, F., Hackman, A., Fennell, M., Campbell, H., . . . Louis, C. (2003). Cognitive therapy versus fluoxetine in generalized social phobia: A randomized placebo-controlled trial. *Journal of Consulting and Clinical Psychology, 71*, 1058–1067.

Clark, D. M., & McManus, F. (2002). Information processing in social phobia. *Biological Psychiatry, 51*, 92–100.

Clark, D. M., Salkovskis, P. M., Hackmann, A., Wells, A., Fennell, M., Ludgate, J., . . . Gelder, M. (1998). Two psychological treatments for hypochondriasis: A randomized controlled trial. *British Journal of Psychiatry, 173*, 218–225.

Clark, D. M., & Wells, A. (1995). A cognitive model of social phobia. In R. G. Heimberg, M. Liebowitz, D. Hope, & F. Schneier (Eds.), *Social phobia: Diagnosis, assessment, and treatment* (pp. 69–93). New York: Guilford Press.

Clark, L. A., & Watson, D. (1991). Tripartite model of anxiety and depression: Psychometric evidence and taxonomic implications. *Journal of Abnormal Psychology, 100*, 316–336.

Clarke, G. N., Hawkins, W., Murphy, M., Sheeber, L. B., Lewinsohn, P. M., & Seeley, J. R. (1995). Targeted prevention of unipolar depressive disorder in an at-risk sample of high school adolescents: A randomized trial of a group cognitive intervention. *Journal of the American Academy of Child and Adolescent Psychiatry, 34*, 312–321.

Clarke, G. N., Hornbrook, M., Lynch, F., Polen, M., Gale, J., Beardslee, W., . . . Seeley, J. (2001). A randomized trial of a group cognitive intervention for preventing depression in adolescent offspring of depressed parents. *Archives of General Psychiatry, 58*, 1127–1134.

Cleare, A., Pariante, C. M., Young, A. H., Anderson, I. M., Christmas, D., Cowen, P. J., . . . Members of the Consensus Meeting. (2015). Evidence-based guidelines for treating depressive disorders with antidepressants: A revision of the 2008 British Association for Psychopharmacology guidelines. *Journal of Psychopharmacology, 29*(5), 459–525.

Cochran, S. D. (1984). Preventing medical noncompliance in the outpatient treatment of bipolar affective disorders. *Journal of Consulting and Clinical Psychology, 52*, 873–878.

Coffman, S., Martell, C. R., Dimidjian, S., Gallop, R., & Hollon, S. D. (2007). Extreme non-response in cognitive therapy: Can behavioral activation succeed where cognitive therapy fails? *Journal of Consulting and Clinical Psychology, 75*, 531–541.

Cohen, Z. D., & DeRubeis, R. J. (2018). Treatment selection in depression. *Annual Review of Clinical Psychology, 14*, 209–236.

Covi, L., & Lipman, R. S. (1987). Cognitive behavioral group psychotherapy combined with imipramine in major depression: A pilot study. *Psychopharmacology Bulletin, 23*, 173–176.

Cromarty, P., Drummond, A., Francis, T., Watson, J., & Battersby, M. (2016). New access for depression and anxiety: Adapting the UK Improving Access to Psychological Therapies Program across Australia. *Australasian Psychiatry, 24*(5), 489–492.

Cuijpers, P., Dekker, J., Hollon, S. D., & Andersson, G. (2009). Adding psychotherapy to pharmacotherapy in the treatment of depressive disorders in adults: A meta-analysis. *Journal of Clinical Psychiatry, 70*(9), 1219–1229.

Cuijpers, P., Driessen, E., Hollon, S. D., van Oppen, P., Barth, J., & Andersson, G. (2012). The efficacy of non-directive supportive therapy for adult depression: A meta-analysis. *Clinical Psychology Review, 32*(4), 280–291.

Cuijpers, P., Hollon, S. D., van Straten, A., Bockting, C., Berking, M., & Andersson, G. (2013). Does cognitive behaviour therapy have an enduring effect that is superior to keeping patients on continuation pharmacotherapy: A meta-analysis. *BMJ Open, 3*(4), Article e002542.

Cuijpers, P., Quero, S., Noma, H., Ciharova, M., Miguel, C., Karyotaki, E., . . . Furukawa, T. A. (2021). Psychotherapies for depression: A network meta-analysis covering efficacy, acceptability, and long-term outcomes of all main treatment types. *World Psychiatry, 202*, 283–293.

Cuijpers, P., van Straten, A., Andersson, G., & van Oppen, P. (2008). Psychotherapy for depression in adults: A meta-analysis of comparative outcome studies. *Journal of Consulting and Clinical Psychology, 76*, 909–922.

Cuijpers, P., van Straten, A., Hollon, S. D., & Andersson, G. (2010). The contribution of active medication to combined treatments of psychotherapy and pharmacotherapy for adult depression: A meta-analysis. *Acta Psychiatrica Scandinavica, 121*, 415–423.

Cuijpers, P., van Straten, A., Warmerdam, L., & Andersson, G. (2009). Psychotherapy versus the combination of psychotherapy and pharmacotherapy in the treatment of depression: A meta-analysis. *Depression and Anxiety, 26*(3), 279–288.

Curry, J. F. (2001). Specific psychotherapies for childhood and adolescent depression. *Biological Psychiatry, 49*, 1091–1100.

Curry, J. F., & Reinecke, M. A. (2003). Modular therapy for major depression. In M. A. Reinecke, F. M. Dattilio, & A. Freeman (Eds.), *Cognitive therapy with children and adolescents* (2nd ed., pp. 95–127). New York: Guilford Press.

Dahlsgaard, K. K., Beck, A. T., & Brown, G. K. (1998). Inadequate response to therapy as a predictor of suicide. *Suicide and Life-Threatening Behavior, 28*, 197–204.

Davies, J., & Read, J. (2019). A systematic review into the incidence, severity and duration of antidepressant withdrawal effects: Are guidelines evidence-based? *Addictive Behaviors, 97*, 111–121.

Davis, M. H., & Casey, D. A. (1990). Utilizing cognitive therapy on a short-term psychiatric inpatient unit. *General Hospital Psychiatry, 12*, 170–176.

Dawkins, R. (2016). *The selfish gene* (40th anniversary ed.). Oxford, UK: Oxford University Press.

De Graaf, L. E., Hollon, S. D., & Huibers, M. J. H. (2010). Predicting outcome in computerized cognitive behavioral therapy for depression in primary care: A randomized trial. *Journal of Consulting and Clinical Psychology, 78*, 184–189.

DeJong, R., Treiber, R., & Henrich, G. (1986). Effectiveness of two psychological treatments for inpatients with severe and chronic depression. *Cognitive Therapy and Research, 10*, 645–663.

Depression and Bipolar Support Alliance. (2019). Transforming the definition of wellness for people living with mood disorders. Available at *www.dbsalliance.org*

DeRubeis, R. J., Cohen, Z., Forand, N. R., Fournier, J. C., Gelfand, L., & Lorenzo-Luaces, L. (2014). The Personalized Advantage Index: Translating research on prediction into individualized recommendations: A demonstration. *PLOS ONE, 9*(1), Article e83875.

DeRubeis, R. J., & Crits-Christoph, P. (1998). Empirically supported individual and group psychological treatments for adult mental disorders. *Journal of Consulting and Clinical Psychology, 66*, 37–52.

DeRubeis, R. J., Evans, M. D., Hollon, S. D., Garvey, M. J., Grove, W. M., & Tuason, V. B. (1990). How does cognitive therapy work? Cognitive change and symptom change in cognitive therapy and pharmacotherapy for depression. *Journal of Consulting and Clinical Psychology, 58*, 862–869.

DeRubeis, R. J., & Feeley, M. (1990). Determinants of change in cognitive therapy for depression. *Cognitive Therapy and Research, 14*, 469–482.

DeRubeis, R. J., Hollon, S. D., Amsterdam, J. D., Shelton, R. C., Young, P. R., Salomon, R. M., . . . Gallop, R. (2005). Cognitive therapy vs. medications in the treatment of moderate to severe depression. *Archives of General Psychiatry, 62*, 409–416.

DeRubeis, R. J., Siegle, G. J., & Hollon, S. D. (2008). Cognitive therapy versus medication for depression: Treatment outcomes and neural mechanisms. *Nature Reviews Neuroscience, 9*, 788–796.

DeRubeis, R. J., Zajecka, J., Shelton, R. C., Amsterdam, J. D., Fawcett, J., Xu, C., . . . Hollon, S. D. (2020). Prevention of recurrence after recovery from a major depressive episode with antidepressant medication alone or in combination with cognitive behavior therapy: Phase 2 of a 2-phase randomized clinical trial. *JAMA Psychiatry, 77*(3), 237–245.

Dimidjian, S., Hollon, S. D., Dobson, K. S., Schmaling, K. B., Kohlenberg, R. J., Addis, M. E., . . . Jacobson, N. S. (2006). Behavioral activation, cognitive therapy, and antidepressant medication in the acute treatment of major depression. *Journal of Consulting and Clinical Psychology, 74*, 658–670.

Dobson, K. S., Hollon, S. D., Dimidjian, S., Schmaling, K. B., Kohlenberg, R. J., Gallop, R. J., . . . Jacobson, N. S. (2008). Randomized trial of behavioral activation, cognitive therapy, and antidepressant medication in the prevention of relapse and recurrence in major depression. *Journal of Consulting and Clinical Psychology. 76*, 468–477.

Dodge, K. A. (1980). Social cognition and children's aggressive behavior. *Child Development, 51*, 162–170.

Dong, L., Zieve, G., Gumport, N. B., Armstrong, C. C., Alvarado-Martinez, C. G., Martinez, A., . . . Harvey, A. G. (2022). Can integrating the memory support intervention into cognitive therapy improve depression outcome? A randomized controlled trial. *Behaviour Research and Therapy, 157*, 104167.

Driessen, E., Cuijpers, P., Hollon, S. D., & Dekker, J. J. M. (2010). Does pre-treatment severity moderate the efficacy of psychological treatment of adult outpatient depression?: A meta-analysis. *Journal of Consulting and Clinical Psychology, 78*, 668–680.

Driessen, E., Van, H. L., Don, F. J., Peen, J., Kool, S., Westra, D., . . . Dekker, J. J. M. (2013). The efficacy of cognitive-behavioral therapy and psychodynamic therapy in the outpatient treatment of major depression: A randomized clinical trial. *American Journal of Psychiatry, 170*(9), 1041–1050.

Dunn B. D., German, R. E., Khazanov, G., Xu, C., Hollon, S. D., & DeRubeis, R. J. (2020). Changes in positive and negative affect during drug treatment and cognitive therapy for major depressive disorder: A secondary analysis of two randomized controlled trials. *Clinical Psychological Science, 8*(1), 36–51.

Ehlers, A., & Clark, D. M. (2000). A cognitive model of posttraumatic stress disorder. *Behaviour Research and Therapy, 38*, 319–345.

Elkin, I., Gibbons, R. D., Shea, T., Sotsky, S. M., Watkins, J. T., Pilkonis, P. A., & Hedeker, D. (1995). Initial severity and differential treatment outcome in the National Institute of Mental Health Treatment of Depression Collaborative Research Program. *Journal of Consulting and Clinical Psychology, 63*, 841–847.

Elkin, I., Shea, M. T., Watkins, J. T., Imber, S. D., Sotsky, S. M., Collins, J. F., . . . Parloff, M. B. (1989). National Institute of Mental Health Treatment of Depression Collaborative Research Program: General effectiveness of treatments. *Archives of General Psychiatry, 46*, 971–982.

Ellis, A. E. (1962). *Reason and emotion in psychotherapy*. New York: Lyle Stuart.

Ellis, A. E., & Harper, R. A. (1975). *A guide to rational living*. Englewood Cliffs, NJ: PrenticeHall.

Ellis, T. E., & Newman, C. F. (1996). *Choosing to live: How to defeat suicide through cognitive therapy*. Oakland, CA: New Harbinger.

Emanuels-Zuurveen, L., & Emmelkamp, P. M. G. (1996). Individual behavioural-cognitive therapy v. marital therapy for depression in martially distressed couples. *British Journal of Psychiatry, 169*, 181–188.

Emery, G. (1981). Cognitive therapy with the elderly. In G. Emery, S. D. Hollon, & R. Bedrosian (Eds.), *New directions in cognitive therapy*. New York: Guilford Press.

Epstein, N. B. (2004). Cognitive-behavioral therapy with couples. In R. L. Leahy (Ed.), *Contemporary cognitive therapy: Theory, research, and practice* (pp. 367–388). New York: Guilford Press.

Epstein, N. B., & Baucom, D. H. (2002). *Enhanced cognitive-behavioral therapy for couples: A contextual approach*. Washington DC: American Psychological Association.

Evans, M. D., Hollon, S. D., DeRubeis, R. J., Piasecki, J., Grove, W. M., Garvey, M. J., & Tuason, V. B. (1992). Differential relapse following cognitive therapy and pharmacotherapy for depression. *Archives of General Psychiatry, 49*, 802–808.

Eysenck, H., Michael, W., & Keane, M. (2010). *Cognitive psychology: A student's handbook* (6th ed.). East Sussex, UK: Psychology Press.

Fairburn, C. G., Cooper, Z., Doll, H. A., O'Conner, M. E., Bohn, K., Hawker, D. M., . . . Palmer, R. L. (2009). Transdiagnostic cognitive-behavioral therapy for patients with eating disorders: A two-site trial with 60-week follow-up. *American Journal of Psychiatry, 166*, 311–319.

Fairburn, C. G., Cooper, Z., & Shafran, R. (2003). Cognitive behaviour therapy for eating disorders: A "transdiagnostic" theory and treatment. *Behaviour Research and Therapy, 41*, 509–528.

Fava, G. A., Rafanelli, C., Grandi, S., Conti, S., & Belluardo, P. (1998). Prevention of recurrent depression with cognitive behavioral therapy. *Archives of General Psychiatry, 55*, 816–820.

Feeley, M., DeRubeis, R. J., & Gelfand, L. A. (1999). The temporal relation of adherence and alliance to symptom change in cognitive therapy for depression. *Journal of Consulting and Clinical Psychology, 67*, 578–582.

Foa, E. B. (2006). Psychosocial therapy for posttraumatic stress disorder. *Journal of Clinical Psychiatry, 67*(Suppl. 2), 40–45.

Foa, E. B., Liebowitz, M. R., Kozak, M. J., Davies, S., Campeas, R., Franklin, M. E., . . . Tu, X. (2005). Randomized, placebo-controlled trial of exposure and ritual prevention, clomipramine, and their combination in the treatment of obsessive–compulsive disorder. *American Journal of Psychiatry, 162*(1), 151–161.

Fonagy, P., Rost, F., Carlyle, J. A., McPherson, S., Thomas, R., Pasco Fearon, R. M., . . . Taylor, D. (2015). Pragmatic randomized controlled trial of long-term psychoanalytic psychotherapy for treatment-resistant depression: The Tavistock Adult Depression Study (TADS). *World Psychiatry, 14*, 312–321.

Forand, N. R., & DeRubeis, R. J. (2014). Extreme response style and symptom return after depression treatment: The role of positive extreme responding. *Journal of Consulting and Clinical Psychology, 82*(3), 500–509.

Fortney, J. C., Unützer, J., Wrenn, G., Pyne, J. M., Smith, G. R., Schoenbaum, M., & Harbin, H. T. (2017). A tipping point for measurement-based care. *Psychiatric Services, 68*(2), 179–188.

Fournier, J. C., DeRubeis, R. J., Amsterdam, J. A., Shelton, R. C., & Hollon, S. D. (2015). Gains in employment status following antidepressant medication or cognitive therapy for depression. *British Journal of Psychiatry, 206*, 332–338.

Fournier, J. C., DeRubeis, R. J., Hollon, S. D., Dimidjian, S., Amsterdam, J. D., Shelton, R. C., & Fawcett, J. (2010). Antidepressant drug effects and depression severity: A patient-level meta-analysis. *Journal of the American Medical Association, 303*, 47–53.

Fournier, J. C., DeRubeis, R. J., Shelton, R. C., Gallop, R., Amsterdam, J. D., & Hollon, S. D. (2008). Antidepressant medications versus cognitive therapy in depressed patients with or without personality disorder. *British Journal of Psychiatry, 192*, 124–129.

Fournier, J. C., DeRubeis, R. J., Shelton, R. C., Hollon, S. D., Amsterdam, J. D., & Gallop, R. (2009). Prediction of response to medication and cognitive therapy in the treatment of moderate to severe depression. *Journal of Consulting and Clinical Psychology, 77*, 775–787.

Fournier, J. C., Forand, N. R., Wang, Z., Li, Z., Iyengar, S., DeRubeis, R. J., . . . Hollon, S. D. (2022). Initial severity and depressive relapse in cognitive behavioral therapy and antidepressant medications: An individual patient data metaanalysis. *Cognitive Therapy and Research, 46*(3), 517–531.

France, R., & Robson, M. (1994). *Cognitive behavioral therapy in primary care: A practical guide.* London: Jessica Kingsley.

Frank, E., Prien, R. F., Jarrett, R. B., Keller, M. B., Kupfer, D. J., Lavori, P. W., . . . Weissman, M. M. (1991). Conceptualization and rationale for consensus definitions of terms in major depressive disorder: Remission, recovery, relapse, and recurrence. *Archives of General Psychiatry, 48*, 851–855.

Freud, S. (1930). Civilization and its discontents. In J. Strachey (Ed. & Trans.), *The standard edition of the complete psychological works of Sigmund Freud* (Vol. 21, pp. 57–146). London: Hogarth Press.

Freud, S. (1957). Mourning and melancholia. In J. Strachey (Ed. & Trans.), *The standard edition of the complete psychological works of Sigmund Freud* (Vol. 14, pp. 239–258). London: Hogarth Press. (Original work published 1917)

Furukawa, T. A., Shinohara, K., Sahker, E., Karyotaki, E., Miguel, C., Ciharova, M., . . . Cuijpers, P. (2021). Initial treatment choices to achieve sustained response in major depression: A systematic review and network meta-analysis. *World Psychiatry, 20*, 1–10.

Gallagher, D. E., & Thompson, L. W. (1982). Treatment of major depressive disorder in older adult outpatients with brief psychotherapies. *Psychotherapy: Theory, Research, and Practice, 19*, 482–490.

Gallagher-Thompson, D., Hanley-Peterson, P., & Thompson, L. W. (1990). Maintenance of gains versus relapse following brief psychotherapy for depression. *Journal of Consulting and Clinical Psychology, 58*, 371–374.

Garber, J., Clarke, G. N., Weersing, V. R., Beardslee, W. R., Brent, D. A., Gladstone, T. R. G., . . . Iyengar, S. (2009). Prevention of depression in at-risk adolescents: A randomized controlled trial. *Journal of the American Medical Association, 301*, 2215–2224.

Gaynes, B. N., Asher, G., Gartlehner, G., Hoffman, V., Green, J., Boland, E., . . . Lohr, K. N. (2018). Definition of treatment-resistant depression in the Medicare population [Internet]. Agency for Healthcare Research and Quality (U.S.). www.ncbi.nlm.nih.gov/books/nbk526366

Gelenberg, A. J. (2010). A review of current guidelines for depression treatment. *Journal of Clinical Psychiatry, 71*(7), Article e15.

Giesen-Bloo, J., van Dyck, R., Spinhoven, P., van Tilburg, W., Dirksen, C., van Asselt, T., . . . Arntz, A. (2006). Outpatient psychotherapy for borderline personality disorder: Randomized trial of schema-focused therapy vs transference-focused psychotherapy. *Archives of General Psychiatry, 63*, 649–658.

Goodall, J. (1971). *In the shadow of man*. Boston: Houghton Mifflin.

Gortner, E. T., Gollan, J. K., Dobson, K. S., & Jacobson, N. S. (1998). Cognitive-behavioral treatment for depression: Relapse prevention. *Journal of Consulting and Clinical Psychology, 66*, 377-384.

Grant, P. M., & Beck, A. T. (2009). Defeatist beliefs as a mediator of cognitive impairment, negative symptoms, and functioning in schizophrenia. *Schizophrenia Bulletin, 35*, 798-806.

Grant, P. M., Huh, G. A., Perivoliotis, D., Stolar, N. M., & Beck, A. T. (2012). Randomized trial to evaluate the efficacy of cognitive therapy for low-functioning patients with schizophrenia. *Archives of General Psychiatry, 69*, 121-127.

Greenberger, D., & Padesky, C. A. (1995). *Mind over mood: Change how you feel by changing the way you think* (1st ed.). New York: Guilford Press.

Greenberger, D., & Padesky, C. A. (2016). *Mind over mood: Change how you feel by changing the way you think* (2nd ed.). New York: Guilford Press.

Grenard, J. L., Munjas, B. A., Adams, J. L., Suttorp, M., Maglione, M., McGlynn, E. A., & Gellad, W. F. (2011). Depression and medication adherence in the treatment of chronic diseases in the United States: A meta-analysis. *Journal of General Internal Medicine, 26*(10), 1175-1182.

Gross, J. J. (2002). Emotion regulation: Affective, cognitive, and social consequences. *Psychophysiology, 39*, 281-291.

Guo, T., Xiang, Y.-T., Xiao, L., Hu, C.-Q., Chiu, H. F. K., Ungvari, G. S., . . . Wang, G. (2015). Measurement-based care versus standard care for major depression: A randomized controlled trial with blind raters. *American Journal of Psychiatry, 172*(10), 1004-1013.

Hamilton, W. (1964). The genetical evolution of social behaviour: I. *Journal of Theoretical Biology, 7*(1), 1-16.

Hammad, T. A., Laughren, T., & Racoosin, J. (2006). Suicidality in pediatric patient treated with antidepressant drugs. *Archives of General Psychiatry, 63*(3), 332-339.

Harmer, C. J., Duman, R. S., & Cowen, P. J. (2017). How do antidepressants work?: New perspectives for refining future treatment approaches. *Lancet Psychiatry, 4*(5), 409-418.

Harmer, C. J., Goodwin, G. M., & Cowen, P. J. (2009). Why do antidepressants take so long to work?: A cognitive neuropsychological model of antidepressant drug action. *British Journal of Psychiatry, 195*, 102-108.

Harris, E. C., & Barraclough, B. M. (1997). Suicide as an outcome for mental disorders: A meta-analysis. *British Journal of Psychiatry, 170*, 205-228.

Hayes, A. M., Castonguay, L. G., & Goldfried, M. R. (1996). Effectiveness of targeting the vulnerability factors of depression in cognitive therapy. *Journal of Consulting and Clinical Psychology, 64*, 623-627.

Hayes, S. C., Strosahl, K., & Wilson, K. G. (1999). *Acceptance and commitment therapy: An experimental approach to behavior change*. New York: Guilford Press.

Hayes, S. C., Strosahl, K. D., & Wilson, K. G. (2012). *Acceptance and commitment therapy: The process and practice of mindful change* (2nd ed.). New York: Guilford Press.

Hedayati, S. S., Gregg, L. P., Carmody, T., Jain, N., Toups, M., Rush, A. J., . . . Trivedi, M. H. (2017). Effect of sertraline on depressive symptoms in patients with chronic kidney disease without dialysis dependence: The CAST randomized clinical trial. *Journal of the American Medical Association, 318*(19), 1876-1890.

Hedegaard, H., Curtin, S. C., & Warner, M. (2018, November). Suicide mortality in the United States, 1999-2017. *NCHS Data Brief, No. 330*, pp. 1-8.

Henke, R. M., Zaslavsky, A. M., McGuire, T. G., Ayanian, J. Z., & Rubenstein, L. V. (2009). Clinical inertia in depression treatment. *Medical Care, 47*(9), 959-967.

Henriques, G. R., Wenzel, A., Brown, G. K., & Beck, A. T. (2005). Suicide attempters' reaction to survival as a risk factor for eventual suicide. *American Journal of Psychiatry, 162*, 2180-2182.

Hewitt, P. L., Flett, G. L., & Turnbull-Donovan, W. (1992). Perfectionism and suicide potential. *British Journal of Clinical Psychology, 31*, 181-190.

Hole, R. W., Rush, A. J., & Beck, A. T. (1979). A cognitive investigation of schizophrenic delusions. *Psychiatry, 42*, 312-319.

Hollon, S. D. (1981). Cognitive-behavioral treatment of drug-induced pansituational anxiety states. In G. Emery, S. D. Hollon, & R. C. Bedrosian (Eds.), *New directions in cognitive therapy: A casebook* (pp. 120-138). New York: Guilford Press.

Hollon, S. D. (1995). Failure in psychotherapy: A commentary. *Journal of Psychotherapy Integration, 5*, 153-157.

Hollon, S. D. (2011). Cognitive and behavior therapy in the treatment and prevention of depression. *Depression and Anxiety, 28*, 263-266.

Hollon, S. D. (2019). Treatment of depression versus treatment of PTSD: A commentary. *American Journal of Psychiatry, 176*(4), 259-261.

Hollon, S. D. (2020a). Award for distinguished scientific applications of psychology: Steven D. Hollon. *American Psychologist, 75*(9), 1204-1206.

Hollon, S. D. (2020b). Is cognitive therapy enduring or antidepressant medications iatrogenic?: Depression as an evolved adaptation. *American Psychologist, 75*(9), 1207-1218.

Hollon, S. D. (2021). Aaron Beck and the history of cognitive therapy: A tale of two cities (and one institute). In W. Pickren (Ed.), *Oxford research encyclopedia of history of psychology*. Oxford, UK: Oxford University Press.

Hollon, S. D., Andrews, P. W., Keller, M. C., Singla, D. R., Maslej, M. M., & Mulsant, B. (2021). Combining psychotherapy and medications: It's all about the squids and sea bass (at least for nonpsychotic patients). In M. Barkham, W. Lutz, & L. G. Castonguay (Eds.), *The 50th anniversary edition of Bergin and Garfield's handbook of psychotherapy and behavior change* (7th ed., pp. 705–738). New York: Wiley.

Hollon, S. D., Andrews, P. W., Singla, D. R., Marta, M. M., & Mulsant, B. H. (2021). Evolutionary theory and the treatment of depression: It is all about the squids and the sea bass. *Behaviour Research and Therapy, 143*, Article 103849.

Hollon, S. D., Andrews, P. W., & Thomson, J. A., Jr. (2021). Cognitive behavior therapy for depression from an evolutionary perspective. *Frontiers in Psychiatry, 12*, Article 667592.

Hollon, S. D., Areán, P. A., Craske, M. G., Crawford, K. A., Kivlahan, D. R., Magnavita, J. J., ... Kurtzman, H. (2014). Development of clinical practice guidelines. *Annual Review of Clinical Psychology, 10*, 213–241.

Hollon, S. D., & Beck, A. T. (1979). Cognitive therapy of depression. In P. C. Kendall & S. D. Hollon (Eds.), *Cognitive-behavioral interventions: Theory, research, and procedures* (pp. 153–203). New York: Academic Press.

Hollon, S. D., & Beck, A. T. (2013). Cognitive and cognitive-behavioral therapies. In M. J. Lambert (Ed.), *Bergin and Garfield's handbook of psychotherapy and behavior change* (6th ed., pp. 393–442). New York: Wiley.

Hollon, S. D., DeRubeis, R. J., Andrews, P. W., & Thomson, J. A., Jr. (2020). Cognitive therapy in the treatment and prevention of depression: A fifty-year retrospective with an evolutionary coda. *Cognitive Therapy and Research, 45*(3), 402–417.

Hollon, S. D., DeRubeis, R. J., & Evans, M. D. (1987). Causal mediation of change in treatment for depression: Discriminating between nonspecificity and noncausality. *Psychological Bulletin, 102*, 139–149.

Hollon, S. D., DeRubeis, R. J., Evans, M. D., Wiemer, M. J., Garvey, M. J., Grove, W. M., & Tuason, V. B. (1992). Cognitive therapy and pharmacotherapy for depression: Singly and in combination. *Archives of General Psychiatry, 49*, 774–781.

Hollon, S. D., DeRubeis, R. J., Fawcett, J., Amsterdam, J. D., Shelton, R. C., Zajecka, J., ... Gallop, R. (2014). Effect of cognitive therapy with antidepressant medications vs antidepressants alone on the rate of recovery in major depressive disorder: A randomized clinical trial. *JAMA Psychiatry, 71*(10), 1157–1164.

Hollon, S. D., DeRubeis, R. J., Shelton, R. C., Amsterdam, J. D., Salomon, R. M., O'Reardon, J. P., ... Gallop, R. (2005). Prevention of relapse following cognitive therapy versus medications in moderate to severe depression. *Archives of General Psychiatry, 62*, 417–422.

Hollon, S. D., & Devine, V. (1995). Treatment failure with conventional cognitive therapy: A case study. *Journal of Psychotherapy Integration, 5*, 121–132.

Hollon, S. D., Evans, M. D., & DeRubeis, R. J. (1990). Cognitive mediation of relapse prevention following treatment for depression: Implications of differential risk. In R. E. Ingram (Ed.), *Psychological aspects of depression* (pp. 117–136). New York: Plenum Press.

Hollon, S. D., Garber, J., & Shelton, R. C. (2005). Treatment of depression in adolescents with cognitive behavior therapy and medications: A commentary on the TADS Project. *Cognitive and Behavioral Practice, 12*, 149–155.

Hollon, S. D., Jarrett, R. B., Nierenberg, A. A., Thase, M. E., Trivedi, M., & Rush, A. J. (2005). Psychotherapy and medication in the treatment of adult and geriatric depression: Which monotherapy or combined treatment? *Journal of Clinical Psychiatry, 66*, 455–468.

Hollon, S. D., Kendall, P. C., & Lumry, A. (1986). Specificity of depressotypic cognitions in clinical depression. *Journal of Abnormal Psychology, 95*, 52–59.

Hollon, S. D., & Ponniah, K. (2010). A review of empirically supported psychological therapies for mood disorders in adults. *Depression and Anxiety, 27*(10), 891–932.

Hollon, S. D., Shelton, R. C., Wisniewski, S., Warden, D., Biggs, M. M., Friedman, E. S., ... Rush, A. J. (2006). Presenting characteristics of depressed outpatients as a function of recurrence: Preliminary findings from the STAR*D clinical trial. *Journal of Psychiatric Research, 40*(1), 59–69.

Hollon, S. D., Stewart, M. O., & Strunk, D. (2006). Enduring effects for cognitive behavior therapy in the treatment of depression and anxiety. *Annual Review of Psychology, 57*, 285–315.

Hollon, S. D., Thase, M. E., & Markowitz, J. C. (2002). Treatment and prevention of depression. *Psychological Science in the Public Interest, 3*, 39–77.

Horowitz, J., & Garber, J. (2006). The prevention of depressive symptoms in children and adolescents: A meta-analytic review. *Journal of Consulting and Clinical Psychology, 74*, 401–415.

Horowitz, J., Garber, J., Ciesla, J. A., Young, J. F., & Mufson, L. (2007). Prevention of depressive symptoms in adolescents: A randomized trial of cognitive-behavioral and interpersonal prevention programs. *Journal of Consulting and Clinical Psychology, 75*, 693–706.

Horowitz, M., & Wilcock, M. (2022). Newer generation antidepressants and withdrawal effects: Reconsidering the role of antidepressants and helping patients to stop. *Drug and Therapeutics Bulletin, 60*(1), 7–12.

Hvenegaard, M., Moeller, S. B., Poulsen, S., Gondan, M., Grafton, B., Austin, S. F., ... Watkins, E. R. (2020). Group rumination-focused cognitive-behavioural therapy (CBT) v. group CBT for depression: Phase II trial. *Psychological Medicine, 50*(1), 11–19.

Iacobucci, G. (2019). NICE updates antidepressant guidelines to reflect severity and length of withdrawal symptoms. *British Medical Journal, 367*, Article l6103.

Ilardi, S. S., & Craighead, W. E. (1994). The role of nonspecific factors in cognitive-behavior therapy for depression. *Clinical Psychology: Science and Practice, 1*(2), 138–155.

Ishak, W. W., Greenberg, J. M., & Cohen, R. M. (2013). Predicting relapse in major depressive disorder using patient-reported outcomes of depressive symptom severity, functioning, and quality of life in the Individual Burden of Illness Index for Depression (IBI-D). *Journal of Affective Disorders, 151*(1), 59–65.

Jacobson, N. S., Dobson, K., Fruzzetti, A. E., Schmaling, K. B., & Salusky, S. (1991). Marital therapy as a treatment for depression. *Journal of Consulting and Clinical Psychology, 59*, 547–557.

Jacobson, N. S., Dobson, K. S., Truax, P. A., Addis, M. E., Koerner, K., Gollan, J. K., . . . Prince, S. E. (1996). A component analysis of cognitive-behavior treatment for depression. *Journal of Consulting and Clinical Psychology, 64*, 295–304.

Jacobson, N. S., Fruzzetti, A. E., Dobson, K., Whisman, M., & Hops, H. (1993). Couple therapy as a treatment for depression: II. The effects of relationship quality and therapy on depressive relapse. *Journal of Consulting and Clinical Psychology, 61*, 516–519.

Jacobson, N. S., & Hollon, S. D. (1996). Cognitive-behavior therapy versus pharmacotherapy: Now that the jury's returned its verdict, it's time to present the rest of the evidence. *Journal of Consulting and Clinical Psychology, 64*, 74–80.

Jarrett, R. B., Kraft, D., Doyle, J., Foster, B. M., Eaves, G. G., & Silver, P. C. (2001). Preventing recurrent depression using cognitive therapy with and without a continuation phase: A randomized clinical trial. *Archives of General Psychiatry, 58*, 381–398.

Jarrett, R. B., Kraft, D., Schaffer, M., Witt-Browder, A., Risser, R., Atkins, D. H., & Doyle, J. (2000). Reducing relapse in depressed outpatients with atypical features: A pilot study. *Psychotherapy and Psychosomatics, 69*, 232–239.

Jarrett, R. B., Schaffer, M., McIntire, D., Witt-Browder, A., Kraft, D., & Risser, R. C. (1999). Treatment of atypical depression with cognitive therapy or phenelzine: A double-blind, placebo-controlled trial. *Archives of General Psychiatry, 56*, 431–437.

Jha, M. K., Rush, A. J., & Trivedi, M. H. (2018). When discontinuing SSRI antidepressants is a challenge: Management tips. *American Journal of Psychiatry, 175*(12), 1176–1184.

Jobes, D. A. (2016). *Managing suicidal risk: A collaborative approach* (2nd ed.). New York: Guilford Press.

Jobes, D. A. (2023). *Managing suicidal risk: A collaborative approach* (3rd ed.), New York: Guilford Press.

Johnson, S. L. (2005). Mania and dysregulation in goal pursuit. *Clinical Psychology Review, 25*(2), 241–262.

Johnstone, T., van Reekum, C. M., Urry, H. L., Kalin, N. H., & Davidson, R. J. (2007). Failure to regulate: Counterproductive recruitment of top-down prefrontal-subcortical circuitry in major depression. *Journal of Neuroscience, 27*, 8877–8884.

Joiner, T. E., Brown, J. S., & Wingate, L. R. (2005). The psychology and neurobiology of suicidal behavior. *Annual Review of Psychology, 56*, 287–314.

Joorman, J., Talbot, L., & Gotlib, I. H. (2007). Biased processing of emotional information in girls at risk for depression. *Journal of Abnormal Psychology, 116*, 135–143.

Jorm, A. F., Patten, S. B., Brugha, T. S., & Mojtabai, R. (2017). Has increased provision of treatment reduced the prevalence of common mental disorders?: Review of the evidence from four countries. *World Psychiatry, 16*, 90–99.

Kahneman, D., Slovic, P., & Tversky, A. (1982). *Judgment under uncertainty: Heuristics and biases*. New York: Cambridge University Press.

Kazdin, A. E. (2007). Mediators and mechanisms of change in psychotherapy research. *Annual Review of Clinical Psychology, 3*, 1–27.

Keller, M. B. (2001). Long-term treatment of recurrent and chronic depression. *Journal of Clinical Psychiatry, 62*(Suppl. 24), 3–5.

Keller, M. B., McCullough, J. P., Klein, D. N., Arnow, B., Dunner, D. L., Gelenberg, A. J., . . . Zajecka, J. (2000). A comparison of nefazodone, the cognitive behavioral-analysis system of psychotherapy, and their combination for the treatment of chronic depression. *New England Journal of Medicine, 342*(20), 1462–1470.

Kennedy, S. H., Konarski, J. Z., Segal, Z. V., Lau, M. A., Bieling, P. J., McIntyre, R. S., & Mayberg, H. S. (2007). Differences in brain glucose metabolism between responders to CBT and venlafaxine in a 16-week randomized controlled trial. *American Journal of Psychiatry, 164*(5), 778–788.

Kessler, R. C., Berglund, P., Demler, O., Jin, R., Koretz, D., Merikangas, K. R., . . . National Comorbidity Survey Replication. (2003, June 18). The epidemiology of major depressive disorder: Results from the National Comorbidity Survey Replication (NCS-R). *Journal of the American Medical Association, 289*(23), 3095–3105.

Kessler, R. C., Berglund, P., Demler, O., Jin, R., Merikangas, M. R., & Walters, E. E. (2005). Lifetime prevalence and age-of-onset distributions of DSM-IV disorders in the National Comorbidity Replication Study. *Archives of General Psychiatry, 62*(6), 593–602.

Kingdon, D. G., & Turkington, D. (1994). *Cognitive-behavioral therapy of schizophrenia*. New York: Guilford Press.

Kinrys, G., Gold, A. K., Pisano, V. D., Freeman, M. P., Papakostas, G. I., Mischoulon, D., . . . Fava, M. (2019). Tachyphylaxis in major depressive disorder: A review of the current state of research. *Journal of Affective Disorders, 245*(2), 488–497.

Klein, D. F. (1996). Preventing hung juries about therapy studies. *Journal of Consulting and Clinical Psychology, 64*, 81–87.

Knapstad, M., Lervik, L. V., Saether, S. M. M., Aaro, L. E., & Smith, O. R. O. (2020). Effectiveness of prompt mental health care, the Norwegian version of improving access to psychological therapies: A randomized controlled trial. *Psychotherapy and Psychosomatics, 89*, 90–105.

Koran, L. M., Gelenberg, A. J., Kornstein, S., Howland, R. H., Friedman, R. A., DeBattista, C., . . . Keller, M. B. (2001). Sertraline versus imipramine to prevent relapse in chronic depression. *Journal of Affective Disorders, 65*(1), 27–36.

Kovacs, M., Rush, A. J., Beck, A. T., & Hollon, S. D. (1981). Depressed outpatients treated with cognitive therapy or pharmacotherapy. *Archives of General Psychiatry, 38*, 33–39.

Kuhn, T. S. (1962). *The structure of scientific revolutions*. Chicago: University of Chicago Press.

Kupfer, D. J. (1991). Long-term treatment of depression. *Journal of Clinical Psychiatry, 52*(Suppl. 5), S28–S34.

Kuyken, W., Byford, S., Taylor, R. S., Watkins, E., Holden, E., White, K., . . . Teasdale, J. D. (2008). Mindfulness-based cognitive therapy to prevent relapse in recurrent depression. *Journal of Consulting and Clinical Psychology, 76*, 966–978.

Kuyken, W., Warren, F. C., Taylor, R. S., Whalley, B., Crane, C., Bondolfi, G., . . . Dalgleish, T. (2019). Efficacy of mindfulness-based cognitive therapy in prevention of depressive relapse: An individual patient data meta-analysis from randomized trials. *JAMA Psychiatry, 73*(6), 565–574.

Ladouceur, R., Dugas, M. J., Freeston, M. H., Léger, E., Gagnon, F., & Thibodeau, N. (2000). Efficacy of a cognitive-behavioral treatment for generalized anxiety disorder: Evaluation in a controlled clinical trial. *Journal of Consulting and Clinical Psychology, 68*, 957–964.

Lam, D. H., Bright, J., Jones, S., Hayward, P., Schuck, N., Chisholm, D., & Sham, P. (2000). Cognitive therapy in bipolar illness—a pilot study of relapse prevention. *Cognitive Therapy and Research, 24*, 503–520.

Lam, D. H., Hayward, P., Watkins, E. R., Wright, K., & Sham, P. (2005). Relapse prevention in patients with bipolar disorder: Cognitive therapy outcome after 2 years. *American Journal of Psychiatry, 162*, 324–329.

Lam, D. H., Watkins, E. R., Hayward, P., Bright, J., Wright, K., Kerr, N., . . . Sham, P. (2003). A randomized controlled study of cognitive therapy for relapse prevention for bipolar affective disorder: Outcome of the first year. *Archives of General Psychiatry, 60*, 145–152.

Lam, R. W., Kennedy, S. H., Parikh, S. V., MacQueen, G. M., Milev, R. V., Ravindran, A. V., & the CANMAT Depression Work Group. (2016). Canadian network for mood and anxiety treatments (CANMAT): Clinical Guidelines for Management of adults with major depressive disorder: Introduction and methods. *Canadian Journal of Psychiatry, 61*(9), 506–509.

Lam, R. W., McIntosh, D., Wang, J. L., Enns, M. W., Kolivakis, T., Michalak, E. E., . . . the CANMAT Depression Work Group. (2016). Canadian network for mood and anxiety treatments (CANMAT): Clinical guidelines for the management of adults with major depressive disorder: Section 1. Disease burden and principles of care. *Canadian Journal of Psychiatry, 61*(9), 510–523.

Lambert, M. J., Hansen, N. B., & Finch, A. E. (2001). Patient-focused research: Using patient outcome data to enhance treatment effects. *Journal of Consulting and Clinical Psychology, 69*(2), 159–172.

Lambert, M. J., Harmon, C., Slade, K., Whipple, J. L., & Hawkins, E. J. (2005). Providing feedback to psychotherapists on their patients' progress: Clinical results and practice suggestions. *Journal of Clinical Psychology, 61*(2), 165–174.

Layden, M. A., Newman, C. F., Freeman, A., & Morse, S. B. (1993). *Cognitive therapy of borderline personality disorder*. Needham Heights, MA: Allyn & Bacon.

Lazarus, R. S. (1982). Thoughts on the relations between emotion and cognition. *American Psychologist, 37*, 1019–1024.

LeDoux, J. E. (2000). Emotion circuits in the brain. *Annual Review of Neuroscience, 23*, 155–184.

LeDoux, J. (2019). *The deep history of ourselves: The four-billion-year story of how we got conscious brains*. New York: Viking.

Leighton, A. H., & Hughes, C. C. (1955). Notes on Eskimo patterns of suicide. *Southwestern Journal of Anthropology, 11*(4), 421–424.

Lewis, R. (1974). Accidental career. *New Scientist, 63*, 322–325.

Leykin, Y., Amsterdam, J. D., DeRubeis, R. J., Gallop, R., Shelton, R. C., & Hollon, S. D. (2007). Progressive resistance to selective serotonin reuptake inhibitor but not to cognitive therapy in the treatment of major depression. *Journal of Consulting and Clinical Psychology, 75*, 267–276.

Likhtik, E., & Gordon, J. A. (2013). A surprised amygdala looks to the cortex for meaning. *Neuron, 80*(5), 1109–1111.

Linehan, M. M. (1993). *Cognitive-behavioral treatment of borderline personality disorder*. New York: Guilford Press.

Loeb, A., Beck, A. T., & Diggory, J. (1971). Differential effects of success and failure on depressed and nondepressed patients. *Journal of Nervous and Mental Disease, 152*, 106–114.

Loeb, A., Feshbach, S., Beck, A. T., & Wolf, A. (1964). Some effects of reward upon the social perception and motivation of psychiatric patients varying in depression. *Journal of Abnormal and Social Psychology, 68*, 609–616.

Luty, S. E., Carter, J. D., McKenzie, J. M., Rae, A. M., Frampton, C. M. A., Mulder, R. T., & Joyce, P. R. (2007). Randomised controlled trial of interpersonal psychotherapy and cognitive-behavioral therapy for depression. *British Journal of Psychiatry, 190*, 496–502.

Ma, S. H., & Teasdale, J. D. (2004). Mindfulness-based cognitive therapy for depression: Replication and exploration of differential relapse prevention effects.

Journal of Consulting and Clinical Psychology, 72(1), 31–40.

Mahoney, M. J. (1977). Reflections on the cognitive-learning trend in psychotherapy. *American Psychologist, 32,* 5–13.

Maier, S. F., Amat, J., Baratta, M. V., Paul, E., & Watkins, L. R. (2006). Behavioral control, the medial prefrontal cortex, and resilience. *Dialogues in Clinical Neuroscience, 8,* 353–373.

Maier, S. F., & Seligman, M. E. P. (2016). Learned helplessness at fifty: Insights from neuroscience. *Psychological Review, 123,* 349–367.

Malhi, G. S., Bell, E., Bassett, D., Boyce, P., Bryant, R., Hazell, P., . . . Murray, G. (2021). The 2020 Royal Australian and New Zealand College of Psychiatrists clinical practice guidelines for mood disorders. *Australian and New Zealand Journal of Psychiatry, 55*(1), 7–117.

March, J. S., Silva, S., Petrycki, S., Curry, J., Wells, K., Fairbank, J., . . . the TADS Team. (2004). Fluoxetine, cognitive-behavioral therapy, and their combination for adolescents with depression: Treatment for Adolescents with Depression Study (TADS): Randomized controlled trial. *Journal of the American Medical Association, 292,* 807–820.

March, J. S., Silva, S., Petrycki, S., Curry, J., Wells, K., Fairbank, J., . . . the TADS Team. (2007). The Treatment for Adolescents with Depression Study (TADS): Long-term effectiveness and safety outcomes. *Archives of General Psychiatry, 64*(10), 1132–1144.

Marcus, S. C., & Olfson, M. (2010). National trends in the treatment of depression from 1998 to 2007. *Archives of General Psychiatry, 67,* 1265–1273.

Marlatt, A., & Gordon, J. (1985). *Relapse prevention: Maintenance strategies in the treatment of addictive behaviors.* New York: Guilford Press.

Martell, C. R., Addis, M. E., & Jacobson, N. S. (2001). *Depression in context: Strategies for guided action.* New York: Norton.

Martell, C. R., Dimidjian, S., & Herman-Dunn, R. (2010). *Behavioral activation for depression: A clinician's guide.* New York: Guilford Press.

Martell, C. R., Dimidjian, S., & Herman-Dunn, R. (2022). *Behavioral activation for depression: A clinician's guide* (2nd ed.). New York: Guilford Press.

Martin-Cook, K., Palmer, L., Thornton, L., Rush, A. J., Tamminga, C. A., & Ibrahim, H. M. (2021). Setting measurement-based care in motion: Practical lessons in the implementation and integration of measurement-based care in psychiatry clinical practice. *Neuropsychiatric Disease and Treatment, 17,* 1621–1631.

Mayo-Wilson, E., Dias, S., Mavranezouli, I., Kew, K., Clark, D. M., Ades, A. E., & Pilling, S. (2014). Psychological and pharmacological interventions for social anxiety disorder in adults: A systematic review and network meta-analysis. *Lancet Psychiatry, 1*(5), 368–376.

McAllister-Williams, R. H., Arango, C., Blier, P., Demyttenaere, K., Falkai, P., Gorwood, P., . . . Rush, A. J. (2020). The identification, assessment and management of difficult-to-treat depression: An international consensus statement. *Journal of Affective Disorders, 267*(4), 264–282.

McAllister-Williams, R. H., Christmas, D. M. B., Cleare, A. J., Currie, A., Gledhill, J., Insole, L., . . . Young, A. H. (2018). Multiple-therapy-resistant major depressive disorder: A clinically important concept. *British Journal of Psychiatry, 212*(5), 274–278.

McHugh, R. K., Whitton, S. W., Peckham, A. D., Welge, J. A., & Otto, M. W. (2013). Patient preference for psychological vs. pharmacological treatment of psychiatric disorders: A meta-analytic review. *Journal of Clinical Psychiatry, 74*(6), 595–602.

McKnight, P. E., & Kashdan, T. B. (2009). The importance of functional impairment to mental health outcomes: A case for reassessing our goals in depression treatment research. *Clinical Psychology Review, 29*(3), 243–259.

Meichenbaum, D. H. (1971). Examination of model characteristics in reducing avoidance behavior. *Journal of Personality and Social Psychology, 17*(3), 298–307.

Michaels, M. S. J. C., Chu, C., & Joiner, T. E. (2017). Suicide. In R. J. DeRubeis & D. R. Strunk (Eds.), *The Oxford handbook of mood disorders* (pp. 60–70). New York: Oxford University Press.

Miklowitz, D. J., Otto, M. W., Frank, E., Reilly-Harrington, N. A., Wisniewski, S. R., Kogan, J. N., . . . Sachs, G. S. (2007). Psychosocial treatments for bipolar disorder: A 1-year randomized trial from the Systematic Treatment Enhancement Program. *Archives of General Psychiatry, 64*(4), 419–427.

Miller, G., Galanter, E., & Pribram, K. (1960). *Plans and the structure of behavior.* New York: Holt, Rinehart & Winston.

Miller, I. W., Keitner, G. I., Schatzberg, A. F., Klein, D. N., Thase, M. E., Rush, A. J., . . . Keller, M. B. (1998). The treatment of chronic depression: Part 3. Psychosocial functioning before and after treatment with sertraline or imipramine. *Journal of Clinical Psychiatry, 59*(11), 608–619.

Miller, I. W., Norman, W. H., Keitner, G. I., Bishop, S. B., & Dow, M. G. (1989). Cognitive-behavioral treatment of depressed inpatients. *Behavior Therapy, 20,* 25–47.

Miller, W. R. (1975). Psychological deficit in depression. *Psychological Bulletin, 82*(2), 238–260.

Miller, W. R., & Rollnick, S. (2023). *Motivational interviewing: Helping people change and grow* (4th ed.). New York: Guilford Press.

Minkoff, K., Bergman, E., Beck, A. T., & Beck, R. (1973). Hopelessness, depression, and attempted suicide. *American Journal of Psychiatry, 130,* 455–459.

Monroe, S. M., Anderson, S. F., & Harkness, K. L. (2019). Life stress and major depression: The mysteries of recurrences. *Psychological Review, 126*(6), 791–816.

Monroe, S. M., & Harkness, K. L. (2011). Recurrence in depression: A conceptual analysis. *Psychological Review, 118*, 655-674.

Monson, C. M., & Shnaider, P. (2014). *Treating PTSD with cognitive-behavioral therapies: Interventions that work.* Washington, DC: American Psychological Association.

Moore, T. J., & Mattison, D. R. (2017). Adult utilization of psychiatric drugs and distribution by sex, age, and race. *JAMA Internal Medicine, 177*, 274-275.

Murphy, G. E., Simons, A. D., Wetzel, R. D., & Lustman, P. J. (1984). Cognitive therapy and pharmacotherapy, singly and together, in the treatment of depression. *Archives of General Psychiatry, 41*, 33-41.

Murray, C. J., Vos, T., Lozano, R., Naghavi, M., Flaxman, A. D., Michaud, C., . . . Aboyans, V. (2013). Disability-adjusted life years (DALYs) for 291 diseases and injuries in 21 regions, 1990-2010: A systematic analysis for the Global Burden of Disease Study 2010. *Lancet, 380*, 2197-2223.

National Institute for Health and Care Excellence. (2022). *Depression in adults: Treatment and management* (NICE Guideline 222). London: Author.

Neisser, U. (1967). *Cognitive psychology*. New York: Appleton-Crofts.

Nesse, R. M. (2019). *Good reasons for bad feelings: Insights from the frontier of evolutionary psychiatry*. New York: Dutton.

Nesse, R. M., & Dawkins, R. (2019). Evolution: Medicine's most basic science. In T. M. Cox, J. D. Firth, & C. Conlon (Eds.), *Oxford textbook of medicine* (6th ed., pp. 9-12). Oxford, UK: Oxford University Press.

Nezu, A. M., & D'Zurilla, T. J. (1979). An experimental evaluation of the decision-making process in social problem solving. *Cognitive Therapy and Research, 3*, 269-277.

Nezu, A. M., Nezu, C. M., & Perri, M. G. (1989). *Problem-solving therapy for depression: Theory, research, and clinical guidelines*. New York: Wiley.

Nisbett, R., & Ross, L. (1980). *Human inference: Strategies and shortcomings of social judgment*. Englewood Cliffs, NJ: Prentice-Hall.

Nock, M. K., Borges, G., Bromel, E. J., Cha, C. B., Kessler, R. C., & Lee, S. (2008). Suicide and suicidal behavior. *Epidemiologic Reviews, 30*(1), 133-154.

Nock, M. K., & Kessler, R. C. (2006). Prevalence of and risk factors for suicide attempts versus suicide gestures: Analysis of the National Comorbidity Survey. *Journal of Abnormal Psychology, 115*, 616-623.

Nolen-Hoeksema, S. (2000). The role of rumination in depressive disorders and mixed anxiety/depressive symptoms. *Journal of Abnormal Psychology, 109*, 504-511.

Norcross, J. C., Karpiak, C. P., & Santoro, S. O. (2005). Clinical psychologists across the years: The division of clinical psychology from 1960 to 2003. *Journal of Clinical Psychology, 61*, 1467-1483.

O'Leary, K. D., & Beach, S. R. H. (1990). Marital therapy: A viable treatment for depression and marital discord. *American Journal of Psychiatry, 147*, 183-186.

Olfson, M., Marcus, S. C., Druss, B., Elinson, L., Tanielian, T., & Pincus, H. A. (2002). National trends in the outpatient treatment of depression. *Journal of the American Medical Association, 287*, 203-209.

Olfson, M., Marcus, S. C., Druss, B., & Pincus, H. A. (2002). National trends in the use of outpatient psychotherapy. *American Journal of Psychiatry, 159*(11), 1914-1920.

Olfson, M., Marcus, S. C., Tedeschi, M., & Wen, G. J. (2006). Continuity of antidepressant treatment for adults with depression in the United States. *American Journal of Psychiatry, 163*(1), 101-108.

Olfson, M., Wang, S., Wall, M., Marcus, S. C., & Blanco, C. (2019). Trends in serious psychological distress and outpatient mental health care of US adults. *JAMA Psychiatry, 76*(2), 152-161.

Ontario Health. (2023). Depression and anxiety-related concerns—Ontario Structured Psychotherapy Program. Retrieved on December 31, from *https://www.ontariohealth.ca/getting-health-care/mental-health-addictions/depression-anxiety-ontario-structured-psychotherapy*.

Ost, L.-G. (1989). One-session treatment of specific phobia. *Behaviour Research and Therapy, 27*(1), 1-7.

Osterberg, L., & Blaschke, T. (2005). Adherence to medication. *New England Journal of Medicine, 353*(5), 487-497.

Padesky, C. A. (1989). Attaining and maintaining positive lesbian self-identity: A cognitive therapy approach. *Women and Therapy, 8*(1-2), 145-156.

Padesky, C. A. (2020). Collaborative case conceptualization: Client knows best. *Cognitive and Behavioral Practice, 27*, 392-404.

Padesky, C. A., & Kennerley, H. (Eds.). (2023). *Dialogues for discovery: Improving psychotherapy's effectiveness*. New York: Oxford University Press.

Padesky, C. A., & Mooney, K. A. (1990). Presenting the cognitive model to clients. *International Cognitive Therapy Newsletter, 6*, 13-14.

Patel, V., Weobong, B., Weiss, H. A., Anand, A., Bhat, B., Katti, B., . . . Fairburn, C. G. (2017). The Healthy Activity Program (HAP), a lay counsellor delivered brief psychological treatment for severe depression, in primary care in India: A randomised controlled trial. *Lancet, 389*(10065), 176-185.

Pavlov, I. (1927). *Conditioned reflexes: An investigation of the physiological activity of the cerebral cortex*. London: Oxford University Press.

Paykel, E. S., & Priest, R. G. (1992). Recognition and management of depression in general practice: Consensus statement. *British Medical Journal, 305*, 1198-1202.

Paykel, E. S., Scott, J., Teasdale, J. D., Johnson, A. L., Garland, A., Moore, R., . . . Pope, M. (1999). Prevention of relapse in residual depression by cognitive therapy. *Archives of General Psychiatry, 56*, 829-835.

Pence, B. W., O'Donnell, J. K., & Gaynes, B. N. (2012). The depression treatment cascade in primary care: A public health perspective. *Current Psychiatry Reports, 14*(4), 328–335.

Pereira, V., & Hiroaki-Sato, V. (2018). A brief history of antidepressant drug development: From tricyclics to beyond ketamine. *Acta Neuropsychiatrica, 30*(6), 307–322.

Perlis, R. H. (2013). A clinical risk stratification tool for predicting treatment resistance in major depressive disorder. *Biological Psychiatry, 74*(1), 7–14.

Persons, J. (2012). *The case formulation approach to cognitive-behavior therapy*. New York: Guilford Press.

Phillips, L. S., Branch, W. T., Cook, C. B., Doyle, J. P., El-Kebbi, I. M., Gallina, D. L., . . . Barnes, C. S. (2001). Clinical inertia. *Annals of Internal Medicine, 135*(9), 825–834.

Physicians' Desk Reference PDR.net. Available at *www.nypl.org/research/collections/articles-databases/pdrnet-physicians-desk-reference*

Piaget, J. (1923). *The origin of intelligence in the child*. New York: Routledge & Kegan Paul.

Pollock, L. R., & Williams, J. M. G. (2004). Problem-solving in suicide attempters. *Psychological Medicine, 34*, 163–167.

Posner, K., Brown, G. K., Stanley, B., Brent, D. A., Yershova, K. V., Oquendo, M. A., . . . Mann, J. J. (2011). The Columbia-Suicide Severity Rating Scale: Initial validity and internal consistency findings from three multisite studies with adolescents and adults. *American Journal of Psychiatry, 168*(12), 1266–1277.

Post, R. M. (1992). Transduction of psychosocial stress into the neurobiology of recurrent affective disorder. *American Journal of Psychiatry, 149*, 999–1010.

Poulsen, S., Lunn, S., Daniel, S. I. F., Folke, S., Mathiesen, B. B., Katznelson, H., & Fairburn, C. G. (2014). A randomized controlled trial of psychoanalytic psychotherapy or cognitive-behavioral therapy for bulimia nervosa. *American Journal of Psychiatry, 171*, 109–116.

Pratt, L. A., Brody, D. J., & Gu, Q. (2017). *Antidepressant use among persons aged 12 and over: United States, 2011–2014* (NCHS Data Brief, 283). Available at *www.cdc.gov/nchs/data/databriefs/db283.pdf*

Procyshyn, R. M., Bezchlibnyk-Butter, K. Z., & Jeffries, J. J. (Eds.). (2021). *Clinical handbook of psychotropic drugs* (24th ed.). Newbury Port, MA: Hogrefe.

Proudfoot, J., Ryden, C., Everitt, B., Shapiro, D. A., Goldberg, D., Mann, A., . . . Gray, J. A. (2004). Clinical efficacy of computerized cognitive-behavioural therapy for anxiety and depression in primary care: Randomised controlled trial. *British Journal of Psychiatry, 185*, 46–54.

Raveendran, A. V., & Ravindran, V. (2021). Clinical inertia in rheumatology practice. *Journal of the Royal College of Physicians of Edinburgh, 51*(4), 402–406.

Reimherr, F. W., Amsterdam, J. D., Quitkin, F. M., Rosenbaum, J. F., Fava, M., Zajecka, J., . . . Sundell, K. (1998). Optimal length of continuation therapy in depression: A prospective assessment during long-term fluoxetine treatment. *American Journal of Psychiatry, 155*(9), 1247–1253.

Reinecke, M. A., Dattilio, F. M., & Freeman, A. (2003). What makes for an effective treatment? In M. A. Reinecke, F. M. Dattilio, & A. Freeman (Eds.), *Cognitive therapy with children and adolescents* (2nd ed., pp. 1–18). New York: Guilford Press.

Reinecke, M. A., Ryan, N. A., & DuBois, D. L. (1998). Cognitive-behavioral therapy of depression and depressive symptoms during adolescence: A review and meta-analysis. *Journal of the American Academy of Child and Adolescent Psychiatry, 37*(1), 26–34.

Rescorla, R. A., & Wagner, A. R. (1972). A theory of Pavlovian conditioning: Variations in the effectiveness of reinforcement and nonreinforcement. In A. H. Black & W. F. Prokasy (Eds.), *Classical conditioning: II* (pp. 64–99). New York: Appleton-CenturyCrofts.

Resick, P. A., & Schnicke, M. K. (1992). Cognitive processing therapy for sexual assault victims. *Journal of Consulting and Clinical Psychology, 60*, 748–756.

Richards, D. A., Ekers, D., McMillan, D., Taylor, R., Byford, S., Warren, F., . . . Finning, K. (2016). Cost and outcome of behavioural activation versus cognitive behaviour therapy for depression (COBRA): Results of a non-inferiority randomised controlled trial. *Lancet, 388*(10047), 871–880.

Rodriguez-Martin, J. L., Barbanoj, J. M., Schlaepfer, T. E., Clos, S. S., Perez, V., Kulisevsky, J., & Gironell, A. (2002). Transcranial magnetic stimulation for treating depression. *Cochrane Database of Systematic Reviews, 2*, CD003493.

Rogers, C. R. (1957). The necessary and sufficient conditions of therapeutic personality change. *Journal of Consulting Psychology, 21*, 95–103.

Ross, L. (1977). The intuitive psychologist and his shortcomings: Distortions in the attribution process. In L. Berkowitz (Ed.), *Advances in experimental social psychology* (Vol. 10, pp. 173–220). New York: Academic Press.

Roth, A., & Fonagy, P. (2005). *What works for whom?: A critical review of psychotherapy research* (2nd ed). New York: Guilford Press.

Rudd, M. D. (2004). Cognitive therapy for suicidality: An integrative, comprehensive, and practical approach to conceptualization. *Journal of Contemporary Psychotherapy, 34*, 59–72.

Rush, A. J. (2015). Distinguishing functional from syndromal recovery: Implications for clinical care and research. *Journal of Clinical Psychiatry, 76*(6), 832–834.

Rush, A. J., Beck, A. T., Kovacs, M., & Hollon, S. D. (1977). Comparative efficacy of cognitive therapy and pharmacotherapy in the treatment of depressed outpatients. *Cognitive Therapy and Research, 1*, 17–38.

Rush, A. J., Beck, A. T., Kovacs, M., Weissenburger, J., & Hollon, S. D. (1982). Comparison of the effects of cognitive therapy and pharmacotherapy on hopelessness and selfconcept. *American Journal of Psychiatry, 139*(7), 862–866.

Rush, A. J., Crismon, M. L., Kashner, T. O. M., Toprac, M. G., Carmody, T. J., Trivedi, M. H., . . . the TMAP Research Group. (2003). Texas Medication Algorithm Project, phase 3 (TMAP-3): Rationale and study design. *Journal of Clinical Psychiatry, 64*(4), 357–369.

Rush, A. J., Fava, M., Wisniewski, S. R., Lavori, P. W., Trivedi, M. H., Sackeim, H. A., . . . STAR*D Investigators Group. (2004). Sequenced treatment alternatives to relieve depression (STAR*D): Rationale and design. *Controlled Clinical Trials, 25*(1), 119–142.

Rush, A. J., Kraemer, H. C., Sackeim, H. A., Fava, M., Trivedi, M. H., Frank, E., . . . ACNP Task Force. (2006). Report by the ACNP Task Force on response and remission in major depressive disorder. *Neuropsychopharmacology, 31*, 1841–1853.

Rush, A. J., Sackeim, H. A., Conway, C. R., Bunker, M. T., Hollon, S. D., Demyttenaere, K., . . . McAllister--Williams, R. H. (2022). Clinical research challenges posed by difficult-to-treat depression. *Psychological Medicine, 52*(3), 419–432.

Rush, A. J., Shaw, B., & Khatami, M. (1980). Cognitive therapy of depression: Utilizing the couples system. *Cognitive Therapy and Research, 4*(1), 103–113.

Rush, A. J., South, C. C., Jha, M. K., Grannemann, B. D., & Trivedi, M. H. (2019). Toward a very brief quality of life enjoyment and Satisfaction Questionnaire. *Journal of Affective Disorders, 242*(11), 87–95.

Rush, A. J., & Thase, M. E. (2018). Improving depression outcome by patient-centered medical management. *American Journal of Psychiatry, 175*(12), 187–198.

Rush, A. J., Trivedi, M. H., Wisniewski, S. R., Nierenberg, A. A., Stewart, J. W., Warden, D., . . . Fava, M. (2006). Acute and longer-term outcomes in depressed outpatients requiring one or several treatment steps: A STAR*D report. *American Journal of Psychiatry, 163*(11), 1905–1917.

Sackeim, H. A. (2017). Modern electroconvulsive therapy: Vastly improved yet greatly underused. *Journal of the American Medical Association, 74*(8), 779–780.

Salkovskis, P. M. (1996). The cognitive approach to anxiety: Threat beliefs, safety-seeking behavior, and the special case of health anxiety and obsessions. In P. M. Salkovskis (Ed.), *Frontiers of cognitive therapy* (pp. 48–74). New York: Guilford Press.

Salkovskis, P. M. (1999). Understanding and treating obsessive-compulsive disorder. *Behaviour Research and Therapy, 37*(Suppl. 1), S29–S52.

Sanchez, V. C., Lewinsohn, P. M., & Larson, D. W. (1980). Assertion training: Effectiveness in the treatment of depression. *Journal of Clinical Psychology, 36*(2), 526–529.

Sansone, R. A., & Sansone, L. A. (2012). Antidepressant adherence: Are patients taking their medications? *Innovations in Clinical Neuroscience, 9*(5–6), 41–46.

Sapolsky, R. M. (2000). Glucocorticoids and hippocampal atrophy in neuropsychiatric disorders. *Archives of General Psychiatry, 57*, 925–935.

Sapoznik, G., & Montalban, X. (2018). Therapeutic inertia in the new landscape of multiple sclerosis care. *Frontiers in Neurology, 9*, Article 174.

Scher, C. D., Ingram, R. E., & Segal, Z. V. (2005). Cognitive reactivity and vulnerability: Empirical validation of construct activation and cognitive diathesis in unipolar depression. *Clinical Psychology Review, 25*, 487–510.

Scott, J., Garland, A., & Moorhead, S. (2001). A pilot study of cognitive therapy in bipolar disorders. *Psychological Medicine, 31*, 459–467.

Scott, J., Paykel, E., Morriss, R., Bentall, R., Kinderman, P., Johnson, T., . . . Hayhurst, H. (2006). Cognitive-behavioural therapy for severe and recurrent bipolar disorders. *British Journal of Psychiatry, 188*, 313–320.

Scott, K., & Lewis, C. C. (2016). Using measurement-based care to enhance any treatment. *Cognitive and Behavioral Practice, 22*(1), 49–59.

Segal, Z. V., Bieling, P., Young, T., MacQueen, G., Cooke, R., Martin, L., . . . Levitan, R. D. (2010). Antidepressant monotherapy vs sequential pharmacotherapy and mindfulness-based cognitive therapy, or placebo, for relapse prophylaxis in recurrent depression. *Archives of General Psychiatry, 67*(12), 1256–1264.

Segal, Z. V., Williams, J. M. G., & Teasdale, J. D. (2002). *Mindfulness-based cognitive therapy for depression: A new approach for preventing relapse* (1st ed.). New York: Guilford Press.

Segal, Z. V., Williams, J. M. G., & Teasdale, J. D. (2018). *Mindfulness-based cognitive therapy for depression: A new approach to preventing relapse* (2nd ed.). New York: Guilford Press.

Seligman, M. E. P. (1993). *What you can change and what you can't*. New York: Fawcett Columbine.

Seligman, M. E. P., Abramson, L. Y., Semmel, A., & von Baeyer, C. (1979). Depressive attributional style. *Journal of Abnormal Psychology, 88*(3), 242–247.

Seligman, M. E. P., Rashid, T., & Parks, A. C. (2006). Positive psychology. *American Psychologist, 61*, 772–788.

Seligman, M. E. P., Schulman, P., DeRubeis, R. J., & Hollon, S. D. (1999). The prevention of depression and anxiety. *Prevention and Treatment, 2*, Article 8.

Shaw, B. F. (1977). Comparison of cognitive therapy and behavior therapy in the treatment of depression. *Journal of Consulting and Clinical Psychology, 45*, 543–551.

Shaw, B. F., & Dobson, K. S. (1988). Competency judgements in the training and evaluation of psychotherapists. *Journal of Consulting and Clinical Psychology, 56*, 666–672.

Shaw, B. F., Olmsted, M., Elkin, I., Yamaguchi, J., Vallis, T. M., Dobson, K. S., . . . Imber, S. (1999). Therapist and competence ratings in relation to protocol adherence and clinical outcome in cognitive therapy of depression. *Journal of Consulting and Clinical Psychology, 67*(6), 837-846.

Shea, M. T., Elkin, I., Imber, S. D., Sotsky, S. M., Watkins, J. T., Collins, J. F., . . . Parloff, M. B. (1992). Course of depressive symptoms over follow-up: Findings from the National Institute of Mental Health Treatment of Depression Collaborative Research Program. *Archives of General Psychiatry, 49,* 782-787.

Shea, M. T., Pilkonis, P. A., Beckham, E., Collins, J. F., Elkin, I., Sotsky, S. M., & Docherty, J. P. (1990). Personality disorders and treatment outcome in the NIMH Treatment of Depression Collaborative Research Program. *American Journal of Psychiatry, 147,* 711-718.

Sheehan, D. V., Nakagome, K., Asami, Y., Pappadopulos, E. A., & Boucher, M. (2017). Restoring function in major depressive disorder: A systematic review. *Journal of Affective Disorders, 215,* 299-313.

Siegle, G. J., Thompson, W., Carter, C. S., Steinhauer, S. R., & Thase, M. E. (2007). Increased amygdala and decreased dorsolateral prefrontal bold responses in unipolar depression: Related and independent features. *Biological Psychiatry, 61,* 198-209.

Simon, T. R., Swann, A. C., Powell, K. E., Potter, L. B., Kresnow, M. J., & O'Carroll, P. W. (2001). Characteristics of impulsive suicide attempts and attempters. *Suicide and Life-Threatening Behavior, 32,* 49-52.

Simons, A. D., Garfield, S. L., & Murphy, G. E. (1984). The process of change in cognitive therapy and pharmacotherapy for depression. *Archives of General Psychiatry, 41,* 45-51.

Simons, A. D., Murphy, G. E., Levine, J. E., & Wetzel, R. D. (1986). Cognitive therapy and pharmacotherapy for depression: Sustained improvement over one year. *Archives of General Psychiatry, 43,* 43-49.

Skinner, B. F. (1953). *Science and human behavior.* New York: Macmillan.

Snyder, M., & Swann, W. B., Jr. (1978). Hypothesis-testing process in social interaction. *Journal of Personality and Social Psychology, 36,* 1202-1212.

Steuer, J. L., Mintz, J., Hammen, C. L., Hill, M. A., Jarvik, L. F., McCarley, T., . . . Rosen, R. (1984). Cognitive-behavioral and psychodynamic group psychotherapy in treatment of geriatric depression. *Journal of Consulting and Clinical Psychology, 52,* 180-189.

Stone, M. B., Laughren, T., Jones, M. L., Levenson, M., Holland, P. F., Hughes, A., . . . Rochester, G. (2009). Risk of suicidality in clinical trials of antidepressants in adults: Analysis of proprietary data submitted to US Food and Drug Administration. *British Medical Journal, 339,* Article b2880.

Strunk, D. R., DeRubeis, R. J., Chiu, A. W., & Alvarez, J. (2007). Patients' competence in and performance of cognitive therapy skills: Relation to the reduction of relapse risk following treatment for depression. *Journal of Consulting and Clinical Psychology, 75*(4), 523-530.

Stuart, S., Wright, J. H., Thase, M. E., & Beck, A. T. (1997). Cognitive therapy with inpatients. *General Hospital Psychiatry, 19,* 42-50.

Suominen, K., Isometsa, E., Henriksson, M., Ostamo, A., & Lonnqvist, J. (1997). Hopelessness, impulsiveness and intent among suicide attempters with major depression, alcohol dependence, or both. *Acta Psychiatrica Scandinavica, 96,* 142-149.

Syme, K. L., & Hagen, E. H. (2020). Mental health is biological health: Why tackling "diseases of the mind" is an imperative for biological anthropology in the 21st century. *Yearbook of Physical Anthropology, 171*(Suppl. 70), 87-117.

Tadmon, D., & Olfson, M. (2022). Trends in outpatient psychotherapy provision by US psychiatrists: 1996-2016. *American Journal of Psychiatry, 179*(2), 110-121.

Tang, T. Z., & DeRubeis, R. J. (1999a). Reconsidering rapid early response in cognitive behavioral therapy for depression. *Clinical Psychology: Science and Practice, 6,* 283-288.

Tang, T. Z., & DeRubeis, R. J. (1999b). Sudden gains and critical sessions in cognitive-behavioral therapy for depression. *Journal of Consulting and Clinical Psychology, 67,* 894-904.

Tang, T. Z., DeRubeis, R. J., Hollon, S. D., Amsterdam, J. D., & Shelton, R. C. (2007). Sudden gains in cognitive therapy of depression and relapse/recurrence. *Journal of Consulting and Clinical Psychology, 75,* 404-408.

Targum, S. D. (2014). Identification and treatment of antidepressant tachyphylaxis. *Innovations in Clinical Neuroscience, 11*(3-4), 24-28.

Taylor, F. G., & Marshall, W. L. (1977). Experimental analysis of a cognitive-behavioral therapy for depression. *Cognitive Therapy and Research, 1*(1), 59-72.

Taylor, S. E. (1989). *Positive self-illusions: Creative self-deception and the healthy mind.* New York: Basic Books.

Teasdale, J. D., Fennell, M. J. V., Hibbert, G. A., & Amies, P. L. (1984). Cognitive therapy for major depressive disorder in primary care. *British Journal of Psychiatry, 144,* 400-406.

Teasdale, J. D., Moore, R. G., Hayhurst, H., Pope, M., Williams, S., & Segal, Z. V. (2002). Metacognitive awareness and prevention of relapse in depression: Empirical evidence. *Journal of Consulting and Clinical Psychology, 70,* 275-287.

Teasdale, J. D., Scott, J., Moore, R. G., Hayhurst, H., Pope, M., & Paykel, E. (2001). How does cognitive therapy prevent relapse in residual depression?: Evidence from a controlled trial. *Journal of Consulting and Clinical Psychology, 69,* 347-357.

Teasdale, J. D., Segal, Z., & Williams, J. M. G. (1995). How does cognitive therapy prevent depressive relapse and why should attentional control (mindfulness) training help? *Behaviour Research and Therapy, 33,* 25-39.

Teasdale, J. D., Segal, Z., Williams, J. M. G., Ridgeway, V. A., Soulsby, J. M., & Lau, M. A. (2000). Prevention of relapse/recurrence in major depression by mindfulness-based cognitive therapy. *Journal of Consulting and Clinical Psychology, 68*(4), 615–623.

Thase, M. E., Bowler, K., & Hardin, T. (1991). Cognitive behavior therapy of endogenous depression: Part 2. Preliminary findings in 16 unmedicated inpatients. *Behaviour Research and Therapy, 22*, 469–477.

Thase, M. E., Friedman, E. S., Biggs, M. M., Wisniewski, S. R., Trivedi, M. H., Luther, J. F., ... Rush, A. J. (2007). Cognitive therapy versus medication in augmentation and switch strategies as second-step treatments: A STAR*D report. *American Journal of Psychiatry, 164*(5), 739–752.

Thase, M. E., Trivedi, M. H., & Rush, A. J. (1995). MAOIs in the contemporary treatment of depression. *Neuropsychopharmacology, 12*(3), 185–219.

Thase, M. E., & Wright, J. H. (1991). Cognitive behavior therapy manual for depressed inpatients: A treatment protocol outline. *Behavior Therapy, 22*, 579–595.

Thompson, L. W., Coon, D. W., Gallagher-Thompson, D., Sommer, B. R., & Koin, D. (2001). Comparison of desipramine and cognitive/behavioral therapy in the treatment of elderly outpatients with mild-to-moderate depression. *American Journal of Geriatric Psychiatry, 9*, 225–240.

Thompson, L. W., Gallagher, D., & Breckenridge, J. S. (1987). Comparative effectiveness of psychotherapies for depressed elders. *Journal of Consulting and Clinical Psychology, 55*, 385–390.

Treadway, M. T., & Zald, D. H. (2011). Reconsidering anhedonia in depression: Lessons from translational neuroscience. *Neuroscience and Biobehavioral Reviews, 35*, 537–555.

Treatment for Adolescents with Depression Study (TADS) Team. (2004). Fluoxetine, cognitive-behavioral therapy, and their combination for adolescents with depression: Treatment for Adolescents with Depression Study (TADS) randomized controlled trial. *Journal of the American Medical Association, 292*(7), 807–820.

Treatment for Adolescents with Depression Study (TADS) Team. (2007). The Treatment for Adolescents with Depression Study (TADS): Long-term effectiveness and safety outcomes. *Archives of General Psychiatry, 64*(10), 1132–1144.

Treatment for Adolescents with Depression Study (TADS) Team. (2009). The Treatment for Adolescents with Depression Study (TADS): Outcomes over 1 year of naturalistic follow-up. *American Journal of Psychiatry, 166*(10), 1141–1149.

Trivedi, M. H., Rush, A. J., Crismon, M. L. T., Kashner, T. M., Toprac, M. G., Carmody, T. J., ... Shon, S. P. (2004). Clinical results for patients with major depressive disorder in the Texas Medication Algorithm Project. *Archives of General Psychiatry, 61*(7), 669–680.

Trivedi, M. H., Rush, A. J., Wisniewski, S. R., Nierenberg, A. A., Warden, D., Ritz, L., ... the STAR*D Study Team. (2006). Evaluation of outcomes with citalopram for depression using measurement-based care in STAR*D: Implications for clinical practice. *American Journal of Psychiatry, 163*, 28–40.

Van der Voort, T. Y. G., Seldenrijk, A., van Meijel, B., Goossens, P. J. J., Beekman, A. T. F., Penninx, B. W. J. H., & Kupka, R. W. (2015). Functional versus syndromal recovery in patients with major depressive disorder and bipolar disorder. *Journal of Clinical Psychiatry, 76*(6), e809–e814.

Van Oppen, P., Van Balkom, A. J. L. M., de Haan, E., & van Dyck, R. (2005). Cognitive therapy and exposure in vivo alone and in combination with fluvoxamine in obsessive–compulsive disorder: A 5-year follow-up. *Journal of Clinical Psychiatry, 66*(11), 1415–1422.

Van Orden, K. A., Cukrowicz, K. C., Witte, T. K., Braithwaite, S. R., Selby, E. A., & Joiner, T. E., Jr. (2010). The interpersonal theory of suicide. *Psychological Review, 117*(2), 575–600.

Van Orden, K. A., Cukrowicz, K. C., Witte, T. K., & Joiner, T. E., Jr. (2012). Thwarted belongingness and perceived burdensomeness: Construct validity and psychometric properties of the Interpersonal Needs Questionnaire. *Psychological Assessment, 24*(1), 197–215.

Vervliet, B., Craske, M. G., & Hermans, D. (2013). Fear extinction and relapse: State of the art. *Annual Review of Clinical Psychology, 9*, 215–248.

Vitousek, K., Watson, S., & Wilson, G. T. (1998). Enhancing motivation for change in treatment-resistant eating disorders. *Clinical Psychology Review, 18*, 391–420.

Wakefield, J. C., Horwitz, A. V., & Lorenzo-Luaces, L. (2017). Uncomplicated depression as normal sadness: Rethinking the boundary between normal and disordered depression. In R. J. DeRubeis & D. R. Strunk (Eds.), *The Oxford handbook of mood disorders* (pp. 83–94). New York: Oxford University Press.

Ward, E., King, M., Lloyd, M., Bower, P., Sibbald, B., Farrelly, S., ... Addington-Hall, J. (2000). Randomised controlled trial of non-directive counseling, cognitive-behavior therapy, and usual general practitioner care for patients with depression: I. Clinical effectiveness. *British Medical Journal, 321*, 1383–1388.

Warwick, H. M. C., Clark, D. M., Cobb, A. M., & Salkovskis, P. M. (1996). A controlled trial of cognitive-behavioural treatment of hypochondriasis. *British Journal of Psychiatry, 169*, 189–195.

Warwick, H. M. C., & Salkovskis, P. M. (1990). Hypochondriasis. *Behaviour Research and Therapy, 28*, 105–117.

Watkins, E. R. (2016). *Rumination-focused cognitive-behavioral therapy for depression*. New York: Guilford Press.

Watkins, E. R., Mullen, E., Wingrove, J., Rimes, K., Steiner, H., Bathhurst, N., ... Scott, J. (2011). Rumination-focused cognitive behavioral-therapy for residual depression: Phase II randomized controlled trial. *British Journal of Psychiatry, 199*(4), 317–322.

Watkins, E. R., Scott, J., Wingrove, J., Rimes, K., Bathhurst, N., Steiner, H., . . . Malliaris, Y. (2007). Rumination-focused cognitive-behavioral therapy for residual depression: A case series. *Behaviour Research and Therapy, 45(9)*, 2144–2154.

Weihs, K. L., Houser, T. L., Batey, S. R., Ascher, J. A., Bolden-Watson, C., Donahue, R. M. J., & Metz, A. (2002). Continuation phase treatment with bupropion SR effectively decreases the risk for relapse of depression. *Biological Psychiatry, 51(9)*, 753–761.

Weissman, M. M., Pilowsky, D. J., Wickramaratne, P. J., Talati, A., Wisniewski, S, R., Fava, M., . . . the STAR*D-Child Team. (2006). Remissions in maternal depression and child psychopathology: A STAR*D-Child report. *Journal of the American Medical Association, 295*, 1389–1398.

Weisz, J. R., McCarty, C. J., & Valeri, S. M. (2006). Effects of psychotherapy for children and adults: A meta-analysis. *Psychological Bulletin, 132(1)*, 132–149.

Weitz, E. S., Hollon, S. D., Twisk, J., van Straten, A., Huibers, M. J. H., David, D., . . . Cuijpers, P. (2015). Baseline depression severity as moderator of depression outcomes between CBT versus pharmacotherapy: An individual patient data meta-analysis. *JAMA Psychiatry, 72(11)*, 1102–1109.

Wenzel, A., Brown, G. K., & Beck, A. T. (2009). *Cognitive therapy for suicidal patients: Scientific and clinical applications*. Washington, DC: American Psychological Association.

Weobong, B., Weiss, H. A., Cameron, I. M., Kung, S., Patel, V., & Hollon, S. D. (2018). Measuring depression severity in global mental health: Comparing the PHQ-9 and the BDI-II. *Wellcome Open Research, 3*, Article 165.

Weobong, B., Weiss, H. A., McDaid, D., Singla, D. R., Hollon, S. D., Nadkarni, A., . . . Patel, V. (2017). Sustained effectiveness and cost-effectiveness of the Healthy Activity Program, a brief psychological treatment for depression delivered by lay counsellors in primary care: Twelve-month follow-up of a randomised controlled trial. *PLOS Medicine, 14(9)*, Article e1002385.

West, S. A., & Gardner, A. (2013). Adaptation and inclusive fitness. *Current Biology, 23(13)*, R577–R584.

Williams, J. M. G., & Broadbent, K. (1986). Autobiographical memory in suicide attempters. *Journal of Abnormal Psychology, 95*, 144–149.

Wolf-Maier, K., Cooper, R. S., Benegas, J. R., Giampaoli, S., Hense, H-W., Joffres, M., . . . Vescio, F. (2003). Hypertension prevalence and blood pressure levels in six European countries, Canada, and United States. *Journal of the American Medical Association, 289(18)*, 2363–2369.

Wright, J. H., & Thase, M. E. (1992). Cognitive and biological therapies: A synthesis. *Psychiatric Annals, 22*, 451–458.

Wright, J. H., Thase, M. E., Beck, A. T., Ludgate, J. W. (1993). *Cognitive therapy with inpatients: Developing a cognitive milieu*. New York: Guilford Press.

Wykes, T., Steel, C., Everitt, B., & Tarrier, N. (2008). Cognitive behavior therapy for schizophrenia: Effect sizes, clinical models, and methodological rigor. *Schizophrenia Bulletin, 34(3)*, 523–537.

Young, M., Fogg, L., Scheftner, W., Fawcett, J., Akiskal, H., & Maser, J. (1996). Stable trait components of hopelessness: Baseline and sensitivity to depression. *Journal of Abnormal Psychology, 105*, 105–165.

Zajonc, R. (1980). Feeling and thinking: Preferences need no inferences. *American Psychologist, 35*, 151–175.

Zhu, M., Hong, R. H., Yang, T., Yang, X., Wang, X., Liu, J., . . . Lam, R. W. (2021). The efficacy of measurement-based care for depressive disorders: Systematic review and meta-analysis of randomized controlled trials. *Journal of Clinical Psychiatry, 82(5)*, Article 21r14034.

Zisook, S., Trivedi, M. H., Warden, D., Lebowitz, B., Thase, M. E., Stewart, J. W., . . . Rush, A. J. (2009). Clinical correlates of the worsening or emergence of suicidal ideation during SSRI treatment of depression: An examination of citalopram in the STAR*D study. *Journal of Affective Disorders, 117(1–2)*, 63–73.

Índice

Observação. A letra *f*, *n* ou *t* após um número de página indica uma figura, nota ou tabela.

A

Abordagem baseada em habilidades, 12-14, 23-24, 204, 217-220
Abordagem impositiva, 249-251
Abordagem orientada para a recuperação, 174-185
Abordagem psicodinâmica, 3-5
Abordagem transdiagnóstica, 179*n*
Abordagens de meditação, 109-110. *Veja também* Mindfulness
Abordagens focadas em esquemas, 176-177, 304-306
Absolutização, 128-129
Abstração seletiva, 9-10, 140-141, 140*t*. *Veja também* Filtro mental
Ação oposta, 134-137
Aceitação, 4-5, 32-33, 142-143
Acesso a meios de suicídio, 183-184, 201-202. *Veja também* Ideação ou intenção suicida
Acomodação, 126-127, 217-218
Acrônimo DEAR, 93-95. *Veja também* Treinamento de assertividade
Adaptação, 26-33, 32*f*, 198-200
Adesão, medicação, 315-318, 331-338, 335*t*, 339. *Veja também* Não conformidade
Adivinhação, 9-10, 140-141. *Veja também* Inferência arbitrária
Adolescentes, 239-243, 310, 345-346, 355-357
Adultos, idosos. *Veja* Idosos
Afeto. *Veja também* Emoções; Sentimentos
    cognição e, 20-21, 29-30, 100-106, 122-123
    especificidade cognitiva, 160-163, 161*t*
    esquemas e, 7-9
    na relação terapêutica, 36-39
    regulação dos afetos, 21-22
    visão geral, 28-30, 40-41
Afeto negativo, 36-41. *Veja também* Afeto
Agenda. *Veja* Definição da agenda; Discussão de questões da agenda
Agentes bloqueadores seletivos da recaptação, 314-316. *Veja também* Medicamentos antidepressivos (MADs)
Agorafobia, 162-164
Agressão, 160
Alívio dos sintomas
    crenças contraterapêuticas e, 259-261
    efeitos duradouros da terapia cognitiva e, 218
    etapas do segundo tratamento e, 329-331
    medicamentos antidepressivos e, 317-321, 318*f*, 320*t*
    preparação para o encerramento e, 219-221
    recaída/recorrência e, 223-225
    visão geral, 59, 340-344, 343*f*
Ambientes de atenção primária, 237-239, 242-243
Ambientes de internação, 234-238, 242-243
Ambientes hospitalares, 234-238
Ambivalência, 184-186, 201-202
Amizades, 29-30, 54-57. *Veja também* Relacionamentos
Ampliação, 9-10, 140*t*. *Veja também* Catastrofização
Análises de custo-benefício, 143-145, 144*f*, 158, 195-198, 197*f*
Anorexia nervosa. *Veja* Transtornos alimentares
Ansiedade. *Veja também* Transtornos de ansiedade
    com relação às emoções, 32-33
    crenças contraterapêuticas e, 257-258
    depressão difícil de tratar (DDT) e, 331-332
    encerramento e, 227-228
    especificidade cognitiva dos afetos e, 161-162, 161*t*
    evolução e, 26-29
    exercício de casa e, 214-215
Ansiedade em relação à saúde, 163-166. *Veja também* Transtornos de ansiedade
Ansiedade social, 163-164. *Veja também* Transtornos de ansiedade
Antidepressivos tricíclicos (ADTs), 307-308, 313-314. *Veja também* Medicamentos antidepressivos (MADs)
Aptidão inclusiva, 198-200. *Veja também* Processos evolutivos
Ativação comportamental (AC), 340-344, 343*f*, 351-355, 354*f*. *Veja* Estratégias de ativação comportamental
Atividade do paciente, 50-52. *Veja também* Atividade na terapia
Atividade do terapeuta. *Veja também* Relação terapêutica
    colaboração com prescritores de medicamentos, 308-309
    diretrizes para o terapeuta, 48-57, 245-249, 271
    identificação e expressão de emoções e, 31-33
    Registros de Pensamentos e, 120-121
    visão geral, 15-16, 57

Atividade na terapia, 50-52. *Veja também* Atividade do terapeuta
Atribuição de característica estável. *Veja também* Rotulagem e rotulagem incorreta
    fornecimento de uma fundamentação cognitiva, 66-67, 67*f*
    ruminação e, 28-29
    visão geral, 9-10, 140-141, 140*t*
Atribuições, 11-12, 66-67, 73-74
Atribuições errôneas, 11-12
Atualização no início das sessões. *Veja* Breve atualização e verificação do humor
Autoaceitação, 142-143
Autoculpa, 127-128, 139-140. *Veja também* Culpa
Autoestima, 128-129, 142-143
Automedicação, 171-173. *Veja também* Transtornos por uso de substâncias (TUSs)
Automonitoramento. *Veja também* Avaliações de humor; Estratégias comportamentais; Exercício de casa; Registros de Pensamentos
    aumento da adesão à medicação e, 337-338
    pânico e agorafobia e, 163-164
    pensamentos automáticos e, 102-106
    registro de pensamentos disfuncionais, 112-119, 116*f*
    testando crenças e, 205-207
    transtorno de ansiedade generalizada (TAG) e, 169-171, 170*f*
    transtorno de estresse pós-traumático (TEPT), 166-168
    treinamento em, 42, 57-58
    visão geral, 71-72, 76-83, 79*f*, 97-98, 212-213
Automonitoramento sistemático. *Veja* Automonitoramento
Autonomia, 34-36
Autossessões, 221, 226-227, 229-230, 230
Auxiliares de memória, 81-82
Avaliação
    aumento da adesão à medicação e, 336-337
    crenças contraterapêuticas e, 259-260
    do risco de suicídio, 183-185, 200*n*-201*n*
    medicamentos antidepressivos e, 321-322
    visão geral, 59-62
Avaliações de humor, 60-61, 72-74, 163-164, 221. *Veja também* Automonitoramento; Breve atualização e verificação do humor

B

Beck, Aaron T., 3-4
Biblioterapia, 212. *Veja também* Exercício de casa
Brainstorming, 112-113, 197-198. *Veja também* Resolução de problemas
Breve atualização e verificação do humor, 44-47, 45*f*, 57-58, 60-62. *Veja também* Avaliações de humor; Estrutura da sessão
Bulimia nervosa. *Veja* Transtornos alimentares

C

Caráter defeituoso, 66-67, 67*f*, 73-74
Caráter imperfeito, 66-67, 67*f*, 151-154, 152*f*. *Veja também* Teste de caráter
Cartões de enfrentamento, 194-196, 195*f*
Catastrofização, 9-10, 140-142, 140*t*, 162-164. *Veja também* Ampliação
Cetamina, 323-324, 330-331
Ceticismo, 305-306
Cognição. *Veja também* Cognições quentes; Pensamentos
    afeto e, 20-21
    definindo para o paciente, 99-103
    especificidade cognitiva dos afetos e, 160-163, 161*t*
    identificação e expressão de emoções e, 29-33, 32*f*
    influência sobre o afeto e o comportamento e, 29-30
    visão geral, 23-24
Cognições frias, 270, 271
Cognições quentes. *Ver também* Cognição
    acessando as, 102-106, 122-123
    crenças contraterapêuticas e, 253-255
    identificação e expressão de emoções e, 29-33, 32*f*
    visão geral, 40-41, 50-51, 100-101, 123-124, 270, 271
Colaboração terapêutica, 35-37. *Veja também* Relação terapêutica
Comorbidade
    depressão difícil de tratar (DDT) e, 331-332
    especificidade cognitiva dos afetos, 160-163, 161*t*
    esquizofrenias, 172-176
    modelo de cinco partes e, 64
    transtorno bipolar, 172-174
    transtornos alimentares, 170-172
    transtornos da personalidade, 175-178
    transtornos de ansiedade, 162-171, 170*f*
    transtornos por uso de substâncias (TUSs), 171-173
    visão geral, 159-160, 177-181
Comorbidade médica, 327-328. *Veja também* Comorbidade
Comparação social, 142-143, 232-233
Comportamento autolesivo, 184-187. *Veja também* Ideação ou intenção suicida
Comportamentos
    cognição e, 29-30, 100-105
    comportamentos contraterapêuticos, 264-270
    estratégia do banquinho de três pernas e, 145-147, 149*f*
    foco nos, 17-18
    modelo de cinco partes e, 63*f*, 65-66
    profecias autorrealizáveis e, 69*f*
    risco de suicídio e, 189-199, 190*f*, 194*f*, 195*f*, 197*f*
    terapia de casais e, 233-235, 235*f*
    visão geral, 7-9
Comportamentos de autoproteção, 153
Comportamentos de segurança. *Veja também* Estratégias compensatórias
    ansiedade em relação à saúde (hipocondria) e, 163-164
    ansiedade social e, 163-164

Diagrama de Conceitualização
Cognitiva (DCC) e, 133-134
pânico e agorafobia e, 163-164
Compulsões, 167-169
Conceitualização cognitiva
formato de grupo e, 232-234
risco de suicídio e, 189-199, 190f, 194f, 195f, 197f
transtornos da personalidade e, 176-177
Condicionamento. *Veja* Condicionamento clássico; Condicionamento operante
Condicionamento clássico, 3-4, 96-97
Condicionamento operante, 3-4, 96-97
Confiança, 34-36
Configurações, modificações para. *Veja* Modificações da terapia cognitiva
Conformidade, falta de. *Veja* Não conformidade
Consequências, 4-6, 5f, 17-18
Contratransferência, 248-249.
Veja também Relação terapêutica
Controle de estímulos, 171-173
Conversas sobre resolução, 214-215.
Veja também Exercício de casa
Crenças. *Veja também* Crenças disfuncionais; Crenças nucleares; Pensamentos
ambientes de internação e, 235-236
aumentar a adesão à medicação e, 334-335, 335t
cognição e, 122-123
crenças contraterapêuticas, 248-265
dificuldades ao usar um Registro de Pensamentos e, 119-121
em uma realidade objetiva, 18-19
estratégia do banquinho de três pernas e, 145-150, 149f
estratégias cognitivas e, 12-13
examinando, 17-19
exemplo de caso, 293-296
exercício de casa para testar, 205-207, 216
experimentos comportamentais para testar, 121-123
fatores biológicos e, 20-22
foco nas, 16-18

foco no comportamento e, 17-18
Folha de Trabalho de Crenças Nucleares (FTCN) e, 138-140, 138f
identificação e expressão de emoções e, 30-31
modificando, 133-140, 138f
ouvindo em busca de temas cognitivos e, 60-61
paradigma pessoal dos pacientes, 48-51
perspectiva histórica e, 3-5
realismo depressivo e, 19-20
relação terapêutica, 37-39
técnica de seta descendente e, 120-122
terapia de casal e, 233-235, 235f
validando sentimentos em vez de, 36-38
visão geral, 4-6, 5f, 23-24
Crenças disfuncionais, 4-5, 40n, 40-41. *Veja também* Crenças
Crenças e comportamentos contraterapêuticos. *Veja* Problemas encontrados na terapia cognitiva
Crenças imprecisas, 23-24, 40n.
Veja também Crenças
Crenças nucleares. *Veja também* Crenças; Esquemas
ação oposta e, 134-137
crenças contraterapêuticas e, 256-257
Diagrama de Conceitualização Cognitiva (DCC), 130-134, 132f
estratégia do banquinho de três pernas e, 145-151, 149f
estratégias cognitivas e, 12-13
foco em, 14-16
Folha de Trabalho de Crenças Nucleares (FTCN), 138-140, 138f
identificando, 128-131
modificando, 133-140, 138f
paradigma pessoal dos pacientes, 48-51
risco de suicídio e, 189-199, 190f, 194f, 195f, 197f
visão geral, 43-44, 57-58, 126-127, 154-158
Crenças sobre competência, 66-69, 68f

Crenças subjacentes. *Veja* Crenças; Crenças nucleares
Crianças, 239-243, 355-357
Cuidado usual aprimorado (EUC), 353-355
Cuidados baseados em medição (CBMs), 320-321
Culpa, 26-28, 109-112, 111f, 161t, 162-163, 260-262. *Veja também* Autoculpa

D

Declarações do tipo "se-então", 127-129
Definição da agenda, 44-48, 45f, 57-58, 60-61, 221. *Veja também* Estrutura da sessão; Metas para o tratamento
Delírios, 173-176
Dependência, 332-335
Depressão
adequando os tratamentos aos pacientes, 309-313
como uma adaptação evoluída, 26-33, 32f
concepções errôneas sobre, 19-22
escolhas de tratamento e, 309-313, 322-330, 325t, 325f
etapas do segundo tratamento e, 329-331
etapas do terceiro tratamento e, 330-332
paradigma pessoal dos pacientes e, 48-51
paradoxo da, 4-7, 5f
suicídio e, 182, 199-202
teoria cognitiva da, 6-11
uso de substâncias e, 171-173
visão geral, 1-2, 21-23, 309-310
Depressão difícil de tratar (DDT), 330-332, 339
Depressão psicótica, 310-312, 339
Depressão resistente a múltiplas terapias, 330-331
Depressão resistente ao tratamento (DRT), 329-332
Desesperança, 184-185, 185-186, 187-189, 199-200
Designação de exercícios de casa.
Veja Exercício de casa
Designação de tarefas graduadas, 12-13, 87-91, 97-98, 212-213.
Veja também Designação de tarefas graduadas; Estratégias

comportamentais; Exercício de casa
Desmoralização, 174-185, 178-179
Desqualificação do positivo, 9-10, 140*t*
"Deverias", 9-11, 137, 140*t*, 162-163. *Veja também* Imperativos morais
Diagnóstico, 59-60, 179*n*-181*n*
Diagrama de Conceitualização Cognitiva (DCC). *Veja também* Exercício de casa
 exemplo de caso, 301-304, 303*f*
 transtornos da personalidade e, 175-176
 visão geral, 130-134, 132*f*, 154, 157-158, 212-213, 306*n*
Diagrama de conceitualização do núcleo. *Veja* Diagrama de Conceitualização Cognitiva (DCC)
Diferenças de gênero, 1-2, 27-29
Discussão de questões da agenda, 44-45, 45*f*, 57-58. *Veja também* Estrutura da sessão
Distorções ou erros cognitivos. *Veja também* Pensamentos
 correção de processamento de informações defeituoso e, 140-143, 140*t*
 crenças contraterapêuticas e, 258-259
 do terapeuta, 246
 estratégias comportamentais e, 76-77
 exemplo de caso, 290-291
 formato de grupo e, 231-233
 idosos e, 239-240
 modelo cognitivo de suicídio e, 186-188
 visão geral, 8-11, 158
Domínio. *Veja também* Estratégias comportamentais
 automonitoramento e, 78-82
 crenças contraterapêuticas e, 252-254
 encerramento e, 227-228
 estratégias de ativação comportamental e, 305-306
 programação, 86-88
 visão geral, 12-13, 97*n*, 97-98

E

Efeitos colaterais dos medicamentos, 316-317, 320-323, 325-327, 337-338. *Veja também* Tratamento medicamentoso
Efeitos duradouros
 ativação comportamental (AC) e, 352-353
 comparação entre terapia cognitiva e medicamentos, 325-326, 338-339, 347-349
 sequenciamento e, 349-352
 visão geral, 217-218, 229-230, 340, 344-346, 345*f*, 366-367
Eficácia
 comparando a terapia cognitiva com outros tratamentos, 340-344, 343*f*
 da terapia cognitiva com crianças e adolescentes, 355-357
 da terapia cognitiva com idosos, 356-358
 da terapia cognitiva no tratamento do transtorno bipolar, 358-360
 visão geral, 340-341, 367
Eletroconvulsoterapia (ECT), 323-324, 330-331
Emoções. *Veja também* Registros de Pensamentos; Sentimentos
 crenças contraterapêuticas e, 253-256
 dificuldades ao usar um Registro de Pensamentos e, 119-121
 encerramento e, 227-228
 estratégia do banquinho de três pernas e, 145-147, 149*f*
 identificação e expressão de, 29-33, 32*f*
 risco de suicídio e, 189-199, 190*f*, 194*f*, 195*f*, 197*f*
 visão geral, 25, 28-30, 40-41
Empatia, 33-35, 40-41
Empirismo colaborativo, 5-6, 15-16, 35-37, 39-41. *Veja também* Relação terapêutica
Encerramento. *Veja também* Percurso de terapia; Prevenção de recaída
 ambientes de internação e, 235-238
 exemplo de caso, 300-305, 303*f*
 preocupações dos pacientes em relação ao, 226-228
 preparação para, 218-223, 222*f*
 recaída após, 228-230
 sessões de reforço e, 225-227
 visão geral, 43-44, 57-58, 217-218, 229-230
Engajamento, 315-318, 332-333
Ensaio imaginário, 91-92, 97-98, 222-223, 230. *Veja também* Ensaio imaginário; Estratégias comportamentais
Entrevista terapêutica, 42, 48-57
Envolvimento de outras pessoas no tratamento, 260-262
Escala de Classificação de Gravidade de Suicídio de Columbia (C-SSRS), 200*n*-201*n*
Escala de Desesperança (HS), 184-185
Escetamina/cetamina, 323-324, 330-331
Especificidade, 340-341, 367
Especificidade cognitiva, 160-163, 161*t*, 181
Esquemas. *Veja também* Crenças nucleares; Pensamentos
 crenças contraterapêuticas e, 256-257
 Diagrama de Conceitualização Cognitiva (DCC), 130-134, 132*f*
 paradigma pessoal dos pacientes, 48-51
 visão geral, 7-9, 125-129, 154-158, 156*n*-158*n*
Esquiva, 4-5, 76, 105, 163-164
Esquizofrenias, 172-176, 181. *Veja também* Comorbidade
Estabelecimento de metas, 46-48
Estados de humor, 63*f*, 65-66
Estágios do tratamento, 42-45, 43*f*, 57-58. *Veja também* Automonitoramento; Crenças nucleares; Encerramento; Estratégias de ativação comportamental; Fundamentação cognitiva; Percurso de terapia; Precisão das crenças; Pressupostos subjacentes; Prevenção de recaída
Estimulação do nervo vago, 330-331
Estimulação magnética transcraniana repetitiva (EMTr), 323-324, 330-331
Estratégia de resposta rápida, 255-256
Estratégia do banquinho de três pernas
 diretrizes do terapeuta e, 247-249, 271

exemplo de caso, 288, 290-294, 304-305
risco de suicídio e, 185-186
transtornos da personalidade e, 176-177
visão geral, 14-16, 129-131, 144-151, 149f, 154, 156n-157n, 158, 305-306
Estratégias compensatórias. *Veja também* Estratégias e técnicas cognitivas
Diagrama de Conceitualização Cognitiva (DCC) e, 133-134
efeitos duradouros da terapia cognitiva e, 218
esquemas e, 125-127
estratégia do banquinho de três pernas e, 149f
exemplo de caso, 304-305
risco de suicídio e, 189-199, 190f, 194f, 195f, 197f
visão geral, 12-13, 154-155, 156n-157n, 157-158
Estratégias comportamentais. *Veja também* Automonitoramento; Designação de tarefas graduadas; Domínio; Experimentos comportamentais; Fragmentação; Oportunidades de prazer; Programação de atividades
comorbidade e, 181
dramatização 92-96, 93f
ensaio imaginário, 91-92
personalização e adaptabilidade e, 13-15
terapia de sucesso, 91
testando crenças e, 121-123
transtorno de estresse pós-traumático (TEPT), 166-168
visão geral, 11-13, 76-77, 95-98
Estratégias de ativação comportamental
automonitoramento e, 71-72
exemplo de caso de, 278-286, 282f
visão geral, 42-44, 57-58, 97n, 305-306
Estratégias defeituosas, 66-67, 67f, 73-74
Estratégias e técnicas cognitivas. *Veja também* Estratégias compensatórias; Fundamentação cognitiva; Reestruturação cognitiva; Registros de Pensamentos
acessando cognições quentes, 102-106
aprofundando-se nos pensamentos automáticos, 120-123
comorbidade e, 181
configurando experimentos, 121-123
definindo cognição para o paciente, 99-103
examinando e testando a realidade de pensamentos automáticos e imagens, 105-110
exemplo integrado de registro de pensamentos disfuncionais, 112-119, 116f
medicamentos antidepressivos e, 321-322
personalização e adaptabilidade e, 13-15
resolução de problemas, 111-113
técnicas de reatribuição, 109-112, 111f
visão geral, 12-13, 122-124
Estratégias imperfeitas, 66-67, 67f, 151-154, 152f. *Veja também* Teste de estratégia
Estresse, 66-69, 68f
Estrutura da sessão. *Veja também* Breve atualização e verificação do humor; Definição da agenda; Discussão de questões da agenda; Estrutura da terapia; Ponte da sessão anterior; Primeira sessão; Resumo final e *feedback*; Revisão do exercício de casa
autossessões e, 221
exercício de casa e, 203, 208-210, 215-216
formato de grupo e, 232-234
preparação para o término e, 218-223, 222f
visão geral, 44-49, 45f, 57-58
Estrutura da terapia. *Veja também* Estrutura da sessão; Percurso de terapia
dentro da sessão individual, 44-52, 45f
diretrizes para o terapeuta, 48-57
exercício de casa e, 203
introdução da abordagem básica aos pacientes, 59-62
preparação para o encerramento e, 218-223, 222f
relação terapêutica e, 34-36
visão geral, 42-45, 43f, 57
Eventos de ativação, 189-199, 190f, 194f, 195f, 197f
Evidências, busca de. *Veja* Técnica de busca de evidências
Exemplo de caso
reparo da ruptura na aliança de trabalho, 289-294
sessões 1-2, 273-286, 282f
sessões 3-8, 286-296
sessões 9-13, 295-299
sessões 14-16, 298-300
sessões 17-19, 299-301
sessões 20-25, 300-305, 303f
usando o Registro de Pensamentos, 293-296
visão geral, 272-273, 273f, 304-306
Exercício de casa. *Veja também* Automonitoramento; Experimentos comportamentais; Programação de atividades; Revisão do exercício de casa
antecipação de problemas com, 208-210
autossessões e, 221
biblioterapia como, 212
concepção e planejamento de, 206-209, 208f
exemplo de caso, 284-285, 295-296
exercício de casa padrão e personalizado, 212-216
facilitando o sucesso no, 206-210, 208f
fornecendo fundamentação para, 203-207, 216
gravação e observação de sessões, 215-216
no início da sessão, 208-209
pânico e agorafobia e, 163-164
prevenção de recaída e, 224-225
primeira sessão e, 70-72, 74-75
problemas com, 209-212
visão geral, 46-47, 76-79, 81-83, 203, 215-216
Exercício de casa entre as sessões. *Veja* Exercício de casa

Expectativas. *Veja também*
Pressupostos subjacentes
automonitoramento e, 81-82
crenças contraterapêuticas e, 257-261
especificidade cognitiva dos afetos e, 161-162
esquemas e, 127-129
exemplo de caso, 279-280
primeira sessão e, 70-71
risco de suicídio e, 185-186
terapia de casal e, 234-235
Experiências da infância
estratégia do banquinho de três pernas e, 145-150, 149f
exemplo de caso, 277-278, 290-291
identificando crenças nucleares e pressupostos subjacentes e, 129-131
pressupostos desadaptativos e, 128-129
risco de suicídio e, 185-186, 189-199, 190f, 194f, 195f, 197f
Experimentos comportamentais. *Veja também* Estratégias comportamentais
ansiedade social e, 163-164
comorbidade e, 178-179
especificidade cognitiva dos afetos e, 160
exercício de casa como, 204-205, 216
formato de grupo e, 232-234
primeira sessão e, 74-75
visão geral, 18-19, 121-123
Explicação alternativa, 106-110, 114-115, 122-124, 200n-201n, 271n
Exposição, 160, 168-170, 181n. *Veja também* Experimentos comportamentais
Expressão de emoções, 29-33, 32f. *Veja também* Emoções

F
Farmacoterapia. *Veja* Tratamento medicamentoso
Fatores ambientais, 7-9, 63-66, 63f, 104-106
Fatores biológicos, 20-22, 26-28, 261-263. *Veja também* Fisiologia
Fatores de risco, 217-218, 327-328

Fatores do terapeuta, 32-36, 40-41, 261-262. *Veja também* Atividade do terapeuta
Fatores genéticos, 20-24, 26-28, 310-312
Feedback do paciente, 47-49, 57-58, 72-73
Feedback no final da sessão. *Veja* Resumo final e *feedback*
Filtro mental, 9-10, 140-141, 140t. *Veja também* Abstração seletiva
Fisiologia. *Veja também* Fatores biológicos
cognição e, 100-105
estratégia do banquinho de três pernas e, 149f
modelo de cinco partes e, 63f, 64-66
Fixação da atenção, 186-188
Fobia social, 162-163. *Veja também* Transtornos de ansiedade
Fobias específicas, 162-163. *Veja também* Transtornos de ansiedade
Folha de Trabalho de Crenças Nucleares (FTCN), 138-140, 138f, 154, 158, 206-208, 208f, 212-213. *Veja também* Exercício de casa
Formato de grupo, 231-234, 242-243
Formulação de hipóteses, 53-55, 115-118
Formulário de cronograma de atividades, 71-72, 232-234
Formulário do Medo, 169-171, 170f, 212-213. *Veja também* Automonitoramento; Exercício de casa
Fragmentação, 87-91, 97-98, 212-213. *Veja também* Estratégias comportamentais; Exercício de casa
Frequência das sessões, 43-45. *Veja também* Percurso de terapia
Funcionamento, 1-2, 76, 320-322
Funcionamento interpessoal, 188-191
Funções cerebrais, 20-22, 26-28, 310-312, 363
Fundamentação alternativa, 273-280. *Veja também* Teoria A/ Teoria B
Fundamentação cognitiva
caráter imperfeito *versus* estratégias imperfeitas, 66-67, 67f

exercício de casa e, 203-207, 216
fornecendo aos clientes na primeira sessão, 42, 57-58, 61-70, 63f, 67f, 68f, 69f, 73-75
modelo de cinco partes e, 63-66, 63f
preparando para o encerramento e, 219-220
princípio de Yerkes-Dodson, 66-69, 68f
profecias autorrealizáveis, 68-70, 69f
Fundamentação da terapia cognitiva. *Veja* Fundamentação cognitiva

G
Generalização excessiva, 9-10, 128-129, 140-141, 140t
Genuinidade, 34-35, 40-41
Gravação e observação de sessões, 215-216. *Veja também* Exercício de casa

H
Habilidades de enfrentamento, 186-187, 193-196, 195f, 201-202
Healthy Activity Program (HAP), 353-355
Heterogeneidade causal, 310-313
Hipocondria, 163-166. *Veja também* Transtornos de ansiedade
Hipomania, 1-2, 173-174, 358-360. *Veja também* Transtorno bipolar
Hipóteses, formulação e teste, 53-55, 115-118
Humor. *Veja* Afeto; Sentimentos

I
Ideação ou intenção suicida
avaliação de risco, 69-71, 183-185
comparação da terapia cognitiva com medicamentos, 326-328
conceitualização cognitiva e, 189-199, 190f, 194f, 195f, 197f
definição da agenda e, 46-47
exercício de casa e, 214-215
medicamentos antidepressivos e, 316-317, 326-328
modelo cognitivo de, 185-191

perspectiva evolucionária da, 198-200
processos psicológicos que contribuem para o risco de, 184-186
terapia eletroconvulsiva (ECT) e, 330-331
visão geral, 1-2, 182-184, 199-202
Idosos, 238-240, 242-243, 356-358
Imagens neurais, 363
Imperativos morais, 9-11, 140t. *Veja também* "Deverias"
Implicações
   Registro de Pensamentos e, 114-115, 117-118, 122-123
   risco de suicídio e, 200n-201n
   visão geral, 106-110, 123-124, 271n
Impulsos, 65-66, 103-105, 171-173, 185-187. *Veja também* Comportamentos
Impulsos sexuais, 37-38
Incerteza, tolerância à, 198-199
Inércia terapêutica (IT), 320-321
Inferência arbitrária, 9-10, 140-141, 140t. *Veja também* Adivinhação; Leitura mental; Tirar conclusões precipitadas
Inibidores da monoaminoxidase (IMAOs), 307-308, 313-314. *Veja também* Medicamentos antidepressivos (MADs)
Inibidores seletivos da recaptação de serotonina (ISRSs), 1, 307-308, 313-315. *Veja também* Medicamentos antidepressivos (MADs)
Insuportabilidade, 185-189, 201-202
Intenção suicida. *Veja* Ideação ou intenção suicida
Interpretação, 4-9, 5f
Intervenção em crises, 50-51, 192-196, 194f, 195f
Intervenções preventivas, 240-243
Inventário de Depressão de Beck (BDI & BDI-II)
   aumento da adesão à medicação e, 336-337
   crenças contraterapêuticas e, 259-260
   risco de suicídio e, 69-71
   visão geral, 38-39, 59-60, 183-184

ISRSNs, 307. *Veja também* Medicamentos antidepressivos (MADs)

K
Kits de esperança, 194-196

L
Leitura mental, 9-10, 140-141. *Veja também* Inferência arbitrária
Letalidade da ideação ou intenção suicida, 183-186, 201-202. *Veja também* Ideação ou intenção suicida
Luto, 123n

M
Mania, 1-2, 173-174, 358-360. *Veja também* Transtorno bipolar
Manutenção, 226-227, 318-320, 347, 349-351. *Veja também* Encerramento; Prevenção de recaída
Mediação, 362-367
Medicamentos antidepressivos (MADs). *Veja também* Tratamento medicamentoso
   adequação dos tratamentos aos pacientes, 309-313
   aumento da adesão à medicação, 331-338, 335t
   colaboração terapeuta--prescritor, 308-309
   combinando terapia cognitiva com, 347-349, 348f, 350f
   em comparação com a terapia cognitiva, 340-344, 343f
   etapas do segundo tratamento e, 329-331
   etapas do terceiro tratamento e, 330-332
   mediação e, 363-365
   objetivos e fases de, 315-323, 318f, 320t, 323f
   opções de tratamento na primeira etapa e, 323-328, 325t, 325f
   sequenciamento e, 349-352
   terapia de continuação e manutenção e, 347
   visão geral, 307-308, 312-316, 337-339
Melancolia, 123n
Metas do tratamento. *Veja* Metas para o tratamento

Metas para o tratamento, 59, 69-72, 76, 221. *Veja também* Definição da agenda
Mindfulness, 4-5, 109-110
Minimização, 9-10, 140t
Modelo ABC. *Veja também* Modelo de cinco partes
   fornecendo uma fundamentação cognitiva e, 63-66, 63f
   ruminação e, 355-356
   visão geral do, 4-6, 5f, 146-147
Modelo cognitivo, 19-22, 185-191, 271, 273-280
Modelo de cinco partes, 59, 63-66, 63f, 73-75. *Veja também* Modelo ABC
Modelos de enfrentamento, 252-254
Moderação, 359-362, 361f, 367
Modificações da terapia cognitiva
   crianças e adolescentes e, 239-241
   diferentes ambientes, 234-239
   diferentes modalidades, 231-234
   idosos e, 238-240
   intervenções preventivas, 240-242
   terapia de casal, 233-235, 235f
   visão geral, 231, 241-243
Monitoramento de atividades. *Veja* Automonitoramento
Monitoramento de pensamentos automáticos negativos, 212-213. *Veja também* Automonitoramento; Exercício de casa
Motivações, 16-18, 66-69, 68f, 332-333
Mudar a balança, 195-198, 197f. *Veja também* Análises de custo--benefício

N
Não conformidade. *Veja também* Problemas encontrados na terapia cognitiva
   ambientes de internação e, 237-238
   aumento da adesão à medicação, 331-339, 335t
   exercício de casa e, 210-212, 215-216
   tratamento medicamentoso e, 315-318
Não conformidade passiva, 210-212, 215-216

Neurose de transferência, 37-38
Neurotransmissores, 315-316

O

Oportunidades de prazer.
  Veja também Estratégias
  comportamentais
    automonitoramento e, 78-82
    estratégias de ativação
      comportamental e, 305-306
    programando, 86-88
    visão geral, 12-13, 97n, 97-98
Otimismo, 18-19, 245-246
Outras pessoas no tratamento,
  260-262

P

Pacientes geriátricos. *Veja* Idosos
Pânico e transtorno do pânico,
  162-164. *Veja também*
  Transtornos de ansiedade
Paradigma de estímulo-organismo-
  -resposta (EOR), 4-6
Paradigma pessoal, 48-51
Pensamento absolutista/dicotômico,
  9-10, 140t. *Veja também*
  Pensamento do tipo tudo ou nada
Pensamento dicotômico. *Veja*
  Pensamento absolutista/
  dicotômico
Pensamento do tipo tudo ou
  nada, 9-10, 140t, 142-143. *Veja*
  também Pensamento absolutista/
  dicotômico
Pensamento positivo, 249-251
Pensamentos. *Veja também* Crenças;
  Esquemas; Pensamentos
  automáticos; Pensamentos
  negativos; Registros de
  Pensamentos
    afeto e, 20-21
    aumentando a adesão à
      medicação e, 334-335, 335t
    crenças contraterapêuticas,
      248-265
    definindo cognição para o
      paciente, 99-103
    examinando e testando a
      realidade, 105-110
    exemplo integrado de
      registro de pensamentos
      disfuncionais, 112-119, 116f
    identificação e expressão de
      emoções e, 29-33, 32f
    modelo de cinco partes e, 63f,
      65-66

ouvir temas cognitivos e, 60-61
paradigma pessoal dos
  pacientes, 48-51
profecias autorrealizáveis e,
  69f
visão geral, 7-9
Pensamentos autodestrutivos, 246.
  Veja também Pensamentos
Pensamentos automáticos.
  Veja também Pensamentos;
  Pensamentos negativos; Registros
  de Pensamentos
    como uma pergunta, 155n
    crenças contraterapêuticas e,
      255-258
    estratégia do banquinho de
      três pernas e, 145-147, 149f,
      149-150
    exame e teste de realidade,
      105-110
    foco no comportamento e,
      17-18
    formato de grupo e, 232-233
    identificando crenças
      nucleares e pressupostos
      subjacentes e, 128-131
    monitorando, 102-106
    profecias autorrealizáveis e,
      69f
    risco de suicídio e, 189-199,
      190f, 194f, 195f, 197f
    técnica da seta descendente e,
      120-122
    técnicas de intervenção e,
      11-12
Pensamentos automáticos
  negativos. *Veja também*
  Pensamentos; Pensamentos
  automáticos; Pensamentos
  negativos; Registros de
  Pensamentos
    cognições quentes e, 102-103
    exemplo integrado de
      registro de pensamentos
      disfuncionais, 112-119, 116f
    visão geral, 100, 103-105,
      123-124
Pensamentos negativos. *Veja também*
  Pensamentos; Pensamentos
  automáticos; Pensamentos
  automáticos negativos; Registros
  de Pensamentos
    como um sintoma de
      depressão, 19-21
    crenças contraterapêuticas e,
      251-259

definindo cognição para o
  paciente, 99-103
exemplo integrado de
  registro de pensamentos
  disfuncionais, 112-119, 116f
identificando, 43-44, 57-58
relação terapêutica e, 37-39
Percurso de terapia, 42-45, 43f,
  57-58, 218-223, 222f. *Veja*
  também Encerramento; Estágios
  do tratamento; Estrutura da
  terapia; Prevenção de recaída;
  Primeira sessão
Perda, 161-162
Perfeccionismo, 185-186, 209-211
Personalidade, 7-9, 251-254, 310
Personalização, 9-10, 140-142,
  140t, 156n-157n
Perspectiva histórica, 3-5, 23n
Perspectiva psicodinâmica, 3-4,
  21-23
Pertencimento, 184-185
Pesquisas anônimas, 214-215.
  Veja também Exercício de casa
Pessimismo, 59, 249-251
Planos de segurança, 192-194, 194f,
  201-202
Ponte da sessão anterior, 44-45, 45f,
  57-58. *Veja também* Estrutura da
  sessão
Populações, modificações para. *Veja*
  Modificações da terapia cognitiva
Precisão das crenças. *Veja também*
  Crenças
    examinando, 17-19, 43-44,
      57-58
    exemplo de caso, 289-290
    experimentos
      comportamentais para
      testar, 121-123
    identificação e expressão de
      emoções e, 29-31
    realismo depressivo e, 19-20
    recaída/recorrência e, 223-224
Prescrição, 359-362, 361f
Preso, sensação de estar, 187-188,
  201-202
Pressupostos adaptativos,
  128-129. *Veja também*
  Pressupostos subjacentes
Pressupostos subjacentes.
  Veja também Expectativas;
  Pressupostos adaptativos
    ação oposta e, 134-137
    análise de custo-benefício de,
      143-145, 144f

com relação à autoestima, 142-143
crenças contraterapêuticas e, 256-257
estratégia do banquinho de três pernas e, 149f
Folha de Trabalho de Crenças Nucleares (FTCN) e, 138-140, 138f
formulando e testando hipóteses e, 54-55
identificando, 128-131
modificando, 133-137
risco de suicídio e, 189-199, 190f, 194f, 195f, 197f
terapia de casal e, 234-235
visão geral, 43-44, 57-58, 126-129, 157-158
Prevenção cognitivo-comportamental (PCC), 240-242
Prevenção de recaída. *Veja também* Encerramento; Percurso de terapia
desenvolvendo um plano de prevenção de recaída, 221-223, 222f, 230
exemplo de caso, 300-305, 303f
medicamentos antidepressivos e, 321-323, 323f
sessões de reforço e, 225-227
visão geral, 43-44, 57-58, 217-218, 229-230
Prevenção de respostas, 168-170
Primeira sessão. *Veja também* Estrutura da sessão; Percurso de terapia
designação de exercícios de casa, 70-72
exemplo de caso, 273-280
exercício de casa e, 203
fornecendo uma fundamentação cognitiva, 61-70, 63f, 67f, 68f, 69f
introdução à abordagem básica, 59-62
preliminares para começar, 69-71
preparação para o encerramento e, 218-220, 330
resumos parciais e solicitação de *feedback*, 72-74
visão geral, 11-12, 42, 59-60, 73-75

Princípio de Yerkes-Dodson, 66-69, 68f, 73-75, 174-176
Problemas encontrados na terapia cognitiva. *Veja também* Não conformidade; Resistência
comportamentos contraterapêuticos, 264-270
crenças contraterapêuticas, 248-265
diretrizes do terapeuta, 245-249
visão geral, 244-245, 270-272
Processamento de informações, 8-11, 20-24, 140-143, 140t
Processos evolutivos, 5-6, 26-33, 32f, 181n, 198-200
Processos inconscientes, 3-4, 16-18
Profecias autorrealizáveis, 68-70, 69f
estratégias comportamentais e, 76-77
exercício de casa e, 204-206
fornecendo uma fundamentação cognitiva, 73-74
visão geral, 74-75, 109-110
Prognóstico, 359-362, 361f
Programa Improving Access to Psychological Therapies (IAPT), 59-60, 353-355
Programação de atividades. *Veja também* Estratégias comportamentais; Exercício de casa
automonitoramento e, 80-81
domínio e prazer e, 86-88
exemplo de caso, 295-296
formulário para, 71-72, 232-234
visão geral, 12-13, 71-72, 82-87, 85f, 97-98, 212-213
Programando, atividades. *Veja* Programação de atividades
Programando domínio e prazer, 86-88. *Veja também* Domínio; Estratégias comportamentais; Oportunidades de prazer; Programação de atividades
Projeto Sequenced Treatment Alternatives to Relieve Depression (STAR*D), 321-322, 329-331. *Veja também* Projeto STAR*D
Projeto STAR*D, 321-322, 329-331
Proposta "sem perdas", exercícios de casa como, 204-206, 215-216

Psicoses, 172-177. *Veja também* Comorbidade; Esquizofrenias
Psicoterapia, 340-344, 343f
Psicoterapia interpessoal (TIP), 219-220, 340-344, 343f

Q

Qualidade de vida, 320-322, 339
Questionamento
aumento da adesão à medicação e, 332-336
diretrizes para o terapeuta, 51-54
exemplo de caso, 284-285
formulando e testando hipóteses e, 53-55
modelo de quatro estágios do questionamento socrático, 57n-58n
pânico e agorafobia e, 163-164
técnicas de reatribuição e, 111-112
visão geral, 57-58
Questionamento socrático. *Veja também* Questionamento
aumentando a adesão à medicação e, 332-336
exemplo de caso, 284-285
modelo de quatro estágios do, 57n-58n
pânico e agorafobia e, 163-164
técnicas de reatribuição e, 111-112
visão geral, 52-54, 57-58
Questionário de Histórico Psiquiátrico (PHQ-9), 59-61, 69-71, 183-184, 259-260, 336-337

R

Raciocínio emocional, 9-10, 140t
Raiva
encerramento e, 227-228
especificidade cognitiva dos afetos e, 160-162, 161t
evolução e, 26-28
exemplo integrado de registro de pensamentos disfuncionais, 112-119, 116f
exercício de casa e, 214-215
teoria psicodinâmica e, 3-4, 22-23
Rapport, 35-36. *Veja também* Relação terapêutica
Realismo, 18-20, 22-23, 249-251
Realismo depressivo. *Veja* Realismo

Recaída/recorrência. *Veja também*
Prevenção de recaída
após o tratamento, 228-230
medicamentos antidepressivos
e, 318*f*, 318-323, 323*f*
visão geral, 223-225, 230*n*
Receptividade, 33-34, 40-41
Recorrência de sintomas, 339.
Veja também Prevenção de
recaída; Recaída/recorrência
Reestruturação cognitiva
aumento da adesão à
medicação e, 339
automonitoramento e, 71-72
comorbidade e, 178-179
crenças nucleares e, 14-15
exemplo de caso, 279-286,
282*f*
recaída/recorrência e,
223-224
transtorno bipolar e, 173-174
Referências, 235-238
Registros de Pensamentos.
Veja também Automonitoramento;
Estratégias e técnicas
cognitivas; Exercício de casa;
Pensamentos automáticos
ambientes de internação e,
235-236
ansiedade social e, 163-164
aumento da adesão à
medicação e, 334-335, 335*t*
Diagrama de Conceitualização
Cognitiva (DCC) e, 130-134,
132*f*
dificuldades ao usar os,
118-121
do terapeuta, 246
exemplo de caso, 281-286,
282*f*, 293-296, 299-301
exemplo integrado de,
112-119, 116*f*
formato de grupo e, 232-234
preparação para o
encerramento e, 221
quando usar, 120-121
transtornos por uso de
substâncias (TUSs) e,
172-173
visão geral, 12-13, 113-114,
122-124, 212-213
Regras, 128-130, 137
Regras de tratamento de precisão
(PTRs), 362
Relação de trabalho. *Veja* Relação
terapêutica

Relação terapêutica. *Veja também*
Atividade do terapeuta;
Empirismo colaborativo
alívio de sintomas e, 59
crenças contraterapêuticas e,
261-265
diretrizes do terapeuta e,
245-249, 271
estratégia do banquinho de
três pernas e, 146-148, 149*f*,
149-151
exemplo de caso, 288-294
primeira sessão e, 74-75
transtornos da personalidade
e, 176-177
visão geral, 32-41
Relacionamentos, 29-30, 54-57, 76
Relacionamentos familiares, 1-2,
29-30, 64-57. *Veja também*
Relacionamentos
Resistência, 210-212, 215-216,
237-238. *Veja também* Problemas
encontrados na terapia cognitiva
Resistência ativa, 210-212,
215-216
Resolução de problemas
crenças contraterapêuticas e,
250-252
diretrizes do terapeuta e,
247-249
exercício de casa e, 208-210
risco de suicídio e, 185-186,
192-193, 197-199, 201-202
visão geral, 111-113
Responsabilidade, 12-14, 109-112,
111*f*
Resposta ao tratamento, 359-362,
361*f*
Resposta de luta ou fuga, 163-164,
255-257
Resposta do corpo inteiro, 26-28,
74*n*, 99, 161-162
Respostas alternativas,
118-120. *Veja também* Registros
de Pensamentos
Resultados, 69*f*, 320-321, 359-362,
361*f*. *Veja também* Registros de
Pensamentos
Resumindo as sessões. *Veja* Resumo
final e *feedback*
Resumo final e *feedback*, 44-45, 45*f*,
57-58. *Veja também* Estrutura da
sessão
Resumos parciais, 47-48, 57-58,
71-73
Retenção, 315-318

Retraimento, 76
Revelar-se pessoalmente, 248-249
Reveses, 223-225. *Veja também*
Prevenção de recaída
Revisão do exercício de casa. *Veja
também* Estrutura da sessão;
Exercício de casa
autossessões e, 221
exemplo de caso, 295-296
visão geral, 44-45, 45*f*, 57-58,
82-83, 209-210, 216
Role-play. *Veja também* Estratégias
comportamentais
prevenção de recaída e,
224-225
risco de suicídio e, 201-202
visão geral, 92-98, 93*f*, 246
Rotulagem e rotulagem incorreta,
9-10, 140-141, 140*t*, 249-251.
Veja também Atribuição de
característica estável
Rotulagem incorreta. *Veja*
Rotulagem e rotulagem incorreta
Rótulos moralistas, 249-251. *Veja
também* Rotulagem e rotulagem
incorreta
Ruminação, 27-29, 162-163,
169-170, 355-356, 364-365
Ruminação analítica, 27-29.
Veja também Ruminação
Rupturas na relação terapêutica,
36-38, 289-294. *Veja também*
Relação terapêutica

S

Sensações corporais, 30-32, 32*f*
Sentimentos. *Veja também*
Afeto; Emoções; Registros de
Pensamentos
cognição e, 100-103, 122-123
crenças contraterapêuticas e,
253-256
dificuldades ao usar um
Registro de Pensamentos e,
119-121
estratégia do banquinho de três
pernas e, 145-147, 149*f*
identificação e expressão de,
29-33, 32*f*
modelo de cinco partes e,
65-66
risco de suicídio e, 189-199,
190*f*, 194*f*, 195*f*, 197*f*
terapia de casal e, 233-235,
235*f*
visão geral, 4-6, 5*f*, 25

Sentimentos de inutilidade, 142-143. *Veja também* Autoestima
Sequenciamento, 349-352
Sessão inicial. *Veja* Primeira sessão
Sessões de reforço, 225-227. *Veja também* Encerramento; Prevenção de recaída
Sistema de Análise Cognitivo-Comportamental de Psicoterapia (SACC), 347-349, 348f, 350f
Sistema de significados, 133-134, 155n-157n, 257-259
Situações. *Veja também* Registros de Pensamentos
  cognição e, 104-106
  crenças contraterapêuticas e, 250-252
  dificuldades ao usar um Registro de Pensamentos e, 119-121
  estratégia do banquinho de três pernas e, 147-150, 149f
  profecias autorrealizáveis e, 69f
  terapia de casal e, 233-235, 235f
Superestimação, 197-199
Superioridade, 340-341

T

Técnica da seta descendente, 120-124, 131-133, 210-211
Técnica de busca de evidências
  exemplo de caso, 284-285, 296-298
  exercício de casa e, 206-208, 208f
  profecias autorrealizáveis e, 68-70, 69f
  Registro de Pensamentos e, 114-115, 122-123
  risco de suicídio e, 200n-201n
  visão geral, 106-110, 123-124, 271n
Técnicas auxiliares, 55-57
Técnicas de intervenção, 11-12. *Veja também* Estratégias comportamentais; Estratégias e técnicas cognitivas
Técnicas de reatribuição, 109-112, 111f, 123-124, 142-143
Temas cognitivos, 60-61
Temperamento, 251-254
Teoria A/Teoria B

fornecendo uma fundamentação cognitiva, 66-67, 67f, 74-75
técnicas de reatribuição e, 109-110
visão geral, 97n, 151-154, 152f
Teoria cognitiva
  da depressão, 6-11
  formato de grupo e, 232-233
  princípios de, 232-233, 242-243
  visão geral, 4-5, 23-24
Terapia cognitiva baseada em *mindfulness* (MBCT), 349-351, 365-366
Terapia cognitiva em geral, 1, 5-6, 21-24, 366-367. *Veja também* Exemplo de caso
  aumento da adesão à medicação com, 331-338, 335t
  características da, 15-19
  como funciona a terapia cognitiva, 362-367
  comparada com o tratamento medicamentoso, 323-328, 325t, 325f
  componentes e processos, 10-16
  custo-benefício da, 345-347
  efeitos duradouros da, 217-218
  introduzindo a abordagem básica para os pacientes, 59-62
  objetivo da, 40-41
  resposta a, 359-362, 361f
Terapia cognitiva, modificações. *Veja* Modificações da terapia cognitiva
Terapia cognitivo-comportamental focada na ruminação (RFCBT), 123n, 353-356
Terapia comportamental dialética (DBT), 57, 181n, 188-189
Terapia continuada, 226-227, 347
Terapia de aceitação e compromisso (ACT), 57, 188-189
Terapia de casal, 233-235, 235f, 242-243, 260-262
Terapia de resolução de problemas (PST), 112-113
Terapia de sucesso, 91, 97-98. *Veja também* Estratégias comportamentais
Terapia do bem-estar, 349-351

Terapia, estrutura da. *Veja* Estrutura da terapia
Terapia racional emotiva (TRE), 17-18, 24n
Terapias cognitivo-comportamentais, 3-6, 343
Terapias narrativas, 18-19
Término do tratamento. *Veja* Encerramento; Prevenção de recaída
Testando crenças, 205-207, 216. *Veja também* Crenças
Testando hipóteses. *Veja* Hipóteses, formulação e teste
Teste de caráter, 11-12, 89-90, 193. *Veja também* Caráter imperfeito
Teste de estratégia, 11-12, 89-90, 192-193. *Veja também* Estratégias imperfeitas
Teste de realidade, 105-110
Tirar conclusões precipitadas, 9-10, 140-141, 140t. *Veja também* Inferência arbitrária
Traço de desesperança, 185-187, 201-202. *Veja também* Desesperança
Transtorno bipolar. *Veja também* Comorbidade
  evolução e, 27-29
  tratamento medicamentoso e, 339
  visão geral, 1-2, 172-174, 181, 310-312, 358-360
Transtorno da personalidade antissocial, 176-177. *Veja também* Transtornos da personalidade
Transtorno da personalidade *borderline*, 29-30, 176-178, 181n. *Veja também* Transtornos da personalidade
Transtorno da personalidade dependente, 177-178. *Veja também* Transtornos da personalidade
Transtorno da personalidade esquizotípica, 176-177. *Veja também* Transtornos da personalidade
Transtorno da personalidade evitativa, 177-178. *Veja também* Transtornos da personalidade
Transtorno da personalidade histriônica, 176-177. *Veja também* Transtornos da personalidade

Transorno da personalidade
narcisista, 176-177. *Veja também*
Transtornos da personalidade
Transtorno da personalidade
obsessivo-compulsiva, 177-178.
Veja também Transtornos da
personalidade
Transtorno da personalidade
paranoide, 176-177. *Veja também*
Transtornos da personalidade
Transtorno de ansiedade
generalizada (TAG), 162-163,
169-171, 170*f*. *Veja também*
Transtornos de ansiedade
Transtorno de compulsão alimentar.
Veja Transtornos alimentares
Transtorno de estresse pós-
-traumático (TEPT), 160,
165-168. *Veja também*
Transtornos de ansiedade
Transtorno obsessivo-compulsivo
(TOC), 160, 162-163, 167-170,
181*n*. *Veja também* Transtornos de
ansiedade
Transtornos alimentares, 160,
170-172, 181*n*, 181. *Veja também*
Comorbidade
Transtornos da personalidade.
Veja também Comorbidade
invalidação de sentimentos e,
29-30
moderação e, 359-361, 361*f*
visão geral, 175-179, 181
Transtornos de ansiedade. *Veja
também* Ansiedade; Comorbidade
ansiedade em relação à saúde
(hipocondria), 163-166
ansiedade social, 163-164
pânico e agorafobia, 162-164
transtorno de ansiedade
generalizada (TAG),
169-171, 170*f*

transtorno de estresse
pós-traumático (TEPT),
165-168
transtorno obsessivo-
-compulsivo (TOC),
167-170
uso de substâncias e,
171-173
visão geral, 162-171,
170*f*, 181
Transtornos por uso de substâncias
(TUSs), 171-173, 181. *Veja
também* Comorbidade
Tratamento medicamentoso.
Veja também Medicamentos
antidepressivos (MADs)
adequar os tratamentos aos
pacientes, 309-313
ambientes de atenção primária
e, 237-238
ambientes de internação e,
237-238
aumento da adesão à
medicação, 331-338, 335*t*
combinação de terapia
cognitiva com, 347-349,
348*f*, 350*f*
comorbidade e, 178-179
crianças e adolescentes e,
240-241, 356-357
especificidade cognitiva dos
afetos e, 160
etapas do segundo tratamento
e, 329-331
etapas do terceiro tratamento
e, 330-332
idosos e, 239-240
modelo de cinco partes e, 63*f*
objetivos e fases do, 315-323,
318*f*, 320*t*, 323*f*
opções de tratamento e,
322-330, 325*t*, 325*f*

sequenciamento e, 349-352
transtorno bipolar e, 173-174
visão geral, 1, 21-24, 312-316,
337-339
Tratamentos combinados, 347-349,
348*f*, 350*f*, 367. *Veja também*
Tratamento medicamentoso
Trauma, 160, 165-168. *Veja também*
Experiências da infância
Treatment for Adolescents with
Depression Study (TADS),
240-241, 356-357
Treatment of Depression
Collaborative Research Program
(TDCRP), 340-344, 343*f*
Treinamento de assertividade.
Veja também Estratégias
comportamentais; Exercício de
casa
crenças contraterapêuticas e,
260-261, 271
dramatização e, 92-96, 93*f*
modelo cognitivo de suicídio e,
188-191
risco de suicídio e, 201-202
visão geral, 97-98, 212-213
Treinamento em estratégia,
217-218
Tríade cognitiva negativa, 6-8
Tristeza, 112-119, 116*f*, 161*t*,
227-228

V

Validação de sentimentos, 29-30,
36-38, 40-41
Validade de crenças, 30-31
Vergonha, 32-33, 161*t*
Vieses, 43-44, 57-58, 81-82
Vigilância ativa, 323-324
Visualização, 163-164
Vontades, 233-235, 235*f*